捕食性天敌昆虫资源评估与扩繁利用

Evaluation, Mass-Rearing and Utilization of Predatory Insects

王孟卿　张礼生　陈红印　主编

Edited by　Wang Mengqing　Zhang Lisheng　Chen Hongyin

中国农业科学技术出版社

China Agricultural Science and Technology Press

图书在版编目（CIP）数据

捕食性天敌昆虫资源评估与扩繁利用 / 王孟卿，张礼生，陈红印主编 . —北京：中国农业科学技术出版社，2020.10
ISBN 978-7-5116-5057-3

Ⅰ.①捕… Ⅱ.①王…②张…③陈… Ⅲ.①天敌昆虫–天敌资源–资源评估②天敌昆虫–繁殖 Ⅳ.①S476

中国版本图书馆 CIP 数据核字（2020）第 188933 号

责任编辑　姚　欢
责任校对　马广洋

出 版 者　中国农业科学技术出版社
　　　　　北京市中关村南大街 12 号　邮编：100081
电　　话　(010)82106636(编辑室)　　(010)82109702(发行部)
　　　　　(010)82109709(读者服务部)
传　　真　(010) 82106631
网　　址　http://www.castp.cn
经 销 者　各地新华书店
印 刷 者　北京建宏印刷有限公司
开　　本　787 mm×1 092 mm　1/16
印　　张　26.5　彩插　12 面
字　　数　650 千字
版　　次　2020 年 10 月第 1 版　2020 年 10 月第 1 次印刷
定　　价　180.00 元

项目资助信息

贵州省烟草公司项目:遵义烟草害虫天敌资源发掘与产业化应用(201402)

中国烟草总公司项目:蠋蝽人工饲料研发与利用(201936);蠋蝽工厂化繁育关键技术研究与应用[110202001032(LS-01)]

国家重点研发计划项目:天敌昆虫防控技术及产品研发 (2017YFD0201000)

国家重点研发计划项目:中美农作物病虫害生物防治关键技术创新合作研究 (2017YFE0104900)

《捕食性天敌昆虫资源评估与扩繁利用》
编辑委员会

编写人员名单

王孟卿　中国农业科学院植物保护研究所,植物病虫害生物学国家重点实验室
张礼生　中国农业科学院植物保护研究所,植物病虫害生物学国家重点实验室
陈红印　中国农业科学院植物保护研究所,植物病虫害生物学国家重点实验室
李保平　南京农业大学
李玉艳　中国农业科学院植物保护研究所
翟一凡　山东省农业科学院植物保护研究所
孟　玲　南京农业大学
张长华　贵州省烟草公司遵义市公司
韩　非　国家烟草专卖局科技司
潘明真　青岛农业大学
邹德玉　天津市农业科学院植物保护研究所
王　娟　中国农业科学院植物保护研究所
翟　卿　河南农业大学
刘晨曦　中国农业科学院植物保护研究所
周金成　沈阳农业大学
张　莹　中国农业科学院植物保护研究所
曾凡荣　中国农业科学院植物保护研究所
王恩东　中国农业科学院植物保护研究所
田小娟　中国农业大学
唐艺婷　江苏徐淮地区淮阴农业科学研究所
廖　平　中国农业科学院植物保护研究所
孔　琳　中国农业科学院植物保护研究所
李　萍　中国农业科学院植物保护研究所
陈万斌　中国农业科学院植物保护研究所
向　梅　中国农业科学院植物保护研究所
谢应强　中国农业科学院植物保护研究所
冯彦姣　中国农业科学院植物保护研究所
朱艳娟　中国农业科学院植物保护研究所
殷焱芳　中国农业科学院植物保护研究所
纪宇桐　中国农业科学院植物保护研究所
刘小平　中国农业科学院植物保护研究所
王亚南　中国农业科学院植物保护研究所
贾芳曌　贵州省烟草公司遵义市公司
易忠经　贵州省烟草公司遵义市公司
杨在友　贵州省烟草公司遵义市公司
刘明宏　贵州省烟草公司遵义市公司
刘伟阳　贵州省烟草公司遵义市公司
彭　友　贵州省烟草公司遵义市公司
石明权　贵州省烟草公司遵义市公司
李治模　贵州省烟草公司遵义市公司
董祥立　贵州省烟草公司遵义市公司
张维军　贵州省烟草公司遵义市公司
罗　陈　贵州省烟草公司遵义市公司

前　言

利用天敌昆虫防治害虫在我国有悠久的历史,一直是生物防治的核心措施。应用以天敌昆虫产品及配套技术为核心的生物防治,可有效控制害虫发生,实现农药减量控害。目前在北欧及北美地区,几乎所有的设施农业、温室蔬菜的生产都采用生物防治;在南非、东非、南美洲的集约化农业区、鲜食蔬菜和水果主产区,病虫害生物防治也取得了显著成效。

近年来,我国生物防治技术发展迅速,已在许多无公害农产品生产中广泛应用。然而进入 21 世纪以来,我国农业生产的外部环境和内部结构发生了新的变化:种植结构进行着重大调整,规模化、集约化、机械化进程明显加快,作物新品种的采用频率显著增加。伴随着这种新变化,农业病虫害的发生种类、为害特点和灾变规律也都有了显著改变,原有的天敌昆虫产品及利用技术远远不能满足目前虫害持续治理需求。

经过多年探索和发展,无论是技术领域还是实践应用方面,我国生物防治技术均取得了显著的进步。利用天敌昆虫自然控害作用,发掘和利用有益的生物防治因子控制农作物重要虫害,攻克天敌昆虫大规模、高品质、工厂化生产技术,控制农作物有害生物的发生、为害和蔓延,有助于减少农药使用,降低农药污染和农药残留的危害,保障农作物生产安全。深入病虫害生物防治核心技术的功能提升与实用化研究,对实现我国生物防治应用比重和应用领域的重大突破,具有极其重大而深远的意义。

围绕国家发展绿色防控、减施化学农药的战略需求,针对当前天敌产品种类少、生产效率低、货架期短、与现代植保机械不配套等技术瓶颈,近年来,我国生防科技工作者开展了一系列创新性研究。挖掘出一批新型天敌昆虫种质资源,构建了物种数字化信息和 DNA 条形码数据库及相应的活体资源库,筛选出一批适应性强、抗逆性高的天敌品系;优化升级了人工饲料、替代寄主及发育调控技术,革新了生产工艺,规模化生产出了一系列天敌昆虫产品;在粮食作物和经济作物主产区构建了以天敌昆虫为主要手段的综合技术体系,并进行大规模试验示范,为促进我国天敌昆虫产业化发展,保障农业可持续安全生产、农作物全程减量用药提供了科技支撑。

为此,我们着手编写一套反映我国生物防治发展成果的丛书——《现代生物防治科学与实践》。本书《捕食性天敌昆虫资源评估与扩繁利用》是丛书系列之一,重点介绍天敌昆虫的资源挖掘、评估及天敌昆虫的扩繁应用,包括三个部分:第一部分是天敌昆虫资源调查与分析及天敌昆虫 DNA 条形码工作进展;第二部分是天敌昆虫保育与应用、饲养质量控制和遗传品质管理,天敌昆虫人工饲料及主要捕食性天敌昆虫饲养与应用技术,以及滞育和休眠在捕食性天敌昆虫饲养中的应用;第三部分是天敌昆虫对害虫的防治潜能及控害效应的评价,天敌昆虫释放应用中的定殖研究及杀虫剂对天敌昆虫的影响。为体现作者的工作成果,也为对撰写部分承担责任,在每章最后标注了撰写人。

虽然编委会对全书内容进行了统筹设计和安排,编著过程中对书稿进行了数次讨论和修改,但鉴于我们的水平有限,书中仍可能存在疏漏与不足之处,恳请专家、读者批评指正。

编者

2020 年 5 月

目　录

第一篇　天敌昆虫资源挖掘及分析

第二篇　天敌昆虫规模化饲养及管理

第三篇　天敌昆虫评价及田间应用

第一篇　天敌昆虫资源挖掘及分析

第一章　贵州地区天敌昆虫资源调查与分析

第一节　天敌昆虫资源概述

一、利用天敌昆虫进行害虫防治的国内外现状

随着人们对无公害农产品需求的日趋增长，保障生态和食品安全已经成为我国可持续发展的重要战略目标之一。近年来，我国生物防治技术发展迅速，已在许多无公害农产品生产中广泛应用，而利用天敌昆虫控制农业害虫，已成为生物防治的重要手段。

利用天敌昆虫防治害虫就是利用昆虫的克星防治害虫，在我国有悠久的历史，早在公元304年，晋朝嵇含所著《南方草木状》中就记载了南方橘农曾利用黄猄蚁防治柑橘害虫的事例。中华人民共和国成立后，利用赤眼蜂防治玉米螟、大红瓢虫防治吹绵蚧、七星瓢虫防治棉蚜、异色瓢虫和龟纹瓢虫防治麦蚜等取得了成功的经验。进入21世纪以来，我国农业生产的外部环境和内部结构发生了新的变化：种植结构进行了重大调整，在继续强调粮食作物种植的同时，大量的经济作物种植面积迅速增长，规模化、集约化、机械化进程明显加快。转基因作物种类和种植面积都在逐步扩大，优势作物种植的区域划分更加明显，作物新品种的采用频率显著增加，设施农业发展呈加速态势。伴随着这种新变化，农业病虫害的发生种类、为害特点和灾变规律也都有了显著改变，这种改变的趋势还在进一步扩大，原有的天敌昆虫资源数据远远不能满足目前虫害持续治理的需要。这就要求农业病虫害防治技术要有新的适应性突破。

目前，国外进行生物防治较为广泛的欧美国家，高度重视天敌昆虫资源的保护与利用，美国、英国、荷兰等国家都在不断更新天敌昆虫名录，为天敌昆虫的保护和利用奠定了坚实的基础。名录中，除了有天敌昆虫的学名、俗名及分布地信息，还配以天敌昆虫的图片、对应控制害虫的名录以及适合的作物名录，同时将相关信息发布到网络上，以这种形式告知农业一线的技术人员和农场工作人员，将害虫和天敌昆虫区别对待，提高天敌昆虫资源的保护和利用效果。同时还针对本土发生的虫害，在全世界范围内搜索天敌资源。

在20世纪70年代对天敌昆虫资源大调查的基础上，我国目前已经出版与农业直接相关的《中国经济昆虫志》55卷。近年来《中国物种名录》系列在逐步出版，总体看来，东洋区的资源较古北区的丰富，一些种类属于广泛分布类型，也有一些种类仅分布于某个单一区域。

二、天敌昆虫调查的重要性

天敌昆虫是害虫自然控制的重要因子。我国是最早开展生物防治实践的国家之一，但长期以来在以保护和利用天敌自然控制作用的生物防治方面举步艰难，与西方发达国家相比差距甚远，其重要原因是我国天敌资源家底不清，严重阻碍其保护和利用。因此，急需对不同区域内不同作物系统中主要作物害虫天敌昆虫资源进行大规模系统调查，建立天敌昆虫资源库信息，为我国害虫持续控制提供直接的技术支持。

自然界中昆虫种类繁多，目前已经命名的昆虫有 100 万种，占动物界已知种类的2/3。从其与人类的关系上可以分为三类：一是直接取食农作物的，我们称之为害虫；二是捕食害虫或寄生在害虫身体内部或外部，能够有效控制某些害虫猖獗发生的有益种类；三是少量取食植物并以植物为生活环境，但是主要取食植物上的小型害虫，这类昆虫是潜在的天敌昆虫，对控制农田生态系统中害虫的数量起着关键作用。天敌昆虫的种类很多，但是这些天敌昆虫常常因受到不良环境、气候、生物及人为因素的影响，不能充分发挥其抑制害虫的作用，尤其是第三类潜在的天敌昆虫，由于长期得不到认知和保护，已经很难在农区找到。天敌昆虫主要有捕食性天敌和寄生性天敌两大类：捕食害虫的叫作捕食性天敌，占昆虫数量的 28%；寄生在害虫体内或体外的叫作寄生性天敌，占昆虫数量的 24%。

三、目前存在的问题

持续保护和利用昆虫多样性是昆虫学家们责无旁贷的重任。目前，从事天敌昆虫资源研究的科研工作人员力量较少，与天敌昆虫资源调查属于基础性工作，需要长期坚持这一特点极不对称。此外从事农业的基层人员，对昆虫了解不足，经常在田间一见到虫子就马上想到喷农药，而没有鉴别这个虫子到田间是吃庄稼的还是吃庄稼上害虫的，这一点是目前我们国家农业害虫防治亟待解决的问题。

第二节 调查工作的目标与实施

一、调查工作的目标

以贵州省遵义地区为核心，围绕遵义地区向贵州其他地区及周围进行天敌昆虫资源搜索，挖掘当地主要天敌昆虫种类，在不同的季节，设立作物生长季和间歇期两个阶段，用扫网、诱集等多种方法对天敌昆虫资源进行大规模系统调查，并进行系统分类和鉴定研究，明确其种类和分布，对广泛分布的天敌昆虫，鉴定其在不同区域的生物型和地理亚种。

通过系统调查，对调查数据进行分析加工、数据整合，确定天敌的利用范围。并根据数据分析结果，针对本土发生的虫害，寻找可利用的天敌资源并确定目标天敌的分布范围，以期在更大范围内搜索天敌资源。

二、调查工作的实施

1. 工作方式

首先确定烟草种植信息（面积、集中还是分散种植、种植区域的海拔、周围的植被情况、害虫发生的年度情况、害虫治理的期望值等），然后结合种植面积分布和海拔情况，选择中海拔区域和高海拔区域两种地区，进行不间断的跟踪调查，了解害虫和益虫的种群情况。

采集方式：定点跟踪（马氏网）+不定点扫网+不定点灯诱（18:00至翌日6:00）。

2. 工作区域背景

贵州地处中国西南部高原山地，是一个海拔较高、纬度较低、喀斯特地貌典型发育的山区，平均海拔在1 100m左右。境内地势西高东低，自中部向北、东、南三面倾斜。贵州地势西高东低，自中部向北、东、南三面倾斜，呈三级阶梯分布。第一级阶梯平均海拔1 500m以上；第二级阶梯海拔800~1 500m；第三级阶梯平均海拔800m以下。贵州地势起伏较大，境内山脉众多，重峦叠峰，绵延纵横，山高谷深。全省地貌可概括分为高原山地、丘陵和盆地3种基本类型，其中92.5%的面积为山地和丘陵。贵州的地貌类型复杂，有高原、山原、山地、丘陵、台地、盆地（坝子）和河流阶地。

气候方面，贵州位于副热带东亚大陆的季风区内，气候类型属中国亚热带高原季风湿润气候。全省大部分地区气候温和，冬无严寒，夏无酷暑，四季分明；常年雨量充沛，时空分布不均；光照条件较差，降雨日数较多，相对湿度较大；地势高低悬殊，天气气候特点在垂直方向差异较大，立体气候明显。

贵州的气候温暖湿润，属亚热带湿润季风气候。气温变化小，冬暖夏凉，气候宜人。2002年，省会贵阳市年平均气温为14.8℃，比2016年提高0.3℃。从全省看，通常最冷月（1月）平均气温多在3~6℃，比同纬度其他地区高；最热月（7月）平均气温一般是22~25℃，为典型夏凉地区。

由于不同类型的地貌，海拔不同，植被分布也不同。贵州植被生态质量好，地带性植被为亚热带常绿阔叶林，在东西部有湿润性常绿阔叶林和半湿润常绿阔叶林及二者的过渡类型，森林覆盖率达50%，活立木总蓄积量达2.1亿m³；贵州植物种类6 500种左右，全省有野生植物资源3 800余种，贵州特有和目前已知仅在贵州有分布的种子植物有280余种，资源丰富、生态类型多样。

多样的地质地貌、不同的气候条件以及丰富的植物覆盖，必然带来生境的多样性、生物群落和生态过程的多样化，这些都为生物多样性提供了良好的条件。

第三节　调查结果与分析

共采集昆虫标本5万余号，鉴定出30科284属784种。其中天敌昆虫27科273属743种昆虫，环境监测标志物昆虫3科11属41种昆虫，其中31%是目前记录仅贵州有分布的种类。

一、贵州地区昆虫分布类型划分标准

为了数据的总体分析，并体现调查结果中涉及贵州种类自身的地域独特性及分布特征,结合国内外学者的研究常用方法和本研究的目的,特制定了本次参考的分布类型统计标准。

Ⅰ型:仅贵州省有分布的种类。

Ⅱ型:除在贵州省有分布外,在中国西南区都有分布的种类(包括三类:贵州、云南、四川,贵州、云南,贵州、四川)。

Ⅲ型:除在贵州省有分布外,在中国南方有分布(贵州、云南、四川、福建、广东、广西、海南、台湾、江苏、浙江、安徽、湖南、湖北、江西)。

Ⅳ型:除在贵州省有分布外,在中国的南北方都有分布(除Ⅲ型分布以外,还包括中国北方各省区,如黑龙江、吉林、辽宁、河南、河北、陕西、山西、山东、青海、西藏、内蒙古、甘肃、宁夏、新疆等)。

Ⅴ型:除在中国贵州省有分布外,亚洲其他国也有分布。

Ⅵ型:除在中国贵州省有分布外,亚洲其他国有分布,其他洲也有分布。

二、贵州地区食蚜蝇类昆虫的多样性

本次调查共记录食蚜蝇科昆虫 45 种,该类昆虫活动于植物的上部,所有种类都是访花、传粉昆虫,其中 24 种是天敌昆虫,幼虫取食多种蚜虫。

所有种类中:Ⅰ型分布,即仅在贵州有分布的种类占 5%;Ⅱ型分布,在中国贵州、云南、四川有分布的种类占 0%;Ⅲ型分布,即在中国南方有分布的种类占 5%;Ⅳ型分布,在中国的南北方都有分布的种类占 4%;Ⅴ型分布,即在中国有分布,亚洲其他国家也有分布的种类占 42%;Ⅵ型分布,即中国有分布,亚洲其他国家也有分布,其他洲也有分布的种类占 44%(图 1-1)。

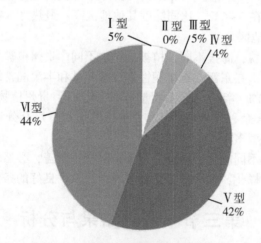

图 1-1 贵州食蚜蝇昆虫分布状况统计

从分布比例图,我们可以得知,超过 86% 的种类属于广布种,即除中国的贵州有分布外,要么亚洲有分布,要么亚洲以外的其他洲也有分布。该类资源分布范围广,需要的时候完全可以从其他区域引种服务当地。

通过 2014—2017 年对贵州遵义山区烟田食蚜蝇初步调查(图 1-2),并且对采集的食蚜蝇标本的数量统计和整理鉴定,共采集食蚜蝇科昆虫 2 418 头,隶属于 2 亚科,22 属,

28 种（含一种未鉴定），其中贵州新纪录 7 种，未鉴定的种为黑蚜蝇属，黑蚜蝇属此前在贵州并未有过记录。在所有标本中，其中优势种为秦岭细腹食蚜蝇，占标本数最多，并且该种也为贵州新纪录种；常见种有 8 种；稀有种有 19 种。其中食蚜蝇亚科占总比例的 87.718%，该亚科的种类均为捕食性昆虫，幼虫能捕食多种蚜虫，成虫具有传播花粉的作用。管蚜蝇亚科占总标本数的 12.282%。

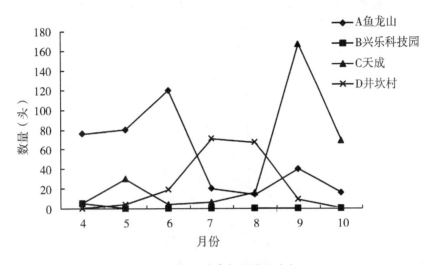

图 1-2　烟田中食蚜蝇种群动态

三、贵州地区步甲类昆虫的多样性

本次调查共记录步甲类昆虫 14 种，包括 13 种步甲、1 种虎甲。所有种类都活动于地表上下、植物的根部和基部，幼虫和成虫都有捕食性，是苗期害虫及其他地表害虫的主要天敌。

所有种类中：Ⅰ型分布，即仅在贵州有分布的种类占 79%；Ⅱ型分布，在中国贵州、云南、四川有分布的种类占 0%；Ⅲ型分布，即在中国南方有分布的种类占 7%；Ⅳ型分布，在中国的南北方都有分布的种类占 7%；Ⅴ型分布，即在中国有分布，亚洲其他国家也有分布的种类占 7%；Ⅵ型分布，即中国有分布，亚洲其他国家也有分布，其他洲也有分布的种类占 0%（图 1-3）。

从分布比例图，我们可以看出，近 80% 的种类属于仅在贵州有分布的种类，这可能与该类群的扩散能力有关。步甲这个类群中也有分布极广的种类，但是该项目的调查中没有发

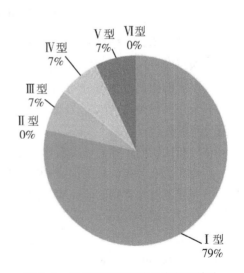

图 1-3　贵州步甲类昆虫分布状况统计

现。从分布情况看，这些种类在贵州本地特异性高，该类群的大部分种类生活史比较长，一般1~2年完成1代，以成虫或幼虫过冬。卵一般单产在土中。幼虫有3龄，老熟幼虫在土室中化蛹。结合该类天敌的生物学特征和分布特点，在贵州本地保护本地资源是比较好的天敌保护应用策略。

四、贵州地区捕食蝽类昆虫的多样性

本次调查共记录捕食蝽类昆虫107种。所有种类都活动于植物上，若虫和成虫都有捕食性，是鳞翅目和鞘翅目幼虫的主要天敌（图1-4）。

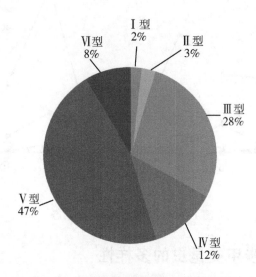

图1-4　贵州捕食蝽类昆虫分布状况统计

所有种类中：Ⅰ型分布，即仅在贵州有分布的种类占2%；Ⅱ型分布，在中国贵州、云南、四川有分布的种类占3%；Ⅲ型分布，即在中国南方有分布种类占28%；Ⅳ型分布，在中国的南北方都有分布的种类占12%；Ⅴ型分布，即在中国有分布，亚洲其他国家也有分布的种类占47%；Ⅵ型分布，即中国有分布，亚洲其他国家也有分布，其他洲也有分布的种类占8%。

从分布比例图，我们可以看出，本次采集到的近一半的种类属于全亚洲都有分布的种类，其他洲也有分布的种类只占8%，当然只在中国南方分布的种类占超过1/4。这一点与目前国际上对捕食蝽的研究相一致：捕食蝽的应用研究方面表现出一定的区域性，美国利用斑腹刺益蝽 *Podisus maculiventris* （Say）、佛州优捕蝽 *Euthyrhynchus floridanus* （L.）、狡诈小花蝽 *Orius insidiosus* Say、斑足大眼蝉长蝽 *Geocoris punctipes* （Say）和沼泽大眼蝉长蝽 *Geocoris uliginosus* （Say），巴西利用黑刺益蝽 *Podisus nigrispinus* （Dallas），欧洲使用盲蝽较多，我国目前则利用蠋蝽 *Arma chinensis* （Fallou）、益蝽 *Picromerus lewisi* Scott 和东亚小花蝽 *Orius sauteri* （Poppius） 等。

捕食性蝽类资源丰富，捕食范围广。大型捕食蝽种类，如蝽科中的捕食性种类和猎蝽科，主要捕食鳞翅目各龄期的幼虫，也能刺吸鳞翅目成虫；长蝽科、姬蝽科和小花蝽科则捕食鳞翅目低龄幼虫及卵，也取食粉虱、叶蝉和蚜虫等农业害虫。从分布比例最大的类型看来，我们完全可以期望在充分利用本地资源的基础上，广泛地利用云贵川及中国南方分布的种类。

五、贵州地区捕食性虻类昆虫的多样性

本次调查共记录捕食虻类昆虫 354 种。这类昆虫生境多样，能取食多种小型害虫。

所有种类中：Ⅰ型分布，即仅在贵州有分布的种类占 43%；Ⅱ型分布，在中国贵州、云南、四川有分布的种类占 5%；Ⅲ型分布，即在中国南方有分布的种类占 16%；Ⅳ型分布，在中国的南北方都有分布的种类占 14%；Ⅴ型分布，即在中国有分布，亚洲其他国家也有分布的种类占 14%；Ⅵ型分布，即中国有分布，亚洲其他国家也有分布，其他洲也有分布的种类占 8%（图 1-5）。

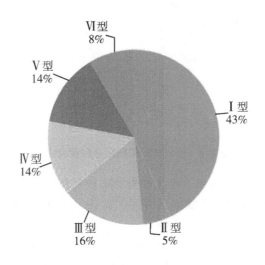

图 1-5　贵州捕食性虻类昆虫分布状况统计

从分布比例图，我们可以看出，本次采集到的近一半的种类属于贵州本地种类，但是，Ⅰ型+Ⅱ型+Ⅲ型的种类总和超过 65%，这说明该类捕食性天敌在我国南方分布广泛。这类捕食性虻类昆虫由于生活史比较复杂，而且幼虫和成虫的生活环境差异很大，饲养起来有很大难度，相关的应用研究并不多。但是该类昆虫种类多、种群大，从生物量上讲的确是农田难得的捕虫高手，取食多种小型害虫等。由于缺乏研究基础，目前应用研究还有距离，但是这么多的种类足可以说明贵州整体生物多样性指数高，开展害虫防治的绿色防控有很好的环境基础。

六、贵州地区草蛉类昆虫的多样性

本次调查共记录草蛉类昆虫 119 种。本文中草蛉类是指广义脉翅目也叫脉翅总目的全称，该类昆虫全国只有 900 余种，本次贵州采集到的种类占全国总种类的 13%。这类昆虫幼虫和成虫生境不同，所有种类的幼虫都取食多种小型害虫，成虫则有的种类是捕食性，有的种类以花蜜、露水为食。

所有种类中：Ⅰ型分布，即仅在贵州有分布的种类，占15%；Ⅱ型分布，即在中国贵州、云南、四川有分布的种类，占4%；Ⅲ型分布，即在中国南方有分布的种类，占30%；Ⅳ型分布，即在中国的南北方都有分布的种类，占12%；Ⅴ型分布，即在中国有分布，亚洲其他国家也有分布的种类，占28%；Ⅵ型分布，即中国有分布，亚洲其他国家也有分布，其他洲也有分布的种类，占11%（图1-6）。

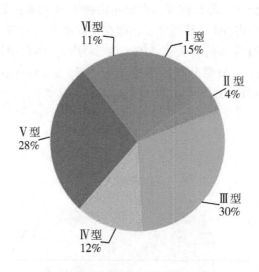

图1-6　贵州草蛉类昆虫分布状况统计

从分布比例图，我们可以看出，本次采集到的种类仅15%属于贵州本地种类，但是，Ⅰ型+Ⅱ型+Ⅲ型的种类总和占总量的近一半，这说明该类捕食性天敌在我国南方分布广泛。

脉翅总目是完全变态类昆虫中最古老的类群之一，现包括广翅目 Megaloptera、蛇蛉目 Raphidioptera 和脉翅目 Neuroptera 三大支系。该类群成虫口器咀嚼式，前胸明显，中后胸具2对膜质翅，翅脉多复杂、网状。幼虫多蛃形，头前口式，脉翅目幼虫具特化的双刺吸式口器。根据化石记录，脉翅总目在其漫长的进化历史中，该类群在中生代曾经相当繁盛，多样性丰富；而在新生代后，至少有一半的科已灭绝；现生脉翅总目的一些类群可谓"活化石"。尽管如此，现生脉翅总目仍在形态结构、生物学特性等方面呈现出异乎寻常的多样性，兼有水生、陆生、植食、捕食、寄生等习性。脉翅总目昆虫除具有关键的系统学研究意义外，还具有重要的应用价值，如草蛉是目前农业害虫生物防治中应用最广泛的天敌之一，广翅目是重要的水质监测指示生物。

在20世纪30年代之前，草蛉的研究很少，仅有少数报道。近几十年来，随着生物防治科学的发展，科学家们发现在农林生态系统中，草蛉具有较强的控制大田作物、果园、蔬菜以及森林害虫的能力，因而逐渐成为研究热点。目前，国内外生物防治工作者对草蛉的生物学、保护利用、人工繁殖技术等开展了广泛研究，并将部分种类应用于害虫生物防治，取得了显著成效。

草蛉主要捕食蚜虫、螨类（尤其是叶螨）、蓟马、粉虱、叶蝉、小型鳞翅目幼虫、介壳虫和斑潜蝇的幼虫等。草蛉幼虫阶段均为肉食性，而成虫阶段出现变化。成虫有两类摄

10

食方式，一类是肉食性，如大草蛉、丽草蛉 *Chrysopa formosa* 和 *Chrysopa perla* 等；另一类以各种植物花蜜、花粉以及昆虫分泌的蜜露为主要食物来源，如普通草蛉、日本通草蛉 *Chrysoperla nipponensis*（Okamoto）（别名：中华通草蛉）、红肩尾草蛉 *Chrysocerca formosana*（Okamoto）。

大量获得高品质的草蛉是其成功应用于生物防治的重要条件，这就迫切地需要开发成熟的人工繁殖技术。20世纪80年代以来，美国、荷兰、加拿大等国实现了多种草蛉的商品化生产和田间大面积推广应用。目前欧美地区商品化的草蛉主要有两种：普通草蛉和红通草蛉，商品化的虫态主要为卵和幼虫。而在中国台湾地区商品化的草蛉是基征草蛉 *Mallada basalis*（Walker），商品化的虫态为卵。国内大陆目前未见大规模商品化的草蛉产品。

七、贵州地区捕食性瓢虫的多样性

本次调查共记录捕食性瓢虫共119种。这类昆虫幼虫和成虫生境不同，所有种类的幼虫和成虫都取食多种小型害虫。所有种类中：Ⅰ型分布，即仅在贵州有分布的种类，占23%；Ⅱ型分布，在中国贵州、云南、四川有分布的种类，占1%；Ⅲ型分布，即在中国南方有分布的种类，占35%；Ⅳ型分布，即在中国的南北方都有分布的种类，占25%；Ⅴ型分布，即在中国有分布，亚洲其他国家也有分布的种类，占8%；Ⅵ型分布，即中国有分布，亚洲其他国家也有分布，其他洲也有分布的种类，占8%（图1-7）。

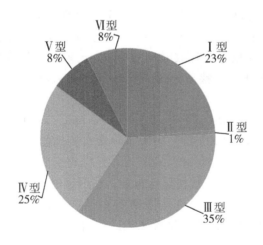

图1-7 贵州瓢虫类昆虫分布状况统计

从分布比例图，我们可以看出，本次采集到的种类中近1/4属于贵州本地种类，但是，Ⅰ型+Ⅱ型+Ⅲ型的种类总和占60%，这说明该类捕食性天敌在我国南方分布广泛。

瓢虫被应用于有害生物的控制已有多年的历史。异色瓢虫分布于中国、俄罗斯、蒙古国、朝鲜、日本等地，基本在我国各地区都有分布。异色瓢虫是多种害虫的天敌，对各类蚜虫、某些介壳虫、粉虱、木虱、螨类以及鳞翅目、鞘翅目等一些害虫的卵和低龄幼虫具有控制作用，特别是对蚜虫的控制作用最为广泛（江永成等，1993）。目前，作为一种重要的生防资源，异色瓢虫在全世界的农业生产中已被广泛地应用。

异色瓢虫自 1916 年引入美国，在美国加利福尼亚州开始释放以来，经过近百年的发展，这种瓢虫已经分布于美国各个主要农业区中，覆盖区域达 15 个州以上。在美国南部地区，异色瓢虫已经成为棉田中棉蚜 Aphis gossypii 主要天敌，并且应用面积正在不断扩大。在美国东北部及加拿大东南部地区，异色瓢虫可以对美洲山核桃 Carya illinoensis 及红松 Pinus koraiensis 上的有害生物进行有效防治。异色瓢虫可以对黄瓜 Paraixeris denticulata 上的棉蚜进行防治，还会对玫瑰色卷蛾 Choristoneura rosaceana 以及蔷薇长管蚜 Macrosiphum rosae 产生极佳的防治效果。美国密歇根州引进异色瓢虫后连续 5 年监测其种群的建立情况，发现第 4 年该种群即成为生境内的天敌优势种。

龟纹瓢虫，适应性强，对温度、湿度要求不严格，具有耐高温、抗低温、耐饥性等特点，其广泛分布于中国、日本、印度等国，在我国大部分地区均有分布。龟纹瓢虫是多种害虫的天敌，对各类蚜虫、低龄叶蝉、飞虱若虫、木虱成虫以及某些鳞翅目的一些卵和幼虫均有很好地控制作用，对棉田中的棉蚜控制效果尤为突出。在 1982—1983 年对湖南常德地区的棉田调查时发现龟纹瓢虫为棉蚜 Aphis gossypii 的优势种之一。1979—1981 年，通过对湖北黄冈地区的棉田释放人工饲养的龟纹瓢虫，将大面积卷叶株率控制在 3% 以下，取得了较好地控制效果。龟纹瓢虫是芦苇日仁蚧 Nipponaelerda biwakoensis 若虫的重要捕食性天敌，龟纹瓢虫成虫对麦红吸浆虫 Sitodilosis mosellana 有明显的捕食作用。人工饲喂的龟纹瓢虫远距输送，释放于枸杞园防治枸杞蚜取得较好的效果。

七星瓢虫，分布较广泛，全国各省都有分布，在欧美国家也有广泛的分布。对农作物以及果树蚜虫等害虫有很好地控制作用。我国在保护利用七星瓢虫控制蚜虫为害方面取得了一定成就，特别是人工助迁技术在黄河中下游广大地区得到推广应用，取得了显著效果。宁夏农林科学院园艺研究所于 2001—2002 年已开始大批量生产瓢虫卵卡，并在各种经济作物上进行了适宜释放量与释放时期的探索，已取得了显著的控蚜效果。李锦乾等（2006）报道了七星瓢虫捕食狭冠网蝽 Stephanitis angustata 若虫，最大捕食量可达到 370.4 头。

澳洲瓢虫 Rodolia cardinalis 原产于澳大利亚，1888—1889 年引入美国加利福尼亚州防治吹绵蚧取得显著成功。1909 年，中国第一次自美国加利福尼亚州和夏威夷引入我国台湾。1955 年从苏联植物检疫室引入广州，并释放于广州市及其郊区防治柑橘和木麻黄树的吹绵蚧。20 世纪 60 年代初迁至重庆，在当地建立了庞大的种群，有效地控制了害虫的为害。1963 年被该虫引进昆明防治柑橘和圣诞树上的吹绵蚧也获得成功。1964 年澳洲瓢虫在福建成功定殖。此后又从昆虫引移至云南东部、东北部、南部和中部地区防治绵蚧也获得成功。

孟氏隐唇瓢虫 Cryptolaemus montrouieri 原产于澳大利亚东部，由于其发育快、寿命长、食量大等特点，被世界各地广泛的引用。我国于 1955 年由苏联引入广州，1978 年在广州等地已经建立稳定的自然种群，对粉蚧和绵蚧取得较好的防治效果。另外，孟氏隐唇瓢虫对茶椰圆蚧也有较好地控制作用。

第四节　结论和保护利用建议

贵州地处中国西南部高原山地，地带性植被为亚热带常绿阔叶林，在东西部有湿润性常绿阔叶林和半湿润常绿阔叶林及二者的过渡类型，森林覆盖率达 50%，贵州植被生态质量好，地理环境错综复杂，水资源丰富，具有极高的生态价值。昆虫物种多样性丰富，是生态环境的重要指标。本项目丰富了贵州地区昆虫物种多样性的本地资源，特别是一些重要保护物种的资源状况，如天敌昆虫和环境指示物昆虫。

一、贵州地区有益昆虫的多样性

总体看来，根据本次的调查结果，已经明确鉴定出的昆虫分为七大类：植物上部活动的食蚜蝇类、地表及植物下部活动的步甲类、植物中上部活动的捕食蝽类、多种生境都存在并且成虫飞行能力强的捕食虻类、飞行能力较弱捕食能力强的草蛉类、取食各种蚜虫及介壳虫的捕食性瓢虫类、反映环境质量的环境指示生物石蝇类，共记录 784 种，属于 30 科 284 属。

所有种类中：Ⅰ型分布，即仅在贵州有分布的种类，占 31%；Ⅱ型分布，即在中国贵州、云南、四川有分布的种类，占 4%；Ⅲ型分布，即在中国南方有分布的种类，占 21%；Ⅳ型分布，即在中国的南北方都有分布的种类，占 14%；Ⅴ型分布，即在中国有分布，亚洲其他国家也有分布的种类，占 20%；Ⅵ型分布，即中国有分布，亚洲其他国家也有分布，其他洲也有分布的种类，占 10%（图 1-8）。

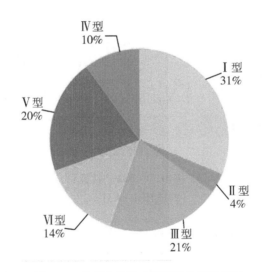

图 1-8　贵州有益昆虫资源分布状况统计

从分布比例图，我们可以看出，本次采集到的种类中约 1/3 的种类属于贵州本地种类，这说明该类昆虫在贵州资源丰富。调查方法的改进和调查的持续延伸能更全面地反应调查区域的物种多样性。今后可以通过调查方法的改进深入调查贵州地区昆虫的生物多样性。而对遵义山地烟区及整个贵州烟区而言，昆虫生物多样性的调查研究有待进一步深入，且在探究生物多样性研究的基础上，深入探究昆虫多样性与环境变化之间的关系，对达到生物多样性开发、利用并举的双赢目的，保护烟区生物多样性有重要而深远的意义。

除此以外，由于项目的时间范围和人手有限，还有几大类资源，比如，多种食蚜瘿蚊和大量的寄生蜂，值得继续挖掘。贵州地区环境监测和指示生物物种昆虫的应该是本地资源保护的体现，应该加强保护。

本次调查共记录环境监测和指示生物物种昆虫 41 种。这说明该类昆虫在贵州资源丰富。该类昆虫对环境要求较高，大部分的稚虫对污染物质非常敏感，当水中有毒物或有机物含量较高会造成水中含氧量降低，将会使稚虫无法存活，有些种类因生境遭人为活动破坏而濒临灭绝，是欧美国家常常用于评价环境质量的一类重要的环境指示生物。关于贵州地区石蝇的调查 20 世纪 40 年代已经开始，目前记录的有 10 种，但是这些种类的记录都是来自人员活动少的山间、溪流或自然保护区内，在田间发现尚属首次。

石蝇是襀翅目 Plecoptera 昆虫的俗称，因其常栖息在山溪石面上而获此俗称，英文名为 stone fly，该昆虫对环境要求较高，有些种类因生境遭人为活动破坏而濒临灭绝。石蝇是半变态昆虫，一生经历卵、稚虫和成虫 3 个时期。稚虫大多生活在通气良好的水域中，以水中的蚊类幼虫、小型动物以及植物碎片、藻类等为食。对水质变化敏感，是一类重要的环境指示生物。大多数种类完成 1 个世代需要 1~2 年。稚虫一般需要蜕皮 12~36 次，成虫的寿命一般为 3~4 周，雌性存活时间比雄性相对稍长（图 1-9）。该类昆虫对水中的化学物质反应较为敏感，可用于监测水资源的污染状况。此外，石蝇对维持生态平衡及水体净化也具有一定作用，同时也是一些珍稀鱼类的一种食料。

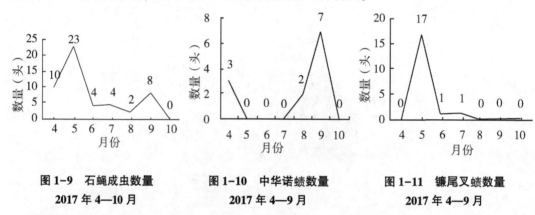

图 1-9　石蝇成虫数量　　　　图 1-10　中华诺蟒数量　　　　图 1-11　镰尾叉蟒数量
　2017 年 4—10 月　　　　　　2017 年 4—9 月　　　　　　　2017 年 4—9 月

就不同种类的发现频率而言，中华诺蟒和镰尾叉蟒发现频率比较高，其中中华诺蟒明显出现在 4 月和 8—9 月，镰尾叉蟒则在 5—7 月中每个月都有出现。说明中华诺蟒在该地区一年可能发生 2 代（图 1-10），而后者镰尾叉蟒可能发生多于 2 代（图 1-11）。镰尾叉蟒在 4 个地方有发现，说明该种类在遵义山区烟田附近区域适应性较广。

贵州地区的石蝇的生物多样性是与当地植物多样性及环境保护相辅相成的。由于石蝇的食性、卵的孵化对水质的要求、生活史特性、对恶劣环境不适应等原因，以往的考察多为不连续地网捕和灯诱，该方法难以全面调查石蝇的种类。调查方法的改进和调查的持续延伸能更全面地反映调查区域的物种多样性。今后可以通过调查方法的改进深入调查贵州地区石蝇的生物多样性。

二、贵州地区昆虫的多样性保护建议

基于本次调查的结果，关于此地区的生物多样性保护，我们认为应该注重顶层的科学设计，加强保护、监管、科普宣传工作，强化植物多样性在害虫防治中的作用。

相较于单一种类植物的田区来说，植物多样化的田区内所生存的微生物、昆虫和动物种类较多，这样的环境就很容易快速达到生态平衡，而作物害虫遇到天敌的机会也就越多。因此借由植物多样化的操作手法来提高生物多样性，可减少人为外加农药或非农药防治的投入，不仅能省下一笔开销，还能建立生态友善的自然环境。

同时特提出以下保护建议：

（1）重视和加强对贵州地区昆虫多样性现状的保护和改善，尤其是对地方特有种类昆虫的资源状况进行监测和保护，重视此类重要环境指示物种的栖息地丧失问题，增加科研投入，对重要保护物种进行详细的研究，摸清其生活史规律，对濒危、珍稀物种进行保育繁殖，以保证其种群数量。

（2）完善和加强自然保护区的建设和管理。自然保护区可增设科研教育基地，与周边高校和科研院所积极建立实践教育合作关系，一方面可以培育生态环境和生物多样性保护的新生力量，另一方面科研人员也可为当地的生物多样性保护提供大量的指导意见。自然保护区应加强环保和植保、森保领域的合作，鼓励和支持生物防治的开发和应用，减少农药化肥等化学防治手段对昆虫栖息环境造成的破坏。

第五节　贵州有益昆虫资源种类及分布信息

贵州的特殊气候环境和良好生态系统为各类昆虫提供了较为适宜的栖息生境，本次调查结果中，特殊命名的有 76 种，其中以中国命名的有 14 种，以贵州地名命名的有 62 种。农林业害虫的重要天敌昆虫极具开发潜力，充分了解贵州天敌昆虫资源开发、利用天敌昆虫进行生物防治，对贵州省生态农业发展具有重要意义。

一、食蚜蝇调查及分布情况

1. 方斑墨（食）蚜蝇 *Melanostoma mellinum*（Linnaeus，1758）

分布：中国黑龙江、吉林、辽宁、内蒙古、河北、北京、甘肃、青海、新疆、上海、浙江、江西、湖南、湖北、四川、贵州、云南、西藏、福建、广西、海南；苏联、蒙古国、日本、伊朗、阿富汗、瑞典、英国、法国、德国、匈牙利、美国、加拿大、非洲（北部）。

2. 东方墨（食）蚜蝇 *Melanostoma orientale*（Wiedemann，1824）

分布：中国吉林、内蒙古、青海、新疆、上海、浙江、湖南、湖北、四川、贵州、云南、西藏、福建、广西；苏联、日本、整个东洋区。

3. 梯斑墨（食）蚜蝇 *Melanostoma scalare*（Fabricius，1794）

分布：中国内蒙古、河北、北京、山东、陕西、甘肃、新疆、江苏、浙江、江西、湖南、湖北、四川、贵州、云南、西藏、福建、台湾；日本、苏联、丹麦、英国、德国、法国、蒙古国、阿富汗、斯里兰卡、整个东洋区、新几内亚岛、非洲热带区。

4. 刻点小（食）蚜蝇 *Paragus tibialis*（Fallén，1817）

分布：中国吉林、内蒙古、河北、北京、山东、陕西、甘肃、新疆、江苏、浙江、湖南、湖北、四川、贵州、云南、西藏、福建、台湾、广东、广西、海南；俄罗斯、蒙古国、瑞典、法国、奥地利、德国、阿尔及利、葡萄牙、印度、日本、新北区、非洲（北部）。

5. 切黑狭口（食）蚜蝇 *Asarkina ericetorum*（Fabricius，1781）

分布：中国黑龙江、辽宁、内蒙古、河北、陕西、甘肃、浙江、湖南、四川、贵州、云南、西藏、福建、台湾、广西；苏联、日本、印度、斯里兰卡、印度尼西亚、南非、坦桑尼亚。

6. 东方狭口（食）蚜蝇 *Asarkina orientalis* Bezzi，1908

分布：中国辽宁、贵州、云南、台湾、海南；印度、马来西亚、菲律宾。

7. 黄腹狭口（食）蚜蝇 *Asarkina porcina*（Coquillett，1898）

分布：中国黑龙江、辽宁、内蒙古、河北、北京、山西、陕西、甘肃、江苏、浙江、湖南、湖北、四川、贵州、云南、西藏、福建、广西；苏联、日本、印度、斯里兰卡。

8. 狭带贝（食）蚜蝇 *Betasyrphus serarius*（Wiedemann，1830）

分布：中国黑龙江、吉林、辽宁、内蒙古、河北、陕西、甘肃、江苏、浙江、江西、湖南、湖北、四川、贵州、云南、西藏、福建、台湾、广东、广西、海南；苏联、朝鲜、日本、新几内亚岛、澳大利亚、东南亚。

9. 大长角（食）蚜蝇 *Chrysotoxum grande* Matsumura，1911

分布：中国辽宁、山西、湖南、四川、贵州、云南、广东；苏联、韩国、日本。

10. 宽带优（食）蚜蝇 *Eupeodes confrater*（Wiedemann，1830）

分布：中国辽宁、陕西、宁夏、甘肃、江西、湖南、四川、贵州、云南、西藏、广西、海南；日本、东洋区、新几内亚岛。

11. 大灰优（食）蚜蝇 *Eupeodes corollae*（Fabricius，1794）

分布：中国黑龙江、吉林、辽宁、内蒙古、河北、天津、北京、山东、河南、陕西、宁夏、甘肃、青海、新疆、江苏、浙江、江西、湖南、湖北、四川、贵州、云南、西藏、福建、台湾、广西；苏联、蒙古国、日本、欧洲、非洲。

12. 黄带狭腹（食）蚜蝇 *Meliscaeva cinctella*（Zetterstedt，1843）

分布：中国河北、陕西、宁夏、甘肃、湖北、四川、贵州、云南、西藏、台湾、广西；苏联、蒙古国、日本、印度、斯里兰卡、尼泊尔、瑞典、斯洛文尼亚、奥地利、加拿大。

13. 印度细腹（食）蚜蝇 *Sphaerophoria indiana* Bigot，1884

分布：中国黑龙江、河北、陕西、甘肃、江苏、浙江、湖南、湖北、四川、贵州、云南、西藏、广东；苏联、蒙古国、朝鲜、日本、印度、阿富汗。

14. 短翅细腹（食）蚜蝇 *Sphaerophoria scripta*（Linnaeus，1758）

分布：中国陕西、甘肃、新疆、江苏、湖南、四川、贵州、云南、福建；印度、尼泊尔、苏联、蒙古国、瑞典、丹麦、英国、前南斯拉夫、法国、波兰、叙利亚、阿富汗、北美洲。

15. 野（食）蚜蝇 *Syrphus torvus* Osten Sacken，1875

分布：中国黑龙江、吉林、辽宁、河北、陕西、甘肃、浙江、湖南、四川、贵州、云南、西藏、福建、台湾；苏联、蒙古国、日本、印度、尼泊尔、泰国、欧洲、北美洲。

16. 黑足蚜蝇 *Syrphus vitripennis* Meigen，1822

分布：中国河北、陕西、甘肃、浙江、湖南、四川、贵州、云南、西藏、福建、台湾；苏联、蒙古国、日本、伊朗、阿富汗、欧洲、北美洲。

17. 羽芒宽盾（食）蚜蝇 *Phytomia zonata*（Fabricius，1787）

分布：中国贵州（遵义）、黑龙江、吉林、辽宁、内蒙古、河北、山东、河南、陕西、甘肃、江苏、浙江、江西、湖南、湖北、四川、云南、福建、台湾、广东、广西、海南；苏联、朝鲜、日本、巴基斯坦、印度、菲律宾、美国（夏威夷）。

18. 侧斑直脉（食）蚜蝇 *Dideoides latus*（Coquillett，1898）

分布：中国贵州（遵义）、辽宁、陕西、甘肃、江苏、浙江、江西、湖南、四川、云南、福建、台湾、广东、广西、海南；日本。

19. 棕腹长角（食）蚜蝇 *Chrysotoxum baphrus* Walker，1849

分布：中国贵州（遵义）、陕西、湖南、云南、西藏、福建、广东、广西；老挝、印度、尼泊尔、斯里兰卡。

20. 斑翅（食）蚜蝇 *Dideopsis aegrota*（Fabricius，1805）

分布：中国贵州（遵义）、浙江、江西、湖南、湖北、四川、云南、福建、台湾、广西、海南；尼泊尔、印度、东南亚、澳洲区。

21. 短刺刺腿（食）蚜蝇 *Ischiodon scutellaris*（Fabricius，1805）

分布：中国贵州（遵义）、河北、山东、陕西、甘肃、新疆、江苏、浙江、江西、湖南、云南、广东、广西；日本、越南、印度、印度尼西亚、菲律宾、新几内亚、非洲。

22. 黑带（食）蚜蝇 *Episyrphus balteatus*（De Geer，1842）

分布：中国贵州（遵义）、黑龙江、吉林、辽宁、河北、陕西、甘肃、江苏、浙江、江西、湖南、湖北、四川、云南、西藏、福建、广东、广西；日本、蒙古国、马来西亚、苏联、阿富汗、东洋区、澳大利亚、瑞典、斯洛文尼亚、丹麦、英国、奥地利、法国、西班牙。

23. 黑腹木（食）蚜蝇 *Xylota coquilletti* Hervé-Bazin，1914

分布：中国贵州（遵义）、黑龙江、台湾；苏联、日本。

24. 秦岭细腹（食）蚜蝇 *Sphaerophoria qinlingensis* Huo *et* Ren，2006

分布：中国贵州（遵义）。

25. 胡氏柄角（食）蚜蝇 *Monoceromyia wui* Shannon，1925

分布：中国四川、贵州、福建。

26. 雁荡柄角（食）蚜蝇 *Monoceromyia yentaushanensis* Ôuchi，1943

分布：中国浙江、贵州、云南、福建、广东、广西。

27. 宽条墨管（食）蚜蝇 *Mesembrius flaviceps*（Matsumura，1905）

分布：中国河北、北京、甘肃、江苏、上海、浙江、湖南、湖北、四川、贵州；苏联、朝鲜、日本。

28. 瘤突墨管（食）蚜蝇 *Mesembrius tuberosus* Curran，1925

分布：中国湖南、贵州、云南、福建、广西；新几内亚岛；东南亚。

29. 玉带迷（食）蚜蝇 *Milesia balteata* **Kertész，1901**

分布：中国贵州、云南、广西、海南；老挝、泰国、印度、马来西亚。

30. 锈色迷（食）蚜蝇 *Milesia ferruginosa* **Brunetti，1913**

分布：中国陕西、四川、贵州、云南；印度。

31. 东方粗股（食）蚜蝇 *Syritta orientalis* **Macquart，1842**

分布：中国陕西、安徽、江苏、湖南、湖北、四川、贵州、福建、台湾、广东；印度、印度尼西亚、斯里兰卡。

32. 黄足瘤木（食）蚜蝇 *Brachypalpoides makiana*（**Shiraki，1930**）

分布：中国浙江、四川、贵州、云南、福建、台湾；尼泊尔。

33. 方斑桐木（食）蚜蝇 *Chalcosyrphus maculiquadratus* **Yang** *et* **Cheng，1993**

分布：中国贵州。

34. 普通木（食）蚜蝇 *Xylota vulgaris* **Yang** *et* **Cheng，1993**

分布：中国吉林、湖北、贵州。

35. 铜鬃胸（食）蚜蝇 *Ferdinandea cuprea*（**Scopoli，1763**）

分布：中国吉林、陕西、甘肃、浙江、湖南、四川、贵州、云南；苏联、日本；欧洲。

36. 四斑鼻颜（食）蚜蝇 *Rhingia binotata* **Brunetti，1908**

分布：中国吉林、陕西、甘肃、浙江、四川、贵州、云南、西藏、福建、台湾、广东、广西；印度、尼泊尔。

37. 黑缘鼻颜（食）蚜蝇 *Rhingia campestris* **Meigen，1822**

分布：中国贵州（遵义）、四川；蒙古国、苏联；欧洲。

38. 台湾缺伪（食）蚜蝇 *Graptomyxa formosana* **Shiraki，1930**

分布：中国河北、北京、安徽、浙江、四川、贵州、台湾。

39. 三带蜂（食）蚜蝇 *Volucella trifasciata* **Wiedemann，1830**

分布：中国陕西、甘肃、浙江、湖南、湖北、四川、贵州、云南、福建、台湾、广西、海南；印度尼西亚、马来西亚。

40. 无刺巢穴（食）蚜蝇 *Microdon auricomus* **Coquillett，1898**

分布：中国辽宁、北京、甘肃、江苏、浙江、江西、湖北、四川、贵州、福建、广西；朝鲜、日本。

41. 红尾巢穴（食）蚜蝇 *Microdon ruficaudus* **Brunetti，1907**

分布：中国湖南、湖北、四川、贵州、台湾；印度。

42. 狭带条胸（食）蚜蝇 *Helophilus virgatus* **Coquilletti，1898**

分布：中国贵州（遵义）、辽宁、河北、北京、陕西、江苏、上海、浙江、江西、湖南、湖北、四川、云南、西藏、福建、广西；苏联、日本。

43. 灰带管（食）蚜蝇 *Eristalis cerealis* **Fabricius，1805**

分布：中国贵州（遵义）、黑龙江、辽宁、内蒙古、河北、山东、河南、陕西、甘肃、青海、新疆、安徽、江苏、浙江、江西、湖南、湖北、四川、云南、西藏、福建、台湾、广东；苏联、尼泊尔、朝鲜、日本、东洋区。

44. 长尾管（食）蚜蝇 *Eristalis tenax*（Linnaeus，1758）

分布：中国贵州（遵义）、全国各地均有分布；世界广布。

45. 闪光平颜（食）蚜蝇 *Eumerus lucidus* Loew，1848

分布：中国贵州（遵义）、吉林、内蒙古、河北、北京、山西、山东、浙江、江西、湖北、四川、云南、香港；苏联、希腊。

二、步甲类昆虫调查及分布情况

1. *Acupalpus inornatus* Bates，1873

分布：中国贵州（遵义）。

2. *Stenolopus agonoides* Bates，1883

分布：中国贵州（遵义）。

3. 环带寡行步甲 *Loxoncus circumcinctus*（Motschulsky，1858）

分布：中国贵州（遵义）。

4. *Clivina dolense* Putzeys，1873

分布：中国贵州（遵义）。

5. *Dolichus halensis*（Schaller，1783）

分布：中国贵州（遵义）。

6. 点翅斑步甲 *Anisodactylus punctatipennis* Morawitz，1862

分布：中国贵州（遵义）、浙江、湖南、四川；日本、朝鲜。

7. *Pheropsophus jessoensis* Morawitz，1862

分布：中国贵州（遵义）。

8. *Chlaenius micans* Putzeys，1873

分布：中国贵州（遵义）。

9. 三齿娄步甲 *Harpalpus tridens* Morawitz，1862

分布：中国贵州（遵义）、陕西、江苏、浙江、湖北、江西、湖南、福建、四川。

10. 中华娄步甲 *Harpalpus sinicus* Hope，1845

分布：中国贵州（遵义）、辽宁、甘肃、河北、山东、河南、江苏、安徽、浙江、湖北、江西、湖南、福建、台湾、广东、广西、四川、云南、西藏、上海。

11. 肖毛娄步甲 *Harpalpus jureceki*（Jedlicka，1928）

分布：中国贵州（遵义）。

12. *Agonum japonicus*（Motschulsky，1860）

分布：中国贵州（遵义）。

13. *Agonum* sp.

分布：中国贵州（遵义）。

14. *Cylindera*（*lfasina*）*kaleea*（Bates，1863）

分布：中国贵州（遵义）。

三、捕食蝽调查及分布情况

1. 丹蝽 *Amyotea malabarica*（Fabricius，1775）

分布：中国贵州（罗甸、贵阳）、江西、福建、台湾、广东、海南、云南、西藏；日本、印度、缅甸、菲律宾、孟加拉国、斯里兰卡、印度尼西亚、新西兰。

2. 锥角长头猎蝽 *Henricohahnia monticola* Hsiao et Ren，1981

分布：中国四川、贵州（荔波茂兰）、广西。

3. 齿塔猎蝽 *Tapirocoris dentus* Hsiao et Ren，1981

分布：中国广西、贵州（茂兰、雷山、习水、道真、赤水）、湖南、云南、四川。

4. 粒杨猎蝽 *Yangicoris geniculatus* Cai，1995

分布：中国贵州（茂兰）、台湾。

5. 斑腹红猎蝽 *Cydnocoris geniculatus* Hsiao，1979

分布：中国贵州（榕江）、云南、江西、广西。

6. 脊猎蝽 *Epidaucus carinatus* Hsiao，1979

分布：中国贵州（雷公山）、江西、浙江、湖北、四川、福建、广西、广东、浙江。

7. 霜斑素猎蝽 *Epidaus famulus*（Stål，1863）

分布：中国四川、广东、江西、海南、广西、福建、贵州（习水、雷公山、茂兰、赫章、道真）、湖南、云南；印度、缅甸。

8. 斑缘素猎蝽 *Epidaus maculimarginatus*

分布：中国贵州（梵净山、道真）、福建。

9. 六刺素猎蝽 *Epidaus sexspinus* Hsiao，1979

分布：中国广西、广东、湖南、贵州（雷公山、湄潭、习水、贵阳、罗甸、惠水、坪坝、三都、江口、玉屏、修文、天柱、兴义、安顺、梵净山、道真）、云南、浙江、福建、四川；日本。

10. 杨氏素猎蝽 *Epidaus yangae*

分布：中国福建、贵州（雷公山）、四川。

11. 徐梁素猎蝽 *Epidaus xuliangae*

分布：中国贵州（梵净山、望谟、黑湾河、雷公山）、广西。

12. 毛足菱猎蝽 *Isyndus pilosipes* Reuter，1881

分布：中国西藏、四川、贵州（贵阳）、福建、广东、广西、云南；印度、缅甸。

13. 圆肩菱猎蝽 *Isyndus planicollis* Lindberg，1934

分布：中国甘肃、四川、陕西、贵州、云南。

14. 锥盾菱猎蝽 *Isyndus reticulatus* Stål，1858

分布：中国浙江、江西、四川、贵州（罗甸）、福建、广东、广西、云南、香港；印度。

15. 华齿胫猎蝽 *Rihirbus sinicus* Hsiao et Ren，1981

分布：中国贵州（茂兰）、广西、福建。

16. 蜂形塞猎蝽 *Serendiba hymenoptera* China，1940

分布：中国广西、贵州（台江）、江西、广东；日本。

17. 斑腹雅猎蝽 *Serendus geniculatus* Hsiao，1979

分布：中国贵州（雷公山、习水）、广西、福建、云南、西藏、四川。

18. 黄壮猎蝽 *Biasticus flavus*（Distant，1903）

分布：中国贵州（茂兰、惠水、道真、榕江）、广东、广西、云南、西藏、海南、台湾、香港；缅甸、马来西亚、印度、越南。

19. 赫彩瑞猎蝽 *Rhynocoris hoffmanni* Zhao et Cai

分布：中国贵州（威宁）、广西、云南；印度、斯里兰卡。

20. 云斑瑞猎蝽 *Rhynocoris incertis*（Distant，1903）

分布：中国河北、陕西、河南、江苏、安徽、湖北、浙江、江西、湖南、四川、重庆、贵州（道真、雷公山、湄潭、荔波、开阳、都匀、绥县、万山、独山、凤岗、大方、无县、岑县、瓮县、毕节、安顺、惠水、贵阳、广顺、剑河、雷山、威宁、凯里）、福建、广东、广西；日本。

21. 双环猛猎蝽 *Sphedanolestes annulipes* Distant，1903

分布：中国西藏、贵州（盘州、平塘、遵义、岑巩、都匀、龙里、松桃、清镇、威宁、天桂、雷公山）、广西、云南；缅甸。

22. 红缘猛猎蝽 *Sphedanoletes gularis* Hsiao，1979

分布：中国甘肃、西藏、河南、安徽、湖北、浙江、江西、湖南、四川、重庆、贵州（雷公山、梵净山、茂兰、关岑、习水、凯里）、福建、广东、广西、云南。

23. 环斑猛猎蝽 *Sphedanoletes impressicollis*（Stål，1861）

分布：中国辽宁、北京、陕西、甘肃、山东、河南、江苏、安徽、湖北、浙江、江西、湖南、四川、重庆、贵州（贵阳、雷山、梵净山、黄果树、湄潭、松桃、毕节、宝华山、盘州、安顺、清镇、独山、遵义、绥阳、平塘、长顺、天柱、都匀、惠水、瓮安、岑巩、纳雍、威宁、荔波、六枝、水城、罗甸、望谟、剑河、凯里、凤凰山、元乃、三都、力平、习水）、福建、广东、广西、云南；朝鲜、日本、印度。

24. 赤腹猛猎蝽 *Sphedanolestes pubinotus* Reuter，1881

分布：中国西藏、安徽、浙江、江西、四川、贵州（凯里、平坝、茂兰、盘州）、福建、广东、广西、云南、海南；印度、缅甸、印度尼西亚。

25. 四点猛猎蝽 *Sphedanolestes quadrinotatus* Cai et al.，2004

分布：中国云南、贵州（绥阳）。

26. 华猛猎蝽 *Sphedanolestes sinicus* Cai et Yang，2002

分布：中国浙江、湖南、四川、贵州（荔波）。

27. 革红脂猎蝽 *Velinus annulatus* Distant，1879

分布：中国贵州（茂兰、力平、贵阳、习水）、福建、广东、广西、云南；缅甸、印度。

28. 黑脂猎蝽 *Velinus nodipes* Uhler，1860

分布：中国贵州（茂兰、雷公山、贵阳、瓮安、平塘、广顺、凤凰山、花溪、独山、桐梓、罗甸、毕节、纳雍、天柱、六枝、望谟、丹寨、隆里、独山、平坝）、河南、江苏、浙江、江西、四川、福建、广东、广西、云南；日本、印度。

29. 红腹脂猎蝽 *Velinus rufiventris* Hsiao，1979

分布：中国贵州（茂兰、贵阳、独山）、福建、广西、云南。

30. 多氏田猎蝽 *Agriosphodrus dohrni*（Signoret，1862）

分布：中国安徽、福建、甘肃、贵州、广东、广西、海南、河南、湖北、湖南、江苏、江西、陕西、上海、四川、云南、浙江；印度、日本、越南。

31. 亮扁胸猎蝽 *Homalosphodrus depressus*（Stål，1863）

分布：中国广州、贵州（茂兰）、四川、云南；印度。

32. 环足马氏猎蝽 *Maldonadocoris annulipes* Zhao，Yuan *et* Cai，2006

分布：中国贵州（雷公山、荔波、榕江）、广东。

33. 黄带犀猎蝽 *Sycanus croceovittatus* Dohrn，1859

分布：中国广东、广西、云南、贵州（茂兰、贵阳、望谟、贵定）、湖南、福建、海南、香港；缅甸、印度。

34. 黄犀猎蝽 *Sycanus croceus* Hsiao，1979

分布：中国贵州（雷公山）、云南、广西、广东、江西、福建。

35. 四川犀猎蝽 *Sycanus sichuanensis* Hsiao，1979

分布：中国湖北、湖南、四川、贵州（茂兰、雷公山、石阡）、广西、云南。

36. 淡裙猎蝽 *Yolinus albopustulatus* China，1940

分布：中国贵州（茂兰、湄潭、贵阳、江口、万山、力元、遵义、隆里、雷公山、罗甸、梵净山）、陕西、河南、安徽、浙江、江西、湖南、四川、福建、广东、广西、云南。

37. 益蝽 *Picromerus lewisi* Scott

分布：中国新疆、黑龙江、吉林、辽宁、河北、山西、河南、山东、陕西、湖北、安徽、江苏、江西、浙江、福建、台湾、广东、海南、湖南、广西、贵州、四川、云南、西藏；韩国、日本。

38. 蓝蝽 *Zicrona caerula*（Linnaeus，1785）

分布：中国新疆、黑龙江、吉林、辽宁、内蒙古、河北、天津、河南、陕西、山西、山东、青海、甘肃、湖北、安徽、江苏、江西、浙江、福建、台湾、广东、香港、澳门、海南、广西、湖南、贵州、四川、云南；日本、蒙古国、马来西亚、韩国、苏格兰、越南、缅甸、印度、土耳其、法国、美国、南美洲、加拿大、非洲。

39. 蠋蝽（蠋敌） *Arma chinensis* Fabricius

分布：中国新疆最北端、黑龙江、吉林、辽宁、山西、陕西、河北、山东、湖北、江苏、江西、浙江、广西、贵州、云南；西伯利亚、小亚细亚、中亚、中南欧、蒙古国、日本。

40. 类原姬蝽亚洲亚种 *Nabis*（*Nabis*）*punctatus mimoferus* Hsiao，1964

分布：中国新疆、北京、天津、河北、黑龙江、吉林、内蒙古、河南、山东、陕西、甘肃、宁夏、安徽、贵州、云南、福建、四川、西藏；中亚细亚、俄罗斯。

41. 东方齿爪盲蝽 *Deraeocoris pulchellus*（Herrich-Schaeffer，1842）

分布：中国新疆、河北、吉林、黑龙江、四川、贵州、陕西、甘肃；朝鲜、日本。

42. 晦纹剑猎蝽 *Lisarda rhypara* **Stål，1859**

分布：中国海南、云南、广东、广西、贵州、香港；越南、印度尼西亚、缅甸、新加坡。

43. 南方叉盾猎蝽 *Ectrychotes lingnanensis* **China，1940**

分布：中国海南、浙江、重庆、福建、贵州、湖北、云南、陕西、广东、广西。

44. 黑叉盾猎蝽 *Ectrychotes andreae*（**Thunberg，1784**）

分布：中国海南、云南、辽宁、北京、河北、陕西、贵州、河南、山东、安徽、甘肃、上海、江苏、浙江、湖南、湖北、四川、福建、广东、广西；日本、朝鲜。

45. 缘斑叉盾猎蝽 *Ectrychotes comotti* **Lethierry，1883**

分布：中国海南、云南、贵州、江西、广东、广西、四川、福建、台湾；日本、缅甸、越南。

46. 黑红赤猎蝽 *Haematoloecha nigrorufa*（**Stål，1866**）

分布：中国海南、安徽、云南、贵州、广西、北京、河北、陕西、山东、河南、湖北、浙江、江西、湖南、福建、台湾、广东；日本、朝鲜。

47. 黑哎猎蝽 *Ectomocoris atrox* **Stål，1885**

分布：中国海南、云南、陕西、西藏、江苏、浙江、江西、湖南、四川、贵州、福建、广西、广东、台湾；印度尼西亚、菲律宾、越南。

48. 小黑哎猎蝽 *Ectomocoris yunnanensis* **Ren，1990**

分布：中国海南、云南、浙江、江西、湖南、贵州、福建、广西、广东。

49. 黄足直头猎蝽 *Sirthenea flavipes*（**Stål，1866**）

分布：中国海南、云南、陕西、甘肃、河南、江苏、上海、安徽、湖北、浙江、江西、湖南、四川、贵州、福建、广西、广东；朝鲜、日本、越南、印度、老挝、斯里兰卡、菲律宾、印度尼西亚。

50. 粒伐猎蝽 *Phalantus geniculatus* **Stål，1863**

分布：中国海南、云南、湖北、江西、湖南、四川、贵州、福建、广西、广东、香港；缅甸、印度、日本。

51. 橘红背猎蝽 *Redubvius tenebrosus*（**Stål，1863**）

分布：中国海南、江苏、安徽、浙江、江西、湖南、四川、贵州、福建、广东、广西、云南。

52. 敏猎蝽 *Thodelmus falleni* **Stål，1859**

分布：中国海南、四川、云南、贵州；斯里兰卡。

53. 圆肩普猎蝽 *Oncocephalus purus* **Hsiao，1977**

分布：中国海南、江西、广西、广东、贵州。

54. 粗股普猎蝽 *Oncocephalus impudicus* **Reuter，1883**

分布：中国海南、云南、江西、福建、浙江、贵州、广西、广东；缅甸、越南、斯里兰卡、印度、印度尼西亚。

55. 双环普猎蝽 *Oncocephalus breviscutum* **Reuter，1882**

分布：中国海南、贵州、河南、陕西、浙江、江西、重庆、湖南、广东、广西、云南；日本、印度尼西亚。

56. 盾普猎蝽 Oncocephalus scutellaris Reuter，1881

分布：中国海南、陕西、福建、湖南、贵州、云南、广东、广西；印度尼西亚、越南。

57. 新舟猎蝽 Neostaccia plebeja（Miller，1866）

分布：中国海南、云南、湖南、贵州、广西。

58. 淡舟猎蝽 Staccia diluta Stål，1859

分布：中国海南、江苏、江西、湖北、四川、福建、广东、云南、河南、浙江、广西、贵州；越南、缅甸、斯里兰卡、印度、印度尼西亚。

59. 垢猎蝽 Caunus noctulus Hsiao，1977

分布：中国海南、四川、浙江、福建、云南、山东、贵州。

60. 众突长头猎蝽 Henricohahnia cauta Miller，1954

分布：中国海南、贵州、广东、广西、江西、云南。

61. 乌带红猎蝽 Cydnocoris fasciatus Reuter，1881

分布：中国海南、福建、广西、广东、贵州、云南、西藏；马来西亚、印度。

62. 艳红猎蝽 Cydnocoris russatus Stål，1866

分布：中国海南、贵州、陕西、甘肃、河南、江苏、安徽、浙江、江西、湖南、四川、福建、台湾、广东、广西；朝鲜、日本、越南。

63. 多变嗯猎蝽 Endochus cingalensis Stål，1861

分布：中国海南、贵州、广西、云南、江西、福建、西藏；缅甸、斯里兰卡、印度。

64. 黑角嗯猎蝽 Endochus nigricornis Stål，1959

分布：中国海南、贵州、广西、云南、安徽、湖北、浙江、四川、福建、广东、西藏；印度尼西亚、爪哇岛、印度、缅甸、苏门答腊岛、马来西亚、菲律宾。

65. 彩纹猎蝽 Euagoras plagiatus（Burmeister，1834）

分布：中国海南、贵州、浙江、江西、湖南、福建、广东、广西、云南；日本、菲律宾、印度、越南、马来西亚、印度尼西亚、斯里兰卡、缅甸、新加坡。

66. 褐菱猎蝽 Isyndus obscurus（Dallas，1850）

分布：中国海南、辽宁、北京、甘肃、陕西、西藏、山东、河南、安徽、河北、湖北、浙江、江西、四川、重庆、贵州、福建、广东、广西、云南；朝鲜、日本、印度、不丹、越南。

67. 茧蜂岭猎蝽 Lingnania braconiformis China，1940

分布：中国海南、云南、广西、福建、贵州、四川、广东。

68. 结股角猎蝽 Macracanthopis nodipes Reuter，1881

分布：中国海南、贵州、西藏、湖北、江西、湖南、福建、广东、广西、云南；印度、热带亚洲。

69. 多变齿胫猎蝽 Rihirbus trochantericus Stål，1861

分布：中国海南、贵州、广东、广西、云南；印度、斯里兰卡、印度尼西亚。

70. 黑文猎蝽 Villanovanus nigrorufus Hsiao，1979

分布：中国海南、贵州、云南、广西。

71. 轮刺猎蝽 Scipinia horrida（Stål，1859）

分布：中国海南、福建、甘肃、广东、广西、贵州、河南、湖北、湖南、江西、四川、陕西、云南、西藏、浙江；斯里兰卡、印度、缅甸、菲律宾、印度尼西亚。

72. 棘猎蝽 Polididus armatissimus Stål，1859

分布：中国海南、湖北、福建、广东、广西、贵州、江西、台湾、云南、河南；日本、韩国、沙特阿拉伯、越南、印度尼西亚、斯里兰卡、印度、缅甸。

73. 齿缘刺猎蝽 Sclomina erinacea Stål，1861

分布：中国海南、安徽、福建、广东、广西、贵州、湖南、江西、四川、台湾、香港、云南、浙江。

74. 小壮猎蝽 Biasticus flavinotus（Matsumura，1913）

分布：中国海南、福建、广东、广西、贵州、江西、四川、台湾、云南。

75. 红彩瑞猎蝽 Rhynocoris fuscipes（Fabricius，1787）

分布：中国海南、西藏、浙江、江西、湖南、四川、贵州、福建、广东、广西、云南；越南、老挝、泰国、斯里兰卡、缅甸、印度、马来西亚、日本。

76. 日本高姬蝽 Gorpis（Gorpis）japonicus Kerzhner，1968

分布：中国海南、河北、陕西、山东、河南、浙江、四川、贵州、福建；日本、朝鲜、俄罗斯。

77. 大突喉长蝽 Diniella servosa（Distant）

分布：中国海南、福建、江西、湖北、广东、广西、重庆、贵州、云南；斯里兰卡。

78. 小长蝽 Nysius ericae ericae（Schilling，1829）

分布：中国海南、北京、天津、河北、河南、贵州、四川、陕西、西藏、宁夏；古北界与北美广布。

79. 毛胸直腮长蝽 Pamerana scotti（Distant，1901）

分布：中国海南、浙江、福建、江西、湖北、广东、广西、贵州、云南；日本、韩国、印度、缅甸、斯里兰卡。

80. 刺额棘缘蝽 Cletus bipunctatus（Herrich-Schaeffer，1842）

分布：中国海南、云南、贵州。

81. 淡带荆猎蝽 Acanthaspis cincticrus Stål，1859

分布：中国辽宁、内蒙古、北京、河北、陕西、陕西、甘肃、山东、河南、江苏、安徽、浙江、江西、湖南、贵州、广西、云南；朝鲜、日本、印度、缅甸。

82. 李氏短猎蝽 Brachytonus lii Cai et Yang，2002

分布：中国广西、贵州；越南北部。

83. 红斑猎蝽 Reduvius nigrorufus Hsiao，1976

分布：中国四川、贵州、广西。

84. 桔红背猎蝽 Reduvius tenebrosus Walker，1873

分布：中国江苏、安徽、浙江、江西、湖南、四川、贵州、福建、广东、广西、云南、河南。

85. 毒滑猎蝽 Tiarodes venenatus Cai et Sun，2001

分布：中国福建、浙江、贵州。

86. 六斑猎蝽 *Canthesancus dislurco* Hsiao，1977

分布：中国云南、贵州。

87. 小菱斑猎蝽 *Canthesancus geniculatus* Distant，1902

分布：中国浙江、江西、福建、广西、湖北、湖南、海南、贵州。

88. 锯齿突猎蝽 *Duriocoris serratus* Miller，1940

分布：中国贵州；马来西亚。

89. 污刺胸猎蝽 *Pygolampis foeda* Stål，1859

分布：中国辽宁、河南、陕西、上海、江西、湖南、湖北、四川、广东、广西、云南、贵州、江苏、浙江、浙江、海南；缅甸、印度、斯里兰卡、印度尼西亚、日本、澳大利亚。

90. 小刺胸猎蝽 *Pygolampis longipes* Hsiao，1977

分布：中国云南、广西、贵州、湖南、江西、海南。

91. 赭刺胸猎蝽 *Pygolampis rufescens* Hsiao，1977

分布：中国云南、贵州、广西、江西、广东；越南。

92. 敏梭猎蝽 *Sastrapada oxyptera* Bergroth，1922

分布：中国广东、海南、广西、云南、贵州、陕西、浙江、福建。

93. 日月盗猎蝽 *Peirates arcuatus* Stål，1870

分布：中国西藏、广西、贵州、河南、重庆、陕西、湖南、浙江、四川、福建、台湾、广东、云南、海南；日本、缅甸、斯里兰卡、印度尼西亚、印度、菲律宾。

94. 二叉小花蝽 *Orius bifilarus* Ghauri

分布：中国贵州。

95. 明小花蝽 *Orius nagaii* Yasunaga

分布：中国贵州、浙江、天津、河北、陕西、山东、安徽；日本。

96. 微小花蝽 *Orius minutes* Linnaeus

分布：中国贵州、辽宁、河北、山东、山西、陕西、河南、江苏、江西、安徽。

97. 荷氏小花蝽 *Orius horvathi* Reuter

分布：中国贵州、四川、广东、内蒙古中部、河北、宁夏、甘肃、新疆。

98. 南方小花蝽 *Orius similis* Zheng

分布：中国贵州、湖北、江苏、上海、江西、广东、广西、河南、河北、北京。

99. 淡翅小花蝽 *Orius tantillus* Motschulsky

分布：中国贵州、福建、广东、广西。

100. 肩毛小花蝽 *Orius niger* Wolff

分布：中国贵州、新疆、云南、西藏；中亚、哈萨克斯坦、蒙古国、西亚、欧洲、北非。

101. 剑鞭小花蝽 *Orius gladiatus* Zheng

分布：中国贵州、四川、浙江。

102. 东亚小花蝽 *Orius sauteri* Poppius

分布：中国贵州、黑龙江、吉林、辽宁、北京、天津、河北、山西、甘肃、河南、湖北、湖南、四川；日本、朝鲜、俄罗斯（远东地区）。

103. 黑翅小花蝽 *Orius agilis* **Flor**

分布：中国贵州、河北、内蒙古、甘肃；蒙古国、俄罗斯（西伯利亚）、欧洲。

104. 小姬猎蝽 *Nabis mimoferus* **Hsiao**

分布：中国贵州、河北、北京、天津、上海。

105. 华姬猎蝽 *Nabis sinoferus* **Hsiao**

分布：中国贵州、河北、河南、山西、甘肃、福建、广东。

106. 高姬蝽 *Gorpis* **sp.**

分布：中国贵州。

107. 瘤足希姬蝽 *Himdcerus nodipes* **Hsiao**

分布：中国贵州、湖南（湘西）、四川、广西。

四、捕食性虻类调查及分布情况

1. 阿萨姆麻虻 *Haematopota assamensis* **Ricardo，1911**

分布：中国贵州、四川、云南、福建、广西；印度、尼泊尔、越南、泰国。

2. 縫腿麻虻 *Haematopota cilipes* **Bigot，1890**

分布：中国贵州、云南、福建；老挝、柬埔寨、印度、缅甸、泰国。

3. 台岛麻虻 *Haematopota formosana* **Shiraki，1918**

分布：中国贵州、河南、安徽、江苏、浙江、湖南、四川、福建、台湾、广东、广西。

4. 爪洼麻虻 *Haematopota javana* **Wiedemann，1821**

分布：中国贵州、云南、福建、广西；印度、缅甸、越南、老挝、泰国、马来西亚、印度尼西亚。

5. 莫干山麻虻 *Haematopota mokanshanensis* **Ôuchi，1940**

分布：中国贵州、浙江、福建。

6. 拟云南麻虻 *Haematopota yunnanoides* **Xu，1991**

分布：中国贵州、四川、云南。

7. 峨眉山瘤虻 *Hybomitra omeishanensis* **Xu et Li，1982**

分布：中国贵州、陕西、甘肃、四川、福建。

8. 辅助虻 *Tabanus administrans* **Schiner，1868**

分布：中国贵州、辽宁、河北、天津、北京、山西、山东、河南、陕西、安徽、江苏、上海、浙江、江西、湖南、湖北、四川、重庆、云南、福建、台湾、广东、广西、海南、香港；朝鲜、日本。

9. 原野虻 *Tabanus amaenus* **Walker，1848**

分布：中国贵州、吉林、辽宁、河北、北京、山西、山东、河南、陕西、甘肃、安徽、江苏、上海、浙江、江西、湖南、湖北、四川、重庆、云南、福建、台湾、广东、广西、香港；日本、蒙古国、朝鲜、越南。

10. 金条虻 *Tabanus aurotestaceus* **Walker，1854**

分布：中国贵州、江苏、上海、浙江、江西、四川、云南、福建、台湾、广东、广西、海南、香港。

11. 宝鸡虻 *Tabanus baojiensis* Xu et Liu，1980

分布：中国贵州、陕西、甘肃、湖北、四川、云南。

12. 缅甸虻 *Tabanus birmanicus*（Bigot，1892）

分布：中国贵州、甘肃、浙江、湖南、四川、云南、福建、台湾、广东、广西、海南；印度、缅甸、泰国、马来西亚。

13. 棕翼虻 *Tabanus brunnipennis* Ricardo，1911

分布：中国贵州、云南、广西；印度、缅甸、越南、老挝、泰国、柬埔寨、印度尼西亚。

14. 浙江虻 *Tabanus chekiangensis* Ôuchi，1943

分布：中国陕西、甘肃、安徽、浙江、江西、湖南、湖北、四川、重庆、贵州、云南、福建、广东、广西、海南。

15. 朝鲜虻 *Tabanus coreanus* Shiraki，1932

分布：中国吉林、辽宁、河北、北京、山西、山东、河南、陕西、甘肃、安徽、江苏、浙江、湖北、四川、贵州、云南、福建；朝鲜。

16. 红腹虻 *Tabanus crassus* Walker，1850

分布：中国贵州、云南、福建、台湾、广东、广西、海南、香港；印度、缅甸、老挝、泰国、菲律宾、马来西亚、印度尼西亚。

17. 台岛虻 *Tabanus formosiensis* Ricardo，1911

分布：中国贵州、浙江、四川、福建、台湾、广东、广西、海南。

18. 土灰虻 *Tabanus griseinus* Philip，1960

分布：中国贵州、黑龙江、吉林、辽宁、内蒙古、河北、天津、北京、山西、山东、河南、陕西、宁夏、甘肃、安徽、江苏、浙江、湖北、四川、重庆、云南、福建；俄罗斯、蒙古国、朝鲜、日本。

19. 贵州虻 *Tabanus guizhouensis* Chen et Xu，1992

分布：中国贵州、云南、西藏。

20. 杭州虻 *Tabanus hongchowensis* Liu，1962

分布：中国贵州、河南、陕西、甘肃、安徽、浙江、江西、湖南、湖北、四川、重庆、云南、福建、广东、广西。

21. 拟矮小虻 *Tabanus humiloides* Xu，1980

分布：中国贵州、四川、云南、西藏。

22. 昆明虻 *Tabanus kunmingensis* Wang，1985

分布：中国贵州、云南。

23. 广西虻 *Tabanus kwangsinensis* Wang et Liu，1977

分布：中国贵州、浙江、湖北、四川、云南、福建、广东、广西。

24. 凉山虻 *Tabanus liangshanensis* Xu，1979

分布：中国贵州、四川、云南。

25. 线带虻 *Tabanus lineataenia* Xu，1979

分布：中国贵州、陕西、甘肃、安徽、浙江、江西、湖北、四川、云南、福建、广东、广西。

26. 麦氏虻 *Tabanus macfarlanei* Ricardo，1916

分布：中国贵州、安徽、浙江、福建、广东、广西、香港。

27. 中华虻 *Tabanus mandarinus* Schiner，1868

分布：中国贵州、辽宁、河北、天津、北京、山西、山东、河南、陕西、甘肃、安徽、江苏、上海、浙江、江西、湖南、湖北、四川、重庆、云南、福建、台湾、广东、广西、海南、香港。

28. 曼涅浦虻 *Tabanus manipurensis* Ricardo，1913

分布：中国贵州、四川、云南、西藏；印度。

29. 松本虻 *Tabanus matsumotoensis* Murdoch et Takahasi，1961

分布：中国贵州、安徽、浙江、江西、湖北、四川、云南、福建、广东、广西；日本。

30. 晨螫虻 *Tabanus matutinimordicus* Xu，1989

分布：中国贵州、浙江、湖南、云南、福建、广西。

31. 提神虻 *Tabanus mentitus* Walker，1848

分布：中国贵州、福建、台湾、广东、广西、海南、香港；越南。

32. 岷山虻 *Tabanus minshanensis* Xu et Liu，1982

分布：中国贵州、陕西、甘肃、云南。

33. 革新虻 *Tabanus mutatus* Wang et Liu，1990

分布：中国贵州、四川、云南、海南。

34. 日本虻 *Tabanus nipponicus* Murdoch et Takahasi，1969

分布：中国贵州、辽宁、河南、陕西、甘肃、安徽、浙江、湖南、湖北、四川、重庆、云南、福建、台湾、广东、广西；日本。

35. 青腹虻 *Tabanus oliviventris* Xu，1979

分布：中国贵州、四川、福建、广东、广西。

36. 峨眉山虻 *Tabanus omeishanensis* Xu，1979

分布：中国贵州、陕西、四川、云南。

37. 灰背虻 *Tabanus onoi* Murdoch et Takahasi，1969

分布：中国贵州、吉林、辽宁、内蒙古、河北、北京、河南、陕西、甘肃；日本。

38. 微小虻 *Tabanus parviformus* Wang，1985

分布：中国贵州、福建。

39. 伪青腹虻 *Tabanus pseudoliviventris* Chen et Xu，1992

分布：中国贵州、湖南、广西。

40. 暗斑虻 *Tabanus pullomaculatus* Philip，1970

分布：中国贵州、西藏；印度。

41. 五带虻 *Tabanus quinquecinctus* Ricardo，1914

分布：中国贵州、湖北、四川、云南、福建、台湾、广东、广西、海南。

42. 微赤虻 *Tabanus rubidus* Wiedemann，1821

分布：中国贵州、云南、福建、台湾、广东、广西、海南、香港；印度、尼泊尔、缅甸、越南、老挝、印度尼西亚、柬埔寨。

43. 山东虻 *Tabanus shantungensis* Ôuchi，1943

分布：中国山东、河南、陕西、甘肃、安徽、浙江、湖北、四川、贵州、云南、福建、广东。

44. 重脉虻 *Tabanus signatipennis* Portschinsky，1887

分布：中国吉林、辽宁、内蒙古、北京、山东、河南、陕西、甘肃、安徽、江苏、上海、浙江、湖北、四川、重庆、贵州、云南、福建、台湾；俄罗斯（远东地区）、朝鲜、日本。

45. 断纹虻 *Tabanus striatus* Fabricius，1787

分布：中国贵州、四川、云南、西藏、福建、台湾、广东、广西、海南、香港；印度、柬埔寨、斯里兰卡、缅甸、印度尼西亚、非洲。

46. 亚柯虻 *Tabanus subcordiger* Liu，1960

分布：中国贵州、吉林、辽宁、内蒙古、河北、北京、山西、山东、河南、陕西、宁夏、甘肃、安徽、江苏、浙江、湖北、四川、云南；朝鲜。

47. 天目虻 *Tabanus tienmuensis* Liu，1962

分布：中国贵州、河南、陕西、甘肃、安徽、浙江、江西、湖南、四川、云南、福建、广东、广西。

48. 威宁虻 *Tabanus weiningensis* Xu，Xu *et* Sun，2008

分布：中国贵州、云南、西藏。

49. 亚布力虻 *Tabanus yablonicus* Takagi，1941

分布：中国黑龙江、吉林、辽宁、北京、河南、陕西、浙江、湖北、四川、重庆、贵州、云南、福建。

50. 云南虻 *Tabanus yunnanensis* Liu *et* Wang，1977

分布：中国贵州、四川、云南。

51. 褐翅金鹬虻 *Chrysopilus luctuosus* Brunetti，1909

分布：中国贵州、福建、广西、海南。

52. 贵州鹬虻 *Rhagio guizhouensis* Yang *et* Yang，1992

分布：中国贵州。

53. 茂兰鹬虻 *Rhagio maolanus* Yang *et* Yang，1993

分布：中国贵州。

54. 南方芒角臭虻 *Dialysis meridionalis* Yang *et* Yang，1997

分布：中国湖北、四川、贵州。

55. 中华芒角臭虻 *Dialysis sinensis* Yang *et* Nagatomi，1994

分布：中国江西、湖南、贵州。

56. 黄端星水虻 *Actina apiciflava* Li，Zhang *et* Yang，2009

分布：中国贵州。

57. 弯突星水虻 *Actina curvata* Qi，Zhang *et* Yang，2011

分布：中国贵州。

58. 梵净山星水虻 *Actina fanjingshana* Li，Zhang *et* Yang，2009

分布：中国贵州。

59. 三斑星水虻 *Actina trimaculata* Yu，Cui *et* Yang，2009

分布：中国贵州、广东。

60. 单斑星水虻 *Actina unimaculata* Yu，Cui *et* Yang，2009

分布：中国贵州。

61. 背斑距水虻 *Allognosta dorsalis* Cui，Li *et* Yang，2009

分布：中国贵州。

62. 梵净山距水虻 *Allognosta fanjingshana* Cui，Li *et* Yang，2009

分布：中国贵州。

63. 斑胸距水虻 *Allognosta maculipleura* Frey，1961

分布：中国贵州、西藏；缅甸。

64. 黑腿距水虻 *Allognosta nigrifemur* Cui，Li *et* Yang，2009

分布：中国贵州。

65. 周氏柱角水虻 *Beris zhouae* Qi，Zhang *et* Yang，2011

分布：中国贵州。

66. 梵净山离眼水虻 *Chorisops fanjingshana* Li，Cui *et* Yang，2009

分布：中国贵州。

67. 条斑离眼水虻 *Chorisops striata* Qi，Zhang *et* Yang，2011

分布：中国贵州。

68. 东方鞍腹水虻 *Clitellaria orientalis*（Lindner，1951）

分布：中国贵州、云南、西藏、福建、广西。

69. 王冠优多水虻 *Eudmeta diadematipennis* Brunetti，1923

分布：中国浙江、四川、贵州、云南、西藏、广西、海南；印度。

70. 黄颈黑水虻 *Nigritomyia fulvicollis* Kertész，1914

分布：中国河南、浙江、湖北、四川、贵州、云南、福建、台湾、广东、广西。

71. 等额水虻 *Craspedometopon frontale* Kertész，1909

分布：中国山东、浙江、四川、贵州、云南、台湾；日本、韩国、俄罗斯、印度。

72. 黄盾寡毛水虻 *Evaza flaviscutellum* Chen，Zhang *et* Yang，2010

分布：中国贵州、云南、广西、海南。

73. 黑胫寡毛水虻 *Evaza nigritibia* Chen，Zhang *et* Yang，2010

分布：中国贵州、广西。

74. 四川亚拟蜂水虻 *Parastratiosphecomyia szechuanensis* Lindner，1954

分布：中国贵州、福建、广东、广西；老挝、越南。

75. 黄腹小丽水虻 *Microchrysa flaviventris*（Wiedemann，1824）

分布：中国河北、山东、河南、陕西、浙江、湖北、四川、贵州、云南、西藏、台湾、广西、海南；俄罗斯、日本、印度、巴基斯坦、泰国、马来西亚、印度尼西亚、菲律宾、斯里兰卡、帕劳、关岛、密克罗尼西亚、新喀里多尼亚、北马里亚纳群岛、巴布亚新几内亚、所罗门群岛、瓦努阿图、马达加斯加、科摩罗群岛、塞舌尔。

76. 金黄指突水虻 *Ptecticus aurifer*（Walker，1854）

分布：中国辽宁、河北、北京、河南、陕西、安徽、江苏、浙江、江西、湖南、湖北、四川、贵州、云南、福建、台湾、广东、广西、海南；俄罗斯、日本、印度、越南、马来西亚、印度尼西亚。

77. 棒瘦腹水虻 *Sargus baculventerus* Yang *et* Chen，1993

分布：中国黑龙江、辽宁、湖南、贵州。

78. 红斑瘦腹水虻 *Sargus mactans* Walker，1859

分布：中国吉林、辽宁、河北、北京、山西、山东、河南、陕西、甘肃、浙江、江西、湖南、湖北、四川、贵州、云南、西藏、福建、广东、广西；日本、印度、印度尼西亚、马来西亚、巴基斯坦、斯里兰卡、澳大利亚、巴布亚新几内亚。

79. 防城短角水虻 *Odontomyia fangchengensis* Yang，2004

分布：中国贵州、广西。

80. 黄绿斑短角水虻 *Odontomyia garatas* Walker，1849

分布：中国吉林、河北、北京、江苏、上海、浙江、江西、湖南、湖北、四川、贵州、云南、福建、台湾、广西、香港；日本、韩国。

81. 贵州短角水虻 *Odontomyia guizhouensis* Yang，1995

分布：中国贵州、云南、广西、海南。

82. 封闭短角水虻 *Odontomyia lutatius* Walker，1849

分布：中国贵州、台湾；印度、印度尼西亚。

83. 四国短角水虻 *Odontomyia shikokuana*（Nagatomi，1977）

分布：中国贵州；日本。

84. 集昆盾刺水虻 *Oxycera chikuni* Yang *et* Nagatomi，1993

分布：中国贵州。

85. 崔氏盾刺水虻 *Oxycera cuiae* Wang，Li *et* Yang，2010

分布：中国贵州。

86. 广西盾刺水虻 *Oxycera guangxiensis* Yang *et* Nagatomi，1993

分布：中国贵州、广西。

87. 贵州盾刺水虻 *Oxycera guizhouensis* Yang，Wei *et* Yang，2008

分布：中国贵州。

88. 双斑盾刺水虻 *Oxycera laniger*（Séguy，1934）

分布：中国陕西、甘肃、湖北、四川、贵州、云南、西藏。

89. 李氏盾刺水虻 *Oxycera lii* Yang *et* Nagatomi，1993

分布：中国陕西、四川、重庆、贵州、云南、西藏。

90. 小黑盾刺水虻 *Oxycera micronigra* Yang，Wei *et* Yang，2009

分布：中国重庆、贵州。

91. 黔盾刺水虻 *Oxycera qiana* Yang，Wei *et* Yang，2009

分布：中国重庆、贵州。

92. 斑盾刺水虻 *Oxycera signata* Brunetti，1920

分布：中国贵州；印度。

93. 唐氏盾刺水虻 *Oxycera tangi*（Lindner，1940）

分布：中国北京、山西、四川、贵州；日本。

94. 舟山丽额水虻 *Prosopochrysa chusanensis* Ôuchi，1938

分布：中国北京、浙江、湖南、四川、重庆、贵州、云南、福建、海南；菲律宾。

95. 棒水虻 *Stratiomys barca* Walker，1849

分布：中国贵州、福建；日本。

96. 长角水虻 *Stratiomys longicornis*（Scopoli，1763）

分布：中国黑龙江、辽宁、内蒙古、河北、天津、北京、山西、山东、河南、陕西、宁夏、甘肃、新疆、江苏、上海、浙江、江西、湖南、湖北、四川、贵州、福建、广东、广西、海南；古北界。

97. 齿斑低颜食虫虻 *Cerdistus denticulatus*（Loew，1849）

分布：中国陕西、四川、贵州、云南、西藏；土耳其、希腊、保加利亚、外高加索地区。

98. 阿圆突颜食虫虻 *Dysmachus atripes* Loew，1871

分布：中国贵州；日本、欧洲（中部和南部）。

99. 锥额鬃腿食虫虻 *Hoplopheromerus armatipes*（Macquart，1855）

分布：中国浙江、江西、湖南、四川、贵州、福建、台湾、广东；蒙古国、日本。

100. 异色鬃腿食虫虻 *Hoplopheromerus allochrous* Shi，1992

分布：中国贵州。

101. 毛腹鬃腿食虫虻 *Holopheromerus hirtiventris* Becker，1925

分布：中国浙江、湖南、湖北、四川、贵州、云南、福建、台湾、广东、广西、海南；不丹、印度。

102. 蓝弯顶毛食虫虻 *Neoitamus cyanurus*（Loew，1849）

分布：中国内蒙古、陕西、浙江、湖南、湖北、四川、贵州、云南、福建；奥地利、保加利亚、捷克、德国、丹麦、法国、英国、希腊、匈牙利、意大利、荷兰、波兰、罗马尼亚、瑞典、芬兰、苏联、俄罗斯（西西伯利亚、东西伯利亚、远东地区）。

103. 灰弯顶毛食虫虻 *Neoitamus cyaneocinctus*（Pandellé，1905）

分布：中国贵州；法国。

104. 长弯顶毛食虫虻 *Neoitamus dolichurus* Becker，1925

分布：中国贵州、台湾。

105. 灿弯顶毛食虫虻 *Neoitamus splendidus* Oldenberg，1912

分布：中国陕西、湖南、四川、贵州、云南、福建；瑞士、意大利。

106. 阿尔鬃额食虫虻 *Neomochtherus alpinus*（Meigen，1820）

分布：中国湖北、贵州；瑞士、法国、南斯拉夫。

107. 中华平胛食虫虻 *Neomochtherus sinensis*（Ricardo，1919）

分布：中国天津、湖南、贵州；日本、俄罗斯（远东地区）。

108. 白毛叉胫食虫虻 *Promachus albopilosus*（Macquart，1855）

分布：中国山东、浙江、湖南、湖北、四川、贵州、福建；哈萨克斯坦、乌兹别克斯坦、塔吉克斯坦。

109. 努叉胫食虫虻 *Promachus nussus* Oldroyd，1972

分布：中国贵州；菲律宾。

110. 微芒食虫虻 *Microstylum dux*（Wiedemann，1828）

分布：中国山东、陕西、浙江、江西、湖南、四川、贵州、云南、福建、广东、广西、海南；印度尼西亚、菲律宾。

111. 黄腹微芒食虫虻 *Microstylum flaviventre* Macquart，1850

分布：中国湖南、四川、贵州、福建、广东、广西、海南；越南、印度、孟加拉国。

112. 缘剑芒食虫虻 *Choerades fimbriata*（Meigen，1820）

分布：中国陕西、湖南、贵州；奥地利、阿尔巴尼亚、捷克、法国、匈牙利、意大利、波兰、罗马尼亚、芬兰。

113. 基毛食虫虻 *Laphria basalis* Hermann，1914

分布：中国湖南、贵州、台湾。

114. 弗拉羽芒食虫虻 *Ommatius frauenfeldi* Schiner，1868

分布：中国贵州；印度。

115. 坎邦羽芒食虫虻 *Ommatius kambangensis* De Meijere，1914

分布：中国浙江、湖南、贵州、福建、台湾；印度尼西亚。

116. 胖羽芒食虫虻 *Ommatius pinguis van der* Wulp，1872

分布：中国贵州；印度尼西亚。

117. 锐越蜂虻 *Petrorossia salqamum* Yang，Yao *et* Cui，2012

分布：中国河南、贵州。

118. 中华姬蜂虻 *Systropus chinensis* Bezzi，1905

分布：中国北京、山东、河南、浙江、湖南、四川、贵州、云南、福建。

119. 中凹姬蜂虻 *Systropus concavus* Yang，1998

分布：中国贵州、福建、广西。

120. 戴云姬蜂虻 *Systropus daiyunshanus* Yang *et* Du，1991

分布：中国北京、河南、浙江、贵州、福建、广西。

121. 大沙河姬蜂虻 *Systropus dashahensis* Dong *et* Yang，2005

分布：中国贵州。

122. 佛顶姬蜂虻 *Systropus fudingensis* Yang，1998

分布：中国北京、浙江、四川、贵州、福建、广西。

123. 贵阳姬蜂虻 *Systropus guiyangensis* Yang，1998

分布：中国河南、陕西、浙江、湖北、贵州、云南、福建。

124. 贵州姬蜂虻 *Systropus guizhouensis* Yang *et* Yang，1991

分布：中国贵州、云南。

125. 古田山姬蜂虻 *Systropus gutianshanus* Yang，1995

分布：中国浙江、湖南、贵州、福建。

126. 茅氏姬蜂虻 *Systropus maoi* Du，Yang，Yao *et* Yang，2008

分布：中国河南、浙江、湖南、湖北、四川、贵州。

127. 麦氏姬蜂虻 *Systropus melli*（Enderlein，1926）

分布：中国陕西、浙江、贵州、福建。

128. 寡突姬蜂虻 *Systropus tripunctatus* Zaitzev，1977

分布：中国吉林、辽宁、四川、贵州、广西；俄罗斯、韩国。

129. 贵州溪舞虻 *Clinocera guizhouensis* Yang，Zhu *et* An，2006

分布：中国贵州。

130. 崔氏长头舞虻 *Dolichocephala cuiae* Yang，Zhang *et* Yao，2010

分布：中国贵州。

131. 东方长头舞虻 *Dolichocephala orientalis* Yang，Zhu *et* An，2006

分布：中国贵州。

132. 弯鬃缺脉舞虻 *Empis*（*Coptophlebia*）*curviseta* Zhou，Li *et* Yang，2012

分布：中国贵州。

133. 长刺缺脉舞虻 *Empis*（*Coptophlebia*）*longispina* Yang，Zhang *et* Yao，2010

分布：中国贵州。

134. 短刺舞虻 *Empis*（*Polyblepharis*）*brevistyla* Zhou，Li *et* Yang，2012

分布：中国贵州。

135. 大沙河喜舞虻 *Hilara dashahensis* Zhang，Zhang *et* Yang，2005

分布：中国贵州。

136. 贵州喜舞虻 *Hilara guizhouensis* Yang *et* Zhang，2006

分布：中国贵州。

137. 基鬃螳舞虻 *Chelipoda basalis* Yang *et* Yang，1990

分布：中国甘肃、贵州。

138. 贵州鬃螳舞虻 *Chelipoda guizhouana* Yang *et* Yang，1989

分布：中国贵州。

139. 普洱螳舞虻 *Hemerodromia puerensis* Yang *et* Yang，1988

分布：中国贵州、云南。

140. 朱氏毛眼驼舞虻 *Chillcottomyia zhuae* Yang *et* Grootaert，2006

分布：中国贵州。

141. 钩突驼舞虻 *Hybos ancistroides* Yang *et* Yang，1986

分布：中国贵州、福建、广西。

142. 基黄驼舞虻 *Hybos basiflavus* Yang *et* Yang，1986

分布：中国贵州、广西。

143. 中华驼舞虻 *Hybos chinensis* Frey，1953

分布：中国浙江、贵州、福建、广西。

144. 曲脉驼舞虻 *Hybos curvinervatus* Yang *et* Yang，1988

分布：中国贵州。

145. 剑突驼舞虻 *Hybos ensatus* Yang *et* Yang，1986

分布：中国河南、四川、贵州、广西。

146. 梵净山驼舞虻 *Hybos fanjingshanensis* Yang *et* Yang，2004

分布：中国贵州。

147. 高氏驼舞虻 *Hybos gaoae* Yang *et* Yang，2004

分布：中国贵州。

148. 贵州驼舞虻 *Hybos guizhouensis* Yang *et* Yang，1988

分布：中国贵州。

149. 建阳驼舞虻 *Hybos jianyangensis* Yang *et* Yang，2004

分布：中国贵州、福建。

150. 长鬃驼舞虻 *Hybos longisetus* Yang *et* Yang，2004

分布：中国贵州。

151. 钝板驼舞虻 *Hybos obtusatus* Yang *et* Grootaert，2005

分布：中国贵州、广东。

152. 四鬃驼舞虻 *Hybos quadriseta* Yang *et* Merz，2004

分布：中国贵州、广西。

153. 齿突驼舞虻 *Hybos serratus* Yang *et* Yang，1992

分布：中国河南、四川、贵州、广西。

154. 近截驼舞虻 *Hybos similaris* Yang *et* Yang，1995

分布：中国浙江、贵州。

155. 通山驼舞虻 *Hybos tongshanensis* Yang *et* Yang，1991

分布：中国湖北、贵州。

156. 黑色隐脉驼舞虻 *Syndyas nigripes*（Zetterstedt，1842）

分布：中国河南、贵州、海南；奥地利、捷克、英国、芬兰、德国、匈牙利、意大利、荷兰、波兰、俄罗斯、瑞典、瑞士。

157. 贵州柄驼舞虻 *Syneches guizhouensis* Yang *et* Yang，1988

分布：中国贵州。

158. 斑翅柄驼舞虻 *Syneches muscarius*（Fabricius，1794）

分布：中国北京、山东、河南、湖南、湖北、贵州、福建；奥地利、捷克、斯洛伐克、英国、法国、德国、立陶宛、荷兰、波兰、俄罗斯、丹麦、瑞士。

159. 贵州显颊舞虻 *Crossopalpus guizhouanus* Yang *et* Yang，1989

分布：中国河南、贵州。

160. 贵州黄隐肩舞虻 *Elaphropeza guiensis*（Yang *et* Yang，1989）

分布：中国贵州、广东。

161. 茂兰黄隐肩舞虻 *Elaphropeza maolana*（Yang *et* Yang，1994）

分布：中国贵州。

162. 寡斑黄隐肩舞虻 *Elaphropeza paucipunctata*（Yang *et* Yang，1989）

分布：中国贵州。

163. 赤水平须舞虻 *Platypalpus chishuiensis* Yang，Zhu *et* An，2006

分布：中国贵州。

164. 截形雅长足虻 *Amblypsilopus abruptus*（Walker，1859）

分布：中国贵州、云南；印度、越南、印度尼西亚、菲律宾、马来西亚、新加坡、巴布亚新几内亚、俾斯麦群岛、圣诞岛。

165. 基雅长足虻 *Amblypsilopus basalis* Yang，1997

分布：中国浙江、贵州、广西。

166. 鲍氏雅长足虻 *Amblypsilopus bouvieri*（Parent，1927）

分布：中国北京、河南、陕西、江苏、贵州、福建。

167. 薄雅长足虻 *Amblypsilopus bractus* Bickel *et* Wei，1996

分布：中国贵州。

168. 粗须雅长足虻 *Amblypsilopus crassatus* Yang，1997

分布：中国河南、浙江、湖北、贵州、云南、福建、广东、广西；新加坡。

169. 黄附雅长足虻 *Amblypsilopus flaviappendiculatus*（De Meijere，1910）

分布：中国浙江、湖南、湖北、贵州、云南、广西、海南；印度尼西亚、菲律宾、越南、澳大利亚。

170. 广西雅长足虻 *Amblypsilopus guangxiensis* Yang，1998

分布：中国贵州、广西。

171. 小雅长足虻 *Amblypsilopus humilis*（Becker，1922）

分布：中国山东、河南、陕西、贵州、云南、台湾、广东、广西、海南；尼泊尔、印度、马来西亚、菲律宾、所罗门群岛、西萨摩亚。

172. 新小雅长足虻 *Amblypsilopus neoparvus*（Dyte，1975）

分布：中国贵州；越南。

173. 细雅长足虻 *Amblypsilopus pusillus*（Macquart，1842）

分布：中国贵州、云南、广西、海南；巴基斯坦、印度、斯里兰卡、尼泊尔、泰国。

174. 黔雅长足虻 *Amblypsilopus qianensis* Wei *et* Song，2005

分布：中国贵州。

175. 中华雅长足虻 *Amblypsilopus sinensis* Yang *et* Yang，2003

分布：中国河南、贵州、云南、西藏、福建、广西、海南。

176. 亚裂雅长足虻 *Amblypsilopus subabruptus*（Bickel *et* Wei，1996）

分布：中国河南、四川、贵州、海南。

177. 黄角金长足虻 *Chrysosoma cupido*（Walker，1849）

分布：中国江西、贵州、台湾、广西、海南；斯里兰卡、印度、尼泊尔、越南、印度尼西亚。

178. 靛蓝金长足虻 *Chrysosoma cyaneculiscutum* Bickel *et* Wei，1996

分布：中国贵州。

179. 大沙河金长足虻 *Chrysosoma dashahensis* Zhu *et* Yang，2005

分布：中国贵州。

180. 普通金长足虻 *Chrysosoma globiferum*（Wiedemann，1830）

分布：中国河北、天津、北京、河南、浙江、四川、贵州、云南、福建、台湾、广东、广西、海南、香港；日本、美国（夏威夷）。

181. 贵州金长足虻 *Chrysosoma guizhouense* Yang，1995

分布：中国贵州、云南。

182. 三角叶金长足虻 *Chrysosoma trigonocercus* Wei *et* Song，2005

分布：中国贵州。

183. 变色金长足虻 *Chrysosoma varitum* Wei，2006

分布：中国贵州。

184. 白跗毛瘤长足虻 *Condylostylus albidipes* Wei，2006

分布：中国贵州。

185. 毛跗毛瘤长足虻 *Condylostylus bifilus*（van der Wulp，1892）

分布：中国河南、四川、贵州、云南、广西；印度尼西亚。

186. 山毛瘤长足虻 *Condylostylus clivus* Wei *et* Song，2005

分布：中国贵州。

187. 雷公山毛瘤长足虻 *Condylostylus leigongshanus* Wei *et* Yang，2007

分布：中国贵州、西藏、广西。

188. 黄基毛瘤长足虻 *Condylostylus luteicoxa* Parent，1929

分布：中国河南、陕西、浙江、江西、湖南、湖北、四川、贵州、云南、福建、台湾、广东、广西；印度、日本。

189. 矩黯长足虻 *Krakatauia recta*（Wiedemann，1830）

分布：中国贵州、台湾；斯里兰卡、印度尼西亚、马来西亚、菲律宾、巴布亚新几内亚。

190. 长跗基刺长足虻 *Plagiozopelma elongatum*（Becker，1922）

分布：中国浙江、湖北、四川、贵州、云南、台湾、广西、海南。

191. 白斑巨口长足虻 *Diostracus albuginosus* Wei *et* Liu，1996

分布：中国贵州。

192. 双突巨口长足虻 *Diostracus dicercaeus* Wei *et* Liu，1996

分布：中国贵州。

193. 梵净山巨口长足虻 *Diostracus fanjingshanensis* Zhang，Yang *et* Masunaga，2003

分布：中国贵州。

194. 薄叶巨口长足虻 *Diostracus lamellatus* Wei *et* Liu，1996

分布：中国河南、陕西、四川、贵州。

195. 李氏巨口长足虻 *Diostracus lii* Zhang，Yang *et* Masunaga，2003

分布：中国贵州。

196. 黄须巨口长足虻 *Diostracus nishiyamai* Saigusa，1995

分布：中国湖南、四川、贵州。

197. 毛联长足虻 *Liancalus lasius* Wei *et* Liu，1995

分布：中国四川、贵州、云南。

198. 中突直脉长足虻 *Paramedetera medialis* Yang *et* Saigusa，1999

分布：中国贵州。

199. 异芒准白长足虻 *Aphalacrosoma absarista*（Wei，1998）

分布：中国贵州。

200. 隐准白长足虻 *Aphalacrosoma crypsus*（Wei，1998）

分布：中国贵州。

201. 类准白长足虻 *Aphalacrosoma crypsusoideus*（Wei，1998）

分布：中国贵州。

202. 静准白长足虻 *Aphalacrosoma modestus*（Wei，1998）

分布：中国四川、贵州、云南。

203. 尖突长足虻 *Dolichopus*（*Dolichopus*）*exsul* Aldrich，1922

分布：中国贵州、台湾；印度、尼泊尔、夏威夷。

204. 南方长足虻 *Dolichopus*（*Dolichopus*）*meridionalis* Yang，1996

分布：中国河南、贵州、云南、广东、广西。

205. 基黄长足虻 *Dolichopus*（*Dolichopus*）*simulator* Parent，1926

分布：中国河南、陕西、上海、浙江、湖南、湖北、四川、贵州、云南、福建、广西。

206. 浙江长足虻 *Dolichopus*（*Dolichopus*）*zhejiangensis* Yang et Li，1998

分布：中国浙江、贵州。

207. 毛盾行脉长足虻 *Gymnopternus congruens*（Becker，1922）

分布：中国山东、河南、陕西、甘肃、浙江、湖南、四川、贵州、云南、福建、台湾、广东、广西。

208. 垂行脉长足虻 *Gymnopternus flaccus*（Wei，1997）

分布：中国贵州。

209. 大行脉长足虻 *Gymnopternus grandis*（Yang *et* Yang，1995）

分布：中国浙江、贵州、云南、福建、广东、广西。

210. 广西行脉长足虻 *Gymnopternus guangxiensis*（Yang，1997）

分布：中国贵州、云南、广西。

211. 湿行脉长足虻 *Gymnopternus hygrus*（Wei，1997）

分布：中国贵州。

212. 曲行脉长足虻 *Gymnopternus kurtus*（Wei *et* Song，2006）

分布：中国贵州。

213. 滑行脉长足虻 *Gymnopternus labilis*（Wei *et* Song，2006）

分布：中国贵州。

214. 池行脉长足虻 *Gymnopternus lacus*（Wei *et* Song，2006）

分布：中国贵州。

215. 群行脉长足虻 *Gymnopternus populus*（Wei，1997）

分布：中国河南、陕西、浙江、四川、贵州、云南、广西。

216. 怪行脉长足虻 *Gymnopternus portentosus*（Wei，1997）

分布：中国贵州。

217. 突行脉长足虻 *Gymnopternus prominulus*（Wei，1997）

分布：中国贵州。

218. 直行脉长足虻 *Gymnopternus prorsus*（Wei，1997）
分布：中国贵州。

219. 分行脉长足虻 *Gymnopternus singulus*（Wei，1997）
分布：中国贵州。

220. 阳行脉长足虻 *Gymnopternus solanus*（Wei，1997）
分布：中国贵州。

221. 亚群行脉长足虻 *Gymnopternus subpopulus*（Wei，1997）
分布：中国山东、河南、贵州。

222. 矢田行脉长足虻 *Gymnopternus yatai*（Yang *et* Saigusa，2001）
分布：中国四川、贵州。

223. 朱氏行脉长足虻 *Gymnopternus zhuae* Zhang *et* Yang，2011
分布：中国贵州。

224. 尖角寡长足虻 *Hercostomus acutangulatus* Yang *et* Saigusa，1999
分布：中国北京、河南、四川、贵州。

225. 弱寡长足虻 *Hercostomus amabilis* Wei *et* Song，2006
分布：中国贵州。

226. 缘寡长足虻 *Hercostomus brunus* Wei，1997
分布：中国贵州。

227. 棒寡长足虻 *Hercostomus clavatus* Wei，1997
分布：中国河南、陕西、贵州。

228. 毛寡长足虻 *Hercostomus comsus* Wei *et* Song，2005
分布：中国贵州。

229. 勺寡长足虻 *Hercostomus cucullus* Wei，1997
分布：中国贵州。

230. 弯突寡长足虻 *Hercostomus curvativus* Yang *et* Saigusa，1999
分布：中国四川、贵州。

231. 青寡长足虻 *Hercostomus cyaneculus* Wei，1997
分布：中国贵州、云南。

232. 杜氏寡长足虻 *Hercostomus dui* Wei，1997
分布：中国四川、贵州。

233. 小寡长足虻 *Hercostomus ebaeus* Wei，1997
分布：中国贵州。

234. 避寡长足虻 *Hercostomus effugius* Wei *et* Song，2006
分布：中国贵州。

235. 散寡长足虻 *Hercostomus effusus* Wei *et* Song，2006
分布：中国贵州。

236. 峨眉寡长足虻 *Hercostomus emeiensis* Yang，1997
分布：中国四川、贵州、云南。

237. 尖寡长足虻 *Hercostomus exacutus* Wei，1997
分布：中国贵州。

238. 出寡长足虻 *Hercostomus excertus* Wei *et* Song，2006
分布：中国贵州。

239. 梵净山寡长足虻 *Hercostomus fanjingensis* Wei，1997
分布：中国贵州。

240. 愚寡长足虻 *Hercostomus fatuus* Wei，1997
分布：中国贵州、广西。

241. 管寡长足虻 *Hercostomus fistulus* Wei，1997
分布：中国贵州。

242. 黄腹寡长足虻 *Hercostomus flaviventris* Smirnov *et* Negrobov，1977
分布：中国浙江、四川、贵州、台湾、广西；日本、韩国。

243. 弯寡长足虻 *Hercostomus flexus* Wei，1997
分布：中国贵州。

244. 溪寡长足虻 *Hercostomus fluvius* Wei，1997
分布：中国陕西、贵州、云南；尼泊尔。

245. 流寡长足虻 *Hercostomus fluxus* Wei，1997
分布：中国贵州。

246. 叶寡长足虻 *Hercostomus frondosus* Wei，1997
分布：中国贵州。

247. 叉寡长足虻 *Hercostomus furcutus* Wei，1997
分布：中国陕西、四川、贵州、云南、广西。

248. 甘肃寡长足虻 *Hercostomus gansuensis* Yang，1996
分布：中国陕西、甘肃、浙江、四川、贵州。

249. 高氏寡长足虻 *Hercostomus gaoae* Yang，Grootaert *et* Song，2002
分布：中国贵州。

250. 河南寡长足虻 *Hercostomus henanus* Yang，1999
分布：中国河南、陕西、四川、贵州。

251. 美寡长足虻 *Hercostomus himertus* Wei，1997
分布：中国浙江、贵州、福建。

252. 织寡长足虻 *Hercostomus histus* Wei，1997
分布：中国贵州。

253. 武寡长足虻 *Hercostomus hoplitus* Wei *et* Song，2006
分布：中国贵州。

254. 地寡长足虻 *Hercostomus hypogaeus* Wei *et* Song，2006
分布：中国贵州。

255. 纯寡长足虻 *Hercostomus ignarus* Wei *et* Song，2006
分布：中国贵州。

256. 金秀寡长足虻 *Hercostomus jinxiuensis* Yang，1997
分布：中国贵州、广西。

257. 雷公山寡长足虻 *Hercostomus leigongshanus* Wei *et* Yang，2007
分布：中国贵州。

258. 疾寡长足虻 *Hercostomus litargus* Wei，1997
分布：中国贵州。

259. 长毛寡长足虻 *Hercostomus longipilosus* Yang *et* Saigusa，2001
分布：中国北京、河南、贵州。

260. 娄山关寡长足虻 *Hercostomus loushanguananus* Yang *et* Saigusa，2001
分布：中国贵州。

261. 罗山寡长足虻 *Hercostomus luoshanensis* Yang *et* Saigusa，1999
分布：中国河南、贵州。

262. 沼寡长足虻 *Hercostomus palustris* Wei，2006
分布：中国贵州。

263. 针寡长足虻 *Hercostomus peronus* Wei，1997
分布：中国贵州。

264. 异显寡长足虻 *Hercostomus perspicillatus* Wei，1997
分布：中国贵州、福建、广东。

265. 长寡长足虻 *Hercostomus productus* Wei，1997
分布：中国贵州。

266. 松寡长足虻 *Hercostomus solutus* Wei，1997
分布：中国贵州。

267. 钩寡长足虻 *Hercostomus takagii* Smirnov *et* Negrobov，1979
分布：中国河南、浙江、四川、贵州、广西；日本。

268. 吴氏寡长足虻 *Hercostomus wui* Wei，1997
分布：中国贵州。

269. 习水寡长足虻 *Hercostomus xishuiensis* Wei *et* Song，2005
分布：中国贵州。

270. 遵义寡长足虻 *Hercostomus zunyianus* Yang *et* Saigusa，2001
分布：中国贵州。

271. 弯刺弓脉长足虻 *Paraclius curvispinus* Yang *et* Saigusa，2001
分布：中国贵州。

272. 峨眉弓脉长足虻 *Paraclius emeiensis* Yang *et* Saigusa，1999
分布：中国四川、贵州、云南、台湾、广东。

273. 梵净弓脉长足虻 *Paraclius fanjingensis* Wei，2006
分布：中国贵州。

274. 叉须弓脉长足虻 *Paraclius furcatus* Yang *et* Saigusa，2001
分布：中国贵州。

275. 李氏弓脉长足虻 *Paraclius lii* Wei *et* Song，2005

分布：中国贵州。

276. 缘弓脉长足虻 *Paraclius limitatus* Wei *et* Song，2005

分布：中国贵州。

277. 长角弓脉长足虻 *Paraclius longicornutus* Yang *et* Saigusa，1999

分布：中国河南、贵州。

278. 觅弓脉长足虻 *Paraclius mastrus* Wei，2006

分布：中国贵州。

279. 伸弓脉长足虻 *Paraclius mecynus* Wei *et* Song，2005

分布：中国贵州。

280. 谐弓脉长足虻 *Paraclius melicus* Wei，2006

分布：中国贵州。

281. 中华弓脉长足虻 *Paraclius sinensis* Yang *et* Li，1998

分布：中国浙江、贵州、台湾、广东。

282. 银白长足虻 *Phalacrosoma argyrea* Wei，1996

分布：中国贵州。

283. 壮白长足虻 *Phalacrosoma zhenzhuristi*（Smirnov *et* Negrobov，1979）

分布：中国四川、贵州；日本。

284. 伸长腹节长足虻 *Srilankamyia prolixus*（Wei，1997）

分布：中国四川、贵州。

285. 臀长腹节长足虻 *Srilankamyia proctus*（Wei，1997）

分布：中国四川、贵州。

286. 贵州长腹节长足虻 *Srilankamyia guizhouensis*（Wei，1997）

分布：中国贵州。

287. 梵净山粗柄长足虻 *Sybistroma fanjingshanus*（Yang，Grootaert *et* Song，2002）

分布：中国贵州。

288. 黑端银长足虻 *Argyra*（*Argyra*）*arrogans* Takagi，1960

分布：中国浙江、贵州。

289. 联小异长足虻 *Chrysotus adunatus* Wei *et* Zhang，2010

分布：中国贵州。

290. 田园小异长足虻 *Chrysotus agraulus* Wei *et* Zhang，2010

分布：中国贵州。

291. 狭突小异长足虻 *Chrysotus angustus* Wei，2012

分布：中国贵州。

292. 安顺小异长足虻 *Chrysotus anshunus* Wei *et* Zhang，2010

分布：中国贵州。

293. 端锐小异长足虻 *Chrysotus apicicaudatus* Wei *et* Zhang，2010

分布：中国贵州。

294. 双叉小异长足虻 *Chrysotus bifurcatus* Wang *et* Yang，2008
分布：中国甘肃、贵州。

295. 双突小异长足虻 *Chrysotus biprojicienus* Wei *et* Zhang，2010
分布：中国贵州。

296. 梵净山小异长足虻 *Chrysotus fanjingshanus* Wei *et* Zhang，2010
分布：中国贵州。

297. 黄足小异长足虻 *Chrysotus flavipedus* Wei，2012
分布：中国贵州。

298. 棕胫小异长足虻 *Chrysotus fuscitibialis* Wei *et* Zhang，2010
分布：中国贵州。

299. 尖角小异长足虻 *Chrysotus gramineus*（Fallén，1823）
分布：中国河北、山西、陕西、甘肃、贵州；瑞典、芬兰、爱尔兰、比利时、英国、法国、保加利亚、德国、丹麦、挪威、捷克斯洛伐克、波兰、奥地利、匈牙利、荷兰、罗马尼亚、意大利、南斯拉夫、西班牙、俄罗斯。

300. 关岭小异长足虻 *Chrysotus guanlingus* Wei，2012
分布：中国贵州。

301. 贵州小异长足虻 *Chrysotus guizhouensis* Wang *et* Yang，2008
分布：中国四川、贵州。

302. 草生小异长足虻 *Chrysotus herbus* Wei，2012
分布：中国贵州。

303. 金顶小异长足虻 *Chrysotus jindingensis* Wang *et* Yang，2008
分布：中国贵州。

304. 巨须小异长足虻 *Chrysotus largipalpus* Wei，2012
分布：中国贵州。

305. 宽颜小异长足虻 *Chrysotus laxifacialus* Wei *et* Zhang，2010
分布：中国贵州。

306. 长角小异长足虻 *Chrysotus longicornus* Wei，2012
分布：中国贵州。

307. 吕官屯小异长足虻 *Chrysotus lvguantunus* Wei，2012
分布：中国贵州。

308. 南京小异长足虻 *Chrysotus nanjingensis* Wang *et* Yang，2008
分布：中国江苏、贵州。

309. 宽颜小异长足虻 *Chrysotus pallidus* Wei *et* Zhang，2010
分布：中国贵州。

310. 短跗小异长足虻 *Chrysotus pulchellus* Kowarz，1874
分布：中国河北、北京、山西、陕西、甘肃、贵州；奥地利、瑞典、芬兰、英国、挪威、荷兰、法国、捷克斯洛伐克、罗马尼亚、匈牙利、波兰、德国、意大利、西班牙、俄罗斯、蒙古国。

311. 直突小异长足虻 *Chrysotus rectisystylus* Wei，2012

分布：中国贵州。

312. 近关岭小异长足虻 *Chrysotus subguanlingus* Wei，2012

分布：中国贵州。

313. 近长角小异长足虻 *Chrysotus sublongicornus* Wei，2012

分布：中国贵州。

314. 梯形小异长足虻 *Chrysotus trapezinus* Wei *et* Zhang，2010

分布：中国贵州。

315. 西南小异长足虻 *Chrysotus xinanus* Wei *et* Zhang，2010

分布：中国四川、贵州、云南、广西。

316. 朱氏小异长足虻 *Chrysotus zhuae* Wang *et* Yang，2008

分布：中国贵州。

317. 双突异长足虻 *Diaphorus biprojicientis* Wei *et* Song，2005

分布：中国贵州。

318. 毛异长足虻 *Diaphorus comiumus* Wei *et* Song，2005

分布：中国贵州。

319. 连异长足虻 *Diaphorus connexus* Wei *et* Song，2005

分布：中国贵州。

320. 齿异长足虻 *Diaphorus denticulatus* Wei *et* Song，2006

分布：中国贵州。

321. 房异长足虻 *Diaphorus dioicus* Wei *et* Song，2006

分布：中国贵州。

322. 黑色异长足虻 *Diaphorus nigricans* Meigen，1824

分布：中国河南、浙江、四川、贵州、云南；瑞典、芬兰、爱尔兰、英国、丹麦、挪威、荷兰、波兰、德国、奥地利、匈牙利、比利时、希腊、捷克、罗马尼亚、奥地利、西班牙、法国、瑞士、意大利、俄罗斯、美国、多米尼加、墨西哥、巴西、阿根廷。

323. 秋变长足虻 *Dubius autumnalus* Wei，2012

分布：中国贵州。

324. 曲变长足虻 *Dubius curtus* Wei，2012

分布：中国贵州。

325. 额变长足虻 *Dubius frontus* Wei，2012

分布：中国贵州。

326. 红崖变长足虻 *Dubius hongyaensis* Wei，2012

分布：中国贵州。

327. 亚曲变长足虻 *Dubius succurtus* Wei，2012

分布：中国贵州。

328. 贵州三角长足虻 *Trigonocera guizhouensis* Wang，Yang *et* Grootaert，2008

分布：中国贵州、云南。

329. 茸叶线尾长足虻 *Nematoproctus iulilamellatus* Wei，2006

分布：中国贵州。

330. 异突锥长足虻 *Rhaphium dispar* Coquillett，1898

分布：中国浙江、四川、贵州、台湾；俄罗斯（远东地区）、日本。

331. 滑锥长足虻 *Rhaphium lumbricus* Wei，2006

分布：中国贵州。

332. 普通锥长足虻 *Rhaphium mediocre*（Becker，1922）

分布：中国上海、湖北、贵州、云南、台湾、香港。

333. 白芒锥长足虻 *Rhaphium palliaristatum* Yang *et* Saigusa，2001

分布：中国贵州。

334. 贵州短跗长足虻 *Chaetogonopteron guizhouense* Yang *et* Saigusa，2001

分布：中国贵州。

335. 盖沼长足虻 *Scotiomyia opercula*（Wei，2006）

分布：中国贵州。

336. 峨眉嵌长足虻 *Syntormon emeiensis* Yang *et* Saigusa，1999

分布：中国四川、贵州。

337. 柔顺嵌长足虻 *Syntormon flexibile* Becker，1922

分布：中国河北、江苏、上海、浙江、贵州、福建、台湾、广东；日本、奥地利、法国、汤加、荷兰、美国、俄罗斯。

338. 贵州嵌长足虻 *Syntormon guizhouense* Wang *et* Yang，2005

分布：中国贵州。

339. 绿春嵌长足虻 *Syntormon luchunense* Yang *et* Saigusa，2001

分布：中国贵州、云南。

340. 浅色嵌长足虻 *Syntormon pallipes*（Fabricius，1794）

分布：中国北京、河南、陕西、青海、新疆、贵州；爱尔兰、英国、瑞典、挪威、芬兰、丹麦、荷兰、德国、法国、奥地利、比利时、意大利、希腊、西班牙、葡萄牙、匈牙利、波兰、捷克斯洛伐克、南斯拉夫、俄罗斯、伊朗、阿富汗、土耳其、摩洛哥、阿尔及利亚、埃及、也门、扎伊尔。

341. 溪脉胍长足虻 *Teuchophorus fluvius* Wei，2006

分布：中国贵州。

342. 孤脉胍长足虻 *Teuchophorus moniasus*（Wei，2006）

分布：中国贵州。

343. 广东长须长足虻 *Acropsilus guangdongensis* Wang，Yang *et* Grootaert，2007

分布：中国贵州、广东、广西。

344. 丽长须长足虻 *Acropsilus opipara*（Wei，2006）

分布：中国贵州。

345. 亮小长足虻 *Micromorphus ellampus* Wei，2006

分布：中国贵州。

346. 双齿跗距长足虻 *Nepalomyia bidentata*（Yang *et* Saigusa，2001）

分布：中国贵州。

347. 尽跗距长足虻 *Nepalomyia effecta*（Wei，2006）

分布：中国贵州。

348. 梵净跗距长足虻 *Nepalomyia fanjingensis*（Wei，2006）

分布：中国贵州。

349. 开跗距长足虻 *Nepalomyia hiantula*（Wei，2006）

分布：中国贵州。

350. 连跗距长足虻 *Nepalomyia henotica*（Wei，2006）

分布：中国贵州。

351. 长鬃跗距长足虻 *Nepalomyia longiseta*（Yang *et* Saigusa，2000）

分布：中国陕西、甘肃、四川、贵州。

352. 显跗距长足虻 *Nepalomyia lustrabilis*（Wei，2006）

分布：中国贵州。

353. 贵州脉长足虻 *Neurigona guizhouensis* Wang，Yang *et* Grootaert，2007

分布：中国贵州。

354. 浙江脉长足虻 *Neurigona zhejiangensis* Yang，1999

分布：中国浙江、贵州。

五、草蛉类资源调查及分布情况

1. 越中巨齿蛉 *Acanthacorydalis fruhstorferi* van der Weele，1907

分布：中国浙江、江西、湖南、贵州、云南、福建、广东、广西；越南。

2. 中华巨齿蛉 *Acanthacorydalis sinensis* Yang *et* Yang，1986

分布：中国贵州、广东、广西。

3. 单斑巨齿蛉 *Acanthacorydalis unimaculata* Yang *et* Yang，1986

分布：中国安徽、浙江、江西、湖南、贵州、云南、福建、广东、广西；越南。

4. 普通齿蛉 *Neoneuromus ignobilis* Navás，1932

分布：中国山西、陕西、安徽、浙江、江西、湖南、湖北、四川、重庆、贵州、福建、广东、广西；越南。

5. 麦克齿蛉 *Neoneuromus maclachlani*（van der Weele，1907）

分布：中国四川、贵州、云南、广东、广西；越南。

6. 东方齿蛉 *Neoneuromus orientalis* Liu *et* Yang，2004

分布：中国浙江、四川、贵州、福建、广东、广西；越南。

7. 截形齿蛉 *Neoneuromus tonkinensis*（van der Weele，1907）

分布：中国贵州、福建、广西；越南。

8. 黄胸黑齿蛉 *Neurhermes tonkinensis*（van der Weele，1909）

分布：中国贵州、云南、福建、广东、广西；越南、老挝、泰国。

9. 卡氏星齿蛉 *Protohermes cavaleriei* Navás，1925

分布：中国贵州。

10. 花边星齿蛉 _Protohermes costalis_（Walker，1853）

分布：中国河南、安徽、浙江、江西、湖南、湖北、贵州、云南、福建、台湾、广东、广西。

11. 异角星齿蛉 _Protohermes differentialis_（Yang _et_ Yang，1986）

分布：中国贵州、广东、广西；越南。

12. 古田星齿蛉 _Protohermes gutianensis_ Yang _et_ Yang，1995

分布：中国河南、甘肃、浙江、江西、湖南、四川、重庆、贵州、福建、广东、广西。

13. 炎黄星齿蛉 _Protohermes xanthodes_ Navás，1914

分布：中国辽宁、河北、北京、山西、山东、河南、陕西、甘肃、安徽、浙江、江西、湖南、湖北、四川、重庆、贵州、云南、广东、广西；朝鲜、韩国、俄罗斯。

14. 杨氏星齿蛉 _Protohermes yangi_ Liu，Hayashi _et_ Yang，2007

分布：中国贵州、广西；越南。

15. 莱博斯臀鱼蛉 _Anachauliodes laboissierei_（Navás，1913）

分布：中国四川、重庆、贵州、云南、广西；越南、印度。

16. 属模栉鱼蛉 _Ctenochauliodes nigrovenosus_（van der Weele，1907）

分布：中国湖北、四川、重庆、贵州、云南、广西；越南。

17. 缘点斑鱼蛉 _Neochauliodes bowringi_（McLachlan，1867）

分布：中国陕西、江西、湖南、贵州、福建、广东、广西、海南、香港；越南。

18. 污翅斑鱼蛉 _Neochauliodes fraternus_（McLachlan，1869）

分布：中国山东、安徽、浙江、江西、湖南、湖北、四川、贵州、云南、福建、台湾、广东、广西、海南；越南。

19. 广西斑鱼蛉 _Neochauliodes guangxiensis_ Yang _et_ Yang，1997

分布：中国贵州、广东、广西。

20. 黑头斑鱼蛉 _Neochauliodes nigris_ Liu _et_ Yang，2005

分布：中国浙江、江西、湖南、贵州、福建、广东、广西；日本。

21. 中华斑鱼蛉 _Neochauliodes sinensis_（Walker，1853）

分布：中国安徽、浙江、江西、湖南、湖北、贵州、福建、台湾、广东、广西。

22. 多斑华鱼蛉 _Sinochauliodes maculosus_ Liu _et_ Yang，2006

分布：中国贵州、广东、广西。

23. 丽盲蛇蛉 _Inocellia elegans_ Liu，Aspöck _et_ Yang，2009

分布：中国贵州。

24. 川贵曲粉蛉 _Coniocompsa chuanguiana_ Liu _et_ Yang，2004

分布：中国四川、贵州。

25. 东方隐粉蛉 _Cryptoscenea orientalis_ Yang _et_ Liu，1993

分布：中国贵州、广西、海南。

26. 六斑瑕粉蛉 _Spiloconis sexguttata_ Enderlein，1907

分布：中国北京、甘肃、安徽、江西、四川、贵州、台湾、广西、海南、香港；日本。

27. 云贵啮粉蛉 *Conwentzia yunguiana* Liu *et* Yang，1993

分布：中国贵州。

28. 广重粉蛉 *Semidalis aleyrodiformis*（Stephens，1836）

分布：中国吉林、辽宁、内蒙古、河北、天津、北京、山西、山东、河南、陕西、宁夏、甘肃、新疆、安徽、江苏、上海、浙江、江西、湖北、四川、重庆、贵州、云南、西藏、福建、广东、广西、海南、香港；日本、泰国、印度、尼泊尔、哈萨克斯坦、欧洲。

29. 锚突重粉蛉 *Semidalis anchoroides* Liu *et* Yang，1993

分布：中国贵州、云南、广西。

30. 双角重粉蛉 *Semidalis bicornis* Liu *et* Yang，1993

分布：中国贵州、云南。

31. 马氏重粉蛉 *Semidalis macleodi* Meinander，1972

分布：中国安徽、浙江、湖北、四川、贵州、云南、台湾、广东、广西。

32. 阿氏粉蛉 *Coniopteryx*（*Coniopteryx*）*aspoecki* Kis，1967

分布：中国吉林、内蒙古、河北、北京、山西、河南、陕西、宁夏、甘肃、上海、浙江、贵州；蒙古国、俄罗斯、罗马尼亚、奥地利。

33. 双刺粉蛉 *Coniopteryx*（*Coniopteryx*）*bispinalis* Liu *et* Yang，1993

分布：中国贵州、云南、广西；越南。

34. 胜利离溪蛉 *Lysmus victus* Yang，1997

分布：中国河北、陕西、甘肃、浙江、湖南、湖北、贵州。

35. 茂兰窗溪蛉 *Thyridosmylus maolanus* Yang，1993

分布：中国四川、贵州。

36. 黔窗溪蛉 *Thyridosmylus qianus* Yang，1993

分布：中国山东、浙江、湖北、重庆、贵州、福建。

37. 三带窗溪蛉 *Thyridosmylus trifasciatus* Yang，1993

分布：中国贵州。

38. 广西栉角蛉 *Dilar guangxiensis* Zhang，Liu *et* Aspöck，2015

分布：中国贵州、广西。

39. 梵净脉线蛉 *Neuronema fanjingshanum* Yan *et* Liu，2006

分布：中国贵州。

40. 壁氏脉线蛉 *Neuronema pielinum*（Navás，1936）

分布：中国陕西、江西、四川、贵州。

41. 点线脉褐蛉 *Micromus linearis* Hagen，1858

分布：中国内蒙古、河南、陕西、宁夏、甘肃、浙江、江西、湖南、湖北、四川、重庆、贵州、云南、西藏、福建、台湾、广西；日本、斯里兰卡、俄罗斯。

42. 角纹脉褐蛉 *Micromus angulatus*（Stephens，1836）

分布：中国贵州（遵义）。

43. 淡异脉褐蛉 *Micromus pallidius*（Yang，1987）

分布：中国贵州、西藏。

44. 天目连脉褐蛉 *Micromus tianmuanus*（Yang *et* Liu，2001）

分布：中国河南、浙江、湖北、四川、重庆、贵州。

45. 哈曼褐蛉 *Hemerobius harmandinus*（Navás，1910）

分布：中国贵州（遵义）、河南、上海、浙江、江西、湖北、四川、云南、福建；日本。

46. 纹褐蛉 *Hemerobius cercodes*（Navás，1917）

分布：中国贵州（遵义）。

47. 八斑绢草蛉白唇亚种 *Ankylopteryxocto punctata candida*（Fabricius，1798）

分布：中国贵州（遵义）。

48. 松村娜草蛉 *Nacaura matsumurae*（Okamoto，1912）

分布：中国浙江、贵州、福建、台湾、海南；日本。

49. 红肩尾草蛉 *Chrysocerca formosana*（Okamoto，1914）

分布：中国四川、贵州、云南、福建、台湾、广东、广西、海南。

50. 丽草蛉 *Chrysopa formosa* Brauer，1850

分布：中国黑龙江、吉林、辽宁、内蒙古、河北、北京、山西、山东、河南、陕西、宁夏、甘肃、青海、新疆、安徽、江苏、浙江、江西、湖南、湖北、四川、贵州、云南、西藏、福建、广东；日本、朝鲜、蒙古国、俄罗斯、欧洲。

51. 大草蛉 *Chrysopa pallens*（Rambur，1838）

分布：中国黑龙江、吉林、辽宁、内蒙古、河北、北京、山西、山东、河南、陕西、宁夏、甘肃、新疆、安徽、江苏、浙江、江西、湖南、湖北、四川、贵州、云南、福建、台湾、广东、广西、海南；日本、朝鲜、俄罗斯、欧洲。

52. 优脉通草蛉 *Chrysoperla euneura* Yang *et* Yang，1993

分布：中国贵州、福建。

53. 日本通草蛉 *Chrysoperla nipponensis*（Okamoto，1914）

分布：中国黑龙江、吉林、辽宁、内蒙古、河北、北京、山西、山东、陕西、甘肃、江苏、浙江、四川、贵州、云南、福建、广东、广西、海南；朝鲜、日本、蒙古国、菲律宾、俄罗斯。

54. 海南通草蛉 *Chrysoperla hainanica*（Yang *et* Yang，1992）

分布：中国贵州（遵义）、海南。

55. 普通草蛉 *Chrysoperla carnea*（Stephens，1836）

分布：中国贵州（遵义）、内蒙古、河北、北京、山西、山东、河南、陕西、新疆、安徽、上海、湖北、四川、云南、广东、广西；古北区广布。

56. 突通草蛉 *Chrysoperla thelephora*（Yang *et* Yang，1989）

分布：中国贵州、北京、内蒙古、陕西。

57. 松氏通草蛉 *Chrysoperla savioi*（Navás，1933）

分布：中国河北、北京、安徽、浙江、江西、湖南、湖北、贵州、云南、福建、台湾、广东、广西、香港。

58. 白线草蛉 *Cunctochrysa albolineata*（Killington，1935）

分布：中国北京、山西、陕西、江西、湖北、四川、贵州、云南、西藏、福建；俄罗斯、欧洲。

59. 日意草蛉 *Italochrysa japonica*（McLachlan，1875）

分布：中国甘肃、安徽、江苏、浙江、江西、湖南、湖北、四川、贵州、云南、福建、台湾、广西、海南；日本。

60. 四川意草蛉 *Italochrysa sichuanica*（Yang，Yang *et* Wang，1992）

分布：中国贵州（遵义）。

61. 豹斑意草蛉 *Italochrysa pardalina* Yang *et* Wang，1999

分布：中国贵州、福建、广东、广西。

62. 红痣意草蛉 *Italochrysa uchidae*（Kuwayama，1927）

分布：中国浙江、江西、贵州、云南、福建、台湾、广西、海南。

63. 武陵意草蛉 *Italochrysa wulingshana* Wang *et* Yang，1992

分布：中国陕西、安徽、浙江、湖南、湖北、贵州。

64. 亚非玛草蛉 *Mallada desjardinsi*（Navás，1911）

分布：中国陕西、浙江、江西、湖南、湖北、四川、贵州、云南、福建、台湾、广东、广西、海南；东洋区、非洲。

65. 弯玛草蛉 *Mallada incurvus*（Yang *et* Yang，1991）

分布：中国贵州（遵义）、广东、海南。

66. 窄带叉草蛉 *Pseudomallada angustivittata*（Dong，Cui *et* Yang，2004）

分布：中国河南、江西、四川、贵州、福建、广西。

67. 和叉草蛉 *Pseudomallada hespera*（Yang *et* Yang，1990）

分布：中国贵州（遵义）、四川、广东、海南。

68. 九寨沟叉草蛉 *Pseudomallada jiuzhaigouana*（Yang *et* Wang，2005）

分布：中国贵州（遵义）。

69. 三齿叉草蛉 *Pseudomallada tridentata*（Yang *et* Yang，1990）

分布：中国贵州（遵义）、云南、海南。

70. 心叉草蛉 *Pseudomallada cordata*（Wang *et* Yang，1992）

分布：中国湖南、贵州。

71. 梵净叉草蛉 *Pseudomallada fanjingana*（Yang *et* Wang，1988）

分布：中国贵州。

72. 钳形叉草蛉 *Pseudomallada forcipata*（Yang *et* Yang，1993）

分布：中国贵州、福建。

73. 黑阶叉草蛉 *Pseudomallada gradata*（Yang *et* Yang，1993）

分布：中国贵州。

74. 龙王山叉草蛉 *Pseudomallada longwangshana*（Yang，1998）

分布：中国浙江、贵州。

75. 间绿叉草蛉 *Pseudomallada mediata*（Yang *et* Yang，1993）

分布：中国陕西、贵州、西藏。

76. 长毛叉草蛉 *Pseudomallada pilinota*（Dong，Li，Cui *et* Yang，2004）

分布：中国贵州、福建。

77. 彩翼罗草蛉 *Retipenna callioptera* Yang *et* Yang，1993

分布：中国贵州。

78. 显脉饰草蛉 *Semachry saphanera*（Yang，1987）

分布：中国贵州（遵义）、西藏。

79. 川贵巴蝶蛉 *Balmes terissinus* Navás，1910

分布：中国四川、贵州。

80. 长裳帛蚁蛉 *Bullanga florida*（Navás，1913）

分布：中国河南、陕西、浙江、湖南、湖北、四川、贵州、云南、福建；印度尼西亚。

81. 闽溪蚁蛉 *Epacanthaclisis minanus*（Yang，1999）

分布：中国陕西、浙江、湖北、贵州、福建、广西。

82. 美雅蚁蛉 *Layahima elegans*（Banks，1937）

分布：中国湖北、四川、贵州、福建、台湾、广西、海南。

83. 朝鲜东蚁蛉 *Euroleon coreanus*（Okamoto，1926）

分布：中国辽宁、内蒙古、河北、北京、山西、山东、河南、陕西、宁夏、甘肃、新疆、湖南、湖北、四川、贵州；朝鲜、韩国、蒙古国。

84. 窄翅哈蚁蛉 *Hagenomyia angustala* Bao *et* Wang，2007

分布：中国贵州。

85. 连脉哈蚁蛉 *Hagenomyia coalitus*（Yang，1999）

分布：中国贵州、福建、广东。

86. 苏哈蚁蛉 *Hagenomyia sumatrensis*（van der Weele，1909）

分布：中国贵州；越南、菲律宾、马来西亚、印度尼西亚、斯里兰卡。

87. 环蚁蛉 *Myrmeleon circulis* Bao *et* Wang，2006

分布：中国湖北、贵州、福建、广西。

88. 锈翅蚁蛉 *Myrmeleon ferrugineipennis* Bao *et* Wang，2009

分布：中国贵州。

89. 棕蚁蛉 *Myrmeleon fuscus* Yang，1999

分布：中国湖北、贵州、福建、广东、广西。

90. 狭翅蚁蛉 *Myrmeleon trivialis* Gerstaecker，1885

分布：中国河南、陕西、贵州、云南、西藏、广西；泰国、印度、尼泊尔、巴基斯坦。

91. 多格距蚁蛉 *Distoleon cancellosus* Yang，1987

分布：中国河南、浙江、湖南、贵州、云南、西藏、福建、广东、广西、海南。

92. 黑斑距蚁蛉 *Distoleon nigricans*（Matsumura，1905）

分布：中国河北、北京、山东、河南、陕西、安徽、浙江、湖南、湖北、贵州、福建；日本、韩国。

93. 云南距蚁蛉 *Distoleon yunnanus* Yang，1986

分布：中国安徽、贵州、云南。

94. 中华英蚁蛉 *Indophanes sinensis* Banks，1940

分布：中国陕西、四川、贵州。

95. 齿爪蚁蛉 *Pseudoformicaleo nubecula*（Gerstaecker，1885）

分布：中国北京、山东、安徽、浙江、贵州、福建；日本、印度尼西亚、马来西亚、斯里兰卡、澳大利亚、帕劳群岛。

96. 锯角蝶角蛉 *Acheron trux*（Walker，1853）

分布：中国河南、陕西、江苏、浙江、江西、湖南、湖北、四川、贵州、云南、西藏、福建、台湾、广西、海南；东南亚。

97. 迪蝶角蛉 *Ascalaphus dicax* Walker，1853

分布：中国贵州、广西；印度、东南亚。

98. 黄脊蝶角蛉 *Ascalohybris subjacens*（Walker，1853）

分布：中国北京、山东、河南、安徽、江苏、浙江、江西、湖南、湖北、四川、贵州、云南、福建、台湾、广西、海南；日本、朝鲜、越南、柬埔寨。

99. 狭翅玛蝶角蛉 *Maezous umbrosus*（Esben-Petersen，1913）

分布：中国河南、陕西、浙江、江西、湖南、湖北、四川、贵州、云南、台湾、广西。

100. 菲律宾足翅蝶角蛉 *Protacheron philippinensis*（van der Weele，1904）

分布：中国贵州、云南、广西、海南；菲律宾、印度尼西亚。

101. 台斑苏蝶角蛉 *Suphalomitus formosanus* Esben-Petersen，1913

分布：中国贵州、云南、台湾、广西、海南。

102. 宽原完眼蝶角蛉 *Protidricerus elwesii*（McLachlan，1891）

分布：中国浙江、四川、贵州、西藏、福建、广西；缅甸、印度、巴基斯坦。

103. 栉角蛉某种 *Dilar* sp.

分布：中国贵州（遵义）。

104. 栉形等鳞蛉 *Isoscelipteron pectinatum*（Navás，1905）

分布：中国贵州（遵义）、上海。

六、捕食性瓢虫类调查及分布情况

1. 刀角瓢虫 *Serangium japonicum* Chapin

分布：中国贵州、安徽、四川、浙江、台湾、广东、湖南、江苏、福建。

2. 刻点小艳瓢虫 *Sticholotis punctate* Crotch，1874

分布：中国贵州、浙江、江苏。

3. 丽小艳瓢虫 *Sticholotis formosana* Wese，1923

分布：中国贵州。

4. 小艳瓢虫 *Sticholotis* sp.

分布：中国贵州。

5. 素鞘大瓢虫 *Sticholotis* sp.

分布：中国贵州、河北、江苏、四川、福建、广东、云南；日本、印度、菲律宾、印度尼西亚（巽他群岛）。

6. 台毛艳瓢虫 *Pharoscymnus taoi* Sasaji，1967

分布：中国湖南、海南、广东、广西、福建、台湾、江西、陕西、贵州。

7. 孟氏隐唇瓢虫 *Cryptolaemus montrouzieri* Muls

分布：中国贵州、福建、湖南、广东、台湾；印度尼西亚、菲律宾、苏联、法国、意大利、新西兰、非洲、美国、西印度群岛、密克罗尼西亚、澳大利亚、泰国、印度、肯尼亚、西班牙、埃及、瑞典、挪威等亚热带和热带地区。

8. 黑背毛瓢虫 *Scymnus*（*Neopullus*）*babai* Sasaji

分布：中国福建、贵州、安徽、湖南、海南、山东、江苏、山西、上海、湖北、吉林、北京、浙江、四川、云南、陕西、辽宁。

9. 黑襟毛瓢虫 *Scymnus*（*Neopullus*）*hoffmanni* Weise

分布：中国贵州、福建、河南、湖南、湖北、上海、北京、山西、江西、安徽、四川、河北、香港、海南、云南、广西、台湾、陕西、浙江、山东、江苏；日本、朝鲜。

10. 日本毛瓢虫 *Scymnus*（*Pullus*）*japonicus*

分布：中国贵州、海南、云南、江西。

11. 台湾小瓢虫 *Scymnus*（*Pullus*）*taiwanus*（Weise）

分布：中国安徽、浙江、江苏、台湾、四川、广东、贵州、湖南、海南、福建。

12. 黑背小瓢虫 *Scymnus*（*Pullus*）*kawamurai*

分布：中国广东、海南、浙江、四川、福建、云南、贵州、江苏、台湾、甘肃。

13. 长突毛瓢虫 *Scymnus*（*Neopullus*）*yamata* Kamiya

分布：中国安徽、福建、江西、贵州、河北。

14. 束小瓢虫 *Scymnus*（*Pullus*）*sodalis*（Weise）

分布：中国贵州、台湾、江苏、浙江、湖北、广东。

15. 斧端小瓢虫 *Scymnus*（*Pullus*）*pelecoides* Pang *et* Huang

分布：中国贵州。

16. 端丝小毛瓢虫 *Scymnus acidotus*

分布：中国贵州。

17. 端黄小毛瓢虫 *Scymnus*（*Scymnus*）*apiciflavus*（Motschulsky）

分布：中国贵州。

18. 丽小瓢虫 *Scymnus*（*Pullus*）*formosanus*（Weise）

分布：中国贵州。

19. 中黑小瓢虫 *Scymnus*（*Pullus*）*centralis* Kamiya

分布：中国贵州。

20. 端锈小毛瓢虫 *Scymnus ferrugatus*

分布：中国贵州。

21. 凯氏小毛瓢虫 *Scymnus koebelei*

分布：中国贵州。

22. 箭端小毛瓢虫 *Scymnus*（*Pullus*）*oestocraerus*

分布：中国贵州。

23. 庞氏小毛瓢虫 *Scymnus*（*Pullus*）*pangi*

分布：中国贵州。

24. 内囊小瓢虫 *Scymnus yangi*

分布：中国贵州。

25. 后斑小瓢虫 *Scymnus*（*Pullus*）*posticalis* Sicard

分布：中国贵州。

26. 黄胸小瓢虫 *Scymnus* **sp.**

分布：中国贵州。

27. 褐缝基瓢虫 *Diomus brunsuturalis* **Pang** *et* **Gordon**

分布：中国贵州、陕西、北京、浙江、福建、台湾、广东、海南。

28. 圆斑弯叶毛瓢虫 *Nephus*（*Nephus*）*ryuguus*（**Kamiya**）

分布：中国广东、贵州、海南、广西、台湾、陕西、四川、湖北、安徽、山西。

29. 双鳞弯叶毛瓢虫 *Nephus*（*Geminosipho*）*dilepismoides* **Pang** *et* **Pu**

分布：中国贵州。

30. 膜边弯叶毛瓢虫 *Nephus*（*Geminosipho*）*patagiatus*

分布：中国贵州。

31. 黑方突毛瓢虫 *Pseudoscymnus kurohime*（**Miyatake**）

分布：中国贵州、台湾、福建、广东、云南、湖南、广西、海南。

32. 那卡方毛瓢虫 *Pseudoscymnus nakanei*

分布：中国贵州。

33. 毛端方瓢虫 *Pseudoscymnus lancetapicalis*

分布：中国贵州。

34. 里氏方瓢虫 *Pseudoscymnus lewisi*

分布：中国贵州。

35. 澳洲瓢虫 *Rodolia cardinalis*（**Mulsant**）

分布：中国贵州、安徽、江苏、福建、浙江；澳大利亚、新西兰。

36. 红环瓢虫 *Rodolia limbata* **Motschulsky**

分布：中国贵州、山东、江苏、浙江、江西、北京、黑龙江、辽宁、山西、云南；日本、苏联。

37. 八斑红瓢虫 *Rodolia octoguttata* **Weise**

分布：中国贵州、福建。

38. 大红瓢虫 *Rodolia rufopilosa* **Mulsant**

分布：中国江苏、浙江、四川、福建、广东、广西；缅甸、印度、印度尼西亚、日本、菲律宾。

39. 小红瓢虫 *Rodolia pumila* **Weise**

分布：中国贵州、福建、台湾、广东、广西、海南、云南、四川、浙江、江苏、江西、湖北。

40. 四斑红瓢虫 *Rodolia quadrimaculata* **Mader**

分布：中国贵州。

41. 红瓢虫 _Rodolia_ sp.

分布：中国贵州。

42. 双月刻眼瓢虫 _Ortalia_ sp.

分布：中国贵州。

43. 云南刻眼瓢虫 _Ortalia hrni_ Weise

分布：中国贵州、广东、云南。

44. 中华显盾瓢虫 _Hyperaspis sinensis_（Crotch）

分布：中国安徽、江苏、浙江、江西、福建、四川、广西、贵州、北京、河南、河北。

45. 四星瓢虫 _Hyperaspis repensis_

分布：中国安徽、贵州。

46. 四斑显盾瓢虫 _Hyperaspis leechi_ Miyatake

分布：中国浙江、贵州、湖北、四川、江苏、山西、河北、辽宁、吉林、黑龙江。

47. 阿里山唇瓢虫 _Chilocorus alishanus_

分布：中国四川、贵州、云南、台湾。

48. 二双斑唇瓢虫 _Chilocorus bijugus_ Mulsant

分布：中国贵州、云南、四川、湖北。

49. 闪蓝红点唇瓢虫 _Chilocorus chalybeatus_ Gorham

分布：中国贵州、福建、江西、浙江、广东。

50. 闪蓝唇瓢虫 _Chilocorus hauseri_ Weise

分布：中国贵州、云南、广东、福建、四川、海南、陕西；印度。

51. 湖北红点唇瓢虫 _Chilocorus hupehanus_ Miyatakc

分布：中国贵州、福建、湖北、四川。

52. 红点唇瓢虫 _Chilocorus kuwanae_ Silvestri

分布：中国各产茶省、四川、福建。

53. 黑缘红瓢虫 _Chilocorus rubidus_ Hope

分布：中国北京、黑龙江、吉林、辽宁、内蒙古、宁夏、甘肃、陕西、河北、河南、山东、江苏、浙江、湖南、四川、福建、海南、贵州、云南、西藏；日本、俄罗斯、朝鲜、印度、尼泊尔、印度尼西亚、澳大利亚。

54. 宽缘唇瓢虫 _Chilocorus rufitarsus_ Motschulsky

分布：中国江西、安徽、贵州、福建、江苏、浙江、广东、云南。

55. 红褐唇瓢虫 _Chilocorus politus_

分布：中国贵州。

56. 中华唇瓢虫 _Chilocorus chinensis_ Miyatake

分布：中国贵州、浙江、广东、云南。

57. 黑背唇瓢虫 _Chilocorus melas_ Weise

分布：中国贵州、福建、广西、广东、云南。

58. 艳色广盾瓢虫 _Platynaspis lewisii_ Crotch

分布：中国海南、江苏、浙江、江西、台湾、福建、广东、广西、云南、陕西、贵州；缅甸、印度、日本。

59. 四斑广盾瓢虫 *Platynaspis maculosa* **Weise**

分布：中国贵州、安徽、福建、湖南、海南、浙江、江苏、四川、广东、广西、陕西、湖北。

60. 八斑广盾瓢虫 *Platynaspis octoguttata*（**Miyatake**）

分布：中国贵州。

61. 双斑广盾瓢虫 *Platynaspis bimaculata* **Pang** *et* **Mao**

分布：中国浙江、贵州、云南。

62. 眼斑广盾瓢虫 *Platynaspis ocellimaculata* **Pang** *et* **Mao**

分布：中国浙江、贵州、云南。

63. 整胸寡节瓢虫 *Telsimia emarginata* **Chapin**

分布：中国贵州、福建、江西、四川、浙江、广东。

64. 四川寡节瓢虫 *Telsimia sichuanensis* **Pang** *et* **Mao**

分布：中国贵州。

65. 台湾隐势瓢虫 *Cryptogonus horishanus*（**Ohlo**）

分布：中国贵州、湖南、福建、江西、四川、浙江、台湾、广东。

66. 变斑隐势瓢虫 *Cryptogonus orbiculus* **Gyllenhal**

分布：中国贵州、海南、浙江、福建、台湾、广东、云南；日本、印度、斯里兰卡、马来群岛、密克罗尼西亚。

67. 臀斑隐势瓢虫 *Cryptogonus postmedialis* **Kapur**

分布：中国贵州、福建、台湾、广东、湖南、海南、四川。

68. 海南隐势瓢虫 *Cryptogonus hainanensis* **Pang** *et* **Mao**

分布：中国海南、贵州。

69. 广东食螨瓢虫 *Stethorus*（*Sththorus*）*cantonensis* **Pang**

分布：中国贵州、浙江、福建、湖北、广东、海南。

70. 拟小食螨瓢虫 *Stethrous*（*Allostethorus*）*parapauperculus* **Pang**

分布：中国贵州、浙江、广东、福建。

71. 广西食螨瓢虫 *Stethorus*（*Ponostethorus*）*guangxiensis* **Pang** *et* **Mao**

分布：中国贵州、湖南、广西、湖北。

72. 深点食螨瓢虫 *Stethorus*（*Stethorus*）*punctillum* **Weise**

分布：中国贵州、安徽、江苏、湖南、福建、山东、陕西；亚洲、欧洲、北美洲。

73. 腹管食螨瓢虫 *Stethorus siphonulus*

分布：中国福建、贵州、广东。

74. 黑囊食螨瓢虫 *Stethorus aptus*

分布：中国贵州、广东、福建。

75. 长管食螨瓢虫 *Stethorus longisiphonulus*

分布：中国贵州、广东、海南。

76. 束管食螨瓢虫 *Stethorus*（*Allosethorus*）*chengi* **Sasaji**

分布：中国贵州、湖北、陕西、台湾、河南、江苏、浙江。

77. 六斑异瓢虫 *Aiolocaria hexaspilota*（Hope）

分布：中国福建、台湾、海南、湖北、陕西、贵州、江西、四川、安徽、河南、吉林、内蒙古、甘肃、陕西、北京、河北、云南、西藏；日本、印度、尼泊尔、缅甸、俄罗斯、朝鲜。

78. 二星瓢虫 *Adalia bipunctata*（Linnaeus）

分布：中国安徽、江苏、浙江、江西、福建、四川、广西、贵州、陕西、云南、河南、山东，以及东北地区。

79. 十二斑奇瓢虫 *Alloneda dodecaspilota*

分布：中国贵州。

80. 多异瓢虫 *Hippodamia variegate*（Goeze）

分布：中国安徽、福建、山东、河南、四川、云南、贵州、西藏、江西、浙江、吉林、辽宁、新疆、内蒙古、陕西、甘肃、宁夏、北京、河北、山西；古北区、印度、非洲、拉丁美洲。

81. 十三星瓢虫 *Hippodamia tredecimpunctata*（Linnaeus）

分布：中国安徽、贵州、北京、吉林、河北、山东、河南、新疆、浙江；苏联、欧洲、北美洲。

82. 华鹿瓢虫 *Sospita chinensis* Mulsant

分布：中国浙江、贵州、江苏、湖南、福建、广东、广西、云南。

83. 异色瓢虫 *Harmonia axyridis*（Pallas）

分布：中国黑龙江、湖北、湖南、四川、云南、贵州、甘肃、新疆、陕西、山西、北京、河北、河南、山东、江苏、浙江、安徽、江西、上海、天津、辽宁、广东、广西。

84. 红肩瓢虫 *Harmonia dimidiate*（Fabricius）

分布：中国贵州、江西、台湾、福建。

85. 隐斑瓢虫 *Harmonia yedoensis* Liu

分布：中国贵州、浙江、山东、福建、广东、广西、湖南、江西、北京、河南、陕西、四川、台湾、香港；日本、朝鲜、越南。

86. 八斑和瓢虫 *Harmonia octomaculata*（Fabricius）

分布：中国贵州、海南、福建、江西、湖北、台湾、广东、广西、云南、湖南、重庆、四川、浙江。

87. 纤丽瓢虫 *Harmonia sedecimnotata*（Fabricius）

分布：中国贵州、海南、四川、台湾、广东、广西、云南、湖北、江苏、西藏、江西。

88. 奇斑瓢虫 *Harmonia eucharis*

分布：中国云南、贵州、四川。

89. 黑条长瓢虫 *Macronaemia hauseri*（Weise）

分布：中国安徽、云南、江苏、四川、贵州。

90. 大突肩瓢虫 *Synonycha grandis*（Thunberg）

分布：中国贵州、江西、广西、福建、台湾、广东、云南、东北、新疆。

91. 十斑大瓢虫 *Megalocaria dilatata* Fabricius

分布：中国安徽、四川、福建、广东、广西、云南、贵州、江西；印度、印度尼西亚。

92. 日本丽瓢虫 *Callicaria superba* Sicard

分布：中国贵州、四川、西藏；日本。

93. 十斑盘瓢虫 *Lamnia bissellata*

分布：中国贵州、海南、福建、广西、四川、江西、云南、西藏。

94. 黄斑盘瓢虫 *Lemnia saucia* Mulsant

分布：中国福建、贵州、浙江、山东、广东、广西、湖南、四川、河南、湖北、云南、江苏。

95. 双带盘瓢虫 *Lemnia biplagiata*

分布：中国福建、贵州、安徽、浙江、四川、江西、广东、广西、云南、江苏、西藏、湖北。

96. 红基盘瓢虫 *Lemnia circumusta*（Mulsant）

分布：中国贵州。

97. 红颈瓢虫 *Synona consanginea*（Mulsant）

分布：中国贵州、江西、福建、台湾。

98. 六斑月瓢虫 *Menochilus sexmaculata*（Fabriciys）

分布：中国安徽、浙江、贵州、江西、四川、台湾、福建、云南、陕西、湖北、湖南、重庆。

99. 稻红瓢虫 *Microspis discolor*（Fabricius）

分布：中国浙江、江西、贵州、湖北、湖南、四川、福建、广东、广西、云南。

100. 十二斑巧瓢虫 *Oenopia bissexnotata*（Mulsant）

分布：中国贵州、湖南、四川、云南、湖北、江西、陕西、新疆、山东、东北。

101. 淡红巧瓢虫 *Oenopia emmerichi* Mader

分布：中国江西、贵州、云南、四川。

102. 黄缘巧瓢虫 *Oenopia sauzeti* Mulsant

分布：中国四川、云南、贵州、西藏、湖北、广西、安徽。

103. 粗网巧瓢虫 *Oenopia chinensis*（Weise）

分布：中国江西、贵州、辽宁、浙江、湖北、湖南、安徽。

104. 黑缘巧瓢虫 *Oenopia kirbyi* Mulsant

分布：中国贵州、云南；缅甸、印度。

105. 台湾巧瓢虫 *Oenopia formosana*

分布：中国安徽、四川。

106. 龟纹瓢虫 *Propylea japonica*（Thunberg）

分布：中国贵州、湖南、海南、陕西、安徽、江苏、浙江、福建、广东、广西、四川、云南、江西、台湾、北京、河南、河北、山东、山西、黑龙江、吉林、辽宁、新疆、甘肃、宁夏、湖北、上海、台湾。

107. 方斑瓢虫 *Propylea quatuordecimpunctata*（Linnaeus）

分布：中国江西、江苏、贵州、湖北、新疆、甘肃、陕西、河北。

108. 黄室龟瓢虫（黄宝盘瓢虫） *Propylea luteoputstulata*（Mulsant）

分布：中国浙江、江西、福建、台湾、贵州。

109. 细纹裸瓢虫 *Bothrocalvia albolineata*（Schonherr）

分布：中国贵州、福建、广西、广东、云南。

110. 华裸瓢虫 *Calvia chinensis*（Mulsant）

分布：中国贵州、湖南、海南、陕西、江苏、浙江、福建、广东、广西、四川、云南、江西。

111. 枝斑裸瓢虫 *Calvia hauseri*

分布：中国贵州、台湾。

112. 链纹裸瓢虫 *Calvia sicardi*（Mader）

分布：中国贵州、安徽、湖南、四川、云南。

113. 十五星裸瓢虫 *Calvia quindecimguttata*（Fabricius）

分布：中国贵州、陕西、四川、云南、山西、湖北、江苏、安徽、广西。

114. 四斑裸瓢虫 *Calvia muiri*（Timberlake）

分布：中国浙江、陕西。

115. 大斑瓢虫 *Coccinella magnopunctata*

分布：中国贵州。

116. 七星瓢虫 *Coccinella septempunctata* L.

分布：中国贵州、湖南、海南、安徽、江苏、浙江、福建、广东、广西、四川、云南、江西、台湾、北京、河南、河北、山东、陕西、山西。

117. 狭臀瓢虫 *Coccinella transversalis* Fabricius

分布：中国安徽、贵州、海南、广东、湖南、广西、福建、台湾、云南、西藏。

118. 十一星瓢虫 *Coccinella undecimpunctata* Linnaeus

分布：中国安徽、山东、陕西、山西、宁夏、甘肃、新疆。

119. 横斑瓢虫 *Coccinella transversoguttata* F.

分布：中国贵州、陕西、甘肃、青海、新疆、四川、西藏。

七、环境监测和指示生物物种调查及分布情况

1. 宽阔水华黑蟋 *Sinocapnia kuankuoshui* Murányi，Li *et* Yang，2015

分布：中国贵州（遵义）。

2. 钩须诺蟋 *Rhopalopsole ampulla* Du *et* Qian，2011

分布：中国贵州（沿河）。

3. 刺须诺蟋 *Rhopalopsole curvispina* Qian *et* Du，2013

分布：中国贵州（遵义）。

4. 衍刺诺蟋 *Rhopalopsole exiguspina* Du *et* Qian，2011

分布：中国贵州（沿河）。

5. 中华诺蜻 *Rhopalopsole sinensis* **Yang** *et* **Yang，1993**

分布：中国贵州、河南、陕西、宁夏、浙江、湖北、四川、云南、福建、广东、广西；越南。

6. 环叶倍叉蜻 *Amphinemura annulata* **Du** *et* **Ji，2014**

分布：中国贵州（茂兰）、山西、陕西、浙江。

7. 心突倍叉蜻 *Amphinemura cordiformis* **Li** *et* **Yang，2006**

分布：中国贵州（大沙河）。

8. 贵州倍叉蜻 *Amphinemura guizhouensis* **Li** *et* **Yang，2006**

分布：中国贵州（雷公山）。

9. 宽阔水倍叉蜻 *Amphinemura kuankuoshui* **Li，Du** *et* **Yang，2017**

分布：中国贵州（遵义、绥阳、宽阔水）。

10. 雷公倍叉蜻 *Amphinemura leigong* **Wang** *et* **Du，2006**

分布：中国贵州（雷公山）。

11. 锤突倍叉蜻 *Amphinemura malleicapitata* **Li** *et* **Yang，2006**

分布：中国贵州（梵净山）。

12. 三刺印叉蜻 *Indonemoura trilongispina* **Du** *et* **Wang，2006**

分布：中国贵州（雷公山）。

13. 梯形中叉蜻 *Mesonemoura trapezoidea* **Li，Cui** *et* **Yang，2017**

分布：中国贵州（遵义三岔河）。

14. 兹氏中叉蜻 *Mesonemoura zwicki* **Li，Cui** *et* **Yang，2017**

分布：中国贵州（遵义三岔河）。

15. 歧叶球尾叉蜻 *Sphaeronemoura asymmetria* **Li，Yang** *et* **Yang，2016**

分布：中国贵州（道真县大沙河）。

16. 镰尾叉蜻 *Nemoura janeti* **Wu，1938**

分布：中国贵州（花溪）、河南、陕西、浙江、湖北、四川。

17. 双目叉蜻 *Nemoura oculata* **Wang** *et* **Du，2006**

分布：中国贵州（雷公山）。

18. 多刺叉蜻 *Nemoura spinosa* **Wu，1940**

分布：中国贵州、陕西、云南；印度。

19. 花色锤蜻 *Claassenia tincta*（**Navás，1923**）

分布：中国贵州。

20. 双刺钩蜻 *Kamimuria bispina* **Du，2005**

分布：中国贵州（道真）。

21. 短叶钩蜻 *Kamimuria brevilata* **Du，2002**

分布：中国贵州（茂兰）。

22. 端刺钩蜻 *Kamimuria extremispina* **Du，2006**

分布：中国贵州（梵净山）、江西、广西。

23. 巨刺钩蜻 *Kamimuria grandispinata* **Du** *et* **Sun，2011**

分布：中国贵州（绥阳、遵义）。

24. 李氏钩蜻 *Kamimuria lii* Du，2002

分布：中国贵州（茂兰）。

25. 大斑钩蜻 *Kamimuria magnimacula* Du，2005

分布：中国贵州（道真）。

26. 茂兰钩蜻 *Kamimuria maolanensis* Du，2002

分布：中国贵州（茂兰）。

27. 苗岭钩蜻 *Kamimuria miaolingensis* Du *et* Wang，2007

分布：中国贵州（雷公山）。

28. 小齿钩蜻 *Kamimuria microda* Du，2002

分布：中国贵州（茂兰）。

29. 齿臂襟蜻 *Togoperla canilimbata*（Enderlein，1909）

分布：中国贵州（梵净山、雷公山）、广东、广西；越南。

30. 佛氏襟蜻 *Togoperla fortunati* Navás，1926

分布：中国贵州、四川。

31. 短囊新蜻 *Neoperla breviscrotata* Du，1999

分布：中国贵州（三都）、山东、陕西、安徽、福建、广西。

32. 卡氏新蜻 *Neoperla cavaleriei*（Navás，1922）

分布：中国贵州、河南、湖北、云南、台湾、广东、广西；越南、泰国、缅甸。

33. 双瘤新蜻 *Neoperla bituberculata* Du，2000

分布：中国贵州（茂兰）。

34. 大沙河新蜻 *Neoperla dashahena* Du，2005

分布：中国贵州（道真大沙河）。

35. 梵净山新蜻 *Neoperla fanjingshana* Yang *et* Yang，1992

分布：中国贵州（梵净山）。

36. 曲囊新蜻 *Neoperla flexiscrotata* Du，2000

分布：中国贵州（荔波）。

37. 贵州新蜻 *Neoperla guizhouensis* Yang *et* Yang，1991

分布：中国贵州（梵净山）。

38. 雷公山新蜻 *Neoperla leigongshana* Du *et* Wang，2007

分布：中国贵州（雷公山）。

39. 茂兰新蜻 *Neoperla maolanensis* Yang *et* Yang，1993

分布：中国陕西、贵州（茂兰）。

40. 斑有蜻 *Perla stictica* Navás，1922

分布：中国贵州。

41. 胡氏刺蜻 *Styloperla wui* Chao，1947

分布：中国贵州、福建、广西。

八、贵州特殊命名昆虫汇总

（一）以中国命名的种

1. 华猛猎蝽 *Sphedanolestes sinicus* Cai *et* Yang，2002
2. 蠋蝽 *Arma chinensis* Fabricius
3. 中华芒角臭虻 *Dialysis sinensis* Yang *et* Nagatomi，1994
4. 中华平胛食虫虻 *Neomochtherus sinensis*（Ricardo，1919）
5. 中华姬蜂虻 *Systropus chinensis* Bezzi，1905
6. 中华驼舞虻 *Hybos chinensis* Frey，1953
7. 中华雅长足虻 *Amblypsilopus sinensis* Yang *et* Yang，2003
8. 中华弓脉长足虻 *Paraclius sinensis* Yang *et* Li，1998
9. 中华巨齿蛉 *Acanthacorydalis sinensis* Yang *et* Yang，1986
10. 中华斑鱼蛉 *Neochauliodes sinensis*（Walker，1853）
11. 中华英蚁蛉 *Indophanes sinensis* Banks，1940
12. 中华显盾瓢虫 *Hyperaspis sinensis*（Crotch）
13. 中华唇瓢虫 *Chilocorus chinensis* Miyatake
14. 中华诺蜻 *Rhopalopsole sinensis* Yang *et* Yang，1993

（二）以贵州地名命名的种

1. 贵州虻 *Tabanus guizhouensis* Chen *et* Xu，1992
2. 贵州鹬虻 *Rhagio guizhouensis* Yang *et* Yang，1992
3. 茂兰鹬虻 *Rhagio maolanus* Yang *et* Yang，1993
4. 梵净山星水虻 *Actina fanjingshana* Li，Zhang *et* Yang，2009
5. 梵净山距水虻 *Allognosta fanjingshana* Cui，Li *et* Yang，2009
6. 梵净山离眼水虻 *Chorisops fanjingshana* Li，Cui *et* Yang，2009
7. 贵州短角水虻 *Odontomyia guizhouensis* Yang，1995
8. 贵州盾刺水虻 *Oxycera guizhouensis* Yang，Wei *et* Yang，2008
9. 大沙河姬蜂虻 *Systropus dashahensis* Dong *et* Yang，2005
10. 贵阳姬蜂虻 *Systropus guiyangensis* Yang，1998
11. 贵州姬蜂虻 *Systropus guizhouensis* Yang *et* Yang，1991
12. 贵州溪舞虻 *Clinocera guizhouensis* Yang，Zhu *et* An，2006
13. 大沙河喜舞虻 *Hilara dashahensis* Zhang，Zhang *et* Yang，2005
14. 贵州喜舞虻 *Hilara guizhouensis* Yang *et* Zhang，2006
15. 贵州鬃螳舞虻 *Chelipoda guizhouana* Yang *et* Yang，1989
16. 梵净山驼舞虻 *Hybos fanjingshanensis* Yang *et* Yang，2004
17. 贵州驼舞虻 *Hybos guizhouensis* Yang *et* Yang，1988
18. 贵州柄驼舞虻 *Syneches guizhouensis* Yang *et* Yang，1988
19. 贵州显颊舞虻 *Crossopalpus guizhouanus* Yang *et* Yang，1989
20. 贵州黄隐肩舞虻 *Elaphropeza guiensis*（Yang *et* Yang，1989）

21. 茂兰黄隐肩舞虻 *Elaphropeza maolana*（Yang *et* Yang，1994）

22. 赤水平须舞虻 *Platypalpus chishuiensis* Yang，Zhu *et* An，2006

23. 黔雅长足虻 *Amblypsilopus qianensis* Wei *et* Song，2005

24. 大沙河金长足虻 *Chrysosoma dashahensis* Zhu *et* Yang，2005

25. 贵州金长足虻 *Chrysosoma guizhouense* Yang，1995

26. 雷公山毛瘤长足虻 *Condylostylus leigongshanus* Wei *et* Yang，2007

27. 梵净山巨口长足虻 *Diostracus fanjingshanensis* Zhang，Yang *et* Masunaga

28. 梵净山寡长足虻 *Hercostomus fanjingensis* Wei，1997

29. 雷公山寡长足虻 *Hercostomus leigongshanus* Wei *et* Yang，2007

30. 娄山关寡长足虻 *Hercostomus loushanguananus* Yang *et* Saigusa，2001

31. 习水寡长足虻 *Hercostomus xishuiensis* Wei *et* Song，2005

32. 遵义寡长足虻 *Hercostomus zunyianus* Yang *et* Saigusa，2001

33. 梵净弓脉长足虻 *Paraclius fanjingensis* Wei，2006

34. 贵州长腹节长足虻 *Srilankamyia guizhouensis*（Wei，1997）

35. 梵净山粗柄长足虻 *Sybistroma fanjingshanus*（Yang，Grootaert *et* Song，2002）

36. 安顺小异长足虻 *Chrysotus anshunus* Wei *et* Zhang，2010

37. 梵净山小异长足虻 *Chrysotus fanjingshanus* Wei *et* Zhang，2010

38. 关岭小异长足虻 *Chrysotus guanlingus* Wei，2012

39. 贵州小异长足虻 *Chrysotus guizhouensis* Wang *et* Yang，2008

40. 金顶小异长足虻 *Chrysotus jindingensis* Wang *et* Yang，2008

41. 近关岭小异长足虻 *Chrysotus subguanlingus* Wei，2012

42. 贵州三角长足虻 *Trigonocera guizhouensis* Wang，Yang *et* Grootaert，2008

43. 贵州短蹠长足虻 *Chaetogonopteron guizhouense* Yang *et* Saigusa，2001

44. 贵州嵌长足虻 *Syntormon guizhouense* Wang *et* Yang，2005

45. 梵净蹠距长足虻 *Nepalomyia fanjingensis*（Wei，2006）

46. 贵州脉长足虻 *Neurigona guizhouensis* Wang，Yang *et* Grootaert，2007

47. 川贵曲粉蛉 *Coniocompsa chuanguiana* Liu *et* Yang，2004

48. 云贵啮粉蛉 *Conwentzia yunguiana* Liu *et* Yang，1993

49. 茂兰窗溪蛉 *Thyridosmylus maolanus* Yang，1993

50. 黔窗溪蛉 *Thyridosmylus qianus* Yang，1993

51. 梵净脉线蛉 *Neuronema fanjingshanum* Yan *et* Liu，2006

52. 梵净叉草蛉 *Pseudomallada fanjingana*（Yang *et* Wang，1988）

53. 川贵巴蝶蛉 *Balmes terissinus* Navás，1910

54. 贵州倍叉蜻 *Amphinemura guizhouensis* Li *et* Yang，2006

55. 雷公倍叉蜻 *Amphinemura leigong* Wang *et* Du，2006

56. 茂兰钩蜻 *Kamimuria maolanensis* Du，2002

57. 苗岭钩蜻 *Kamimuria miaolingensis* Du *et* Wang，2007

58. 大沙河新蜻 *Neoperla dashahena* Du，2005

59. 梵净山新蜻 *Neoperla fanjingshana* Yang *et* Yang，1992

60. 贵州新蜻 *Neoperla guizhouensis* **Yang** *et* **Yang，1991**

61. 雷公山新蜻 *Neoperla leigongshana* **Du** *et* **Wang，2007**

62. 茂兰新蜻 *Neoperla maolanensis* **Yang** *et* **Yang，1993**

参考文献

彩万志，2001. 普通昆虫学［M］. 北京：中国农业大学出版社.

杜予州，王志杰，2005. 襀翅目：卷蜻科 叉蜻科 蜻科 扁蜻科［M］//杨茂发，金道超. 贵州大沙河昆虫. 贵阳：贵州人民出版社：51-57.

杜予州，王志杰，2007. 叉蜻科 蜻科［M］//李子忠，杨茂发，金道超. 雷公山景观昆虫. 贵阳：贵州科技出版社：84-90.

洪北边，2000. 中国茶园瓢虫资源名录（上）［J］. 茶叶，26（2）：83-86.

仁树芝，1998. 中国动物志昆虫纲 第十三卷 半翅目 姬蝽科［M］. 北京：科学出版社.

任顺祥，王兴民，庞虹，等，2009. 中国瓢虫原色图鉴［M］. 北京：科学出版社.

吴钜文，陈红印，2013. 蔬菜害虫及其天敌昆虫名录［M］. 北京：中国农业科学技术出版社.

萧采瑜，1977. 中国蝽类昆虫鉴定手册（半翅目 异翅亚目） 第一册［M］. 北京：科学出版社.

萧采瑜，1981. 中国蝽类昆虫鉴定手册（半翅目 异翅亚目） 第二册［M］. 北京：科学出版社.

杨定，张莉莉，王孟卿，等，2011. 中国动物志（昆虫纲 第五十三卷）［M］. 北京：科学出版社.

杨定，张莉莉，张魁艳，2018. 中国生物物种名录（第二卷 VI）［M］. 北京：科学出版社.

虞国跃，王合，冯术快，2016. 王家园昆虫［M］. 北京：科学出版社.

曾繁荣，2017. 昆虫与捕食螨规模化扩繁的理论和实践［M］. 北京：科学出版社.

张礼生，陈红印，李保平，2014. 天敌昆虫扩繁与应用［M］. 北京：中国农业科学技术出版社.

章士美，1985. 中国经济昆虫志（第三十一册 半翅目二）［M］. 北京：科学出版社.

章士美，1995. 中国经济昆虫志（第五十册 半翅目一）［M］. 北京：科学出版社.

郑乐怡，2004. 中国动物志昆虫纲 第三十三卷 半翅目 盲蝽科 盲蝽亚科［M］. 北京：科学出版社.

第二章　天敌昆虫 DNA 条形码工作进展

第一节　DNA 条形码概述

一、DNA 条形码的产生和发展

DNA 条形码（DNA Barcoding）实质上是生物体具有的一段能够区分物种的较短的特定 DNA 片段，它作为物种的标签将生物个体和物种学名一一对应，以商品条形码为启示提出了应用一段 DNA 序列作为生物快速识别的方法，在原理上肯定了这种方式的可行性并建立了以线粒体细胞色素氧化酶的亚基Ⅰ基因（COⅠ）5′端序列多样性为基础的动物条形码鉴定系统。COⅠ能将不同动物物种区分开，此后动物的物种鉴定就以 COⅠ 条形码作为基础。而在植物和真菌生物中，叶绿体基因如 *rbcL*、*trnL*-F、*matK* 等和核基因 ITS 更适用（Ajmal 等，2014）。

由于 DNA 条形码技术快速简便、不受检测目标生物体的发育状态限制、数据共享性高、可以建立国际鉴定平台，自产生以来引起了各领域学者的重视。在国际生命条形码计划（iBOL）提出以后，全球学者开展了针对各种生物（包括动物、植物和真菌等）的条形码数据库构建工作，并集中收录在生命条形码数据系统（BOLD）中，该系统中不仅包括物种条形码，还提供了样本的地理信息和图像资料，根据鉴定程序用户能够快速准确地识别已知物种并检索它们的相关信息。这对全球生物新物种的发现和多样性的认知具有重要的推动作用。目前该系统收录了约 27.7 万个物种的条形码，其中公开的条形码数据 155.6 万条，随着分子生物学和测序技术的不断进步，条形码的获取将会越来越快速、经济，数据库中的序列将会呈现指数型速度增加。

随着条形码技术的发展，微型条形码 Mini-barcoding 和宏条形码 Metabarcoding 也相继产生。微条形码技术用于馆藏标本，由于标本馆的标本通常为针插保存，DNA 降解严重，其条形码序列的扩增较为困难，因此 Hajibabaei 等（2006a）和 Meusnier 等（2008）提出在馆藏标本的条形码获取过程中应用 COⅠ 条形码区域 5′端 100~150bp 的片段代替标准长度（650bp 左右）进行物种的鉴定。宏条形码技术（Taberlet 等，2012）则是一种应用高通量测序技术，快速高效监测生物多样性及评估环境的方法，这一技术能同时高通量地获得多个物种的条形码序列，达到快速鉴定混合样品成分、解析群落物种多样性的目的，具有广泛地应用前景。

条形码技术已扩展应用到很多研究领域，包括生物多样性评估（Fišer 和 Buzan，2014）、系统发育关系和群体遗传分析（Hajibabaei，2007；Gómezpalacio，2013）、消化道内容物或排泄物追踪食物链中的营养关系（Szendrei 等，2014）、通过宏条形码技术的生态环境监测（Yoccoz，2012）等，对于推动生物资源的发现和利用、探索生物进化、保障食品贸易健康与安全发挥着重要作用。DNA 条形码最主要的目标就是进行生物物种的鉴定，并涉及法医学（Nelson，2007）、食品安全（Quinto 等，2016）、国际贸易安全（Armstrong 和 Ball，2005）等多个学科。

二、昆虫 DNA 条形码的研究进展

目前，BOLD 数据系统中显示昆虫条形码数据已有 436.9 万个，代表 23.2 万个种类，其中公开的种类有 12.8 万个以上。DNA 条形码目前已在昆虫 28 个目中得到应用，从 BOLD 发布的昆虫条形码数据来看，绝大多数条形码来自双翅目、鳞翅目和膜翅目昆虫，这三类条形码数据超过了总数的 80%，其次较多数量的是鞘翅目和半翅目昆虫（图 2-1）。条形码在 2003 年提出以后，很快在我国昆虫学科领域得到了重视和应用，统计这十几年间国内发表的昆虫条形码相关文献包括综述和研究性论文（图 2-2）可以看出国内的昆虫条形码研究起步于 2005 年，从 2009 年以后得到迅速发展。国内的条形码相关研究，集中在双翅目、鳞翅目、半翅目、鞘翅目和膜翅目昆虫类群，此外还包括直翅目、缨翅目（蓟马）、蜻蜓目、螳螂目、蜚蠊目、等翅目（白蚁）、蚤目共 12 个昆虫目和螨类，其中半翅目的研究种类以蚜蚧为主。

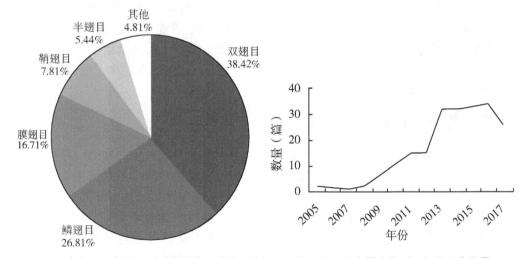

图 2-1　生命条形码数据系统中昆虫各目数据比例　　图 2-2　国内昆虫条形码相关文章数量

第二节　DNA 条形码在昆虫研究中的应用

昆虫是自然界中物种极为丰富、数量最多的一类动物，在人类认知的生物总数中超过了 50%，并且每年都有大量新物种被报道，目前昆虫学家对全球昆虫种类的推测还没有一个确切的定论。DNA 条形码由于不受昆虫鉴定目标保存状态和发育阶段的影响，不论在卵、幼（若）虫、成虫甚至残体中都能获得一致序列与数据库中的已知物种匹配，因此能够有效解决传统分类工作中的昆虫雌雄二型和雄性多态及非成虫发育阶段造成的鉴定

难题。所以 DNA 条形码的发展势必会促进昆虫多样性的研究和昆虫物种的新发现，而对众多农业害虫和天敌昆虫的有效鉴定将有利于对害虫的监测防控和有益昆虫的保护利用，保障生态系统的稳定和农业生产的安全。

一、昆虫种类的分子鉴定

DNA 条形码在昆虫学领域中首要的应用就是昆虫种类的分子鉴定。对害虫来说，种类的鉴别和入侵物种的防控与监测尤为重要，目前 DAN 条形码在很多害虫类群中都展现了良好的物种鉴定效力。Kinyanjui 等（2016）应用 COI 条形码和 RFLP 技术对肯尼亚发生的 7 种蚜虫均获得高效准确的鉴定结果。王哲等（2013）分析了我国桃属植物上的 8 属 12 种蚜虫的 COI 条形码，表明能有效区分出 99% 的蚜虫，有助于提高蚜虫的防治效率。Sethusa 等（2013）探讨了 18S 和 28S 作为 COI 的补充条形码对南非重要的入侵介壳虫鉴定适用性，结果表明 COI 和 28S 的联合应用可以将鉴定成功率达到 91.5%。Hajibabaei 等（2006b）对哥斯达黎加的关纳卡斯帝保护区鳞翅目 3 个科幼虫的条形码序列分析，发现 521 个种中绝大多数（97.9%）都可以被区别开，认为条形码是有效的热带地区物种识别工具。

天敌昆虫的条形码研究涉及的种类有捕食性甲虫、寄生蜂、瓢虫等。刘少番（2016）对国内多个捕食性甲虫类群进行了条形码数据库的构建，并对近缘种进行了鉴别，促进了对捕食性甲虫的多样性的认知。周青松（2014）用 COI 和 28S 对寄生性昆虫阔柄跳小蜂的鉴定和系统发育研究表明 COI 的鉴别能力强于 28S 基因，而后者能体现更强的系统发育关系，建议二者联合使用更佳。岳瑾等（2014）和胡泽章（2015）也分别证明了 COI 对赤眼蜂、蚜小蜂种类的良好鉴定效力。Halim 等（2017）应用条形码鉴定出了马来西亚 8 种瓢虫并进行系统发育关系探讨。

二、遗传多样性研究工具

遗传多样性是生物多样性的重要组成部分，是物种对外界环境变化的一种适应方式，遗传多样性研究有助于揭示生物多样性的起源和进化，促进分类学和保护生物学的发展，具有重要的理论和实践意义（沈浩和刘登义，2001）。遗传多样性的研究方法主要包括形态学、染色体、等位酶和 DNA 水平研究，而 DNA 作为遗传物质，其多态性分析是揭示遗传多样性最直接的方法。蝽类的遗传分化研究目前涉及的种类包括姬蝽（Grasela 和 Steiner，1993）、龟蝽科海龟属（Andersen，2000）、苜蓿盲蝽（张志伟，2006）、锥猎蝽（Calderón 等，2004；Ramírez 等，2005；Gómez-Palacio 等，2013）、二星蝽属（王芳，2013）、中黑盲蝽（张利娟，2015）、烟盲蝽、波氏烟盲蝽（苟怀术，2016）等。

三、生物食物链关系认知及验证

除此之外，DNA 条形码对生物食物链关系的认知具有重要功能。一方面可以通过检测害虫肠道残留的植物条形码能够确定害虫的寄主范围，如 Garcíarobledo 等（2013）通过肠道中残留食物的检测阐明了 20 种叶甲与 33 种姜目植物间的营养关系，并能有效鉴别寄主植物到种水平，有助于探究昆虫与寄主植物的协同进化。另一方面对捕食者的肠道检测能快速确定目标害虫的天敌种类，还能应用定量 PCR 技术对天敌昆虫捕食作用进行定量评估，为天敌在田间实际防治效果的评价提供依据，同时也可以对天敌昆虫的团体内捕食行为进行验证。Zhang 等（2007）采集了田间 185 个天敌，超过 50% 的个体体内检测到了烟粉虱 DNA，由此确认了烟粉虱的 9 种捕食者。Yang 等（2016）观察到七星瓢虫、异色瓢虫和龟纹瓢虫之间存在相互取食卵的现象，通过肠内容物分子检测，发现除了龟纹瓢虫体内未检测到七星瓢虫 DNA，其他方向的捕食关系均得到了证实。Morenoripoll 等（2012）对两种粉虱、烟盲蝽、矮小长脊盲蝽以及寄生蜂之间营养关系进行分子追踪，表明两种捕食蝽中烟盲蝽杂食性更强，捕食蝽对寄生蜂存在捕食现象。

第三节　捕食性蝽 DNA 条形码研究

一、捕食性蝽的研究进展

国内外对捕食性蝽开展的研究主要分为生物学特性、生理生化、生防应用和人工饲养几个方面。大量的生活史和生长发育等研究为捕食蝽的害虫防治应用奠定了基础（Braman 和 Yeargan，1990；Legaspi，2004；Honda 等，2008；Shintani 等，2010）。在生理生化方面有涉及斑腹刺益蝽 *Podisus maculiventris*、黑刺益蝽 *P. nigrispinus* 和双斑刺益蝽 *P. bioculatus* 对环境挥发物的嗅觉电生理反应（Sant'ana 和 Dickens，1998；Weissbecker 和 Loon，2000）；侧刺蝽 *Andrallus spinidens* 唾液腺和肠道中消化酶的消化作用（Zibaee 等，2011；Sorkhabi-Abdolmaleki 等，2013）；一种猎蝽 *Pristhesancus plagipennis* 唾液腺毒素成分分析（Walker 等，2017）等研究。

欧美地区已经将多种捕食蝽应用到温室害虫种群控制，如斑腹刺益蝽 *P. maculiventris* 和 *Perillus bioculatus* 对鳞翅目幼虫、叶甲的防控（Houghgoldstein 和 Mcpherson，1996），狡小花蝽 *Orius insidiosusdui* 对蓟马、大豆蚜的防控（Rutledge 和 O'Neil，2005）等。虽然杂食性盲蝽有取食植物的习性，但在猎物充足的情况下不会对植物造成为害，因此以暗黑长脊盲蝽 *M. caliginosus*、西方猎盲蝽 *D. hesperus*、塔马尼猎盲蝽 *D. tamaninii*、烟盲蝽 *N. tenuis* 为代表性的杂食性盲蝽也被广泛用于番茄、茄子、辣椒等作物上的烟粉虱、温室白粉虱、西花蓟马等小型害虫（Castane 等，2004；吴伟坚等，2004）。国内也对许多捕食性蝽的捕食作用有较多的掌握，包括捕食功能反应、猎物选择性、防治效果等方面。如蠋蝽 *A. chinensis*、叉角厉蝽 *E. furcellata* 捕食多种鳞翅目和鞘翅目害虫的幼虫（蒋杰贤和梁广文，2001；邹德玉等，2016），大眼蝉长蝽 *G. pallidipennis* 捕食棉花和烟草作物上的蚜虫、叶螨、盲蝽、叶蝉卵和若虫（周正等，2013），东亚小花蝽 *O. sauteri* 和南方小花蝽 *Orius strigicollis* 可在豆类、甜椒等蔬菜植物上捕食蓟马、蚜虫、叶螨等（蔡仁莲等，2016；尹哲等，2017），黑肩绿盲蝽 *C. lividipennis* 捕食稻飞虱和叶蝉类害虫（乔飞等，2016），中华微刺盲蝽捕食茄子等蔬菜上节瓜蓟马、烟粉虱和朱砂叶螨等（余金咏等，2005）。

目前，在人工饲养方面斑腹刺益蝽（Pde 等，1998）、蠋蝽（邹德玉等，2012）、大眼蝉长蝽（周正等，2013）、东亚小花蝽、南方小花蝽（马凤梅和吴伟坚，2005；刘丰姣和曾凡荣，2013）等捕食蝽种类均已经开展了大量的人工饲养探索，并取得了一定成效，对于促进捕食蝽的大量扩繁和商品化生产至关重要。

二、捕食性蝽的种类

天敌昆虫分为捕食性和寄生性两类，其中捕食性昆虫又主要分为咀嚼式和刺吸式两种取食方式，前者将猎物直接吞食，而后者以刺吸口器吸食营养成分，半翅目中的捕食性蝽类就属于后者。捕食性蝽资源丰富，主要集中在益蝽亚科、姬蝽科、花蝽科、猎蝽科和盲蝽科，表 2-1 列举了主要的捕食蝽种类，杂食性种类也包括在内。除此之外，水蝽科、负子蝽科等也属于捕食性种类。

表 2-1　捕食性蝽的主要种类

科	主要种类	文献
益蝽亚科 Asopinae	*Arma chinensis* 蠋蝽	郭义等，2017
	Eocanthecona furcellata 叉角厉蝽	Gupta 等，2013
	Picromerus lewisi 益蝽	徐辉筠等，2017
	Picromerus bidens 双刺益蝽	Mahdian 等，2008
	Pinthaeus humeralis 并蝽	Zhao 等，2013
	Zicrona caerulea 蓝蝽	舒敏等，2012
	Rhacognathus punctatus 雷蝽	Ramsay，2013
	Troilus luridus 耳蝽	Akinci 和 Avci，2016
	Andrallus spinidens 侧刺蝽	Zibaee 等，2012
	Podisus maculiventris 斑腹刺益蝽	Mohaghegh 等，2010
	Podisus nigrispinus	Mohaghegh 等，2010
	Perillus bioculatus	Adams，2000
姬蝽科 Nabidae	*Himacerus apterus* 泛希姬蝽	马艳芳等，2012
	Himacerus mirmi des	Kuznetsova 和 Maryan' Skanadachowska，2000
	Nabicula flavomarginata 黄缘捺姬蝽	任树芝，1998
	Nabicula nigrovittata 黑纹捺姬蝽	任树芝，1998
	Nabis ferus 原姬蝽	任树芝，1998
	Nabis stenoferus 暗色姬蝽	任树芝，1998
	Nabis sinoferus 华姬蝽	任树芝，1998
	Nabis capsiformis 窄姬蝽	任树芝，1998
	Gorpis annulatus 环斑高姬蝽	任树芝，1998
	Gorpis japonicus 日本高姬蝽	任树芝，1998
	Rhamphocoris borneensis 红盾光姬蝽	任树芝，1998
	Alloeorhynchus bakeri	Li 等，2012

（续表）

科	主要种类	文献
花蝽科 Anthocoridae	*Orius sauteri* 东亚小花蝽	中国科学院中国动物志委员会，2001
	Orius niger 肩毛小花蝽	
	Orius strigicollis 南方小花蝽	
	Orius minutus 微小花蝽	
	Anthocoris nemorum 欧原花蝽	
	Anthocoris expansus 阔原花蝽	
	Anthocoris alpinus 横断原花蝽	
	Amphiareus obscuriceps 黑头叉胸花蝽	
	Amphiareus constrictus 束翅叉胸花蝽	
	Almeida pilosa 长毛点刻花蝽	
	Xylocoris cursitans 仓花蝽	
	Physopleurella armata 黄褐刺花蝽	
猎蝽科 Reduviidae	*Harpactor fuscipes* 红彩真猎蝽	苏湘宁等，2016
	Sphedanolestes impressicolli 环斑猛猎蝽	田静等，2007
	Selomina erinacea 齿缘刺猎蝽	黄科瑞等，2017
	Cydnocoris gilvus 橘红猎蝽	赵广宇，2014
	Peirates fulvescens 茶褐盗猎蝽	赵广宇，2014
	Isyndus obscurus 褐菱猎蝽	赵广宇，2014
	Ectrychotes comottoi 缘斑光猎蝽	赵广宇，2014
	Ectrychotes andreae 黑光猎蝽	赵广宇，2014
	Rhynocoris fuscipes 红彩瑞猎蝽	赵广宇，2014
	Epidaus famulus 霜斑素猎蝽	赵广宇，2014
大眼蝉长蝽科 Geocoridae	*Geocoris pallidipennis* 大眼蝉长蝽	周正等，2013
盲蝽科 Miridae	*Alloeotomus chinensis* 中国点盾盲蝽	郑乐怡和马成俊，2004
	Bothynotus pilosus 毛膜盲蝽	乌云高娃，2006
	Deraeocoris punctulatus 食蚜齿爪盲蝽	乌云高娃，2006
	Deraeocoris annulipes 黑角齿爪盲蝽	乌云高娃，2006
	Deraeocoris ater 斑楔齿爪盲蝽	乌云高娃，2006
	Tytthus chinensis 中华淡翅盲蝽	乔飞等，2016
	Cyrtorhinus lividipennis 黑肩绿盲蝽	乔飞等，2016

（续表）

科	主要种类	文献
盲蝽科 Miridae	*Blepharidopterus angulatus* 毛翅盲蝽	石凯等，2015
	Pilophorus typicus 泛束盲蝽	Ito 等，2011
	Macrolophus caliginosus 暗黑长脊盲蝽	Farazmand 等，2016
	Macrolophus pygmaeus 矮小长脊盲蝽	Lykouressis 等，2016
	Dicyphus hesperus 西方猎盲蝽	Sanchez 等，2004
	Nesidiocoris tenuis 烟盲蝽	吴伟坚等，2004
	Campylomma chinensis 中华微刺盲蝽	Ma 等，2017
	Campylomma verbasci 显角微刺盲蝽	Aubry 等，2016

三、捕食性蝽 DNA 条形码研究

目前捕食性蝽已有一定数量的 DNA 条形码数据（表 2-2，来自 BOLD 和 NCBI），总数上猎蝽科内数据最多，其中 COI 条形码以猎蝽科、花蝽科和姬蝽科中数量较多，但姬蝽科中代表的种类相对较少，益蝽亚科的数量和种类最少。COI 条形码大部分来自加拿大安大略生物多样性研究所，德国 Raupach 等（2014）对异翅亚目 39 科 457 种蝽构建的条形码数据库中也有不少捕食性种类。在国内赵广宇（2014）对猎蝽科的条形码研究中提供了大量的 COI 条形码序列。花蝽科的国内数据主要来自李敏（2010）对花蝽科的系统发育研究和胡泽章等（2017）对小花蝽属种类的分子鉴定。而姬蝽科条形码在国内还未有系统性的研究。捕食性蝽的其他基因数据如 *Cytb*、28S 等基本上产生于国内外对各科系统发育关系的研究。

表 2-2　捕食性蝽条形码数据

基因类别	猎蝽科	益蝽亚科	花蝽科	姬蝽科	盲蝽科
COI	1 436（182）	270（27）	1 093（92）	986（42）	714（82）
COI	23	3	0	0	0
Cytb	140	0	48	0	219
12S	1	0	0	0	12
16S	473	6	100	10	19
18S	271	4	86	23	18
28S	1010	5	0	12	48
ITS	0	0	0	0	0
Mt genome	0	0	2	6	1

注：括号外数字表示条形码数量，括号内数字表示种类个数。

半翅目中的姬蝽科和花蝽科是优良的捕食性天敌，可以捕食蚜虫、蓟马、飞虱、叶蝉等多种农田害虫。对其多样性资源的掌握和有效鉴定是对天敌保护和应用的前提。但由于大部分种类形态相似，尤其花蝽体型微小使其形态鉴定工作十分困难。

　　本研究分别对国内姬蝽和花蝽科采集样本进行 COI 条形码测序工作：①在国际共享平台提供国内物种的条形码数据，为其今后的快速鉴定奠定基础，同时提供物种的地理分布信息为地区天敌资源的保护和应用提供参考；②通过分析姬蝽科中优势种泛希姬蝽在几个地理种群的遗传多样性和遗传分化原因，探索物种的适应性进化；③基于盲蝽科复杂食性的背景，对姬蝽科、花蝽科、蝽科和盲蝽科不同食性种类的遗传关系分析，探讨影响盲蝽科食性分化的可能因素。

第四节　姬蝽科的 DNA 条形码研究

一、姬蝽的研究进展

　　姬蝽称为 damsel bug，是半翅目中捕食性类群，在全球均有分布，据统计共包含 31 属 386 种（Coscarón 等，2015）。姬蝽主要捕食蚜虫、叶蝉、木虱、蓟马、鳞翅目卵和幼虫（Péricart，1987；任树芝，1998；马艳芳等，2012）、蝇类、螨类（吴志毅，2002）、蝽类和马铃薯甲虫（Lattin，1989）等，是农业生态系统重要的一类天敌，多用于控制苜蓿、大豆和棉花等作物上的害虫。国内外对姬蝽的研究涉及物种多样性的描述（Coscarón 等，2015）、生物学特性（Lattin，1989；范广华和牟吉元，1989）、细胞遗传学（Kuznetsova 和 Grozeva，2004）、防治害虫的应用（Ma 等，2005；Cabello 等，2009）等方面。国内对姬蝽有相对较多研究的是华姬蝽、原姬蝽（冯丽凯等，2013）和泛希姬蝽（马艳芳等，2012；王志明等，1994）等。目前已经获得了泛希姬蝽 *H. apterus*、瘤足希姬蝽 *Himacerus nodipes*、角肩高姬蝽 *Gorpis humeralis*、环斑高姬蝽 *G. annulatus*、小翅姬蝽 *Nabis apicalis* 和 *Alloeorhynchus bakeri*（Li 等，2012）的线粒体基因组序列。

　　姬蝽科样本共统计有 163 个，其中 3 个样本可能是由于保存不佳导致扩增效率差未能进行后续测序。共测序获得 160 个样本长度均为 658bp 的序列经 BLAST 问询与数据库中姬蝽科种类的 COI 序列相似性达 84%～100%，且使用昆虫线粒体基因密码子均能将 COI 序列翻译为 219aa 的蛋白质序列，且蛋白序列高度保守。对这 160 条正确序列统计发现序列保守位点共 321 个，变异位点 337 个，简约信息位点 280 个，T、C、A、G 碱基平均含量分别为 34.49%、17.77%、31.12%、16.63%，T + A 含量较高，为 65.61%，符合线粒体基因的碱基组成特点，因此可以排除核内假基因的扩增情况，确认为线粒体 COI 序列。

二、姬蝽 COI 碱基替换饱和性分析

　　构建系统发育树之前检测序列是否适合建树是必要的，碱基替换饱和性分析是常用的方法，若碱基替换饱和可能会产生不正确的进化结果。使用 MEGA 5.0 分别计算 160 个姬蝽 COI 的成对序列间校正遗传距离（Ts + Tv）、转换遗传距离（Ts）和颠换遗传距离（Tv），构建校正遗传距离和转换、颠换遗传距离的散点图（图 2-3）进行碱基替换饱和性分析，由图可见 Ts 和 Tv 值均表现为线性增加没有饱和趋势，因此认为以上姬蝽 COI 序列适合构建系统发育树。

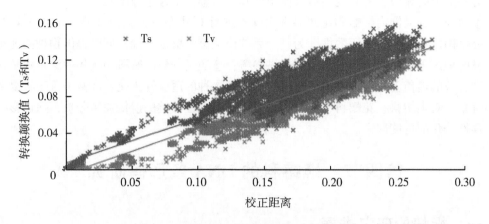

图 2-3 姬蝽 COI 序列碱基替换饱和度

三、姬蝽分子鉴定结果

综合以上 160 个姬蝽 COI 序列以及 NCBI 和 BOLD 下载的 18 条姬蝽科高分相似序列，以桃蚜 *Myzus persicae*（EU701796.1）作为外群，基于 K2P 模型构建的 Neighbour-Joining 系统发育树如图 2-4 所示。160 个序列可分为花姬蝽亚科（编号 NM153、NN150、NNA130）和姬蝽亚科（其他 157 个编号），姬蝽亚科中初步确定存在 4 个属的物种：姬蝽属 *Nabis*、捺姬蝽属 *Nabicula*、希姬蝽属 *Himacerus*、高姬蝽属 *Gorpis*。160 个样本中至少存在 35 个物种，结合 BOLD 鉴定系统、序列间遗传距离和系统发育树聚类目前可以匹配到 6 个物种（序列相似性 98% 以上），样本数量由多到少分别为泛希姬蝽 *H. apterus*、黄缘捺姬蝽 *N. flavomarginata*、窄姬蝽 *N. capsiformis*、黑纹捺姬蝽 *N. nigrovittata*、小翅姬蝽 *Nabis apicalis*、原姬蝽 *N. ferus*，其中泛希姬蝽占比达到 22.5%。其他物种均是 COI 条形码的首次记录，还需结合日后的形态学鉴定进行物种学名的确认。

四、姬蝽区域性主要类群预测

根据采集信息可以将以上姬蝽种类分为国内广布类、北方分布类和南方分布类。

国内广布类：姬蝽属种类和泛希姬蝽，在国内绝大部分省内采样点都有分布。

北方分布类：捺姬蝽属种类，内蒙古、宁夏和山西有分布。

南方分布类：高姬蝽属和希姬蝽属（除泛希姬蝽）种类，西藏、云南、贵州、台湾、广东和浙江有分布。

五、姬蝽系统发育关系探讨

160 个姬蝽 COI 序列以桃蚜 *Myzus persicae*（EU701796.1）作为外群，基于 K2P 模型构建的 Neighbour-Joining 系统发育树如图 2-4 所示。COI 序列构建的进化树能将姬蝽大部分属的种类区分开，但高姬蝽和花姬蝽亚科的种类发育关系不能很好地区分，不能准确地显示出来，表明单一 COI 标记不能完全准确地显示高级阶元的系统发育关系。从进化树结果可以发现几个属之间姬蝽属、捺姬蝽属与希姬蝽属相比高姬蝽属亲缘关系更近，其中姬蝽属和捺姬蝽属亲缘最近。具体到种类间窄姬蝽和暗色姬蝽 *N. stenoferus* 有相近的亲缘关系，但与常见种原姬蝽 *N. ferus* 的亲缘较远（图 2-4）。

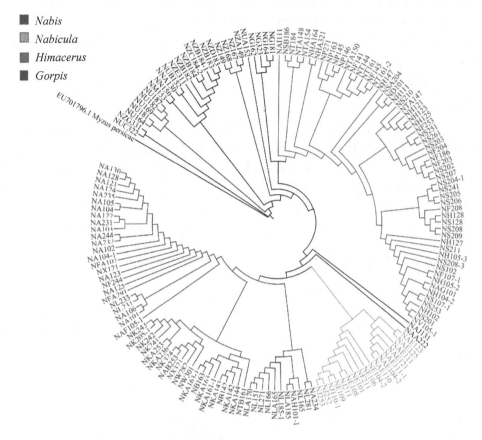

图 2-4　姬蝽科 Neighbour-Joining 系统发育树

第五节　花蝽科的 DNA 条形码研究

一、花蝽的研究进展

花蝽称为 flower bugs，是半翅目中的一类小型个体的捕食性昆虫，以成虫和若虫捕食蚜虫、蓟马、粉虱、螨、叶蝉和鳞翅目卵、幼虫等小昆虫，有的种类也可以取食花粉。花蝽栖息环境多样，多数种类栖息于植物上，也有种类生活在落叶地表、树皮缝隙和粮仓内，具有良好的害虫防控潜能，在国外很早就被作为生防天敌应用到害虫治理中。

国内外已对花蝽开展了大量研究，包括物种多样性的记述（Hangay 等，2008；中国科学院中国动物志委员会，2001）、生物学特性（Lattin，1999；于毅，2000）、害虫的捕食作用和防效（Chambers 等，1993；尹哲等，2017）、人工饲养（Thomas 等，2012；尹哲等，2014）、系统发育（Sunghoon 等，2010；李敏，2010）等方面。国内除了对东亚小花蝽、微小花蝽和南方小花蝽的研究应用较多以外，对其他种类例如黄冈仓花蝽（文必然和邓望喜，1989）、山地原花蝽（王义平等，2003）、黑纹透翅花蝽（阮传清等，2008）、斑翅肩花蝽（李立等，2013）、香港透翅花蝽（王贝贝，2016）等也有一定掌握。国内已经测序获得了肩毛小花蝽（Hua 等，2008）和东亚小花蝽（Du 等，2014）的线粒体基因组序列。在花蝽 DNA 条形码的相关研究包括对小花蝽属种类鉴定（Gomez-Polo 等，2013；胡泽章等，2017）和捕食效率的分子检测（Sansone 和 Jr，2001）。本章对国内花蝽样本进行了 COI 条形码的测序工作，参考国际条形码数据库对样本进行鉴定并分析其系统发育，同时提供各花蝽物种的分布数据为国内花蝽资源的发掘和今后的快速鉴定、生防应用奠定基础。

花蝽科样本共统计有 37 个，其中 8 个样本未能测得目标序列。成功克隆测序获得 29 条长度均为 658bp 的花蝽 COI 序列，BLAST 问询与数据库中的花蝽科 COI 序列相似性在 84%~100%，经 DNAMAN 7 软件分析发现序列不存在终止密码子，均能正常翻译蛋白质。MEGA 5.0 软件序列组成分析，保守位点 372 个，变异位点 286 个，简约信息位点 242 个；序列 T、C、A、G 碱基平均含量分别为 33.167%、17.603%、32.900%、16.330%，T + A 含量 66.067%，存在 A/T 偏倚性表明序列，符合昆虫线粒体基因序列的碱基组成特点。

二、花蝽 COI 序列的碱基替换饱和性分析

使用 MEGA 5.0 分别计算 29 个花蝽 COI 的成对序列间校正遗传距离（Ts + Tv）、转换遗传距离（Ts）和颠换遗传距离（Tv），构建校正遗传距离和转换、颠换遗传距离的散点图（图 2-5）分析碱基替换饱和性，由图可见 Ts 和 Tv 值均表现为线性增加，没有饱和趋势，因此以上花蝽 COI 序列适合系统发育树的构建。

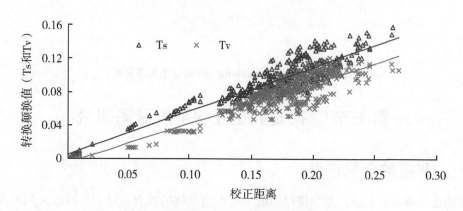

图 2-5 花蝽 COI 序列碱基替换饱和度

三、花蝽 COI 序列的鉴定结果

由于花蝽科昆虫个体小，很多种类形态特征十分相似，其鉴定工作尤为费时费力，DNA 条形码的应用对其快速准确的鉴定意义重大。本章应用 COI 序列鉴定国内花蝽样本 17 种以上，其中种名已知的包括东亚小花蝽、微小花蝽和萧氏原花蝽，13 个种类在 NCBI 和 BOLD 系统中均没有 COI 条形码数据，本研究是其国内首次记录。条形码和地理分布数据的结合能够更快地为物种鉴定缩小范围，通过后期形态学的鉴定和验证将为今后这些

花蝽种类的鉴定提供帮助。

对测序获得的花蝽序列 COI 分别在 NCBI-BLAST 和 BOLD 鉴定系统中检索，下载相似性较高的花蝽科序列，将以上所得序列以桃蚜 *M. persicae*（EU701796.1）作为外群，基于 K2P 模型构建 Neighbour-Joining 系统发育树。

目前根据数据库检索结果、序列间遗传距离和系统发育树聚类可确定 29 个花蝽样本中包含 4 个属的种类：小花蝽属 *Orius*、原花蝽属 *Anthocoris*、叉胸花蝽属 *Amphiareus* 和齿股花蝽属 *Scoloposcelis*，另外根据进化树分支和形态特点推测个别样本为点刻花蝽属 *Almeida*（AF193）和圆花蝽属 *Bilia*（AL202，AAD213）种类。基于 COI 序列的进化树显示样本种类共有 17 种以上，其中 4 种在数据库中已有记录，3 种可确定种名分别为东亚小花蝽 *Orius sauteri*、微小花蝽 *Orius minutus* 和萧氏原花蝽 *Anthocoris hsiaoi*，另 1 种在数据库未定名；其他 13 种均是其 COI 条形码的首次记录。

根据样本地理信息总结：小花蝽属在河北、山西、河南、四川、贵州、云南有分布；原花蝽属在内蒙古、山西、甘肃、西藏和云南有分布；叉胸花蝽属在山西、云南有分布；齿股花蝽属仅有 1 个样本，分布于云南。

四、花蝽的系统发育分析

从整体来看，基于 COI 序列花蝽科属间的系统发育关系表明小花蝽属和圆花蝽属亲缘关系相近；叉胸花蝽属、齿股花蝽属、点刻花蝽属、仓花蝽属 *Xylocoris* 和点花蝽属 *Lippomanus* 间的亲缘相近；原花蝽属与淡脉花蝽属、肩花蝽属 *Tetraphleps* 亲缘相近。具体到属内，东亚小花蝽、微小花蝽与南方小花蝽之间的亲缘关系相比肩毛小花蝽 *O. niger* 较近；此外微小花蝽与南方小花蝽之间的亲缘关系最近，而东亚小花蝽和荷氏小花蝽 *Orius horvathi*、明小花蝽 *Orius nagaii* 之间的亲缘关系更相近一些。萧氏原花蝽与川藏原花蝽 *A. thibetanus* 亲缘相近，而与欧原花蝽 *A. nemorum*、邹氏原花蝽 *A. zoui*、秦岭原花蝽 *A. qinlingensis* 亲缘较远。

亲缘关系越近的物种在形态和生物学上往往也更相近。通过系统发育关系研究发现仓花蝽属、齿股花蝽属、叉胸花蝽属亲缘相近，从生物学来看这些种类生活习性也相似，多活动于粮仓和枯枝落叶层，栖息地较固定，多捕食鳞翅目幼虫、甲虫。淡脉花蝽属和肩花蝽属亲缘相近，这两类花蝽多活动于针叶树皮和叶丛间捕食球蚜和蚧虫。与这些属亲缘远的小花蝽属种类则活动于植物叶表面，多捕食蚜虫、蓟马、螨类等昆虫（中国科学院中国动物志委员会，2001）。具体到物种之间，微小花蝽、南方小花蝽和东亚小花蝽这 3 种亲缘相近，其中微小花蝽与南方小花蝽之间的亲缘关系比东亚小花蝽更近，这一点从形态上有相应的证据表示南方小花蝽是与微小花蝽最为接近的种类。而肩毛小花蝽与这几种亲缘均较远，此结果与胡泽章等（2017）对小花蝽属鉴定研究结果相似。根据 Fathi 和 Nouriganbalani（2009）、孙晓会等（2009）和蔡仁莲等（2016）对几种花蝽的捕食偏好性研究表明肩毛小花蝽喜食二斑叶螨的二龄幼虫，而微小花蝽、东亚小花蝽和南方小花蝽均对雌螨的选择性更强，这种习性差异可能与其较远的亲缘关系相关，但还需要更多更详细的生物学研究来证明。

本章基于 COI 序列的进化树显示了花蝽各属间的系统发育关系，与李敏（2010）的相关研究结果相似，但部分属间的亲缘关系不同，其原因主要来自基因标记的差别：李敏

(2010) 选用核基因（16S 和 18S）与 COI 基因联合进行系统发育分析，提供的生物进化信号更多，在属以上可能比单一的 COI 基因分析结果更准确，但具体的亲缘关系还需更多的研究去验证。不过今后的条形码研究应该尽可能地应用多种基因进行比较，发挥 COI 与核基因各自的优点。

花蝽科中小花蝽属和原花蝽属总体上在国内南北均有分布，但具体种类仍存在分布差异。据动物志专著统计东亚小花蝽是我国中部和北部最常见的小花蝽之一，微小花蝽主要出现在长江以北，而萧氏原花蝽主要出现在我国中西部。虽然本研究中这几种花蝽的样本不够多但确实符合以上分布特点，如东亚小花蝽在北京、河南、四川均有采集到。另外国内常见的南方小花蝽分布于南部地区。在原花蝽属中分布差异更为明显，主要分为中西部、内蒙古及云南、西藏几类。根据这些特点应当在花蝽的生防应用过程中注重地方性种类资源的保护和区域外种类的合理引进与释放。

第六节 不同食性蝽类的系统发育关系

一、不同食性蝽类的研究进展

半翅目中的蝽类食性多样，有纯植食性和纯捕食性种类，也有杂食性（omnivory）种类。蝽科中纯植食性的科有缘蝽科等，纯捕食性的科包括姬蝽科、花蝽科和猎蝽科等，均有植食性和捕食性种类，如茶翅蝽、稻绿蝽、赤条蝽等是为人熟知的害虫，对农林作物造成不小的为害，而蝎蝽、益蝽、叉角厉蝽等是鳞翅目类害虫优良的天敌种类。虽然在捕食性类群中也有部分种类可以取食植物以获取水分，但不会对植物造成伤害。盲蝽科是半翅目中一个很特殊的科，前人将其食性分为捕食性、植食性和杂食性 3 种，但盲蝽科昆虫的食性界限较模糊，其中球首盲蝽属、点盾盲蝽属和齿爪盲蝽属等被认为属于捕食性种类，能控制蚜虫、飞虱、粉虱和叶蝉等小型害虫，但它们是否取食植物并不确定；长脊盲蝽属、微刺盲蝽属和烟盲蝽（Sanchez，2008）、西方猎盲蝽 *Dicyphus hesperus* 等种类在猎物充足的情况下进行捕食，而猎物密度低时会取食植物，这一类食性被称为动植性（zoo-phytophagy）或杂食性；牧草盲蝽 *Lygus pratensis*、苜蓿盲蝽（冯丽凯等，2016）、绿盲蝽 *L. lucoru*（王丽丽等，2010）、豆荚草盲蝽 *L. hesperus*、美洲牧草盲蝽 *L. lineolarism* 是棉花、牧草和果树等作物的重要害虫，但研究表明它们在某些条件下也能取食其他小昆虫，这种食性被称为植动性。

基于半翅目昆虫的复杂食性情况本章应用 COI 基因对姬蝽科、花蝽科、蝽科和盲蝽科中不同食性偏好的种类进行系统发育分析，探索蝽类食性差异是否与物种的遗传进化有关，期望增进蝽类取食行为和生态功能的理解，为其防治和应用提供参考。

半翅目中姬蝽科和花蝽科是优良的捕食性天敌，可捕食蚜虫、蓟马、飞虱、叶蝉等多种农田害虫。但大部分种类形态相似尤其花蝽体型微小使其形态鉴定工作十分困难。DNA条形码技术从分子层面克服了困扰分类专家的难题，已在全球得到了普遍应用。本文分别对国内姬蝽和花蝽科采集样本进行了 COI 条形码的测序工作，为今后国内姬蝽和花蝽种类的快速鉴定奠定基础，同时提供物种的地理分布信息为天敌资源的保护和应用提供参考；对姬蝽科中一个优势种泛希姬蝽的不同地理种群进行遗传分化的探讨；基于盲蝽科复杂食性的背景，对姬蝽科、花蝽科、蝽科和盲蝽科不同食性种类的遗传关系进行了探讨。

测序获得姬蝽科 160 个样本长度均为 658bp 的 COI 序列，根据 NCBI 数据库和 BOLD 对样本进行鉴定确定了 4 个属：姬蝽属 *Nabis*、捺姬蝽属 *Nabicula*、希姬蝽属 *Himacerus* 和高姬蝽属 *Gorpis*。160 个样本中至少存在 35 个物种，其中 6 种可与数据库条形码高度匹配，样本数量由多到少分别为泛希姬蝽 *Himacerus apterus*、黄缘捺姬蝽 *Nabicula flavomarginata*、窄姬蝽 *Nabis capsiformis*、黑纹捺姬蝽 *Nabicula nigrovittata*、小翅姬蝽 *Nabis apicalis*、原姬蝽 *Nabis ferus*，其中泛希姬蝽比例达到 22.5%，其他物种均是首次获得条形码记录。按照分布地区将姬蝽分为 3 类：国内广布类，如姬蝽属和泛希姬蝽；北方分布类，如捺姬蝽属；南方分布类，如高姬蝽属和希姬蝽属。系统发育表明窄姬蝽和暗色姬蝽亲缘关系相近，与原姬蝽亲缘较远。

对泛希姬蝽在宁夏、内蒙古、山西和陕西 4 省区 12 个地理种群 33 头个体的遗传分化研究表明存在 19 个 COI 单倍型，共享单倍型仅有 1 个，4 个省中宁夏的各项 DNA 多态性指数最低，内蒙古最高。AMOVA 分析表明泛希姬蝽 COI 种群内和种群间的分子变异高于组间变异，种群内和种群间均存在极度的遗传分化，且遗传距离和地理距离之间不存在相关性。同时在宁夏组与其他 3 组间也有极度分化的现象，其中宁夏与内蒙古和山西组间差异达极显著水平，这种遗传分化可能是基因流的限制和区域间气温、猎物等因素差异所致。

测序获得 29 条长度均为 658bp 的花蝽 COI 序列，遗传距离和进化树显示样本存在 4 个属：小花蝽属 *Orius*、原花蝽属 *Anthocoris*、叉胸花蝽属 *Amphiareus* 和齿股花蝽属 *Scoloposcelis*，此外还可能存在点刻花蝽属 *Almeida* 和圆花蝽属 *Bilia*。花蝽样本共 17 种以上，3 种可确定种名分别为东亚小花蝽 *Orius sauteri*、微小花蝽 *Orius minutus* 和萧氏原花蝽 *Anthocoris hsiaoi*，其他 13 种均是其 COI 条形码首次记录。进化树表明东亚小花蝽 *O. sauteri*、微小花蝽 *O. minutus* 与南方小花蝽 *Orius strigicollis* 之间的亲缘关系相比肩毛小花蝽 *Orius niger* 较近；萧氏原花蝽 *Anthocoris hsiaoi* 与川藏原花蝽 *Anthocoris thibetanus* 亲缘相近。

应用 COI 基因对姬蝽科、花蝽科、蝽科和盲蝽科中不同食性偏好的种类进行系统发育分析表明花蝽科和姬蝽科亲缘关系相近，盲蝽科与这两个科亲缘关系相近，与蝽科亲缘关系较远。蝽科中捕食性种类由植食性种类进化而来，其中益蝽属 *Picromerus* 的种类最为原始，而蠋蝽属 *Arma* 是较晚分化出来的。盲蝽科不同食性类群在进化树上交叉存在，表明食性分化不与物种进化同步，盲蝽种类的进化地位没有对其食性分化产生主导作用。

二、COI 序列的碱基替换饱和度

对收集的姬蝽科、花蝽科、蝽科和盲蝽科的 COI 数据进行碱基替换饱和性分析，由图 2-6 可知序列的 Ts 和 Tv 值均呈线性增长趋势，没有饱和现象，这些 COI 数据将用于科间系统发育树的构建。

三、不同食性蝽类进化关系

以桃蚜 *M. persicae*（EU701796.1）作为外群构建姬蝽科、花蝽科、蝽科和盲蝽科 COI 系统发育树表明同为捕食性的花蝽科和姬蝽科亲缘关系相近，盲蝽科与这两个科亲缘关系相近，与蝽科亲缘关系较远。

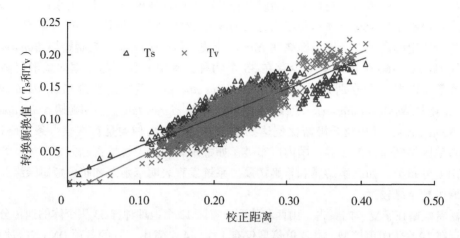

图 2-6　COI 序列碱基替换饱和度

蝽科中捕食性种类在进化树上能与其他植食性种类区分开，并且捕食性种类由植食性种类进化而来，其中益蝽属 *Picromerus* 的种类最为原始，而蠋蝽属 *Arma* 是较晚分化出来的。

而盲蝽科的捕食性和杂食性种类在进化树上不能与植食性种类区分开，3 种食性类群在进化树上交叉存在，表明食性分化不与物种进化同步。从各个食性种类的进化来看，捕食性盲蝽在进化树上可分为两个分支，球首盲蝽属 *Globiceps* 与毛翅盲蝽 *B. angulatus*、黑肩绿盲蝽 *C. lividipennis* 亲缘相近，点盾盲蝽和齿爪盲蝽亲缘相近；动植性种类分为两部分，其中暗黑长脊盲蝽 *M. caliginosus*、矮小长脊盲蝽 *M. pygmaeus*、烟盲蝽 *N. tenuis* 和西方猎盲蝽 *D. hesperus* 亲缘相近，形成一个分支，在盲蝽科内进化较早，而微刺盲蝽种类与植食性种类黑蓬盲蝽 *C. pullus* 和绿后丽盲蝽 *A. lucorum* 亲缘更近，进化相对较晚。

应用 COI 对姬蝽科、花蝽科、蝽科和盲蝽科在科间的亲缘关系进行分析，虽然进化树中高节点支持率较少，但仍能看出花蝽科和姬蝽科之间的亲缘关系相近，盲蝽科与二者的亲缘关系较蝽科更近。此结果与 Tian 等（2008）应用 18S、28S、16S 基因和 Park 等（2011）用 COI 对蝽类若干个科之间进化关系的探讨结果相似，但盲蝽科与花蝽科、姬蝽科分化先后的结果均不一致，还需更多的数据验证。

蝽科中捕食性种类均属于益蝽亚科，从系统发育来看这一类群是由蝽科中的植食性种类进化而来，此结果与卜云等（2006）基于 COⅡ基因的蝽科系统分析结论相同。可能是由于植食性蝽进化而来的原因，蝽科中多种捕食性种类被报道兼有植食特性，如蓝蝽、斑腹刺益蝽等，尤其在低龄阶段活动能力弱时取食植物汁液能够为其提供生长发育必需的营养物质。

盲蝽科昆虫食性复杂，既有捕食性、杂食性天敌也有植食性害虫，杂食性又分为以捕食害虫为主取食植物为辅的动植性和以取食植物为主偶尔捕食害虫的植动性。因此目前对盲蝽科中是否存在严格的捕食性和植食性种类还不明确，对食性的调控机制也没有定论。本章对盲蝽的系统发育分析表明盲蝽的几种食性类群在进化树上交叉存在，这是因为在盲蝽科同一亚科中同时存在动植性和植食性种类，例如动植性的微刺盲蝽属与其他动植性种类亲缘较远，却与植食性种类亲缘较近，植食性种类中的杂毛合垫盲蝽 *O. flavinervis* 与动植性种类亲缘相近。根据前人研究豆荚草盲蝽、苜蓿盲蝽、中黑盲蝽等植食性种类有取食昆虫的行为，偏向杂食性，之前推测这些种类可能会与动植性类群亲缘相近，但从其以上进化结果来看不能找到证据支持这种猜测。这说明盲蝽种类在进化地位没有对其食性分化产生主导作用。有研究表明西方猎盲蝽在仅提供猎物或植物条件下很少有个体能完成发育，当同时提供猎物和植物资源或水分时个体才顺利完成发育，且存活率得到显著地提高。但是与西方猎盲蝽同属的塔马尼猎盲蝽 Dicyphus tamaninii 在植物上无论取食猎物与否都能完成发育，由此看来盲蝽的取食特性在相近种间也存在差异。

据前人研究昆虫的食性特点由多种因素共同作用，Torres 和 Boyd（2009）指出植物和动物性食物在化学组分上有较大差异，杂食性蝽类同时利用植物和动物资源需要特殊的生理适应，这种适应性在体内消化酶的变化上有所体现，如淀粉酶主要用于植物组织的分解，脂肪酶用于动物性食物的消化。因此盲蝽食性的选择可能更多受到生理等方面的调控，其作用机制还需要深入的探究。

不同食性蝽类的系统发育关系分析：①COI 基因对姬蝽科、花蝽科、蝽科和盲蝽科中不同食性种类的系统发育分析表明，同为捕食性的花蝽科和姬蝽科亲缘关系相近，盲蝽科与这两个科亲缘关系相近，与蝽科亲缘关系较远；②蝽科中捕食性种类由植食性种类进化而来，其中益蝽属 Picromerus 的种类最为原始，而蠋蝽属 Arma 是较晚分化的类群；③盲蝽科不同食性类群在进化树上交叉存在，捕食性球首盲蝽属 Globiceps 与毛翅盲蝽 B. angulatus、黑肩绿盲蝽 C. lividipennis 亲缘相近，点盾盲蝽和齿爪盲蝽亲缘相近，而动植性的微刺盲蝽属与其他动植性种类亲缘较远，与植食性种类黑蓬盲蝽 C. pullus 和绿后丽盲蝽 A. lucorum 亲缘更近。目前的研究结果不能证明食性分化与物种进化同步，也不能证明盲蝽种类的进化地位对其食性分化产生主导作用。

（王孟卿、田小娟等　执笔）

参考文献

卜云，栾云霞，郑哲民，2006. 基于线粒体 CO II 基因的中国蝽科分子系统学研究（半翅目，异翅亚目）[J]. 动物分类学报，31（2）：239-246.

蔡仁莲，金道超，郭建军，等，2016. 南方小花蝽成虫对二斑叶螨的捕食作用研究[J]. 西南大学学报（自然科学版），38（7）：40-45.

范广华，牟吉元，1989. 华姬蝽生态学特性及控制蚜虫效果研究[J]. 应用昆虫学报（2）：79-81.

冯丽凯，王佩玲，舒敏，等，2013. 马铃薯甲虫捕食性天敌昆虫种类及捕食量初步研究[J]. 环境昆虫学报，35（3）：60-68.

冯丽凯，徐强，舒敏，等，2016. 苜蓿盲蝽成虫对马铃薯甲虫低龄幼虫的捕食功能反应[J]. 石河子大学学报（自然科学版），34（6）：709-712.

高有华，2006. 苜蓿田豆无网长管蚜的消长动态研究[D]. 兰州：甘肃农业大学.

郭义，王曼姿，张长华，等，2017. 几种糖类物质对蠋蝽取食行为选择和繁殖力的影响[J]. 中国生物防治学报，33（3）：331-337.

韩岚岚，董天宇，赵奎军，等，2015. 东亚小花蝽若虫对大豆蚜捕食功能的研究[J].

中国生物防治学报, 31（3）：322-326.

胡泽章, 孙猛, 吕兵, 等, 2017. DNA 条形码技术在小花蝽属昆虫分类鉴定中的应用 [J]. 中国生物防治学报, 33（4）：487-495.

胡泽章, 2015. 几种蚜小蜂的分子鉴定与丽蚜小蜂线粒体基因片段的研究 [D]. 福州：福建农林大学.

黄科瑞, 商辉, 周琼, 等, 2017. 齿缘刺猎蝽生活史及其生物学特性 [J]. 环境昆虫学报, 39（6）：1350-1355.

蒋杰贤, 梁广文, 2001. 叉角厉蝽对斜纹夜蛾不同龄期幼虫的选择捕食作用 [J]. 生态学报, 21（4）：684-687.

蒋月丽, 武予清, 段云, 等, 2011. 释放东亚小花蝽对大棚辣椒上几种害虫的防治效果 [J]. 中国生物防治学报, 27（3）：414-417.

金立群, 骆建民, 郭衍, 等, 2007. 三种库蚊核糖体 DNA 第二内转录间隔区（ITS2）序列测定与系统进化分析 [J]. 寄生虫与医学昆虫学报, 14（1）：29-33.

李立, 杨佳妮, 杨桦, 等, 2013. 斑翅肩花蝽布丁人工饲料的饲养效果评价 [J]. 昆虫学报, 56（1）：104-110.

李敏, 2010. 异翅亚目 DNA 条形码, 谱系生物地理学及花蝽科（狭义）分子系统发育研究 [D]. 天津：南开大学.

李向永, 陈福寿, 赵雪晴, 等, 2011. 微小花蝽的发生及其对西花蓟马的捕食作用 [J]. 环境昆虫学报, 33（3）：346-350.

梁丽娟, 郭素萍, 郭高生, 1992. 日本高姬蝽的研究 [J]. 河北林果研究, 14（4）：275-280.

林荣华, 于彩虹, 张润志, 等, 2004. 新疆南疆棉区食虫蝽类天敌的群落结构 [J]. 中国生物防治学报, 20（2）：103-106.

刘丰姣, 曾凡荣, 2013. 捕食性蝽类昆虫人工饲料研究进展 [J]. 中国生物防治学报, 29（2）：294-300.

刘少番, 2016. 环京津地区部分捕食性甲虫 DNA 条形码研究 [D]. 保定：河北大学.

卢永宏, 杨群芳, 2010. 朱砂叶螨优势种天敌昆虫的评价 [J]. 环境昆虫学报, 32（4）：556-560.

马凤梅, 吴伟坚, 2005. 捕食性蝽类人工饲养研究概述 [J]. 中国植保导刊, 25（4）：12-14.

马艳芳, 常承秀, 张永强, 等, 2012. 泛希姬蝽对中国梨喀木虱成虫的捕食作用 [J]. 植物保护, 38（5）：112-114.

乔飞, 王光华, 王雪芹, 等, 2016. 稻田穗期主要捕食性天敌对两种盲蝽集团内捕食的初步研究 [J]. 应用昆虫学报, 53（5）：1091-1102.

任树芝, 1998. 中国动物志：昆虫纲. 第十三卷, 半翅目：异翅亚目, 姬蝽科 [M]. 北京：科学出版社：110-114.

阮传清, Sengonca C, 刘芸, 等, 2008. 捕食性天敌黑纹透翅花蝽的生物学特性 [J]. 中国生物防治, 24（3）：199-204.

沈浩, 刘登义, 2001. 遗传多样性概述 [J]. 生物学杂志, 18（3）：5-7.

石凯, 安瑞军, 张宁, 2015. 蒙古高原合垫盲蝽的多样性组成与区系的初步研究 [J]. 吉林农业科学, 40 (1): 54-60.

舒敏, 克尤木·维勒木, 罗庆怀, 等, 2012. 蓝蝽对马铃薯甲虫低龄幼虫的捕食潜能初探 [J]. 环境昆虫学报, 34 (1): 38-44.

苏湘宁, 邓海滨, 朱丹荔, 等, 2016. 红彩真猎蝽对斜纹夜蛾幼虫捕食行为及室内扩散能力的研究 [J]. 中国烟草学报, 22 (5): 111-119.

孙丽娟, 衣维贤, 郑长英, 等, 2017. 微小花蝽对小菜蛾捕食控制的能力 [J]. 应用生态学报, 28 (10): 3403-3408.

孙晓会, 徐学农, 王恩东, 2009. 东亚小花蝽对西方花蓟马和二斑叶螨的捕食选择性 [J]. 生态学报, 29 (11): 6285-6291.

汤方, 李生臣, 刘玉升, 等, 2007. 微小花蝽对温室白粉虱的捕食作用 [J]. 应用昆虫学报, 44 (5): 703-706.

田静, 高宝嘉, 马建昭, 等, 2007. 环斑猛猎蝽的捕食功能反应研究 [J]. 河北农业大学学报 (4): 67-71.

王贝贝, 2016. 香港透翅花蝽对榕树虫瘿蓟马的捕食作用研究 [D]. 广州: 华南农业大学.

王芳, 2013. 二星蝽属部分种的系统发育和遗传多样性研究 [D]. 太原: 山西大学.

王丽丽, 陆宴辉, 吴孔明, 2010. 绿盲蝽捕食棉铃虫卵的 COI 标记检测方法 [J]. 应用昆虫学报, 47 (6): 1248-1252.

王义平, 卜文俊, 张虎芳, 2003. 山地原花蝽核型研究 (半翅目, 花蝽科) (英文) [J]. 动物分类学报 (英文), 28 (1): 126-129.

王哲, 景若芸, 乔格侠, 2013. 基于 DNA 条形码对桃属植物上蚜虫的快速鉴定 [J]. 应用昆虫学报, 50 (1): 41-49.

王志明, 皮忠庆, 胡玉山, 等, 1994. 泛希姬蝽生物学及人工饲养 [J]. 林业实用技术 (3): 18-19.

文必然, 邓望喜, 1989. 黄冈仓花蝽对杂拟谷盗幼虫的功能反应 [J]. 应用昆虫学报, 9 (2): 97-99.

乌云高娃, 2006. 内蒙古齿爪盲蝽亚科 (Deraeocorinae) 昆虫分类学研究 [D]. 呼和浩特: 内蒙古师范大学.

吴伟坚, 余金咏, 高泽正, 等, 2004. 杂食性盲蝽在生物防治上的应用 [J]. 中国生物防治学报, 20 (1): 61-64.

吴志毅, 2002. 内蒙古姬蝽科 (Nabidae) 昆虫的研究 [D]. 呼和浩特: 内蒙古师范大学.

武予清, 赵明茜, 杨淑斐, 等, 2010. 东亚小花蝽对四种害虫的捕食作用 [J]. 中国生物防治学报, 26 (1): 13-17.

徐辉筠, 王菲, 郭同斌, 等, 2017. 徐州半翅目异翅亚目昆虫种类及危害调查 [J]. 江苏林业科技, 44 (3): 9-14.

荀怀术, 2016. 烟盲蝽及其近缘种的种群遗传学研究 [D]. 北京: 中国农业大学.

杨丽文, 张帆, 赵静, 等, 2014. 短期驯化对米蛾卵饲养的东亚小花蝽捕食瓜蚜功能

反应的影响 [J]. 植物保护学报, 41 (6): 705-710.

尹哲, 李金萍, 董民, 等, 2017. 东亚小花蝽对西花蓟马、二斑叶螨和桃蚜的捕食能力及捕食选择性研究 [J]. 中国植保导刊, 37 (8): 17-19.

尹哲, 李兆春, 曹泽文, 等, 2014. 东亚小花蝽人工繁育与利用进展 [J]. 中国植保导刊, 34 (6): 19-22.

于毅, 2000. 东亚小花蝽生物学和生态学特性的研究 [C]//全国生物防治暨第八届杀虫微生物学术研讨会论文摘要集.

余金咏, 沈叔平, 吴伟坚, 等, 2005. 释放中华微刺盲蝽防治茄子害虫的研究 [J]. 华南农业大学学报, 26 (4): 27-29.

岳瑾, 董杰, 张桂芬, 等, 2014. 基于 DNA 条形码技术的常见赤眼蜂种类识别 [J]. 中国植保导刊, 34 (5): 11-14.

张安盛, 于毅, 门兴元, 等, 2008. 东亚小花蝽若虫对西花蓟马若虫的捕食作用 [J]. 植物保护学报, 35 (1): 7-11.

张利娟, 2015. 中国中黑苜蓿盲蝽种群遗传结构研究 [D]. 北京: 中国农业大学.

张琴, 莫有迪, 张亚波, 等, 2017. 基于线粒体 COI 基因的竹笋夜蛾亲缘关系 [J]. 林业科学, 53 (4): 96-104.

张蓉, 先晨钟, 2003. 宁夏苜蓿主要病虫害发生流行规律的初步研究 [C]//中国苜蓿发展大会论文集.

张志伟, 2006. 基于线粒体 Cytb 基因序列的内蒙古苜蓿盲蝽遗传多样性研究 [D]. 呼和浩特: 内蒙古师范大学.

赵广宇, 2014. 猎蝽科昆虫条形码研究 [D]. 北京: 中国农业大学.

郑乐怡, 马成俊, 2004. 点盾盲蝽属中国种类记述 (半翅目, 盲蝽科, 齿爪盲蝽亚科) [J]. 动物分类学报, 29 (3): 474-485.

中国科学院中国动物志委员会, 2001. 中国动物志 昆虫纲 第二十四卷 半翅目 毛唇花蝽科 细角花蝽科 花蝽科 [J]. 北京: 科学出版社.

周青松, 2014. DNA 条形码在寄生蜂鉴定中 (昆虫纲: 膜翅目) 的应用研究 [D]. 合肥: 安徽大学.

周正, 王孟卿, 张礼生, 等, 2013. 大眼蝉长蝽人工饲料的初步研究 [J]. 植物保护, 39 (1): 80-84.

邹德玉, 徐维红, 刘佰明, 等, 2016. 天敌昆虫蠋蝽的研究进展与展望 [J]. 环境昆虫学报, 38 (4): 857-865.

Adams T S, 2000. Effect of diet and mating status on ovarian development in a predaceous stink bug *Perillus bioculatus* (Hemiptera: Pentatomidae) [J]. Annals of the Entomological Society of America, 93 (3): 529-535.

Agustí N, Unruh T R, Welter S C, 2003. Detecting *Cacopsylla pyricola* (Hemiptera: Psyllidae) in predator guts using COI mitochondrial markers [J]. Bulletin of entomological research, 93 (3): 179-185.

Ajmal A M, Gyulai G, Hidvégi N, et al., 2014. The changing epitome of species identification-DNA barcoding [J]. Saudi Journal of Biological Sciences, 21 (3): 204-231.

Akinci Z E, Avci M, 2016. Biology and natural enemies of *Neodiprion sertifer* in the Lakes District forests [J]. Turkish Journal of Forestry, 17 (1): 30-36.

Andersen N M, Cheng L, Damgaard J, et al., 2000. Mitochondrial DNA sequence variation and phylogeography of oceanic insects (Hemiptera: Gerridae: *Halobates* spp.) [J]. Marine Biology, 136: 421-430.

Armstrong K, Ball S, 2005. DNA barcodes for biosecurity: invasive species identification [J]. Philosophical Transactions of The Royal Society of London Series B-Biological Sciences, 360 (1462): 1813-1823.

Aubry O, Cormier D, Chouinard G, et al., 2016. Influence of extraguild prey and intraguild predators on the phytophagy of the zoophytophagous bug *Campylomma verbasci* [J]. Journal of Pest Science, 90 (1): 1-11.

Braman S K, Yeargan K V, 1990. Phenology and Abundance of *Nabis americoferus*, *N. roseipennis*, and *N. rufusculus* (Hemiptera: Nabidae) and Their Parasitoids in Alfalfa and Soybean [J]. Journal of Economic Entomology, 83 (83): 823-830.

Cabello T, Gallego J R, Fernandez-Maldonado F J, et al., 2009. The damsel bug *Nabis pseudoferus* (Hem. : Nabidae) as a new biological control agent of the South American Tomato Pinworm, *Tuta absoluta* (Lep. : Gelechiidae), in tomato crops of Spain [J]. Iobc/wprs Bulletin, 49: 219-223.

Calderón C I, Dorn P L, Melgar S, et al., 2004. A preliminary assessment of genetic differentiation of *Triatoma dimidiata* (Hemiptera: Reduviidae) in Guatemala by random amplification of polymorphic DNA-polymerase chain reaction [J]. Journal of Medical Entomology, 41 (5): 882-887.

Castane C, Alomar O M, Gabarra R, 2004. Colonization of tomato greenhouses by the predatory mirid bugs *Macrolophus caliginosus* and *Dicyphus tamaninii* [J]. Biological Control, 30 (3): 591-597.

Chambers R J, Long S, Helyer N L, 1993. Effectiveness of *Orius laevigatus* (Hem. : Anthocoridae) for the control of *Frankliniella occidentalis* on cucumber and pepper in the UK [J]. Biocontrol Science & Technology, 3 (3): 295-307.

Coscarón M C, Braman S K, Cornelis M, 2015. Damsel Bugs (Nabidae) [M] // Panizzi A R, Grazia J. True Bugs (Heteroptera) of the Neotropics. Springer Netherlands.

Du B Z, Niu F F, Wei S J, 2014. The complete mitochondrial genome of the predatory bug *Orius sauteri* (Poppius) (Hemiptera: Anthocoridae) [J]. Mitochondrial DNA, 27 (1): 1-2.

Farazmand A, Fathipour Y, Kamali K, 2016. Control of the spider mite *Tetranychus urticae* using phytoseiid and thrips predators under microcosm conditions: single-predator versus combined-predators release [J]. Systematic & Applied Acarology, 20 (2): 162-170.

Fathi S A A, Nouriganbalani G, 2009. Prey preference of *Orius niger* (Wolf.) and *O. minutus* (L.) from *Thrips tabaci* (Lind.) and *Tetranychus urticae* (Koch.) [J]. Journal of Entomology, 6 (1): 42-48.

Fišer P Z, Buzan E V, 2014. 20 years since the introduction of DNA barcoding: from theory to application [J]. Journal of Applied Genetics, 55 (1): 43-52.

Garcíarobledo C, Erickson D L, Staines C L, et al., 2013. Tropical plant-herbivore networks: reconstructing species interactions using DNA barcodes [J]. PloS One, 8 (1): e52967.

Gómezpalacio A, Triana O, Jaramilloo N, et al., 2013. Eco-geographical differentiation among Colombian populations of the Chagas disease vector *Triatoma dimidiata* (Hemiptera: Reduviidae) [J]. Infection Genetics & Evolution, 20 (12): 352-361.

Gomez-Polo P, Alomar O, Castañé C, et al., 2013. Identification of *Orius* spp. (Hemiptera: Anthocoridae) in vegetable crops using molecular techniques [J]. Biological Control, 67 (3): 440-445.

Grasela J J, Steiner W W M, 1993. Population genetic structure among populations of three predaceous nabid species: *Nabis alternatus* Parshley, *Nabis roseipennis* Reuter and *Nabis americoferous* Carayon (Hemiptera: Nabidae) [J]. Biochemical Systematics & Ecology, 21 (8): 813-823.

Greenstone M H, Vandenberg N J, Hu J H, 2011. Barcode haplotype variation in north American agroecosystem lady beetles (Coleoptera: Coccinellidae) [J]. Molecular Ecology Resources, 11 (4): 629.

Gupta R K, Gani M, Jasrotia P, et al., 2013. Development of the predator *Eocanthecona furcellata*, on different proportions of nucleopolyhedrovirus infected *Spodoptera litura*, larvae and potential for predator dissemination of virus in the field [J]. Biocontrol, 58 (4): 543-552.

Gwiazdowski R A, Foottit R G, Maw H E, et al., 2015. The Hemiptera (insecta) of Canada: constructing a reference library of DNA barcodes [J]. PloS One, 10 (4): e0125635.

Hajibabaei M, Janzen D H, Burns J M, et al., 2006. DNA barcodes distinguish species of tropical Lepidoptera [J]. Proceedings of the National Academy of Sciences of the United States of Americab, 103: 968-971.

Hajibabaei M, Singer G A, Hebert P D N, et al., 2007. DNA barcoding: how it complements taxonomy, molecular phylogenetics and population genetics [J]. Trends in Genetics Tig, 23 (4): 167-172.

Hajibabaei M, Smith M A, Janzen D H, et al., 2006. A minimalist barcode can identify a specimen whose DNA is degraded [J]. Molecular Ecology Notes, 6: 939-964.

Hebert P D N, Cywinska A, Ball S L, et al., 2003a. Biological identifications through DNA barcodes [J]. Proceedings of the Royal Society of London Series B Biological Sciences, 270 (1512): 313-321.

Hebert P D N, Ratnasingham S, DeWaard J R, 2003b. Barcoding animal life: cytochrome c oxidase subunit 1 divergences among closely related species [J]. Proceedings of the

Royal Society of London Series B Biological Sciences, 270 (Suppl. 1): S96-S99.

Hebert P D N, 2011. Molecular phylogenetic analysis of a scale insect (*Drosicha mangiferae*; Hemiptera: Monophlebidae) infesting mango orchards in Pakistan [J]. European Journal of Entomology, 108 (4): 553-559.

Honda J Y, Nakashima Y, Hirose Y, 2008. Development, reproduction and longevity of *Orius minutus* and *Orius sauteri* (Heteroptera: Anthocoridae) when reared on *Ephestia kuehniella* eggs [J]. Applied Entomology & Zoology, 33 (3): 449-453.

Houghgoldstein J, Mcpherson D, 1996. Comparison of *Perillus bioculatus* and *Podisus maculiventris* (Hemiptera: Pentatomidae) as potential control agents of the Colorado potato beetle (Coleoptera: Chrysomelidae) [J]. Journal of Economic Entomology, 89 (5): 1116.

Hua J, Li M, Dong P Z, et al., 2008. Comparative and phylogenomic studies on the mitochondrial genomes of Pentatomomorpha (Insecta: Hemiptera: Heteroptera) [J]. Bmc Genomics, 9 (1): 610.

Ito K, Nishikawa H, Shimada T, et al., 2011. Analysis of genetic variation and phylogeny of the predatory bug, *Pilophorus typicus*, in Japan using mitochondrial gene sequences [J]. Journal of Insect Science, 11: 18.

Kinyanjui G, Khamis F M, Mohamed S, et al., 2016. Identification of aphid (Hemiptera: Aphididae) species of economic importance in Kenya using DNA barcodes and PCR-RFLP-based approach [J]. Bulletin of Entomological Research, 106 (1): 63-72.

Koschel H, 1971. Zur Kenntnis der Raubwanze *Himacerus apterus* F. (Hereptesa, Nabidae) [J]. Journal of Applied Entomology, 68 (1-4): 1-24.

Kuznetsova V G, Grozeva S S, 2004. New cytogenetic data on Nabidae (Heteroptera: Cimicomorpha), with a discussion of karyotype variationand meiotic patterns, and their taxonomic significance [J]. European Journal of Entomology, 101 (2): 205-210.

Kuznetsova V G, Maryan Skanadachowska A, 2000. Autosomal polyploidy and male meiotic pattern in the bug family Nabidae (Heteroptera) [J]. Journal of Zoological Systematics & Evolutionary Research, 38 (2): 87-94.

Lariviere M C, 1992. *Himacerus apterus* (Fabricius), a Eurasian Nabidae (Hemiptera) new to North America: diagnosis, geographical distribution, and bionomics [J]. Canadian Entomologist, 124 (4): 725-728.

Lattin J D, 1999. Bionomics of the Anthocoridae [J]. Annual Review of Entomology, 44 (1): 207.

Legaspi J C, 2004. Life History of *Podisus maculiventris* (Heteroptera: Pentatomidae) Adult Females Under Different Constant Temperatures [J]. Environmental Entomology, 33 (5): 1200-1206.

Li H, Liu H Y, Song F, et al., 2012. Comparative mitogenomic analysis of damsel bugs representing three tribes in the family Nabidae (Insecta: Hemiptera) [J]. PloS One, 7

（9）：e45925.

Lykouressis D, Perdikis D, Mandarakas I, 2016. Partial consumption of different species of aphid prey by the predator *Macrolophus pygmaeus* (Hemiptera：Miridae) [J]. European Journal of Entomology, 113：345−351.

Ma F M, Zheng L X, Gao Z Z, et al., 2017. Farnesol, a synomone component between lantana (Lamiales：Verbenaceae) and the omnivorous predator, *Campylomma chinensis*, Schuh (Hemiptera：Miridae) [J]. Arthropod−Plant Interactions, 5 (11)：1−6.

Ma J, Li Y Z, Keller M, et al., 2005. Functional response and predation of *Nabis kinbergii* (Hemiptera：Nabidae) to *Plutella xylostella* (Lepidoptera：Plutellidae) [J]. Insect Science, 12 (4)：281−286.

Mahdian K, Tirry L, Clercq P D, 2008. Development of the predatory pentatomid *Picromerus bidens* (L.) at various constant temperatures [J]. Belgian Journal of Zoology, 138 (2)：135−139.

Meusnier I, Singer G A C, Landry J F, et al., 2008. A universal DNA mini−barcode for biodiversity analysis [J]. BMC Genomics, 9：214.

Mohaghegh, Clercq D, Tirry L, 2010. Functional response of the predators *Podisus maculiventris* (Say) and *Podisus nigrispinus* (Dallas) (Het. Pentatomidae) to the beet armyworm, *Spodoptera exigua* (Hubner) (Lep. Noctuidae)：effect of temperature [J]. Journal of Applied Entomology, 125 (3)：131−134.

Morenoripoll R, Gabarra R, Symondson W O, et al., 2012. Trophic relationships between predators, whiteflies and their parasitoids in tomato greenhouses：a molecular approach [J]. Bulletin of Entomological Research, 102 (4)：415.

Nelson L A, Wallman J F, Dowton M, 2007. Using COI barcodes to identify forensically and medically important blowflies [J]. Medical & Veterinary Entomology, 21 (1)：44−52.

Park D S, Foottit R, Maw E, et al., 2011. Barcoding bugs：DNA−based identification of the true bugs (Insecta：Hemiptera：Heteroptera) [J]. PloS One, 6 (4)：e18749−18749.

Pde C, Merlevede F, Tirry L, 1998. Unnatural prey and artificial diets for rearing *Podisus maculiventris* (Heteroptera：Pentatomidae) [J]. Biological Control, 12 (2)：137−142.

Quinto C A, Tinoco R, Hellberg R S, 2016. DNA barcoding reveals mislabeling of game meat species on the U. S. commercial market [J]. Food Control, 59 (1)：386−392.

Ramírez C J, Jaramillo C A, Del P D M, et al., 2005. Genetic structure of sylvatic, peridomestic and domestic populations of *Triatoma dimidiata* (Hemiptera：Reduviidae) from an endemic zone of Boyaca, Colombia [J]. Acta Tropica, 93 (1)：23−29.

Raupach M J, Hendrich L, Küchler S M, et al., 2014. Building−up of a DNA barcode library for true bugs (insecta：hemiptera：heteroptera) of Germany reveals taxonomic uncertainties and surprises [J]. PloS One, 9 (9): e106940.

Rutledge C E, O'Neil R J, 2005. *Orius insidiosus* (Say) as a predator of the soybean a-phid, *Aphis glycines* Matsumura. Biological Control, 33 (1): 56-64.

Sanchez J A, Gillespie D R, Mcgregor R R, 2004. Plant preference in relation to life history traits in the zoophytophagous predator *Dicyphus hesperus* [J]. Entomologia Experimentalis Et Applicata, 112 (1): 7-19.

Sanchez J A, 2008. Zoophytophagy in the plantbug *Nesidiocoris tenuis* [J]. Agricultural & Forest Entomology, 10 (2): 75-80.

Sansone C G, Jr J W S, 2001. Identifying Predation of *Helicoverpa zea* (Lepidoptera: Noctuidae) Eggs by *Orius* spp. (Hemiptera: Anthocoridae) in Cotton by Using ELISA [J]. Environmental Entomology, 30 (2): 431-438.

Sant'Ana J, Dickens J C, 1998. Comparative electrophysiological studies of olfaction in predaceous bugs, *Podisus maculiventris* and *P. nigrispinus* [J]. Journal of Chemical Ecology, 24 (6): 965-984.

Sethusa M T, Millar I M, Yessoufou K, et al., 2013. DNA barcode efficacy for the identification of economically important scale insects (Hemiptera: Coccoidea) in South Africa [J]. African Entomology, 22 (2): 257-266.

Shintani Y, Masuzawa Y, Hirose Y, et al., 2010. Seasonal occurrence and diapause induction of a predatory bug *Andrallus spinidens* (F.) (Heteroptera: Pentatomidae) [J]. Entomological Science, 13 (3): 273-279.

Sorkhabi-Abdolmaleki S, Zibaee A, Hoda H, et al., 2013. Proteolytic compartmentalization and activity in the midgut of *Andrallus spinidens* Fabricius (Hemiptera: Pentatomidae) [J]. Journal of Entomological & Acarological Research, 45 (1): 9.

Sunghoon J, Hyojoong K, Yamada K, et al., 2010. Molecular phylogeny and evolutionary habitat transition of the flower bugs (Heteroptera: Anthocoridae) [J]. Molecular Phylogenetics & Evolution, 57 (3): 1173.

Szendrei Z, Bryant A, Rowley D, et al., 2014. Linking habitat complexity with predation of pests through molecular gut-content analyses [J]. Biocontrol Science & Technology, 24 (12): 1425-1438.

Taberlet P, Coissac E, Pompanon F, et al., 2012. Towards next-generation biodiversity assessment using DNA metabarcoding [J]. Molecular Ecology, 21 (8): 2045-2050.

Thomas J M G, Shirk P D, Shapiro J P, 2012. Mass Rearing of a Tropical Minute Pirate Bug, *Orius pumilio* (Hemiptera: Anthocoridae) [J]. Florida Entomologist, 95 (1): 202-204.

Tian Y, Zhu W, Li M, et al., 2008. Influence of data conflict and molecular phylogeny of major clades in Cimicomorphan true bugs (Insecta: Hemiptera: Heteroptera) [J]. Molecular Phylogenetics & Evolution, 47 (2): 581-597.

Walker A A, Madio B, Jin J, et al., 2017. Melt with this kiss: Paralyzing and liquefying venom of the assassin bug *Pristhesancus plagipennis* (Hemiptera: Reduviidae) [J]. Molecular & Cellular Proteomics Mcp, 16 (4): 552.

Weissbecker B, Loon J J A V, Posthumus M A, et al., 2000. Identification of volatile potato sesquiterpenoids and their olfactory detection by the two-spotted stinkbug *Perillus bioculatus* [J]. Journal of Chemical Ecology, 26 (6): 1433-1445.

Wilson J J, 2012. DNA Barcodes for Insects [J]. Methods in Molecular Biology, 858: 17-46.

Wright S, 1978. Evolution and genetic populations [M]. Chicago and London: University of Chicago Press: 79-103.

Wright S, 1951. The genetic structure of populations [J]. Ann Eugen, 15: 323-354.

Yang F, Wang Q, Wang D, et al., 2016. Intraguild predation among three common *Coccinellids* (Coleoptera: Coccinellidae) in China: detection using DNA-based gut-content analysis [J]. Environmental Entomology, 46 (1): 1-10.

Yoccoz N G, 2012. The future of environmental DNA in ecology [J]. Molecular Ecology, 21 (8): 2031-2038.

Zhao Q, Dávid Rédei, Bu W, 2013. A revision of the genus *Pinthaeus* (Hemiptera: Heteroptera:Pentatomidae) [J]. Zootaxa, 3636 (1): 59.

Zibaee A, Hoda H, Fazelidinan M, 2011. Role of proteases in extra-oral digestion of a predatory bug, *Andrallus spinidens* [J]. Journal of Insect Science, 12 (51): 51.

第二篇　天敌昆虫规模化饲养及管理

第三章　天敌昆虫的保育与应用

　　天敌昆虫是自然生态系统中抑制害虫种群的重要因子，利用天敌昆虫防控农业害虫是安全有效的害虫控制策略，也是未来害虫管理发展的方向。已记录的天敌昆虫种类超过15 300种，部分类群既是生物科学的模式生物，也具备良好的应用潜能被开发为生防产品。

　　自然界中的生物在长期进化过程中，形成了互相联系、互相制约的复杂关系，对农林害虫而言，存在着包括天敌昆虫在内的抑制种群增长的生物因子，多数情况下，害虫及天敌处于相对平衡且稳定的状态。但若因某些特定原因，如人类特定活动等，破坏了这种平衡，害虫失去抑制性力量，将导致种群数量在短时间内迅速升高，对农林植物的破坏性增强，并引起经济上的损失即出现虫害。这种情况下，如能采取一些控制或保护措施，使生态系统的平衡状态得到恢复或改善，则虫害问题能得到缓解或解除，采用的控制或保护措施，就包括输入、释放某些新的天敌，使它们在生态系统中控制害虫。

　　天敌昆虫的利用途径主要包括以下几个环节：一是本地天敌昆虫的保护与利用；二是优质天敌昆虫的繁殖与释放；三是外来天敌昆虫的引进与助迁。保护与利用本地天敌昆虫，则要综合考虑天敌、害虫和环境3个方面的因素，人为调控农事操作，包括调整农作物的布局、耕种、灌溉、收获、病虫杂草防治方法等，避免杀伤天敌，并为天敌昆虫营造良好的栖居和繁殖条件，促进本地天敌昆虫的繁殖，提高对害虫天然控制的效果。大量扩繁与释放优质天敌昆虫也是有效的技术手段，能迅速增加天敌的数量，特别是在害虫发生为害的前期，天敌的数量往往较少，不足以控制害虫的发展趋势，这时补充天敌的数量，常常可以收到较明显的防治效果。引进天敌昆虫的目的在于改变当地昆虫群落的结构，促进害虫与天敌种群密度达到新的平衡；对于外来入侵性害虫的控制，引进该害虫原产地的天敌昆虫是非常有效的方法。

　　相比欧美发达国家，我国天敌生物防治产业化程度还有显著差距，主要体现在天敌昆虫和微生物农药产品数量少、生产规模小、农业补贴不足、配套的专业服务设备不完善、技术体系不全面、系统等不足。但我国在个别生物防治产品和技术上，也处于领先地位。其中，在大宗粮食生产中的天敌昆虫以赤眼蜂为代表，防治玉米螟、水稻螟虫等的年应用面积在2 000万亩（15亩＝1hm²。全书同）以上；在蔬菜害虫防治方面，利用丽蚜小蜂防治烟粉虱、利用半闭弯尾姬蜂防治小菜蛾、利用姬小蜂防治斑潜蝇都有不同程度的应用。在捕食性天敌利用方面，利用大草蛉、小黑瓢虫、龟纹瓢虫、小花蝽也在各地有所应用。从天敌昆虫利用的3个途径出发，引进优良的境外天敌昆虫，保育本地天敌昆虫，扩繁释放天敌昆虫产品，采取适宜的生境与保育措施，辅以必要的人工调控手段，改善天敌昆虫的种群结构，提升天敌昆虫适应性与定殖性，延长天敌的寿命及控害时间，提高产卵量与攻击效率，提升天敌昆虫在自然生态系统中的种群数量，充分发挥天敌昆虫对农林害虫的抑制效能，这是实现我国大面积利用天敌防控害虫的根本途径。

第一节　天敌昆虫的应用原则

农业病虫害的科学防控，应坚持"预防为主，综合防治"的指导思想，从害虫与环境的整体观念出发，本着"安全、有效、经济、简便"的原则，合理利用生物的、农业的、物理的、化学的，以及一切有效的生物学、生态学方法，因地因时制宜，把害虫控制在经济危害水平之下，确保作物丰产和人畜安全。

在天敌昆虫产品的综合应用方面，应优化相关的单项技术，开展有机的链接与组合，针对防治对象多样性进行技术数量匹配和针对生态环境特殊性进行技术投入量平衡，克服单项技术互抑、功能重叠等消极因素，极大地发挥组装技术大于单项技术简单之和的系统优势，通过对生物防治措施中天敌昆虫、杀虫微生物、杀菌微生物等生物农药单项技术的比对挑选和有机嵌合，与农业防治中的采用抗性品种、轮作混作、调整栽培布局、做好田间卫生等方法；物理防治中的灯光诱杀、性诱杀、色板诱杀、高温消毒、翻耕等方法，生态多样性调控中的生物搭配、伴生植物选择、蜜源植物增植等无害化技术的组装，与化学防控技术的协调，实现以生物防治为主导，各种环境友好型技术的横向互补和纵向接力，构建起农田和草原生态时空立体可持续的绿色控害技术网络。

一、安全性原则

天敌昆虫的利用，首先要考虑安全性，安全问题主要包括两个方面：一是对生态环境的安全，不能因为释放天敌对当地生态环境造成破坏；二是对生物的安全，生物包括人、动物、有益昆虫和有益植物等。在生态安全方面，如在人工扩繁天敌昆虫时，必须杜绝在人工饲料内加入对环境有危害的化学物质，不能在防治虫害的同时，而又造成另一种污染，这种污染可能比使用化学农药的危害更大。在使用天敌昆虫防治害虫时，还要考虑它是否会对食物链中某一关键因子起作用，以免本地生态系统食物链的破坏，使当地生态系统崩溃。在生物安全方面，特别是防治杂草的天敌昆虫，在释放前必须广泛进行取食和寄主选择性试验，确保该天敌不会取食其他植物，甚至成为为害另外植物的害虫。

二、高效天敌昆虫优先利用的原则

每种害虫都有一种或若干种天敌，但其抑制害虫的能力、作用时间等都有差别，相对而言，一定有某种天敌昆虫的控制能力更强，是控制该害虫的主导控制因子，因此人工繁育和利用该种天敌昆虫，以其控制害虫将最可能成功。由于各地自然和人为因素的差别，同种害虫在各地的主导天敌因子或有不同，在释放时这一点也需要注意。

三、释放和保护相结合的原则

通过大量释放天敌昆虫，可迅速提升生态系统中的天敌种类及数量，控制农林害虫种群增长。然而，考虑到生产成本、产品供给能力，在数以亿亩的农田中，大面积应用天敌昆虫存在不少困难。生产实践中，对天敌昆虫的保护显然是一种更经济有效的途径。对天敌昆虫的保护可采取如下措施：创造天敌生存和繁殖的条件，为天敌食物提供栖息和营巢的场所，改善小气候环境和保护越冬，注意生物防治与农业防治、物理防治、化学防治等防治方法的协调配合，避免和减少直接杀伤天敌，调整施药时间以躲开天敌繁殖期、盛发期，改进用药的方法和技术，即使要用生物性药剂，也不在植物生长前期施用，以保护春季的天敌初始种群，或采用隐蔽的施药方法（如处理种子）等，从而发挥天敌对害虫的自然控制作用。

近年来，随着现代生物测试技术的发展，欧美等发达国家，围绕天敌昆虫的保育与控害，针对金小蜂、蚜小蜂、姬小蜂、赤眼蜂、瓢虫、草蛉、捕食螨等优良天敌昆虫类群，进行了天敌昆虫与生境的相容性（Tobias，2012；Douglas，2010）、庇护植物及蜜源植物等对天敌昆虫促生机理（Heimpel，2013）、保育因子对天敌昆虫的习性及行为塑造（Jervis，2012；Matthew，2010）、天敌定殖性调控因子及其效应分析（Shahid，2012）、发育调控及滞育后生物学特征（Denlinger，2013）、复杂生境下天敌控害效应及机理等研究（Emily，2013；Jeffrey，2013），取得了显著的研究成果，促进了天敌昆虫保育及控害理论体系的空前发展，个别研究方向成为国际昆虫学科的研究热点。

目前，我国天敌昆虫的应用面积比较小，连同天敌保育的面积在内，约占耕作面积的2%。究其原因，一方面限于天敌昆虫产业尚处起步阶段；另一方面，则是由于天敌昆虫保育机理不明、关键因子不清。故此，围绕天敌昆虫的保育和应用，充分利用天敌昆虫在农田生态系统中保育及控害的特征，探索天敌昆虫与营养、生境、生物多样性间的反馈、协同与相互作用，有助于提升对天敌昆虫保护和利用的水平，促进我国天敌昆虫保护及应用，提升对农业有害生物的防控效果。

第二节 我国天敌昆虫活体资源库

包括天敌昆虫种质资源在内的有益生防资源是自然界重要的生物资源之一，是农业生产、环境治理及现代农业生物技术产业的重要物质保障，也是我国国民经济与社会发展的战略基础资源。

一、建设天敌昆虫活体资源库的必要性

1. 建设植保生物防治资源库，是保护国家战略资源的迫切需要

植保生物防治资源是国家生物多样性的重要衡量标志，也是不可替代的国家战略资源和重要财富。生物多样性是衡量国家综合实力的关键指标之一，直接同国家发展、社会进步、经济繁荣相关。我国是世界上生物多样性最丰富的国家之一，气候条件和地理条件的差异，在植保生物防治资源方面体现出了丰富的生物多样性。同时我国又是生物多样性丧失最严重的地区之一，森林大面积减少、环境污染严重导致了我国部分生物濒临灭绝，目前受严重威胁的物种占整个区系成分的15%~20%（高于世界水平）。国际自然资源保护联合会发表的《2004年全球物种调查》中指出，全球已有超过15 000种物种濒临灭绝，物种灭绝的速度超过了以往任何时候。联合国粮农组织在最近发表的《动物多样性世界观察》中称，在过去的100年里，全世界已有超过1 000个品种的动物灭绝。如果不采取措施，20年内人类还将失去2 000个有益的动物品种。

"谁掌握了资源，谁就把握了未来。"包括天敌昆虫和有益微生物在内的生物防治种质资源是自然界重要生物资源之一，关系到农业生产、植物保护、环境治理以及现代生物技术产业的未来，是开展科学研究的重要物质保障，是 21 世纪我国国民经济与社会发展的战略基础资源。生物多样性是无可替代的，基因技术只能对现有品种进行改良，并不能挽回失去的品种。动植物多样性减少，将使它们在环境和气候变化以及新疾病流行等因素面前更加脆弱。而物种灭绝破坏了生物链，也必将殃及人类自身。

随着新兴技术的发展，种质资源的重要性日益凸显。我们尚不清楚植保生物防治资源的作用机理，尚有大量的研究空白等待探索。在这些有益资源未消失灭绝前，尽快建立我国植保生物防治资源库，收集保存有益生物资源，既着眼未来，也至为必要。

2. 建设植保生物防治资源库，是维持国家农业健康发展的重要储备

我国是农业生物灾害频发的国家，一方面，多种本国常发的农业病虫草鼠害猖獗为害、此起彼伏；另一方面，国外危险性有害生物不断传入国境，造成严重破坏。由于物种间存在的遏制、拮抗、捕食等本能联系，农业害虫、病原微生物等均可在自然界中发现其天敌和高效控制微生物资源。多年来，我国利用这些有益的植保生防资源预防和控制我国农业生物灾害，有效地降低了病虫害暴发和为害的程度，取得显著的经济和生态效益。建设植保生物防治资源库，保存有益的天敌和微生物资源，既能满足常规生防需求，更可在国家一旦发生农业外来危险性有害生物后，迅速开展筛选工作，从资源库中发现有效的控制天敌或微生物，开展防控工作，维护农业的健康生产，保护农业生态环境。

3. 建设植保生物防治资源库，是提升我国农业科技创新能力的重要保障

收集和保护我国生防资源是开展生物防治工作的前提。植保生物防治资源库是深入生物防治科学研究、提升我国生物防治科技创新能力的载体和依托。植保生物防治资源库的建设，将极大地推动国家生防科学技术研究的创新，不仅可与我国农业科研领域现有的"973"、"863"、科技支撑、行业科技项目等国家重大研究计划项目有机衔接，而且还可为因缺乏专用设施和条件而受到制约的农业微生物培养技术提供急需的基础设施和条件，围绕天敌资源的生物学、生理学、生态学、遗传学、化学生态学大规模饲养与释放技术、资源发掘与利用、基因组学、蛋白质组学等领域开展科学研究。同时，建设植保生物防治资源库，引进国外优良天敌资源，建立起天敌昆虫的常年活体种群，保存优良微生物活体菌株，保障国内生防研究和生产部门的资源交流，提升我国农业科技创新能力，促进生物防治和生物培养科学理论创新、方法探索、技术突破和人才培养。

4. 建设植保生物防治资源库，是整合资源、提高效益的现实迫切需要

我国至今尚无国家级植物保护天敌资源库，更缺乏天敌活体保存和高效培养的专门设施。个别省区科研机构设立的均为小型的行业资源库，保存的天敌昆虫均为死体标本，收藏的微生物种质资源又是从微生物系统学的角度进行的收集，多为极端微生物、工业微生物、病原微生物，或者是食用菌、根瘤菌等农业有益微生物，均不是从植物保护需求的角度开展的资源储备。即使保存有杀虫抗病的微生物种源，也无法满足农业病虫害防治使用，这些菌株的毒力、致病力、存活力、生产指标等都距实际需求有非常大的差距。国内植物保护科研和生产部门在多年的研究实践中，都收集有生防专用的天敌昆虫或微生物资源。建设国家植保生物防治资源库，整合这些资源，科学保存，保障交流需求，也可降低各机构重复性保存和活体培养的成本，提高效益。

5. 建设植保生物防治资源库，是促进农业发展、维护社会长治久安、构建和谐社会的重大战略需求

农业发展所必须依赖的生物资源和科学技术已经成为世界各国激烈竞争的热点，建设我国植保生物防治种质资源库，引进和保护原产地天敌，建立起天敌昆虫的常年活体种群，保存优良微生物活体菌株，满足国内生防研究和生产部门的资源需求，在此基础上，开展生物防治资源利用研究，实现农业生物灾害的可持续治理，保障农业生产和农产品安全。对于提升我国农业科技创新能力、维持国家农业安全和生态安全、促进农业发展、维护社会长治久安、构建和谐社会具有重要的现实意义。

二、我国的天敌昆虫资源调查与保护利用

中国农业科学院植物保护研究所、福建农林大学、东北农业大学、西藏自治区农牧科学院、中国农业科学院草原研究所等单位开展了中国蔬菜害虫天敌昆虫名录整理、捕食性蟥类天敌昆虫的评价、大豆害虫天敌昆虫资源调查与整理、中国蚜小蜂科天敌昆虫系统调查与整理工作。同时针对我国边疆脆弱生态地区，重点开展了西藏、新疆维吾尔自治区、内蒙古自治区等边疆生态脆弱农（牧）区的天敌昆虫的调查与筛选工作。

1. 京津冀地区蔬菜害虫天敌昆虫资源整理

整理了京津冀地区捕食性蟥类天敌昆虫资源，发现有益昆虫210余种，其中，捕食蟥51种，捕食虻62种，寄生蝇6种，寄生蜂90余种，含新种32个、北京和河北新记录种2个，并系统研究了烟盲蝽、大眼蝉长蝽等优势天敌的扩繁。对30余种捕食性蟥类开展了生防评价工作，包括显角微刺盲蝽 *Campylomma verbasci* Meyer‐Dur、斑角微刺盲蝽 *Campylomma annulicorne* Signoret、烟盲蝽 *Nesidiocoris tenuis* Reuter、大齿爪盲蝽 *Deraeocoris olivaceus* Fabricius、斑楔齿爪盲蝽 *Deraeocoris ater* Jakovlev、朝鲜齿爪盲蝽 *Deraeocoris koreanus* Linnavuori、异须盲蝽 *Campylomm adiversicornis* Reuter、黑食蚜盲蝽 *Deraeocoris punctulatus* Fallen、山地齿爪盲蝽 *Deraeocoris montanus* Hsiao、日蒲仓花蝽 *Xylocoris hiurai* Kerzhner、仓花蝽 *Xylocoris cursitans* Fallen、黑头叉胸花蝽 *Amphiareus obscuriceps* Poppius、萧氏原花蝽 *Anthocoris hsiaoi*、长头截胸花蝽 *Temnostethus reduvinus* Herrich、东亚小花蝽 *Orius sauteri* Poppius、微小花蝽 *Orius minutus* Linnaeus、东方细角花蝽 *Lyctocoris beneficus* Hiura、斑翅细角花蝽 *Lyctocoris variegates* Pericart、黑大眼蝉长蝽 *Geocoris itonis* Horvath、大眼蝉长蝽 *Geocoris pallidipennis* Costa、益蝽 *Picromerus lewisi* Scott、二色赤猎蝽 *Haematoloecha nigrorufa* Stål、环足健猎蝽 *Neozirta annulipes* China、亮钳猎蝽 *Labidocoris pectoralis* Stål、黑光猎蝽 *Ectrychotes andreae* Thunberg、黄纹盗猎蝽 *Pirates atromaculatus* Stål、淡带荆猎蝽 *Acanthaspis cincticrus* Stål、黑腹猎蝽 *Reduvius fasciatus* var. *limbatus* Lindberg、短斑普猎蝽 *Oncocephalus confuses* Hsiao、双刺胸猎蝽 *Pygolampis bidentata* Goeze、褐菱猎蝽 *Isyndus obscurus* Dallas、中黑土猎蝽 *Coranus lativentris* Jakovlev、大土猎蝽 *Coranus dilatatus* Matsumura、独环真猎蝽 *Harpactor altaicus* Kiritschenko、红缘真猎蝽 *Harpactor rubromarginatus* Jakovle、环斑猛猎蝽 *Sphedanolestes impressicollis* Stål、瘤突素猎蝽 *Epidaus sexpinus* Hsiao、大蚊猎蝽 *Myiophanes tipulin* Reuter、白纹蚊猎蝽 *Empicoris culiciformis* De Geer、角带花姬蝽 *Prostemma hilgendorffi* Stein、光棒姬蝽 *Arbela nitidula* Stål、日本高姬蝽 *Gorpis japonicas* Kerzhner、泛希姬蝽 *Himacerus apterus* Fabricius、斯姬蝽 *Stalia daurica* Kiritshenko、北姬蝽 *Nabis reuteri* Jakovlev、类原姬蝽（亚洲亚种）*Nabis feroides mimoferus* Hsiao、华姬蝽 *Nabis sinoferus* Hsiao、暗色姬蝽 *Nabis stenoferus* Hsiao、异赤猎蝽 *Haematolo-echa aberrens* Hsiao、茶褐盗猎蝽 *Pirates fulvescens* Lindberg 等。

中国农业科学院植物保护研究所以此为基础系统整理并出版了《中国蔬菜害虫天敌昆虫名录》，该专著 150 万字，收入了 2 纲 18 目 157 科 1 271 属 3 820 种天敌昆虫、2 门 7 纲 22 目 212 科 1 216 属 2 460 种害虫，按蔬菜类别、天敌类群分别描述，为蔬菜害虫生物防治信息检索提供了便捷工具。

2. 东南地区防治粉虱和介壳虫的蚜小蜂类天敌昆虫资源调查与整理

系统开展了烟粉虱、黑刺粉虱、柑橘粉虱、褐圆蚧、矢尖蚧、松突圆蚧等重要农作物害虫的天敌资源调查，明确了生物防治中天敌防治的目标害虫，开展了新疆、西藏、东北、云南、海南等地的蚜小蜂等天敌种类调查，撰写了《中国烟粉虱寄生蜂的资源及其区系分布》等论文，编写了专著《中国蚜小蜂科天敌资源名录》，共 15 万字，其中，收录我国蚜小蜂科天敌资源 16 属 155 种，包括部分台湾分布记录的种类。共记述 18 属 200 多种蚜小蜂，其中，新种 73 种、新记录属 5 个、新记录种 29 种，提供了我国蚜小蜂科天敌资源的分属检索表，描述了各个属的属征和种类的主要鉴别特征，为在实施农作物害虫绿色防控中进一步利用蚜小蜂科天敌资源提供科学依据。

3. 西北地区重要经济作物枸杞害虫的天敌昆虫资源评价

开展了西北地区重要经济作物枸杞的害虫天敌昆虫调查与评价研究，筛选出枸杞木虱啮小蜂、枸杞瘿螨姬小蜂、枸杞疏点齿爪盲蝽等 3 种优良天敌昆虫。

4. 西藏地区天敌昆虫资源调查与整理

对西藏自治区农（牧）地区 50% 的区域进行了调查，收集到天敌昆虫标本 25 500 多件。其中，在林芝、工布江达、波密、米林等地采集到昆虫天敌标本 6 600 余号，在加查、朗县等地采集到天敌昆虫标本 5 700 余号，在拉萨、日喀则、山南等地采集到天敌昆虫标本 7 800 余号，其他地区 4 400 余号。根据过去的研究文献和现有标本，整理出昆虫天敌名录 759 种，蜘蛛 411 余种，新种标本正模保存在鉴定者的单位，副模和一般种保存在西藏自治区农牧科学院农业研究所和西藏大学农牧学院昆虫标本室。共鉴定出新种 1 个，其余 5 个新种待发表，西藏新记录种 22 个。调查结果完成了《西藏天敌昆虫资源地理分布及评价利用》《西藏天敌昆虫（包括蜘蛛）的种类及其垂直分布》等论文，出版了《青藏高原天敌昆虫名录》《青藏高原瓢虫》等系列专著，陆续整理出青藏高原瓢虫科 7 个亚科、11 个族、49 个属、172 种，其中，新种 9 种、中国新记录种 2 种，填补了我国青藏高原天敌昆虫研究的空白。

5. 东北地区大豆蚜天敌昆虫资源调查与整理

调查并明确了黑龙江省大豆蚜主要天敌种类及大豆蚜的优势天敌昆虫。共发现 5 目、13 科、23 个种类天敌昆虫，其中捕食性天敌 20 个种类、寄生性天敌 3 个种类。由天敌昆虫田间种群数量发生的情况可知：龟纹瓢虫、异色瓢虫、叶色草蛉为大豆蚜的优势天敌昆虫。其中，捕食性天敌主要有龟纹瓢虫（成虫及幼虫）、异色瓢虫（成虫及幼虫）、七星瓢虫（成虫及幼虫）、多异瓢虫成虫、后双斑青地甲成虫、赤胸地甲成虫、步甲（*Carabus* sp.）成虫、曲纹虎甲成虫、虎甲成虫、隐翅甲成虫、中华草蛉幼虫、丽草蛉（成虫及幼虫）、叶色草蛉（成虫及幼虫）、大草蛉成虫、多斑草蛉成虫、全北褐蛉（成虫及幼虫）、黑带食蚜蝇幼虫、灰姬猎蝽（成虫及若虫）、窄灰姬猎蝽成虫和小花蝽（成虫及若虫）20个种类为大豆蚜的天敌昆虫。寄生性天敌昆虫有：蚜小蜂和日本柄瘤蚜茧蜂为大豆蚜的天敌昆虫。这些天敌昆虫在大豆蚜自然控制中起一定的作用，可根据田间的实际情况加以利用。

经过天敌昆虫资源调查和评价，发现了一批新的天敌昆虫，如小黑瓢虫 *Delphastus catalinae* Horn，防治烟粉虱、温室白粉虱（黑刺粉虱、柑橘粉虱）；刀角瓢虫 *Serangium japonicum* Chapin，防治黑刺粉虱、烟粉虱；日本恩蚜小蜂 *Encarsia japonica* Viggiani，防治烟粉虱、温室白粉虱、稻粉虱；索菲亚恩蚜小蜂 *Encarsia sophia*，防治烟粉虱、温室白粉虱、稻粉虱；双斑恩蚜小蜂 *Encarsia biomaculata*，防治烟粉虱（温室白粉虱）；丽恩蚜小蜂 *Encarsia formosa* Gahan，防治烟粉虱、温室白粉虱（柑橘粉虱）；蒙氏桨角蚜小蜂 *Eretmocerus mundus*，防治烟粉虱、温室白粉虱。

防治黑刺粉虱和烟粉虱的黄盾恩蚜小蜂 *Encarsia smithi* Silvestri、钝棒恩蚜小蜂 *Encarsia obtusiclava* Hayat、*Encarsia opulenta* Silvestri、艾氏恩蚜小蜂 *Encarsia ishii* Silvestri、长带恩蚜小蜂 *Encarsia longifasciata* Subba Rao、敏捷恩蚜小蜂 *Encarsia strenua* Silvestri、刺粉虱埃宓细蜂 *Amitus hesperidum* Silvestri、日本刀角瓢虫 *Serangium Japonicum* Chapin 等有益天敌。

防治柑橘粉虱的天敌昆虫短梗恩蚜小蜂 *Encarsia lahorensis* Howard、长瓣恩蚜小蜂 *Encarsia Longivalvula* Viggiani、长带恩蚜小蜂 *Encarsia longifasciata* Subba Rao、前横脉恩蚜小蜂 *Encarsia protransvena* Viggiani、丽蚜小蜂 *Encarsia formosa* Gahan 等天敌昆虫。

防治褐圆蚧等害虫的纯黄蚜小蜂 *Aphytis holoxanthus* DeBach、长缨恩蚜小蜂 *Encarsia citrina* Craw、长恩蚜小蜂 *Encarsia elongata* Dozier、斯氏四节蚜小蜂 *Pteroptrix smithi* Compere、双带巨角跳小蜂 *Comperiella bifasciata* Howard、瘦柄花翅蚜小蜂 *Marietta carnesi* Howard（重寄生蜂）等。

防治矢尖蚧等害虫的镶盾蚧黄蚜小蜂 *Aphytis unaspidis* Rose et Rosen、矢尖蚧黄蚜小蜂 *Aphytis yanonensis* DeBach et Rosen、褐黄异角蚜小蜂 *Coccobius fulvus* Compere et Annecke、长缨恩蚜小蜂 *Encarsia citrina* Craw、轮盾蚧长角跳小蜂 *Adelencyrtus aulacaspidis* Brethes、盾蚧寡节跳小蜂 *Arrhenophagus chionaspidis* Aurivillius、瘦柄花翅蚜小蜂 *Marietta carnesi* Howard、日本方头甲 *Cybocephalus nipponicus* Endrody-Younga 等天敌昆虫。

防治重要检疫性害虫松突圆蚧的松突圆蚧异角蚜小蜂 *Coccobius azumai* Tachikawa、友恩蚜小蜂 *Encarsia amicula* Viggiani et Ren、长缨恩蚜小蜂 *Encarsia citrina* Craw、瘦柄花翅蚜小蜂 *Marietta carnesi* Howard（重寄生蜂）、红点唇瓢虫 *Chilocorus kuwanae* Silvestri 等天敌昆虫。

三、天敌昆虫活体资源库的建立

我国天敌昆虫资源保护的现状是研究单位各自独立，自行保存优势天敌资源。由于天敌昆虫保种扩繁需要特定的条件，如严格的隔离条件、特定的种群保持条件、复杂的活力复壮条件等，需要充足的空间和大量的人力、物力、财力，导致每家单位保存的活体资源有限。而开展害虫生物防治研究，扩繁优良天敌昆虫的前提就是要有活体天敌昆虫。针对这一现状，项目组通过联合国内天敌昆虫研究与利用单位，发挥各自优势，分别保存一至几种优良天敌昆虫，并建立起天敌昆虫引种、交流机制，建立起天敌昆虫的常年活体种群，实现天敌昆虫种质的资源共享，保障国内生防研究和生产部门的资源交流，达到提升我国农业科技创新能力，促进生物防治和生物培养科学理论创新、方法探索、技术突破和人才培养的目的与功效。

通过联合我国天敌昆虫研究与应用单位，在东北、华北、华中、华南、西南、西北等地区，依托大学、农业研究所等，构建了我国天敌昆虫活体保存库。各机构因地制宜地开展天敌昆虫种质资源保存，不断改进天敌种群保持技术，筛选扩繁寄主，提高活性与复壮技术，完善越冬越夏保种技术，降低成本，并开展相关技术的交流与合作，促进天敌昆虫资源的高效利用，实现资源的最大化共享。

第三节　我国天敌昆虫资源引进概况

天敌因子在调节植物和植食生物（plant feeding organism）的种群数量中的作用，早已被生态学家所认识。天敌在初级生产者（植物）—初级消费者（植食生物）—次级消费者（捕食性天敌、寄生性天敌、线虫、微生物等）这一食物链的顶端，起着保持种群平衡、保护生物共存、防止某种生物丰度过高的作用。在农林生态系统中，天敌昆虫就发挥着这样的调节作用，控制着害虫种群数量。在某种害虫种群数量连续处于较高水平时，抑制因子失去了原有的平衡作用，就要考虑天敌昆虫的种类、结构是否需调整，引进新的天敌种类、增补天敌数量，压低害虫虫口密度，构建新的均衡态势，降低害虫为害程度。另外，生态系统对某种害虫种群的控制是多种生物因子综合作用的结果，一种害虫往往有多种天敌昆虫，在害虫的不同发育时段、不同虫态发挥天敌的控制能力。某种害虫猖獗发生，也要考虑是否其某一发育时段，抑制性天敌生物缺失，此时也需要针对性地引进天敌昆虫，弥补生态位缺失，在害虫各发育时段都有天敌昆虫进行控制。同时，在害虫分布区域内，有效的天敌昆虫往往分布不平衡，甚至缺少有效天敌。因此，应将优良天敌昆虫输引到该地区，特别是针对入侵性害虫，一种害虫到达新地区后，如果环境条件适宜，很容易定殖下来，由于缺少天敌的自然控制，种群数量增加很快。从害虫的原产地引进天敌控制该害虫，是传统的且有效的害虫生物防治手段。世界各国天敌引进成功实例证明，引进天敌技术是一项环境风险小、投资少、一劳永逸的技术。随着农产品国际贸易的频繁进行，外来病、虫、草害入侵我国的风险也将随之增加，除加强口岸检疫等措施外，重视与加强国外天敌的输引，开展引进天敌的定殖性和适生性研究非常必要。

综上所述，无论靶标害虫是土著发生种还是外来入侵种，当本地天敌对其不能有效控制时，都需考虑引进区域外的天敌昆虫。引进天敌的目的在于改变当地昆虫群落的结构，促进害虫与天敌种群密度达到新的平衡。若靶标害虫是外来入侵物种，可将本地的气候资料、植物区系、昆虫种类等与原产地进行比较，评估从害虫原产地引进天敌的可行性。因为在其原产地，长期进化的结果，在生态系统中会有一个平衡稳定的天敌复合体。在原产地搜寻有效天敌时，应在害虫虫口密度低的地区或群落中搜集，因该区域内的天敌才是压制害虫种群的有效抑制因子。输引天敌昆虫时，应尽可能多地输引不同地域的天敌，引进天敌需进行检疫，清除天敌上的寄生昆虫以及二重寄生、三重寄生昆虫，在释放前还需在室内对引进天敌昆虫进行严格的观察实验，确保其有益无害时，才能释放。若引进的天敌数量较少时，还需进行人工扩繁，确保释放后的种群数量能满足定殖需要，保障输引天敌有效地防控目标害虫。

我国是农业生物灾害频发的国家，一方面，多种本国常发的农业病虫草鼠害猖獗为害、此起彼伏，另一方面，国外危险性有害生物不断传入国境，造成严重破坏。由于物种间存在的遏制、拮抗、捕食等本能联系，农业害虫、病原微生物等均可在自然界中发现其天敌和高效控制微生物资源。引进有益的天敌资源，收集和保护生防资源是开展生物防治的工作前提，是深入生物防治科学研究、提升我国生物防治科技创新能力的载体和依托。

农业发展所必须依赖的生物资源和科学技术已经成为世界各国激烈竞争的热点，开展我国植保生物防治种质资源调查与筛选，引进和保护原产地天敌，建立起天敌昆虫的常年活体种群，满足国内生防研究和生产部门的资源需求。在此基础上，开展生物防治资源利用研究，实现农业生物灾害的可持续治理，保障农业生产和农产品安全，对于提升我国农业科技创新能力、维持国家农业安全和生态安全、促进农业健康发展、维护社会长治久安、构建和谐社会具有重要的现实意义。

一、国际天敌昆虫资源引进与交流的概况

19 世纪 80 年代，美国加利福尼亚州的柑橘园传入吹绵蚧 *Icerya purchasi* Maskell，由于化学农药等方法均不能有效地防治，该虫迅速蔓延，猖獗为害。1888 年，由害虫的原产地澳大利亚引进了澳洲瓢虫 *Rodolia cardinalis* Mulsant 在柑橘园里释放，很快就在当地建立了种群，为害迅速减少。在几个月之内加利福尼亚南部吹绵蚧的猖獗程度就减少到无害的水平。柑橘产量由防治前的年产 700 车厢第二年猛增到 2 000 车厢（van den Bosch 和 Messenger，1974）。这是世界生物防治史上第一个有计划的成功的天敌引进项目。引进澳洲瓢虫的成功，集中显示了传统生物防治的基本特征，效果持久，对环境安全，成本低廉。

澳洲瓢虫的引种成功，强有力地推动了生物防治的发展，引进天敌的研究得到广泛的支持。1930—1940 年是全世界生物防治活动的高峰时期。共有 57 种不同的天敌引进后定殖，其中至少有 32 种获得完全成功（Debach，1964）。1945 年以后，尤其是 20 世纪 50—60 年代，生物防治进入低谷，主要是由于有机合成化学杀虫剂的过多地使用。1960 年起，人们逐渐重视环境问题，1962 年，Rachel Carson 的《寂静的春天》一书出版，更加引起人们对农药污染环境的关注。1967 年，联合国粮农组织在罗马召开专家组会议，给有害生物的综合防治 IPC（Integrated Pest Control）做出定义，目标就是为了克服 20 世纪 40 年代以来单纯大量使用农药带来的问题。70 年代，综合防治 IPC 又进一步发展为有害生物的综合治理 IPM（Integrated Pest Management）。生物防治作为 IPM 的主要内容之一，又开始了稳步地发展。据联合国粮农组织统计，20 世纪世界约有 5 000 个天敌引种项目，用于有害生物的综合防治（FAO，1993）。国际上的生物防治研究机构的建立，也是从天敌引进项目开始的。美国农业部 1913 年在夏威夷建立了第一个天敌引进检疫实验室，1919 年又在法国建立了一个生物防治实验室。加拿大农业部于 1929 年在安大略省贝尔维尔（Belleville）建立生防实验室，1936 年又增添一个检疫中心。英联邦昆虫局于 1927 年设立生物防治专用实验室，即法纳姆（Farnham House）实验室，几经变迁，1947 年改称英

联邦生物防治局，后又改为现在的英联邦国际生物防治研究所（IIBC，International Institute of Biological Control）。国际生物防治组织（IOBC，International Organization for Biological Control of Noxious Animals and Plants）于 1951 年建立，1971 年在国际生物科学协会（The International Union of Biological Sciences）的积极支持下，得到进一步发展，并改为现在的名称。

Luck（1981）统计了 1881—1977 年全世界输引外地（包括国内引殖）寄生性天敌昆虫的试验总共 2 593 例，其中，1881—1940 年，全球输引天敌昆虫 1 030 例，成功了 192 例，占输引总数的 18.6%；1941—1962 年，全球输引天敌昆虫 925 例，成功了 136 例，占输引总数的 14.7%；1963—1977 年，全球输引天敌昆虫 510 例，成功了 53 例，占输引总数的 10.4%；此外，尚有 128 例输引情况年代不详，其中，成功了 10 例，占输引总数的 7.8%。防治对象包括粮食、油料、糖料、饮料、果树、蔬菜、林木、牧草等作物上以及卫生上的有害生物共 315 种，隶属于 10 目 66 科。输入的国家遍及亚、非、拉、欧、澳以及南美、北美等洲共 67 个国家（不包括地区）。其中，取得成功或大体上成功的试验共 391 例，占试验总例数的 15.1%。在试验的 2 593 例中，寄生性天敌昆虫能够在新区定殖的有 778 例，占 30.0%，这些定殖的外来天敌的效能，有一半尚未深入研究和确定。分析上述情况可见，一百多年来，国外输引外地天敌昆虫的试验工作从未放松过，即使处于化学农药高峰期的近代历史阶段中，平均每年也有 42 例输引天敌昆虫的试验。输引外地天敌昆虫防治有害生物试验的成功率尚不高，仅为 15.1%，而且成功率并没有随着历史的进程、技术的发展而提高，说明了这些试验存在着较大的盲目性。

生物防治的法规建设也在走向完善。澳大利亚于 1984 年颁布了《生物防治法》。美国、加拿大、法国等均有相同的引种检疫规定，并建立了天敌引进检疫室。联合国粮农组织于 1993 年颁布了《生物防治天敌引进释放法（草案）》。

我国是天敌昆虫资源大国，外国从我国输引天敌的最早记载是 1900 年，美国从香港引入盾蚧长缨蚜小蜂 *Aspidiotiphagus citrinus* Mayr 至加利福尼亚州，防治柑橘上的红肾圆盾蚧 *Aonidiella auraniii* Maskell，但未能够定殖。到 1989 年，有学者统计国外从我国输引天敌昆虫共 68 例，成功或大体上成功的有 14 例，占 20.6%（蒲天胜，1989）。近年来，欧美等诸多国家从我国引进防控果蝇、天牛、大豆蚜、茶翅蝽、吉丁虫、麦茎蜂、柽柳、芦竹、加拿大蓟的天敌昆虫 27 批次。

在实施天敌引进的过程中，首先要确定防治目标是本地种还是外来种，然后进行一系列的工作，包括国外调查、天敌检疫、大量饲养、野外移植等。

二、我国百年来天敌昆虫资源引进的概况

我国的国外天敌引种研究可分为 3 个阶段：20 世纪 50 年代以前为第一阶段，1950—1984 年为第二阶段，第三阶段为 1984 年至今。目前，我国已同 47 个国家或地区建立了天敌引种交换的业务往来。

20 世纪初，我国开始天敌引种的试验尝试。1909 年，从美国加利福尼亚和夏威夷引入两批澳洲瓢虫 *Rodolia cardinalis* Mulsant 到中国台湾，先后释放 53 次累计 22 727 头瓢虫，控制吹绵蚧 *Icerya purchasi* Maskell 效果显著，并在当地建立了种群，此后已不需再施化学农药防治吹绵蚧，这是我国最早的国外天敌引种成功的记录（陶家驹，1993）。1929 年又

将澳洲瓢虫从台湾引殖上海防治海桐花上的吹绵蚧，1932 年再从台湾引殖到浙江黄岩，防治柑橘上的吹绵蚧，取得成功后，陆续引殖至广东、广西、福建，并在云南、四川、湖北、江苏、江西也见分布，对控制柑橘、木麻黄和台湾相思上的吹绵蚧取得了持久的、良好的效果（蒲天胜，1989）。

20 世纪 50—70 年代中期，我国天敌昆虫引种工作仍做得比较少。50 年代，引进澳洲瓢虫在广东等地防治吹绵蚧，引进苹果绵蚜蚜小蜂（日光蜂）*Aphelinus mali* 防治苹果绵蚜 *Eriosoma lanigerum*，引进孟氏隐唇瓢虫 *Cryptolaemus montrouzieri* Mulsant 防治粉蚧 *Pseudococcus* spp.，都取得了较好的效果。

螟蛾利索寄蝇（古巴蝇）*Lixophaga diatraeae* 是寄蝇科昆虫，分布于古巴及西印度群岛的一些岛屿，专性寄生于甘蔗螟虫体内。该蝇的雌虫直接将幼虫（蛆）产于甘蔗螟虫蛀孔的孔口处，幼虫爬入螟虫蛀道内，找寻螟虫幼虫寄生，对蔗螟种群增长的抑制能力较强，许多种植甘蔗的国家都曾尝试引进古巴蝇防治蔗螟。我国于 1964 年第三次由古巴引进一批活古巴蝇（前两批引进未能成活），室内实验发现，可寄生于甘蔗的黄螟、二点螟、条螟、大螟幼虫及为害蜂巢的大蜡螟 *Calleria mellonella* 幼虫。但是，释放后在田间未发现被寄生的下一代蔗螟，说明古巴蝇在珠江三角洲蔗田未能建立种群（蒲蛰龙，1984）。

20 世纪 60 年代，中国台湾引进天敌防治甘蔗螟虫。1956 年、1961 年、1962 年、1963 年和 1966 年从美国、西印度群岛、印度和马来西亚等地引进 5 种寄生蝇、3 种茧蜂、2 种卵寄生蜂、1 种姬蜂、1 种蚁蜂，防治多种甘蔗螟虫（黄螟、二点螟、条螟、白螟及大螟），均未成功，究其原因，可能与某些基础研究不够有关（陶家驹，1993）。

1980 年，我国农业部门专门颁发了《关于引进和交换农作物病、虫、杂草天敌资源的几点意见》的文件，从制度上保障了我国天敌引种工作有了长足进展。

1984 年，我国第一个天敌引种检疫实验室在原中国农业科学院生物防治研究所建成，为进一步深入开展国外天敌引种创造了条件。这是我国的国外天敌引种工作开始纳入法制与规范管理的重要标志。

据统计，1979—1995 年，我国共引进天敌 283 种次，种类还包括螟蛾利索寄蝇 *Lixophaga diatraeae* Townsend、斑腹刺益蝽 *Podisus maculiventris* Say、黄色仓花蝽 *Xylocoris flavipes*、普通草蛉 *Chrysopa carnea* Stephens、苹果绵蚜蚜小蜂 *Aphelinusmali* Hald.、丽蚜小蜂 *Eucarsia formosa*、黄盾扑虱蚜小蜂 *Prospaltella smithi* Silvestri、印巴黄金蚜小蜂 *Aphytis melinus*、三色恩蚜小蜂 *Encarsia tricolor*、红蜡蚧扁角跳小蜂 *Anicetus beneficus* Ishii et Yasumatsu、榆角尺蠖卵跳小蜂 *Ooencyrtus ennomophgus* Yoshimoto、茶足柄瘤蚜茧蜂 *Lysiphlebus testaceipes*、微红绒茧蜂 *Apanteles rubecula* Mashalt、广赤眼蜂 *Trichogramma evanescens* Westwood、卷蛾赤眼蜂 *Trichogramma cacoeciae* Marchat、短管赤眼蜂 *Trichogramma pretiosum* Riley、微小赤眼蜂 *Trichogramma minutum* Riley、欧洲玉米螟赤眼蜂 *Trichogramma nubilale* Ertle et Davis 等（中国农业科学院生物防治研究室，1981、1984），其中，已显示良好效果的有丽蚜小蜂、微红绒茧蜂、普通草蛉、西方盲走螨 *Typhlodromus occidentalis* Nesbitt、智利小植绥螨 *Phytoseiulus persimilis* 等。

中国农业科学院生物防治研究室（1990 年更名成立生物防治研究所）于 1981 年从美国加利福尼亚大学引进的西方盲走螨，对有机磷制剂具有耐药性，控制叶螨的效果良好，加拿大和澳大利亚等国从美国引进该捕食螨，在很多地区防治二斑叶螨均获成功。我国引进西方盲走螨之后，对其进行了深入系统地研究。通过对猎物和湿度的适应观察，发现它能捕食山楂叶螨 Tetranychus viennensis，并习惯于在相对湿度较低的条件下生长发育；区域适应性研究试验观察到，西方盲走螨在我国干旱的西北苹果产区生活良好，对该区的主要害螨山楂叶螨和李始叶螨 Eotetranychus pruni 控制作用显著，并能在当地越冬，已在兰州、天水等地建立种群（张乃鑫等，1987）。

20 世纪 80 年代，中国台湾的天敌引种研究也取得了一些进展。椰心叶甲 Brontispa longissima Gestro 于 1975 年 8 月，初次发现于屏东县佳冬乡，可能由印度尼西亚随椰子苗木传入，当时被害椰子苗约为 400 多株。因未能立即采取有效防治措施，该虫很快传遍南部各县市。1983 年由关岛引进椰心叶甲啮小蜂 Tetrastichus brontispae Fer，在室内不断应用其原寄主的末龄幼虫及幼蛹繁殖。于 1984—1986 年先后释放于上述各县市地区 106 次，现这种小蜂已在释放地区定殖，对椰心叶甲的寄生率可高达 90%，无须再用其他方法防治害虫。但远离释放区的孤立椰子树，仍遭严重为害甚至枯死（陶家驹，1993）。

柑橘木虱是柑橘立枯病的媒介昆虫，但台湾当地的柑橘木虱跳小蜂（红腹食虱跳小蜂）Diaphorentcyrtus diaphorinae，不能有效地控制柑橘木虱。1983—1986 年由法属留尼旺岛引进亮腹姬小蜂 Tanzarixia radiate Waters 共 4 批。经细心繁殖，释放试验，立足成功。与当地红腹食虱跳小蜂共同控制木虱，效果甚好。

20 世纪 80 年代中期以来，我国的国外天敌引种研究更加活跃。其中，利用引进天敌防治外来杂草取得了显著进展。

空心莲子草 Alternanthera philoxeroides 属于苋科，原产南美，20 世纪 30 年代传入我国，50 年代曾作为猪饲料推广，现已蔓延为遍布南方各省的恶性害草。1986—1987 年，中国农业科学院生物防治研究室从美国佛罗里达州分批引进了空心连子草叶甲 Agasicles hygrophila，在中国农业科学院柑桔研究所协助下对叶甲的食性进行了测定，并在重庆建立了叶甲的繁殖基地，目前已在重庆定居，并在安徽、湖南、福建等省建立了释放点（王韧等，1988）。

豚草 Ambrosia spp. 是菊科一年生植物，原产北美，并迅速扩散到欧亚大陆，该草已成为严重的农田草害，其花粉又是引起人类花粉过敏症的主要致病源。20 世纪 30 年代传入我国后，在我国东北、华北、华中等地迅速蔓延扩展。1987 年 8—10 月，原中国农业科学院生物防治研究所从加拿大和苏联分批引进豚草条纹叶甲 Zygogramma suturalis，经寄主专一性测定，证明该虫食性单一，在我国可安全利用。目前，该虫已释放于辽宁省沈阳、铁岭及丹东等地，其应用价值在评价中。1990 年又从澳大利亚引进了另一天敌豚草卷蛾 Epiblema strenuana，初步研究确定可在我国南方安全利用（万方浩等，1991）。

20 世纪 90 年代，我国天敌引种又取得了一些新的进展，引进松突圆蚧异角蚜小蜂 Coccobius azumai Tachikawa，防治松突圆蚧 Hemiberlesia pitysophila Takugi 取得显著的效果，寄生蜂已在林区建立了永久种群（潘务耀等，1987）。引进凤眼莲象甲防治凤眼莲，经寄主专一性试验研究表明，这种象甲可以在南方一些地区释放应用，现试验仍在进行之中。引进豌豆潜蝇姬小蜂 Diglyphus isaea、西伯利亚离颚茧蜂 Dacnusa sibirica 和潜蝇茧蜂 Opius spp. 防治美洲斑潜蝇 Liriomyza sativae Blanchard，其中，豌豆潜蝇姬小蜂已在我国大部分地区定殖，显著抑制了美洲斑潜蝇等潜叶蝇类害虫。

椰心叶甲 *Brontispa longissimi* Gestro 是一种重大危险性外来有害生物，属毁灭性害虫，列入我国国家林业局公布的林业检疫性有害生物名单，该虫原产于印度尼西亚与巴布亚新几内亚，现广泛分布于太平洋群岛及东南亚。为害以椰子为主的棕榈科植物，1975 年椰心叶甲由印度尼西亚传入中国台湾，造成 17 万株椰子树死亡，目前，疫情仍未得到有效控制。近几年，椰心叶甲在越南大暴发，为害 1 000 多万株椰树，大约有 50 万株椰子树死亡。21 世纪初，传入我国海南岛，造成大面积棕榈科植物受害。2004 年国家林业局组织相关单位，从中国台湾引进天敌昆虫椰扁甲啮小蜂 *Tetrastichus brontispae*、从越南引进椰甲截脉姬小蜂 *Asecodes hispinarum* Boucek，经过人工扩繁和持续释放，目前较好地控制了椰心叶甲的为害（彭正强，2013）。

小菜蛾 *Plutella xylostella*（L.）是严重威胁我国十字花科蔬菜生产的重要害虫，2001 年起，从韩国、中国台湾引进防控小菜蛾幼虫的优良寄生蜂半闭弯尾姬蜂 *Diadegma semiclausum* Hellen，进行了室内人工扩繁和田间释放，经过十余年的研究，目前，在我国云南省蔬菜产区，该天敌已定殖并显著控制了害虫种群，田间寄生率高达 70%以上，基本遏制了小菜蛾猖獗发生的态势（陈宗麒，2012）。

烟粉虱 *Bemisia tabaci* Gennadius 是一种世界性的害虫。原发于热带和亚热带区，20 世纪 80 年代以来，随着世界范围内的贸易往来，借助花卉及其他经济作物的苗木迅速扩散，20 世纪末 B 隐种烟粉虱传入我国，迅速传播并暴发成灾，成为我国农业生产上的重要害虫。2006—2008 年，我国科研机构组织从美国得克萨斯州和澳大利亚，引进了海氏浆角蚜小蜂 *Eretmocerus hayati* Zolnerowich and Rose、蒙氏浆角蚜小蜂 *Eretmocerus mundus* Mercet、漠浆角蚜小蜂 *Eretmocerus eremicus* Rose and Zolnerowich、蒙氏浆角蚜小蜂 *Eretmocerus mundus* Mercet（产雌孤雌生殖的澳大利亚品系），随后开展了对 B 隐种烟粉虱的优良控制能力评估。

第四节　天敌昆虫释放与保护利用

天敌的释放受到各种生物因素和非生物因素的综合影响，也因防治和释放对象差异而存在不同地区释放量和释放方式的差异，所以释放相关技术的研究，要在综合考虑释放地生态系统本身的基础上，因时因地采取合适的技术，达到最大的经济、社会和生态效益。

一、天敌昆虫释放

以捕食性瓢虫为例，进行释放时，首先要对所释放地区的基本情况有清晰的了解。了解本地区往年虫害发生情况，清晰本年度和季节的虫情监测情况，把握准确的虫情信息是防治的重点。其次，根据蚜虫与瓢虫的比例确定释放的虫量。按照释放虫态及其捕食功能和控制能力的不同、释放地的实际情况如害虫种类、害虫种群数量等通过具体的试验研究详细确定。此外，也可在虫情调查的基础上按照往年经验释放，释放前可在温室内提前种植带蚜虫的油菜等植物，并在其上释放少量瓢虫进行繁殖，田间害虫发生早期放入，控制初发害虫并为田间提供瓢虫种源。还有其他的释放方式，可以根据具体的实际情况采用其他方式释放或者各种释放方法结合，进行综合的控制。

对于释放虫态：瓢虫卵期释放较为方便，但易受气候条件的影响及天敌的为害；成虫期释放存活率、抗药性较强，但是活动性太大，也影响防效；幼虫期释放相对较多，因为相比于卵，其存活率较大，同时也没有成虫的高活动性，是相对节约人力的一种释放方式。针对各个虫态的优缺点，各地都依据具体的情况进行了相应的改造和优化。针对成虫的高活动性，在法国培育出了异色瓢虫不飞的纯合子品系，且明显延长了瓢虫捕食时间。有些瓢虫在应用的时候剪去后翅的1/3，冷水短时猛浸或饥饿1~2d后在无风晴朗的日落后释放。此外，越冬代瓢虫的收集、低温储藏及释放也是一种比较经济的方法。孙光芝等（申请号：200920217963.6）发明公开了一种越冬代异色瓢虫的收集、低温储藏及释放方法，选用负吸式吸尘装置为收集越冬代异色瓢虫容器；收集的异色瓢虫置于冷库或冰柜中低温储藏，储藏方式是将瓢虫采集回来分装至布袋中，布袋内置有折纸作为瓢虫越冬载体；根据害虫的季节性发生，按防治对象发生量确定释放量，直接将异色瓢虫投放至保护作物上，瓢虫的运输及释放选用盒式装置。本方法实现越冬代异色瓢虫的快速大量收集；选用越冬代成虫为释放虫态，利用冷库或冰柜中储存，实现越冬代异色瓢虫的中长期储存。

综合建议：释放虫态最好是成虫、幼虫和卵混合，有利于种群的建立，保证有效持续的控害效果。释放时间，成虫最好日落后释放。在阳光照射下会大量迁移。

二、天敌昆虫释放后的保护和定殖情况调查

释放后要及时且长期的关注防治效果，定期对害虫进行调查，计算防效，记录定殖情况。释放2~3d后检查效果，根据害虫数量采取后续控制措施，果园释放瓢虫后，其天敌较多，特别是麻雀会影响害虫的防治效果，需要有人管理。随着大量天敌的引入释放，能否定殖已成为生物防治成败的关键。因为根据统计，在全世界引入的天敌中，有2/3的例子是失败的，能够成功定殖的种类只有10%~20%，而且这有限的定殖种类中仅有一部分对目标害虫能起到控制作用。20世纪40年代，我国成功从美国加利福尼亚和夏威夷引入两种澳洲瓢虫来控制吹绵蚧，孟氏隐唇瓢虫控制湿地松粉蚧，不但有效控制了该虫的为害，还定居并建立了种群。关于瓢虫定殖的研究中，有些优秀的定殖者经历了复杂的定殖过程，如澳洲瓢虫、黑背唇瓢虫 *Chilocorus melas* Weise、七星瓢虫。自1900年在英国开始引入瓢虫进行生物防治以来，只有4种外来瓢虫在野外被记录，而在北美人为引入释放的179种捕食性瓢虫中能够成功定殖的也不过18种。在实际应用中往往通过在目标地多次释放来提高瓢虫天敌的定殖概率。

三、保护天敌昆虫越冬场所

捕食性瓢虫中很多的种类都有越冬或越夏的习性，特别是对瓢虫越冬场所的保护利用，是保证来年初始虫源的有效措施之一。由于某一区域内的异色瓢虫会年复一年地到同一越冬地进行越冬，因此保护异色瓢虫的越冬场所是非常重要的，尤其是在某些旅游开发地区，为天敌昆虫保持合适的越冬环境应引起当地政府的重视，因为这与维持当地生态系统平衡是息息相关的。

四、天敌昆虫保育工作

很多天敌昆虫有越冬或越夏的习性，瓢虫表现非常明显，因此对瓢虫越冬场所的保护

利用，是保证来年初始虫源的有效措施之一。如一般异色瓢虫越冬大多在山峰顶部的石洞或石缝中，其周围树木很少，仅有杂草，海拔高度200~350m。石洞均处于朝阳的东南或西南方，日照时间较长，石缝则完全在背风向阳的石头下面。其共同特点就是背风向阳，冬暖夏凉，一侧开口。当然可能在不同地区间有些差异，如在鄂西越冬成虫多分布于海拔200~800m，且低海拔多于高海拔。异色瓢虫的越冬聚集无方位性。由于某一区域内的异色瓢虫会年复一年地到同一越冬地进行越冬，因此保护异色瓢虫的越冬场所是非常重要的，尤其是在某些旅游开发地区，为天敌昆虫保持合适的越冬环境应引起当地政府的重视，因为这与维持当地生态系统平衡是息息相关的。或者可将越冬瓢虫收集到室内人工饲养，来年蚜虫出现时放回田间。小麦田是田间瓢虫的主要来源，因此在小麦蚜虫防治中，尽量避免使用杀伤力大的农药。

人工增殖释放与田间调控相结合是目前瓢虫保护利用的主导方向。有关田间增殖的措施要综合考虑整个生态系统的结构和功能，从整理和细节上保护瓢虫。增加生物多样性，主要包括种植结构的调整或改善，合理利用空间结构和不同季节，合理保护或利用田间杂草，为瓢虫等天敌提供庇护所和更多的栖境。可以研究设计一种异色瓢虫的招引和庇护箱（chamber），这种箱子就像异色瓢虫的"家"一样，可以对异色瓢虫收放自如，当某区域内发生蚜害时，可以大批量地投放异色瓢虫成虫，瓢虫即刻发挥作用，短时间内就可以将蚜虫种群控制下去，然后利用庇护箱将瓢虫召回，贮藏备用。这样既操作方便，又无环境污染，有望成为一种有效的生防措施。

各种瓢虫对空间和环境的要求会根据时间的变化而有所不同，因此我们应该做好瓢虫的保育工作，保护瓢虫的生存环境和庇护所等免受干扰和破坏。参考文献记载关于果园瓢虫的保护和助迁，主要有以下几点。第一，瓢虫的冬前捕捉和储存。调查并了解瓢虫习性和各地区的不同越冬时间，在此之前捕捉，可放于庇护所或者就地取材——纸袋、木箱、纸盒等，选择温暖合适的地点并适时饲喂，以保证瓢虫越冬后的存活率。第二，瓢虫助迁。张立功等（1997）调查春季七星瓢虫的分布发现，其具有"四多四少"的特点，即丘陵多、平原少，旱地多、水地少，向阳多、背阴少，油菜多、麦地少。当然具体的情况要因地制宜，根据不同时间和地区进行具体分析和调查。要随时监测瓢虫及其防控害虫的发生动态，适时捕捉助迁。诱捕助迁方法：下午在瓢虫较多的田间平铺一些麦草，要求厚度在15cm以上，春季夜温较低，瓢虫畏冷，大多隐蔽其中过夜，次日清晨可及时连同麦草取回，傍晚时分释放果树树冠上部或外围蚜虫集中处，如此反复几次，果园瓢虫就会增多。对于捕捉后的释放，建议对卵、幼虫和蛹，尽快助迁，不要拖延。捕捉的成虫，可以饥饿处理1~2d，或者冷水速浸一下，于傍晚释放。第三，助迁后的管理。可向田间补充人工蜜露增加瓢虫数量。选择性的喷洒环境友好型农药或者不喷，利用树冠挂红塑料条等方式惊吓飞鸟。果园养鸡可暂停4d左右。减少田间作业量和次数。第四，助迁指标。按果园对角线选5~10株有代表性的树，并在其上部东、南、西、北、中各选一枝调查，当瓢蚜比在1:150以下时，则不必再助迁。

第五节　害虫生物防治体系在我国的应用

进入21世纪以来，我国相关生物防治研究优势单位，开展科研协作，在全国范围内，建立了 6 个跨区域生态康复型绿色控害技术推广应用示范区，覆盖我国东北、华北、华中、华南、西南及内蒙古、西藏边疆区共 16 个省区，建立 100 余个示范基地和示范点，涵盖玉米、大豆、花生、水稻、蔬菜、甘蔗、柑橘、苹果、向日葵等多种农作物，示范区内减少农药使用量 30% 以上，有效地控制了病虫草害的发生，获得了巨大的经济效益、社会效益和生态效益。以下内容的统计数据来源于各省、市农业主管部门。

一、东北大豆、玉米、向日葵生物防治技术推广应用区

在我国东北黑龙江、吉林省粮食作物和经济作物主产区，以大豆、玉米、向日葵和蔬菜为主要作物区系，示范应用项目组扩繁的赤眼蜂、白僵菌制剂等生防措施，结合各种生态调控措施，开展重要害虫大豆食心虫、玉米螟、葵螟的综合治理。据统计，从 2011—2013 年，累计示范面积 4 808 万亩，经济效益 27.94 亿元。其中，在黑龙江齐齐哈尔地区开展赤眼蜂防治玉米螟面积达到 2 175 万亩、防治向日葵螟 26 万亩，经济效益 19.2 亿元，应用区内对玉米螟平均防效达到 69.08%，对向日葵螟平均防效达到 66.95%；在黑龙江哈尔滨、牡丹江、佳木斯、黑河等地区开展大豆蚜和大豆食心虫综合防治技术体系，推广面积 1 517 万亩，防治效果达到 80%~90%，产生经济效益 8.74 亿元；在吉林全省境内推广应用白僵菌防治玉米螟面积 1 090 万亩，经济效益 9.23 亿元，示范区内减少 50% 用量化学农药，产品质量逐步提高，生态环境指标显著提高。

二、京津冀鲁蔬菜、果树生物防治应用示范区

近年来，在北京怀柔、密云；天津宝坻、蓟州、西青、武清；河北廊坊；山东日照等地区，以大田和设施蔬菜、果园为主，应用项目组扩繁的生防产品，结合物理调控、种植模式调整、生态优化等多项措施，开展针对蔬菜病虫害的综合防控技术应用与示范。

应用以天敌昆虫为主的优质生物防治作用物，结合物理防治技术及生态调控等综合防治措施后，天津市蔬菜、水稻、玉米虫害得到有效控制，对无公害农产品生产起到了重要的保障作用，农产品农药残留量明显下降，农产品质量显著提升，经调查，田间天敌昆虫、有益微生物种类和数量显著提高，分别提高了 20% 以上，取得了显著的生态和社会效益。

三、江苏水稻生物防治应用示范区

江苏省农业科学院植物保护研究所、南京农业大学、中国农业科学院植物保护研究所等单位在江苏省兴化、姜堰、丹阳、武进、泗阳等市县累计建立水稻病虫害生物防治技术集成示范，采用无纺布覆盖秧田防治灰飞虱、小苗机插秧延期播种避开灰飞虱一代成虫迁入高峰和一代螟虫发蛾高峰；稻鸭共作控制田间杂草和稻飞虱、纹枯病；利用振频式杀虫灯诱杀水稻害虫，并将害虫作为鸭饲料，形成生态循环；释放稻螟赤眼蜂防治稻纵卷叶螟；使用生物农药防治水稻病虫害（枯草芽孢杆菌防治纹枯病和稻曲病，春雷霉素防治稻瘟病，绿僵菌、BT、阿维菌素、甜核·苏云菌防治纵卷叶螟和稻飞虱）；在迁飞性害虫大量迁入时，应急使用高效低毒、低残留的化学农药进行药剂防治；通过采用弥雾机下倾喷雾技术和添加适量的助剂，可实现农药减量使用 30%。

联合推广应用芽孢杆菌类生物杀菌剂防治水稻纹枯病、稻曲病在江苏省水稻主产区，

实施芽孢杆菌类生物杀菌剂生物防治水稻纹枯病，大幅度减少了农药使用量，农药残留量明显下降，水稻品质显著提升，为生产无公害优质稻米提供有力的技术支撑，推动了农民种田积极性，取得了良好的经济、生态和社会效益。

四、粤闽滇的蔬、蔗、橘生物防治应用示范区

在我国华南、西南的广东、广西、福建、云南等地，针对蔬菜、柑橘、甘蔗、荔枝大面积种植区，防治对象为重大害虫小菜蛾、甘蔗螟虫、荔枝蝽象和橘小实蝇等。通过推广应用优质生物防治作用物赤眼蜂、平腹小蜂和捕食螨，不仅使广东地区重要作物甘蔗、柑橘和荔枝重要虫害得到有效控制，而且显著减少了农药使用，保护了农业生态环境，调查发现田间天敌昆虫、有益微生物种类和数量显著增多，是常规化防田的2倍以上，农产品农药残留量明显下降，产品品质显著提升。

五、内蒙古草原生物防治应用示范区

中国农业科学院草原研究所等单位，针对草地螟等猖獗为害的害虫，在内蒙古包头达茂旗、乌兰察布市四子王旗、锡林郭勒盟镶黄旗等12个地区设立防控示范区，对以杀虫真菌（绿僵菌、白僵菌）和寄生性天敌为主体草原主要害虫防治技术进行田间示范推广。通过对草地害虫及天敌的系统研究，已经形成了一套包括天敌昆虫繁殖和释放利用的技术、绿僵菌防治草原蝗虫的技术、牧鸡防蝗技术、白僵菌防治草地螟的技术、性诱剂防治草地螟的技术及杀虫真菌和生物农药混用技术等各种技术措施配套协同防治草地害虫的技术体系。

应用研发的新科技、新技术提高了草地植被覆盖度和草地产量，改善了牧草质量，快速消除了由于害虫为害引起的草原退化现象，增加牧草植被，对草场可持续发展和草地生态环境的保护起到了重要的作用。通过灭除草原害虫，为该区域牧民群众畜牧业生产的稳定发展确保了良好的基础环境条件，提升了农牧民对草原病虫害的绿色控害技术理念，同时对牧民群众的生活稳定有着良好的社会效益，其经济效益、生态效益及社会效益十分显著。

六、青藏高原生态脆弱地区生物防治推广应用区

西藏自治区农牧科学院等单位针对青藏高原生态脆弱农牧区的农业、草原生产特点，重点选择青稞蚜虫、草原蝗虫等，农田采取的措施以生物农药防治、天敌保护、提高自然生防控制为主的技术；草地以保护天敌、提高自然生防控制、生物农药防治为主的技术。

青海省西宁市自2009年以来起推广应用蔬菜病虫害生物防治技术，自2009—2013年在西宁市郊、大通、湟中等地的黄瓜、番茄、空心菜、胡萝卜等作物田推广应用面积52万亩，抗虫防病增产效果显著。平均每亩挽回产量损失100kg，五年共挽回产量5 200万kg（折合5.2万t）；亩新增纯经济效益100元，5年累计新增纯经济效益4 774.3万元。推广生物防治技术后，平均每亩减少农药施用量0.2kg，节省农药经济成本10元、人工成本30元，5年累计节支2 080万元，减少化学农药用量104t。综合上述节本增收，累计产生经济效益2 080万元，减少化学农药用量104t。综合上述节本增收，累计产生经济效益159 800万元（投入产出比达到1∶5.73）。应用该技术后，黄瓜、空心菜、胡萝卜

病虫害得到有效控制，农产品农药残留量明显下降，产品品质显著提升。实施生物防治技术之后大幅度减少了农药使用，保护了农业生态环境，促进了农业的可持续发展。该项目的推广应用实现了较好的社会效益和生态效益。

（张礼生、陈红印　执笔）

参考文献

陈红印，陈长风，王树英，等，2003. 弧丽钩土蜂（*Tiphia popilliavora* Rohwer）在不同作物间飞行扩散行为研究 [J]. 中国农业科学，36（12）：1489-1495.

陈红印，陈长风，王树英，等，2003. 建立土蜂资源保护区控制蛴螬为害 [J]. 植保技术与推广，23（7）：3-7.

陈红印，陈长风，王树英，等，2006. 春臀钩土蜂两个地理种和日本丽金龟臀钩土蜂搜索能力的比较 [J]. 中国生物防治学报，22（1）：15-20.

陈红印，陈长风，王树英，2003. 引进天敌昆虫的效果评估 [J]. 植物检疫，17（5）：269-272.

陈红印，1998. 美国自中国、日本和韩国引入土蜂防治日本金龟子效果的分析 [J]. 中国生物防治学报（2）：88-90.

陈雯，李保平，孟玲，2011. 斑痣悬茧蜂对斜纹夜蛾不同虫龄幼虫的选择及后代发育表现 [J]. 生态学杂志，30（7）：1317-1321.

陈晓，赵奎军，2008. 东北地区草地螟（*Loxostege sticticalis*）越冬代成虫虫源地轨迹分析 [J]. 生态学报，28（4）：1521-1535.

戴长春，赵奎军，2009. 大豆田中大豆蚜天敌昆虫群落结构分析 [J]. 昆虫知识，46（1）：52-55.

郭林芳，孟玲，李保平，2008. 斑痣悬茧蜂寄生对甜菜夜蛾幼虫取食和食物利用的影响 [J]. 昆虫学报，51（10）：1017-1021.

黄建，王竹红，李焱，等，2009. 重要天敌资源——蚜小蜂的研究与利用 [C] // 吴孔明. 粮食安全与植保科技创新. 北京：中国农业科学技术出版社：558-561.

黄建，王竹红，潘东明，等，2010. 福建省烟粉虱寄生蜂的调查与常见种类鉴别 [J]. 热带作物学报，31（8）：1377-1384.

黄建，王竹红，2009. 粉虱害虫的天敌资源及其利用研究 [M] // 生物防治创新与实践. 北京：中国农业科学技术出版社，167-168.

黄先才，周子扬，孟玲，等，2011. 稻鸭共作有机稻田蜘蛛多样性与飞虱数量的季节动态 [J]. 生态学杂志，30（7）：1342-1346.

李敦松，袁曦，张宝鑫，等，2013. 利用无人机释放赤眼蜂研究 [J]. 中国生物防治学报，29（3）：455-458.

李玉利，赵奎军，2009. 寄生蜂寄主选择的化学信息调控 [J]. 植物保护，35（3）：7-11.

刘爱萍，陈红印，何平，2006. 草地害虫及防治 [M]. 北京：中国农业科学技术出版社.

刘爱萍, 陈红印, 徐林波, 2010. 生态康复草原病虫防控技术图册 [M]. 北京: 中国农业科学技术出版社.

刘爱萍, 徐林波, 王慧, 2007a. 枸杞害虫发生规律及防治对策 [J]. 防护林科技 (6): 64-66.

刘爱萍, 徐林波, 王慧, 2007b. 枸杞害虫及其天敌的种类和发生规律调查 [J]. 中国植保导刊, 27 (8): 31-33.

刘爱萍, 徐林波, 王俊清, 2008a. 多异长足瓢虫捕食枸杞蚜的功能反应与寻找效应研究 [J]. 中国植保导刊, 28 (7): 5-7.

刘爱萍, 徐林波, 王俊清, 2008b. 龟纹瓢虫对枸杞蚜的捕食作用 [J]. 林业科技开发, 22 (4): 82-84.

刘爱萍, 徐林波, 高书晶, 等, 2009. 枸杞害虫的天敌资源及其利用研究 [C]∥吴孔明. 粮食安全与植保科技创新. 北京: 中国农业科学技术出版社: 593-597.

刘爱萍, 王俊清, 徐林波, 等, 2008. 普通瑟姬小蜂生物学特性初步研究 [J]. 中国植保导刊, 22 (3): 7-10.

刘爱萍, 王俊清, 徐林波, 等, 2010. 枸杞木虱啮小蜂繁殖生物学研究 [J]. 昆虫知识, 47 (3): 491-497.

刘爱萍, 徐林波, 王慧, 2007. 加拿大蓟天敌——欧洲方喙象寄主专一性测定 [J]. 植物保护, 33 (1): 62-65.

刘晨曦, 陈红印, 王树英, 等, 2005. 芦苇格姬小蜂的生活习性及寄生行为观察 [J]. 中国生物防治学报, 21 (2): 120-121.

刘晨曦, 任玲, 陈红印, 等, 2004. Complexin 蛋白的研究进展 [J]. 生理科学进展, 35 (4): 361-363.

刘其全, 孙莉, 徐桂萍, 等, 2010. 小黑瓢虫生殖系统的解剖观察 [J]. 福建农林大学学报, 39 (5): 460-464.

刘其全, 王竹红, 徐桂萍, 等, 2010. 小黑瓢虫的交配和产卵行为及规律观察 [J]. 中国生物防治, 26 (4): 391-396.

刘正, 黄露, 孟玲, 等, 2010. 斑痣悬茧蜂的寄主种间选择性及其子代蜂发育适合度表现 [J]. 生态学杂志, 29 (10) 1962-1966.

路慧, 陈红印, 王孟卿, 等, 2006. 广食性盲蝽的研究现状及生物防治前景 [C]∥成卓敏. 科技创新与绿色植保. 北京: 中国农业科学技术出版社.

路慧, 陈红印, 2007. 三营养级体系烟盲蝽对温室内不同作物种类的选择性 [J]. 植物保护, 33 (5): 75-79.

罗宏伟, 王竹红, 王联德, 等, 2010. 寄主植物对烟粉虱捕食性天敌——小黑瓢虫发育、存活和繁殖力的影响 [J]. 福建农林大学学报, 9 (3): 231-235.

潘朝晖, 王保海, 霍科科, 2010. 林芝地区八一镇食蚜蝇科访花昆虫区系 (双翅目) [J]. 安徽农业科学, 25.

潘洪生, 赵秋剑, 赵奎军, 等, 2011. 中红侧沟茧蜂对不同龄期棉铃虫幼虫及其为害棉株的趋性反应 [J]. 昆虫学报, 54 (4): 437-442.

潘鹏亮, 秦玉川, 赵晴, 等, 2012. 水稻品种混播对害虫和天敌发生及水稻产量的影

响 [J]. 中国生物防治学报, 28 (2): 56-63.

庞春杰, 韩岚岚, 杨帅, 等, 2012. 大豆食心虫生物防治研究进展 [J]. 大豆科技, 31-35.

秦玉川, 2009. 昆虫行为学导论 [M]. 北京: 科学出版社.

秦玉川, 2012. 保护地黄瓜间作木耳菜驱避粉虱技术 [M]//农业部科技教育司, 2012 年农业轻简化实用技术汇编 [M]. 北京: 中国农业出版社.

曲忠诚, 赵奎军, 张树权, 等, 2010. 高温胁迫对松毛虫赤眼蜂生长发育的影响 [J]. 黑龙江农业科学 (12): 77-79.

阙晓堂, 王竹红, 黄建, 2011. 小黑瓢虫过冷却点和结冰点的测定 [J]. 武夷科学, 27: 80-84.

阮用颖, 王竹红, 黄建, 2012. 中国蚜小蜂科一新记录属及一新记录种 [J]. 动物分类学报, 37 (2): 456-459.

尚禹, 孟玲, 李保平, 2011. 营养和寄主密度对斑痣悬茧蜂搜寻行为的影响 [J]. 中国生物防治学报, 27 (3): 289-293.

师振华, 李保平, 2009. 斑痣悬茧蜂对受药寄主幼虫的选择性及其后代表现 [J]. 中国生物防治, 25 (4): 289-294.

孙辉, 秦玉川, 2013. 不同品种萝卜苗对小菜蛾生长发育和繁殖的影响 [J]. 中国植保导刊, 33 (6): 43-46.

陶敏, 李保平, 孟玲, 2010. 甜菜夜蛾不同龄期幼虫被斑痣悬茧蜂寄生的风险分析 [J]. 生态学杂志, 29 (1): 79-83.

王保海, 潘朝晖, 张登峰, 等, 2011. 青藏高原天敌昆虫 [M]. 郑州: 河南科学技术出版社.

胡胜昌, 林祥文, 2013. 青藏高原瓢虫 [M]. 郑州: 河南科学技术出版社.

王翠玲, 王保海, 席永士, 等, 2010. 西藏农业有害生物可持续控制 [J]. 西藏农业科技, 32 (2): 44-46.

王建梅, 刘爱萍, 高书晶, 等, 2013. 草地螟曲阿格姬蜂的寄生功能反应 [J]. 中国生物防治学报, 29 (3): 338-343.

王锦达, 王以一, 刘沛涵, 等, 2011. Bt 棉对斑痣悬茧蜂寄主选择及子代发育的影响 [J]. 植物保护, 37 (3): 58-62.

王娟, 陈红印, 张礼生, 等, 2013. 不同寄主扩繁的丽蚜小蜂对粉虱的控效差异及评价 [J]. 植物保护, 39 (5): 144-148.

王娟, 张礼生, 秦玉川, 等, 2011. 不同寄主来源的两种丽蚜小蜂对不同植物上烟粉虱和温室白粉虱的控制作用 [C]//吴孔明. 植保科技创新与病虫防控专业化. 北京: 中国农业科学技术出版社.

武琳琳, 赵秀梅, 王立达, 等, 2013. 柞蚕卵的保存方式对松毛虫赤眼蜂繁殖的影响 [J]. 黑龙江农业科学 (1): 65-67.

王立达, 赵秀梅, 周传余, 等, 2010. 应用赤眼蜂防治向日葵螟的效果研究 [J]. 黑龙江农业科学 (7): 75-77.

王萍, 秦玉川, 潘鹏亮, 等, 2011. 糖醋酒液对韭菜迟眼蕈蚊的诱杀效果及其挥发物

活性成分分析 [J]. 植物保护学报, 38 (6)：513-520.

王萍, 秦玉川, 朱栋, 等, 2011. 生物农药对韭菜迟眼蕈蚊的毒杀作用及田间药效 [J]. 中国植保导刊, 31 (5)：40-42.

王韧, 周伟儒, 陈红印, 等, 1986. 北京地区中华草蛉发生消长及其原因的探讨 [J]. 中国生物防治学报, 2 (3)：103-107.

王树英, 陈红印, 陈长风, 2011. 优化智利小植绥螨规模化扩繁技术研究 [C]∥吴孔明. 植保科技创新与病虫防控专业化. 北京：中国农业科学技术出版社.

王树英, 陈长风, 邹德玉, 等, 2010. 四斑小毛瓢虫生物学特性初探 [J]. 中国生物防治学报, 26 (4)：397-403.

王竹红, 黄建, 2012. 松突圆蚧花角蚜小蜂雌性生殖系统、寄生习性及幼期发育的研究 [J]. 热带作物学报, 33 (1)：127-133.

王竹红, 潘东明, 黄建, 2010. 中国烟粉虱寄生蜂资源及其区系分布 [J]. 热带作物学报, 31 (9)：1571-1579.

吴根虎, 张礼生, 陈红印, 2012. 温度和光周期对多异瓢虫滞育诱导的影响 [C]∥吴孔明. 植保科技创新与现代农业建设——中国植物保护学会 2012 年学术年会论文集. 北京：中国农业科学技术出版社.

吴晋华, 刘爱萍, 高书晶, 等, 2012. 球孢白僵菌与印楝素复配对草地螟的增效作用 [J]. 世界农药, 34 (3)：40-43.

吴晋华, 刘爱萍, 徐林波, 等, 2011. 不同的球孢白僵菌对草地螟的毒力测定 [J]. 中国植保导刊, 31 (10)：10-13.

吴晋华, 刘爱萍, 徐林波, 等, 2012. 人工饲料对草地螟消化酶活性及羧酸酯酶 mRNA 表达量的影响 [J]. 草地学报, 20 (6)：1169-1174.

吴钜文, 陈红印, 2013. 蔬菜害虫及其天敌昆虫名录 [M]. 北京：中国农业科学技术出版社.

伍绍龙, 徐福元, 李保平, 等, 2013. 管氏肿腿蜂雌性抚育中幼虫转移行为的启动时机和节律 [J]. 昆虫学报, 56 (4) 392-397.

武和平, 李保平, 2007. 补充营养对斑痣悬茧蜂寿命和取食行为的影响 [J]. 中国生物防治, 23 (2)：184-187.

武鸿鹄, 张礼生, 陈红印, 2013. 丽草蛉在温室内的扩散观察 [C]∥吴孔明. 创新驱动与现代植保——中国植物保护学会 2013 年学术年会论文集. 北京：中国农业科学技术出版社.

武鸿鹄, 张礼生, 王孟卿, 等, 2012. 嗅觉反应研究对草蛉定殖的指导意义 [C]∥吴孔明. 植保科技创新与现代农业建设——中国植物保护学会 2012 年学术年会论文集. 北京：中国农业科学技术出版社.

夏诗洋, 孟玲, 李保平, 2012. 聚寄生性蝶蛹金小蜂雌蜂体型大小对产卵策略的影响 [J]. 昆虫学报, 55 (9)：1069-1074.

夏诗洋, 孟玲, 李保平, 2013. 低温对蝶蛹金小蜂卵成熟及其数量动态的影响 [J]. 生态学报, 33 (4)：1118-1125.

相红燕, 刘爱萍, 高书晶, 等, 2012. 黑条帕寄蝇成虫生物学特性初步研究 [J]. 植物保护，38（4）：57-62.

相红燕，刘爱萍，高书晶，等，2012. 伞裙追寄蝇对不同寄主的选择性 [J]. 环境昆虫学报，34（3）：333-338.

徐林波，刘爱萍，王慧，2007. 枸杞负泥虫的生物学特性及其防治措施 [J]. 中国植保导刊（9）：25-27.

徐清华，孟玲，李保平，2007. 可疑柄瘤蚜茧蜂对高温下不同龄期黑豆蚜的寄生及其适合度表现 [J]. 昆虫学报，50（5）：488-493.

徐世新，陈长风，王树英，等，2002. 芦苇格姬小蜂发育起点温度及有效积温 [J]. 中国生物防治学报，18（4）：187-188.

徐妍，吴国林，吴学民，等，2009. 梨小食心虫微胶囊化及释放特性 [J]. 农药学学报，11（1）：65-71.

徐妍，吴国林，吴学民，等，2009. 梨小食心虫性信息素研究及应用进展 [J]. 现代农药，8（3）：40-44.

徐志宏，黄建，2004. 中国介壳虫寄生蜂志 [M]. 上海：上海科技出版社.

徐忠宝，刘爱萍，吴晋华，等，2011. 不同营养条件对草地螟球孢白僵菌生长的影响 [J]. 草业科学，28（6）：1149-1155.

徐忠宝，刘爱萍，徐林波，等，2013. 草地螟阿格姬蜂生物学特性初步研究 [J]. 应用昆虫学报，50（4）：980-990.

杨德松，孟玲，李保平，2011. 斑痣悬茧蜂对不同寄主密度斑块的选择和最优搜寻行为 [J]. 生态学杂志，30（7）：1322-1326.

杨德松，孟玲，李璐璐，等，2010. 学习对斑痣悬茧蜂寄主搜寻行为的影响 [J]. 生态学杂志，28（10）：2026-2031.

杨德松，孟玲，刘亚慧，等，2009. 空间场所对斑痣悬茧蜂选择不同龄期甜菜夜蛾幼虫行为的影响 [J]. 中国生物防治，25（3）：185-190.

杨海霞，陈红印，李强，2007. 浅谈马铃薯甲虫的生物防治 [J]. 植物检疫，21（6）：368-372.

袁曦，冯新霞，李敦松，等，2012. 紫外线处理米蛾卵对赤眼蜂繁殖的影响 [J]. 广东农业科学，14：91-94.

曾凡荣，陈红印，杨怀文，等，2010. 天敌昆虫饲养系统工程 [M]. 北京：中国农业科学技术出版社.

张博，冯素芳，黄露，等，2011. 斑痣悬茧蜂的寄主辨别能力及其影响因素 [J]. 昆虫学报，54（12）：1391-1398.

张博，孟玲，李保平，2012. 野外环境中斑痣悬茧蜂的产卵选择行为 [J]. 南京农业大学学报，35（3）：78-82.

张红梅，仇明华，陈福寿，等，2013. 桃园节肢动物群落结构的时空动态 [J]. 西南农业学，26（4）.

张建伟，王中康，申剑飞，等，2012. 小菜蛾高致病力绿僵菌的筛选、鉴定及培养特性研究 [J]. 中国生物防治学，28（1）：53-61.

张礼生，陈红印，张洁，等，2013. 滞育烟蚜茧蜂的亲代效应评价 [J]. 应用昆虫学报，50（6）：35-44.

张晴晴，陈红印，秦玉川，2010. 寄主植物单种及组合混种对丽蚜小蜂寄生和存活的影响［J］. 中国生物防治，26（1）：35-39.

张晓岚，孟玲，李保平，2009. 菜粉蝶蛹体型大小对蝶蛹金小蜂后代数量、性比及体型大小的影响［J］. 生态学杂志，28（4）：677-680.

张莹，党国瑞，张礼生，等，2013. 取食寄主对潜蝇姬小蜂卵成熟和寿命的影响［J］. 中国农业科学，46（6）：1166-1171.

章玉苹，李敦松，黄少华，等，2009. 柑橘木虱的生物防治研究进展［J］. 中国生物防治，25（2）：160-164.

钟苏婷，李耀发，秦玉川，等，2009. B型烟粉虱对辣椒、芹菜、黄瓜寄主选择作用的研究［J］. 中国生物防治，25：18-23.

周伟儒，陈红印，邱式邦，1985. 用简化配方的人工卵连代饲养中华草蛉［J］. 中国生物防治学报，1（1）：8-11.

周伟儒，陈红印，1985. 中华草蛉成虫越冬前取食对越冬死亡率的影响［J］. 中国生物防治学报，1（2）：11-14.

周正，王孟卿，胡月，等，2012. 烟盲蝽成虫触角感器的扫描电镜观察［J］. 应用昆虫学报，49（3）：631-635.

周正，王孟卿，张礼生，等，2013. 大眼蝉长蝽人工饲料的初步研究［J］. 植物保护，39（1）：80-84.

周子扬，黄先才，孟玲，等，2011. 有机稻与常规稻田埂植物上节肢动物多样性［J］. 生态学杂志，30（7）：1337-1341.

朱培祥，刘美昌，秦玉川，等，2011. 保护地间作芹菜对温室粉虱的防治作用［J］. 应用昆虫学报，48（2）：375-378.

朱元，吴剑，王燕，等，2010. 大棚温室和田间小棚蚜虫及烟蚜茧蜂繁殖方法及效果分析［C］∥吴孔明. 公共植保与绿色防控. 北京：中国农业科学技术出版社.

邹德玉，张礼生，陈红印，2008. 豌豆潜蝇姬小蜂产卵器感器的扫描电镜观察［J］. 中国生物防治学报，24（4）：298-305.

邹德玉，张礼生，陈红印，2009. 豌豆潜蝇姬小蜂雌蜂触角感器的扫描电镜观察［J］. 昆虫知识，46（1）：90-96.

Guo Y, Liu C X, Zhang L S, et al., 2017. Sterol content in the artificial diet of Mythimna separata affects the metabolomics of *Arma chinensis*（Fallou）as determined by proton nuclear magnetic resonance spectroscopy［J］. Archives of Insect Biochemistry and Physiology, 96：1-17.

Khuhro N H, Chen H Y, Zhang Y, et al., 2012. Effect of different prey species on the life history parameters of *Chrysoperla sinica*（Neuroptera：Chrysopidae）［J］. European Journal of Entomology, 109：175-180.

Li P Y, Zhu J W, Qin Y C, 2012. Enhanced attraction of *Plutella xylostella*（Lepidoptera：Plutellidae）to pheromone-baited traps with the addition of green leaf volatiles［J］. Journal of Economic Entomology, 105（4）：1149-1156.

Li Y F, Qin Y C, Gao Z L, et al., 2012. Cloning, expression and characterization of a novel gene encoding a chemosensory protein from *Bemisia tabaci* Gennadius (Hemiptera: Aleyrodidae) [J]. African Journal of Biotechnology, 11 (4): 758-770.

Liu Y H, Li B P, 2008. Effects of *Helicoverpa armigera* (Noctuidae, Lepidoptera) host stages on some developmental parameters of the uniparental endoparasitoid *Meteorus pulchricornis* (Braconidae, Hymenoptera) [J]. Bulletin of Entomological Research, 98 (2): 109-114.

Li Y Y, Wang M Z, Gao F, et al., 2018. Exploiting diapause and cold tolerance to enhance the use of the green lacewing *Chrysopa formosa* for biological control [J]. Biological Control, 127: 116-126.

Zhang L S, Chen H Y, Gu X L, et al., 2011. Alternative host on development of the parasitoid *Diglyphus isaea* [C] // Proceedings of international symposium on mass production and commercialization of arthropod biological control agents: 23.

第四章 天敌昆虫饲养质量控制和遗传品质管理

人工大规模繁殖天敌、释放于野外开展农林业害虫的增益生物防治，是害虫生物防治的主要途径之一（Anon，2000；Curr 和 Wratten，2000；van Lenteron，2000）。但天敌昆虫大规模饲养中如何控制天敌的品质（类似于工厂生产中的产品质量控制），一直是生物防治实践面临的主要挑战之一（van Lenteren，2003）。

天敌质量控制与行业管理的规范化紧密相关。大规模的饲养寄生性或捕食性天敌通常是在特定的环境下，通过"非天然的"寄主或人工饲料进行饲养，不仅要考虑天敌生理学特性，还需关注行为学和生态学特性。天敌昆虫在长期、大规模饲养条件下逐渐顺应良好的生长发育环境，从而导致其在野外释放后出现生存能力下降的问题，即所谓"品质退化"问题，影响生物防治效果（van Lenteren 和 Manzaroli，1999）。天敌昆虫产品质量不够稳定，或对天敌产品应用缺乏足够的指导，都可导致生物防治难以取得满意效果。因此，健全和完善天敌昆虫饲养的质量控制管理体系，具有非常重要的现实意义（徐学农和王恩东，2008）。

天敌昆虫大规模饲养的质量控制不仅强调天敌数量更注重天敌的质量，如天敌昆虫的田间表现，严格的质量标准与控制方法是生产天敌商品质量控制的核心。忻介六（1982）曾告诫，生物防治工作中有常见的 3 种失误。①天敌品系（strain）或生态型（biotype）问题：不考虑种类、品系及生态型问题而错误地从异地引种；②"品质"问题：用人工饲料大量饲养的天敌昆虫不加以检验，不管品质如何，任意释放，将导致田间生物防治工作的失败；③释放技术问题：在不恰当的时间、地点或用不适当的方法释放，都可能导致防效显著降低。这些告诫在当下仍具有现实指导意义，如何进行"品质管理"已成为当前生物防治工作的重点研究内容之一。天敌昆虫品质的好坏直接影响到田间释放的成功与失败，也关系到该天敌商品化的走向和人们对释放该天敌控制害虫的信心，因此，加强天敌昆虫饲养质量控制的研究，制定和规范天敌昆虫饲养质量标准对于保证生物防治措施的可信度，对于促进生物防治的应用和发展绿色农业，具有重大意义。

第一节 天敌昆虫饲养质量控制的国内外研究历史

直到第二次世界大战后害虫天敌的大规模生产才开始（Debach，1964；van Lenteren 和 Woets，1988）。最早大量饲养的天敌有 3 种：寄生性赤眼蜂 *Trichogramma* spp. 和丽蚜小蜂 *Encarsia formosa* 以及捕食性智利小植绥螨 *Phytoseiulus persimilis*，早期生产规模很小，每周生产不超过数千头，故尚未顾及天敌质量控制方面的问题（Hussey 和 Bravenboer，1971）。

一、国外天敌昆虫饲养质量控制的探索

到 20 世纪 80 年代中期，天敌质量控制问题才得到了较多的关注（van Lenteren，1986）。对此，国际生物防治组织（International Organization for Biological Control，IOBC）全球工作组的第五次研讨会"关于节肢动物大量饲养的质量控制"，给天敌生产者和有关科学家提供了一个讨论天敌质量控制的平台（Bigler，1991）。

随后，1992—1997 年相继召开了一系列有关天敌质量控制的研讨会（Nicoli 等，1993；van Lenteren 等，1993；van Lenteren，1994，1996，1998）。陆续制定出了 20 多种天敌的质量控制标准，包括捕食性螨类、花蝽类、寄生蜂类以及草蛉等，这些质量控制标准陆续被欧洲天敌生产商接受和采用（van Lenteren，1998；van Lenteren 和 Tommashi，1999）。

国际生物防治生产商协会（International Biocontrol Manufacturers Association，IBMA）于 2000 年 9 月在荷兰召开第一次会议，欧洲、加拿大和美国重要的天敌生产商的代表均参会。2001 年在北美再次召开会议，制定出了 30 多种天敌的质量控制标准（van Lenteren，1996，1998，2003；van Lenteren 和 Tommasini，1999），这些标准在当时已被欧洲和北美等多家大规模天敌生产公司所接受和采用，天敌生产公司根据其生产规模、天敌生产的种类和数量，运用最多达 20 种检测方法开展质量检验。

迄今为止，在天敌质量控制方面已有大量研究工作展开。例如：Lepple 和 Ashley（1990）指出，天敌昆虫质量标准包括数量、性比、生殖力、寿命、成虫体型大小、飞翔能力以及田间控制效果等指标；Sighinolfi 等（2008）根据昆虫生长发育的生物学指标和氨基酸含量等生化指标综合评价人工饲料饲养对天敌质量的影响；Dindo 等（2006）比较了人工饲料对古毒蛾追寄蝇的影响后发现，营养不平衡的昆虫人工饲料可以减少古毒蛾追寄蝇的产卵量；Araouty 等（2006）发现，在草蛉的人工饲料中加入 1.2% 的一种螟蛾科成虫腹部的天然辅助物质后，可以提高草蛉的质量，使草蛉从幼虫发育至成虫的成活率大幅提高；Grenier 和 Clercq（2005）指出，诸如生活周期、繁殖力、捕食率或寄生率等许多生物学指标，都可作为饲养天敌的质量检测标准；Cohen（2000）研究了长期用人工饲料饲养对捕食性天敌昆虫的影响。

苏联在 20 世纪 80 年代对赤眼蜂的质量控制做了大量研究。在第一次有关天敌质量控制国际研讨会中就有关于赤眼蜂和卵寄生性天敌俄语论文资料；第二次和第三次天敌质量控制专题研讨会上分别有 3 篇和 2 篇关于赤眼蜂和卵寄生性天敌的论文（Wajnberg 和 Vinson，1991）；第四次天敌质量控制专题研讨会上有关方面的论文增加到 5 篇（Wajnberg，1995）。这些论文包含了大量有关天敌质量控制标准方面的内容。

由 IOBC/EC 提出的质量控制标准已在多个国家应用天敌规模化生产之中（van Lenteren，2003）。例如：在澳大利亚大规模繁殖用于防治松突圆蚧的蚜小蜂（Aphytis）；在新西兰应用于 5 种天敌的质量控制；在日本应用于多种从欧洲引进或本国生产的天敌生产的质量控制。南非昆虫饲养协会为商品化昆虫繁殖亦制定了一些质量控制标准（Conlong，1995）。贝宁、肯尼亚、尼日利亚、苏丹和赞比亚等其他非洲国家也关注应用天敌的质量控制问题（Conlong，1995；Conlong 和 Mugoya，1996）。在拉丁美洲，古巴有 1 篇关于寄生蝇（Aleman 等，1998）和 1 篇捕食螨（Ramos 等，1998）质量控制方面的文章发表；

在巴西，Bueno（2000）编辑出版的一本书中列举了一些关于微生物、捕食螨及捕食性和寄生性天敌昆虫的质量控制方面的案例。

二、国内天敌昆虫饲养质量控制探索

我国在应用天敌生物防治重要害虫方面做了大量工作，但在天敌质量控制方面的研究距离实际需要尚远。在第一次有关天敌昆虫饲养质量控制的国际研讨会上，有 2 篇关于赤眼蜂和卵寄生性天敌的论文（Voegele，1982）；在第二次和第三次类似研讨会上分别为 10 和 5 篇关于赤眼蜂和卵寄生天敌质量控制的论文（Voegele 等，1988；Wajnberg 和 Vinson，1991），但这些研究尚比较初浅。进入 21 世纪以来，天敌质量控制问题逐步得到重视。例如：陈红印等在 2000 年制定了以米蛾 *Corcyra cephalonica* 卵为寄主繁殖玉米螟赤眼蜂 *Trichogramma ostriniae* 的质量控制技术标准；孙毅和万方浩制定了七星瓢虫 *Coccinella septempunctata* 规模化饲养的质量控制方案；徐学农和王恩东（2007，2008）分析了国外昆虫天敌商品化现状及国外昆虫天敌商品化生产技术及应用，其中重点阐述了天敌的生产和质量控制，这对我国天敌的质量控制和产业化进程将有一定的借鉴作用。我国现阶段在天敌昆虫的商品化生产方面还有许多问题要解决，但研究制定天敌昆虫质量控制标准是我国天敌昆虫商品化生产的重中之重，因为没有天敌质量控制标准，就难以建立人们对生物防治的信心，也影响天敌产品的商标注册。因此，天敌的质量控制标准是天敌昆虫商品化生产前必须要做的工作。

第二节　天敌昆虫产品质量控制目标和工作内容

一、天敌昆虫饲养的质量控制相关术语

为促进天敌昆虫生产的质量控制，有必要统一相关术语的含义。对此，参照 Glenister 等（2003）对术语进行定义。

质量（quality）：根据产品使用目的，与标准比较的差异水平。

标准（standard）：比较、评价产品质量或服务等级的一种描述或尺度。

质量管理（quality management）：根据设计制定的质量指南和监测系统。

全程质量管理（total quality management）：在一个动态系统中，为了使生产过程和产品不断地得到改进而进行的全过程检测。

质量保证（quality assurance）：确保产品质量的过程，包括生产者确保维持其产品质量的程序和消费者对产品获得信心的过程；消费者的参与和对消费者的教育培训也是质量保证的关键组成部分之一。

质量控制（quality control）：通过认真设计、频繁地检测和改进，使产品生产过程的质量保持在相关要求水平上的一种控制系统。质量控制包括 4 个主要相关要素：生产控制（production control）、过程控制（proeess control）、产品控制（product control）和应用控制（application control）。

生产控制（production control）：通过对材料、设备、环境、设计和人工等产品生产要素的监测，保持产品质量控制的相关管理。

过程控制（process control）：对天敌昆虫全生育阶段的抽样调查，预测天敌质量并根据预先确定的标准保证生产过程正常进行。

产品控制（product control）：监测产品的生产过程，保证产品符合质量标准。

产品控制指南（product-control guidelines）：商业化昆虫饲养场所、商业协会和其他组织为控制质量编写的产品统一标准。

消费者的参与（customer involvement）：消费者对产品的选择、应用，以及效果的评价和反馈。

产品简介（product profile）：与产品包装在一起由生产者提供的产品说明，为消费者提供产品的相关信息，如运输注意事项、储存和正确的使用方法。一般包括：产品标识、数量、品系起源、生命周期、运输、性比和有效期等。

产品应用前评价（product evaluation）：产品应用的环境条件和行动方案，包括应用前对产品数量和质量的评估。

应用（application）：天敌的释放或其他方面的相关利用。

表现评价（performance evaluation）：天敌对目标害虫种群控制效果的评估。

规范：天敌生产过程中的规范是产品或服务必须符合的必要条件；标准是规范要求的质量等级；天敌生产中的规范是描述天敌生物学、产品和市场选择的质量标准。例如，某种寄生性天敌单雌最大产卵量为 500 粒，平均产卵量为（250±25）粒，我们要以平均产卵量作为衡量该天敌生产成功的基本标准。

天敌的释放：一般包括淹没式释放（类似于农药的使用）和季节性接种释放（根据天敌和害虫的生活习性进行释放，并希望在田间建立种群）。

二、天敌昆虫产品质量控制的目标

天敌昆虫产品质量控制的目标是大量饲养能够保持种群质量的天敌昆虫，并使该天敌达到释放标准。质量控制的目的就是检验应用的天敌是否能保持质量标准，这需要对天敌产品有一定数量的描述特征和田间表现评价（Bigler，1989）。天敌质量控制就是控制释放天敌能保持恰当的状态，达到防治害虫的目的。质量控制没有最大或最好的质量，应该关注的是可以接受的质量，因为要让大量饲养的天敌完全保持它田间原有的种群质量是不现实的。Leppla 和 Fisher（1989）曾指出，天敌生产商应按照一定的规则、基础标准执行质量控制标准来生产天敌。

天敌的质量控制旨在确保在某种水平下天敌产品在应用中发挥预期的效应。质量控制包括生产控制、过程控制、产品控制和应用控制几个方面。生产控制主要指对生产条件的控制，诸如温度、湿度和光照等；过程控制主要指对植物、替代饲料及人工饲料等质量的控制，这些控制是由生产目标决定的，如卵孵化率、幼虫重、蛹重和化蛹率等；产品控制指对终产品的具体指标及天敌产品的性状控制，包括包装数量、性比（对于寄生性天敌来说，雌性比例高是良好产品的保证）、生殖力、飞行力、搜索力和存活力等；应用控制包括储藏条件（温度、湿度、光照等）、最大储藏时间（及运达目的地后可储藏时间），天敌生产批号等（徐学农和王恩东，2008）。

作为一种商品，天敌产品质量要经得起商检部门的例行检验。天敌的纯度、数量是否达到包装要求，以及天敌的活性等是最基本的检查指标。天敌在生产包装运输等过程中，会出现产品质量下降的问题。只有满足质量标准的产品才是合格的产品。目前已有国际标准化组织进行有关天敌产品的认证，例如，以色列 Bio-Bee 天敌公司的天敌产品，在 2002 年首次获得国际标准化组织（ISO9002）的认证，成为世界上第一个获得此认证的天敌公司（徐学农和王恩东，2007）。

三、天敌昆虫产品质量控制工作内容

　　天敌的质量控制是决定天敌产品在应用中是否成功的关键。天敌产品质量好，防治目标害虫的效率就高，反之效率就低。这样保持天敌产品的质量，提高产品质量和生产效率，纠正明显的问题等，都是天敌产品质量控制中的工作内容。天敌昆虫高质量标准必须具备以下几个基本特征：①具有高生殖力，能够把害虫种群控制在经济受害水平之下；②具有较强的生态适应能力，能够在特定的环境条件下生存、繁殖，进而有效地扩散与搜寻目标害虫；③具有专一的寄生或较高的捕食能力（Dichel，1992；Leppla 和 Fisher，1989）。要达到这样的标准和特征，最好的方法就是执行天敌产品的全程质量控制，天敌的全程质量控制提供了一个强有力的天敌生产系统，它是由一系列必要的要素组成（Lepa，2003），包括 8 大部分：组织管理（management）、方法发展（methods development）、材料（material）、生产（production）、应用（utilization）、工作人员（personnel）、质量控制（quality control）和调查研究（research）。这个基于天敌大量饲养管理系统中各个要素都有其内在的基本功能，各个要素间相互依存并通过调查研究来综合反馈到组织管理部门。管理者的角色是制定策略、拟定生产计划、提供经营管理和行使设计控制。天敌的生产部分是整个质量控制系统中要优先考虑和设计实施的。这个质量控制系统的框架帮助管理者避免犯一般不必发生的错误，诸如材料储存是否充足或饲养工作人员的健康和安全是否能够保证等。天敌的质量控制是天敌商业化生产的重中之重，也是生物防治的关键所在。天敌的全程质量控制可以保证天敌产品的质量和减少不必要的损失。在天敌产品使用期和使用后都要进行检测和评估，并保证使用后达到对害虫控制的预期效果。

　　全程天敌质量控制系统是以饲养的天敌能够有效地控制目标害虫种群为目标（Leppla，1989）。需要准确地识别和有效地收集、处理、保存、饲养和收获充足数量的天敌。天敌质量控制系统描述了整个饲养标准操作规程（Standard operating procedures，SOPs），参与一线操作的工作人员应该明确标准操作程序的步骤。

　　生产控制与天敌生产的工作人员、材料、设备、进度、环境和标准操作程序等有关。大多数天敌生产的失败源于生产控制的缺乏、生产工作人员的错误、材料不可预知的改变或环境控制出现问题。问题的开始首先聚焦在生产的整个饲养标准操作程序（SOPs）是否有问题，其次是饲养材料是否有异常表现，以及是否出现虫态和饲养环境异常。

　　过程控制是对工作人员在生产线上生产过程关键要素的评估（Feigenbaum，1983）。在饲养系统中，过程控制是天敌昆虫从开始到最后虫态过程的控制，当饲养结果不可测、有害过程发生改变时，过程控制显得尤为重要。生产部分做出任何必要的调整都需过程控制做出相应的变化。天敌产品的控制也包括天敌产品对害虫应用中的表现评估和使用者的评价，通过反馈，天敌生产者可以提供更好的天敌产品，以使天敌在田间有上乘表现，使用户满意。

　　要使生产成本降低而且获得更高质量的天敌产品，还有更多的工作要做。例如，长期储存、运输和释放方法的革新，天敌经过运输和分销商的处置，到达目的地在释放之前怎样保持产品质量等。提高天敌质量的同时降低生产成本或研发更简单的生物防治方法，使天敌产品在经济上更有吸引力。

第三节　天敌昆虫产品质量控制面临的问题

如果大规模饲养条件与释放地的环境条件差别很大，在人为条件下大规模饲养的天敌在田间的表现就会出现问题。例如，如果大规模饲养设施与田间环境在温度上有差异，天敌与其寄主害虫必定会出现同步问题，而且以非目标害虫或寄主植物饲养的天敌，该天敌的质量或其重要的化学信息都会出现问题。大规模饲养天敌昆虫面临的经济障碍之一，就是很难以低成本大量生产出高质量的天敌。而且在人工饲料上大量饲养天敌的有效技术还不够完善，现在只有少数天敌能够在人工饲料上饲养，这种天敌的田间应用表现也不如在寄主害虫上饲养的天敌好。尽管在人工饲料上大规模生产天敌可以降低成本，但天敌应用效力降低的风险也不能低估。另外大规模饲养中缺乏阻止基因变异的技术，这样可能会降低天敌应用效果（Boller，1972；Boller 和 Chambers，1977）。

捕食性天敌的自相残杀和寄生性天敌的过寄生现象都会导致饲养成本的提高。在非天然条件下（非天然的寄主或猎物或人工介质）饲养的捕食性或寄生性天敌，可能改变天敌对天然寄主或寄主—植物的化学信息反应，从而导致防效降低。

病原微生物的污染可能导致天敌饲养的高死亡率、低繁殖率、长发育期、小虫体等不良表现，导致天敌质量的大幅波动或对天敌生理造成不良影响。常见的污染物有真菌、细菌、病毒、原生动物和线虫。从田间采集用于实验室起始种群的昆虫是主要的微生物污染来源，第二种污染源来自昆虫饲料。昆虫种群感病很快，但祛除病原微生物却很困难（Bartlett，1984a）。

天敌产品的收获、包装、储藏和运输的条件对天敌产品质量也有很大的影响。例如：收获和包装过程中的机械损伤；储藏和运输过程中不适宜环境条件（温度、湿度、CO_2 浓度）；包装中天敌个体的密度和有效的食物，都可能导致天敌的亚致死状态，降低存活个体的质量（Bolckmans，2007）。

一、大规模饲养过程中天敌昆虫的行为变化及其管理

大规模饲养中，天敌行为变化很普遍，应该予以纠正，使其在淹没式或季节性释放中发挥应有的作用。天敌的取食行为是防治害虫的关键，它受天敌的生理因素和内在遗传因素的影响，如：天敌的生理状况影响它的取食行为，天敌在饥饿状态下可能增大捕食量而降低对猎物的选择性；天敌取食行为等内在遗传因素与基因及其与环境互作有关。

为提高天敌的防治效率，天敌需找到并有效地攻击目标寄主，并停留在寄主区域直到大量的寄主被寄生或攻击。因此，天敌行为变化的管理要做到：①天敌遗传品系质量的管理，挑选的天敌品系要能够保证与田间目标害虫相匹配，在特别的气候条件下能够很好地作用于作物上的目标害虫。放弃那些在特定条件下对寄主表现好而在田间条件下表现差的天敌；②天敌表型的质量管理，不仅要考虑昆虫饲养环境引起的天敌反应偏差，还有知道天敌具有学习的特性，在释放前给天敌提供恰当水平的锻炼予以纠正偏差，例如，在释放

前给予天敌必要的刺激，通过一定的学习以帮助天敌提高反应能力、减少逃逸反应、增加对目标区域害虫的捕食或寄生；③天敌生理性状质量管理，释放具有良好生理性状的天敌。当处于良好的生理状态时，寄生性天敌能够对寄主害虫和作物的刺激产生良好的反应，提高寄生性天敌昆虫的搜索能力和寄生率。

二、天敌的室内饲养与田间应用的契合

天敌的实验室饲养条件要求尽可能地接近天敌在自然状态下的各种条件（King 和 Morrison，1984；Bigler，1989）。天敌在释放之前，要有对田间寄主熟悉和学习的过程。另外，要充分认识和理解天敌大量饲养和田间应用表现需求之间的冲突特征，例如：天敌大量饲养中有价值的特征为杂食性，在害虫密度高时具有更高的寄生率或捕食率，受到直接或间接干扰时，天敌没有强壮的迁移能力和迁移行为；与之相反的天敌田间表现重要的特征为单食性或狭食性，在害虫密度低时，具有更高的寄生率或捕食率，受到直接或间接干扰时，天敌具有很强的迁移能力和迁移行为（van Lenteren，2003）。

三、影响天敌昆虫产品质量的遗传因素

Bartlett（1984）认为任何生物从一个环境到另一个环境中，遗传性状的改变随时都可能发生，这是一种自然现象，天敌昆虫种群的遗传性状也是如此。天然种群的特征表现通常很丰富（Prakash，1973），而且能够在饲养的种群中保留大部分的特征（Yamazaki，1972），但实验室和田间环境的不同导致表现特征的不同。天敌开始饲养时，来自田间的"开放种群"基因迁移活跃、环境多样，但引入实验室成为"封闭种群"后，所有未来基因的变异都受到起始种群基因变化的限制（Bartlett，1984b，1985）。相对于野生大种群来说，实验室种群更易发生近亲交配和产生更加纯合的后代；基因纯合的个体经常暴露有害的特性。近亲交配的程度与起始饲养种群的大小有直接关系，由于实验室内人工选择导致种群变小，近亲繁殖率增加，经常很快影响实验室种群的基因组成（Bartlett，1984）。因此天敌昆虫饲养中要防止近亲繁殖和保持基因的多样性。

第四节　天敌昆虫在室内饲养条件下的遗传变化

一、饲养种群遗传品质变化的表现

1. 室内表现

室内饲养天敌发生的遗传品质变化表现多样，包括发育时间、生殖力、寄主探测与接受、杀虫剂抗性、等位酶杂合体、行走、寿命、雄性不育、性比、温度偏好和忍耐幅度等（Hopper，等，1993）。

交配行为：室内饲养中一个最常见的表现是提前交配和生殖。例如，Raulston（1975）用野外采集的烟芽夜蛾（*Heliothis virescens*）在室内繁殖 7 代后，几乎全部个体都过渡到提前交配的模式。交配行为还可能发生更为复杂的变化。例如，van den Assem 和 Jaammann（1999）对饲养 20 多年（约 500 代）的丽蝇蛹集金小蜂 *Nasonia vitripennis* 的研究表明，雌蜂对雄蜂求偶刺激的反应减退，但交配倾向增加，雄蜂求偶持续期较长。Burton-Chellew 等（2007）研究发现，在室内繁殖时间长的丽蝇蛹集金小蜂雌蜂倾向于和多个雄性个体交配。类似现象也发生在其他非天敌昆虫中。例如，室内饲养的黑须库蚊 *Culex nigripalpus* 种群中，雌性交配成功率高达 70%（无论与饲养的雄性，还是野外刺激的雄性），而相同条件下野外采集的雌性只有 1% 的交配成功率（Haeger and O'meara，1970）。Fletcher 等（1968）观察发现 2 个螺旋蝇 *Cochliomyia hominivorax* 饲养种群存在显著差异，虽然两个种群的雄性都产生性外激素，但只有其中 1 个种群的雌性对雄性激素产生反应。

生活史特征：室内饲养繁殖的昆虫几乎不可避免地出现发育速度加快的表现。例如，大眼蝉长蝽 *Geocoris punctipes* 经过 15 年 150 多代的饲养后，若虫发育时间比饲养初期（1~3 年）缩短了约 3d（Cohen 和 Stare，2003）。瓜实蝇 *Bactrocera cucurbitae* 繁殖到第 9 代时也出现类似表现（Miyatake 和 Yamagishi，1999）。一般认为，对快速发育的选择可能导致其他特征的变化，如体型变小、雌性终生生殖力降低（Nunney，1996），但实际表现却并非如此。例如，虽然瓜实蝇发育速度加快，但终生生殖力反而高于野外种群（Miyatake，1998），而且昼夜节律改变、白天交配时间提前，其原因在于某单一基因的多效性作用（Shimizu 等，1997）。迄今，仍不清楚哪些基因位点控制着在室内饲养条件下发生变化的适应性特征，但考虑其快速变化的特点，可能大部分变化受少数几个基因位点的控制（Nunney，2003）。例如，Bush 和 Neck（1976）在螺旋蝇中鉴别出一个磷酸甘油脱氢酶（a-GDH）基因位点，某等位基因在野生 Texas 种群中稀少，但在 4 个大的饲养工厂种群中却很常见，他们认为该基因导致了室内饲养种群的适应性变化（快速发育、飞行减少）。

室内饲养环境的强大选择压力可能会降低种群的遗传变异性。Miyatake 和 Yamagishi（1999）发现，瓜实蝇幼虫发育时间的遗传度随饲养时间不断下降，直至达到与 0 无显著统计差异的程度。

但需要注意的是有些特征变化并非基因型发生了改变，营养不良尤其是病原微生物比遗传变化更可能造成室内饲养种群的品质退化。例如：Ichor-Fein 等（1992）对掠蝇金小蜂的研究发现，感染微孢子会导致谱系间在发育时间（延长 10%~15%）、寿命（减小半）和生殖力（显著降低）等特性上出现差异。

2. 田间表现

虽然室内饲养必定会导致不断加剧的适应性变化，但释放到野外后是否一定会出现不良表现，仍难以定论。由于野外表现的评价难以进行，故常用室内简单的测定结果来推测其野外表现。然而，Io（1988）在评述日本瓜实蝇遗传防治项目时指出，虽然室内测定未发现交配竞争力下降（第 18 代仍具有很强的竞争力），但其在野外的竞争力显著下降；其原因可能在于飞行能力下降、交配成功率降低，因为野外试验发现，饲养种群的扩散距离明显短于野外采集的雄蝇。由于室内饲养种群的品质随饲养时间的延长而下降，那么何时替换饲养种群就成为一个重要的现实问题。通过在野外条件下比较一个老品系和一个刚建立的新品系的表现，可以看出室内饲养环境对天敌品质的影响程度，据此决定是否需要或需要多少个体进行替换。例如，Ahrens 等（1976）采用标记回收法，用回收率来衡量 2 个不育螺旋蝇品系的扩散能力，发现老品系的相对回收率较低、平均扩散距离缩短，据此决定全部更换老品系。Whitten（1980）研究表明，室内饲养环境选择出的磷酸甘油脱氢酶（α-GDH）基因位点上的 2 号等位基因控制着螺旋蝇在野外的表现；并证明室内恒温条件是选择该 2 号等位基因的因素。

二、天敌在室内饲养条件下发生遗传变化一般原理

漂变、近亲繁殖和不良选择这三种机理导致天敌在室内饲养条件下发生遗传变化。遗传漂变和近亲繁殖在室内大量繁殖过程中须特别注意。室内饲养种群开始一般比较小，故基因频率变化的主要来源不是基因突变，而是遗传漂变，即在每一世代中基于随机性出现某些个体（基因型）比另一些个体的贡献大，因此，由遗传漂变引起的基因频率变化存在很大的随意性，没有确定的方向。遗传漂变仅在小种群中成为基因频率变化的主要来源。

近交衰退是近亲繁殖过程中由于致死和亚致死隐性基因在纯合体中的表达和异配优势损失。只要起始种群数量达到 20~30，种群数量迅速增加并不超过约 20 代，就可以避免近交衰退问题出现。天敌昆虫可能比其他动物更少出现近交衰退问题。因为在自然情况下有效的天敌常常将害虫种群控制在较低的水平，所以随着寄主种群数量的变化而应该周期性出现近亲繁殖，从而暴露并淘汰隐性致害的等位基因。故除限性遗传特征外的所有致害基因均在雄性被淘汰，即雄性决不表现近交衰退现象。

当近亲繁殖和遗传漂变问题确实存在时，可以采取几种方法削弱其影响。增大每一亲本的后代平均数量将会减弱遗传漂变和近亲繁殖的影响，这在绝大多数规模化繁殖天敌项目中不是问题。但要削弱近亲繁殖，同样重要的是要减小家系大小的变异。如果任何雄性或雌性个体对后代的贡献过大，则在后续世代中发生近亲交配的概率就会增大。所以，尤其在最初几个世代的饲养中，对于那些繁殖率低的天敌须特别关注，应尽量多地收集其后代。另一降低或至少推迟（或许直到释放后）近亲繁殖的途径是"最大限度避免近亲繁殖"，即利用谱系记录和限制杂交的方式避免近亲交配，例如，尽可能避免在单一繁殖箱中随机交配，采取人为控制的方法增大远亲交配的概率，从而减小近亲繁殖的影响。

"选择"是指在种群中某一特定基因型的生殖或存活高于另一基因型，因而与遗传漂变不同，不是随机的，在小种群和大种群中均发生，但在小种群中由于受到遗传漂变的作用而减弱。选择效应取决于选择强度（压力）、遗传变异和世代数多少等 3 个因素，通过调节这 3 个因素可以最大限度地减小不良选择效应。

一是要减弱选择强度，室内饲养条件应尽可能与野外相近。二是通过近亲繁殖每一饲养群的几个谱系，从而减小可供选择的遗传变异，因为种群遗传学的一个基本原理是，选择效应在小种群比在大种群中相对更小（Falconer 和 Mackay，1996）。这一方法的效果显然取决于对近亲繁殖影响的评估，如果近亲繁殖不超过平均水平，就可以定期分离出至少一部分个体（采自某一地点的集群），尽可能多地建立谱系，并用近亲繁殖的方法将至少一部分谱系以小群方式保存（大约每一代 5 对）。即使中等程度的近交衰退出现，通过在释放前杂交来自各饲养谱系，就会挽救衰退。三是尽可能减少室内饲养世代数。一种途径是在室外大罩笼中大量饲养；另一途径是想办法减小一次释放的总数量（在一个相对独立的地点）。

三、室内饲养种群遗传变化的成因

有三类种群遗传变化因素可能会引起室内繁殖种群在饲养多代后基因频率发生变化：一是抽样或选择引起的变异衰减；二是突变或迁入而引起的新遗传特性的输入；三是交配格局或细胞学机制而引起的变异保护现象。

变异衰减：当从野外采集（或引种）寄生性或捕食性昆虫时，有几个问题需要考虑，例如：所期望的特性是否会因抽样误差而丢失？采集多少个体才能将上述丢失概率降到最低？由于并非所有个体都能正常繁殖，所以采集的个体数越少，拟控制的那些特性的等位基因出现在饲养种群中的数量就越小。Bartlett（1984）曾提出一个公式来计算基因频率的抽样方差 $\sigma^2 = pq/n_e$，其中，p 为某一位点某等位基因的频率，q 为该位点另一等位基因的频率，n_e 为有效亲本数量。抽样方差越大，说明基因频率在世代间或种群间波动越大，遗传特性越不稳定。所以，要成功建立具备期望特征的稳定种群，必须控制抽样方差。假定等位基因频率（p，q）相等，则有效亲本数量就决定着基因频率的抽样方差。Roush（1990）提出从一个地点（假定有几个地点）采集 100 头以上，就足以确保饲养种群内有稳定的遗传杂合体；而 Pimental（1990）建议采集 1 000 头以上作为奠基种群。

新变异的输入：根据遗传学理论，有两种机制可以产生新的遗传变异：突变和新个体加入。但伴随而来的风险是上述过程可能扰乱原有基因库。自发突变在饲养种群中仍然可以达到很高水平，从而成为遗传变异的主要来源。人工诱变虽然也可以产生新的变异，但也可能产生隐性有害突变、显性有害突变、染色体畸变等，必须严格筛选淘汰。定期引入新个体是一种有效增大遗传变异的途径。饲养种群基因频率的变化取决于饲养种群数量与引入种群数量的比率以及双方基因频率的差异。所以，必须了解种群的遗传变异性，才能预测引入新个体是否会产生所需特性的遗传变异。

然而，在输入新变异的过程中存在一些风险。随新个体加入而引入病原微生物，可能会威胁饲养种群。远系繁殖可能导致杂交退化，这取决于两种群基因库内部的融合性。某些研究表明，两个种群遗传不融合性与其所在环境的差异、分离时间以及不融合程度等呈正比。

遗传变异保护：自然界存在维持种群遗传变异的力量。例如，种群遗传学的基本假定是，种群内亲本个体完全随机交配，这样基因频率或基因排列就不会变化，种群处于哈迪-温伯格平衡。如果非随机交配，如：近亲繁殖或远亲繁殖，基因率会保持，但基因排列会发生变化，纯合体随近亲繁殖而增加，随远亲繁殖而减少。种群中的繁殖体系可以自发建立，也可以人为强迫建立。如果奠基种群数量少，近亲繁殖就会发生。近亲繁殖虽然增大纯合体频率，但近交衰退（近亲繁殖的有害作用）取决于所表达的基因，而且随物种不同而异。Tantawy 和 Ree（1956）发现，黑腹果蝇 *Drosophila melanogaster* 在高度近亲繁殖情况（近亲繁殖系数 40%～80%）下，生殖力、存活率和体型大小等特性并未明显下降，遗传度下降速度也并未如理论预测那么快，其原因可能是在近亲繁殖谱系中纯合体被淘汰了。

遗传漂变导致遗传变异丧失的可能性很小。例如，Nei 等（1975）估计，如果有效种群数量大于 10、周限增长率大于 3，那么中性等位基因（即不受选择因素影响的基因）的杂合性就不会损失；一个由 100 头二倍体个体组成的种群将保留源种群的一半等位基因和99.5%的杂合体。

第五节　天敌昆虫产品质量检测

天敌昆虫产品质量检测包括：天敌出厂时的产品检测，天敌到达运输目的地前后的产品检测，分销商处的天敌短期、长期储存的检测及天敌应用时的产品检测。检测内容：①包装上的信息，如数量、存活率、品种等；②性比和最短寿命的检测；③繁殖率和飞行能力的检测（Glenister等，2003）。生产商应对其产品进行定期或不定期的检测，来确保生产出的产品符合质量控制标准。高频率生产质量控制检测包括每天、每周或每批次的质量检测。频率较低的检测包括每年、每季节或饲养过程发生改变时进行的质量检测。而对于消费者来说，由于检测方法复杂烦琐，若进行产品的相应检验有一定难度。因此，天敌产品质量的监测和评估，应该是由独立于生产者之外的，能够代表最终使用者利益的中间机构（科学研究院所等非营利性机构）制定相应的天敌昆虫质量标准，并进行天敌产品的相关检测。

天敌昆虫产品出厂时，天敌产品生产者应对分销商和最终使用者用简洁、易懂的文字在产品说明书中标明：天敌的常用名称、品系出处、学名、环境条件、生物学、寄主、数量、包装日期、释放说明、生产商名称、储存与运输中的注意事项、与杀虫剂的兼容性和相关的知识产权方面的内容。产品外包装更应简化和规范，其中包括：天敌的学名、目标害虫、单位包装（瓶、卡、小袋等）的天敌个体数、使用有效期、追踪产品质量的生产批号、最佳的储存条件和释放方法。通过产品说明书和外包装中的相关信息和说明，为产品分销商、质量检测机构和最终使用者提供相应的指南，该说明书也可作为产品分销商和最终使用者的培训材料。

一、天敌昆虫产品质量控制的主要检测指标

天敌昆虫产品质量控制主要检测指标一般包括生物学指标、生物化学指标、行为指标和遗传指标。不同的天敌昆虫，其质量控制检测指标侧重不同，具体检测指标的制定及改进主要是由天敌生产者来承担。天敌产品在出厂、运输前后、短期或长期储存前后及应用时的检测指标应包括：繁殖率、生长发育时间、存活率、性比和数量等。天敌最终用户在使用后应把天敌防治目标害虫的相应结果回馈给生产商，以便生产者进行相应的改进和完善。

在人工条件下生产的寄生性或捕食性天敌的质量控制标准参数主要有：形态学参数（如幼虫/蛹/成虫的体型大小或体重，翅/腹部畸形率），繁殖和发育参数（如卵、幼虫、蛹的发育历期、存活率、性比以及微生物共生对性比的影响，产卵/生殖、产卵前/后期的持续时间和寿命）；生物化学参数（如蛋白质、脂类、碳水化合物、激素等）；行为参数如捕食或寄生效率，运动行为和寻找寄主/猎物的能力；遗传参数（如遗传变异性和纯合率）（Grenier和De Clercq，2003）。许多指标参数之间有一定的联系，例如，成虫的体重、寿命、生殖能力、飞行能力和寻找寄主的能力（Kazmer和Luck，1995），质量控制程序可通过容易检测的指标（如体型大小）预测其他复杂或耗时的指标（如生殖力或田间表现），这样能够简化检测程序和节约成本。Sighinolfi等（2008）用天敌昆虫的生物指

标和氨基酸含量等生物化学指标相结合，综合评价昆虫人工饲料对该天敌质量的影响。在寄生性天敌中，虫体大小可能与繁殖能力、寿命、寻找寄主能力和飞行能力有关（Kazmer 和 Luck，1995）。但 Bigler（1994）强调，寄生性天敌在非天然的或人工寄主上饲养时，用雌虫体型大小预测其田间表现，未必可靠。

天敌昆虫大量饲养中还需注意对病原菌污染的检测。这些病原微生物的侵染，可能影响天敌的田间表现，有的直接侵染天敌本身，使天敌死亡，有的感染寄主或猎物（包括人工饲料），使饲养的天敌质量差或因感染病菌严重而无法继续正常生产。

二、天敌昆虫产品质量控制的常规检测方法

对天敌昆虫产品的检测包括形态学检测（如个体畸形率），生物学检测（如对天敌昆虫各个发育期的检测），生态学检测（如对寄生率或捕食率的检测），生物化学检测（如对早期蛹质量生物化学的检测），行为学检测（如对寄生、捕食和飞行等行为的检测），以及分子生物学检测（如对天敌品系的鉴别和大量饲养中遗传变异的检测）。将来有可能把飞行能力检测和田间表现检测等加入质量控制标准中。

在检测形式上包括：产品抽样调查（包括样本大小，确保统计结果能够代表整个种群），预试验（注意准确性和代表性），以及重复循环试验（经过不断重复的试验来证实和改进天敌质量控制标准的制定）。

另外，研究天敌昆虫的室内检测与田间表现的相关性，利用室内的检测试验来预测田间的表现，如果当实验室检测、飞行试验检测和田间表现之间有很好的相关性时，那么通过实验室检测试验就能预知天敌的飞行能力或田间表现，从而简化天敌质量控制的检测方法。对天敌昆虫产品进行质量控制检测时，要注意检测方法、时间及不同检测方法的频率，使各个检测方法相互协调（Bolckmans，2003）。

三、天敌昆虫产品质量控制的常用设备和技术

在检测天敌昆虫产品的质量时，质量控制系统常用设备包括能够调节温度及光照的人工气候箱；测量天敌重量的天平及微量天平；观察天敌细微结构的生物显微镜及体视显微镜；分析天敌行为的观测分析系统，例如：BORIS 软件（Friard 和 Gamba，2016）；检测及鉴定天敌品系及遗传变异的相关分子鉴定和基因检测技术（如微卫星分子标记）；检测天敌体内营养成分变化的生物化学检测技术；模拟自然环境的环境模拟系统；测定视觉反应的网膜电图仪器；测定飞翔力的飞行磨；测定翅振动的翅振动分析仪；测定天敌昆虫活动力的二氧化碳分析仪；测定阴影刺激反应的阴影刺激反应仪；还有根据质量控制试验目的，自制简单检测试验装置或开发相应的专用仪器，例如，田间可视化仪器，通过对数据图像的分析，迅速得到天敌的数量和品系的鉴别等。随着科学的发展以及对天敌的质量控制更高的要求，科研仪器也会不断地得到改进和更新，会有更先进、更精密的天敌质量控制设备、技术和系统出现。

第六节　天敌昆虫产品质量保持与品质提高

天敌昆虫天然种群的特征表现通常很丰富，而且能够在饲养的种群中保留大部分的特

征（Yamazaki，1972），但实验室和田间环境的不同导致表现特征也不同。天敌开始饲养时，来自田间的"开放种群"基因迁移活跃、环境多样，但引入到实验室成为"封闭种群"后，所有未来基因的变异都受到起始种群基因变化的限制（Bartlett，1984b，1985）。起始种群的大小直接影响基因库中基因的变化。尽管还没有大量饲养时起始种群大小的具体规定，但建议天敌起始种群个体数最小应该是1 000头（Bartlett，1985）。然而，进行商业饲养的天敌起始种群的天敌数量很小，有时个体数甚至不超过20头（van Lenteren 和Woets，1988）。田间环境与室内环境不同，由于实验室的特点迫使基因变异，选择产生新的基因系统（Lopez-Fanjul 等，1973）。为防止实验室种群的基因变异，经常采用的方法是有规律地从田间引入野生个体。但是，如果保留实验室的饲养条件不变，引入的野生种群也会屈从于相同的基因选择过程。此外，如果在实验室和田间种群的基因变异已经发生，这样可能导致基因隔离（Oliver，1972）。实验室种群的不相容性和实验室与田间条件的差异存在着正相关（Jaenson，1978；Jansson，1978），而且随着时间的延长，实验室与田间种群可能已经发生了隔离，这时把田间野生个体引入就无济于事，故需及早引入田间天敌野生基因。需加以注意的是防止从田间引入的天敌时携带寄生物、捕食者或病原菌进入饲养种群（Bartle，1984b）。

另一个影响饲养种群的遗传因素是近亲交配。基因纯合个体经常暴露有害的特性。近亲交配的程度与起始饲养种群的大小有直接关系，由于实验室内人工选择导致种群变小，使近亲繁殖概率增大，有时会快速影响饲养种群的基因组成（Bartlett，1984b）。因此，天敌昆虫饲养中要防止近亲繁殖和保持基因的多样性。防止近亲繁殖常见的方法（Joslyn，1984）有2种。①前种群方法：起始种群建立时，在整个种群所有品系范围内选择和挖掘基因库中有代表性并能够适应实验室条件的起始天敌昆虫。②后种群方法：（a）改变实验室环境条件，如改变温、湿度及光照，或选择不同的饲料或寄主，或提供可用来扩散的空间等；（b）基因注入，通过引入野生天敌昆虫对基因库进行有规律的复壮。Joslyn（1984）指出，要保持种群基因丰富的异质性，饲养种群的大小不应该低于起始种群的天敌数量，饲养种群越大越好，个体数大于500头为好。

一、天敌昆虫产品的质量保持

产品质量控制标准随天敌昆虫不同而异，但衡量天敌产品的质量首先需考虑以下特性：①扩散能力，能够从释放点找到目标（寄主或猎物）；②攻击能力，成功地完成寄生或捕食；③生存能力，具有能够在田间存活和继续找到寄主或猎物的能力；④生存能力，如果释放的目的是在田间建立永久性种群（季节性接种释放），天敌还要具有较强的繁殖力，并能在不良环境季节下生存（Nunney，2003）。

若想使天敌产品质量保持高标准，做到饲养效率高和田间表现好，要注意以下几个方面：①起始种群的品系选择与建立，要选择具有一定广度、防止遗传基因的单一和丢失、具有一定规模的起始种群数量。并要留意起始种群原来的天然生存环境，这对以后的大量饲养、天敌释放点的防治效果及其异地输出等的成功与否，都有借鉴作用；②饲养种群的保持，无论是天然饲料、替代饲料或人工饲料，都要规范饲养，进行相应的生产控制和过程控制；③天敌生产者在天敌昆虫产品的收获和天敌产品的包装上，如包装填充材料、温湿度要求、营养供应（氧气、饲料、蜂蜜等）都要制定和执行相应的标准，以确保天敌在储存、运输等过程中的质量要求；④考虑天敌释放前对释放点的环境条件进行驯化；⑤释放时遵守天敌释放应用的质量控制要求，如靶标害虫种类、释放时机、释放量等相关要求。

二、天敌昆虫种群的复壮方法

在天敌虫种引进早期，由于选择压力和近亲繁殖等，饲养种群的遗传变异性很低，随后由于突变和重组有所回升，但远低于自然种群的水平（Bartlett，1984b）。而且这种近亲繁殖下的变异性与自然种群的也不一致，导致饲养种群适应野外环境的能力降低。同时长期人工饲养引起天敌昆虫驯化，饲养昆虫飞翔能力下降，交尾时间发生改变，雌虫的吸引性与交尾次数增加等（Proverbs，1982；Economopoulos 和 Zervas，1982）。要保持天敌的质量就必须进行天敌的种群复壮，天敌种群复壮的常用方法：①引进野生新种群；②以野外大纱笼作为半自然条件饲养；③将两个饲养品系杂交，可不同程度地改善其遗传结构，以提高释放天敌的品质（Wood，1983）；④多个不同饲养环境下的锻炼和复壮，包括适应寄主或猎物及释放地环境条件等；⑤培殖产雌孤雌生殖品系，膜翅目天敌昆虫都有培殖成产雌孤雌生殖的可能，如通过接种杀雄细菌或其他基因手段来培殖产雌孤雌生殖寄生蜂（Stouthamer 等，1990，1993；Stouthamer，1997，2003），由于只饲养雌虫，饲养成本降低，即使密度很低，由于不需要两性交配，也容易建立种群，从而达到好的防治效果；⑥低剂量辐照刺激天敌昆虫使其活力增强，雌性比例增加，以提高寄生或捕食能力（王恩东和徐学农，2006）。

三、提高天敌品质的途径和方法

要获得天敌数量与质量的优化平衡，可通过种群建立、种群维持、种群增补或替换以及种群改良等途径来实现（Nunney，2003）。

种群建立：在建立新饲养种群的最初几个世代中至关重要的是，避免近亲繁殖的不良影响，包括有害等位基因频率的随机增大和潜在有益等位基因频率的随机丧失。所采取的方法是确保有效（如：遗传）种群足够大。在任一世代中，有效种群数量与成虫数量是一个复杂的函数关系，一般情况下，将其比值保持在 0.25~0.75（Nunney，2000）和成虫数量大于 1 000 头（Pimental，1990）比较合理。通常在实践中难以获得这么大的种群，而获得 100 头以上几个成虫样本则比较容易，这样也可以确保源种群有足够大的遗传变异。

除了奠基饲养种群的数量外，种群来源也需要考虑。首先，为确保野外适应性，饲养种群应来于释放地气候相似的地方。需要注意的是，虽然采集的源种群越多，遗传多样性越高，但来自不同地理区的个体混合饲养后，可能导致不同的互适应性基因综合体的衰退，从而导致总体适应度下降，使某些特征出现难以预料的变化。由于目前仍难以预测何时出现这种情况，慎重之举是单独饲养来自不同种群的样本，直到进行遗传测定或其他评价后再决定混合事宜。

一旦把奠基种群引入养虫室开始大量饲养后，务必避免出现室内饲养初期常见的"崩溃恢复"——循环中的崩溃现象。出现崩溃是由于奠基种群不适应室内饲养条件所致，结果大多数雌性不繁殖，而仅有几个雌性繁殖。若只有几个基因型成功繁殖，就会出现快速近亲繁殖问题。解决的方法是把奠基样本从时间上划分为大量的小繁殖单元，只要努力确保这些小繁殖单元能够成功繁殖起来，就能避免遗传多样性的大幅度丧失。

种群维持：饲养种群品质下降的主要原因是，适应于室内饲养条件的个体释放到田间后不能发挥控害作用，因为野外环境中诸多因子（如温度、湿度等）处于不断变化之中，资源（如寄主、配偶）的空间分布极不均匀。有两类方法来解决这一问题。一是尽可能多地保存近亲繁殖（单雄）系，即把采集的 1 头雄性个体与 1 头未交配过的雌性个体（通常采集蛹）单独繁殖（Roush 和 Hopper，1995）。由于近亲繁殖系不能产生适应，故这是解决饲养中品质退化的最佳对策。虽然室内饲养条件下维持大量近亲繁殖系并非易事，但若只在特定时间释放天敌或天敌难以替换时，该方法尤其具有优势。确保常见等位基因的百分率达到 50% 以上是饲养种群的重要目标，对此，Roush 和 Hopper（1995）建议保存 25 个单雄系（单-双倍体性别决定，主要是寄生蜂）到 50 个单雌系（二倍体生物），可以确保 95% 的等位基因的频率维持在 50% 以上。但只有保存更多（>100）的谱系才能使那些较罕见的等位基因得以保留，以弥补由于某些难以保存的谱系灭绝而造成的损失。保存如此大量的近亲繁殖系，对于那些难以繁殖的天敌而言是很困难的。对于那些二倍体生物而言也难以实施，因为这些生物携带大量有害隐性等位基因，会出现近交衰退问题。但对于大多数寄生蜂来说，不会出现近交衰退问题。一般来说，近亲繁殖的天敌由于适应性差而不适合释放。因此，释放前需以某种方式进行杂交，以获得 F 代杂交种群（或 F_2 或 F_3 代）进行释放。二是在难以实施保存近亲繁殖系的情况下考虑，如设计特别饲养条件以选择某些特殊品质（如提供变温等某些次适宜条件，或在野外罩笼中"锻炼"等）；用大龄雌虫产卵以避免提早生殖；释放—再回收等。

种群增补或替换：在达到质量与数量的优化平衡时，室内饲养大量繁殖出的天敌品质低于野外种群，但高于完全适应于室内条件的驯化种群。因此，为了保持这种平衡，有必要定期用野外种群的基因型增补室内饲养种群，或经过一定数量世代后用新采集的样本替代老的种群。Roush 和 Hopper（1995）建议同时保留一定数量的近亲繁殖系作为后备基因型来源，及时补充饲养种群。

从野外采集天敌并增补到饲养种群中可能比较容易，但若这些新个体难以立即适应室内饲养条件，就难以发挥作用。可能有必要首先在半自然条件下把从野外采集的个体与室内饲养的个体进行杂交，然后把杂交后代增补到饲养种群中去。增补应该设定明确的目的，即明确提高哪些特性，并在增补后可以检测这些特性是否得到改善。

种群改良：野外种群逐步适应室内饲养条件而发生的变化，可以通过改变饲养条件或用遗传工程手段来修正。例如，若对野外极端温度的忍耐是决定其品质的主要特性，则可以通过改变饲养温度来驯化饲养种群，但迄今为止复杂的特性仍难以用遗传工程手段来改良。Heilmann 等（1994）罗列出了寄生性和捕食性昆虫 7 个遗传特征可供遗传工程改良：对杀虫剂抗性、对病原菌抗性、滞育调控、对极端环境忍耐性（耐高、低温）、性比、寄主搜寻能力、寄主偏好性等。尽管运用传统的人工选择方法已经培养出抗杀虫剂的天敌（如抗有机磷杀虫剂的西方盲走螨），但用遗传工程手段应该更有效。

Bartlett（1994）针对引进天敌的饲养驯化提出了一系列原则，据此结合增强生物防治的特点提出以下原则：①了解释放地环境特点以及有关靶标害虫的生物学信息；②注意在靶标害虫的不同分布区采集天敌样本，以此建立室内饲养种群；③每个样点至少采集100头个体来建立饲养种群，而且尽量从分布区内不同生态位中采集；④开始饲养的几代中详细记录繁殖成虫的数量，以维持较丰富的有效亲本数量，即勿仅用几头雌虫开始建立种群，尽量避免遗传漂变或任何特别的繁育系统（如选型交配）；⑤尽力营造多变的实验室环境，让天敌"花些力气"才能找到寄主，按照自然条件变换光照、温度、湿度等条件；避免由于人工选择而出现不适应野外环境的"实验动物"；⑥如果天敌具有一些特别的行为特性（如在寄主体内滞育等），尽力在饲养种群中保存这些特性；⑦如果出现近交衰退现象或极端性比偏移，则通过引进新的野外个体以增大新的遗传变异；⑧对室内饲养种群不需要保留所有野外种群的特性，因为未必要求其在野外建立永久种群。

（李保平、曾凡荣、王恩东、孟玲　执笔）

参考文献

陈红印，王树英，陈长风，2000. 以米蛾卵为寄主繁殖玉米螟赤眼蜂的质量控制技术 [J]. 昆虫天敌，22 (4)：145-150.

孙毅，万方浩，2000. 七星瓢虫规模化饲养的质量控制 [J]. 中国生物防治，16 (1)：8-11.

王恩东，徐学农，2006. 核技术在生物防治上的应用 [C] // 成卓敏. 科技创新与绿色植保. 北京：中国农业科学技术出版社：501-506.

忻介六，1982. 天敌昆虫的品质管理问题 [J]. 昆虫天敌，4 (3)：56-60.

徐学农，王恩东，2007. 国外昆虫天敌商品化现状及分析 [J]. 中国生物防治，23 (4)：373-382.

徐学农，王恩东，2008. 国外昆虫天敌商品化生产技术及应用 [J]. 中国生物防治，24 (1)：75-79.

Aleman J, Plana L, Vidal M, et al., 1998. Criterios para el control de la calidad enla cria masiva de *Lixophaga diatraea* [C] // Hassan S A. Proceedings of the 5th International Symposium on Trichogramma and Other Egg Parasitoids, 4-7 March 1998, Cali, Colombia, Darmstadt：Biologische Bundesanstaltfir Land-und Forstwirtschaft：97-104.

Bartlett A C, 1984a. Establishment and maintenance of insect colonies through genetic control [M] // King E G, Leppla N C. Advances and Challenges in Insect Rearing. New Orleans, Louisiana：US Department of Agriculture, Agricultural Research Service, Southern Region：1.

Bartlett A C, 1984b. Genetic change during insect-domestication [M] // King E G, Leppla N C. Advances and Challenges in Insect Rearing. New Orleans, Louisiana：US Department of Agriculture, Agricultural Research Service, Southern Region：2-8.

Bartlett A C, 1985. Guidelines for genetic diversity in laboratory colony establishment and maintenance [M] // Singh P, Moore R F. Handbook of Insect Rearing, Vol. 1. The Netherlands：Elsevier, Amsterdam：7-17.

Bigler F, 1991. Quality Control of Mass Reared Arthropods. Proceedings 5th Workshop IOBC

GlobalWorking Group, Wageningen [C]. The Netherlands: Swiss Federal Research Station for Agronomy, 205.

Bigler, F, 1989. Quality assessment and control in entomophagous insects used for biological control [J]. Journal of Applied Entomology, 108: 390-400.

Bigler F, 1994. Qquality control in *Trichogramma* production [C] // Wajnberg E, Hassan S A. Biological Control with Egg Parasitoids. UK: CAB International, Wallingford: 93-111.

Bolckmans K J F, 2003. State of affairs and future derections of product quality assurance in Europe [M] // van Lenteren J C. Quality control and production of biological control agents, theory and testing procedures. London: CABI Publishing: 215-224.

Bolckmans, K J F, 2007. Reliability, quality and cost: the basic challenges of commercial natural enemy production [C] // van Lenteren J C, De Clercg P, Johnson M W. International Organization for Biological Control of Noxious Animals and Plants (IOBC). Precedings of 11th meeting of the Working Group Arthropod Mass Rearing and Quality Control, Montreal, Canada. Bulletin IOBC Global, 3: 8-11.

Boller E F, Chambers D L, 1977. Quality aspects of mass-reared insects [M] // Ridgway R L, Vinson S B. Biological Control by Augmentation of Natural Enemies. New York: Plenum: 219-236.

Boller E F, 1972. Behavioral aspects of mass-rearing of insects [J]. Entomophaga, 17: 9-25.

Boller V H P, 2000. Controle biologico de pragas: producao massal e controle de qualidae [M]. UFLA, Lavras, Brazil: 215.

Cohen A C, 2000. Feeding Fitness and Quality of Domesticated and Feral Predators: Effects of Long-term Rearingon Artificial Diet [J]. Biological Control, 17: 50-54.

Conlong D E, Mugoya C F, 1996. Rearing beneficial insects for biological control purposes in resource poorareas of Africa [J]. Entomophaga, 41: 505-512.

Conlong D E, 1995. Small colony initiation, maintenance and quality control in insect rearing [C] // Proceedings 4th National Insect Rearing Workshop, Grahamstown, South Africa, 3 July 1995: 39.

DeBach P, 1964. Biological Control of Insect Pests and Weeds [M]. Cambridge University Press, Cambridge: 884.

Dichel M, 1992. Quality control of mass rearing arthropods nutritional effects on performance of predatormites [J]. Journal of Applied Entomology, 108 (5): 462-475.

Dindo M L, Grenier S, Sighinolfi L, et al., 2006. Biological and biochemical differences between invitro-and in vivo-reared *Exorista larvarum* [J]. Entomologia Experimentalis et Applicata. 120: 167-174.

Economopoulos A P, Zervas G A, 1982. The quality problem in olive flies produced for SIT experiments [C] // International Symposium on Sterile Insect Technique & Radiation in Insect Control: 357-368.

133

EI Amnaouty S A, Galal H, Beyssat V, et al., 2006. Influence of artificial diet supplements on developmental features of *Chrysoperla carnea* Stephens [J]. Egyptian Journal of biological Pest Control, 16: 29-32.

Feigenbaum A V, 1983. Total Quality Control, 3rd ed [M]. New York: McGraw-Hill Pubishers: 851.

Glenister C S, Hale A, Luczynski A, 2003. Quality assurance in North America: merging customer and producer needs [M] // van Lenteren J C. Quality control and production of biological control agents, theory and testing procedures. London: CABI Publishing: 205-214.

Grenier S, De Clereq P, 2003. Comparison of artificially vs, naturally reared natural enemies and their potential for use in biological control [M] // van Lenteren J C. Quality control and production of biological control agents, theory and testing procedures. London: CABI Publishing: 115-131.

Grenier S, De Clereq P, 2005 Biocontrol and artificial diets for rearing natural enemies [M] // Pimentel D. Encyclopedia of Pest Management. Taylor & Francis Publishing: 1-3.

Gurr G, Wratten S, 2000. Measures of Success in Biological Control [M]. Dordrecht: Kluwer Academic Publishers: 448.

Hussey N W, Bravenboer L, 1971. Control of pests in glasshouse culture by the introduction of natural enemies [M] // Huffaker C B. New York: Biological Control. Plenum: 195-216.

Jansson T G T, 1978. Mating behaviour of *Glossina pallides* Austen (Diptera, Glossinidae): genetic differences in copulation time between allopatric populations [J]. Entomologia Experimentalis et Applicata, 24: 100-108.

Jansson A, 1978. Viability of progeny in experimental crosses between geographically isolated populations of *Arctocorisa carinata* (Sahlberg, C.) (Heteroptera, Corixidae) [J]. Annales Zoologici Fennici, 15: 77-83.

Joslyn D J, 1984. Maintenance of genetic variability in reared insects [M] // King E G, Leppla N C. Advances and Challenges in Insect Rearing. New Orleans, Louisiana: US Department of Agriculure, Agricultural Research Service, Southern Region: 20-29.

Kazmer D J, Luck R F, 1995. Field tests of the size-fitness hypothesis in the egg parasitoid *Trichogramma pretiosum* [J]. Ecology, 76: 412-425.

King E G, Morrison R K, 1984. Some systems for production of eight entomophagous arthropods [M] // King E G, Leppla N C. Advances and Challenges in Insect Rearing. New Orleans, Louisiana: US Department of Agriculture, Agricultural Research Service, Southern Region, 206-222.

Leppla N C, Fisher W R, 1989. Total quality control in the insect mass production for insect pest management [J]. Journal of Applied Entomology, 108: 452-461.

Leppla N C, Ashley T R, 1990. Quality controls in insect mass production: a review and model [J]. Bulletin of Entomology Society of America, 35: 201-217.

Leppla N C, 1989. Laboratory colonization of fruit flies [M] // Robinson A S, Hooper G. World Crop Pests 3B. Fruit Flies. Their Biology, Natural Enemies and Control. Amsterdam: Elsevier Publishers: 91-103.

Leppla N C, 2003. Aspects of total quality control for the production of natural enemies. In: van Lenteren [M] // van Lenteren J C. Quality control and production of biological control agents, theory and testing procedures. London: CABI Publishing: 19-24.

Lopez-Fanjul C, Hill W G, 1973. Genetic differences between populations of *Drosophila melanogaster* for quantitative traits. II. Wild and laboratory populations [J]. Genetical Research, 22: 60-78.

Nunney L, 2003. Managing captive populations for release: a population - genetic perspective [M] // van Lenteren J C. Quality control and production of biological control agents, theory and testing procedures. London: CABI Publishing: 73-87.

Oliver C G, 1972. Genetic and phenotypic differentiation and geographic distance in four species of Lepidoptera [J]. Evolution, 26: 221-241.

Prakash S, 1973. Patterns of gene variation in central and marginal populations of *Drosophila robusta* [J]. Genetics, 75: 347-369.

Proverbs M D, 1982. Sterile insect technique in codling moth control [J]. IAEA2SM2255/ 8, Vienna, 85-100.

Ramos M, Aleman J, Rodriguez H, et al., 1998. Estimacion de parametros para el control de calidadaden crias de *Phytoseiulus persimilis* (Banks) (Acari: Phytoseiidae) empleando como presa a *Panonychus citri* McGregor (Acari: Tetranychidae) [M] // Hassan S A. Proceedings of the 5th International Symposumon Trichogramma and Other Egg Parasitoids, 4 - 7 March 1998, Cali, Colombia. Biologische Bundesanstalt fur Land - und Forstwirtschaft. Darmstadt: 109-118.

Sighinolfi L G, Febvay M L, Dindo M, et al., 2008. Biological and biochemical characteristics for quality control of *Harmonia axyridis* (Pallas) (Coleoptera, Coccinellid) reared on a liver - based diet [J]. Arch Insert Biochem Physiol, 68: 26-39.

Stouthamer, R, 1997. *Wolbachia*-induced parthenogenesis [M] // O' Neil S L, Hoffmann A A, Werren J H. Influential Passengers: Inherited Microorganisms and Arthropod Reproduction. New York: Oxford University Press: 102-124.

Stouthamer R, 2003. The use of unisexual wasps in biological control [M] // van Lenteren J C. Quality control and production of biological control agents, theory and testing procedures. London: CABI Publishing: 93-113.

Stouthamer R, Breeuwer J A J, Luck R F, et al., 1993. Molecular identification of microorganisms associated with parthenogenesis [J]. Nature, 361: 66-68.

第五章　天敌昆虫人工饲料

从 1908 年 Bogdanow 第一次成功地用肉汁、淀粉、蛋白等配制人工饲料饲养黑颊丽蝇 *Calliphora vomitoria* Line（王延年，1990）至今，昆虫人工饲料研究和应用已有 100 多年的历史。在这 100 多年的发展历程中，从昆虫人工饲料配方研制进展及饲养昆虫种类来看，20 世纪 50 年代以前是昆虫人工饲料研究初级阶段；50 年代初至 60 年代中期，是以饲养植食性昆虫人工饲料为主的发展阶段，随着有机杀虫剂的大量生产和应用，农林害虫防治研究和昆虫生理、毒理等基础学科研究对实验昆虫种类和数量需求激增，促进了昆虫人工饲料的发展；60 年代中期以后是昆虫人工饲料全面发展阶段。Cohen（2001）从昆虫学领域 4 种重要学术刊物中随机抽样，发现这些刊物发表的文章中有 1/3 供试昆虫源于人工饲料饲养；另外 1/3 来源于人工培育的自然寄主上饲养；剩下的 1/3 供试昆虫来源于野外采集。该结果表明人工饲料所饲养的昆虫在有关研究和应用领域已占有相当大的比例。

第一节　昆虫人工饲料研究进展

一、昆虫人工饲料研究历史

在昆虫人工饲料发展历程中，一些昆虫人工饲料和饲养方面的重要著作促进了昆虫人工饲料的发展。如《昆虫、螨类和蜘蛛的人工饲养》（忻介六和苏德明，1979）、《昆虫、螨类和蜘蛛的人工饲养（续篇）》（忻介六和邱益三，1986）对多种昆虫、蜘蛛和螨类的人工饲料进行了总结，编著者也指出昆虫人工饲料研究和饲养技术已成为昆虫学研究和害虫防治新技术中的基本技术之一。王延年等（1984）编写的《昆虫人工饲料手册》中收集了 166 种昆虫饲料配方和配制方法。Sing 和 More（1985）编写了《Handbook of Insect Rearing》，该书收集了 100 多种昆虫的最佳饲料配方和饲养方法，该书对昆虫人工饲料成分的来源、加工及饲养器具的规格等都有详细的叙述。

目前，用人工饲料建立的室内昆虫种群已数以百计，为昆虫毒理、生理等基础学科研究及新农药的筛选，提供了发育整齐、反应一致的试虫，有力地促进了这些工作的深入开展。尽管如此，室内饲养的昆虫种类还远不能满足昆虫学研究的需要，仍需大力开展昆虫人工饲料及饲养技术有关工作的研究。

用人工饲料饲养昆虫有诸多优点。人工饲料不仅可以使昆虫发育整齐，生理一致，而且在很多情况下被用于解决昆虫季节性饲料短缺的问题。由于大多数自然食料在冬季缺乏，昆虫只有依靠人工饲料才能在冬季大量繁殖，使有关研究继续下去（武丹和王洪平，2008）。人工饲料饲养昆虫也可以直接用于昆虫营养生理研究或用于昆虫生物学研究、害虫防治研究等（王延年，1984）。此外，人工饲料还是资源昆虫繁育、生产的重要条件，可以打破寄主限制，降低昆虫饲养成本，有效控制商品昆虫生长发育的整齐度等（旦飞等，2007）。

但是昆虫人工饲料的应用也存在一些问题，包括人工饲料的营养平衡、标准化、人工饲料对昆虫发育整齐度和活力影响等问题（方杰等，2003）。例如，连续用人工饲料饲养时，昆虫种群会出现衰退；大量饲养天敌进行田间释放时，天敌生存能力和竞争能力会不及自然种群等。这些问题的产生有时与饲养方法和饲养环境不良有关（如种群起始样本太小、饲养器具太小、繁殖方法不当、温湿度不适等），但多数是由于饲料的营养组成不平衡造成的。此外，已制备的饲料由于储藏不妥或储藏时间过长，也会造成某些有效成分的损失和变化。所以，使用同一个有效配方，在不同实验室中，甚至在同一实验室中也会产生不同的饲养效果。随着昆虫营养研究水平的不断提高以及饲养技术的发展，人工饲料的研制将更加完善，这些问题将会逐步得到解决。

多年来，我国许多科研机构和大专院校的相关研究人员相继在昆虫人工饲料、人工饲料加工技术、加工机械、昆虫饲养技术、天敌昆虫的大规模饲养繁殖等实用化技术和相关理论领域做了大量工作。如中国农业科学院植物保护研究所、中国农业科学院棉花研究所、原中国农业科学院生物防治研究所、中山大学、武汉大学，以及河北、山东、辽宁、湖北、广东、云南等省农业科学院和北京市农林科学院等，在昆虫人工饲料配方的筛选方面开展了广泛的研究，取得了较大进展，许多实验室都成功研制了各具特色的昆虫人工饲料配方。如宋彦英等（1999）研制出一种以代号为JSMD的物质完全取代无琼脂配方成功获得无琼脂玉米螟 *Ostrinia furnacalis* 人工饲料，既简化了步骤，又降低了成本，也提高了蛹重及成虫产卵量。莫美华和庞雄飞（1999）也曾在前人的基础上对小菜蛾 *Plutella xylostella* 的人工饲料配方进行了改进，提高了小菜蛾的化蛹率。

二、昆虫人工饲料研究趋势

近年来，昆虫人工饲料和有关昆虫饲养的研究发展很快，昆虫人工饲料研究趋势集中在以下几方面：

1. 研究大规模饲养昆虫的人工饲料配方

昆虫人工饲料另一研究趋势是筛选适合大规模饲养昆虫的合理饲料配方。选择配方时，重点考虑的因素有：原料来源经济可靠、加工方便、成本低、便于机械化操作，同时配合相应的大规模饲养昆虫技术的研究。中国农业科学院植物保护研究所研究了人工饲料不同配方对烟青虫 *Helicoverpa assulta* 生长和发育的影响，筛选出了一种以豆粉、酵母粉、玉米粉为主，加入蔗糖、复合维生素、番茄酱和琼脂的昆虫人工复合饲料配方，该饲料配方与相应的分层、多格式大量饲养方法相结合适合大规模饲养烟青虫（李咏军等，2007）。美国农业部南大区农作物害虫管理实验室也筛选了一种适合大量饲养烟芽夜蛾 *Heliothis virescens* 的配方，该昆虫人工复合饲料配方以玉米、大豆和小麦胚芽为主要原料再加上复合维生素、糖、无机盐和琼脂；该人工饲料已成功应用于大规模群体饲养烟芽夜蛾，在1978—1982年短短4年之间，他们已成功饲养了1 000多万头烟芽夜蛾应用于田间释放的有关研究。在1980年，他们仅用177d就成功饲养、生产和投放了近600万头烟芽夜蛾（King，1985）。Davis（1989，1990）也相继在1989年和1990年研制了大规模群体饲养西南玉米秆草螟 *Diatraea grandiosella* 和草地贪夜蛾 *Spodoptera frugiperda* 的昆虫人工复合饲料和相应的饲养器具设备，并大规模生产了以上两种鳞翅目昆虫。

2. 根据昆虫生理生化特性指导人工饲料的筛选

Grenier 和 Clercg（2003）指出：生化和生理因素决定了研制一种昆虫人工饲料的成功与否。Applebaum（1985）详细叙述了昆虫消化生理和生化基础及其与昆虫饲料的关系，该文对研究昆虫生理和生化来改进昆虫人工饲料有很好的参考价值。Cohen 和 Patana（1984）从食物的利用率入手，比较了美洲棉铃虫 *Helicoverpa zea* 消化利用昆虫人工饲料和青豆的差异来改进昆虫人工饲料。Thompson（1999）详细讨论了昆虫饲料与饲养对象生理和生化上的关系，他指出，近年来在化学生态领域，昆虫与植物之间相互作用关系的研究将有助于昆虫人工饲料的研发。Cohen（1989）研究了捕食性天敌昆虫消化蛋白质的生化效率，从而为进一步改进该天敌昆虫的人工饲料打下了基础。Cohen（1998）研究了捕食性天敌昆虫口外消化的生理现象，并将这一生理现象应用到研究捕食性天敌昆虫的人工饲料中。Cohen 和 Smith（1998）成功研制了草蛉人工饲料配方，该配方是在研究捕食性昆虫消化生理和捕食性昆虫自然寄主生化的基础上发展而来的。Zeng 和 Cohen（2000）研究比较了两种天敌昆虫狡诈小花蝽 *Orius insidiosus* 和大眼蝉长蝽 *Geocoris punctipes*，两种盲蝽豆荚草盲蝽 *Lygus hesperus* 和美洲牧草盲蝽 *L. lineolaris* 消化酶的活性，并探讨了这些昆虫消化酶的活性与食物的关系，该研究结果为研制、改进和优化这些昆虫人工饲料提供了该昆虫生理生化特性。Sighinolfi 等（2008）研究了一种以猪肝为主要成分用于饲养异色瓢虫 *Harmonia axyridis* 的人工饲料。在研究中，他们通过综合分析饲养昆虫从第一龄幼虫到成虫羽化的生长发育生物指标和氨基酸含量生化指标来评价该昆虫人工饲料的质量。

3. 研究昆虫营养平衡需求来改进昆虫人工饲料

昆虫都需要一些必需的营养来满足自身的生长和发育，但不同昆虫对这些营养物质的需要量有一个比例。昆虫人工饲料中一种或多种营养成分过低或者过高都不利于昆虫的生长发育。这种满足昆虫正常生长发育需求不同营养之间的比例为营养平衡需求，是人工饲料发展研究的重点之一。House 等（1966）采用营养缺陷型化学饲料研究不同营养成分对昆虫的营养效应，他们通过改变亲缘野蝇 *Agria affini* 基本饲料中的氨基酸、无机盐的比例，得出饲料中氨基酸、无机盐及其他营养成分（脂类、糖类、维生素）所占的最佳比例为 1.125%、0.75% 和 1.5%。Thompson（1975）分别用氨基酸含量为 1%、3%、6% 的人工饲料饲养具瘤爱姬蜂 *Exerristes roborator*，发现氨基酸在此 3 个水平上对姬蜂的幼虫存活率影响不显著，但是，他也注意到氨基酸含量为 6% 时，食物中的碳水化合物不是必需的，但在其余两个水平（1% 和 3%）时，碳水化合物是必需的。Dindo 等（2006）也研究了人工饲料对古毒蛾追寄蝇 *Exorista larvarum* 的影响，他发现营养不平衡的昆虫人工饲料可以减少古毒蛾追寄蝇的产卵量。吴坤君和李明辉等（1992）以成熟的人工饲料为基础，研究了饲料中不同含糖量对棉铃虫生长、发育和繁殖的影响，研究表明人工饲料含糖 12.5% 时，具有最佳的营养效应。吴坤君和李明辉（1993）也根据棉铃虫幼虫发育过程主要取食对象的变化，研究了棉铃虫幼虫的人工饲料含糖量和蛋白质含量最佳的比例：糖与蛋白质的比例为 1.0∶2.0 时对棉铃虫种群生长比较适宜，含糖量低于 10% 将导致蛹的脂肪含量下降、成虫寿命缩短和产卵量显著减少，饲料含糖量超过 28% 会使幼虫取食速率降低、代谢负担加重、发育历期延长和成虫繁殖力下降，当饲料中碳水化合物和蛋白质的比率在 1.5~2.6 时，对棉铃虫种群生长比较合适。胡增娟等（2002）用线性规划法为主要手段，以豆粕粉为主要蛋白源，测定了饲料中粗蛋白含量与家蚕消化吸收、食料利用率、肠液蛋白酶活性、茧质、蚕体生长及丝腺生长等生理性状的关系，结果发现随着饲料中蛋白含量的增加，饲料的利用效率提高，但超过一定限度，蚕的摄食性和消化吸收机能就被抑制，导致生长发育不良；从研究的各项指标综合考虑人工饲料中粗蛋白含量以25%左右为宜，豆粕粉的适宜添加量为 30%~35%。

通过测定昆虫对不同营养成分的消化率、吸收率、利用率等参数，深入分析昆虫人工饲料的适合性，或以成熟的人工饲料为基础，采用营养缺陷型化学人工饲料研究不同营养成分对昆虫的营养效应。Thompson（1990）详细叙述了捕食性和寄生性天敌的生长发育与各种食物营养的关系及天敌昆虫怎样有效地利用食物中的营养，同时，他也详细讨论了发展营养学在昆虫天敌饲养中的应用，天敌昆虫生长发育对不同营养的要求和饲养天敌昆虫的方法。龚佩瑜和李秀珍（1992）研究了人工饲料中含氮量对棉铃虫发育的影响，并测定了棉铃虫幼虫对氮的利用率，认为含氮量在 2.31%~2.89% 范围内对棉铃虫幼虫发育最适宜。Brodbeck 等（1999）用不同饲料饲养假桃病毒叶蝉 Homalodisca coagulata，测定了寄主植物、昆虫本身及其排泄物的各成分含量（主要测定蛋白、脂类、无机盐）以及对不同寄主的同化率（虫体本身重量/吸收量），研究结果表明同化率越低其历期越长。科研人员也以豌豆蚜 Acyrthosiphon pisum 饲养大眼蝉长蝽 Geocoris puntipes，通过测定未被捕食的豌豆蚜氨基酸成分、大眼蝉长蝽体内的氨基酸成分以及其食入豌豆蚜前后氨基酸的差异，进而推断出大眼蝉长蝽进食的某些蛋白不能在体内消化（Cohen，1989）。

4. 加强昆虫人工饲料质量控制研究

一种昆虫人工饲料配制完成后，要进行昆虫人工饲料质量评价。Grenier 和 Clercq（2005）强调在人工饲料饲养天敌昆虫时一定要注意质量控制，他们也指出许多生物指标（如生活周期、繁殖力、捕食率和寄生率）都可以用于人工饲料饲养天敌的评价。昆虫人工饲料质量评价方法有以下几类：一类是根据被饲养昆虫的生物指标来评价，例如用饲养在自然寄主饲料上的种群为对照，观测昆虫人工饲料对饲养对象生长发育、体重、幼虫/蛹/成虫异常率、性比、产卵量、产卵前期时间、产卵期、成活率等的影响；另一类是根据被饲养昆虫的生化指标，如检测蛋白质、脂肪、糖类、激素等指标来观测人工饲料对饲养对象的影响；还有一类是观察昆虫人工饲料对饲养对象种群遗传的影响，如观察对饲养对象下一代功能性指标（包括活动/飞翔能力、捕食/寄生率以及下一代昆虫的活力等）的影响。

5. 研究大规模饲养天敌昆虫的技术和设备

近年来，无公害、生态农业已经成为世界农业的发展趋势。用天敌昆虫已经可以防治130 多种害虫（张广学，1997）。昆虫人工饲料研究的又一趋势是研究发展用人工饲料大规模饲养天敌昆虫的技术，在此基础上大规模商品化饲养天敌昆虫。目前，已有一些天敌昆虫可以利用人工饲料大规模饲养，并取得了可观的社会效益和经济效益。但是，同研制植食性昆虫人工饲料相比，研制捕食性昆虫特别是寄生性昆虫人工饲料难度较大。现阶段能用人工饲料来大规模饲养并应用于害虫防治的天敌昆虫还不太多。Zapata 等（2005）研制了一种以肉为主的昆虫人工饲料，来饲养捕食性盲蝽 Dicyphus tamaninii。美国农业部和密西西比州立大学的科研人员成功地研制了草蛉的人工饲料配方、大规模饲养该天敌昆虫的技术和设备（Nordlund，1993；Cohen 和 Smith，1998；Woolfork 等，2007）。

139

我国也研制成功多种大规模饲养天敌昆虫的技术和设备，如利用人造卵半机械化生产线大量繁殖赤眼蜂（吴钜文等，1995；王素琴，2001）和工厂化生产来大规模繁殖平腹小蜂防治荔枝蝽象（刘志诚等，1995；李敦松等，2002）。总之，在强调生物防治、农业生态平衡和利用天敌昆虫防治害虫的新形势下，人工饲料和大规模饲养天敌昆虫的技术有着广阔的应用前景。

三、昆虫人工饲料的分类

在昆虫人工饲料的发展历程中，昆虫人工饲料的分类较为混乱。人们将昆虫人工饲料分为多种类型，如合成饲料、半合成饲料、全纯饲料、半纯饲料、规定饲料、实用饲料、半人工饲料、简化饲料等。忻介六和苏德明（1979）在《昆虫、螨类和蜘蛛的人工饲养》一书中以及王延年等（1984）在《昆虫人工饲料手册》中都按饲料的纯度将人工饲料分为全纯饲料、半纯饲料和实用饲料三大类。本书根据饲料的组成将昆虫人工饲料分为化学饲料（chemical diet）、复合饲料（combined diet）和天然饲料（natural diet）三大类。这样分类简单，不易混淆。

1. 化学饲料（Chemical diet）

也称全纯饲料或化学规定饲料（忻介六和苏德明，1979；王延年等，1984）。该类饲料是由已知化学结构的纯物质人工配制而成。化学饲料成本很高，饲养昆虫的效果也难达到昆虫在自然条件下生长的需要。其特点是可以满足昆虫的营养及代谢途径研究的特殊需要，这是其他类型的昆虫人工饲料难以替代的。另外，昆虫人工化学饲料也可用于测定某些特定的化合物对昆虫的影响。比较典型的昆虫人工化学饲料有饲养豌豆蚜 *Acyrthosiphon pisum* 的 Holidic diet（全纯饲料）（Akey 和 Beck，1970）。

2. 复合饲料（Combined diet）

昆虫人工复合饲料是由一种或多种提纯的物质（包括已知化学结构的纯化学物质）和一种或多种来源于动物、植物或微生物的尚未纯化的物质（如鸡蛋、动物组织、豆粉、酵母粗提物等）组成的饲料。按照以上定义该类饲料包括半纯饲料、半人工饲料和实用饲料等。昆虫人工复合饲料性状便于控制，能较好满足昆虫取食和生长需要常应用于实验室中。当前昆虫人工饲料配方研制的重点和方向是人工复合饲料，大多数昆虫人工饲料配方的深入研究也基于对人工复合饲料的研究。该类人工饲料的显著优点是可以按需要配制，可以控制成本，便于商品化大量生产。例如，King 等（1985）成功研发了大规模饲养烟芽夜蛾 *Heliothis virescens* 的人工复合饲料，Davis（1989）发展了大规模饲养玉米螟 *Ostrinia furnacalis* 和草地贪夜蛾 *Spodoptera frugiperda* 的人工复合饲料；Cohen（1985，2000）也成功研制了饲养大眼蝉长蝽和盲蝽的人工复合饲料。杨兆芬等（2001）比较了以人工饲料和天然饲料饲养的两组细纹豆芫菁 *Epicauta waterhousei* 成虫在体重、生殖腺发育和芫菁素含量上的差异，明确了所用复合人工饲料在人工饲育细纹豆芫菁中的有效性。蒋素蓉等（2004）比较了改良的家蚕人工饲料与其他几种人工饲料饲养黏虫 *Mythimna separata* 的效果，他们发现改良家蚕人工饲料的饲养效果与进口 F9219B 饲料饲养的效果相当，并且成本较低，可以作为饲养黏虫的复合人工饲料。莫美华和蒲蛰龙（1999）也曾在前人的基础上对小菜蛾的人工复合饲料配方进行了改进，提高了小菜蛾的化蛹率。应霞玲等（1999）应用正交试验设计配方，筛选出一种可用于大量繁殖红珠凤蝶 *Pachliopta aristolochiae interposita* 的人工复合饲料配方。宋彦英等（1999）也研制出一种无琼脂玉米螟人工复合饲料，既简化了步骤，又降低了成本，也提高了雌虫产卵量及蛹重。

3. 天然饲料（Natural diet）

有些昆虫在人工化学饲料和人工复合饲料上不能完成正常的发育代谢和生殖生长，因为这两类饲料不能完全包含某些昆虫生长所需的营养成分，或天然寄主中含有的一些特殊营养成分或兼具营养功能和取食刺激的物质，长期在非寄主饲料上饲养这些昆虫将影响昆虫的种群质量，昆虫将出现活力退化，饲养效果不好。这就需要人工培育昆虫天然寄主，如动物、植物或者微生物这些天然寄主饲料来饲养这类昆虫，以达到昆虫种群复壮的效果。例如，对一些寄生性和捕食性昆虫的饲养，可通过饲养蚜虫来繁殖草蛉；采取人工培育赤眼蜂天然寄主，如饲养蓖麻蚕来大规模繁殖赤眼蜂（王延年，1990）；培育寄主植物茉莉花植株饲养粉虱来大量繁殖小黑瓢虫（傅建伟等，2002）；生产小菜蛾寄主作物来大量繁殖小菜蛾，从而在室内批量繁殖半闭弯尾姬蜂（陈宗麒等，2001）。

四、昆虫人工饲料的营养要素

研制的昆虫人工饲料必须满足昆虫生长发育的基本营养要求，一般昆虫人工饲料应包括以下主要基本营养要素。

1. 碳水化合物

碳水化合物是昆虫能量的主要来源，是昆虫生长发育的基本营养要素之一，也是昆虫人工饲料中重要营养成分之一。Chu 和 Meng（1958）发现室内饲养 3 种棉盲蝽，碳水化合物是必不可少的。碳水化合物除了营养作用之外，也是昆虫重要的取食刺激物质（王延年等，1984）。Thompson（1999）详细论述了昆虫营养与昆虫食物之间的关系，他指出许多天敌昆虫需要碳水化合物去完成成虫阶段的发育，当人工饲料中蛋白质或氨基酸不足时，葡萄糖将增加天敌幼虫的成活率。植食性昆虫一般有较强的蔗糖酶活性，能使蔗糖分解。Zeng 和 Cohen（2000a）研究也发现与捕食性昆虫相比，以植食性为主的昆虫淀粉酶活性较高，适合在植物上取食，消化碳水化合物食物。张丽莉等（2007）研究不同饲料对龟纹瓢虫 *Propylea japonica* 生长和繁殖的影响，他们发现添加蔗糖能显著提高雄虫的体重，在一定程度上也能缩短产卵前期，同时还能显著提高龟纹瓢虫雌性成虫的产卵量。另外，人工饲料中的糖类与植食性昆虫的成活率有关，如盲蝽在含 10% 蔗糖的饲料中成活率大大高于对照上的成活率（Butler，1968）。Vanderzant（1965）用已知成分的人工饲料培养棉铃象甲 *Anthonomus grandis*，结果表明人工饲料中必须含有碳水化合物，棉铃象甲才能正常发育。

2. 蛋白质和氨基酸

蛋白质和氨基酸是构成昆虫虫体的主要物质，是昆虫生长发育的物质基础。对寄生性昆虫来说，蛋白质和氨基酸尤为重要。它们在生长和发育的各个阶段，需要人工饲料中蛋白质的含量相对较高，而碳水化合物和脂肪的需求量相对较低。研究结果表明，寄生性昆虫常常在蛋白质含量较高的人工饲料中生长发育良好，当蛋白质的含量达到 6% 时，有些寄生性昆虫幼虫甚至能在缺少碳水化合物或脂肪的饲料中生长，完成幼虫阶段（Thompson，1976；Thomposon，1999）。

因为氨基酸是合成蛋白质的基础，因而，昆虫对蛋白质的需求其实就是对氨基酸的需求。昆虫所需的氨基酸分为两大类。①必需氨基酸，必需氨基酸是昆虫自身不能合成的，需由饲料来提供。昆虫的必需氨基酸通常有精氨酸、赖氨酸、亮氨酸、异亮氨酸、色氨酸、组氨酸、苯丙氨酸、甲硫氨酸、苏氨酸、缬氨酸10种，这10种氨基酸是昆虫人工饲料中不可缺少的营养成分，但不同昆虫也存在种间差异（牟吉元等，2001）。Vanderzant（1957）饲养棉红铃虫 Pectinophora gossypiella 结果表明，人工饲料中必须含有氨基酸，棉红铃虫才能正常生长。用已知成分的人工饲料饲养棉铃象甲的研究结果也表明，人工饲料中必须含有氨基酸，棉铃象甲才能正常发育和产卵（Vanderzant，1963，1965）。②非必需氨基酸，昆虫自身能合成此类氨基酸。该类氨基酸不是昆虫人工饲料中必需的营养成分，但添加该类氨基酸将提高人工饲料的营养和促进昆虫生长发育。

人工饲料中最常用的蛋白质补充成分是麦胚、大豆、酵母粉和酪蛋白。麦胚含有昆虫需要的18种常见氨基酸、糖类、脂肪酸、多种矿物质和B族维生素（李文谷等，1991），还含有刺激某些昆虫取食的物质（Chippendale 和 Mann，1972）。但麦胚中各种氨基酸的含量并不平衡，特别是昆虫所必需的赖氨酸、色氨酸、蛋氨酸以及脂类含量均偏低（吴坤君，1985）。豆类和酵母粉也是昆虫人工饲料中常用的蛋白质补充原料，大豆和酵母粉含有多种昆虫必需的营养成分，后面章节将会专门介绍。大豆不但富含蛋白质，而且还含有丰富的亚油酸。该类不饱和脂肪酸是昆虫人工饲料中一种不可缺少的成分，下面将会详细叙述。有些昆虫人工饲料中常以酪蛋白作为氨基酸或蛋白质来源，但酪蛋白对某些昆虫并不一定合适，因为它缺乏昆虫正常发育所必需的某些氨基酸。

不同的昆虫对蛋白质的需求是不一样的，每一种昆虫都有一个最适合它们生长的蛋白质浓度，当超过这个浓度时就会抑制昆虫的生长、发育或繁殖。配制昆虫人工饲料时，一定要注意各种营养的平衡及各种营养成分之间的比率。吴坤君和李明辉（1993）研究结果表明，用酵母粉作为饲料附加蛋白质原料，在一定范围内（7%～10%）能大幅度增加棉铃虫雌蛹的蛋白质含量，提高成虫的繁殖力，但饲料蛋白质浓度超过这个范围时，反而导致成虫繁殖力下降。食料植物中碳水化合物和蛋白质的浓度以及两者的比率对棉铃虫的生长、发育和繁殖都有一定的影响。

3. 脂类和固醇类

脂类和固醇类是昆虫的生长、发育和繁殖离不开的营养成分。昆虫活动所需要的能量也是以糖原和脂肪的形式储存的，因此脂类和固醇类是昆虫人工饲料中重要营养成分之一。构成虫体脂类物质的主要成分是脂肪酸。昆虫所需要的脂肪酸分为两类：一类是饱和脂肪酸，该类脂肪酸在昆虫体内可以由其他物质合成；另一类是不饱和脂肪酸，这类脂肪酸是许多昆虫必需的营养成分，不能由昆虫自身合成，必须从食物中获得（王延年等，1984）。Vanderzant 和 Richarson（1964）饲养棉铃象甲结果表明，人工饲料中必须含有脂类营养物质，棉铃象甲才能正常生长发育。

人工饲料中常用的不饱和脂肪酸营养成分来自植物油，如玉米油和大豆油，这两类植物油都含有亚油酸和一定的亚麻酸，大多数昆虫都需要亚油酸或亚麻酸，缺少这类不饱和脂肪酸，蛹发育不良，成虫的羽化和展翅都受到影响。张丽莉等（2007）研究发现，人工饲料中添加0.3%的橄榄油能显著提高龟纹瓢虫幼虫的成活率，缩短龟纹瓢虫的产卵期。不同的昆虫对不饱和脂肪酸的需求不同，在人工饲料中加入不饱和脂肪酸的比例也有差异，有些昆虫如双翅目、膜翅目和蚜虫人工饲料中就不需要不饱和脂肪酸类物质（忻介六和苏德明，1979）。

胆固醇又称胆甾醇。同样在昆虫体内不能合成，昆虫必须从食物中获得，才能维持正常的生长发育。李广宏等（1998）在研究甜菜夜蛾人工饲料时发现，胆固醇和氯化胆碱对甜菜夜蛾卵的形成以及卵的正常发育起重要作用，在饲料中加入一定数量的胆固醇以及氯化胆碱是必需的。在没有加入胆固醇和氯化胆碱的人工饲料中连续饲养 3 代后，甜菜夜蛾的卵孵化率大幅度下降，第 4 代仅为 4.2%，若添加胆固醇和氯化胆碱后，第 4 代卵的孵化率可以提高到 79.7%。莫美华和庞雄飞（1999）也在利用人工饲料饲养小菜蛾的研究中发现含有胆固醇的饲料配方为优选配方。

4. 维生素

维生素是昆虫人工饲料中十分重要的、但需求量很少的营养成分。维生素分为水溶性和脂溶性两大类。水溶性维生素在人工饲料中必须加入，这类维生素与昆虫体内辅酶紧密相关，它们和酶一起参与昆虫的生理、生化代谢，是昆虫正常生长发育不可缺少的营养成分。昆虫一般从食物中摄取该类维生素。昆虫人工饲料中常用的这类维生素一般为 B 族维生素、维生素 C、肌醇和胆碱等。如维生素 C 是棉铃虫人工饲料中不可缺少的维生素，缺少维生素 C，棉铃虫幼虫的生长发育会受到影响。另外，在蝗虫及家蚕的饲料中加入维生素 C 后，幼虫生长良好，还有促进取食的作用。Vanderzant（1959）研究发现 6 种维生素 B 是棉铃象甲幼虫必需的营养物质。王延年等（1984）指出，饲料中缺乏硫胺素、核黄素、泛酸和烟酸等，将会引起幼虫大量死亡，他们也认为人工饲料中缺乏叶酸和生物素会影响幼虫的发育。另一类脂溶性维生素如维生素 E 主要是对昆虫正常发育和繁殖有促进作用，对雌虫产量有显著影响。研究表明，鳞翅目、双翅目和直翅目的一类昆虫需要这类维生素（忻介六和苏德明，1979；王延年等，1984）。除以上提到的维生素外，抗坏血酸也是很多植食性昆虫必需的微量营养成分。人工饲料中缺乏抗坏血酸会导致直翅目昆虫中的飞蝗、鞘翅目中的棉铃象甲以及鳞目中的棉铃虫发育异常、生长延迟、体重减轻和产卵减少等现象（忻介六和苏德明，1979；Vanderzant，1959）。李咏军等（2007）研究了不同配方的人工饲料对烟青虫生长发育的影响后，成功筛选出了一种适合饲养烟青虫 *Helicoverpa assulta* 的以豆粉、酵母粉、玉米粉为主加上蔗糖、复合维生素、番茄酱和琼脂的人工饲料配方。

5. 无机盐

无机盐也是昆虫人工饲料中不可缺少的营养成分之一，昆虫的组织和血液中都含有许多无机盐。这类物质在昆虫的生理、生化代谢，组织构成和昆虫生长发育过程中具有重要作用。Vanderzant（1965）用已知成分的人工饲料饲养棉铃象甲，研究结果表明，人工饲料中必须含有无机盐，棉铃象甲才能正常发育。不同种类的昆虫对无机盐的种类和比例要求不同。研究表明，当人工饲料中缺乏无机盐 P、K、Mg 时，3~4d 后桃蚜 *Myzus persicae* 将死亡。对杂拟谷盗 *Tribolium confusum* 而言，无机盐 Mg、Ca、Na 和 K 最重要，当缺乏 Mg 和 K 时幼虫的死亡率上升，Ca 是蛹羽化为成虫必需的无机盐。对家蚕 *Bombyx mori* 而言，在缺乏无机盐（K、Mg、Fe、Ca、Mn、P、Zn）的人工饲料中，幼虫不能正常生长发育（忻介六和苏德明，1979）。

昆虫的人工化学饲料中必须含有少量的无机盐混合物。但含有植物性物质的昆虫人工复合饲料往往不需要另外添加无机盐，例如，在已发表的棉铃虫人工饲料配方中，绝大多数都未添加无机盐类，棉铃虫仍可正常生长发育，一般认为植物材料中已含有此类物质。但是也有人认为寄主植物中 Na$^+$ 含量不足，可能是某些昆虫生长的一个限制因素，吴坤君等（1990）也指出，饲料中含 0.1%~0.2% 的 NaCl 对幼虫的生长发育有促进作用。

6. 天然营养物质

可供昆虫人工饲料添加的天然营养物质很多。筛选人工饲料天然营养物质的原则是，该物质具有昆虫所需的全部或大部分营养成分，来源经济可靠，加工方便。常见的昆虫人工饲料天然营养添加物有酵母、豆类、植物叶粉、麦胚和来自动物的组织如肝脏等。酵母是昆虫人工饲料中用得最多的天然营养添加物质。酵母所含的营养物质较为丰富，其中蛋白质和核酸的含量为 50% 左右；糖类 37%~40%；脂类为 2%~3%；水溶性维生素可达 0.5%（王延年，1984）。昆虫人工饲料中常用的是啤酒酵母和面包酵母，这两种添加物营养成分基本相同。吴坤君和李明辉（1993）研究发现，酵母粉含量在 7%~10% 范围内，能大幅度增加棉铃虫雌蛹的蛋白质含量，提高成虫的繁殖力。同时，还发现棉铃虫人工饲料中酵母粉含量由 26% 减少到 6% 时，幼虫历期延长近 1 倍，存活率也降低（吴坤君，1985）。卢文华（1986）利用正交试验设计，对斜纹夜蛾 Spodoptera litura 人工饲料进行了研究，结果表明，饲料中干酵母的含量是影响斜纹夜蛾生长发育的主要因素。林进添和刘秀琼（1996）通过甘蔗条螟 Proceras venosatum 人工饲料的研究，认为面包酵母是人工饲料中影响甘蔗条螟生长发育的首要营养因素。除此之外，研究也发现，人工饲料中酵母粉蛋白质的含量增高对甜菜夜蛾 Spodoptera exigua 幼虫的能源物质增长有促进作用（曹玲等，2007）。

豆类含有丰富的蛋白质（一般为 40% 以上）和脂肪酸，还有昆虫所需的维生素和固醇类等。但豆类中普遍含有蛋白酶抑制因子，能抑制蛋白酶的生物活性，从而对昆虫的正常生长发育产生不利影响（Cohen 等，2005），因此豆类必须经过加工处理，如用高压锅等设备来高温处理使蛋白酶抑制因子失去活性后再使用。

另外一种常见的天然营养物质存在于多种植物中，目前为止还不能单独提取或分离，必须把天然的植物叶粉或其提取液添加到人工饲料中，称谓"叶因子"。在 Beck（1949）用添加含有玉米叶的饲料饲养欧洲玉米螟（Ostrinia nubilalis）获得成功后，棉红铃虫等数十种重要的昆虫也以含有"叶因子"的昆虫人工饲料被成功饲养（王延年，1990）。现在我国科研工作者在玉米螟、二化螟 Chilo suppressalis、三化螟 Tryporyza incertulas、棉褐带卷蛾 Adoxophyes orana、棉铃虫、斜纹夜蛾等昆虫中都已证明了在人工饲料中添加叶因子的重要性（忻介六和邱益三，1986；卢文华，1986；陈其津等，2000；毕富春，1983；尚稚珍和王银淑，1984）。还有一些来自动物组织的营养物质如猪肝和牛肝也是昆虫人工饲料天然营养重要添加物质，如以猪肝为主的人工饲料已成功地应用于饲养捕食性昆虫天敌（Sighinolfi 等，2008），大量应用于瓢虫和草蛉捕食性昆虫的饲养。另外以猪肝为主的人工饲料也大量应用于双翅目中的一些吸血昆虫的饲养。除此之外，EI Arnaouty 等（2006）发现在捕食性昆虫草蛉的人工饲料中加入 1.2% 的一种螟蛾科成虫腹部的天然辅助物质后，草蛉从幼虫至成虫的成活率大大提高。

第二节　天敌昆虫人工饲料研究

20 世纪 50 年代，我国就开始利用赤眼蜂防治玉米螟、甘蔗螟虫、松毛虫 Dendrolimus

spp.、棉铃虫 *Helicoverpa armigera*、地老虎 *Agrotis* spp. 等害虫进行了一系列的研究。到 20 世纪 70 年代中期，我国大量天敌昆虫应用于生物防治工作取得较大进展。当时主要依靠饲养中间寄主来繁殖天敌昆虫，例如用米蛾 *Corcyra cephalonica* 繁殖草蛉；饲养蓖麻蚕 *Philosamia cynthia ricini* 繁殖赤眼蜂等（王延年，1990）。70 年代以来，利用柞蚕卵（大卵）和米蛾卵（小卵）大规模繁殖赤眼蜂方面都取得了显著成就。近年来我国利用人造卵繁殖平腹小蜂 *Anastatus japonicus* 防治荔枝蝽象 *Tessaratoma papillosa*，并成功实现了商品化生产。

国内外在天敌昆虫饲养方面早就开展了研究工作，并取得了可喜的进展，部分昆虫天敌已实现大规模生产，这主要分为如下几类：捕食性蝽类如斑腹刺益蝽 *Podisus maculiventris*（Say）、美洲小花蝽 *Orius insidiosus*（Say），捕食性瓢虫类如二星瓢虫 *Adalia bipunctata*（Linnaeus）、七星瓢虫 *Coccinella septempunctata* Linnaeus、孟氏隐唇瓢虫 *Cryptolaemus montrouzieri* Mulsant，草蛉类如普通草蛉 *Chrysoperla carnea*（Stephens）、红通草蛉 *Chrysoperla rufilabris*（Burmeister），捕食性螨类如智利小植绥螨 *Phytoseiulus persimilis* Athias-Henriot、西方盲走螨 *Typhlodromus occidentalis* Nesbitt 等，寄生蜂类如松毛虫赤眼蜂 *Trichogramma dendrolimi* Matsumura、豌豆潜蝇姬小蜂 *Diglyphus isaea* Walker、丽蚜小蜂 *Encarsia Formosa*（Gahan）。

用自然猎物如蚜虫等饲养天敌昆虫效果最好，但用于大面积防治害虫，一方面容易受到自然条件的影响，另一方面生产成本偏高、限制了天敌昆虫的大规模生产应用。因此，寻找合适的替代饲料，开发适用的人工饲料就成为天敌昆虫饲养的必经之路（Thompson，1999；Tauber 等，2000）。

一、捕食性天敌昆虫猎物研究

国内，捕食性蝽类的研究主要集中于蝎蝽、东亚小花蝽 *Orius sauteri* Poppius、南方小花蝽 *Orius similis* Zheng 和大眼蝉长蝽 *Geocoris pallidipennis* Costa。

蝎蝽在野外嗜食榆紫叶甲和松毛虫（郑志英等，1992；张晓军等，2016），并喜食多种鳞翅目幼虫，但在室内，这两种猎物不易饲养获得。国内试验验证柞蚕蛹是室内大量繁殖蝎蝽的一种猎物，蝎蝽取食柞蚕蛹后各生态学指标表现优异（高卓，2010；宋丽文等，2010；Zou 等，2012），但是，柞蚕蛹的季节性很强，储藏技术要求高，市场供应不稳定（赵双，2013），难以满足长年饲养蝎蝽的需要，且柞蚕蛹在饲喂蝎蝽时由于个体较大，往往在蝎蝽未取食完全时已发生腐烂，易导致蝎蝽死亡及自残现象的发生，利用率较低。因此，出于实际生产的迫切需要，考虑探究其他猎物室内饲养蝎蝽的可能性。

东亚小花蝽食性广，能够捕食多种小型昆虫的卵和若虫。周伟儒等（1989）尝试用米蛾 *Corcyra cephalonica* 卵、米蛾成虫、萝卜蚜 *Lipaphis erysimi*、朱砂叶螨 *Tetranychus cinnabarinus*、黍缢管蚜 *Rhopalosiphum padi*、桃蚜 *Myzus persicae* 和蓟马 *Thrips tabaci* 来饲养东亚小花蝽，在具有充分饮水和栖息植物条件下成虫的获得率可达 60%~80%。王广鹏等（2006）选择用玉米螟 *Pyrausta nubilalis* 幼虫、朱砂叶螨、豆蚜 *Aphis craccivora* 单头饲养东亚小花蝽，结果发现经过 3 种猎物的饲养效果比较，朱砂叶螨饲养的东亚小花蝽各生长发育指标更接近于对照，获得蝽类的龄期最短，存活率最高，因此认为朱砂叶螨可以作为饲养东亚小花蝽的适宜饲料。刘文静等（2011）研究西花蓟马 *Frankliniella occidentalis* 和豆蚜两种猎物饲养东亚小花蝽效果，结果表明，连续取食单一猎物，用西花蓟马饲养的东亚小花蝽在捕食时倾向于取食西花蓟马，用豆蚜饲养的东亚小花蝽在捕食时倾向于取食豆蚜，这样的结果说明东亚小花蝽对于长期取食的猎物有更明显的选择性，即对于长期取食的猎物能够产生适应性。

南方小花蝽是为害农田害虫的重要天敌之一。张昌容等（2012）评价二斑叶螨 *Tetranychus urticae* Koch、蚕豆蚜 *Aphis craccivora* Koch、腐食酪螨 *Tyrphagus putriscentiae* Schrank、西花蓟马对南方小花蝽存活的影响，结果表明除去腐食酪螨，西花蓟马、二斑叶螨、蚕豆蚜 3 种猎物均可使南方小花蝽完成正常生长发育，其中南方小花蝽在以二斑叶螨为饲养猎物时生长发育时间最长、繁殖率最低，而在取食蚕豆蚜时连续二代观察生命表参数不稳定，可得结论为在 3 种猎物中，西花蓟马对促进南方小花蝽实验种群增长最为有利。黄增玉等（2011）探讨米蛾卵和二斑叶螨两种猎物饲养南方小花蝽的效果，分别验证 2 种猎物对南方小花蝽种群增长的影响，得出结论为取食米蛾卵的南方小花蝽能够正常完成生长发育，可以选择米蛾卵作为繁殖猎物。周兴苗（2008）研究南方小花蝽对花蓟马 *Frankliniella intonsa* Trybom、棉蚜 *Aphis gossypii* Glover、烟粉虱 *Bemisia tabaci* Gennadius、棉铃虫、红铃虫 *Pectinophora gassypiella* Saunders 卵、棉红蜘蛛 *Tetranychus cinnabarinus* 等猎物具有较好的控制作用，可为南方小花蝽的生长发育提供所需的基本营养物质。张士昶（2009）研究发现南方小花蝽的成虫与若虫均对于花蓟马表现出嗜食性，对棉蚜及棉红铃虫卵则次之。

大眼蝉长蝽是我国棉田系统中的一类重要捕食性天敌。刘丰姣（2013）评价大眼蝉长蝽人工饲料和烟蚜 *Myzus persicae* Sulzer 两种食物的饲养效果，发现两种食物均可完成正常生长发育和繁殖，大眼蝉长蝽在以烟蚜为食物时，各龄若虫的累计存活率显著高于取食人工饲料的。仝亚娟等（2011）发现大眼蝉长蝽是苜蓿盲蝽 *Adelphocoris lineolatus* Goeze 的重要捕食性天敌。崔金杰等（1997）探究大眼蝉长蝽对棉铃虫初孵幼虫捕食量符合 Holling Ⅱ 型。

在替代猎物选择时既可利用自然界原有的猎物，也可采用其他适宜的种类，例如张帆等（2005）、徐春婷等（2003）用柞蚕卵繁殖赤眼蜂防治玉米螟，叶正楚（1986）、党国瑞（2012）等用米蛾卵饲养草蛉防治蚜虫。黏虫 *Mythimna separata* 是鳞翅目夜蛾科昆虫，是半翅目蝽科的天然猎物（毛增华等，1986；辛肇军等，2011），取食玉米叶即可完成扩繁且繁殖力强，无休眠和滞育习性，无自残习性，饲料来源广泛，可以常年人工群体饲养繁殖；幼虫取食禾本科植物发育快、虫体重，成虫产卵量大（路子云等，2014；余洋等，2011）。米蛾是鳞翅目螟蛾科昆虫，国内有研究利用米蛾饲喂半翅目蝽科，如米蛾卵成功饲养东亚小花蝽、天敌黄色花蝽，且米蛾室内饲养方法较为成熟（邱式邦等，1980）。

二、不同猎物的营养组成

天敌昆虫取食不同猎物，所吸收的营养及化学成分不同，会表现在生长发育和繁殖力等方面产生差异。对猎物的营养分析有助于寻找天敌对某种营养成分的需求量，确定所需营养成分的比例，为扩繁猎物提供营养参考。因此研究分析了 3 种常见猎物：米蛾幼虫、黏虫幼虫及柞蚕蛹的主要营养成分以及氨基酸、脂肪酸组成，运用常规数据分析方法进行综合比较分析，旨在为天敌取食的 3 种猎物的营养评价及应用提供科学依据。

1. 成分分析

粗成分分析包括粗蛋白、粗脂肪、糖分析；精细分析包括 18 种氨基酸分析、脂肪酸分析。

猎物中粗蛋白含量检测方法可按照国家标准 GB/T 6432—2018《饲料中粗蛋白的测定　凯氏定氮法》进行，利用经典的蛋白质定量方法——凯氏定氮法测定。即在催化剂作用下，先用浓硫酸置换出含氮物质中的氨，生成硫酸铵。再加入强碱置换，将氨转换为氨气，之后经过蒸馏使氨气逸出，接酸溶液来吸收氨气，再用酸滴定生成的铵盐，以此测得氮的含量，计算出粗蛋白含量即用氮含量乘以换算系数 6.25 即可。

猎物中粗脂肪含量检测方法可按照国家标准 GB/T 6433—2006《饲料中粗脂肪的测定》执行，按照索氏抽提法测定。对于脂肪含量高的样品，需预先用石油醚提取。提取后的样品经盐酸加热水解、冷却、过滤，再次用石油醚提取，后经蒸馏、干燥，称量残渣。

猎物中糖类检测可按照国家标准 GB/T 5009.8—2016《食品中果糖、葡萄糖、蔗糖、麦芽糖、乳糖的测定》进行。试样经沉淀蛋白质和萃取脂肪后过滤，样液进高压液相色谱仪，经氨基色谱柱分离，外标法定量。

猎物中氨基酸含量分析可按照国家标准 GB/T 18246—2019《饲料中氨基酸的测定》进行，利用自动氨基酸分析仪测定氨基酸组分。利用酸水解法进行测定，其基本原理是在盐酸的作用，将蛋白质水解，再将分离的氨基酸通过离子交换色谱法分离，随后以茚三酮做柱产生衍生物定量。

猎物中脂肪酸含量的检测可按照国家标准 GB/T 21514—2008《饲料中脂肪酸的测定》进行，由气相色谱仪测定脂肪酸组成。测量在昆虫体内脂肪、脂肪提取物、游离脂肪酸中脂肪酸的质量分数。对于脂肪和脂肪提取物首先用氢氧化钠的甲醇溶液将脂类物质皂化，再让皂化物与 BF_3-甲醇混合溶液反应，生成脂肪酸甲酯，或者在绝对甲醇中与甲醇化钾通过酯基转移反应生成脂肪酸甲酯，对于游离脂肪酸用盐酸的甲醇溶液甲酯化即可。通过毛细血管气相色谱分离，用已知组成的参比样品在色谱图中由标准品进行鉴别，并以内标法定量。

2. 不同猎物中氨基酸含量分析

3 种猎物中，柞蚕蛹氨基酸总和最高（11.63g/100g），高于米蛾幼虫和黏虫幼虫（分别为 10.06g/100g 和 6.95g/100g）。8 种必需氨基酸含量与氨基酸总量呈正相关，都以柞蚕蛹的含量表现最高。谷氨酸 GLU 和天冬氨酸 ASP 两种氨基酸在 3 种猎物中含量均为最高。

表 5-1　猎物中氨基酸成分

氨基酸中文名	氨基酸缩写	黏虫幼虫（g/100g）	米蛾幼虫（g/100g）	柞蚕蛹（g/100g）
天冬氨酸	ASP	0.73	0.97	1.24
苏氨酸 *	THR	0.32	0.43	0.60
丝氨酸	SER	0.32	0.52	0.65
谷氨酸	GLU	0.97	1.43	1.41
甘氨酸	GLY	0.35	0.50	0.52

（续表）

氨基酸中文名	氨基酸缩写	黏虫幼虫（g/100g）	米蛾幼虫（g/100g）	柞蚕蛹（g/100g）
丙氨酸	ALA	0.51	0.84	0.76
缬氨酸*	VAL	0.41	0.57	0.68
甲硫氨酸*	MET	0.14	0.15	0.20
异亮氨酸*	ILE	0.26	0.39	0.45
亮氨酸*	LEU	0.58	0.81	0.89
酪氨酸	TYR	0.23	0.50	0.77
苯丙氨酸*	PHE	0.37	0.43	0.55
赖氨酸*	LYS	0.55	0.70	0.87
组氨酸	HIS	0.23	0.30	0.39
精氨酸	ARG	0.47	0.65	0.66
脯氨酸	PRO	0.33	0.69	0.68
色氨酸*	TRP	0.07	0.08	0.11
半胱氨酸	CYS	0.10	0.12	0.20
氨基酸总量		6.95	10.06	11.63
必需氨基酸总量		2.70	3.56	4.35

注：*表示必需氨基酸。

三、代谢组学差异分析技术在昆虫猎物选择中的应用

代谢组学（metabolomics/metabolomics）由 Jeremy Nicholson 教授首次提出，是以生物体内源性代谢物质为研究对象，探究生物体内代谢物质整体及其变化规律的科学，与生物体外在表现相联系，为生命特征表型提供代谢通路上的解释（David 等，2006；Hui 等，2006；Fiehn，2003）。代谢组学所取得的代谢产物可通过代谢物靶标分析、代谢轮廓分析、代谢组学、代谢物指纹分析进一步处理（Fiehn，2002），依次是针对某个或某几个特定组分、少数预设的一些代谢产物、限定条件下特定生物样品中所有代谢物的定量分析以及比较代谢物指纹图谱。代谢组学的研究流程从以下几方面展开，如采集样品、样品预处理、代谢物分析与数据采集、数据分析、生命现象的解释等方面（夏建飞等，2009）。

代谢组学在底物水平上，检测和定量昆虫体内代谢物的变化，能够帮助揭示不同处理条件下昆虫代谢变化的全面视图。代谢组学能发现昆虫在不同环境下，如取食不同的营养条件下，在机体内引发的细微生化变化，这些变化与细胞的生长环境和细胞的营养状态密切相关，从而阐明取食营养的代谢与代谢调控机制之间的关系。代谢组学能够有效应用于机体营养需要量的研究（何庆华等，2011），可用于研究机体摄入营养素，如氨基酸和脂肪酸，所引起的整个机体的新陈代谢的变化，从而有助于更加高效的研究机体在生长发育过程中对于各种营养素的需要量（Yasushi 等，2003；Cristina 等，2010）。

（一）蠋蝽对3种猎物的取食情况

蠋蝽对于3种猎物的取食情况可见图5-1，蠋蝽对黏虫幼虫、米蛾幼虫、柞蚕蛹均表现取食，但在饲喂过程中，经观察发现蠋蝽对米蛾幼虫取食量少于黏虫幼虫与柞蚕蛹。

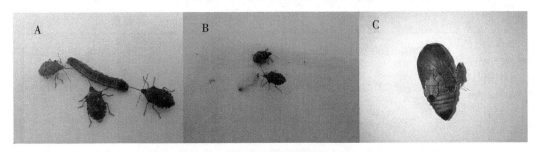

图5-1　蠋蝽对3种猎物的取食情况

（A. 蠋蝽取食黏虫幼虫；B. 蠋蝽取食米蛾幼虫；C. 蠋蝽取食柞蚕蛹）

1. 不同猎物对蠋蝽发育历期的影响

由图5-2可知，蠋蝽经3种猎物饲喂后发育历期的区别。不同猎物饲喂对于一龄若虫发育历期均没有显著影响；二龄至五龄若虫的发育历期，米蛾组的均显著高于黏虫组和柞蚕组；黏虫组与柞蚕组在发育历期上没有显著差异。这说明，在发育历期方面，黏虫幼虫和柞蚕蛹饲喂蠋蝽效果优于米蛾幼虫。

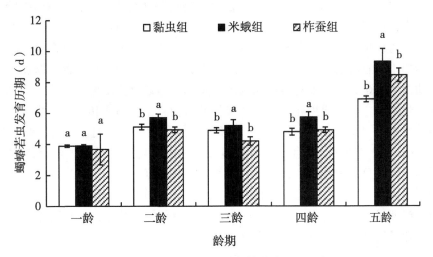

图5-2　取食3种猎物的蠋蝽若虫发育历期

不同小写字母代表3组数据具有显著性差异，统计方法为单因素方差分析 Duncan-（D），$P<0.05$。

2. 不同猎物对蠋蝽生殖力和寿命的影响

米蛾组产卵前期较黏虫组和柞蚕组显著延长，黏虫组与柞蚕组产卵前期没有差异。从产卵量上看，柞蚕组最高，平均441粒/雌，其次为黏虫组360粒/雌，米蛾组最低231粒/雌。卵孵化率，米蛾组最低，为57.37%。3组蠋蝽均存在偏雌性现象，但性比无显著差异。米蛾组雌雄虫的寿命较其他两组高。由单雌平均产卵量及孵化率方面，米蛾幼虫扩繁蠋蝽的效果差于黏虫幼虫和柞蚕蛹。

表 5-2　取食 3 种猎物的蠋蝽产卵前期、单雌平均产卵量、卵孵化率、寿命

处理	产卵前期[1] (d)	单雌平均 产卵量[1]	卵孵化率[2] (%)	性比[2] ♀：♂	寿命[1]　(d)	
					雌虫	雄虫
黏虫组 M. separata	7.44±0.93b	360.00±34.72a	73.21a	1：0.615a	61.55±5.41b	89.64±10.87b
米蛾组 C. cephalonica	14.60±1.41a	231.44±39.81b	57.37b	1：0.857a	94.33±4.38a	115.91±9.04a
柞蚕组 A. pernyi	9.71±1.03b	441±56.72a	64.27ab	1：0.6a	74.00±8.89b	121.45±8.59a

注：数据代表平均值±标准误，不同小写字母表示具有显著性差异．[1]表示统计分析方法为单因素方差分析 Duncan-(D)，$P<0.05$；[2]表示统计分析方法为卡方检验，$P<0.05$。

蠋蝽对于 3 种猎物的取食情况表明，蠋蝽对于 3 种猎物均有取食，但对于米蛾幼虫取食量最少，对柞蚕蛹的取食量最大。目前室内饲养蠋蝽都以柞蚕蛹作为猎物，昆虫嗜好于取食长期饲养的猎物（刘文静等，2011），因此蠋蝽已对取食柞蚕蛹产生一定适应，且经柞蚕蛹饲喂的蠋蝽各生长发育指标较为优异，但是在实际生产过程中，考虑到柞蚕蛹获得困难以及成本因素，不适合用于蠋蝽的大规模扩繁。因此本研究以柞蚕蛹饲喂的蠋蝽效果作为对照，比较黏虫幼虫和米蛾幼虫作为替代猎物饲喂适合性。黏虫为蠋蝽的天然猎物，个体相对较大，便于蠋蝽的取食，而米蛾属于仓储类害虫，且较黏虫幼虫、柞蚕蛹个体小，这一因素对黏虫组发育历期延长，产卵量降低具有直接影响。昆虫在遇到不适宜情况下，例如猎物不适宜时会发生拒食现象，这能够影响到昆虫的生长发育，取食量的减少会导致昆虫幼虫历期延长、不能正常产卵或产卵量降低等现象的发生（于飞等，2004）。

在雌虫生殖力方面，成虫在捕食不同种类的猎物时，产卵期和产卵量都会因猎物种类的不同而受到影响（徐崇华等，1981），环境条件或猎物不适合时，捕食性蝽类的产卵量会下降（Vivan 等，2003）。取食量及营养组成上的区别可能是导致米蛾组产卵前期显著延长的原因。结果显示米蛾组产卵量低，平均寿命有所延长，在一定程度上蠋蝽产卵量下降，是为了适应不良条件，降低新陈代谢速率，减缓生长发育以延长寿命。黏虫组雌虫生殖力方面，产卵量、卵孵化率、成虫获得率高于米蛾组，与柞蚕组无显著差异，这与黏虫的营养组分含量以及营养组分之间的平衡有关。

（二）蠋蝽取食 3 种猎物后的代谢组分析

蠋蝽生长发育所需的营养主要包括以下几类：蛋白质、脂类、碳水化合物、粗纤维、无机盐、水等营养物质。几类物质的代谢过程如下：第一，蛋白质首先被中肠消化液中各蛋白酶水解为多肽类物质，其次多肽物质被中肠组织中的肽酶水解为氨基酸，最后氨基酸被转运到血淋巴中运往全身各组织。第二，蠋蝽从食物中吸收的碳水化合物主要是作为能源物质在体内代谢，进入体内的大分子糖类物质首先被中肠消化液中的淀粉酶分解，转化为低聚糖，一部分以糖原形式储存于中肠上皮细胞，另一部分继续经糖酶水解，形成单糖进入血淋巴，供给各组织，为生命活动提供能量。第三，脂类是能源物质的储存形式，也是细胞成分的组成部分，通常所说的脂类物质主要包括脂肪、磷脂和固醇。摄入体内的脂

肪通常被水解为甘油和脂肪酸，被消化管组织重新吸收后，释放到血液中与蛋白结合发挥作用。磷脂是细胞膜的重要组成部分，维持细胞正常渗透压，保证细胞流动性。固醇，又称为甾醇，是螳螂生长发育必需的营养，但是螳螂缺乏合成甾醇的酶，在体内不能自主合成，只能通过食物来源获取甾醇，食物来源中的动物性甾醇胆固醇、植物性甾醇谷甾醇和豆甾醇对于螳螂体内甾醇的转换具有重要作用，对于螳螂正常生长发育具有重要营养价值。螳螂取食的不同营养，反映在其体内代谢物质的变化，研究代谢水平营养物质的变化，能够为昆虫选择适宜营养提供参考。

采用"全组分"非靶向代谢组学分析方法对螳螂个体组织进行检测，共获得 56 种代谢物和对应的绝对浓度值。具体分类如下所示：

氨基酸及其衍生物 Amino acids and the derivatives：3-羟基犬尿氨酸 3-Hydroxykynurenine、丙氨酸 Alanine、精氨酸 Arginine、天冬氨酸盐 Aspartate、甜菜碱 Betaine、瓜氨酸 Citrulline、胱硫醚 Cystathionine、谷氨酰胺 Glutamate、谷氨酸盐 Glutamine、甘氨酸 Glycine、组氨酸 Histidine、异亮氨酸 Isoleucine、犬尿氨酸 Kynurenine、亮氨酸 Leucine、赖氨酸 Lysine、蛋氨酸 Methionine、苯基丙氨酸 Phenylalanine、脯氨酸 Proline、丝氨酸 Serine、牛磺酸 Taurine、苏氨酸 Threonine、色氨酸 Tryptophan、酪氨酸 Tyrosine、缬氨酸 Valine、β-丙氨酸酪胺 beta-Alanine、甲基组氨酸 tao-Methylhistidine。

有机酸 Organic acids：3，4-苯二酚醋酸盐 3，4-Dihydroxybenzeneacetate、4-羟基苯乙酸 4-Hydroxyphenylacetate、醋酸盐 Acetate、苯酸盐 Benzoate、甲酸盐 Formate、延胡索酸盐 Fumarate、乳酸盐 Lactate、丙酮酸盐 Pyruvate、琥珀酸盐 Succinate。

糖类 Sugars：果糖 Fructose、葡萄糖 Glucose、海藻糖 Trehalose、UDP-N-乙酰氨基葡萄糖 UDP-N-Acetylglucosamine。

醇类 Alcohols：乙醇 Ethanol、甲醇 Methanol、肌醇 myo-Inositol。

其他 Others：尿囊素 Allantoin、二甲胺 Dimethylamine、乙醇胺 Ethanolamine、胆碱 Choline、胆碱磷酸 O-Phosphocholine、腺苷酸 Adenosine、腺苷一磷酸 AMP、次黄嘌呤 Hypoxanthine、sn-甘油基-3-胆碱磷酸 sn-Glycero-3-phosphocholine、肌苷 Inosine、尿苷 Uridine、尿嘧啶 Uracil。

经单元统计学，得到螳螂体内原始代谢物浓度，代谢物浓度信息分布表如图 5-3 所示：A 组代表黏虫幼虫饲喂的螳螂组，B 组代表米蛾幼虫饲喂的螳螂组，C 组代表柞蚕蛹饲喂的螳螂组。纵轴为代谢物名称，横轴为某代谢物浓度在组间所占比例。从图 5-3 中可以观察不同组别间的代谢浓度差异。

对于取食黏虫幼虫的螳螂体内代谢物含量与取食米蛾幼虫体内代谢物含量进行两两比较，结果多种代谢物含量均有显著差异。

为探究螳螂取食 3 种不同营养的猎物之后体内代谢成分的差异，我们同时对 3 种不同营养来源的螳螂的代谢组进行测定。通过不同组螳螂的代谢组学差异分析，得出结论，取食黏虫幼虫与柞蚕蛹的 2 组螳螂代谢轮廓相似，取食米蛾幼虫与取食黏虫幼虫、柞蚕蛹的代谢轮廓相异。由螳螂体内代谢物含量的显著差异可以解释螳螂各生物学指标出现显著差异的原因。

从螳螂取食黏虫幼虫、米蛾幼虫、柞蚕蛹 3 种不同猎物的生长发育情况差异展开研究，利用代谢组学差异评价 3 种猎物作为室内饲喂螳螂猎物的可能性。在昆虫生长发育过程中，所摄入的各营养成分既要具有适宜的含量又要具有适当的比例，营养成分的平衡是食物发挥其营养价值的重要因素。黏虫幼虫基本可以满足蠋蝽营养需求，代谢旺盛，繁殖力高，生命周期与柞蚕组相比无显著差异，而米蛾幼虫仅部分满足蠋蝽生长需求，代谢缓慢、繁殖力降低，生命周期相应延长。黏虫幼虫为蠋蝽的天然猎物，各营养成分含量与蠋蝽营养需求相一致，因此，黏虫各营养成分的比例可为蠋蝽取食营养比例提供参考。

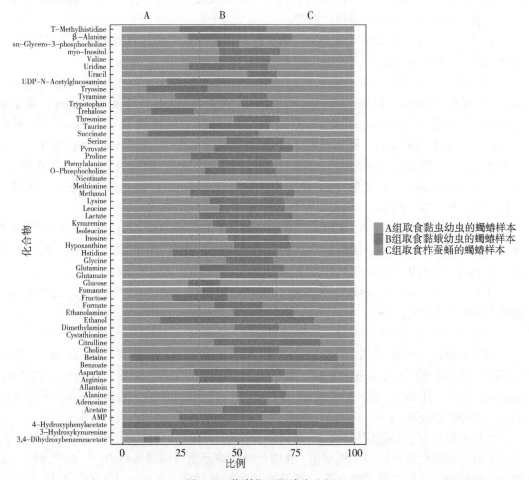

图 5-3 代谢物组间浓度比例

四、天敌昆虫饲养成本分析

生物防治项目应用淹没式和接种式的释放策略，如果想要控制目标害虫，就必须释放大量的高质量的昆虫天敌。大型的自动化昆虫生产工厂每周可以生产 10 亿个地中海果蝇（*Ceratitis capitata*）蛹及 1.5 亿~5 亿个螺旋蝇（*Cochliomyia hominivorax*）蛹用于不育性释放项目。除此之外，工厂化进程已经发展到可以每周生产 120 万头的果蝇寄生蜂——阿里山潜蝇茧蜂（*Fopius arisanus*）（Bautista 等，1999；McGraw，2001）。作为一种害虫控制途径，生物防治大范围应用的一个限制因子就是有益昆虫的费用问题，它远超过化学防治的花销。一个理想的人工饲料可以大大地减少生产有益昆虫的花销。普通草蛉（*Chrysoperla carnea*）和红通草蛉（*C. rufilabris*）的一种理想的人工饲料的发展使每头草蛉的费用由 0.358 7美元降到 0.000 25美元（Tauber 等，2000）。

如前所述，天敌昆虫的饲养经过了"天然猎物—替代猎物—人工饲料"的过程。在这个过程中，成本和效益一直是主导因素。除了人工饲料配方以外，应用天然猎物和人工饲料饲喂天敌昆虫的费用问题是我们需要面对的另一个难题。Wittmeyer 等（2001）研究发现，饲养相同数量的斑腹刺益蝽种群，应用天然猎物粉纹夜蛾的费用是用人工饲料的费用的 1.4 倍。但是实际上，由于取食人工饲料的种群发育历期延长，产卵量下降等因素，使得取食人工饲料的费用成为取食粉纹夜蛾的 3.5 倍。Coudron 等（2002）进一步研究发现，斑腹刺益蝽经过连续 11 代的饲养以后，取食人工饲料的实际费用仅为取食粉纹夜蛾的费用的 1.2 倍。这大大地减少了应用人工饲料获得天敌昆虫的费用。但饲料包装的成本仍占人工饲料总体成本很大一部分的比例。目前，国内外捕食性蝽类的人工饲料研究主要集中在实验室内，而以后进行工厂化生产时，经过工艺改良，人工饲料的费用会比实验室内的费用大大减少。这为应用人工饲料扩繁天敌昆虫提供了美好的前景。

研发天敌昆虫人工饲料必须经过连续饲养，评价人工饲料对天敌昆虫生长发育的影响和分析饲养成本。

我们通过用人工饲料连续饲喂蠋蝽 12 代，观察其对蠋蝽生物学特性的影响并分析了饲养成本。

经研究发现，在若虫和成虫阶段都取食人工饲料的蠋蝽，若虫发育历期显著延长，净繁殖率（R_0）和内禀增长率（r_m）都比取食柞蚕蛹的低。取食人工饲料的蠋蝽倍增时间（T_d）大约是取食柞蚕蛹的蠋蝽倍增时间的 2 倍。但是随着代数的增加，取食柞蚕蛹的蠋蝽倍增时间稍有增加，而取食人工饲料的蠋蝽倍增时间略有减少。在饲养一代蠋蝽的原料的费用（TCG）中，取食柞蚕蛹和人工饲料的种群随着代数增加费用都略有增加。用人工饲料饲养一代蠋蝽的原料的费用比用柞蚕蛹的略高。用柞蚕蛹饲养的蠋蝽每个卵的费用（Cost/egg）仅为用人工饲料饲养的蠋蝽卵的费用的 1/5 左右。随着代数增加，取食柞蚕蛹的蠋蝽卵的费用有所增加，而取食人工饲料的卵的费用略有减少。取食柞蚕蛹蠋蝽的倍增费用（Cost of doubling）随着代数的增加有所增加，但是对于取食人工饲料的蠋蝽有所减少。取食人工饲料的蠋蝽倍增费用为取食柞蚕蛹的蠋蝽倍增费用的 1.7 倍（以 F_{12} 为例）。

取食人工饲料的蠋蝽卵仍旧比取食柞蚕蛹的蠋蝽卵轻。应该是由于取食人工饲料的蠋蝽成虫个体较小的原因。相应地，取食人工饲料的蠋蝽一龄若虫较取食柞蚕蛹的蠋蝽一龄若虫轻。取食人工饲料的蠋蝽二龄和三龄若虫随着代数增加，体重有所下降，与取食柞蚕蛹的蠋蝽接近。这表明蠋蝽对人工饲料进一步适应，不再对饲料过度取食或对饲料消化吸收能力加强。但是取食人工饲料的四龄和五龄若虫仍旧不如取食柞蚕蛹的若虫重，这表明饲料还有很大的改良空间。卵和若虫体长的变化趋势和体重较相似。

将发育历期作为一个评价人工饲料性能的参数或许是较可靠的。随着代数增加，取食柞蚕蛹的蠋蝽卵孵化率有所下降，若虫死亡率变化不大。而对于取食人工饲料的蠋蝽来讲，卵自残现象变化不大，卵孵化率稍有上升，若虫死亡率变化不大。这说明蠋蝽还在逐渐适应饲料，但是可驯化的速度较慢。对于雌虫的繁殖力参数，取食两种食物的雌虫体重变化都不大；而随着代数的增加，取食柞蚕蛹的雌虫产卵前期有所延长，取食人工饲料的雌虫产卵前期稍有缩短，但变化不大；取食柞蚕蛹的雌虫产卵量有所减少，取食人工饲料的雌虫产卵量稍有增加，但变化不大；取食人工饲料的雌虫可育率稍有下降。净繁殖率（R_0）在取食两种食物的种群中都有所下降，而内禀增长率（r_m）在取食人工饲料的种群中略有上升，这可能与产卵量增加有关。这些生物学参数表明，随着代数的增加，取食柞蚕蛹的蠋蝽种群有所退化，取食人工饲料的蠋蝽种群在慢慢适应人工饲料的过程中也在退化。造成这种现象的原因很可能是室内饲养代数多、种群数量相对较小而引起的近亲繁殖造成的。还可能是由于单杯饲养，活动空间较小而引起的种群退化。

通过对取食人工饲料和柞蚕蛹的蠋蝽转录组进行测序，经分析发现，在13 872个差异表达基因中，10 261个基因在取食人工饲料的蠋蝽中发生了上调。此外在取食人工饲料的蠋蝽中，许多与营养相关的基因在许多代谢通路中发生了富集，这表明饲料中的一些营养成分可能在某种程度上表现过剩。这个研究显示，用营养基因组学方法有望破译饲料变化对昆虫的影响及如何改良人工饲料。由食物变化引起的基因表达的变化与观察到的取食不同食物的蠋蝽的生理学差异有关。与这些差异生理特性相关的差异表达基因被发现，如热激蛋白90、精液蛋白、保幼激素酯酶、SOD、触角酯酶CXE19和气味绑定蛋白15。值得注意的是，转录组分析使得我们能够分析饲料对雄虫性能的影响（即精液蛋白的表达），这个通过生活史分析是很难做到的。笔者还发现一些与营养相关的代谢通路及营养调控差异表达基因，由此获得了对饲料更多的信息反馈，因此，可以更有效地优化该人工饲料。此外，一些SNP及微卫星标记被预测，这有助于鉴定蠋蝽种群的多态性。

五、昆虫人工饲料的配制注意事项

配制昆虫人工饲料时，任何失误将导致配制的饲料饲养效果不好。人工饲料配置技术要考虑的主要问题包括：①防止昆虫人工饲料污染；②满足昆虫营养平衡需求；③满足良好的物理性状要求；④满足取食刺激物质要求等。不同类别昆虫人工饲料的配制还有其独特的技术要求，本书其他章节将以一些重要昆虫为例，分别介绍多种昆虫人工饲料配备的独特技术要求。下面将介绍配制昆虫人工饲料时通常注意事项和以上提到的几项常用的关键技术。

（一）昆虫人工饲料污染控制

昆虫人工饲料要满足防止微生物污染及防腐灭菌的要求，否则，饲料再好，没有经过防腐处理，也会很快变质，从而导致人工饲养昆虫失败。Sikorowski 和 Lawrence（1994）曾指出，微生物污染是影响人工饲养昆虫的重要问题之一。微生物可使饲料变质，引起饲养昆虫数量和质量的下降。最常见的问题是人工饲料污染导致幼虫的死亡率上升以及昆虫的发育时间滞后。常见的微生物污染源有细菌、酵母菌和各种霉菌等。昆虫人工饲料暴露在空气中容易受到微生物污染，配制昆虫人工饲料时可以利用以下技术来防止微生物污染：①无菌操作，在无微生物污染源的条件下操作，如在超净工作台里配制人工饲料；②防腐灭菌，常见的防腐灭菌方法是，高压灭菌致死微生物和在饲料中添加防腐剂。下面将分别介绍超净工作台下无菌操作和防腐灭菌技术。

1. 无菌操作

防止昆虫人工饲料污染，预防尤其重要，配制昆虫人工饲料最好在无菌条件下操作，如使用超净工作台。超净工作台就是利用空气通过由特制的微孔泡沫塑料片层组成的空气滤清器，形成连续不断的无尘无菌的超净空气层流所生成的实验环境。它除去了绝大多数尘埃、真菌和细菌孢子等，可以防止微生物污染饲料。超净工作台一定要开机 10min 以上，形成连续不断的无尘无菌的超净空气层后开始使用，这样能防止饲料污染。超净台应经常经检查、拆洗和更换，以阻拦大颗粒尘埃、泡沫塑料的污染。工作台正面的金属网罩内的超级滤清器如因使用年久时必须更换，以防止尘粒堵塞，风速减小，不能保证无菌操作。超净台的进风罩不能对着敞开的门或窗，以免影响滤清器的使用寿命。超净工作台应常用 70% 酒精消毒，或配合紫外线灭菌灯（每次开启 15min 以上）等消毒灭菌。

另外，与昆虫人工饲料接触的物品必须采取严格的消毒措施：如放在人工饲料表面上的昆虫卵必须用甲醛或超市出售的消毒液（含次氯酸钠）消毒；养虫塑料盒、毛笔、纸张、镊子等养虫用具，都要经过严格消毒后才能够使用；养虫室内外要保持清洁，防止病菌污染；用 1%~2% 漂白粉液浸洗养虫用具或紫外灯照射养虫房，能获得较好的消毒效果（温小昭等，2007）。

2. 防腐灭菌

昆虫人工饲料的防腐灭菌可以考虑采用以下高压灭菌和添加防腐剂相结合的方法，这些方法简便易行，效果也好。下面介绍具体方法和注意事项：

高压灭菌是利用高压锅等设备对配制昆虫人工饲料或配制饲料时所用的物品进行灭菌。选定高压灭菌参数时要考虑以下原则：①能有效地杀灭微生物；②饲料灭菌时，要减少其营养成分的破坏和损失。昆虫人工饲料常用的高压灭菌工作压力是 0.11MPa，温度是 121℃，时间 20min。确定不同人工饲料或同一饲料在不同容器中的最佳压力和时间都要经过昆虫饲养试验结果来选定。高压灭菌时一定要注意：高压灭菌能破坏维生素和抗生素，因此，这些物质应在高压灭菌后，当饲料温度较低时加入（一般为 60℃）；液体饲料在容器中高压灭菌时，容器必须要留出一定空间（一般为容器体积的 2/3），以保证安全和灭菌效果。

防腐剂的主要作用是干扰或破坏微生物细胞内各种酶系的活性，从而减少微生物产生的毒素和降低微生物的繁殖能力。常用的防腐剂和抗生素有对-羟基苯甲酸甲酯、山梨酸、甲醛、苯甲酸钠、丙酸、丙酸钠、尼泊金，以及金霉素、卡那霉素、土霉素等，其中对-羟基苯甲酸甲酯、山梨酸、甲醛和金霉素的使用比较广泛。当一种防腐剂不能完全抑制饲料里的微生物时，往往要添加多种防腐剂。朱金娥和金振玉（1999）进行了家蚕人工饲料防腐剂研究，他们发现用山梨酸与丙酸按一定比例复合添加防腐效果明显，家蚕生长良好。如果饲养昆虫的周期长，每隔一定的周期就要更换防腐剂或选用长效的防腐剂，以防昆虫人工饲料中防腐剂作用失效。崔为正等（1999）进行了家蚕人工饲料防腐剂和抗生素的筛选研究，他们筛选出由山梨酸、强力霉素组成的复合型防腐抗菌剂，不仅明显提高了人工饲料的防腐能力，而且对家蚕的败血症和僵病的治疗效果均达到 90% 以上，具有防腐和防病的双重作用。

确定昆虫人工饲料最佳防腐剂的种类及使用浓度需经过试验得到。一般要考虑以下原则：①能对常见的微生物污染有较强的广谱抑制效果；②不影响昆虫的正常生长发育。很多防腐剂都带有毒性，而且毒性的大小随着浓度的增加而加大，如在家蚕饲料中添加防腐剂时，对家蚕的摄食和生长发育会有不良影响（崔为正等，1999）。防腐剂不仅在不同浓度时毒性不一，而且同一浓度对不同的昆虫毒性也不一样。山梨酸是一种广泛的防腐剂，很多昆虫人工饲料中都会应用，但在三化螟的饲料中达到 0.1% 的浓度时，对幼虫表现出一定的毒害作用（王延年等，1984；尚稚珍和王银淑，1984）。王叶元等（2005）研究了山梨酸、苯甲酸、山梨酸和丙酸共 4 种防腐剂对小蚕生长发育的影响，他们发现小蚕人工饲料的防腐剂以添加 0.25%～0.3% 的山梨酸为宜。

（二）昆虫营养平衡需求

所有的昆虫都需要一些必需的营养来满足自身的生长、发育和繁殖，这些基本的营养成分包括蛋白质、糖类、脂类、维生素、无机盐和其他必需的天然营养物质。但不同的昆虫对这些营养物质的搭配比例要求不尽相同，昆虫人工饲料中一种或多种营养成分过低或者过高都不利于昆虫的生长发育。如果人工饲料中营养物质搭配比例适合昆虫代谢的需要，昆虫生长、发育正常，繁殖力强。这种满足昆虫正常生长发育和繁殖需求不同营养之间的比例为昆虫营养平衡需求。用营养平衡失调的人工饲料饲养昆虫时，昆虫会出现生长缓慢、发育不良和繁殖力下降等现象。如李广安等（1998）在对甜菜夜蛾的人工饲料研究中发现，人工饲料中蛋白质含量过高，会增加甜菜夜蛾的代谢负担。

满足昆虫营养平衡需求应注意按照昆虫生长发育、繁殖不同阶段的营养和生化代谢需要来配制人工饲料，如昆虫在正常发育时都需要维生素 C，昆虫翅的发育都需要不饱和脂肪酸。Zeng 和 Cohen（2000a，2000b）研究了昆虫本身消化酶、天然食物营养成分与营养比例之间的关系，探索了从满足昆虫本身的生理和生化需求角度来满足昆虫营养平衡需求。胡增娟等（2002）用线性规划法为主要手段，以豆粕粉为主要蛋白源，测定了饲料中粗蛋白含量与家蚕消化吸收、食料利用率、肠液蛋白酶活性、茧质、蚕体生长及丝腺生长等生理性状的关系，结果发现随着饲料中蛋白含量的增加，饲料的利用效率提高，但超过一定限度，蚕的摄食性和消化吸收机能就被抑制，导致生长发育不良。从研究的各项指标综合考虑，人工饲料中粗蛋白含量以 25% 左右为宜，豆粕粉的适宜添加量为 30%～35%。Dindo 等（2006）研究了人工饲料对古毒蛾追寄蝇 *Exorista larvarum* 的影响，他发现营养不平衡的昆虫人工饲料可以减少古毒蛾追寄蝇的产卵量。以上实例表明，满足昆虫营养平衡需求对配制昆虫人工饲料非常重要。

在配制昆虫人工饲料时，满足昆虫营养平衡需求最常用的简单方法是参照饲养对象寄主的营养成分和各种营养比例来确定昆虫人工饲料的成分组成和比例。Beck 等（1949）参照寄主植物的主要营养成分比例，成功研究出玉米螟人工饲料，他们根据玉米植株不同生长期糖和蛋白质含量的变化，针对玉米螟的取食习性，筛选出玉米螟在不同龄期幼虫的人工饲料配方。随着现代植物化学和现代微量分析技术的发展和普及如气相和液相色谱技术，参照寄主植物和动物的营养组成成分比例来设计昆虫人工饲料营养配方的技术将会得到广泛的应用。

（三）人工饲料物理性状要求

人工饲料必须具备能适应所饲养昆虫口器和习性的物理性状，如硬度、浓度、均匀性和含水量等，这些性状对昆虫的生长和发育十分重要。不同昆虫在自然条件下的取食对象不尽相同，有些昆虫的取食对象是固体，有的是液体，对于大多数咀嚼式口器昆虫如棉铃虫、瓢虫等，取食对象是固体；对于刺吸式口器的昆虫如蝉、蚜虫等种类取食对象是液体，因此，对昆虫人工饲料的研制需要模仿在自然条件下取食对象的状态。

156

昆虫人工饲料的均匀性一定要好，一般可以通过胶体磨和混匀器来实现饲料的均匀一致。但使用这些设备时要注意其温度，如果设备的温度太高会破坏人工饲料的营养成分。饲料的物理性状方面可用很多物质调节，如加入纤维素，能增加饲料的粗糙度；加入琼脂作为一种凝固剂，一般的情况下饲料中琼脂的含量为3%左右，如果添加植物组织，可适当地减少琼脂的用量（王延年等，1984）。

（四）取食刺激物质要求

取食刺激物质是指那些能引导昆虫摄食和诱发昆虫取食行为的化学物质。该物质能满足饲养对象取食刺激的需要以及增强天敌取食行为。取食刺激物质大致分为下列三类：

1. 兼具营养功能的取食刺激物质

兼具营养功能的取食刺激物质如蔗糖。在家蚕中，糖类对取食刺激的机理已进行过详细研究，昆虫的取食反应常因为与若干氨基酸或与蔗糖等其他物质的结合而加强。李恺等（2007）在研究不同人工饲料对龟纹瓢虫取食效应和虫体成分的影响中指出，添加蔗糖的饲料影响龟纹瓢虫的取食量要显著高于未添加蔗糖的饲料，表明蔗糖对于龟纹瓢虫的取食具有促进作用。另外，脂类蛋白质等也能刺激取食，如麦胚含有昆虫需要氨基酸、脂肪酸等多种营养物质，还含有刺激某些昆虫取食的物质（Chippendale 和 Mann，1972）。此外，油酸与亚油酸的混合物对金针虫能获得最大的刺激取食效果；β-谷固醇对家蚕以及磷脂对蝗虫均是取食刺激剂（忻介六和邱益三，1986）。

2. 天然取食刺激物质

这类物质虽无明显的营养价值，有的甚至有毒，但有刺激取食的作用。这类物质主要作为昆虫取食的"信号"。例如，黑芥子硫苷酸钾及其分解物烯丙异硫氢酸对菜粉蝶 *Pieris brassicae* 幼虫、甘蓝地种蝇 *Delia brassicae*、甘蓝蚜 *Brevicoryne brassicae* 有吸引力；芥子油糖对小菜蛾幼虫和其他鳞翅目昆虫以及某种蚜虫也有刺激取食的功能（忻介六和邱益三，1986）。

3. 工业合成的有机化合物

鸟嘌呤单磷酸酯对家蝇 *Musca domestica*、醋酸联三苯对某些昆虫、萜烯对梣海小蠹 *Hylesinus fraxini*、乙醇对梣材小蠹 *Xyleborus fraxini* 均有取食刺激作用（忻介六和邱益三，1986）。崔为正等（2000）也指出，焦性没食子酸也同样具有刺激昆虫取食的明显作用。

第三节　营养基因组学在昆虫饲料改良中的应用

从历史上看，研究一种人工饲料来饲养一种昆虫需要花费几年甚至几十年的时间，有许多令人满意的饲料已经开发出来。研究昆虫人工饲料的困难在于对调控一种昆虫种群适切性的生理生化过程缺乏了解，并且缺少能用来评价昆虫对特殊营养源的适合性的生理或生化的标记。基于这个希望，当前营养基因组学的发展能够通过决定营养是如何改变全部或特殊的基因表达模式，为营养对昆虫生理造成的影响提供有价值的信息。这个信息将被用来鉴定昆虫分子标记，这个分子标记就是昆虫对不同营养成分的正的或负的指示器。之后，这些生物标记将被用于评价它们和营养缺乏的相关性。与此同时，也会知道更多的影响与适切性直接相关的昆虫营养因子。最后，从研究中得到的生物标记可以引导一种简单而快速评价室内和野外的昆虫种群质量和适切性的评价方法。

Yocum 等（2006）所做的鉴定取食人工饲料和天然寄主的二点益螨的差异表达基因的营养基因组学研究是令人鼓舞的。在这个研究中所用的两种方法都不容易解释营养变化而导致的新陈代谢通路的变化。其他的方法，例如，通过体内新陈代谢途径的流动测试（Hellerstein，2003），可以为在新陈代谢通路中与营养相关的改变提供额外的观点。尽管基因芯片法和抑制性消减杂交法有这样的不足，但是它们可以提供一个快速且灵敏的方法来探测由于营养变化而导致的基因型的变化，因此它也是一种方法，通过这种方法，基本的生物化学对营养的重要性能够被确定下来。明显地，当观察和测量昆虫性能变化时，基因组技术有潜力来为研究者生成一个新的生物标记网络。

用来评价一种昆虫的生物标记也很可能用于其他昆虫。一种有益昆虫之所以被用于营养基因组的研究，是因为在田间释放足够数量和质量的有益天敌昆虫来进行生物防治的一个问题就是饲养昆虫的费用和难度。一种理想的人工饲料可以很大程度地减少生产成本，即减少劳动力和饲养寄主植物的费用。快速地评价一种昆虫对饲料生理反应的能力，不仅能够形成高性能的饲料配方而且可以加速配方的改良，还可以提供一种快速地在田间评价昆虫对植物或昆虫寄主反应的方法。再有，在这个领域的进一步研究可以在昆虫种群中为生理、生化、适切性、质量、高性能等的基因调控提供一个更好的定义。通过提供更加快速的鉴定和评价潜在寄主，这种方法在引进天敌昆虫的风险评估中也是很有用的。从最广泛的前景来看，这些研究进展很可能有助于生物防治方法的应用和农业可持续发展。

一、营养基因组学

营养基因组学（nutrigenomics）研究的是食物如何影响个体遗传信息的表达，以及个体的基因是如何进行营养物质、生物活性物质的代谢并对这一代谢过程做出何种反应。饮食因素和基因（或者突变基因）相互作用的关系，能促进健康或者导致疾病，也许可以用"营养基因组学"来描述。

作为后基因组时代的一个最新的"组学"技术，营养基因组学坚持以下原则：①缺乏营养是导致疾病的高危因素；②常见的饮食化学物质作用于人类基因组，无论是直接的还是间接的，都能够改变基因的表达和/或基因的结构；③饮食影响健康和疾病之间的平均的程度取决于个体的基因构成；④一些饮食调节基因（或者常见的突变型）在疾病发生、发展过程或慢性病的严重性等方面都扮演着重要的角色；⑤可以利用科学的营养需求、营养状况和基因型的膳食干预来防止、减轻或治愈慢性疾病（祁鸣等，2011）。食物引起遗传信息表达的改变以及基因型差异造成的不同的代谢谱是营养基因组学的中心理论，而且，这种理论能够真实地说明膳食和健康之间的重要联系。早在2 400年前，人们就已经观察到了基因和环境之间有相互作用的现象。古希腊医学奠基人——希波克拉底的著名格言"食物就是你的药，药就是你的食物"，几乎完全预言了由于过量摄入热量及某些营养物质引起的慢性疾病发病率的增高，如肥胖症、代谢综合征、Ⅱ型糖尿病（T2DM）、心血管疾病（CVD）等多种疾病。因此，从科学到医学到农业，从膳食到社会到公共政策执行，营养基因组学在整个社会中的影响已经不仅是人类基因组计划的课题内容。目前，已经知道，通过平衡、合理膳食规划，慢性疾病是可以预防的，或者至少是可以缓解的。同时，对不同人群的营养基因组学的比较研究也可以为全球的营养不良状况和此类疾病的更深入的研究提供有价值的信息（祁鸣等，2011）。营养基因组学在昆虫中的研究起步较晚，尤其天敌昆虫的营养基因组学研究才刚刚兴起。

二、昆虫中的营养基因组学研究

当生物化学研究已经大量地分析营养新陈代谢的各个阶段时（Marks，1996），人们对这些过程的分子遗传机制还知之甚少。在过去的 20 年里，分子技术的改良使基因序列信息兴起。紧跟其后的一个挑战就是应用这些信息从基因组层次来分析生化过程及相应的基因功能。目前，营养基因组领域的发展，通过研究营养如何改变总体基因表达模式，可以在营养对大范围生物化学参数的影响中提供很有价值的信息。天敌昆虫学者的目的就是应用营养基因组学方法来鉴定可以用来作为昆虫对不同营养源的反应的早期指示器的昆虫分子标记，应用该标记来测量昆虫的适切性并改善大量饲养昆虫的昂贵费用。

Zinke 等（1999）证明在果蝇幼虫中，不同的营养情况对基因表达模式可以有非常特殊的效果，例如，脂肪酶-3 及烯醇丙酮酸磷酸羧激酶在饥饿时都是上调表达的。Zinke 等（2002）将果蝇若虫中控制营养的差异表达基因分为调控糖代谢（如脂肪酶-3、G 转运载体、胰岛素受体和脂肪酸合酶）、脂类代谢（如乙酰辅酶 A 羧酶、酰基辅酶 A 硫酯水解酶、ATP 柠檬酸裂解酶、胞间酶、6-P-G-脱氢酶、三酰甘油酯酶）和细胞生长（如假定的翻译调控子 Thor、RNA 解旋酶、核糖体蛋白和转录子）等反应不同生理代谢通路的组群。此外，在营养被剥夺的 1h 内，一些基因是上调的（如 PCTI、假定的转录子 sug、Thor、编码基因 CG6770 和 CG18619 的转录子）或下调的（如三酰甘油酯酶）。

这些研究强调了营养基因组在促进昆虫营养的基础研究和应用研究的潜在能力。在昆虫有效饲养中，科学和技术的改进将来源于制造营养和昆虫适切性的关联性，这种改进也可能在昆虫大量饲养及研究目标生物防治中有最大的应用。大量饲养的有益昆虫的降低害虫种群数量的能力是与它们的适切性相关的。

三、高通量测序在营养基因组学中的应用

研究昆虫的人工饲料就要研究它们的营养和环境。昆虫面临着很多环境压力，包括支持它们生长发育及繁殖的食物来源的数量和质量的潜在的不一致性。因此，昆虫必须拥有处理食物波动起伏的机制。对于可预测的季节性食物短缺，昆虫启动了行为和生理上的滞育机制（Danks，1987；Tauber 等，1986）来逃避食物短缺。对于食物数量及质量上的，或影响消化的环境因子等的不可预测的变化，昆虫应用一系列的行为、生化及生理的机制，对并不是最佳的营养摄取做出反应（Slansky 和 Scriber，1985；Chapman，1985；Chown and Nicolson，2004）。这些反应在分子水平上可以被清晰地观察到。例如，在理想状态下，改变蛋白质到碳水化合物的转化率，就会引起增殖细胞核抗原（proliferating cell nuclear antigen，PCNA）基因在东亚飞蝗 *Locusta migratoria* 肠道中的表达量的减少（Zudaire 等，2004）。饥饿和高糖的饲料会使黑腹果蝇幼虫产生一系列的特殊基因（Zinke 等，2002）。

人工饲料目前的发展策略是测量一些生理及生化参数来衡量饲料配方的改变对昆虫性能的影响（Adams，2000；Adams 等，2002；Wittmeyer 等，2001；Coudron 等，2002；Coudron 和 Kim，2004）。饲料成分一次改变一种，用新配方饲料饲喂的昆虫的性能被测量一次。这种努力是较费时间的，要花几年至数十年来优化一种饲料，而最后许多努力都失

败了。加速饲料发展所需要的是一种更直接的方法，这种方法能提供一种更加宽泛而有益的信息反馈，以此来找出饲料配方的不足。营养基因组学就是检测营养如何影响基因的表达模式，它不仅能提供衡量一种昆虫对一种饲料配方的反应的方法，而且还可以提供饲料缺陷的相关信息。

随着下一代高通量测序技术的出现，用于研究营养基因组学的抑制性消减杂交方法渐渐地淡出了历史舞台。目前，下一代高通量测序技术为那些没有或少有分子背景知识的昆虫的基因组探测提供了一个极其难得的机会（Gibbons等，2009）。这项技术可以在很短的时间内，以很少的费用最大限度地增加数据流量（Ansorge，2009）。例如，Illumina测序技术已经被应用于褐飞虱 *Nilaparvata lugens*（Xue等，2010）、意蜂 *Apis mellifera*（Alaux等，2011）、烟粉虱 *Bemisia tabaci*（Wang等，2010，2011）、白背飞虱 *Sogatella furcifera*（Xu等，2012）、橘小实蝇 *Bactrocera dorsalis*（Shen等，2011）、翼多态盐沼甲 *Pogonus chalceus*（van Belleghem等，2012）的研究中。454焦磷酸测序技术的应用使得功能基因组学的应用更加广泛，例如它已被应用于温带臭虫 *Cimex lectularius*（Bai等，2011）、庆网蛱蝶 *Melitaea cinxia*（Vera等，2008）、六星灯蛾 *Zygaena filipendulae*（Zagrobelny等，2009）、白杨叶甲 *Chrysomela tremulae*（Pauchet等，2009）、大豆蚜 *Aphis glycines*（Bai等，2010）、烟草天蛾 *Manduca sexta*（Zou等，2008；Pauchet等，2010）、灰飞虱 *Laodelphax striatellus*（Zhang等，2010）、厩螫蝇 *Stomoxys calcitrans*（Olafson和Lohmeyer，2010）、美洲犬蜱 *Dermacentor variabilis*（Jaworski等，2010）、珠弄蝶 *Erynnis properties* 和择丽凤蝶 *Papilio zelicaon*（O'Neil等，2010）及白蜡窄吉丁 *Agrilus planipennis*（Mittapalli等，2010）等昆虫的研究。然而，迄今为止，转录组分析还没有被应用于有益昆虫人工饲料的改良中。

（陈红印、邹德玉、曾凡荣　执笔）

参考文献

毕富春，1983. 黏虫的简易人工饲料及防腐剂对其生长发育的影响［J］. 昆虫知识，30（6）：260-263.

曹玲，刘怀，张彬，等，2007. 不同蛋白质含量的人工饲料对甜菜夜蛾能源物质的影响［J］. 西南师范大学学报：自然科学版，32（1）：102-106.

陈其津，李文宏，庞义，2000. 饲养五种夜蛾科昆虫的一种人工饲料［J］. 昆虫知识，37（6）：325-327.

陈宗麒，缪森，谌爱东，等，2001. 小菜蛾弯尾姬蜂室内批量繁殖技术［J］. 昆虫天敌，23（4）：145-148.

崔为正，牟志美，王彦文，2000. 小蚕人工饲料中若干物质添加效果的研究［J］. 江苏蚕业（1）：11-13.

崔为正，王彦文，张国基，等，1999 家蚕人工饲料防腐剂和抗生素的筛选研究［J］. 山东农业大学学报，30（3）：219-225.

戴开甲，马志健，曹爱华，1995. 赤眼蜂人工寄主卵研究新进展［C］∥全国生物防治学术讨论会论文摘要集.

方昌源，刘刚，胡发新，等，1982. STQL-1型双套管气流式喷卵机研制报告［R］.

中国农业科学院棉花研究所科学研究年报：134-138.

方杰，朱麟，杨振德，等，2003. 昆虫人工饲料配方研究概况及问题探讨 [J]. 四川林业科技，24（4）：18-26.

冯建国，陶训，张安盛，等，1997. 利用人造卵繁殖的螟黄赤眼蜂防治棉铃虫研究 [J]. 中国生物防治，13：6-8.

傅建伟，黄建，刘冰妍，2002. 小黑瓢虫的引种繁殖及温度对其发育的影响 [J]. 武夷科学，18：138-142.

龚佩瑜，李秀珍，1992. 饲料含氮量对棉铃虫发育和繁殖的影响 [J]. 昆虫学报，35（1）：40-46.

胡增娟，崔为正，牟志美，2002. 线性规划人工饲料中粗蛋白含量对家蚕若干生理性状的影响 [J]. 蚕业科学，28（3）：224-228.

蒋素蓉，付凤玲，2004. 几种半人工饲料饲养黏虫的效果 [J]. 四川农业大学学报，24（2）：222-224.

李敦松，余胜权，刘建峰，等，2002. 荔枝绿色食品生产中的植保技术 [J]. 广东农业科学（2）：41-42.

李广宏，陈其津，庞义，1998. 甜菜夜蛾人工饲料的研究 [J]. 中山大学学报：自然科学版，37（4）：1-5.

李恺，张天澍，张丽莉，等，2007. 不同人工饲料对龟纹瓢虫取食效应和虫体成分的影响 [J]. 华东师范大学学报（自然科学版）（6）：97-105.

李文谷，郦一平，何永刚，1991. 一种适用于多种棉花鳞翅目害虫的麦胚饲料 [J]. 昆虫学研究集刊，10：35-40.

李咏军，吴孔明，罗术东，2007. 烟青虫人工大量饲养技术的研究 [J]. 核农学报，21（1）：75-78.

林进添，刘秀琼，1996. 条螟半纯人工饲料的研究 [J]. 仲恺农业技术学院学报，9（1）：50-57.

刘刚，曾凡荣，方昌源，1979. 饲养草蛉幼虫的人造卵制卵机的研制 [R]. 中国农业科学院棉花研究所科学研究年报.

刘刚，曾凡荣，方昌源，1980. 饲养草蛉幼虫的人造卵制卵机的研制续报 [R]. 中国农业科学院棉花研究所科学研究年报：332-341.

刘志诚，刘建峰，杨五烘，1995. 机械化生产人工寄主卵大量繁殖赤眼蜂、平腹小蜂及多种捕食性天敌研究新进展 [C] // 全国生物防治学术讨论会论文摘要集.

吕飞，刘玉升，张秀波，等，2007. 鳞翅目昆虫人工饲料的研究现状 [J]. 华东昆虫学报，16（2）：149-155.

莫美华，庞雄飞，1999. 利用半合成人工饲料饲养小菜蛾的研究 [J]. 华南农业大学学报，20（2）：13-17.

莫美华，庞虹，庞雄飞，2007. 小菜蛾半合成人工饲料配方的优化 [J]. 中山大学学报（自然科学版），466：45-86.

牟吉元，徐洪富，荣秀兰，2001. 普通昆虫学 [M]. 北京：中国农业出版社.

蒲蛰龙，1976. 我国害虫生物防治概况 [J]. 昆虫学报，19：247-252.

尚稚珍，王银淑，1984. 二化螟人工饲料实用化的研究 [J]. 昆虫知识（1）：8-12.

宋彦英，周大荣，何康来，1999. 亚洲玉米螟无琼脂半人工饲料的研究与应用 [J]. 植物保护学报，26（4）：324-328.

王承伦，毛刚，高颖，等，1999. 赤眼蜂寄生卵识别精选机 [J]. 中国生物防治，15（3）：139-140.

王承伦，张荆，霍绍荣，等，1998. 赤眼蜂的研究、繁殖与应用 [M]∥包建中，古德祥. 中国生物防治. 太原：山西科学技术出版社.

王素琴，2001. 利用人造卵繁育赤眼蜂的研究 [J]. 植保技术与推广（21）：40-41.

王延年，郑忠庆，周永生，等，1984. 昆虫人工饲料手册 [M]. 上海：上海科学技术出版社.

王延年，1990. 昆虫人工饲料的发展、应用和前途 [J]. 昆虫知识，27（5）：310-312.

王叶元，霍永康，刘时椿，2005. 家蚕人工饲料防腐剂的效果试验 [J]. 广东蚕业，39（2）：31-35.

温小昭，邓钧华，吴海昌，2007. 实验昆虫人工饲养技术与管理 [J]. 生物学通报，42（7）：58.

吴钜文，王素琴，官云秀，1995. 利用人造卵繁殖螟黄赤眼蜂防治棉田棉铃虫的效果 [C]∥全国生物防治学术讨论会论文摘要集.

吴坤君，1985. 棉铃虫的紫云英麦胚人工饲料 [J]. 昆虫学报，28（1）：22-29.

吴坤君，龚佩瑜，李秀珍，1990. 烟青虫人工饲料的研究 [J]. 昆虫学报，33（3）：301-308.

吴坤君，李明辉，1992. 棉铃虫营养生态学的研究：食物中糖含量的影响 [J]. 昆虫学报，35（1）：47-52.

吴坤君，李明辉，1993. 棉铃虫营养生态学研究：取食不同蛋白质含量饲料时的种群生命表 [J]. 昆虫学报，36（1）：21-28.

武丹，王洪平，2008. 利用马铃薯块茎饲养马铃薯瓢虫的初步研究 [J]. 河南农业科学（4）：76-77.

忻介六，邱益三，1986. 昆虫、螨类和蜘蛛的人工饲料（续篇）[M]. 北京：科学出版社.

忻介六，苏德明，1979. 昆虫、螨类和蜘蛛的人工饲料 [M]. 北京：科学出版社.

杨兆芬，曹长华，石丽金，等，2001. 半人工饲料对细纹豆芫菁成虫的正效应 [J]. 福建师范大学学报：自然科学版，17（1）：84-86.

应霞玲，曾玲，庞雄飞，1999. 红纹凤蝶半合成人工饲料研究 [J]. 华南农业大学学报，20（4）：24-27.

曾爱平，季香云，蒋杰贤，等，2005. 甜菜夜蛾人工饲料优化配方筛选 [J]. 湖南农业大学学报（自然科学版），31（6）：656-659.

张广学，1997. 适合农业可持续发展的农业害虫自然控制策略 [J]. 世界科技研究与发展，19（6）：36-39.

张克斌，谭六谦，1989. 昆虫生理 [M]. 西安：陕西科学技术出版社.

张丽莉，李恺，张天澍，等，2007. 人工饲料对龟纹瓢虫生长和繁殖的影响 [J]. 昆虫知识，44 (6)：178-678.

朱金娥，金振玉，1999. 家蚕人工饲料防腐剂的研究 [J]. 粮食与饲料工业 (1)：38-39.

Akey D H, Beck S D, 1970. Continuous rearing of the pea aphid, *Acythosiphon pisum*, on a holidic diet [J]. Annals of the entomological society of America, 64 (2)：353-356.

Applebaum S W, 1985. Biochemistry of digestion. Comprehensive Insect Physiology Biochemistry and Pharmacology [M]. Oxford：Pergamon Press：279-311.

Beck S D, Lilly J H, Stauffer J F, 1949. Nutrition of the European corn borer, *Pyrausta nubilalis* (Hbn). I. Development of a satisfactory purified diet for larval growth [J]. Annals of the Entomological Society of America, 42：483-496.

Butler G D, 1968. Sugar for the survival of lygus Hesperus on alfalfa [J]. Journal of Economic Entomology, 61：854-855.

Brodbeck B V, Peter C A, Russell F M, 1999. Effects of total dietary nitrogen and nitrogen form on the development of xylophagous leafhoppers [J]. Archives of Insect Biochemistry and Physiology, 42：37-50.

Chu H F, Meng H L, 1958. Studies on three species of cotton plant-bugs *Adelphocous taeniophorus* Reuter, *A. lineolatus* (Goeze), and *Lygus lucorum* Moyer-Dur (Hemiptera, Miridae) [J]. Acta Entomologica Sinica, 8 (2)：117-118.

Cohen A C, Patana R, 1984. Efficiency of food utilization by *Heliothis zea* (Lepidoptera：Noctuidae) fed artificialdiets or green beans [J]. Canadian Entomologist, 116：139-146.

Cohen A C, 1985. Simple method for rearing the insect predator geocoris punctipes (Heteroptera：Lygaeidae) on a Meat Diet [J]. Journal of Economic Entomology, 78 (5)：1173-1175.

Cohen A C, 1989. Ingestion efficiency and protein consumption by a heteropteran predator. Annals of the Entomological Society of America, 82 (4)：495-499.

Carson C A, 1998. Solid-to-liquid feeding：the inside (s) story of Extra-oral digestion in predaceous arthropoda [J]. American Entomologist (2)：103-117.

CohenA C, Smith L K, 1998. A new concept in artificial diets for *Chrysoperla rufliabris*：the efficacy of solid diets [J]. Biological Control, 13：49-54.

Cohen A C, 2000. New oligidic production diet for *Lygus hesperus* knight and *L. lineolaris* (Palisot de Beauvois) [J]. Journal of Entomological Science, 35 (3)：301-309.

Cohen A C, 2001. Formalizing insect rearing and artificial diet technology [J]. American entomologist：198-205.

Cohen A C, Zeng F, Crittenden P, 2005. Adverse Effects of Raw Soybean Extract on Survival and Growth of *Lygus hesperus* [J]. Journal of Entomological Science, 40：390-400.

Davis F M, Malone S, Oswalt T G, et al., 1990. Medium-sized lepidopterous rearing system using multicellular rearing trays [J]. Journal of Economic Entomology, 83 (4): 1538-1540.

Dindo M L, Grenier S, Sighinolfi L, et al., 2006. Biological and biochemical differences between in vitro-andin vivo-reared *Exorista larvarum* [J]. Entomologia Experimentalis *et* Applicata, 120: 167-174.

EI Arnaouty S A, Galal H, Beyssat V, et al., 2006. Influence of artificial diet supplements on developmental features of *Chrysoperla carnea* Stephens [J]. Egyptian Journal of biological Pest Control, 16: 29-32.

Grenier S, De Clercq P, 2003. Comparison of artificially vs, naturally reared natural enemies and their potential foruse in biological control [J]. Quality of Artificially Reared Biocontrol Agents, 115-131.

Grenier S, De Clercq P, 2005. Biocontrol and artificial diets for rearing natural enemies [M] // David P. Encyclopedia of Pest Management. Taylor & Francis: 1-3.

House H L, 1966. Effects of varying the ratio between the amino acids and other nurtrients in conjunction with a salt mixture on the fly *Agria affinis* (Fall.) [J]. Journal of Insect Physiology, 12 (3): 299-310.

King E G, Hartley G G, Martin D F, et al., 1985. Large-scale rearing of a sterile back-cross of the tobacco budworm (Lepidoptera: Noctuidae) [J]. Journal of Economic Entomology, 78: 1166-1172.

Nordlund D A, 1993. Improvements in the production system for green lacewings: a hot melt glue system for preparation of larval rearing units [J]. Journal of Entomological Science, 28: 338-342.

Sighinolfi L, Gérard Febvay, Dindo M L, et al., 2010. Biological and biochemical characteristics for quality control of *Harmonia axyridis* (Pallas) (Coleoptera, Coccinellidae) reared on liver-based diet [J]. Archives of Insect Biochemistry & Physiology, 68 (1): 26-39.

Sing P, Moore R F, 1985. Handbook of Insect Rearing [M]. Tokyo: Elsevier Science Ltd. New York: 522.

Sikorowski P P, Lawrence A M, 1994 . Microbial Contamination and Insect Rearing [J]. American Entomologist, 40 (4): 240-253.

Thompson S N, 1975. Defined meridia and holidic diets and aseptic feeding procedures for artificially rearing the ectoparasitoid, *Exeristes roborator* (Fabricius) [J]. Annals of the Entomological Society of America, 68: 220-226.

Thompson S N, 1976. Effects of dietary amino acid level and nutritional balance on larval survival and development of the parasite *Exeristes roborator* [J]. Annals of the Entomological Society of America, 69: 835-838.

Thompson S N, 1999. Nutrition and culture of entomophagous insects [J] . Annual Review of Entomology, 44: 561-592.

Vanderzant E S, 1957. Growth and reproduction of the pink bollworm on an amino acid medium [J]. Journal of Economic Entomology, 50 (2): 219-221.

Vanderzant E S, 1959. Inositol: an indispensable dietary requirement for the boll weevil [J]. Journal of Economic Entomology, 52: 1018-1019.

Vanderzant E S, 1963. Nutrition of the adult boll weevil: Oviposition on the defined diets and amino acid requirements [J]. Journal of Insect Physiology, 9: 683-691.

Vanderzant E S, Richardson C D, 1964 . Nutrition of the adult boll weevil: Lipid requirements [J]. Journal of Insect Physiology, 10 (2): 267-272.

Vanderzant E S, 1965. Aseptic rearing of the boll weevil on defined diets: amino acid, carbohydrate and mineral requirements [J]. Journal of Insect Physiology, 11: 659-670.

Woolfolk S W, Smith D B, Martin R A, et al., 2014. Multiple or fice distribution system for placing green lacewing eggs into Verticel larval rearing units [J]. Journal of Economic Entomology, 100: (2): 283-290.

Zeng F R, Cohen A C, 2000a. Comparison of alpha-amylase and protease activities of a zoophytophagous and two phytozoophagous Heteroptera [J]. Comparative Biochemistry & Physiology Part A Molecular & Integrative Physiology, 126 (1): 101-106.

Zeng F R, Cohen A C, 2000b. Partial characterization of α-amylase in the salivary glands of *Lygus hesperus* and *L. lineolaris* [J]. Comparative Biochemistry & Physiology Part B Biochemistry & Molecular Biology, 126 (1): 9-16.

Zeng F R, Cohen A C, 2000c . Demonstration of amylase from the zoophytophagous anthocorid *Orius insidiosus* [J]. Archives of Insect Biochemistry & Physiology, 44 (3): 136-139.

Zapata R, Spect O, Grenier S, et al., 2005, Carcass analysis to improve a meat-based diet for the artificial rearing of the predatory mirid bug *Dicyphus tamanini* [J]. Archives of Insect Biochemistry & Physiology, 60: 84-92.

第六章　捕食蝽类天敌昆虫饲养与应用技术

第一节　国内外捕食性蝽的研究进展及现状

半翅目昆虫俗称蝽类昆虫，是昆虫纲中比较大的类群，其中的捕食性种类在自然生态系统中起到很好的天敌昆虫作用，随着科研工作的推进，人们对这类昆虫有越来越明晰的认知，目前研究较多的有蝽科中的益蝽亚科、长蝽科、花蝽科、盲蝽科齿爪盲蝽亚科、猎蝽科和姬蝽科的种类等。国内外对捕食性蝽开展的研究主要分为生物学特性、生理生化、生防应用和人工饲养几个方面。大量的生活史和生长发育等研究为捕食蝽的害虫防治应用奠定了基础（Braman 和 Yeargan，1990；Legaspi，2004；Honda 等，2008；Shintani 等，2010）。在生理生化方面有涉及斑腹刺益蝽 *Podisus maculiventris*、黑刺益蝽 *Podisus nigrispinus* 和双斑刺益蝽 *Podisus bioculatus* 对环境挥发物的嗅觉电生理反应（Sant'Ana 和 Dickens，1998；Weissbecker 和 Loon，2000）、侧刺蝽 *Andrallus spinidens* 唾液腺和肠道中消化酶的消化作用和平刺猎蝽 *Pristhesancus plagipennis* 唾液腺毒素成分分析等研究。

捕食性蝽在农田、森林、园艺系统中的控害潜能已经在世界范围内被评估，然而到目前为止应用在农田中的捕食性蝽仍然较少。随着有害生物综合管理的提出，多种捕食性蝽类昆虫在控制农业害虫中具有一定的前景。

欧美地区已经将多种捕食蝽应用于温室害虫种群控制，如斑腹刺益蝽和双斑刺益蝽对鳞翅目幼虫、叶甲的防控（Houghgoldstein 和 Mcpherson，1996），狡诈小花蝽 *Orius insidiosus* 对蓟马、大豆蚜的防控（Rutledge 和 O'Neil，2005）等。虽然杂食性盲蝽有取食植物的习性，但在猎物充足的情况下不会对植物造成为害，因此以暗黑长脊盲蝽 *Macrolophus caliginosus*、西方猎盲蝽 *Dicyphus hesperus*、塔马尼猎盲蝽 *Dicyphus tamaninii*、烟盲蝽 *Nesidiocoris tenuis* 为代表的杂食性盲蝽也被广泛用于防控番茄、茄子、辣椒等作物上的烟粉虱、温室白粉虱、西花蓟马等小型害虫（Castane 等，2004；吴伟坚等，2004）。国内也对许多捕食性蝽的捕食作用有较多的研究，包括捕食功能反应、猎物选择性、防治效果等方面。如蠋蝽 *Arma chinensis*、叉角厉蝽 *Cantheconidea furcellata* 捕食多种鳞翅目和鞘翅目害虫的幼虫（蒋杰贤和梁广文，2001；邹德玉等，2016），白翅大眼蝉长蝽 *Geocoris pallidipennis* 捕食棉花和烟草作物上的蚜虫、叶螨、盲蝽、叶蝉卵和若虫（周正等，2013），东亚小花蝽 *Orius sauteri* 和南方小花蝽 *Orius strigicollis* 可在豆类、甜椒等蔬菜植物上捕食蓟马、蚜虫、叶螨等（蔡仁莲等，2016；尹哲等，2017），黑肩绿盲蝽 *Cyrtorrhinus lividipennis* 捕食稻飞虱和叶蝉类害虫（乔飞等，2016），中华微刺盲蝽 *Campylomma chinensis* 捕食茄子等蔬菜上节瓜蓟马、烟粉虱和朱砂叶螨等（余金咏等，2005）。

166

目前在人工饲养方面斑腹刺益蝽（Pde 等，1998）、蠋蝽（邹德玉等，2012）、大眼蝉长蝽（周正等，2013）、东亚小花蝽、南方小花蝽（马凤梅和吴伟坚，2005；刘丰姣和曾凡荣，2013）等捕食蝽种类均已经开展了大量的探索，并取得了一定成效，对于促进捕食蝽的大量扩繁和商品化生产至关重要。

益蝽亚科分布于全世界，Schouteden（1907）列出 55 属，280 种。Thomas（1992）列出西方的 110 种益蝽亚科种类，随后 1994 年，Thomas 报道了 187 种旧世界的益蝽亚科种类。目前，大家比较公认 Thomas 的分类数据，益蝽亚科共有 69 属 297 种，但被充分研究的只有不到 10% 的种类。纵观全世界，某些种类已经得到了相当多的关注，并且商品化。主要包括斑腹刺益蝽、二点益蝽、黑刺益蝽、双刺益蝽、叉角厉蝽、蠋蝽等。作者综合目前国内外文献的记录，总结了已经广泛研究种类的地理分布、生活史、人工饲养情况和捕食范围等（表 6-1）。

表 6-1　益蝽亚科分布，生活史，饲养和控害能力信息表

捕食蝽	分布	生活史	饲养	控害能力	参考文献
斑腹刺益蝽	北美地区	在加拿大和美国的中北部每年发生 2~3 代，从 10 月到翌年 4 月处于冬眠状态，斑腹刺益蝽以成虫越冬，越冬场所在垃圾里、土壤里、石头下、树皮下等地方；在美国温暖的南方地区，不需越冬	马铃薯甲虫、黄粉虫等	可取食 8 个目的超过 90 种昆虫，主要用于防治美国白蛾和马铃薯甲虫	De Clercq 等 2014
双刺益蝽	古北区和欧洲	一般以卵越冬，每年发生 1~2 代	地中海粉螟、潜蝇、夜蛾科幼虫等	防治鳞翅目和鞘翅目的害虫	Musolin 和 Saulich，2000
二点益蝽	墨西哥，美国和加拿大	每年发生 2~3 代	斜纹夜蛾和马铃薯甲虫等	马铃薯甲虫和墨西哥甲虫等	Yocum 等，2006
黑刺益蝽	南美洲	在阿根廷一年发生 2~3 代	大蜡螟、家蚕、黄粉虫幼虫、斜纹夜蛾和番茄尺蠖等	防治棉花、咖啡、大豆、桉树上的害虫	Holtz 等，2010
叉角厉蝽	南亚和印度	在印度每年大约繁殖 5 代；在每年的 12 月至翌年的 2—4 月间处于冬眠	斜纹夜蛾等	取食夜蛾科在内的多种鳞翅目昆虫	朱涤芳，1990
蠋蝽	中国，远东，西伯利亚，小亚细亚，中亚，中南欧，蒙古国，日本	每年发生 2~3 代，成虫在枯枝落叶下、向阳的土块下，以及树皮、墙缝等处越冬，从 10 月到翌年 4 月处于冬眠状态	柞蚕蛹和黏虫	美国白蛾、草地贪夜蛾、马铃薯甲虫、棉铃虫、盲蝽象等多种害虫	邹德玉等，2016；唐艺婷等，2019

与蝽科中其他亚科的植食性蝽不一样的是，益蝽亚科的蝽具有较厚的喙，端部是薄的

并且可以自由活动，嵌入猎物内，取食活的猎物。

益蝽亚科一龄若虫不取食猎物，只汲取水分就能完成发育。尽管发现捕食性蝽的部分发育阶段需要以植物为食，但是从二龄若虫开始，必须取食昆虫猎物才能完成发育。而且，除了取食猎物之外，经常发现若虫和成虫取食植物汁液和水分，表明仅靠水或者猎物完成捕食性蝽的若虫发育和成虫存活是不够的。

一、蝽科益蝽亚科

1. 蠋蝽 *Arma chinensis*（Fallou）

蠋蝽，又名蠋敌，异名有 *Arma discors* 和 *Auriga peipingensis*，属半翅目蝽总科蝽科益蝽亚科蠋蝽属。该蝽分布于我国北京、甘肃、贵州、河北、黑龙江、湖北、湖南、江苏、江西、吉林、辽宁、内蒙古、山西、山东、陕西、四川、新疆、云南、浙江及蒙古和朝鲜半岛（Rider 和 Zheng，2002）。蠋蝽经常活动于榆树及杨树混交林、棉田及大豆田等地，是农林业中一种重要的捕食性天敌昆虫。其可以捕食鳞翅目、鞘翅目、膜翅目及半翅目等多个目的害虫（柴希民等，2000；陈静等，2007；高长启等，1993；高卓，2010；Zou 等，2012）。其中以叶甲科和刺蛾科的幼虫最为喜食（高长启等，1993）。在棉田，由于 Bt 棉的种植，棉铃虫 *Helicoverpa armigera*（鳞翅目：夜蛾科）的种群被有效地抑制，但是陆宴辉等（2010）发现，盲蝽象由次要害虫上升为主要害虫，蠋蝽除了可以捕食棉铃虫外，还可以捕食三点盲蝽 *Adelphocoris fasciaticollis* 和绿盲蝽 *Apolygus lucorum*。因此应用转基因技术和释放天敌昆虫相结合的方法来控制害虫可以更有效地达到可持续发展的目的。此外，蠋蝽还可以取食马铃薯甲虫 *Leptinotarsa decemlineata*（鞘翅目：叶甲科）和美国白蛾 *Hyphantria cunea*（鳞翅目：灯蛾科），因此应用本地天敌昆虫来防治重大外来入侵害虫是一种切实有效的好方法。由此可见，蠋蝽是农林业生物防治中一种非常值得关注的天敌昆虫。

成虫：体色斑驳，盾形，体较宽短，臭腺沟缘有黑斑，腹基无突起，抱器略呈三角形（郑乐怡，1981）。体黄褐色或暗褐色，不具光泽，长 10~15mm；头部侧叶长于中叶，但在其前方不汇合；前胸背板侧角伸出不远（柴希民，2000）。雌虫体长 11.5~14.5mm，体宽 5~7.5mm；雄虫体长 10~13mm，体宽 5~6mm，体黄褐或黑褐色，腹面淡黄色，密布深色细刻点。触角 5 节，第三、第四节为黑色或部分黑色。头的中叶与侧叶末端平齐，喙第一节粗壮，只在基部被小颊包围，一般不紧贴于头部腹面，可活动；第二节长度几乎等于第三、第四节的总长，前胸背板侧缘前端色淡，不呈黑带状，侧角略短，不尖锐，也不上翘。雄虫抱握器为三角形（高卓，2009）。

卵：圆筒状，鼓形，高 1~1.2mm，宽 0.8~0.9mm。侧面中央稍鼓起。上部 1/3 处及卵盖上有长短不等的深色突起，组成网状斑纹。卵盖周围有 11~17 根白色纤毛。初产卵粒为乳白色，渐变半黄色，直至橘红色（高卓，2009）。

若虫：初孵若虫为半黄色，复眼赤红色，孵化约 10min 后头部、前胸背板和足的颜色由白变黑，腹部背面黄色，中央有 4 个大小不等的黑斑，侧接缘的节缝具赭色斑点，4 龄后可明显看到 1 对黑色翅芽。若虫共计 5 龄，其各龄平均体长为 1.6mm、2.9mm、4.2mm、5.9mm、9.6mm；体宽为 1.0mm、1.2mm、2.3mm、2.7mm、4.6mm（高卓，2009）。

蠋蝽在北京每年发生 2~3 代，以成虫越冬，翌年 4 月中旬开始出蛰，4 月底交尾，5

月上旬开始产卵，中旬出现第一代若虫，6月中旬出现第一代成虫，7月上旬第一代成虫交尾产卵，7月中旬出现第二代若虫，7月底出现第二代成虫。在新疆每年发生2~3代，翌年4月中旬发蛰，10月上旬开始越冬。在甘肃兰州，上官斌（2009）通过林内定点观察发现，蠋蝽1年发生2代，以成虫在枯枝落叶下、向阳的土块下以及树皮、墙缝等处越冬。每年4月上旬越冬成虫开始在刺柏上活动，5月上旬开始交尾产卵，产卵盛期为5月下旬。5月下旬第1代若虫孵出，孵化可持续到6月下旬，5月下旬到6月上旬为孵化盛期。该蝽在黑龙江省每年发生两代（表6-2），以成虫于树叶枯草下，石缝或树皮裂缝中越冬。蠋蝽世代重叠现象非常明显。Zou等（2012）研究发现，在北京室内（27℃±2℃，RH 75%±5%）以柞蚕蛹饲养的蠋蝽产卵前期大约5~8d，若虫各龄期发育时间不同，具体发育时间详见表6-3。研究发现，经室内观察，成虫多次交尾，交尾时间最长195min，最短的10~20min。成虫产卵多数产在叶片上，几十粒或十几粒为一个卵块。高卓（2010）认为蠋蝽取食时是进行口外消化，可以取食比自己体型宽大的猎物。雌性个体间产卵差异较大，单雌平均产卵量409粒左右。

表6-2 蠋蝽生活史（哈尔滨，2008—2009）（高卓，2010）

世代	11月至翌年4月	5月	6月	7月	8月	9月	10月
越冬代	(+) (+) (+)	+ + +	+ + + +	+ + +			
			○ ○ ○ ○ ○				
第一代			— — —	— — — —			
				+ + +	+ + + +	+ + +	+ (+) (+) (+)
				○ ○ ○			
第二代					— — — —	— — — —	— —
						+ + +	+ (+) (+) (+)

注：（+）为越冬代成虫；+为成虫；○为卵；—为1~5龄若虫

表6-3 蠋蝽发育时间（Zou等，2012）

发育阶段	发育时间（d）		
	最小值	最大值	平均值（mean±SE）
卵	5	7	6.43±0.08
1龄	3	4	3.25±0.07
2龄	3	5	4.11±0.10
3龄	3	4	3.41±0.07
4龄	3	6	4.00±0.11
5龄	5	7	5.89±0.09
雄虫	33	60	44.18±1.08
雌虫	23	54	37.25±1.14

2. 益蝽 *Picromerus lewisi* Scott

益蝽 *Picromerus lewisi* Scott 也属于益蝽亚科 Asopinae，广泛分布于我国各省市以及日本、朝鲜、俄罗斯等亚洲区域。

益蝽初孵卵为浅黄白色，随着卵日龄增加逐渐变为墨绿色，卵孵化前为暗红色，卵粒呈圆顶型，表面具有珍珠光泽，卵壳顶端周围一圈具有呼吸孔。若虫刚蜕皮为暗红色，随后体色逐渐加深，若虫共有 5 个龄期。成虫体长 10~14mm。

益蝽能取食鳞翅目幼虫，如杨小舟蛾 *Micromelalopha troglodyte*（Staudinger）和两色绿刺蛾 *Latoria bicolor* Walker（熊大斌和徐克勤，2008）；在东北地区每年完成 2 代，以卵越冬（陈振耀，1986）。据笔者于田间和实验室内观察发现，益蝽可捕食黏虫 *Mythimna separate*（Walker）、大蜡螟 *Galler mellonella*、斜纹夜蛾 *Spodoptera litura* Fabricius、甜菜夜蛾 *Spodoptera exigua* Hübner、小菜蛾 *Plutella xylostella*（L.）、水稻二化螟 *Chilo suppressalis*（Walker）、大螟 *Sesamia inferens*（Walker）、烟青虫 *Heliothis assulta*（Guenée）、草地贪夜蛾 *Spodoptera frugiperda*（J. E. Smith）、麻蝇 *Sarcophaga naemorrhoidalis* Fallen 等多种农业害虫。

3. 斑腹刺益蝽 *Podisus maculiventris*

与其他益蝽亚科种类相比，斑腹刺益蝽最早被广泛关注，若干有关生防和控害潜能的论文可以证明。斑腹刺益蝽的自然栖息地广泛，例如树林和灌木丛，但是在农田生态系统里偶尔也有发现。该蝽主要分布于北美，目前已知自然分布范围主要包括墨西哥、巴拿马和加拿大的西部。

在自然生态系统中，斑腹刺益蝽一般取食鳞翅目和鞘翅目的幼虫。而且，它被报道称能够取食来自 8 个目的超过 90 种昆虫。斑腹刺益蝽广泛的取食偏好表明它是一种多食性天敌昆虫。而且很多研究人员注意到取食不同猎物的捕食者发育和产卵的不同之处。Waddill 和 Shepard（1975）发现取食墨西哥甲虫的卵、1 龄幼虫、成虫的斑腹刺益蝽不能达到成虫阶段，然而取食蛹或者 2~3 龄幼虫时，可以完成发育。De Clacq 和 Degheele（1994）发现，当取食甜菜夜蛾卵和 1 龄幼虫、番茄尺蠖时，斑腹刺益蝽的发育历期会延长；当使用高龄期幼虫和蛹时，斑腹刺益蝽发育历期较短、体重较重。Berenbaum（1992）阐述了由于特殊的取食适应性，斑腹刺益蝽能够智取凤蝶科的化学防御行为。同时在这篇文章中，作者提到了刺益蝽不喜欢多毛的鳞翅目幼虫。

斑腹刺益蝽卵和若虫的低温发育阈值为 11~12℃。在恒温 23℃下，通常 5~7d 后孵化卵，完成若虫期需 3 周。Goryshin 等（1988）发现在食物不同，相同的温、湿度条件下，若虫的发育时间一样。

DeClacq 记录了斑腹刺益蝽在高温和低温下的性比，发现其性比在正常气候和食物充足的条件下为 1:1。而 Mukerji 和 Leroux 则发现当食物短缺时，雄蝽的比例大。Coppel 和 Jones 调查了斑腹刺益蝽的交配行为，实验室内，成虫在羽化 3~4d 后开始交配，交配状态保持几小时甚至一天。在此期间，这对蝽也会移动和取食猎物，一般是雌蝽拖动雄蝽。刺益蝽一生中交配若干次。

Clacq 等报道，雌蝽的寿命约 2 个月，Mukerji 和 Leroux 等发现雌蝽的寿命在 80~120d，然而 Baker 和 Lambdin 在实验室条件下观察到雌蝽寿命约为 30d。据报道，雄蝽的寿命比雌蝽长。不同的生殖力和寿命可能与饲养方法和地理位置有关，也可能与它们的健康状况和对实验室环境的适应有关。此外，生殖力的不同表明高产卵的生物型可能在生防中的应用价值更高。Evans（1982）阐述了产卵量与取食不同猎物的雌蝽的体型大小具有正相关关系。相反，Clacq 等（1998）未建立起斑腹刺益蝽和黑刺益蝽种群的产卵量与雌蝽体重和体型的关系。Mohagheh 等（1998）也调查了实验室饲养的斑腹刺益蝽种群雌蝽日龄对卵的大小和发育时间，以及子代体重的影响，他们发现体型小的卵以及日龄大的雌蝽产的卵的发育历期比体型大的卵和日龄小的雌蝽产的卵长。Clacq 发现实验室饲养的斑腹刺益蝽的产卵量达到 700~1 000 粒。可是其他作者发现其产卵量只有 200~300 粒。

已有报道斑腹刺益蝽在冬天能够存活，地区包括：美国东部、加拿大、波兰、俄罗斯部分地区及乌克兰。Coutuier 等（1938）研究了斑腹刺益蝽在实验室和田间条件下适应环境的能力，提到了成虫可以在 0~10℃下存活，他们认为蝽在低温条件下处于不活动的状态，而并非滞育。

斑腹刺益蝽可以使用多种自然和非自然的寄主饲养。大蜡螟幼虫被认为是最优的饲养猎物。而且，被冷冻过的鳞翅目幼虫也能作为食物。Goryshin（1988）使用马铃薯甲虫喂养斑腹刺益蝽，但斑腹刺益蝽的发育和生殖结果表明马铃薯甲虫是一个次品寄主。有时，实验室中也使用松叶蜂幼虫饲养斑腹刺益蝽。在苏联，已能成功使用家蝇和红头丽蝇饲养斑腹刺益蝽。Richman（1978）等总结了成功饲养斑腹刺益蝽的关键可能是给予其不止一种猎物。正如 Mackauer（1976）指出，提供多变的饲养条件（食物、气候）可能会增强适应力和优化选择。

Jekins（1998）分别在 5℃、10℃ 和 15℃ 下储存 1~2 日龄的斑腹刺益蝽的卵 5d，对卵的发育没有影响。De Clercq（1993）发现斑腹刺益蝽的成虫可以在 9℃ 和 75% 湿度条件下，存活至少 1~2 个月。在一些例子中，发现低温储存会导致繁殖率降低。在上述研究中，低温下的成虫是处于一种静息状态，而并非滞育。Volkovich（1992）等使用斑腹刺益蝽成虫诱导滞育，滞育诱导在一个半月后，成虫可以在 8℃ 下存活 3 个月。根据俄罗斯研究人员报道，这种 2 阶段的储存技术是大量生产斑腹刺益蝽的一种重要方法。

4. 黑刺益蝽 *Podisus nigrispinus*（Dallas）

黑刺益蝽在新热带区域是最普遍的益蝽亚科昆虫（Buckup，1960，Grazia 等 1985）。该昆虫从哥斯达黎加进入阿根廷（Thomas，1992），但以巴西对它的研究居多。这种多食性昆虫在各种农业和森林系统中取食大量的害虫（Saini，1994；Zanuncio 等 1994）。

黑刺益蝽的生活史与斑腹刺益蝽的很多方面相似。Zanuncio 等（1990，1993）报道了取食家蚕和黄粉虫幼虫的黑刺益蝽若虫发育时间比取食家蝇的若虫发育时间更短。取食马铃薯甲虫幼虫比取食大蜡螟和甜菜夜蛾幼虫所需的发育时间更长，发育率更低（De Clercq，1993）。然而 Mateeva（1994）注意到使用马铃薯甲虫幼虫和美国白蛾饲养具有最短的发育时间，而取食巢蛾 *Yponomeuta malinella* 的黑刺益蝽的发育时间最长。猎物的发育阶段也影响着天敌的发育。De Clercq 和 Degheele（1994）等发现当使用斜纹夜蛾和番茄尺蠖的卵和低龄幼虫来饲养黑刺益蝽，它的发育历期会延长。

在实验室内，黑刺益蝽雌虫在羽化一周后开始产卵。同时 Zanuncio 等（1991）提到了该蝽平均产卵 600~900 粒，寿命 2~3 个月。Torres 等（1998）报道了在波动温度 15~25℃ 下，产卵量和寿命分别为 400 粒和 2 个月。在实验室内，De Clercq 和 Degheele（1990）观察到在 27℃、湿度为 75% 的条件下黑刺益蝽具有高产卵率，极端的温、湿度降低其产卵能力。De Clercq 和 Degheele（1992）进一步研究表明给予雌蝽少量的食物，会降低产卵量，延长寿命。

De Clercq（1988）和 Degheele（1993）使用大蜡螟和夜蛾科的幼虫能大量饲养黑刺益蝽，此外，含有肉类的人工饲料能够成功饲养多代该蝽。据 Zanuncio 等（1994）报道，使用黄粉虫和家蝇作为猎物是最佳的饲养方式。

尽管益蝽亚科捕食者在自然控制方面具有捕食行为，但是作物上的鳞翅目幼虫密度很高时，仍然需要使用杀虫剂。在这方面，研究人员评价了溴氰菊酯对桉树上鳞翅目幼虫和其他益蝽亚科捕食者的作用。Picanco（1996）报道了黑刺益蝽对溴氰菊酯的敏感性比倍硫磷、马拉硫磷、杀螟丹低。Smagghe 和 Degheele 在实验内测试了捕食者对虫酰肼的敏感性，发现该杀虫剂对黑刺益蝽的任何阶段都没有副作用。与其他益蝽亚科相比，Nascimento（1998）发现当取食被苏云金芽孢杆菌处理过的鳞翅目幼虫时，黑刺益蝽的繁殖力和发育率有所降低。Torres（2000）阐述了捕食者对于微生物杀虫剂的敏感性比鳞翅目猎物（草地贪夜蛾和番茄斑潜蝇 *Tuta absoluta*）低。

5. 二点益蝽 *Perllus bioculatus*（F.）

二点益蝽是分布于北美州的捕食性蝽，根据 Knight（1923）记载该蝽源于洛基山，是跟随着它最初的猎物马铃薯甲虫迁移而来。现在，二点益蝽分布地点从墨西哥一直到加拿大。

尽管 Knight（1923）认为二点益蝽几乎是专一性的捕食马铃薯甲虫，但是在实验室内，该蝽也取食其他目的昆虫（Froeschner，1988；Heimpel，1991）；在田间，二点益蝽经常取食鞘翅目昆虫，特别是叶甲科（Knight，1923；Landis，1937）。

在温度低于 15℃时，二点益蝽卵不发育。在 20~25℃，卵孵化期在 5~8d。在 20~25℃下，若虫发育需要 3 周左右，且发育率与温度和猎物类型密切相关。Shagov（1968）预计低湿发育阈值为 14.6~16.5℃。Landis（1937）发现取食马铃薯甲虫的卵比取食幼虫和成虫具有更高的存活率和发育率。Moens（1963）报道了在 22~23℃下，将马铃薯甲虫的幼虫和成虫换成菜蛾时，二点益蝽若虫期均值为 26d。根据 Tamaki 和 Butt（1978）报道，当在 24℃下，取食马铃薯甲虫卵时，二点益蝽若虫期为 18d，如果取食 3~4 龄的幼虫时，若虫期为 21d。

实验室饲养下二点益蝽的性比约为 1：1。在 20~25℃下，雌虫产卵 100~200 粒，这比斑腹刺益蝽的产卵量低。Feytaud（1938）表明其产卵的高温阈值为 29℃。Volkovich 等（1990）发现，低于 14℃的低温阈值和 16~19℃波动值是成虫最佳的存活温度和繁殖温度。Tamaki 和 Butt 统计了在 22℃下，二点益蝽的生活史参数，内禀增长率为 0.08，雌虫的净增殖率为 46%。

考虑到二点益蝽广泛分布于北美，所报道的化性是不一样的，这与气候相关。Knight（1923）曾预测在美国和加拿大，二点益蝽每年发生 2~3 代。在欧洲，引进二点益蝽防治马铃薯甲虫，同样是每年 2~3 代。然而，Moens（1963）发现在柏林饲养在室外的蝽在冬天能够存活，并且比饲养于室内的蝽有更强的忍耐力和繁殖力，Shutava 等（1976）发现滞育的成虫具有耐寒性，在寒冷的俄罗斯可以越冬。Tremblay 和 Zoulianmis（1968）等提到在意大利南部和南斯拉夫的一些地区，捕食蝽能够成功越冬。

Franz 和 Szmidt（1960）详细描述了二点益蝽的饲养流程：用马铃薯甲虫的卵比用幼

虫饲养效果更好。Biever 和 Chanvin（1992）发现可以用粉纹夜蛾、斜纹夜蛾成功饲养二点益蝽，该方法的成本比马铃薯甲虫饲养的成本低，因为夜蛾科可以使用人工饲料饲养。Hough-Goldstein 和 McPherson（1996）报道使用墨西哥实蝇和玉米螟能成功地大量饲养二点益蝽。

Feytaud（1938）认为二点益蝽偏食马铃薯甲虫的卵和幼虫，也吃成虫。Cloutier（1997）报道了二点益蝽通过聚集行为可以使低龄若虫捕食到相对较大的猎物，促进低龄若虫的发育，这种聚集取食方式所获得的大个体猎物是单个二点益蝽个体不能捕获的。

Le Berre 和 Portier（1963）研究发现在每株马铃薯植株上释放 10 头二点益蝽（卵至 2 龄若虫）约能降低 50% 的马铃薯甲虫虫口密度。Szmidt 和 Wegorek（1967）提到在波兰即使有甲虫发生严重，每株植物上释放 2.6 头 2~4 龄的二点益蝽即可有效压制害虫。最近美国和加拿大的研究结果也表明在田中释放二点益蝽是有效的。Hough-Goldstien 和 McPherson（1996）发现在小的试验田中，二点益蝽和斑腹刺益蝽对降低马铃薯甲虫密度保护植物的效果是一样的。

若干研究已经测定了二点益蝽对杀虫剂的敏感性。Knight（1923）发现捕食性蝽类比它的猎物马铃薯甲虫对砷类杀虫剂更敏感，表明取食有毒的猎物可能会显著降低天敌的密度。在田间笼罩试验中，暴露于硫丹和甲萘威杀虫剂的成虫 100% 死亡，而在砷酸钙杀虫剂下只有 20% 的死亡率（Franz 和 Szmidt，1960）。他们还发现使用真菌杀虫剂和代森锰锌，天敌的死亡率较低，但是含铜和锡的杀菌剂对天敌的影响较大。Wegorek 和 Pruzynski（1979）报道了毒虫畏和伏杀磷对马铃薯甲虫的毒性比二点益蝽更大；甲萘威、残杀威和甲萘威林丹合剂对天敌毒性大；在直接应用时发现死亡率极高。对天敌若虫局部使用印度楝种子的溶剂会延迟蜕皮并且蜕皮后也会导致畸形，而鱼藤酮和增效醚导致显著的死亡率（Hough-Goldstien 1991）。在同样的研究中，发现冰晶石、园艺石油、杀虫肥皂和杀菌剂等对天敌的不同生活史都无害。Hough-Goldstien 和 Whlen（1993）报道在土壤中使用土壤杀虫剂乙拌磷、甲拌磷、涕灭威 11 周后，对暴露于马铃薯植物上的二点益蝽的若虫仍然造成高死亡率，但是灭克磷、卡巴呋喃、吡虫啉对天敌没有影响。叶片喷雾的杀虫剂吡虫啉，亚胺硫磷对天敌若虫没有影响。在美国马铃薯田中，卡巴呋喃的应用抑制了二点益蝽和马铃薯甲虫其他捕食天敌的密度，但是随着卡巴呋喃的使用，在 1~2 周内捕食者会迁移到其他田块。

使用有害生物综合治理的方式抑制马铃薯甲虫。Hough-Goldstien（1991）发现使用生防杀虫剂后，二点益蝽控害水平显著增加。Cloutier 和 Bauduin（1995）结合使用捕食蝽和转基因抗虫作物，显著控制了害虫。Overney 等（1998）警告转基因作物中的原生酶抑制剂对非目标生物存在影响：他们发现转基因马铃薯植株中的 oryzystatins 不仅会影响马铃薯甲虫的消化蛋白酶，而且还会影响其最重要捕食者二点益蝽的消化蛋白酶。

6. 叉角厉蝽 *Eocanthecona furcellata*（Wolff）

近年来，在亚洲多地，叉角厉蝽越来越受到人们的重视。据报道，该蝽是印度、印度尼西亚、泰国、日本和菲律宾等国，主要农业作物和森林种植园鳞翅目害虫的重要捕食性天敌。叉角厉蝽是一种多食性天敌，广泛分布于亚洲，在中国南方各省和日本冲绳地区常见，其分布范围西至巴基斯坦，南至印度。该天敌昆虫作为一种潜在的生防作用物剂被引入美国佛罗里达用于控制马铃薯甲虫和鳞翅目幼虫，但是在美国并没有建立起种群（Froeschner，1988）。

叉角厉蝽已适应了较为温暖的气候。在印度、中国台湾、菲律宾和日本，温度在25~30℃时，叉角厉蝽的卵大约在一周内孵化，若虫需要15~25d的时间才能发育为成虫。Chu和Chu（1975）研究认为该蝽的产卵阈值为16.3℃。据报道，若虫发育阈值更低，约为15℃，不过，Usha（1992）指出20℃或更低的温度导致发育时间延长。另外，在30℃以上，蝽更加活跃，导致捕食量更大，然而，这样的高温也导致了若虫自残行为。据报道35~40℃的恒定温度也会对卵有害。在印度，在10—12月，叉角厉蝽从卵到成虫的整个生命周期约需2个月（Singh 1989）。

在实验室内，叉角厉蝽配对3~7d开始产卵，产卵期在4~13d。温度在30℃以上交配期较短，20℃以下较长（Usha Rani，1992）。据报道，在20~25℃时，叉角厉蝽开始产卵（Usha Rani，1992）。此外，实验室条件下该蝽的繁殖水平、产卵期和产卵量也有不同报道：Zhu（1990）和Ahnadl等（1996）发现雌蝽在15~30d内产50~300粒卵，而Yasula和Wakamura（1992）的调查结果是雌蝽在3个月内产500~600粒卵。

叉角厉蝽在印度比哈尔邦地区每年大约繁殖5代，除了在每年的12月至翌年的2—4月（冬眠季节）都很活跃。在中国台湾每年繁殖5~6代。Zhu（1990）报道叉角厉蝽不太耐低温。

与其他益蝽亚科一样，叉角厉蝽的捕食行为从2龄若虫开始。能够取食夜蛾科多种鳞翅目昆虫：灯蛾科、螟蛾科、弄蝶科、粉蝶科、枯叶蛾科、刺蛾科、大蚕蛾科、夜蛾科和带蛾科，此外，还发现它捕食不同叶甲科幼虫（Kirtibutr，1987，Froeschner，1988）。Senrayan和Ananthakrishran（1991）报道其还能取食鼻涕虫。

叉角厉蝽的饲养方法与其他益蝽亚科的饲养方法大体相似，使用多种猎物很容易饲养该蝽。Sipayung等（1992）认为捕食者取食经过冷藏处理的鳞翅目幼虫的发育和繁殖优于或类似于以活猎物为食的个体，因此，经过冷藏处理的鳞翅目幼虫可能是一种适合于大量饲养叉角厉蝽的饲料。

研究人员在实验室里测量了叉角厉蝽对多种猎物的捕食能力，发现叉角厉蝽雌虫一生平均杀死121头斜纹夜蛾幼虫，雄虫可杀死107头。叉角厉蝽的高捕食性不一定总是有益的，Sen等（1971）在印度发现这种蝽给室外饲养的蚕造成了重大损失，他们估计，一头叉角厉蝽在一生中可杀死200多条幼蚕。

7. 双刺益蝽 *Picromerus bidens* L.

1932年以前，双刺益蝽可能与苗木或其他园艺植物一起被引入北美（Cooper 1967）。双刺益蝽以许多昆虫为食，特别是鳞翅目和鞘翅目昆虫。此外，它还可以直接以叶蜂科Tenthredinidae的幼虫和其他以叶为食的膜翅目昆虫为食，也有报道该蝽能以双翅目、异翅目和直翅目昆虫为食（Lariviere和Larochclle，1989）。

在旧世界，双刺益蝽广泛分布于古北区和整个欧洲，西至北非，东至中国，北至北纬64°。它在北美的已知分布仅限于加拿大的安大略省、魁北克省和马里托巴省，以及美国的缅因州、马萨诸塞州、新罕布什尔州、纽约州、罗得岛州等（Larivicrc和Larochele 1989；Whecler，1999）。

双刺益蝽雌成虫体长为12~14mm，雄性为11~12mm。双刺益蝽的生长周期、若虫发育和繁殖活动均受生态环境影响。该蝽偏喜欢较冷凉气候，温度在27~28℃时，繁殖力和寿命会下降。在欧洲和北美，该物种被普遍认为是一年一代，在田间，大多数成虫于 10 月底死亡，然而，有些成虫则会越冬。卵发育的特点是必须经过滞育，Javahcry（1986，1994）提到卵必须在低温（0~2℃）下至少 1 个月才能开始发育。在自然界中，卵通常在 5 月孵化，若虫需要 40~60d 才能完成发育。在实验室中观察到的成虫平均寿命为 3 个月（Javahery 1986），自然条件下成虫寿命约为 4 个月。在田间，第一代成虫出现在 6 月，经 15~30d 生殖器官成熟才能交配。雌蝽在整个生命周期内会进行若干次交配（Javahery 1986）；在温度低于 15℃ 时不发生交配。Schumacher（1910）观察到该蝽的总产卵量在 200~300 粒，Javahcry（1967，1986）指出，双刺益蝽的平均繁殖力为 129~225 粒卵，而未交配的雌蝽的繁殖力仅为交配的一半。

利用黄花潜蝇和白花潜蝇幼虫、夜蛾幼虫、扁虱若虫等均能够成功饲养双刺益蝽。Javahery（1986）报道卵在 2℃ 下可以储存 6 个月左右，在此期间，需要足够的湿度（相对湿度 85%）。

Clausen（1940）认为早在 1776 年就建议使用双刺益蝽控制臭虫 *Cinex lectulrias* L.；据报道，一些双刺益蝽被关在害虫密度极大的空间里，在几周内就把臭虫完全消灭了。在瑞典，双刺益蝽对松叶害虫 *Neodiprion sertifer*（Geoffroy）的种群数量有显著控制作用。

二、长蝽科

长蝽科 Lygaeidae 大眼蝉长蝽属 *Geocoris* 的种类广泛分布于欧洲、非洲北部、中亚、印度、中南半岛、菲律宾和印度尼西亚，在我国分布也比较广泛，目前我国记录有 16 种，其中分布最广的种为白翅大眼蝉长蝽 *Geocoris pallidipennis*，该种下有若干变型，大致可分为两个亚种：*Geocoris pallidipennis pallidipennis* 和 *Geocoris pallidipennis xizangensis*，大部分地区的种群属于前者，分布地点有北京、天津、河北、山西、河南、湖北、浙江、江西、上海、山东、陕西、四川、云南，其中北京周边所采集的个体与 *Geocoris pallidipennis* var. *mandarinus* 相符，前胸背板中央白斑几乎消失。通常使用的种名是 *Geocoris pallidipennis*。

中国对大眼蝉长蝽的研究很少，而国外的学者对于大眼蝉长蝽已经进行了一定的研究。国外研究的种类主要有 *Geocoris punctipes*、*G. uliginosus*、*G. lubra* 等。国外已经对大眼蝉长蝽的捕食潜力进行了深入的研究，证明大眼蝉长蝽有很好的利用潜能（Joseph 和 Braman，2009）。在美国佐治亚州的棉田里，通过 2004—2006 年的调查发现，大眼蝉长蝽、小花蝽和蜘蛛一样，已经成为棉田生物防治系统中不可缺少的一部分（Tillman 等，2009）。它们长久存留在重要的农业生态系统中，作用于相关的害虫，即便害虫密度低的情况下仍保持在田间，这些特点让大眼蝉长蝽成为短暂农业、行播作物系统中开展生物防治的研究重点对象。Waddill 和 Shepard（1974）研究了大眼蝉长蝽对于墨西哥豆瓢虫的潜在捕食能力，结果表明大眼蝉长蝽在田间能有效降低墨西哥豆瓢虫的密度。有人曾研究了农药对大眼蝉长蝽 *Geocoris ochropterus* 的毒性，结果证明几种农药中，没有哪一种对成虫是安全的，只有喹硫磷对这种天敌是相对安全的。因此需要选择对天敌种群相对安全的农药。Elzen 和 Elzen（1999）研究了选择性杀虫剂用量对于大眼蝉长蝽的致死和未致死效应，为大眼蝉长蝽的田间释放提供了一定的理论依据。其中，Tillman 等（2001）以及 Myers 等（2006）试验了杀虫剂对于大眼蝉长蝽的毒效作用以及对有害生物综合治理系统的影响，为进一步研究杀虫剂在棉田的合理使用奠定了基础。

白翅大眼蝉长蝽 *Geocoris pallidipennis* （Costa） 属半翅目、长蝽科，为我国常见种。成虫体型较小，体黑色，但前缘为灰黄色；复眼黄褐色，大而突出，单眼橘红色；触角呈丝状，短于体长，第一节橙黄色，第二、第三节黑褐色，第四节灰褐色；前胸背板呈四边形，小盾片呈三角形。前翅黄褐色，后翅白色；足黄褐色，腿节基半部黑色。成虫具有趋光性，雌虫在植物叶表产卵，卵散产。卵为椭圆形，长约 0.74mm。初产时橙黄色，将孵化时变为红色，复眼深红色，肉眼明显可见。若虫分为五个龄期，刚孵化时呈粉红色，孵化 2~3d 后变为紫黑色，头部较尖，腹部大而圆。白翅大眼蝉长蝽主要以成虫、少数若虫在杂草，树木的枯叶下越冬。此虫抗寒性较强，冬天白天温度摄氏零度以上时，在背风向阳的杂草中活动，来年 5 月在棉田内可见成虫和卵（艾素珍等，1989）。白翅大眼蝉长蝽生活习性很广，在棉田、玉米、高粱、山芋、豆类、瓜类、蔬菜以及杂草中均能见到，6—7 月在棉田发生较多，8—10 月在蔬菜、豆类、瓜类、杂草地发生较多（孙本春，1993），在棉田可以捕食棉蚜、棉叶螨、棉蓟马、叶蝉、红铃虫、棉铃虫等鳞翅目的卵和幼虫，甚至可以捕食苜蓿盲蝽的成虫及若虫（崔金杰等，1997；仝亚娟等，2011）。

在美国，大眼蝉长蝽 *Geocoris punctipes* 是一些主流农作物系统中的一种主要天敌昆虫。若虫和成虫都是好动而且凶猛的捕食者，捕食棉花、大豆及其他农作物上的多种害虫。然而这种天敌昆虫倾向于停留在一种环境中，即便这种环境中一段时间的害虫比较少，因为它有从植物中摄取营养的能力。它们长久存留在重要的农业生态系统中，作用于相关的害虫，即便害虫密度低的情况下仍保持在田间，这些特点让大眼蝉长蝽成为短暂农业、行播作物系统中开展生物防治的研究重点。Pfannenstiel 和 Yeargan （1998） 通过试验表明大眼蝉长蝽 *Geocoris punctipes* 明显受到植物的影响，植物的选择性田间试验表明，临近种植的四种作物中（大豆、玉米、番茄、烟草），大眼蝉长蝽若虫在大豆上数量最多，而成虫明显更喜好烟草和大豆，7 月早期和中期，大眼蝉长蝽成虫转移到大豆上，8 月初转移到烟草上，若虫的大发生跟随成虫的出现高潮而出现。在大豆和烟草这两种植物上，大眼蝉长蝽的生殖率较高，在大豆上，大眼蝉长蝽若虫和成虫数目的比例最大为 28∶1；在烟草上，大眼蝉长蝽若虫和成虫数目的比例最大为 21.4∶1。大眼蝉长蝽总是在植物的下部 1/3 部位，在植物流出物周围产卵，而若虫和成虫活动在离流出物较远的地方，衰老的或死掉的叶子上，或植物的底部。姬蝽很多时候与大眼蝉长蝽同时出现在同样的作物上。McCutcheon （2002） 进行了一种甲虫（hooded beetle） 和大眼蝉长蝽取食烟蚜的试验，结果表明可以考虑在田间共同释放两种天敌昆虫来防治烟蚜。

Ruberson 等 2001 年试验验证了光周期对大眼蝉长蝽 *Geocoris punctipes* 不同地理种群的胚胎前发育和滞育影响。两个地理种群的位置分别是 N38° 04′，W 84°29′和 N31° 28′，W 83°31′。光周期和种群明显影响胚胎和若虫的发育时间。两个种群都随着光周期的下降，滞育率升高；但是在 L∶D=14∶10 的光周期处理中，肯塔基种群进入滞育的比例比芝加哥种群进入滞育的比例明显高出很多。肯塔基种群进入滞育的比例最高值是在 L∶D=12∶12 条件下达 81.8%，而芝加哥种群进入滞育的比例最高值是在 L∶D=10∶14 条件下是 40.9%。肯塔基种群进入滞育的临界光周期比芝加哥种群进入滞育的临界光周期长约 1h。产卵前期明显受到光周期的影响，而这种影响在两个种群中表现不同：短光照明显延长了两个种群的产卵前期，而对芝加哥种群而言，延长光照导致产卵前期缩短更明显。两个种群的滞育感应的最大区别可能反映出两个地方相关滞育条件的不同。对光周期诱导一种大眼蝉长蝽 Geocoris uliginosus 生殖滞育进行了研究，发现在光周期为 L：D=12：12 及 L：D=11：13 时，群体中 86%~88% 的个体进入滞育，然而光照时间越长，发生滞育的个体数量越少。Mansfield 等（2007）曾研究过饲料、温度、光周期对于一种大眼蝉长蝽 Geocoris lubra 生长发育的影响，得出结果为用棉铃虫卵饲养的若虫存活率要比用蚜虫饲养的稍好一些，并且在 27℃ 时饲养的若虫发育时间和存活率要显著好于在 25℃ 时饲养。

　　大眼蝉长蝽人工饲料的研究也取得了一定的进展，用一磅这种饲料可以饲养 3 万头大眼蝉长蝽成虫或者 1 万头草蛉成虫，并且在它们的生命期内可以产下 300 万粒的卵。Hagler 和 Cohen（1991）用人工饲料连续饲养 6 年的 Geocoris punctipes 和野外的个体所表现出来的猎物选择性极为相似。在配对试验中，人工饲养和野生的 Geocoris punctipes 都表现出了有意义的行为。人工饲养和野生个体对于猎物选择没有表现出明显的不同。这些饲养方式表明实验室饲养的 Geocoris punctipes，甚至是连续多代饲养，对于猎物的选择特性都没有明显的降低。Cohen（2000）通过用人工饲料饲养 6 年以上（繁殖 60 代）的大眼蝉长蝽和野生种群的同类比较，来确定人工驯化是否会导致其缺失相关的捕食性功能。以雌成虫为例，以烟青虫幼虫、棉铃虫、豌豆蚜、豆长管蚜为猎物，测量了捕食的权重、单个猎物的处理时间、提取量、单位消耗量和摄食能力。驯养的雌性重量明显小于非驯养的，体重分别为 4.53mg 和 5.09mg。驯养与否没有明显影响单个猎物的处理时间，对于喂养棉铃虫的一组平均处理时间分别为 131min（人工饲养种群）和 122min（自然种群），而喂养豆长管蚜虫的一组平均处理时间为 106min（人工饲养种群）和 94min（自然种群）。尽管两类猎物在重量方面有着明显的不同（棉铃虫是豆长管蚜的两倍），但是两种猎物都超过了捕食者的摄取量。捕食者的摄取量为 1.12~1.20mg，这跟猎物的饲养背景、捕食量以及捕食种类没有显著关系。人工饲养种群和自然种群的捕食者对于单位消耗量也基本相同，分别为 11.86μg/min 和 12.91μg/min，没有受到猎物种类不同的影响。Hagler（2009）在室内饲养大眼蝉长蝽 40 代以后发现，和自然种群相比，室内饲养的个体在对粉虱的取食量、取食速率以及取食时间上都要优于野生个体，室内繁殖的大眼蝉长蝽种群也能够进行实际应用。

三、花蝽科

　　半翅目花蝽科昆虫作为一类重要的天敌昆虫，在我国具有很好的应用前景。其中，东亚小花蝽 Orius sauteri 为我国中部和北部优势种，而南方小花蝽 Orius similis 为我国南方优势种。南方小花蝽是我国南方温室蔬菜害虫的主要天敌之一，对控制多种蔬菜上的粉虱、蓟马、红蜘蛛、蚜虫和叶蝉等害虫有着明显的作用，是一种很有利用前景的天敌昆虫（魏潮生等，1984）。张昌容等（2010）为更好地繁殖南方小花蝽，用西花蓟马同时添加蜂蜜水对其进行饲养，研究表明添加蜂蜜水可以显著提高南方小花蝽雌虫寿命和产卵量，说明蜂蜜水可以作为其大量饲养时的添加饲料。张士昶等在实验室研究了南方小花蝽在 9 种产卵寄主植物上的产卵量和孵化率，结果表明，南方小花蝽对于不同寄主植物具有显著的选择差异性。同时，针对南方小花蝽刺吸式口器的特点，张士昶等发明了一种液体人工饲料来对其进行饲养，结果显示液体人工饲料可以很好地满足南方小花蝽生长发育和生殖发育的营养需求。

东亚小花蝽主要分布于我国辽宁、北京、天津、河北、山西、湖北、四川、内蒙古等地，由于其分布范围广，环境适应能力强，种群数量大，被认为是一种有较好应用价值的天敌昆虫。东亚小花蝽是林木、果园、温室及农田中多种害虫的捕食性天敌，可以捕食蚜虫、蓟马、粉虱、叶蝉、叶螨等（王方海等，1998）。对于东亚小花蝽的人工饲养，国内外的一些学者进行了一定的研究。用人工卵饲养东亚小花蝽，发现在不提供水分的情况下其成活率达到了72%~83%。王方海等（1996）用嫩玉米粒饲养东亚小花蝽，成虫获得率为45%，并且经济实惠，具有一定的实用价值，可以考虑用作饲养时的补充饲料。郭建英等（2002）用人工卵赤眼蜂蛹来饲养东亚小花蝽，连续饲养6代后发现其若虫发育历期和成虫产卵能力均与用桃蚜饲养的东亚小若蝽没有显著差异，表明赤眼蜂蛹可以满足其生长发育的需要。谭晓玲等（2010）发明了一种微胶囊人工饲料来饲养东亚小花蝽，并且对其进行了饲喂效果评价。国外的Honda等（1998）以及Yano等（2002）用地中海粉斑螟卵来饲养东亚小花蝽，发现其可以成功地完成生长发育和繁殖产卵，不过需要通过进行连代饲养来进一步验证。

南方小花蝽主要捕食对象为稻蓟马、棉铃虫、红铃虫、棉蚜、棉叶蝉、棉叶螨。主要分布在长江以南的湖北、江苏、上海、江西、广东、广西等地，河南、河北、北京也偶有发现。雌虫体长约2mm。初羽化时淡黄色，以后变为黑褐色，有光泽。触角4节，长约0.80mm，浅黄色，第四节颜色变深。复眼暗红色；单眼2个，暗红色。喙3节，第二、第三节端半部黑褐色，其余为黄褐色。前翅革片污黄色，楔片污黄色至黑褐色，膜片无色，透明。足淡黄色，基节和跗节色深。腹部末端宽，侧缘及外缘外露。雄虫体较雌虫略小，触角较雌虫长，被短毛，第二节粗长，第4节黄褐色，第三节端半部浅黑褐色，其余为浅黄色。前翅楔片黑褐色。腹部全部被前翅覆盖，腹末端不对称，从背面看偏向右边。

卵散产于棉花嫩叶的叶柄基部和叶脉组织中，仅露出卵盖（白色）在表面。卵为短茄形，长0.50mm左右，最宽处约为0.21mm。卵盖圆形，直径约为0.10mm，由边缘向内凹陷，凹陷中央又略为隆起，表面有2圈小室状花纹，外圈为长方形，小室20~30个；内圈有10~20个小室，形状不规则。若虫共有5个龄期，到5龄时体长2.02~2.06mm，宽0.88~0.90mm，发育末期雄虫抱器基本形成，雌虫产卵器也开始分化，可以区分雌雄虫。

南方小花蝽多在棉花嫩头处活动，花蕾期多在蕾、花、铃苞叶内活动。成虫常在开花作物花内吸食液汁和捕食。气温低时少活动，风和日丽时活跃。在密度大、食物缺乏时有自残习性。温度是影响历期长短的主要因素。南方小花蝽在湖北省武汉市一年发生8代；在广东省广州市一年发生14代。成虫多在早晨和上午羽化。羽化后的雌虫，数小时后就能交配，交配喜在暗的地方进行。雌雄均有多次交配习性。第一次交配的时间较长，每次历时1~22min不等。交配后的雌虫3~9d后开始产卵。成虫对产卵场所有选择性，喜将卵散产在棉花上部幼嫩棉叶背面主脉基部及蕾苞叶基部，偶尔也产于叶肉组织内。单雌每日平均可产4~8粒卵，一生的总产卵量平均40~50粒，最多可产100余粒。温度、湿度和营养对产卵量有一定影响，温度愈高（30℃以上）成虫的寿命愈短，产卵量低。如相对湿度90%，温度在25℃时平均产卵量48粒；30℃时5粒；35℃时不能产卵。在26℃时，相对湿度70%时平均产卵33粒；相对湿度90%时48粒。但在30℃，相对湿度70%时平均产卵20.50粒；相对湿度90%时只有5粒。在15℃以下不产卵。

据室内观察，南方小花蝽平均每头若虫、成虫单日捕食棉铃虫卵分别为 3.70 粒和 5.22 粒；捕食红铃虫卵分别为 7.21 粒和 9.88 粒。如以棉蚜、棉铃虫卵和红铃虫卵混合饲养，南方小花蝽成虫和若虫可同时吸食棉蚜、棉铃虫和红铃虫卵。其捕食量依次是：棉蚜>红铃虫卵>棉铃虫卵。魏潮生等（1984）在室内测定，南方小花蝽全世代共捕食棉蚜平均数量是 286.60 头。

黄色花蝽 Xylocoris flavipes 主要生活在粮仓内，能够捕食包括粉斑螟蛾、印度谷螟、大蜡螟以及麦蛾在内的 13 种仓库害虫，是捕食仓库害虫的有效天敌（姚康，1981；Lecato 等，1977；Jay 等，1968）。杨怀文等（1985）用米蛾卵饲养黄色花蝽，饲养结果表明，用 10 万粒米蛾卵能够养出黄色花蝽成虫 4 000 头，并且饲养出的成虫其发育速度和繁殖力都是比较正常的。周伟儒等用米蛾成虫、米蛾卵、人工卵、米蛾卵加人工卵做饲料喂养黄色花蝽，结果显示，不同饲料对于若虫发育和成虫繁殖都有不同程度的影响，其中以米蛾成虫和米蛾卵喂养的效果最好，而且米蛾成虫是生产米蛾卵后的废弃产物，充分利用可以大大降低繁殖黄色花蝽的成本。

四、盲蝽科齿爪盲蝽亚科

随着捕食性天敌昆虫使用，在田间定殖困难的问题逐渐凸显出来，一些动植性昆虫逐步受到重视。动植性昆虫指的是有既取食猎物又取食植物的能力的昆虫，一般来说是特指蝽类昆虫，如盲蝽科 Miridae 的一些种类，和一些种类在发育过程中的某个阶段，从肉食性变为植食性作为克服猎物短缺的一种生存策略的种类。国内对动植性盲蝽的研究起步较晚，国际上早已经很重视这类昆虫。

盲蝽科昆虫具有重要的经济价值，包含许多农林业的重要害虫和一些害虫的重要天敌，部分种类已大量应用于生物防治中。目前国内已有烟盲蝽在生产和使用，虽然对烟盲蝽的使用还存在一些争议，烟盲蝽会对某些植物造成取食为害，还可能传播烟草病毒，引起间接为害。而国际上已经将烟盲蝽工厂化生产并释放应用到田间，一定数量的烟盲蝽在番茄田里应用时，确实对粉虱、蚜虫起到很好的控制作用。同时，由于植物与昆虫长期的协同进化的结果，植物被烟盲蝽取食后，在一定的范围内具有自然补偿，甚至超补偿作用。在盲蝽的生命周期中，该个体能从动食性向植食性转换，这是盲蝽作为克服猎物短缺的一种策略（Cohen，1986）。Gillespie 等（2000）通过研究认为盲蝽科 Miridae 猎盲蝽属 Dicyphus 的不少种类是温室白粉虱的捕食天敌，在欧洲，Dicyphini 族的捕食盲蝽已经被广泛地应用于陆地和温室蔬菜上害虫的生物防治，如塔马尼猎盲蝽、西方猎盲蝽、烟盲蝽和暗黑长脊盲蝽等。该族盲蝽多被用于温室白粉虱的生物防治，也捕食蓟马、蚜虫、叶蝉以及其他类小型昆虫（Castanea，1996）。目前已成功应用于温室害虫生物防治的有：暗黑长脊盲蝽、塔马尼猎盲蝽和西方猎盲蝽等，在欧洲和北美地区被广泛地应用于温室害虫的综合防治。暗黑长脊盲蝽主要应用于温室白粉虱和烟粉虱的防治，可取食粉虱的卵和若虫。至少有 5 家公司生产和销售该蝽。塔马尼猎盲蝽主要应用于温室作物上的粉虱和西花蓟马，在加拿大，西方猎盲蝽被应用于温室作物上的粉虱和螨类，相对于螨类，该盲蝽更喜食粉虱，喜欢在粉虱为害过的茄子和番茄上产卵。我国对应用于生物防治的盲蝽报道相对较少，主要集中在中华微刺盲蝽、黑带多盲蝽、黑肩绿盲蝽、黑食蚜盲蝽等，所做的研究主要停留在它们的生物学等基础性的研究上。

1. 烟盲蝽 *Nesidiocoris tenuis*

烟盲蝽形态特征：成虫，体长 3.3～4.5mm，宽 0.6～1.0mm，体细长，绿色，复眼大，红色，前胸背板中央有一条黑色纵沟，中胸背板有 4 个纵长黑斑，小盾片绿或黄绿色，前翅狭长，半透明，后翅白色透明，足细长，胫节具短毛并混生刺状毛。卵，长 0.70～0.77mm，宽 0.16～0.24mm，茄形，具卵盖，初产时白色透明，后转淡黄，近孵化时棕色。若虫，分 5 龄，一龄若虫体长 0.60～0.75mm，体宽 0.2～0.3mm，初孵时白色透明，以后变为淡绿或绿色，少数变黄或棕色，头大，复眼棕褐色，触角淡褐色，足淡黄色，外形似小蚂蚁；二龄若虫体 0.8～1.5mm，腹宽 0.3～0.5mm；三龄若虫体长 1.7～2.3mm，体宽 0.6～0.8mm，体绿色，前翅芽伸至第一腹节，四龄若虫体长 2.2～2.6mm，体宽 0.6～0.9mm，前翅芽伸至第二腹节，并隐约可见后翅芽；五龄若虫体长 2.5～3.3mm，体宽 0.8～1.2mm，深绿色至黄绿色，前翅芽伸达第四腹节。烟盲蝽生活史及习性：一般 4～5 代，有明显的世代重叠现象。室内观察表明，在温度为 21～31℃，相对湿度 52%～85% 的气候条件下，完成一个世代需要（38±4）d，雄成虫交配结束后 10～15d 死亡，雌虫寿命 30～50d。成虫、若虫喜阴，多在植物叶背、幼嫩生长组织上栖息活动。成虫初羽化时翅白色，活动和飞翔能力弱，24h 后活动能力增强，前翅翅脉逐渐明显，并开始交配，一生可交配多次，全天均可见交配，交配高峰期在晴天上午 9：00—11：00 时，交配时间可长达 3h 以上，边交配边取食，交配当天产卵，卵散产于嫩茎及叶背组织内，每次有效产卵 3～4 粒，产卵期 4～7d，产卵至孵化 9～18d，多数为 11～12d。烟盲蝽在北方温室内番茄和烟草等植物上可周年繁殖，如遇到植物上害虫资源较丰富时，其体型较大，健壮，害虫资源相对匮乏时，其体型较小，瘦弱。

烟盲蝽在北方温室内番茄、茄子、烟草、油菜等作物上可周年繁殖，猎物资源丰富时，其体型大而健壮，猎物缺乏时则体型小而瘦弱，因此需定期添加蚜虫、粉虱等害虫作为其食物。烟盲蝽取食植物时，在茎叶部分产生坏死环，导致果实褪色和畸形，但这种情况只有在其种群数量过高，缺乏猎物时才发生。在温室番茄上，烟盲蝽取食植物（番茄枝叶）的程度和植物密度、温度呈正相关，和粉虱密度呈负相关。烟盲蝽的数量动态与猎物密度的变化有关，粉虱暴发时，烟盲蝽种群增加；粉虱得到控制后，烟盲蝽种群数量降低；粉虱减少时，烟盲蝽种群迅速减少，这表明对烟盲蝽来说，和粉虱相比，植物是次级营养源。在国内，烟盲蝽被认为是一种很有潜力的可用于生物防治的动植性盲蝽，但关于烟盲蝽的人工饲料及田间释放等方面的研究正在进行中。

烟盲蝽在气候温暖的地区和季节以及地中海地区是普遍存在的捕食性天敌。它作为天敌对小型昆虫尤其是白粉虱和烟粉虱的各龄虫态的防治都很有效。烟盲蝽在番茄上存活时间比茄子上长，但在没有充足的食物情况下不能完成生长发育。在接有地中海斑粉螟卵的番茄上比在同样条件下的甜椒上更适合烟盲蝽生长。这些结果表明，取食动物是烟盲蝽所必需的，其取食植物的情况因寄主植物而定。冬末每平方米释放 6 头盲蝽（暗黑长脊盲蝽和烟盲蝽）对温室白粉虱能起到快速控制的作用，但在夏末释放效果会更好。

2. 塔马尼猎盲蝽 *Dicyphus tamaninii*

塔马尼猎盲蝽需要捕食猎物获得营养，其繁殖生长发育期较长，在寄主植物烟草上，25.6℃，饲以地中海斑粉螟 *Ephestia kuehniella* Zeller 的卵和蛹，需要 33.3d 完成发育（Agust，1998）；饲以二龄西花蓟马若虫时，需要 31d。同时研究人员对塔马尼猎盲蝽对不同发育天数的蚜虫的捕食量进行了研究，表明该盲蝽的所有幼虫虫态都可以在 1~2d 和 4~5d 的棉蚜上完成其生长发育。1~4 龄的雌性与雄性若蝽其捕食量之间没有显著差异，但是，5 龄雌蝽取食各龄棉蚜的数量明显比 5 龄雄蝽多。试验表明塔马尼猎盲蝽的 1 龄若蝽可以在没有任何猎物情况下发育到 2 龄，因此，低龄若虫比高龄若虫及成虫更接近植食性的，进而可以解释为什么低龄若虫的捕食猎物量很低。在所设的不同处理中，塔马尼猎盲蝽幼虫在无任何猎物及番茄叶片时，幼虫的死亡率 100%。只取食植物的成虫重量比只取食猎物的显著的轻。研究表明塔马尼猎盲蝽可以成功的用于对棉蚜、温室白粉虱的控制（Alvarado 等，1997）。塔马尼猎盲蝽对番茄果实的刺吸程度受到番茄叶片是否存在的显著影响，而与地中海斑粉螟卵存在与否没有显著性差异；只有当番茄叶片不存在时，塔马尼猎盲蝽才会对番茄果实造成严重影响。

3. 西方猎盲蝽 *Dicyphus hesperus*

西方猎盲蝽幼虫取食猎物是为了生长发育的需要，雌蝽取食猎物是产卵的需要，各龄虫态都需取食植物和水分以完成其生长发育。水分的摄取对西方猎盲蝽是必需的，西方猎盲蝽在同时存在番茄叶片和果实时，会选择取食叶片。西方猎盲蝽捕食猎物越多，其取食植物就越少（Gillespie，2000）。西方猎盲蝽取食叶片或水分对于它捕食猎物及生长发育都是关键的因素。尽管提供有额外的动物猎物让其若虫取食，但当没有植物资源或水分时大多数西方猎盲蝽不能完成生长发育。与此相反，当同时提供植物材料和猎物的卵时，几乎所有的盲蝽若虫（97%）都完成了其生长发育，大部分的盲蝽若虫（88%）在提供水分和猎物卵时，也都完成了生长发育。Gillespie 等（2000）发现在植物选择性试验中，毛蕊花 *Verbascum thapsus* 是西方猎盲蝽最喜好的寄主植物，对冲菁麻、假荆芥、烟草和番茄居中，胡椒、菊花、玉米、宽豆角是非选择性寄主植物。在滞育研究中，发现日照长度对盲蝽的影响很弱，可以在任何时间引入温室饲养（Gillespie，2001）。

4. 暗黑长脊盲蝽 *Macrolophus caliginosus*

暗黑长脊盲蝽作为广食性捕食性天敌在地中海盆地等地区是普遍应用的，在那里可以越冬，所有的虫态都捕食白粉虱、烟粉虱的幼虫及成虫。它可以成功地应用于番茄、茄子、辣椒以及其他一些观赏性的植物上的生物防治。

暗黑长脊盲蝽作为一种用于温室作物，如番茄等上的温室白粉虱及蚜虫的有效的生物防治方法（Alomar 等，1991），已经商品化生产。蚜虫与红蜘蛛相比，暗黑长脊盲蝽更嗜好前者（Foglar，1990）。Lucas 等（2002）认为暗黑长脊盲蝽可以用于对许多番茄栽培种类的生物防治但并不造成对番茄果实及植株的损伤。发现暗黑长脊盲蝽会对樱桃番茄造成部分损伤，但是如果选择具有较好耐害性的作物同时与这类捕食天敌相结合就可以达到对害虫的理想控制。在这种情况下，动植性昆虫取食植物导致对植物造成的损伤是非常有限的，并且可以忽略不计。

5. 矮小长脊盲蝽 *Macrolophus pygmaeus*

Perdikis 等（2000）研究了矮小长脊盲蝽可以在缺乏昆虫猎物的番茄、茄子、黄瓜、辣椒和青豆（四季豆）上成功完成其生长发育，但在缺乏猎物时的死亡率高于猎物存在时的死亡率，并且存在猎物时若虫的发育历期明显短于缺乏猎物时发育历期，在寄主植物茄子上若虫的发育历期最短，其他植物之间则没有明显差别；在不同猎物存在下，若虫在茄子上总发育历期差异显著，以温室粉虱为猎物时发育历期最短，但其死亡率之间没有明显差异。在加拿大哥伦比亚矮小长脊盲蝽目前正广泛应用于温室番茄上白粉虱和二斑叶螨的生物防治（Robert 等，1999）。

综上所述，使用动植性天敌昆虫来控制害虫，在世界范围内越来越被广泛应用于生物防治，见表 6-4。

表 6-4　国外用于蔬菜作物上生物防治的杂食性盲蝽

盲蝽种类	国家与地区
暗黑长脊盲蝽 *Macrolophus caliginosus*	欧洲大部分地区
矮小长脊盲蝽 *Macrolophus pygmaeus*	希腊
西方猎盲蝽 *Dicyphus hesperus*	加拿大、美国
Dicyphus hyslinipennis	匈牙利
Dicyphus cerastii	葡萄牙
Dicyphus errans	意大利
塔马尼猎盲蝽 *Dicyphus tamaninii*	西班牙
烟盲蝽 *Nesidiocoris tenuis*	菲律宾、意大利
Cyrtopeltis（Engytatus）modestus	美国

五、猎蝽科和姬蝽科

猎蝽科和姬蝽科两个科的种类都是捕食性昆虫，能取食多种小型害虫，是农林系统中重要的捕食者，特别是姬蝽科种类是我国北方棉田和棉花与小麦套作田田间常见的天敌昆虫。

对这两类天敌昆虫的保护可采取如下措施：创造天敌生存和繁殖的条件，为天敌食物提供栖息和营巢的场所，改善小气候环境和保护越冬，注意生物防治与农业防治、物理防治、化学防治等防治方法的协调配合，避免和减少直接杀伤天敌，调整施药时间以躲开天敌繁殖期、盛发期，改进用药的方法和技术，即使要用生物性药剂，也不在植物生长前期施用，以保护春季的天敌初始种群，或采用隐蔽式施药方法（如处理种子）等，从而发挥天敌对害虫的自然控制作用。

第二节　捕食性蝽人工繁殖技术

一、工艺环节概述

蝽蝽的人工繁殖技术大体上可分为以下 5 个步骤。

1. 栖息植物（或寄主植物）的获得

尽管蝽蝽取食多种害虫，但是其也有刺吸植物的特性，目前没有报道其传毒的文献记载。高卓等（2009）认为蝽蝽对植物的刺吸不会对植物造成为害。由于蝽蝽喜欢活跃于榆杨混交林、大豆田和棉田等地，因此理论上讲榆树枝或杨树枝作为其栖息植物最好，但是室内栽培榆树和杨树很难长期存活，而且占用空间很大。而大豆苗室内种植成活率高，占用空间少，周期短，成本低，因此使用大豆苗作为其栖息植物是较合适的。栖息植物除了可以供其刺吸，同时可以为其提供休憩场所，更重要的是在群体饲养时可以提供躲避空间，大大减少自残的比率。

2. 蠋蝽成虫的饲养

将羽化的成虫按 1：1 雌雄配对，放入笼中，笼子底部放入鲜活大豆苗，大豆苗不用过密，同时饲喂猎物（如柞蚕蛹）或人工饲料，并定期更换食物。柞蚕蛹变软或变色后就已经腐烂，要立即更换；而人工饲料要每天更换一次。养虫笼上可放蒸馏水浸湿的脱脂棉供其取水，每天加水一次。如果对成虫进行单杯饲养，每个大纸杯中可放一对成虫，用双面胶将指形管粘于杯底，将管内注水后放入大豆苗，每 2~3d 加一次水即可保证豆苗的存活。

3. 蠋蝽卵的收集

蠋蝽喜欢将卵产在较隐蔽的地方，如叶背面。收集卵时可将带卵的那片叶片区域剪下，放于带有润湿滤纸的培养皿中，每天喷一次蒸馏水保湿，喷湿即可，水不可过多，更不能将卵浸泡，培养皿盖子半盖即可。如果卵产于笼子上，收卵时要尽量轻，尽量不要将卵块弄散。卵初产时淡乳白色，随后卵发育成熟变为金黄色。群体饲养时，成虫有取食卵的现象，因此卵最好每天收集一次，避免成虫取食。

4. 1 龄若虫的饲养

初孵 1 龄若虫与其他龄期若虫及成虫不同，1 龄若虫孵化后聚在一起，不分散，只取食水就可发育到 2 龄，因此只提供给 1 龄若虫充足的水即可。将脱脂棉用蒸馏水泡湿放于小容器内（如塑料杯、小塑料盒等），将初孵的 1 龄若虫团放于湿脱脂棉上，若虫绝不可泡在水中。小容器可用纱网罩住，用皮筋绑定，以防逃逸。

5. 2~5 龄若虫的饲养

一龄若虫大多 3d 后即蜕皮变成 2 龄，3 龄若虫开始分散取食。2~5 龄若虫都可以捕食猎物。对于易动的猎物虫态，如鳞翅目幼虫，为了减少其对低龄若虫可能造成的伤害及易于被取食，可将猎物用热水烫死后提供给蠋蝽若虫取食，但是猎物不可烫时间过久，60~70℃热水烫 30~60s 即可。对于不易动的虫态，如蛹期，可直接提供给若虫取食。养虫笼上可放蒸馏水浸湿的脱脂棉供其取水，每天加水一次。为了便于更换食物，可将猎物或人工饲料放于养虫笼或单杯饲养的纸杯的纱网上。要根据饲养的蠋蝽数量计算食物的施放量，避免因食物不足而造成个体间自残。若虫期可不提供栖息植物。待五龄若虫发育成熟即羽化为成虫。

二、种群维持与复壮

天敌昆虫长期在室内饲养会出现种群退化的现象，如个体变小、产卵量和生育率下降等，这种现象很可能是近亲繁殖的结果。此外，食物单一、空气不流通、光照不合适及空间的限制也是造成种群退化的几个因素。因此延缓或尽量防止天敌昆虫的种群退化是大量扩繁天敌昆虫中不可忽视的一个重要问题。对于不需常年进行的蠋蝽种群维持，室内大量繁殖后临近秋季时，可将室内自然种群释放到自然界，使其越冬，待翌年春季再将越冬种群采集回室内进行扩繁。这样可以通过释放室内大量饲养的蠋蝽进行越冬而增加自然界的种群数量，同时退化的个体在越冬中死亡，通过自然选择而保证室内种群的维持及不退化。对于需要常年进行种群维持的蠋蝽，可以定期采集自然界种群使其与室内种群进行基因交流而使室内种群复壮，同时将室内饲养的大量蠋蝽释放到野外以保证野外种群的数量。此外可以交替饲喂两种以上的猎物给蠋蝽，以防止饲喂一种猎物而造成的营养单一，即通过扩大营养谱对种群进行复壮。清新流通的空气、适宜的光照条件及足够的活动空间都对种群的维持及复壮起到一定的帮助作用。有条件的情况下，可以在养虫室内装备适量的通风扇以保证清新空气的流通。由于蠋蝽有自残现象，因此保证其有足够的活动空间对于大量扩繁蠋蝽将起到很好的作用。

三、猎物与宿主植物

蠋蝽嗜食榆紫叶甲 *Ambrostoma quadriimopressum* Motschulsky（鞘翅目：叶甲科）及松毛虫 *Dendrolimus* spp.（鳞翅目：枯叶蛾科）等鞘翅目和鳞翅目害虫。但是室内很难长期饲养这两种害虫，因此需要找到一种简便易得，且相对经济的猎物。在中国北方，柞蚕蛹是人们餐桌上的一种美食，在市场上很容易买到，而且经过国内多位学者的试验证明，柞蚕蛹是室内大量繁殖蠋蝽的一种好猎物（高长启等，1993；高卓，2010；宋丽文等，2010；徐崇华等，1981；Zou 等，2012）。高长启等（1993）通过饲喂蠋蝽 4 种昆虫来筛选蠋蝽的较优猎物，其中从成虫获得率上看，饲喂柞蚕蛹的最高为 67%，其次为黄粉虫 *Tenebrio molitor* Linnaeus（鞘翅目：拟步甲科）38%，再次为柞蚕低龄幼虫 5% 和黏虫 *Mythimna separata* Walker（鳞翅目：夜蛾科）3.3%。从产卵量上看，饲喂柞蚕蛹的最高，平均为 299.1 粒/雌，其次为黄粉虫 155.3 粒/雌，再次为柞蚕低龄幼虫 54 粒/雌和黏虫 36 粒/雌。高卓（2010）研究发现取食柞蚕蛹的蠋蝽产卵量为 300~500 粒，平均为 409.45 粒/雌。卵的孵化率达 90% 以上。不同温度对蠋蝽的繁殖、发育影响显著，在 20℃ 时，若虫发育历期约为 42.3d，而在 30℃ 时仅需 29d。20℃ 时成虫寿命为 43d，而在 30℃ 时成虫寿命仅有 28.4d。

在食物充足的条件下，蠋蝽也会刺吸植物的汁液，因此在室内大量繁殖蠋蝽时最好提供给栖息植物供其栖息及刺吸。以往栖息植物往往选择水培新鲜杨树枝叶，但是需每周更换 1~2 次杨树枝叶，否则蠋蝽若虫死亡率显著上升。但是更换工作量较大而且对若虫造成一定的损失，增加了饲养费用。高长启等（1993）还通过喷施蔗糖水（5% 及 10%）、蜂蜜水（5% 及 10%）及杨树鲜叶水浸液等方法对栖息植物进行了改良。结果表明，喷雾 5% 蔗糖水和杨树鲜叶水浸液都可以起到和使用水培杨树枝叶一样好的效果，这 3 种处理的若虫存活率分别为 68%、73% 和 73%。

宋丽文等（2010）通过研究不同宿主植物和饲养密度对蠋蝽生长发育和生殖力的影响对室内大量繁殖蠋蝽的工艺进行了改良。结果表明，当饲喂柞蚕蛹但使用不同宿主植物时，用榆树饲养的蠋蝽若虫存活率最高，达 82.09%，大豆饲养的为 61.34%，山杨饲养的相对较低，为 34.60%；而无宿主植物的对照存活率最低，仅为 16.38%；对于若虫发育历期，3 种宿主植物对若虫发育历期的影响无显著差异，但是无宿主植物的对照的若虫发育历期延长；对于产卵量，宿主为榆树时蠋蝽产卵量最大，平均每雌产卵量可达 330.89 粒，以大豆为宿主时产卵量略少，为 255.71 粒，山杨作为宿主时其产卵量仅为榆树条件下的 68.11%，空白对照的产卵量最少，仅为榆树条件下饲养的 29.21%；对于产

184

卵前期，用榆树和山杨作为宿主植物时，蠋蝽成虫产卵前期无明显差别，相差不足 1d，而在对照和大豆条件下饲养的蠋蝽，其产卵前期显著长于前两者；对于产卵期，榆树饲养的蠋蝽产卵期最长，可达 17.97d，而用山杨和大豆饲养时，蠋蝽的产卵期分别比前者短 3.49d 和 6.88d，对照最低，仅为 5.89d；对于次代卵的发育时间，榆树饲养的孵化时间较短，为 5.10d，而大豆和山杨饲养的孵化时间稍长于前者，对照则历时 7.48d 且孵化率仅为 50%。当以柞蚕蛹为猎物以榆树枝叶为宿主植物时，不同饲养密度对蠋蝽若虫存活率影响较大，每罩 4 头、10 头、20 头、30 头饲养时，其存活率差别不大，都能达到 85%以上，饲养密度为每罩 40 头时，其存活率降至 53.33%，而达到每罩 50 头时，其存活率仅为 44.67%；不同饲养密度对蠋蝽若虫各龄发育历期的影响无规律；不同饲养密度对蠋蝽的产卵前期、产卵期和产卵量都有不同程度影响，密度过高或过低都明显降低其生殖力，饲养密度为每罩 4 头和 50 头时，其产卵前期最长为 12.09d 和 13.60d，其他各密度差别不大。而产卵期则相反，密度过高或过低时其产卵期都不足 8d，而密度适合时其产卵期均超过 11d。产卵量的趋势与产卵期相同，依旧是低密度的每罩 4 头和高密度每罩 50 头较少，只有 100 粒左右，其他密度下均在 200 粒左右。由于榆树是较易获得的植物，但榆树属于木本植物，生长周期很长，在室内容易落叶枯萎，栽植成本较高。而大豆幼苗培养蠋蝽虽然存活率和生殖力略低于榆树，但大豆苗生长周期较短，易于室内栽培且可随时更换，成本较低。因此，宋丽文等（2010）认为在大量饲养蠋蝽时可选用大豆苗作为宿主植物。而在室内大量扩繁蠋蝽的过程中，为了获得较多的蠋蝽，饲养密度控制在每头蠋蝽占有 26.17cm² 左右的面积较为适合。

四、人工饲料

应用生物防治方法来控制害虫的一个最主要的任务就是释放大量的高质量的天敌昆虫。而生物防治大范围应用的一个限制因子就是天敌昆虫的费用问题，它远远超过化学防治的费用。采用传统的方法大量繁殖天敌昆虫经济成本高而且浪费时间，因此一个理想的人工饲料可以大大地减少生产天敌昆虫的费用。为了在害虫发生初期人工大量释放蠋蝽，吉林省林业科学院自 20 世纪 70 年代开始就对蠋蝽的人工大量繁殖技术进行了研究并取得了较好的效果。目前在中国，人工室内大量繁殖蠋蝽主要以鲜活柞蚕蛹为猎物（高长启等，1993；高卓，2010；宋丽文等，2010；徐崇华等，1981；Zou 等，2012）。但是柞蚕蛹个体较大，在未被取食尽之前就已经死亡并腐烂，不仅造成蠋蝽食物的大量浪费，而且取食腐烂的柞蚕蛹会造成一部分蠋蝽的死亡。此外，由于蠋蝽不愿取食腐烂的柞蚕蛹，在饥饿胁迫下，群体饲养的蠋蝽会发生种内自残的现象，这就大大增加了种群倍增的费用，延长了倍增时间。因此研制蠋蝽人工饲料，并将其进行小剂量包装，可以大大减少食物的浪费。高长启等（1993）曾用以柞蚕蛹为主成分的半合成人工饲料饲喂蠋蝽（表 6-5），具体步骤如下。

柞蚕蛹液的制备：柞蚕蛹经 60℃ 水浴 6min，以防血淋巴黑化，之后用组织捣碎机充分捣碎，离心 2min 除去渣子备用。

饲料卡模具的制作：选 0.5cm 厚、15cm 长、10cm 宽的铜板，均匀排列钻 24 个半球形小坑，小坑底部钻 1 个直径约为 0.02cm 的小洞，铜板背面镶 1 个铁盒长 14.5cm、宽 9.5cm、高 3cm，并在一边做一抽气嘴与水泵连接。

饲料卡的制作：将无毒塑料薄膜平铺模具上，打开水龙头使水泵通水抽气，用电热风吹塑即可制成半球形饲料卡底片，然后将人工半合成饲料滴入凹坑内再用一张塑料薄膜覆盖上用电熨斗熨好即可。

饲喂方法：将治好的饲料卡均匀地放在饲养笼上，每天换食一次。

表 6-5　人工半合成饲料配方

组别	饲料成分
1	蛹液 100mL、蔗糖 10%、山梨酸 200mg／100mL、苯硫脲 100mg／100mL
2	蛹液 100mL、蔗糖 5%、山梨酸 200mg／100mL、苯硫脲 100mg／100mL
3	蛹液 100mL、蔗糖 10%、山梨酸 100mg／100mL、苯硫脲 100mg／100mL
4	蛹液 100mL、蔗糖 10%、山梨酸 100mg／100mL、苯硫脲 100mg／100mL

结果表明以人工饲料第 3 组饲喂的蠋蝽效果较好，成虫获得率达 83.3%，比取食柞蚕蛹的成虫获得率 70% 还要高，但是若虫发育历期比饲喂柞蚕蛹的延长了 9d，性比（♀∶♂）由饲喂柞蚕蛹的 0.9∶1 变为 0.85∶1，雄性所占比例增加。但其解决了饲料腐败和柞蚕蛹利用率低的问题。

五、保存越冬及冷藏

蠋蝽的人工饲养，首先要采集到足够的种蝽。高卓（2010）对于种蝽的采集和保存进行了较为详细的研究。种蝽的采集可在春秋两季进行，即在秋季蠋蝽成虫进入越冬场所之后，或在春季越冬代蠋蝽离开越冬场所之前，实践中一般选择在秋季的 11 月大雪封地之前和春季的 4 月初田间雪化以后。采集地点一般选在蠋蝽发生地的落叶层下，以鱼鳞坑或者树根的落叶层下为主。采集到的蠋蝽成虫，暂时放于保湿捕虫盒中，带回室内后放于含有 10~15cm 厚湿沙的养虫盒内。先将蠋蝽虫体平放，然后在其上覆盖树叶，于 4~6℃ 冰箱低温保藏 4~5 个月，其成活率仍可达 90% 左右。也可将采回的蠋蝽成虫放在室外土坑中保藏。保藏方法为：是室外向阳避光处挖以深度为 20~30cm 土坑，坑的大小可根据储藏的蠋蝽数量而定。在挖好的土坑内先填 15~20cm 潮湿的细沙，将蠋蝽放于其上，再覆盖些落叶，然后将坑面用纱网罩好以防止其他生物的侵害。用此种方法保存的蠋蝽 3~5 个月后其存活率也可达 90% 左右。保存后使其复苏时，是先将越冬的蠋蝽取出在 15℃ 下慢慢复苏。1~2d 后再将其放于养虫室内。养虫室的温度控制在 23~28℃ 较好，相对湿度宜控制在 70%。

作为一种天敌商品，蠋蝽的长期保存，即延长其货架期，是一个急需解决又非常重要的问题。快速冷驯化可以提高某些昆虫的耐寒性。为了研究不同冷驯化诱导温度对蠋蝽抗寒性的影响，以期为以后延长蠋蝽货架期奠定稳固的技术基础，李兴鹏等（2012）以室内人工饲养的第三代蠋蝽成虫为对象，利用热电偶、液相色谱分析等技术，测定了经 15℃、10℃、4℃ 冷驯化 4h 和梯度降温（依次在 15℃、10℃、4℃ 各驯化 4h）冷驯化后，蠋蝽成虫过冷却点、虫体含水率及小分子碳水化合物、甘油和氨基酸含量，及其在不同暴露温度（0℃、-5℃、-10℃）下的耐寒性。结果表明，处理后暴露在 -10℃ 时，梯度处理组和4℃冷驯化处理组的蠕螨成虫存活率为58.3%，其他处理组及对照（室温饲养）的存活率显著降低，平均为8.9%；梯度处理组与4℃冷驯化处理组成虫过冷却点平均为-15.6℃，比其他处理平均降低1.3℃；各处理虫体含水率无显著差异，平均为61.8%；与其他各组相比，梯度处理组和4℃冷驯化组成虫的葡萄糖、山梨醇和甘油含量分别增加2.82倍、2.65倍和3.49倍，丙氨酸和谷氨酸含量分别增加51.3%和80.2%，海藻糖、甘露糖和脯氨酸含量分别下降68.4%、52.2%和30.2%，而果糖含量各组间无显著差异。快速冷驯化对蠕螨成虫具有临界诱导温度值，梯度降温驯化不能在快速冷驯化的基础上提高蠕螨成虫的抗寒性。

　　我国对于大眼蝉长蝽的研究报道很少，仅限于对其生物学特性、生活习性、捕食功能反应等一些研究，而对于其在室内饲养以及人工饲料尚未见报道，因此本研究对大眼蝉长蝽室内人工饲养以及人工饲料进行了一定的探索，为以后室内大规模繁殖以及田间实际应用奠定了一定的基础（表6-6）。目前通过用米蛾卵饲养大眼蝉长蝽，从而得到若虫发育历期、若虫成活率、成虫体重、成虫性比、繁殖力等一些生理指标，并通过连代饲养来判断室内大规模繁殖大眼蝉长蝽的可行性。柞蚕蛹是一种很好的昆虫蛋白，作者以柞蚕蛹作为大眼蝉长蝽人工饲料的外源动物蛋白，并对其进行不同形式的加工处理，通过测试饲喂后的各项生理指标，进而判断柞蚕蛹作为捕食性螨类人工饲料主成分的可行性。饲养方法的优劣将直接影响天敌昆虫的生产成本以及利用潜能，因此探索一种合适的人工饲料在生防系统中是十分重要的。作者希望通过本试验能够为大眼蝉长蝽室内规模化人工饲养以及人工饲料的进一步研究提供参考依据。

表6-6　大眼蝉长蝽人工饲料配方

配方	单位	A1	A2	A3	A4
匀浆液	mL	30.000			
脱脂粉	g		30.000		
冷冻干粉	g			30.000	
全脂粉	g				30.000
脱脂奶粉	g	15.900	15.900	15.900	15.900
玉米油	mL	13.200	13.200	13.200	13.200
蔗糖	g	3.150	3.150	3.150	3.150
鸡蛋黄	g	15.900	15.900	15.900	15.900
抗坏血酸	g	0.177	0.177	0.177	0.177
叶酸	g	0.177	0.177	0.177	0.177
韦氏盐	g	1.470	1.470	1.470	1.470
山梨酸	g	0.045	0.045	0.045	0.045
尼泊金	g	0.087	0.087	0.087	0.087

六、大眼蝉长蝽蜡卵人工饲料的制作

蜡卵人工饲料的制作步骤:

将固体石蜡置于 100mL 的烧杯里,放入水浴锅中,然后加热至 80℃

↓

将人工饲料取出,用注射器抽取适量后迅速放回

↓

将注射器的针头插入水浴 80℃ 的液态石蜡中

↓

迅速提起注射器,使营养液滴流出注射器,针头表面的石蜡包围在营养液周围

↓

石蜡在载玻片上遇冷冷却,形成外部为固态石蜡、内部为液体饲料的人工卵

蜡卵人工饲料的制作原理及注意事项:当液体饲料从针孔中流出时,由于重力以及分子内聚力的作用,液态石蜡被饲料中的水溶液排斥在饲料表面,并立刻均匀的分散,包围在饲料周围,从而形成一层蜡膜。在由上而下滴落以及接触到载玻片表面时,蜡膜冷却凝固成固体,即形成蜡卵(马安宁等,1986)。期间注意事项:应选用口径较小的注射器,口径过大的话不宜制作蜡卵;用注射器抽取饲料后应放置 2min,否则液体饲料不易流出针孔;饲料制作完成后应迅速放入培养皿中,防止被空气氧化。

第三节　释放与控害效果

一、产品包装及释放

1. 暗黑长脊盲蝽

储藏:在释放前应将盲蝽储藏在阴凉的地方,不要直接暴露在阳光下。一般在收到产品后应立即释放,至多在 18h 内释放。如果条件不允许,应将盲蝽储藏在密闭黑暗的容器内,温度保持在 5~10℃,但要避免长期储藏,一般 1~2d 为宜。

包装:暗黑长脊盲蝽可以包装在塑料瓶中,每瓶 250 头,瓶内放入蛭石和烟草叶,如今也有放在硬纸管内的,每管放盲蝽 500 头,管内放入蛭石、烟草叶和刨花作为载体。放入的盲蝽应选择若虫末期虫态或刚羽化的成虫。在产品中可能会出现一些幼虫。

运输:应在 10~20℃ 的条件下运输。

释放:盲蝽释放时,应选择在清晨或傍晚温室通风孔关闭的时候。将昆虫带到要释放的田间,在释放前,立即打开每一个容器。轻轻地拿起刨花将盲蝽从容器中拿出,翻过来,沿着田间边走边轻轻敲打刨花。每一个容器都重复上述的动作,这样盲蝽就可以均匀地分布在田里。把装盲蝽的容器及刨花放在田里几个小时,可以将剩余的盲蝽释放出来。释放量 1~2 头/m²。

2. 西方猎盲蝽

释放:粉虱种群一建立起来就要释放盲蝽,在早期受害地区,以每平方米 0.25~0.5

头盲蝽的比率释放。2～3周重复一次。在粉虱密度大的地方，要释放大约100头盲蝽成虫，当粉虱水平很低时，每周提供给盲蝽足够的食物（冷藏的米蛾、麦蛾或粉斑螟的卵），在早期田间也能建立盲蝽种群。盲蝽需要取食大量的猎物来繁殖，因此应该只在能观察到害虫的区域释放盲蝽，或供给足够的食物。当害虫种群消失时，盲蝽密度比较高（每株大约100头）时，可使用烟雾杀死盲蝽避免伤害植物。释放时，只是将盲蝽撒到叶子上，或者散布在释放袋中，每个位置50头。轻度为害的植物，每亩500头，每隔两周释放2次。正常为害的植物，每亩500头，每隔一周释放4次。当下面情况发生时，盲蝽也可能引起植物坐果不良、落花、形成不规则的花，果实或花团、在果实上引起取食点。①盲蝽种群密度过高。比如在整株植物上有数百头盲蝽，或在植物顶端有50头盲蝽个体都能对植物造成为害（一般很少达到这种程度）。②猎物很少或没有（其实在这种情况下，不会释放盲蝽的）。③不适宜的气候条件或植物徒长减少坐果。④感性作物和品种，例如，盲蝽在樱桃小番茄和小串番茄上能引起严重的坐果问题，此外不建议暗黑长脊盲蝽应用在非洲菊上。

3. 烟盲蝽

一种天敌的成功应用，无不与释放该天敌的生态环境有关。在实际应用中，我们必须考虑到释放环境的特点，如具有什么样的间作套种和耕种格局等。目前对烟盲蝽的研究主要在以下几方面：①烟盲蝽对油菜以及油菜-蚜虫体系的趋性较强，因此可以利用这一点，合理安排耕作制度，比如将油菜作为一种诱集植物，适当的种在主要作物周围，一方面，在主要作物上害虫缺乏的情况下，油菜可以作为一种食物来源，提供给烟盲蝽生长发育必需的营养；另一方面，油菜作为诱集植物，可以招引烟盲蝽。②试验表明，不同植物+粉虱体系的两两组合，烟盲蝽对组合中两种作物间的选择性不存在显著差异，这表明，生产实践中，除菜豆外，其他三种作物：番茄、茄子、黄瓜在理论上可以相互组合却并不影响烟盲蝽的分布。同时，也可以结合①中所讨论的将油菜作为诱集和食物补充来源，综合利用，合理搭配。这些将为合理安排田间的间作套种、防治害虫提供理论依据。如应用于生产实践中：在主作物（番茄、茄子和黄瓜）周围种少量油菜。一方面在番茄上害虫缺乏的情况下，油菜可以作为烟盲蝽的食物来源，借此维持环境中种群数量。另一方面，烟盲蝽转移到油菜上，减轻了对主作物的为害。再者，一旦害虫重新发生，油菜上的烟盲蝽重新回到主作物上（因为粉虱是其选择的主要因素，并且烟盲蝽必须补充动物蛋白才能完成生长发育）。因此，整个环境就达到一种动态平衡，长期控制害虫。烟盲蝽对于茄科和葫芦科植物的偏好性，使它成为一个在粉虱严重的地区和作物上非常有趣的生物防治工具。不像其他捕食性盲蝽，烟盲蝽取食植物的习性，有时会在植物茎处造成环形褐斑，导致果实褪色和畸形，但是只有在其种群数量太高，缺乏被捕食者的情况下才发生。因此使用烟盲蝽时，必须得到相关技术人员的指导，释放时每平方米1～3头，一般较早释放，以便其在作物上定植。

4. 蠋蝽

关于蠋蝽的产品包装，目前尚未有相关的报道。据笔者观点，为了节省空间及费用，每个包装容器内当然是多一些蠋蝽较好，但是由于蠋蝽有自残的习性，因此具体每个蠋蝽占多大空间还需做进一步的研究。并且根据运输路途及时间的长短，需适当调整包装容器内蠋蝽的数量。释放前，对蠋蝽进行一定程度的饥饿胁迫可以加强蠋蝽对害虫的搜索能力及控害能力。但饥饿胁迫程度越强，蠋蝽的自残现象就越严重，因此可以在包装容器内放入一些栖息植物，如大豆苗、马铃薯苗等，除了提供一定程度的阻隔空间外，蠋蝽对植物的刺吸可以减少个体间的自残现象。由于蠋蝽属于活体生物，因此在包装运输过程中还要注意包装容器的空气流通问题。流通、清新的空气可以使在较长的运输时间下蠋蝽出现较少的自残现象。

尽管蠋蝽2龄若虫就可以取食害虫，但是2龄若虫个体很小且生存能力较弱，因此释放时最好选择3~5龄若虫及成虫。相对于4~5龄若虫，3龄若虫发育到成虫时间最长，生存能力较2龄时变强，因此3龄若虫是释放的最好虫态。成虫能飞，在食物或环境不适时会飞走。因此在小范围定点释放时选择3~5龄若虫较佳。但是如果释放地点为大面积森林、果园或农场，成虫也是释放的好虫态。尽管蠋蝽可以控制很多种农林害虫，但是较小的害虫或害螨，如蚜虫、粉虱、叶螨等，蠋蝽并不喜取食。因此可以结合瓢虫、草蛉、寄生蜂等天敌昆虫，与蠋蝽协同释放。为避免蠋蝽取食瓢虫、草蛉，可根据害虫发生期的不同而释放不同的天敌昆虫，或根据害虫发生地点的不同进行相对天敌昆虫的定点释放。另外，高卓（2010）认为，应用蠋蝽防治农林害虫的关键技术环节，首先是要掌握好蠋蝽释放日期与猎物在田间发生期的一致性，然后根据拟释放的不同虫态、不同龄期的蠋蝽对猎物不同龄期及虫态的捕食量，以及两者在田间持续遭遇历期和拟达到的防治效果来计算放蝽比例和数量，这样才能达到经济有效的控害效果。此外，还要根据蠋蝽的生物学、生态学来调控蠋蝽的生态环境，这样才能使蠋蝽在释放地定殖并达到可持续控害的目的。

二、控害效果

早在20世纪70年代开始，吉林省林科所（现吉林省林业科学研究院）就开始将室内人工大量饲养的蠋蝽老龄若虫以1：18的比例进行野外释放防治榆紫叶甲幼虫，13d捕食率可达61.9%，并可以在林间定殖，有效地控制了榆紫叶甲的为害（高长启等，1993）。此后，江苏、安徽、内蒙古、河北、北京等地的林业科研单位，对侧柏毒蛾 *Parocneria furva* Leech（鳞翅目：毒蛾科）、松毛虫、杨毒蛾 *Stilpnotia candida* Staudinger（鳞翅目：毒蛾科）、杨扇舟蛾 *Clostera anachoreta* Fabricius（鳞翅目：舟蛾科）和黄刺蛾 *Cnidocampa flavescens* Walker（鳞翅目：刺蛾科）等害虫做了试验，都取得了良好防效（徐崇华等，1984）。为了解蠋蝽对害虫的捕食能力，徐崇华等（1981）在室内对3种林业害虫进行了捕食量测定（表6-7）。

表6-7 蠋蝽捕食森林害虫的数量（徐崇华等1981）

害虫		蠋蝽				
名称	龄期	若虫2龄	若虫3龄	若虫4龄	若虫5龄	成虫
	1龄	4.6（6）	4.2（6）	6.8（13）	14.0（19）	15.8（18）
油松毛虫	2龄	1.3（2）	2.4（6）	2.3（5）	2.3（6）	2.1（6）
	3龄	1.0（1）	1.3（3）	1.9（3）	1.2（3）	1.5（4）

（续表）

害虫		螳螂				
名称	龄期	若虫2龄	若虫3龄	若虫4龄	若虫5龄	成虫
杨扇舟蛾	1龄	2.5 (6)	5.5 (10)	5.6 (9)	6.0 (10)	8.7 (10)
	2龄	1.6 (3)	2.2 (4)	3.0 (6)	2.6 (9)	5.5 (9)
	3龄	—	1.5 (3)	1.8 (3)	2.1 (5)	4.2 (10)
	4龄	—	1.2 (2)	1.7 (2)	1.6 (3)	2.3 (4)
	5龄	—	—	—	1.3 (2)	1.1 (2)
柳毒蛾	1龄	5.6 (11)	7.7 (18)	10.4 (21)	6.7 (10)	—
	2龄	2.2 (4)	3.2 (9)	5.1 (13)	13.1 (21)	—
	3龄	1.0 (1)	1.2 (2)	1.8 (4)	2.9 (5)	2.3 (5)
	4龄	1.0 (1)	1.1 (2)	1.6 (3)	2.6 (4)	1.7 (3)
	5龄	—	1.0 (1)	1.3 (2)	1.3 (3)	1.4 (3)

注：括号内为最大捕食量。

可以看出，螳螂捕食害虫的数量随着龄期的增长而增加，老龄若虫和成虫的捕食量最大。同龄期螳螂对害虫的捕食量因害虫龄期不同而异，害虫虫龄小，被捕食的量就大。一头2龄螳螂平均1d可取食杨扇舟蛾卵15粒，3龄若虫可取食18~19粒，4龄若虫可取食20~30粒。此外，徐崇华等（1981）还进行了野外释放试验，在罩笼捕食侧柏毒蛾试验中，用1.3m×1.3m×2.0m的铁纱笼罩住一株侧柏幼树，放入120头2~3龄侧柏毒蛾幼虫，同时放入室内繁殖的初孵螳螂若虫26头，另设一对照。以后隔6~7d调查螳螂和侧柏毒蛾的数量，直到侧柏毒蛾羽化为止。试验结果显示，20d内侧柏毒蛾的数量比对照笼明显下降，螳螂的校正捕食效果达88.0%。在笼罩捕食油松毛虫试验中，用同样大小的罩笼罩在一株油松幼树上，幼树上挂松毛虫卵卡3块，卵共550粒。放入2~3龄螳螂若虫5~10头，至螳螂羽化为成虫，松毛虫发育到2龄时检查螳螂和松毛虫的数量。结果显示，在释放螳螂的笼内，松毛虫数量比对照笼明显减少，释放10头的，其校正捕食效果为94.59%，释放5头的校正捕食效果为37.01%。在单株释放捕食杨扇舟蛾试验中，在1~2年生杨树枝条丛上先清除树上各种昆虫，然后挂上即将孵化的杨扇舟蛾卵块，每株释放3~4龄螳螂若虫10~20头，记录试验株和对照株的被害程度。结果显示，在Ⅰ区，A组（释放20头螳螂）舟蛾剩余1.87%，树木被害率23.0%；B组（释放10头螳螂）舟蛾剩余0.62%，树木被害率47.0%；C组（对照）舟蛾剩余1.33%，树木被害率78.0%。在Ⅱ区，A组（释放20头螳螂）舟蛾剩余3.06%，树木被害率5.0%；B组（释放10头螳螂）舟蛾剩余3.76%，树木被害率5.0%；C组（对照）舟蛾剩余11.54%，树木被害率55.0%。由此可见，释放螳螂的树木被害率都比对照轻，因此，释放螳螂能有效地减少害虫对树木的为害。

姜秀华等（2003）对罩养在网内的单头螳螂成虫的捕食量进行了研究，结果显示螳螂成虫日均捕食榆兰叶甲卵11.8粒，老熟幼虫3.7头，蛹4.7头，成虫2.3头。因此，应用蠋蝽防治榆兰叶甲可以起到很好的防效。

为了比较化学防治与生物防治的效果，上官斌（2009）在兰州皋洼山林场将化学防治和利用蠋蝽控制侧柏毒蛾进行了对比。在化学防治侧柏毒蛾试验中，2006年4月下旬在面积为630m²刺柏林中，对600株侧柏毒蛾发生严重的刺柏使用40%氧乐果1000倍液喷雾防治，效果明显，杀虫率达到91%；翌年该区侧柏毒蛾发生株率仅为6%，有虫株虫口密度仅为4~8头/株。全年不需进行防治。在应用蠋蝽防治侧柏毒蛾试验中，试验地选为与化学防治在同一地块上，面积为90m²的84株侧柏毒蛾发生严重但同时有蠋蝽发生的刺柏，2006年7月以前侧柏毒蛾为害明显，到8月中旬观察到与化学防治区相比，树木生长效果几乎完全相同。8月中旬侧柏毒蛾和蠋蝽都很难观察到，说明害虫被控制后天敌数量也自然下降。翌年蠋蝽发生株率仅有4%，有虫株虫口密度仅为1~2头/株。全年侧柏毒蛾发生很轻，不需进行防治。通过对比分析，上官斌（2009）认为化学防治效果明显迅速，但是同时会杀伤多种天敌昆虫，不利于生态的良性发展，也会污染环境，因此，只有在侧柏毒蛾发生严重时，为控制灾情，应在4月上旬以前进行1次化学防治，既可快速控制侧柏毒蛾，又可减轻对蠋蝽的为害。但蠋蝽控制侧柏毒蛾存在滞后性。然而，从可持续发展角度出发，蠋蝽有很大的优势，可有效控制侧柏毒蛾为害，经济环保，值得推行。

此外，蠋蝽在释放地不易定殖及大量繁殖的一个重要因素是一些蠋蝽不能成功越冬。其原因有以下几点。一是在林区，蠋蝽大多与其猎物，如鳞翅目蛹，在相同或相近的场所越冬，蠋蝽复苏后可直接取食。但在大田或果园不行，由于人为干扰因素多，土地的翻耕或果园清洁，不仅使越冬害虫数量减少，蠋蝽也会受到一定程度的损失。因此可以人为采集越冬的蠋蝽帮助进行越冬保护，待其复苏后或进行完农事操作后再将其释放。二是笔者在河北及北京等地采集时发现，当地农民在春耕前有燎荒习惯，很多田地或果园周围的其他树木也被同时烧伤或烧死，而这些场所很多是蠋蝽的越冬场所。这种行为大大减少了蠋蝽越冬的存活数量，因此，应加强对基层农民在这方面知识的普及和教育。三是在释放后，由于猎物不足，蠋蝽成虫飞走或若虫被饿死的现象也常有发生。越冬前猎物不足，使得越冬的成虫营养不良，抗逆性下降，在越冬过程中被冻死。食物缺乏是造成蠋蝽不能定殖的另一个主要因素。因此，可以在越冬前或释放后，在越冬场所或释放地人为施放一些猎物，如柞蚕蛹或人工饲料来帮助其种群的维系及补充越冬营养。

由于蠋蝽分布的地域性，对蠋蝽的研究主要为中文报道。对蠋蝽属的其他蝽类的研究也只是分类地位的研究。因此，为加强对蠋蝽的进一步了解，我们还有待于做更多的研究，如生态调控、生防措施手段的组装、作物布局、农事操作、监测预警等。由于蠋蝽有着相当强的控害能力和广泛的猎物食谱，因此，相信它会越来越多地受到中外昆虫学者的关注。

（陈红印、王孟卿、唐艺婷、邹德玉、廖平　执笔）

参考文献

艾素珍，朱兆雄，1989. 大眼蝉长蝽生物学的初步观察［J］. 昆虫天敌，11（1）：38.
柴希民，何志华，蒋平，等，2000. 浙江省马尾松毛虫天敌研究［J］. 浙江林业科技，

20（4）：1-56，61.

陈红印，王树英，陈长风，2000. 以米蛾卵为寄主繁殖玉米螟赤眼蜂的质量控制技术［J］. 昆虫天敌，22（4）：145-150.

陈静，张建萍，张建，等，2007. 蠋敌对双斑长跗萤叶甲成虫的捕食功能研究［J］. 昆虫天敌，29（4）：149-154.

陈跃均，乐国富，粟安全，2001. 蠋敌卵的有效积温研究初报［J］. 四川林业科技，22（3）：29-32.

崔金杰，马艳，1997. 大眼蝉长蝽对棉铃虫初孵幼虫捕食功能研究［J］. 中国棉花，24（3）：15-16.

高长启，王志明，余恩裕，1993. 蠋蝽人工饲养技术的研究［J］. 吉林林业科技，2：16-18.

高卓，2010. 蠋蝽 *Arma chinensis* Fallou 生物学特性及其控制技术研究［D］. 哈尔滨：黑龙江大学.

郭建英，万方浩，吴珉，2002. 利用桃蚜和人工卵赤眼蜂蛹连代饲养东亚小花蝽的比较研究［J］. 中国生物防治，18（2）：58-61.

胡月，2010. 烟盲蝽营养需求与人工饲料改进研究［D］. 北京：中国农业科学院.

胡月，王孟卿，张礼生，等，2010. 杂食性盲蝽的饲养技术及应用研究［J］. 植物保护，36（5）：22-27.

姜秀华，王金红，李振刚，2003. 蠋敌生物学特性及其捕食量的试验研究［J］. 河北林业科技，3：7-8.

李丽英，郭明昉，吴宏和，等，1988. 叉角厉蝽的人工饲料［J］. 生物防治通报，4（1）：41.

李兴鹏，宋丽文，张宏浩，等，2012. 蠋蝽抗寒性对快速冷驯化的响应及其生理机制［J］. 应用生态学报，23（3）：791-797.

林长春，王浩杰，任华东，等，1998. 叉角厉蝽生物学特性研究［J］. 林业科学研究，11（1）：89-93.

上官斌，2009. 蠋敌研究初报［J］. 甘肃林业科技，34（4）：27-30.

宋丽文，陶万强，关玲，等，2010. 不同宿主植物和饲养密度对蠋蝽生长发育和生殖力的影响［J］. 林业科学，46（3）：105-110.

孙本春，1993. 大眼蝉长蝽生物学特性的初步研究［J］. 昆虫天敌，15（4）：157-159.

谭晓玲，王甦，李修炼，等，2010. 东亚小花蝽人工饲料微胶囊剂型的研制及饲养效果评价［J］. 昆虫学报，53（8）：891-900.

仝亚娟，陆宴辉，吴孔明，2011. 大眼蝉长蝽对苜蓿盲蝽的捕食作用［J］. 应用昆虫学报，48（1）：136-140.

王方海，周伟儒，王韧，1996. 东亚小花蝽人工饲养方法的研究［J］. 中国生物防治，12（2）：49-51.

王丽荣，陈琳，张荆，1993. 天敌——刺兵蝽观察研究报告［J］. 沈阳农业大学学报，24（1）：47-49.

魏潮生, 彭中建, 杨广球, 等, 1984. 南方小花蝽的初步研究 [J]. 昆虫天敌, 6 (1): 32-40.

吴伟坚, 余金咏, 高泽正, 等, 2004. 杂食性盲蝽在生物防治上的应用 [J]. 中国生物防治, 20 (1): 61-64.

谢钦铭, 梁广文, 罗诗, 等, 2001. 叉角厉蝽对绿额翠尺蛾幼虫的捕食作用的初步研究 [J]. 江西科学, 19 (1): 21-23.

忻介六, 邱益三, 1986. 昆虫、螨类和蜘蛛的人工饲料 (续篇) [M]. 北京: 科学出版社.

杨怀文, 程武, 1985. 用米蛾卵繁殖黄色花蝽初报 [J]. 生物防治通报, 1 (2): 24.

姚康, 1981. 黄色花蝽是捕食仓库害虫的有效天敌 [J]. 华中农学院学报, 1: 95-100.

于毅, 严毓骅, 胡想顺, 1998. 营养和生态因子对东亚小花蝽生长发育的影响 [J]. 中国生物防治, 141: 4-6.

张昌容, 郅军锐, 郑姗姗, 等, 2010. 添加蜂蜜水对南方小花蝽生长发育和繁殖的影响 [J]. 贵州农业科学, 8: 96-99.

张敏玲, 卢传权, 1996. 叉角厉蝽的饲养 [J]. 昆虫天敌, 18 (1): 74-77.

AdamsT S, 2000. Effects of diet and mating status on ovarian development in a predaceous stinkbugs *Perillus bioculatus* (Hemiptera: Pentatomidae) [J]. Annals of the Entomological Society of America, 93: 529-535.

Abasa R O, Mathhenge W M, 1974. Laboraiocy studies of the biology and food requirements of *Macrorbuphis acuta* (Hetnipicra: Pcuiatomidac) [J]. Entomophaga, 19: 213-218.

Ables J R, 1975. Notes on the biology of the predaceous pentaitomid *Euthynchus floridanus* (L.) [J]. Journal Georgia Entomological Society, 10: 353-356.

Ables J R, McCommas D W, 1982. Efficacy of *Padisus maculiveturis* as a predator of variegated cutworm on greenhouse cotton [J]. Journal Georgia Entomological Society, 17: 204-206.

Adidharma D, 1986. The development and survival of *Podisus sagittus* (Hemiptera: Pentatomidae) on artificial dieis [J]. Australian Journal of Entomology, 25: 15-16.

Ahmad L, Önder E, 1990. A revision of the genus *Picromerus* Amyot et Serville (Hemiptera: Pentatomidae: Asopini) from western Palaearctic with description of two new species from Turkey [J]. Türkiye Entomoloji Dergisi, 14: 75-84.

Ahmad L, Rana N A, 1988. A revision of the genus *Canthecona* Amyot et Serville (Hemiptera: Pentatomidae: Asopini) from Indo-Pakistan subcontinent description of two new species from Pakistan [J]. Türkiye Entomoloji Dergisi, 12: 75-84.

Ahmad I, Shadab M U, Khan A A, 1977. Generic and supergeneric keys with reference to a check list of coreid fauna of Pakistan (Heteroptera: Coreoidea) with notes on their distribution and food plants [J]. Haematologica, 91 (3): 297-302.

Ahmad M, Singh A P, Sharma S, et al., 1996. Potential estimation of predatory bug,

Canthecona furcellata Wolff (Hemiptera: Pentatomidae) against poplar defoliator, Clostera. [J]. Annals of Forestry, 4 (2): 133-138.

Baker A M, Lambdin P L, 1985. Fecundity, fertility, and longevity of mated and unmated spined soldier bug females [J]. Journal of Agricultural Entomology: 378-382.

Biever K D, Chauvin R L, 1992. Suppression of the Colorado potato beetle (Coleoptera: Chrysomelidae) with augmentative releases of predaecous stinkbugs (Hemiptera: Pentatomidae) [J]. Journal of Economic Entomology, 85: 720-726.

Biever K D, Andrew L, Andrews P A, 1982. Use of a predator, Podisus maculiventuris, to distribute virus and initiatc epizooties [J]. Journal of Economic Entomology, 75: 150-152.

Blaeser P, 2004. The potential use of different predatory bug species in the biological control of Frankliniella occidentalis (Pergande) (Thysanoptera: Thripidae) [J]. Journal of Pest Science, 77: 211-219.

Bozer S F, Traugott M S, Stamp N E, 1996. Combined effects of allelochemical−fed and scarce prey on generalist insect predator Podisus maculiventuris [J]. Ecological Entomology, 21: 328-334.

Brannon S L, Decker K B, Yeargan K V, 2006. Photoperiodic induction of reproductive diapause in the predator Geocoris uliginosus (Hemiptera: Geocoridae) [J]. Annals of the Entomological Society of America, 99 (2): 300-304.

Castanea C, Alomar O, Riudavets J, 1996. Management of Western Flower Thrips on Cucumber with Dicyphus tamaninii (Heteroptera: Miridae) [J]. Biological Control, l7: 114-120.

Clercq P D, 1998. Unnatural prey and artificial diets for rearing Podisus maculiventris (Heteroptera: Pentatomidae) [J]. Biological Control, 3: 67-73.

Cohen A C, 1984. Food consumption, food utilization and metabolicrates of Geocoris punctipes (Het. : Lygaeidae) fed Heliothis virescens (Lep. : Noctuidae) eggs [J]. Entomophaga, 29: 361-367.

Cohen A C, 1985. Simple method for rearing the insect predator Geocoris punctipes (Heteroptera: Lygaeidae) on a meat diet [J]. Journal of Economic Entomology, 78 (5): 1173-1175.

Cohen A C, 2000. Feeding fitness and quality of domesticated and feral predators: effects of long-term rearing on artifical diet [J]. Biological Control, 17: 50-54.

Cohen A C, Urias N M, 1986. Meat − based artificial diets for Geocoris punctipes (Say) [J]. Southwestern Entomologist, 11: 171-176.

Coudron T A, Kim Y, 2004. Life history and cost analysis for continuous rearing of Perillus bioculatus (Heteroptera: Pentatomidae) on a zoophytogenous artificial diet [J]. Journal of Economic Entomology, 97: 807-812.

Chandra D, 1979. A pentatomid, Cantheconidea furcellata Wolff, as a predator of Spodoptera litura Fabridus in Delhi [J]. Bulletin of Entomology, 20: 158-159.

Chloridis A S, Keveos D S, Stamopoulos D C, 1997. Effect of photoperiod on the induction and. maintenance of diapause and on development of the predatory bug *Podisus maculiventuris* (Hemiptera: Pentatomidae) [J]. Entomophaga 42: 427-434.

De Clercq P, 1993. Biology, ecology, rearing and podation potential of the predatory bug *Podisus maculiventuris* and *Podisus sagitta* (Fabricius) (Hemiptera: Pentatomidae) in the laboratory [D]. Belgium: University of Gent.

De Clercq P, Degheele D, 1990. Description and life history of the predatory bag *Podisus sagitta* (Hemiptera: Pentatomidae) [J]. The Canadian Entomologist, 122 (6): 1149-1156.

Didonet J J, Zanucio C, Sediyams C S, et al., 1996. Determinacao das exigencias de termicas de *Podisus nigrispinus* (Dallas, 1851) de *Supputius cincticeps* Stål, 1860 (Hemiptera: Pentatomidae), em condicous de laboratory [J]. Revista Brasileira De Zoologia, 40: 61-63.

Elzen G W, Elzen P J, 1999. Lethal and sublethal effects of selected insecticides on *Geocoris Punctipes* [J]. Southwestern Entomologist, 24 (3): 199-205.

Gallopin G C, Kitching R L, 1971. Studies on the process of ingestion in the predatory bug *Podisus maculiventuris* (Hemiptera: Pentatomidae) [J]. Canadian Entomologist, 104: 231-237.

Goryshin N L and Tuganova I A, 1989. Optmization of short-tcrm storage of eggs of the predatory bug *Podisus maculiventuris* (Hemiptera: Pentatomidae) [J]. Zoologichesky Zhurnal, 68: 111-119.

Gillespie D, Sanchez A, Mcgregor R, et al., 2001. *Dicyphus hesperus* - Life history, biology and application in tomato greenhouses [R]. Pacific Agri-Food Research Centre, Agassiz Agriculture and Agri-Food Canada Technical Report.

Glenister C S, 1998. Predatory heteropterans in augmentative biological control: an industry perspective [M] // Coll M, Ruberson J R. Predatory Heteroptera: Their Ecology and Use in Biological Control: 199-208. Proceedings, Thomas Say Publications in Entomology, Entomological Society of America, Lanham, M D.

Glenister C S, Hoffmann M P, 1998. Mass-reared natural enemies: scientific, technological, and informational needs and considerations [M] // Ridgway R, Hoffmann M P, Inscoe M N, et al. Mass-Reared Natural Enemies: Application, Regulation, and Needs, pp. 242-247.

Hagler J R, 2009. Comparative studies of predation among feral, commercially-purchased, and laboratory-reared predators [J]. Biocontrol, 54: 351-361.

Honda J Y, Nakashima Y, Hirose Y, 1998. Development, reproduction and longevity of *Orius minutus* and *Orius sauteri* (Heteroptera: Anthocoridae) when reared on Ephestia kuehniella eggs [J]. Applied Entomology and Zoology, 33 (3): 449-453.

Heimpel G E, 1991. Searching behavior and functional reponse of *Perillus bioculatus*, a predator of the Colorada potato beetle [D]. University of Delaware, Newark,

Delaware, USA.

Heimpel G E, Hough-Goldstein J A, 1994. Components of the functional reponse of *Perllus bioculatus* (Hemiptera: Pentatomidae) [J]. Environmental Entomology, 23: 855-859.

Horton D R, Hinojisa, Olson S R, 1988. Effects of photoperriod and prey type on diapause tendency and prcoviposition period in *Perillus bioculatus* (Hemiptera: Pentatomidae) [J]. Canadian Entomologist, 130: 315-320.

Hough-Goldstein J, Whalen J, 1993. Inundative release of predatory stink bugs for control of Colorado potato beetle [J]. Biological Control, 3: 343-347.

Hough-Goldstein J, Cox J, Armstrong A, 1996. *Podisus maculiventuris* (Hemiptera: Pentatomidae) predation on ladybird beetles (Coleoptera: Coccincllidea) [J]. Florida Entomologist, 79: 64-68.

Javahery M, 1968. Biology and ecology of *Picromerus bidens* (Hemiptera: Pentatomidae) in southeastern Canada [J]. Canadian Entomologist, 126: 401-433.

Kappor K N, Gujrati J P, Gangrade G A, 1973. *Cantheconidea furcellata* Wolff as a predator of *Prodenia litura* Fabr. larvae [J]. Indian J. Entomol. 35: 275.

Lecato G L, Collins J M, 1977, Reduction of residual populations of stored product insects by *Xylocoris flavipes* [J]. Journal of the Kansas Entomological Society, 50 (1): 84-88.

Lachance S, Cloutier C, 1997. Factors affecting diapersal of *Perillus bioculatus* (Hemiptera: Pentatomidae), a predator of the Colorado potato beetel (Coleoptera: Chrysomelidae) [J]. Environmental Entomology, 26: 946-954.

Legaspi J C, O'Neil R J, 1993. Life-history of *Podisus maculiventuris* given low numbers of *Epilachna variestis* as prey [J]. Environmental Entomology, 22: 1192-1200.

Marston N I, Schmidt G T, Biever K D, et al., 1978. Reaction of five species of soybean caterpillars to attack by the predator, *Podisus maculiventuris* [J]. Environmental Entomology, 7: 53-56.

Nyiira Z M, 1970. A note on the natural enemies of lepidopterous larvae in cotton bolls in Uganda [J]. Annals of the Entomological Society of America, 68: 659-662.

Oetting R D, Yonke T R, 1971. Immatura stages and biology of *Podisus placidus* and *Stiretrus fimbriatus* (Hemiptera: Pentatomidae) [J]. Canadian Entomologist, 103: 1501-1516.

Perdikis D, Lykouressis D, 2000. Effects of various items, host plants, and temperatures on the development and survival of *Macrolophus pygmaeus* [J]. Biological Control, 17: 55-60.

Pfannenstiel R S, Yeargan K V, 1998. Association of predaceous Hemiptera with selected crops [J]. Environmental Entomology, 27 (2): 232-239.

Ruberson J R, Tauber M J, Tauber C A, 1986. Plant feeding by *Podisus maculiventuris* (Hemiptera: Pentatomidae): effect on survival, development, and preoviposition period [J]. Environmental Entomology, 15: 894-897.

Rider D A, Zheng L Y, 2002. Checklist and nomenclatural notes on the Chinese Pentato-midae (Heteroptera) I, Asopinae [J]. Entomotaxonomia, 24: 107-115.

Robert R, McGregor, 1999. Potential use of *Dicyphus hesperus* Knight (Heteroptera: Miridae) for biological control of pests of greenhouse tomatoes [J]. Biological Control, 16: 104-110.

Rojas M G, Morales - Ramos J A, King E G, 2000. Two meridic diets for *Perillus bioculatus* (Heteroptera: Pentatomidae), a predator of *Leptinotarsa decemlineata* (Coleoptera: Chrysomelidae) [J]. Biological Control, 17: 92-99.

Tostowary K W, 1971. Life history and behavior of *Podisus modeslus* (Hemiptera: Pentatomidae) in boreal forest in Quebec [J]. Canadian Entomologist, 103: 4662-4574.

Thompson S N, 1999. Nutrition and culture of entomophagous insects [J]. Annual Review of Entomology, 44: 561-592.

Tillman G, Hammes G G, Sacher M, et al., 2001. Toxicity of a formulation of the insecticide indoxacarb to the tarnished plant bug, *Lygus lineolaris* (Hemiptera: Miridae), and the big-eyed bug, *Geocoris punctipes* (Hemiptera: Lygaeidae) [J]. Pest Management Science, 58: 92-100.

Urban A J, Eardley C D, 1995. A recenlly introduced sawlly, *Nematus oligospilus* foerster (Hymenoptera: Tenthredinidae), that defoliates willows in southern Africa [J]. African Entomology, 3: 23-27.

Usha Rani P, 1992. Temperature-induced efftccts on predation and growth of *Eocanthecona furellata* (Wolff) (Pcntatomidae: Hctcroptera) [J]. Biological Control, 6: 72-76.

Waddill V, Shepard M, 1974. Potential of *Geocoris punctipes* (Hemiptera: Lygaeidae) and *Nabis* spp. [Hemiptera: Nabidae] as predators of *Epilachna varivestis* (Coleoptera: Coccinellidae) [J]. Entomophaga, 19 (4): 421-426.

Wittmeyer J L, Coudron T A, 2001. Life table parameters, reproductive rate, intrinsic rate of increase and estimated cost of rearing *Podisus maculiventris* (Heteroptera: Pentatomidae) on an artificial diet [J]. Journal of Economic Entomology, 94: 1344-1352.

Whitmarsh R D, 1916. Life histocy notes on *Apateticus cynicus* and Podisus maculiventris [J]. Journal of Economic Entomology, 9: 51-53.

Wiedenmann R N, Neil R J O, 1990. Effects of low rates of predation on selected life-history characteristics of *Podisus maculiventris* (Say) (Hetoroptera: Pentatomidae) [J]. Canadian Entomologist, 22: 271-283.

Yano E, Watanabe K, Yara K, 2002. Life history parameters of *Orius sauteri* (Poppius) (Het: Anthocoridae) reared on *Ephestia kuehniella* eggs and the minimum amount of the diet for rearing individuals [J]. Journal of Applied Entomology, 126: 389-394.

Yocum G D, Evenson P L, 2002. A short term auxiliary diet for the predaceous stinkbug *Perillus bioculatus* (Hemiptera: Pentatomidae) [J]. Florida Entomologist, 85:

567-571.

Yeargan K V, 1979. Parasitism and predation of stink bug eggs in soybean and alfalfa fields [J]. Environmental Entomology, 8：715-719.

Zou D Y, Wang M Q, Zhang L S, et al., 2012. Taxonomic and bionomic notes on *Arma chinensis* (Fallou) (Hemiptera：Pentatomidae：Asopinae) [J]. Zootaxa, 3328：41-52.

第七章　草蛉类天敌昆虫饲养与应用技术

第一节　草蛉概述

一、形态特征

草蛉属完全变态昆虫，其个体发育分为卵、幼虫、蛹、成虫4个虫态（图7-1）。

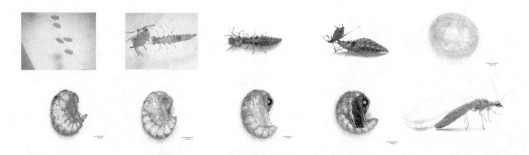

图7-1　丽草蛉的各个虫态

卵：橄榄形，初期呈绿色，其长轴约2mm，除少数种类（*Anomalochrysa*属）外，绝大多数种类的卵基部有1根富有弹性的丝柄，卵以丝柄着生在枝叶或树皮上，卵柄长度随种类不同而变化。

幼虫：体呈纺锤形，似鳄鱼状。体表刚毛发达，束状着生于体侧瘤突上。体色黄褐、灰褐或红棕，因种而异。头背腹宽扁，具黑褐色斑纹，是幼虫分类的一个重要依据，而且具有较高的稳定性：幼虫标本体色极易变色，但头部斑纹不易退变；如大草蛉 *Chrysopa pallens* 1~2龄幼虫斑点呈倒"T"字形，3龄幼虫3个斑点呈"品"字形分布，可以作为鉴定特征。头部前端有1对强大有力的捕吸式口器，由上下颚特化，合成弯管，形如钳，胸部发达，有3对发达的胸足。腹部末端2节细小而有力，起着帮助行动和支撑固定身体的作用。

蛹：结茧化蛹，茧近球形，白色。茧常在叶片背面、卷皱枯叶内、枝杈间或疏松树皮下（图7-2和图7-3），有的种类在土壤中结茧；在幼虫期背驮残杂物的种类，茧表面裹有残杂物。结茧后经一段不长时间的预蛹期（越冬代可达半年），在茧内蜕皮一次，变成蛹，蛹为强颚离蛹，体型类似成虫，只是没有舒展开来，足可以自由活动，卷曲的触角位于翅膀的旁边。透过蛹皮可以看到成虫身体的轮廓。

图 7-2　大草蛉结茧于大豆叶片褶皱处　　图 7-3　丽草蛉的茧

成虫：体绿色，体长因种而异，多为 8~16mm。触角丝状，细长，有些种类触角长度超过体长。翅无色透明，翅脉密如网状，翅脉多为绿色。复眼发达，有金属光泽，无单眼。头部常有深褐色斑纹，按其所在部位分为：唇基斑（位于唇基两侧，多呈长形）、颊斑（位于复眼下方两颊）、中斑（位于两触角间头部中央）、角下斑（沿两触角窝下沿，常呈新月状）、角上斑（位于触角上方头顶中部）、后头斑（位于头顶后部，常呈一横排）。不同种类的头斑数目和形状各不相同，可作为识别种类的简便依据之一。但有的种类头斑数目常有变异，如大草蛉头斑有 2~7 个不等，叶色草蛉头斑通常为 9 个，但也有变异（杨集昆，1974；南留柱，1985）。由于斑点数不同曾被错误地认为是不同种。腹部 10 节，末端 2 节特化为外生殖器，第八、第九节腹板愈合成一块明显的铲状物者为雄虫，腹部末端有 1 对橘瓣状生殖突者（第九节腹板特化）为雌虫，以此鉴别雌雄简便可靠（杨星科与杨集昆等，2005）。

二、生物学习性

草蛉一年发生一至多代，多代发生者世代重叠明显，同一地区不同种类的年发生代数各异，同一种类在不同地区发生的世代数亦不同，往往随着发生地的南移而增加（魏潮生和黄秉资等，1987；Canard，2005）。

（一）发育习性

1. 卵的孵化

草蛉的胚胎发育与温度的关系非常密切，在 25℃，一般 3~6d 孵化。在孵化过程中，卵的颜色由绿色变为灰白色，最后变为深灰色，幼虫在头孔处裂缝，头先出壳。未受精卵不能发育，始终保持绿色直至干瘪。

2. 幼虫的发育

草蛉幼虫共 3 个龄期，初孵幼虫顺着卵柄爬下去寻找食物，若超过半天未获食物，就可能死亡。发育历期因种类不同而变化，亦与气温和猎物等有关。例如，在 25℃ 左右时，取食大豆蚜的大草蛉幼虫 7~8d 即可结茧，取食桃蚜的中华通草蛉 *Chrysoperla sinica* 幼虫需要 10d 才能结茧。

3. 蛹的发育

草蛉幼虫成熟后会四处活动，寻找较为隐蔽的地方结茧，部分种类喜在土层下结茧。在化蛹前由肛门抽丝结茧，幼虫在茧内不停转动，茧丝随之慢慢围成茧壁。当老熟幼虫完成作茧后进入前蛹期，幼虫在茧内以"C"形弯曲，然后身体逐渐变为乳黄色，脱去身上的毛。前蛹期一般需要 1~3 周，不同种类表现有差异，温度的影响比较显著。茧期与气温有关，一般比幼虫期长 2d 左右。蛹成熟后破茧爬出，寻找合适位置准备蜕皮羽化。

4. 成虫的羽化

成虫在羽化时，用上颚在头孔处把茧割破后破茧而出，先是在地上爬动，寻找可以抓握的支持物，头开始上抬，进行最后一次蜕皮，从胸背部开缝钻出；触角最后从蜕皮中抽出，由于触角较长，蜕皮时需要在口器的辅助下完全抽出。然后开始展翅，展翅前，第三对足先独立行动，以便于寻找一个地方倒悬休息，翅在半小时内就可以完全展开，羽化后先行排粪然后再寻找食物。成虫趋光性强，常爱集聚在光亮处。

（二）繁殖习性

刚羽化的成虫，性腺发育不成熟，需要补充营养才能进行交配产卵。羽化后至性成熟成虫交尾产卵前称为产卵前期。产卵前期长短因种而异，受多种因素的影响，主要包括食物、温度和湿度等。在理想条件下，产卵前期多为 4~10d，中华通草蛉为 4~7d，大草蛉 5~11d，丽草蛉 Chrysopa formosa 则为 6~9d。营养来源也会影响产卵前期的长短，如大草蛉取食大豆蚜和米蛾卵的产卵前期分别为 7.4d 和 10.0d。对于一些越冬代滞育的成虫，如普通草蛉，其产卵前期可以达到 8 个月（Tauber 和 Tauber，1976）。

求偶：草蛉成虫在交尾前有一个求偶过程，在求偶过程中雄虫起主导作用，不时用腹部振动发出信号，有些雌虫也振动腹部。

交配：草蛉在交配时，常呈直线，雌雄头部呈相反方向。雌雄虫均有多次交尾的习性，但多数雌虫交配一次就可终生产卵。

产卵：多数草蛉不交配不产卵，有些种类不经交配也能产卵，但所产的为未受精卵，不能孵化。一次交尾可终身产卵，适当延长光照能刺激其产卵。草蛉寿命和一生产卵量，除了受种类不同影响外，同种草蛉，受温度和营养条件的影响较大。中华通草蛉平均为 35d（越冬代成虫可活 150d），产卵 560~1 050 粒；大草蛉平均为 50d，产卵 800 粒左右（最高可达 2 000 余粒）；丽草蛉平均为 30d，产卵 600 粒左右（最高可达 1 800 粒）。草蛉自然种群对猎物有较明显的跟随现象，

图 7-4　大草蛉产卵于大豆蚜密布的地方

产卵有一定的选择性，喜好产卵在猎物来源充足如蚜虫多的植株上，这样初孵幼虫只需要爬行较短的距离即可获得充足的食物（图 7-4）（Cohen，2003）。

卵的排列分布状态因种而异，通常可以分为 3 种形式：一是单产，如中华通草蛉和丽草蛉为单粒散产；二是聚产，如大草蛉聚集成丛，每丛少至数粒，多至近百粒；三是束产，主要表现在 Nineta、Mallada 和 Dichochrysa 属。通常每一种类都有一种固定的卵的分布形式，但是个别种类如 Dichorysa prasina 3 种形式都有（杨星科和杨集昆等，2005）。

（三）取食和自残

草蛉主要捕食蚜虫、螨类（尤其是叶螨）、蓟马、粉虱、叶蝉、小型鳞翅目幼虫、介壳虫和斑潜蝇的幼虫等（图 7-5 至图 7-7）。

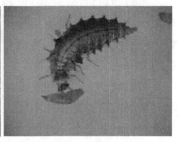

图 7-5　从左向右依次为取食米蛾 *Corcyra cephalonica*（Stainton）幼虫、美洲斑潜蝇 *Liriomyza sativae* Blanchard 幼虫和黑腹果蝇 *Drosophila melanogaster* 幼虫

图 7-6　从左到右依次为丽草蛉幼虫捕食草地贪夜蛾卵、幼虫及丽草蛉成虫捕食草地贪夜蛾卵

草蛉幼虫行动敏捷，食量大，性凶猛。幼虫移动中不断摆动头部，寻找猎物；当发现猎物后，一般采取突然攻击的方式，然后利用捕吸式口器直接插入被捕食者体内，吸吮其体液。有的种类幼虫将食物残骸等杂物驮在体背，把身体掩护起来，如晋草蛉 *Chrysopa shansiensis*、亚非草蛉 *Chrysopa boninensis*、八斑绢草蛉 *Ancylopteryx octopunctata* 等（魏潮生和黄秉资等，1985；魏潮生和黄秉资等，1987）。幼虫直肠与消化道不相通，故全幼虫期只取食不排粪。

图 7-7　大草蛉幼虫捕食草地贪夜蛾幼虫

草蛉幼虫的取食范围很广，然而，并不是所有猎物都是它的最佳食物，每一种幼虫都有其特定的食物要求。不同的猎物对草蛉的发育及后代的繁殖有很大影响。Niaz 等通过研究证明，中华通草蛉幼虫阶段取食不同寄主如大豆蚜 *Aphis glycines*、桃蚜 *Myzus persicae*、玉米蚜 *Rhopalosiphum maidis*、苜蓿蚜 *Aphis craccivora*、米蛾 *Corcyra cephalonica* 卵等对其生长发育和繁殖力会产生影响：取食苜蓿蚜的幼虫发育历期显著延长，相对于取食其他寄主的个体延长了 3~4d；取食大豆蚜、桃蚜和米蛾卵的雌性个体拥有更长的寿命和更高的繁殖力（Khuhro 等，2012）。在生产中应该开展充分的试验验证，以便更好地利用。

草蛉成虫有两类摄食方式：一类是肉食性，如大草蛉、丽草蛉；另一类以各种花粉、花蜜和昆虫分泌的蜜露为主要食物来源，如中华通草蛉、红肩尾草蛉。肉食性的种类有捕食自产卵的习性。成虫对饥饿的忍耐有限，如果不给食物与水，3~5d 内就很快死亡，刚羽化的成虫缺少食物和水，1d 后就有可能死亡。

初孵幼虫对姊妹卵的自残：在田间由于卵柄的
存在，比较少见。室内卵被集中在一起饲养时，先
孵化的幼虫如果找不到其他食物，会取食周边未孵
化的卵（图7-8）。

幼虫对幼虫、茧和成虫的自残：低龄幼虫由于
取食量小，这种现象并不明显，但3龄幼虫进入暴
食阶段，幼虫急需补充营养以保证生长并顺利结
茧，这时如果食物供给不足，幼虫会相互攻击，一
般发生较多的都是个体大小不一致，龄期不一致的

图7-8　初孵幼虫取食未孵化的卵

幼虫之间。幼虫也会对已经结茧的老熟幼虫展开攻击，在允许的条件下3龄幼虫甚至会攻
击成虫（图7-9）。

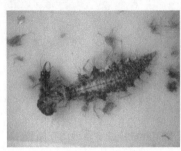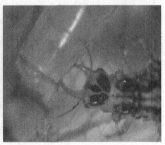

图7-9　从左向右依次为3龄幼虫攻击同龄幼虫、正在结茧幼虫和成虫

成虫对卵的自残：在群体饲养中，当食物和水分供应不足（尤其是水分）或密度过
大时，成虫会出现取食同类卵和直接吞食自产卵的习性。这种习性，大草蛉和丽草蛉比中
华通草蛉严重，叶色草蛉更甚，有时可使产卵损失半数以上。被取食的卵是不是营养卵，
还需要深入研究。

自残习性不仅和草蛉本身以及食物有关，环境条件也影响着草蛉的自残行为。通过研
究表明在一定温度范围内，自残行为的发生随着温度的上升而增加（Helena 等，2009）。

（四）越冬和滞育

草蛉的越冬和滞育往往存在极大的关联性，在此一并论述。

我国草蛉中的广布型和偏北方型的种类普遍存在越冬现象。而南方型种类，如红肩尾
草蛉 *Chrysocerca formosana*、八斑绢草蛉以及亚非草蛉等，在广东省南部地区则无越冬现
象，在自然界一年四季均可见到各个虫态个体活动（魏潮生和黄秉资等，1985，1987）。

同一地区不同种类的草蛉越冬历期不同，同一种在不同地区的越冬历期也不一致。一
般在高纬度地区的蛉种开始进入越冬期较早，而冬后复苏较迟，越冬历期较长；低纬度地
区开始进入越冬的时间推迟，而冬后复苏的时间却提早，越冬历期缩短，一年内发生的世
代数相应增加。我国常见草蛉中，大部分种类以预蛹期在茧内越冬，如大草蛉、丽草蛉、
叶色草蛉和晋草蛉等，其越冬代的老龄幼虫在枯枝落叶堆、树缝或枯皱卷曲叶片内结茧，
丽草蛉和叶色草蛉常常在树根处入土结茧。以预蛹越冬的种类，其越冬蛹历期长达130d
以上，最长可达220d。

中华通草蛉和普通草蛉以成虫越冬，其越冬成虫羽化后性腺不发育，体色由绿变成茶

褐，并出现许多红色斑点，躲藏在背风处草丛、枯枝落叶或树皮缝内越冬，待翌年清明时节天气转暖，日照延长，其红斑即消失，体色渐渐转绿而复苏。以成虫越冬的种类，成虫并非完全不动，外界温度一旦适宜，可以恢复活动（许永玉和胡萃等，2002）。

草蛉普遍存在滞育现象，根据滞育发生时所处的发育阶段可分为以下几种情况：

成虫滞育：通草蛉属种类 Chrysoperla spp. 的滞育多发生在成虫期，已报道的种类有普通草蛉、Chrysoperla externa、Chrysoperla downesi 等；成虫滞育往往是由多种因素引起的，光照、食物、温度都会发生作用。中华通草蛉是典型的以成虫进行兼性滞育越冬的昆虫之一，周伟儒等、郅伦山等先后对中华通草蛉滞育成虫的越冬能力进行了研究（周伟儒和陈红印，1985；郅伦山和李淑芳等，2007）。许永玉明确了光周期和温度是诱导中华通草蛉滞育的首要因子，并提出成虫滞育斑的出现是其开始滞育的重要标志（许永玉，2001；许永玉与胡萃等，2002），郭海波研究了中华通草蛉越冬与滞育的生化机制，明确滞育个体虫体和血淋巴内氨基酸含量增加，蛋氨酸是维持滞育的主要氨基酸等，为进一步揭示滞育的生理机制提供了基础（郭海波，2006）。

预蛹或蛹滞育：草蛉属 Chrysopa、三阶草蛉属 Chrysopidia、线草蛉属 Cunctochrysa、尼草蛉属 Nineta、Meleoma、Suarius 等属种类的滞育发生在前蛹或蛹期。这些种类多分布于北温带地区，滞育发生的主要因素是光周期，但是同时也受温度的影响，即草蛉的滞育具有温周期效应（那思尔·阿力甫，2000）。预蛹滞育以前，能够成功的调整和分配营养消耗和越冬能量储存之间的平衡，以保证来年种群的生存机会，并且能够感受低温的到来，通过体内一系列生理生化变化，以增强其抗寒能力。通过研究滞育预蛹或蛹的耐寒性，可为草蛉的储存提供借鉴（Li 等，2018；王曼姿等，2019；时爱菊，2007；于令媛和时爱菊等，2012）。

幼虫滞育：幼虫滞育可见于多个属，如叉草蛉属 Dichochrysa、Pseudomallada 属草蛉主要以 3 龄幼虫滞育，少数以 2 龄幼虫滞育，在 Kymachrysa placita、Nineta pallida 等其他属的草蛉中也存在幼虫滞育，越冬幼虫躲藏在杂草、叶堆或树皮下越冬。

双滞育：除了上述三种滞育外，草蛉还存在双滞育现象，即滞育可发生于同一种类的两个不同发育阶段，例如 Nineta flava 先以预蛹滞育，雌成虫羽化后经历光周期 L：D=8：16 的长日照条件，便会进入成虫滞育，时间长达 3 个多月（陈天业和牟吉元，1996；杨星科和杨集昆等，2005）。Hypochrysa elegans 的预蛹期在夏季延长，可认为是第 1 次较短时间的滞育，越冬期间以蛹在茧内进行第 2 次滞育，直到翌年春天滞育解除（Grimal 和 Canard，1996）。

（五）天敌

草蛉虽然被当作生物防治天敌加以利用，但是它也面临着其他物种的威胁，这些天敌的存在影响着草蛉自然种群的数量变动，也影响着释放草蛉控害效果的实现。

蚂蚁是多种天敌的重大威胁，它能够取食草蛉、瓢虫等天敌的卵，从而降低天敌的控害效果（Morris 等，2009）。蚂蚁和蚜虫存在共生关系，会对蚜虫的天敌展开攻击行为，从而保护蚜虫。

捕食性瓢虫等也会取食草蛉的卵和幼虫，瓢虫和草蛉的幼虫一起饲养，在食物不足的情况下，两种天敌会互相攻击。在田间两类天敌也会产生竞争干扰作用（苏建伟和盛承发，2002；李慧仁和迟德富等，2009；金凤新和李慧仁等，2010）。

图 7-10   被黑卵蜂寄生的草蛉卵

草蛉黑卵蜂 *Tdenomus acrobates* 是一种草蛉的重要卵寄生蜂，草蛉卵被寄生后，卵壳随黑卵蜂的发育由黄绿色逐渐变为黄褐色，最终呈黑色。有报道称该蜂对中华草蛉等单粒散产卵的寄生率最高达 50% 左右，而对大草蛉成堆产卵的寄生率则高达 80% 以上（赵敬钊，1986）（图 7-10）。此外还有草蛉柄腹细蜂 *Helorus anomalipes*（万森娃，1985）、草蛉亨姬蜂 *Hemiteles* spp. 等寄生性天敌。在建立草蛉种群之初必须采取有效措施，严防寄生蜂等混入。

三、分布

世界性分布，其栖息地非常广泛，包括多种农业生态系统如粮田、菜园、果园等（Wang and Nordlund，1994）。在国内，大草蛉和中华通草蛉为广布全国的最常见种，大草蛉除西藏、内蒙古外都有分布，中华通草蛉除西藏、台湾、广西未见报道外，其他省均有分布报道。其次分布较广的种类依次有丽草蛉（除华南和西南地区之外均有分布）、叶色草蛉 *Chrysopa phyllochroma*（黄淮地区以北均有分布）、普通草蛉 *Chrysopa carnea*（分布于西北、华东和西南）、晋草蛉（主要分布于华北和华中地区，此外，山东、四川、广东和安徽也有分布）（杨星科和杨集昆等，2005）。

第二节   人工繁殖技术

大量获得高品质的草蛉是成功应用于生物防治的重要条件，这就迫切地需要开发成熟的人工繁殖技术。用自然猎物饲养草蛉效果良好，但用于大面积防治害虫，常受到自然条件的影响，从而使草蛉的大规模生产应用受到限制。因此寻找合适的替代饲料就成为天敌昆虫饲养的必经之路（Thompson，1999；Tauber 等，2000）。自 20 世纪 40 年代开始，国内外对草蛉的替代寄主和人工饲料开展了大量的研究工作，取得了丰硕成果，为规模化生产和应用草蛉创造了前提条件。

一、草蛉繁殖工艺研究

（一）自然种群采集，室内饲养

在合适的时令采集相当数量的自然种群是建立室内繁殖天敌的必要条件。大草蛉成虫有明显的趋光性，可利用此特性采集成虫。由于草蛉卵柄的存在，在野外容易与其他昆虫相区别，也可以到棉田，麦田寻找采集卵，并根据产卵聚集与否，初步判定草蛉的种类。如不能确定，可于合适的气候条件下饲养至幼虫甚至成虫，再进行种类鉴定。以大草蛉为例，在华北地区可在 4—5 月的傍晚采用灯光诱集的办法收集成虫。根据大草蛉的形态特征：成虫头部 0~7 个斑点且个体较大等特征进行鉴定难度不大。也可以根据昆虫发育历期进行判断，如丽草蛉和叶色草蛉，在形态上较难区别，但是叶色草蛉茧的发育历期比丽草蛉长 3~4d，从卵期到成虫总发育历期长 6~7d，单独放置每头雌虫所产卵，分别饲养，过一段时间后，就可以区分两种草蛉。同时随着分子生物学的发展，也可以通过分子手段进行种类鉴定，鉴定结果准确性极高，耗时也少。

（二）种群维持与复壮

经过鉴定获取所需扩繁的种群后，于适宜该草蛉生长繁殖的条件下用自然寄主饲养，同时注意保持养虫室的卫生，以免大草蛉染病；同时还要注意避免草蛉天敌如草蛉黑卵蜂进入养虫室。

一般说来，在室内饲养一段时间后不可避免地发生种群退化，如个体变小，产卵量减少，卵孵化率下降等，这时有必要采取措施，进行种群复壮工作。复壮主要通过4种途径实现：①从野外环境中再引进一定数量的野生草蛉，作为补充；②将室内草蛉种群回归室外，以纱笼等作为半自然条件饲养；③将不同饲养环境下得到的品系杂交，如将用人工饲料饲养的草蛉和用蚜虫饲养的草蛉杂交，改变种群遗传结构，改良草蛉品质；④适当变动草蛉的饲养环境条件，如温度、光周期等，通过环境变化来影响草蛉。

此外，在建立种群之初，从不同的地区、不同的寄主采集初始野生种群，也可以防止种群过早退化。

（三）食物来源

猎物：天敌昆虫生产的最基础的办法即基于寄主植物-害虫-天敌三级营养关系而建立的扩繁模式。种植多种植物，扩繁多种蚜虫，进一步繁殖草蛉。

根据植物种植和管理的方便，目前多种植小麦、大豆等粮油作物和萝卜、白菜、油菜等蔬菜作物。植物的栽培管理参照相关作物栽培技术，也可以参照北京市农林科学院专利：瓢虫、草蛉人工繁殖生产方法（北京市农林科学院，公开号：CN 1631127A，2005）。

值得提出的是，如果采用群体饲养的方法时，育苗盘的大小和养虫笼的大小比例应该达到1∶2以上，这样才能方便养虫笼内种苗的新旧交替和更新换代。

运用以上作物繁殖的蚜虫种类包括麦蚜、萝卜蚜、桃蚜和大豆蚜等。不同作物接种蚜虫的时间和初始接种数量不尽相同，表7-1列出一个参考值，在生产中可根据种苗、蚜虫的生长状况进行调整。

表7-1　饲养草蛉猎物的相关指标

植物	接种蚜虫	接种时间	接种密度	使用时间
小麦	麦长管蚜 *Macrosiphum avenae*	2~3cm 高	2~5 头/株	15~30 头/株
大豆	大豆蚜 *Aphis glycines*	4~5cm 高	15~20 头/株	150~250 头/株
萝卜	萝卜蚜 *Lipaphis erysimi*	4~6 叶片	10~20 头/叶	100~300 头/叶
油菜	桃蚜 *Myzus persicae*	3~5 叶片	15~30 头/叶	150~400 头/叶

在生产工作中，可结合当地气候条件等因素有选择的饲养，同时还要结合实际饲喂效果，筛选出最有利于草蛉生长并具有最好的生殖力的猎物，因为不同草蛉对食物的嗜好性不同。

在人工饲养过程中可以将植株上的蚜虫用毛刷刷掉，这样既能保证足量的蚜虫生产，同时使植株不致因蚜虫的大量增长而受害枯萎，可继续保持良好的生长状态，使雌蚜产出更多的蚜虫，对植物的利用更为经济（滕树兵，2004）。

1. 替代饲料

一般称为替代寄主。寻找合适的替代寄主，作为草蛉的食物，能够在一定程度上减少工作量，降低工作强度。替代寄主的应用有两大优势，一是寻找更便于室内饲养和管理的食物来源，二是不同地方如果能够选出当地的优势资源昆虫，作为适合天敌昆虫人工大量繁殖的替代寄主，势必能够增加天敌的应用范围，节省生产成本。替代寄主必须满足以下条件：①必须是草蛉所喜食的；②草蛉取食寄主后能够顺利地完成生长发育，并育出生命力强的优质后代；③寄主较易获得，成本低；④寄主繁殖量大，繁殖系数高；⑤资源丰富，易于饲养管理。

国际上，Finney 率先应用烟潜叶蛾 *Gnorimoschema operculella* 的卵和幼虫饲养普通草蛉，并将其收集的卵用于大田试验，开启了草蛉规模化饲养和田间释放应用的先河（Finney，1948）。用麦蛾 *Sitotroga cerealella* 卵分别成功饲养了多种草蛉，如：*Chrysoperla externa*、红通草蛉、普通草蛉和 *Chrysoperla genanigra*（Albuquerque 等，1994；Legaspi 等，1994；Syed 等，2008；Bezerra 等，2012）；Woolfolk 等采用地中海粉螟 *Ephestia kuehniella* 卵饲养了红通草蛉，而 Pappas 等则饲养了 *Dichochrysa prasina*（Pappas 等，2007；Woolfolk 等，2007；Pappas and Broufas 等，2008）；Ali Alasady 和 Niaz Khuhro 各自用米蛾 *Corcyra cephalonica* 卵饲养了中华通草蛉（Alasady 等，2010；Khuhro 等，2012）。以上研究，草蛉的生长发育基本正常，但饲喂效果存在不同程度的差异。

国内研究方面，在 20 世纪 70 年代，邱式邦等运用米蛾卵饲养过中华通草蛉、大草蛉和叶色草蛉，研究表明三种草蛉对米蛾卵的利用效果存在差异，但都能正常发育（邱式邦，1975，1977，1977）。叶正楚等用紫外线处理的米蛾卵，从而减少米蛾卵孵化而造成的损失，饲养了中华通草蛉 8 个世代，结果显示对中华通草蛉无不良影响（叶正楚和程登发，1986）。侯茂林等研究了利用人工卵赤眼蜂蛹饲养中华草蛉幼虫的可行性（侯茂林和万方浩等，2000）。浙江省天童林场用雄蜂饲养大草蛉幼虫和成虫计 7 个世代，结茧率平均为 58%~70%，羽化率为 60%~80%，性比正常，平均产卵量为 280~987 粒，张帆等应用人工卵赤眼蜂蛹饲养大草蛉幼虫，结茧率 76.7%，羽化率 69.6%，饲养成虫平均单雌产卵量 77.7 粒，显著低于用蚜虫饲养者 382.7 粒（张帆和王素琴等，2004）。值得注意的是，有研究显示，用麦蛾卵饲养草蛉时，大草蛉和丽草蛉发育不正常，仅中华通草蛉幼虫能正常发育结茧（邱式邦，1975）。

研究表明，鳞翅目昆虫卵如米蛾卵、地中海粉螟卵和麦蛾卵等以及雄蜂，赤眼蜂蛹等替代寄主的饲养效果可能与自然寄主存在差异，但是基本上这些草蛉都在一种或多种上述食物完成生长繁殖。在人工饲料配方和加工工艺的研究不能达到预期目的而饲养自然寄主又受到条件限制的情况下，运用它们作为替代饲料来饲养草蛉，能够简化工艺流程，并且在一定程度上降低饲养成本，具有较大的研究与应用价值。

国外地中海粉螟已成为国外实验室保存天敌昆虫的标准饲料，国内米蛾卵也成为赤眼蜂扩繁的重要媒介，同时也可应用于瓢虫、草蛉等天敌的替代寄主的研究（胡月和王孟卿等，2010）。应用新鲜的米蛾卵（储存期不超过 5d）饲养大草蛉，完全可以保证大草蛉生长发育和繁殖（党国瑞，2012）。下文我们将具体介绍一下米蛾卵的繁殖工艺：

米蛾饲料的准备：麦麸、玉米面、大豆粉以 18：1：1 的比例，同时控制饲料含水量在 15% 左右。将一定量的水倒入麦麸中搅匀，然后加入玉米面、大豆粉等补充营养物，再搅拌均匀。

水分的添加根据饲料本身的含水量、消毒的方法和饲养环境等情况而定。采用干热灭菌，应将饲料各组分分别灭菌，再按 15% 比例加水。采用蒸汽消毒，由于在消毒的过程中，饲料吸入蒸汽中的水分，加水量可酌情减为 3%~6%。

经过灭菌灭虫的饲料除立即应用于米蛾饲养外，应放入冰箱内保存，防止病虫侵入。养过米蛾的饲料要及时清除。

接种米蛾：饲养米蛾幼虫的器具无特殊要求，可用 30cm×50cm×5cm 的铁盘饲养，铁盘内铺上一层报纸，用以吸引米蛾结茧。将饲料倒入，厚度以 4~5cm 为宜。然后按每千克饲料接 4 000 粒米蛾卵的标准接种。接种盘放在饲养架上，饲养架以尼龙纱笼罩，防止米蛾羽化后逃逸。

成虫和卵的收集：从接种米蛾卵到成虫开始羽化根据饲养条件不同而有所变化，在 27℃，RH75% 的条件下需要 40~45d，羽化持续期约 30d。在羽化持续期，每天需要收集成虫一次。为方便采集可以根据邱式邦等的研究，制作米蛾集中羽化器（邱式邦，1996）。Chandrika 等为了更方便地收集米蛾卵，他们将米蛾成虫放在塑料圆筒（15cm× 12cm）中，上下用尼龙纱（尼龙纱布网孔保证米蛾卵顺利通过而成虫不能逃逸的大小）密封。将塑料圆筒放置在大漏斗上，漏斗尾部插入锥形瓶中，锥形瓶底部放置一张倾斜的纸张，米蛾卵从尼龙纱网透过，沿纸张滚动的过程中，混杂其中的鳞片和灰尘等黏附在纸上（Mohan 和 Sathiamma，2007）。将收集的米蛾卵清除鳞片和其他杂物，放入 4~6℃冰箱备用。

另外，在试验和生产中为了草蛉更好地取食，也为了操作的简便，可以制作米蛾卵卡。在卡片上用毛刷轻轻涂上一层稀释的蜂蜜，待蜂蜜稍干后，撒上米蛾卵，抖落多余的没有粘住的卵粒，即可得到卵卡。也可以用双面胶黏在硬质卡片上，另一面黏附卵粒。根据计数，约有卵 450 粒/cm²。在试验中可制作两种规格的卵卡，分别记为 1#（1cm²）和 2#（2cm²），以满足繁殖草蛉不同发育阶段的生产需要。邱式邦等（1975）采用单头饲养的方法研究了大草蛉等 3 种草蛉对米蛾卵的取食量，可以作为草蛉幼虫饲养饲喂量的参考，具体见表 7-2。

表 7-2　3 种草蛉幼虫期取食米蛾卵量

龄期	大草蛉		丽草蛉		中华通草蛉	
	食量（粒）	占总量（%）	食量（粒）	占总量（%）	食量（粒）	占总量（%）
1 龄	30.3	4.72	27.3	5.20	29.8	12.10
2 龄	97.0	15.10	85.8	16.36	27.3	11.10
3 龄	514.9	82.18	411.4	78.44	189.0	76.80
幼虫期总计	642.2	100.00	524.5	100.00	246.1	100.00

2. 人工饲料

由于全纯饲料、半纯饲料、实用饲料和优化配方饲料与自然猎物及替代寄主有着明显的不同，人们经常把它们统称为复合饲料，在此一并论述。首先介绍的是草蛉人工饲料主成分的研究。

Finney 首次用蜂蜜和柑橘粉蚧 *Planococcus citri* 的蜜露饲养普通草蛉，发现柑橘粉蚧能够提高成虫的生殖力，并提出用化学合成物替代柑橘粉蚧更加经济（Finney，1948）。这可以看作是草蛉复合饲料研究的开端。随后 Hagen 用以酵母水解蛋白和蔗糖为主的人工饲料饲养了普通草蛉（Hagen，1950；Hagen and Tassan，1965）。Vanderzant 用筛选的方法研究普通草蛉幼虫的氨基酸需求，证明普通草蛉的 10 种必需氨基酸，与一般昆虫所必需的 10 种氨基酸相同（Vanderzant，1969；Vanderzant，1973；Vanderzant，1974）。Mokoto 等报道了普通草蛉的化学规定饲料，根据蚜虫和其他一些昆虫的营养需求，对 22 种氨基酸的 4 种不同比例以及蔗糖和海藻糖的 2 种不同比例进行组合比较，得出一个最佳配方，用此配方饲养幼虫和蛹的历期为（24.8±0.8）d，其中蛹的历期为（5.4±0.5）d，成虫获得率为 66.7%。此外他用筛选的方法研究了普通草蛉对脂肪酸、维生素、矿物质等的营养需求（Hasegawa 和 Niijima 等，1989）。Niijima 研究了大草蛉幼虫的纯化学合成人工饲料，并探讨了大草蛉对氨基酸、维生素等的营养需求（Niijima，1989；Niijima，1993a，1993b）。半纯饲料、化学规定饲料等虽然成本较高，但对草蛉人工饲料配方的设计有指导意义。在实际生产应用中，草蛉的实用饲料却更具有价格优势。在这方面，科研工作者做了大量工作。Zaki 等用海藻水提取物为饲料主成分配制普通草蛉幼虫人工饲料，结茧率达到 89%，与蚜虫对照组结茧率 93%，二者十分接近（Zaki 和 Gesraha，2001）。Lee 等用柞蚕蛹粉、牛肉、牛肝和鸡蛋黄等为主要蛋白源饲养大草蛉幼虫，幼虫存活率高达 88%，羽化率为 78%，效果比较理想（Lee 和 Lee，2005）。Syed 等比较了 9 种饲料包括 6 种人工饲料和 3 种饲养普通草蛉的效果，并认为普通草蛉可以在不同的饲料上生长，鸡肝应用于人工饲料在操作中更加容易（Syed 等，2008）。

国内方面，广东农林学院最早报道了亚非草蛉的人工饲料，之后，中国农业科学院植物保护研究所（叶正楚和韩玉梅等，1979）、中国农业科学院生物防治室分别利用不同人工饲料成功饲养了中华草蛉（周伟儒和刘志兰等，1981；周伟儒和张宣达，1983；周伟儒和陈红印等，1985）。蔡长荣等配制了液体人工饲料，饲料以塑料泡沫吸附，连代饲养了中华通草蛉 10 个世代，与制作人工蜡卵的饲养效果差异不明显，幼虫发育和成虫羽化基本正常（蔡长荣和张宣达等，1983）。王良衍等分别运用红铃虫蛹及意蜂雄蜂幼虫（蛹）作为人工饲料蛋白源饲养大草蛉成虫，草蛉产卵前期明显延长，产卵量个体之间差异极显著（王良衍，1982；胡鹤龄和杨牡丹等，1983）。与此同时，也有很多报道利用不含昆虫成分的原料，如猪肝粉、酵母粉、鸡蛋、糖类等饲养大草蛉成虫，但是饲养效果不佳，雌虫产卵率较低，产卵前期明显延长（王世明，1980；于久钧和王春夏，1980；蔡长荣和张宣达等，1985）。

目前昆虫源蛋白的应用逐渐受到科研工作者的重视，其中家蝇 *Musca domestica* 蝇蛆和黄粉虫 *Tenebrio molitor* 由于营养价值高，管理简便，饲养成本低，目前已广泛应用于动物饲料，也有人将其应用于天敌昆虫，如管氏硬皮肿腿蜂 *Scleroderma guani*（陈倩和梁洪柱，2006；陈倩和梁洪柱等，2006）、川硬皮肿腿蜂 *Scleroderma sichuanensis*（杨伟和谢正华等，2006；杨华和杨伟等，2007；蔡艳，2009）、白蛾周氏啮小蜂 *Chouioia cunea*（乔秀荣和韩义生等，2004；杨明禄和李时建，2011）、龟纹瓢虫 *Propylaea japonica*（王利娜和陈红印等，2008）等的饲养。将这两种昆虫源蛋白应用在大草蛉人工饲料的开发上，也已经获得初步成功（林美珍和陈红印等，2007；林美珍和陈红印等，2008），后文将重点介绍利用家蝇蝇蛆脱脂粉和黄粉虫脱脂粉作为饲料主成分开发大草蛉幼虫和成虫人工饲料的技术。

　　草蛉成虫、幼虫具有不同类型的口器（幼虫为捕吸式口器，成虫为咀嚼式口器），成幼虫的取食方式也不同。在用自然寄主或替代寄主繁殖草蛉的研究中，无须考虑这种差异，但是在人工饲料的研究中却不能不涉及这一问题，人工饲料的剂型要保证草蛉取食和营养供应，同时还要求能够易于保存。这就不得不考虑到草蛉人工饲料的剂型问题。

　　草蛉成虫人工饲料的加工相对容易，在试验和生产中多配制粉状饲料，而幼虫的人工饲料则需要考虑到草蛉幼虫口器和取食特点，科学家需要付出更多的努力。在草蛉幼虫人工饲料的研究中成功引入了微胶囊技术，微胶囊状饲料既能保证草蛉幼虫取食，又能避免饲料过早腐败，是比较理想的草蛉幼虫人工饲料加工剂型。从1989年起中国台湾农业试验所开始研究人工饲料微胶囊化技术，现已在草蛉人工饲料微胶囊化上有所突破。微胶囊技术用在捕食性天敌上比寄生性天敌容易成功，多食性较寡食性容易，刺吸式口器又较咀嚼式口器容易，因此草蛉是最适合发展微胶囊饲育技术的天敌昆虫（李文台，1997）。

　　人工制卵机的研究成功对大量繁殖天敌昆虫创造了更为有利的条件（马安宁和张宣达等，1986）。GD-5型自动控制生产人造卵卡机研制成功，使工厂化生产赤眼蜂有了质和量的保证。目前人造卵已经在多种赤眼蜂如螟黄赤眼蜂 *Trichogramma chiloni*（刘志诚和刘建峰，1996；冯建国和陶训等，1997；张君明和王素琴，2001）、松毛虫赤眼蜂 *Trichogramma dendrolimi*（刘建峰和刘志诚等，1998；王德和李永波，1999；罗晨和王素琴等，2001）、玉米螟赤眼蜂 *Trichogramma ostriniae*（练永国和王素琴等，2009）和平腹小蜂 *Anastatus* sp.（刘志诚和王志勇等，1986；刘志诚和刘建峰等，1995）的繁殖中广泛应用，将此技术与草蛉人工饲料配方的研究相结合，能够推进草蛉幼虫人工饲料的开发和扩繁工艺的改进。

　　Lacewing in the Crop Environment 一书中把除自然猎物以外的所有饲喂草蛉的饲料统称为人工饲料。根据饲料的来源和用途，饲料分为5种：替代饲料（Subnatural diet，包含一般指代替代寄主），全纯饲料（Holidic diet，也称为化学规定饲料 Chemically defined diet，即所有化学成分已知的饲料，主要是用各种化学试剂如各种氨基酸、糖类等配制而成），半纯饲料（Meridic diet，即饲料中既有部分化学成分已知的原料，还包括一些未知的成分），实用饲料（Practical diet 也称为 Oligidic diet，化学成分不明，原料未经过纯化和鉴定，多用于规模化饲养）和优化配方饲料（Suboptimal diets，即在试验过程中创造并改良配方而获得的能应用于昆虫的饲养的一些配方饲料）。各类饲料的主要用途不尽相同，如化学规定饲料和半纯饲料往往用来研究昆虫的营养和消化，实用饲料则因为成本相对低廉，被用来大量饲养昆虫，而优化配方饲料则是为了改良人工饲料，以期获得更高质量的昆虫，并降低生产成本（Vanderzant，1974；McEwen 等，2001）。编者对多年来草蛉幼虫人工饲料的研究进行了总结（表7-3）。

表 7-3　草蛉幼虫人工饲料研究报道

草蛉种类，参考资料	人工饲料分类	草蛉种类，参考资料	人工饲料分类
普通草蛉 Chrysoperla carnea＝Chrysopa carnea ＝Chrysopa californica＝Chrysoperla plorabunda ＝Chrysoperla mohave＝Chrysoperla nipponensis ＝Chrysopa vulgaris		*Chrysoperla externa*	
		Li 等，2010	3，4
		Chrysoperla genanigra	
Ageeva 等，1988	3，5	Bezerra 和 Tavares，2012	1
Ageeva 等，1990	3，5	日本通草蛉 Chrysoperla nipponensis ＝Chrysopa sinica	
Babrikova 和 Radeeva，1990	1，3	Cai 等，1983	3，4
Babyi，1979	3，5	Khuhro 等 2012	1
Bigler 等，1976	1，3	Li 等，2010	3，5
Cohen，1983	1，3	Yazlovetsky 等，1992	3，5
Cohen，1998	4，5	Ye 等，1979	3，4
Ferran 等，1981	1，4，5	Zhang 等，1998	3，4
Finney，1948	1	红通草蛉 Chrysoperla rufilabris	
Finney，1950	1	Hydorn 等，1979	3，4
Hagen 和 Tassan，1965	3	黑腹草蛉 Chrysopa perla	
Hagen 和 Tassan，1966a，1966b	3	Bigler 等，1976	1，3
Hasegawa 等，1983，1989	1，2，5	Canard，1973	1，4
Hassan 和 Hagen，1978	3，4	Ferran 等，1981	1，4
Hoda 等，2009	3	Yazlovetsky 等，1992	3，5
Hogervorst 等，2008	4	大草蛉 Chrysopa pallens＝ Chrysopa septempunctata	
Jokar 和 Zarabi，2012	3，5	Okata 等，1971	1
Kariluoto，1980	3，4	Okada 等，1974	1
Keiser 等，1991	3，5	Niijima，1989	2
Letardi 和 Caffarelly，1989	3，4	Frran 等，1989	1，4，5
Martin 等，1978	3	Niijima 和 Mastuka，1989	1，2，5
Nepomnyashaya 等，1979	3，5	Kaplan 等，1989	3，5
Niijima 和 Mastuka，1989	1，2，5	Choi 等 2000	1
Ponomareva，1971	1，3，4	Lee 等 2005	3
Ponomareva 等，1973	1，3，4	Nakahira 等，2005	1
Sattar 和 Abro，2009	3，4	Lin 等，2007，2008	3，5
Sogoyan 和 Lyashova，1971	1，3，4	白线草蛉 Chrysopa albolineata	
Tartarini，1983	3，4	Yazlovetsky 等，1992	3，5
Uddin 等，2005	1	丽草蛉 Chrysopa formosa	
Ulhaq 等，2005	1	Ferran 等，1981	1，4，5
Vanderzant，1969，1973	3	Niijima 和 Mastuka，1989	1
Viji 等，2005	1	多斑草蛉 Chrysopa intima	
Wuhrer 和 Hassan，1990	3，4	Niijima 和 Mastuka，1989	1
Yazlovetskij 等，1981	3	*Mallada prasina＝Anisochrysa prasina＝Chrysopa prasina*	
Yazlovetskij 等，1979a，1979b	3，5	Yazlovetsky 等，1992	3，5
Yazlovetskij 等，1990	3，5	*Mallada flavifrons＝Anisochrysa flavifrons*	
Yazlovetskij，1992	3，5	Cava 等，1982	3，4
Yazlovetskij 等，1977	3	基征草蛉 Mallada formosanus	
Zaki 和 Gestrana，1990	4	Niijima 和 Mastuka，1989	1

人工饲料分类说明：1. 替代饲料，2. 全纯饲料，3. 半纯饲料，4. 实用饲料，5. 优化配方饲料。

（四）饲养与管理

1. 成虫饲养设备与技术

草蛉属于昼伏夜出性昆虫，喜欢在傍晚活动，白天常躲于植物叶片下休息。饲养设备既要保证足够的光照，同时也要提供一定的遮阴区，为草蛉提供庇护所。具体做法：用不透明的纸张或纱布覆盖在养虫笼一侧（有时也以此为产卵介质）。在用自然猎物饲养时，如果有植物的存在，草蛉可以躲在植物叶片下，无须这些措施，但是在用米蛾卵和人工饲料等饲养时这些措施是必要的。

McEwen 等（1999）介绍了一套普通草蛉在实验室小规模繁殖的装置，该装置使用方便，成本低廉，而且能繁殖出远远超过实验所需的健康的草蛉。在饲养成虫的养虫笼（塑料鱼缸，35cm×20cm×20cm）中放入一定数量的草蛉成虫（性比大约1:1，数目根据养虫笼的大小调整），该成虫养虫笼的上面是一塑料盖子。以一张蓝色的薄纸片固定于塑料盖朝向养虫笼的一面，作产卵基质。成虫提供的人工饲料由酵母水解物、蔗糖和水（4:7:10，重量比）每周喂食3次，食物涂抹在两个倒置的塑料杯上，每个杯子每次提供5~6mL食物，在另一个倒置的塑料杯上放置湿润的纸巾来给草蛉提供水分。产卵基质每天更换。为了保持养虫笼的整洁，每周换一次养虫笼。更换时，将养虫笼整体置于4℃条件下处理到成虫不能活动（30min以内），以防止成虫逃逸（McEwen 等，2007）。

群体饲养时，也可以先将羽化的成虫集中于养虫笼（可称之为交尾笼）中饲养一段时间，饲养时间依不同种类草蛉产卵前期的长短而定，一般为4~10d：中华通草蛉和丽草蛉为4~5d，大草蛉为5~10d，叶色草蛉为4~6d，普通草蛉5d左右。雌虫产卵前期末腹部明显膨大，一旦发现开始产卵，立即将雌虫转入产卵笼饲养。为了避免交尾不充分，同时按1/5~1/4比例移入一定数量的雄虫，多余的雄虫可以释放到田间或作其他用途。有研究认为，雄虫的存在也能刺激雌虫的生殖表现。

实际生产中，雌虫存活至产卵末期，卵的质量和数量会显著下降；成虫也可能会染病，此时丢弃生长末期的成虫，可以减低饲养成本，同时也保证了种群的健康。

2. 卵的收集技术

为了方便卵的收集，科学家们也做了很多研究。由于草蛉卵着生于卵柄上，在饲养容器里加上一层产卵基质，直接将基质取出再剪切成合适的大小，可以直接应用于田间投放。Gautam（1994）用黑纱做产卵基质，将黑纱放在养虫笼顶部，能够一定程度上诱集草蛉产卵；每天取出黑纱，并注意搜索产卵于养虫笼其他位置的卵。而 Nasreen（2002）改用黑色的比较粗糙的纸，并用次氯酸钠溶解基质，更易于卵的移除。热导法也用于从产卵基质收集卵，Donald 等（1995）报道在饲养中使用电热网纱使草蛉卵脱落进行收集。

生产中如非必要可以不必剪除卵柄，因为卵柄具有一定的保护作用（McEwen 等，2007）。同时卵柄的存在也可能有利于幼虫孵化，使身体更容易从卵壳内爬出来。

3. 幼虫饲养设备和技术

草蛉幼虫具有自相残杀习性，在饲养时要尽量避免这种现象的发生。国内饲养多用木质或塑料方盒，亦可以根据条件因地制宜，如装食品的玻璃瓶、木制饲养盒、方形饲养盒等。盒盖改为80目尼龙纱网覆盖，2/3长度固定，留出1/3开口便于喂食和清洁。邱式邦等研究应用塑料薄膜作为隔离物饲养草蛉：将薄膜剪成5mm宽的长条，放入饲养容器，任其自然迂回交错，形成无数间隔，草蛉幼虫在其间独自活动，互不干扰。同时薄膜透明，能清楚地观察到幼虫发育和结茧情况，薄膜可清洗能反复多次使用也提高了塑料薄膜的利用效率（邱式邦和周伟儒等，1979）。李玉艳等利用长方形透明塑料饲养盒饲养丽草蛉，饲养盒顶部开口并覆盖纱网，盒体内部设置有折叠滤纸条作为隔离物防止幼虫自相残杀，饲养效果较好，具体饲养装置说明见李玉艳等的实用新型专利（李玉艳等，2020）。

Morrison 首次运用 Verticel ®（Hexacomb, University Park IL，这种材料有三角形网格，Triangular cell，类似瓦楞纸结构）制作出类似蜂窝结构的分隔容器（Morrison，1977）。容器的两面用纱布密封，草蛉卵和部分食物（如麦蛾卵、地中海粉螟卵等）在密封前加入容器，幼虫孵化后间隔一段时间添加食物。鉴于该容器质量轻，价格低廉，节省空间，直到现在西方国家依然采用 Verticel 作为幼虫饲养容器的材料，并不断改进饲养技术，如采用热熔胶将化纤网布黏附在饲养容器底部，将草蛉卵放入小室后，再封住顶部，草蛉孵化后可以透过化纤网布取食食物（Nordlund，1993）。McEwen 等（1999）介绍了一套普通草蛉在实验室小规模繁殖的装置，这个幼虫饲养装置和 Morrison 比较类似，只是采用的是网格状的材料。应用这两种容器饲养草蛉存在的问题在于如何快速准确地将草蛉卵和食物分配到各个饲养小室，为此 Tedders 等（2001）开发了一种快速将昆虫卵分配到饲养容器的设备和方法（Device and Method for Rapidly Loading Insect Eggs Into Rearing Containers，专利号：6244213B1，2001），使用这个方法能够减小工作量并显著提高卵的分配效率（图 7-11）。密西西比州立大学和美国农业部成功地改进成为一种"多孔道分配系统"（图 7-12）。该系统的工作原理是将含有草蛉卵的悬浮液用蠕动泵泵入多孔模具，多孔模具下末端为 23 根不锈钢管（外径 0.32cm，内径 0.15cm），不锈钢管对应饲养容器中的 23 行饲养小室。这样草蛉卵就通过分配管流入饲养小室。应用这套系统在保证卵孵化率的基础上，大大提高了接种效率（Woolfolk 等，2007）。

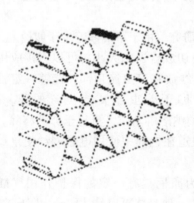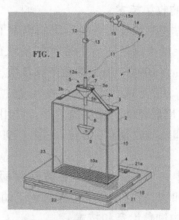

图 7-11　Verticel 材料和 Tedders 设计的卵分配专利

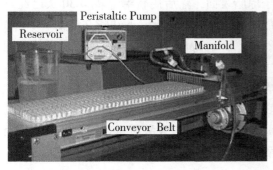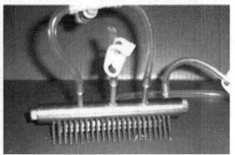

图 7-12　多孔道分配系统

4. 茧的管理

草蛉 3 龄末期，在饲养笼中加入折叠的牛皮纸作为诱集结茧器，诱集幼虫在其上结茧，待草蛉结茧后收集牛皮纸。或者在幼虫 3 龄末期，将草蛉幼虫连同部分食物一同收集到另一饲养容器中，集中结茧。

为获得同一批次的草蛉成虫，最好将同一批次的茧集中管理。茧放于合适容器内羽化。由于草蛉羽化时足的抓握能力不强，羽化容器表面不可过于光滑，也可添加折叠的纸片等方便草蛉抓握。

二、草蛉饲养的环境参数

温度，湿度和光周期在草蛉的饲养中发挥重要的作用，一般说来本节所述大草蛉、丽草蛉饲养环境均为温度 T=25℃±2℃，相对湿度 RH=70%±10%，光暗比 L：D=16：8，值得注意的是光周期在草蛉的滞育中起主要作用，必须严格控制，有报道称大草蛉成虫在光照短于 16h 时，活跃度下降，雌虫产卵减少，在生产中应避免此现象的发生。

三、产品质量控制

草蛉在生物防治中应用较多，目前普通草蛉已经制作了相应的质量控制指南，下面介绍一下普通草蛉的主要检测条件和检测标准（van Lenteren，2003）。

检测条件：温度 T=25℃±1℃，相对湿度 RH=70%±5%，光暗比 L：D=16：8。

草蛉卵的质量：卵孵化率（5d 内卵孵化率）是天敌饲养质量的重要指标，其检测标准为初孵幼虫比例≥65%。检测时要防止初孵幼虫的自相残杀，将卵分开放置；检测样本数为 200 粒。

检测草蛉幼虫的质量：使用桃蚜为猎物，初孵幼虫在 4d 内发育到 2 龄幼虫的比例和 2 龄幼虫 5d 内发育到 3 龄幼虫的比例均≥65%；检测样本为 200 头，每年检测一次，饲养环境改变时也需要进行检测。

幼虫捕食效率/搜寻能力：2 龄幼虫 4d 内捕食 50 头桃蚜或 25 头马铃薯长管蚜；检测样本数为 10 头，每年检测一次。

捕食效率和捕食能力检测的试验方法：使用能密封的培养皿（直径 13.5cm，高 2cm），盖上打一孔，并用尼龙纱网黏住以利通气，培养皿底部浇注 5mm 厚度的 1.5% 的琼脂,在琼脂缓慢冷凝前,取一叶片平展于琼脂表面,然后用软毛笔转移30头已经开始生殖的成蚜至叶片上,盖上培养皿盖,平放。24h后移走成蚜留下幼蚜并计数(≥100),棉蚜 *Aphis gossypii* Glover,桃蚜和马铃薯长管蚜 *Macrosiphum euphorbiae* 均可用于捕食能力检测。

检测时,单独取刚蜕皮发育到2龄的幼虫,在上述培养皿内放至少100头蚜虫,4d后查看草蛉取食蚜虫数目。检测样本数为30头。

此标准制定人为 Tommasini M. G. 和 Mayer R.。此外,天敌质量控制标准目前已经开通了网站(网址:www.AMRQC.org),读者可登录查看多种天敌质量控制标准。

四、大草蛉室内扩繁技术

大草蛉室内繁殖如通过猎物如大豆蚜和替代寄主如米蛾卵来繁殖,大豆蚜和米蛾卵见上文所述,此处重点介绍大草蛉幼虫和成虫的人工饲料,包括配方和加工工艺。

(一)微胶囊人工饲料(针对大草蛉幼虫)

1. 家蝇蝇蛆的获得

采集家蝇成虫放入养虫笼内饲养,提供水和红糖(分别装在两个小盘内),以及产卵物质。产卵物质跟幼虫饲料相同。幼虫即蝇蛆在500mL罐头瓶内饲养。幼虫饲料为麦麸100g、奶粉1g、水200mL,先用热水将奶粉调成糊状,倒入麦麸中,加水拌匀。蝇蛆饲养到4~5d后即可作为实验原材料。饲养获得的蝇蛆经与饲料分离,60℃下泡10min致死,冲洗干净,用1%NaClO溶液灭菌10min后,中温烘干(50~55℃下烘6~8h),获得蝇蛆干虫。也可以从市场上购买蝇蛆干虫。

2. 脱脂蛆粉的获得

取上述蝇蛆干虫,经粉碎机初步粉碎后,按索氏脱脂法(80℃下抽提5h)进行脱脂处理,再进一步粉碎,过80目筛后得到脱脂蝇蛆粉,放入冰箱内保存备用。

3. 幼虫微胶囊人工饲料的获得

人工饲料配方:水、脱脂蝇蛆粉、酵母抽提物、生鸡蛋黄、蔗糖和琼脂按42:10:4:4:2:1的比例称重备用,再按饲料总重量的0.3%和0.03%的比例称取蜂蜜和抗坏血酸。

取两个烧杯,向烧杯A加入蜂蜜、鲜鸡蛋黄、脱脂蝇蛆粉、酵母抽提物;再取另一烧杯B,加入蔗糖、琼脂,用微波炉加热至琼脂溶解,冷却到中温后倒入烧杯A中,拌匀,最后加入抗坏血酸,搅拌混匀,置于室温下冷却至固体状。放入冰箱-4℃冷藏备用,在该条件下饲料可保存一周。

少量繁殖大草蛉时可采用手工包裹饲料的方式:取石蜡膜剪成15mm×15mm小块,拉伸3倍长,包上5mm×5mm×5mm饲料小块,把封口捏紧,即得到微胶囊饲料。大规模生产时,可以用人工制卵机制备微胶囊饲料,获得微胶囊人工饲料后即可应用于大草蛉幼虫的繁殖。研究表明,食用此人工饲料,幼虫存活率明显提高。

(二)粉状人工饲料(针对大草蛉成虫)

大草蛉成虫是咀嚼式口器,粉状饲料更利于大草蛉的取食,鉴于此,目前研究了以黄粉虫脱脂虫粉和家蝇脱脂蛆粉为主要成分的人工饲料,饲养效果较好,但有待进一步改进

（图 7-13）。

图 7-13 大草蛉成虫取食粉状人工饲料

1. 黄粉虫和家蝇蝇蛆的获得

在室温下用 6 : 1 的麦麸和玉米面在养虫盒中饲养黄粉虫成虫，并每天添加少许新鲜的油菜叶片，待成虫产卵，幼虫孵化之后，挑出幼虫，在同样的条件下饲养。体长达到 20mm 后，选取大小均一、色泽鲜亮者备用；也可以从市场上购买黄粉虫干虫。

2. 脱脂虫粉的获得

黄粉虫脱脂虫粉和家蝇脱脂蛆粉的获得可参照前文所述。

3. 其他材料的准备

鸡蛋粉和花粉放入 -70℃超低温冰箱 8h 以上，取出后放入冷冻干燥机，低温真空干燥 8h 后，用粉碎机粉碎。蔗糖直接粉碎。

4. 成虫粉状人工饲料的获得

所有原材料过 80 目筛后，按照配方称量各原料，混合均匀，放于磨砂试剂瓶内，于冰箱内 4℃冷藏。若一次配制饲料较多，应该将饲料分成多份保存，依次使用，避免饲料反复冻融。饲料使用时，应该先取出试剂瓶，待试剂瓶内外温度一致后打开瓶塞，取出饲料，这样能防止吸入水分。

关于大草蛉成虫粉状人工饲料具体可参考相关发明专利（公布号：CN 102960310 A；公布日期：2013.03.13）。

五、大草蛉的饲养与管理

（一）成虫饲养设备和技术

成虫先放于交尾笼中饲养 4~5d，随后将雌、雄虫按（4~5）: 1 的比例放入养虫笼内，按照下述方法饲养。

1. 大豆蚜

用大豆蚜饲养，草蛉的卵大部分产在大豆植株上，少部分产在养虫笼其他位置；而且大豆蚜很容易污染养虫笼，所以更换养虫笼，比更换大豆苗更适合成虫的饲养。

在养虫笼内置入已接种大豆蚜 4d 以上的大豆育苗盘，第三天（在 25℃条件下，大草蛉卵发育历期为 3d 左右，如不移出，幼虫第四天就开始孵化）后转移所有成虫至新的养虫笼内饲养，这样大豆苗上就有 3 批次的卵。

2. 米蛾卵

根据试验观察，我们认为利用米蛾卵卡饲养成虫能避免卵的浪费，同时更易于成虫取食。饲养时，每对草蛉每天需要投放一个 2# 卵卡，产卵末期可改为 1# 卵卡。每天更换产卵基质。

3. 人工饲料

用本节上述粉状人工饲料时，每头成虫每日饲喂量为 8~10mg。可每 3~4d 更换一次饲料和水，但需要每天更换产卵基质。

研究表明成虫饲喂此人工饲料（幼虫阶段饲喂米蛾卵），大草蛉前期死亡率偏高，但存活下来的个体平均寿命显著延长（表7-4）；雌虫产卵率显著下降，能够产卵个体的产卵量略有降低，但仍保持了较高的生殖力，甚至所产卵孵化率相对于对照明显提高（表7-5）。

表7-4 营养对大草蛉成虫产卵率、存活率和寿命的影响

营养	产卵率（%）[1]	存活率（%）[1]		寿命[2]	
		雌虫	雄虫	雌虫	雄虫
大豆蚜	100.00a	96.15a	100.00a	37.42±1.79b	43.92±2.78b
米蛾卵	95.83a	92.31a	88.00a	46.29±2.62b	38.38±2.99b
人工饲料	70.37b	79.41b	64.71b	78.48±4.31a	60.29±7.31a

注：数据为平均值±标准误；同列数据后不同字母表示差异显著（1：Fisher 精确检验；2：Duncan's test，$P=0.05$）。

表7-5 饲喂不同人工饲料对大草蛉雌虫生殖力的影响

营养	卵孵化率[1]（%）	产卵前期[2]	产卵天数[2]	总产卵量[2]	单雌日均产卵量[2]
大豆蚜	71.76c	7.38±0.36b	28.83±1.92b	914.8±99.80a	29.94±2.05a
米蛾卵	77.10b	10.05±0.79b	31.43±2.55b	871.6±98.95a	26.54±1.69a
人工饲料	85.60a	28.16±1.93a	44.05±4.74a	636.1±90.06a	13.80±1.38b

注：表中数据为平均值±标准误，同列数据后不同字母表示差异显著（1：卡方检验，$P=0.05$；2：Duncan's test，$P=0.05$）。

当然，如能进一步改善用人工饲料饲养草蛉的效果，如缩短产卵前期，提高存活率和产卵率等，在草蛉的规模化生产中将发挥重大作用。

（二）卵的收集

如饲养数量不多，则可以将收集的卵放在96孔板内单独管理，能有效避免自残。大规模饲养时，根据成虫饲料的不同，卵的收集方法和管理也不同，如成虫在接种大豆蚜的大豆苗上饲养，产在大豆苗上的卵可不必收集，只将未产在大豆苗上的卵收集起来，等待草蛉孵化即可。而在用米蛾卵和人工饲料饲养时，草蛉一般将卵产在产卵介质上，每天取出产卵介质，部分产在卵卡、养虫笼甚至饲料盘上的则需要单独收集。

（三）幼虫饲养设备和技术

由于幼虫有自相残杀的习性，要控制饲养空间的大草蛉密度，同时还要加上折叠的牛皮纸为阻隔物（同时也作为诱集结茧器），降低幼虫相遇的频率。每天提供足够的食

218

物，供草蛉取食。下面简要介绍以大豆蚜、米蛾卵和微胶囊人工饲料饲喂大草蛉幼虫的操作。

1. 以大豆蚜饲喂大草蛉

小规模饲养可以以 7cm×10cm×20cm 的方形盒为养虫盒，饲养大草蛉幼虫以 15 头为宜，每天剪取着生足够多大豆蚜的豆苗，供草蛉取食。幼虫 1~2 龄每天添蚜虫 1 次，3 龄后，大草蛉开始暴食，每天添蚜虫 2~3 次。

大规模饲养则需要大豆苗育苗盘，第 1 批初孵幼虫先取食残余在大豆苗上的蚜虫，同时移入接种大豆蚜 4d 以上的大豆苗育苗盘，然后分别在第 5、第 8 天移入同样的育苗盘，第 10、第 12、第 14 天移入双倍的育苗盘。12~13d 后陆续结茧。也可在接种大豆蚜 2d 的大豆育苗盘上接入同一批次的草蛉卵，密度为每 2 株苗 1 粒，草蛉卵孵化的过程中，大豆蚜数量持续增加，亦能保证草蛉生产所需。

2. 以米蛾卵饲喂大草蛉

可以直接供应米蛾卵，即直接在养虫盒内群体饲养草蛉幼虫，将米蛾卵均匀撒遍整个养虫盒底部；如以 Norlund（1993）报道的养虫系统饲养草蛉，可以将米蛾卵直接透过纱网均匀地撒入养虫小室。

草蛉幼虫各龄期食卵量约为 30 粒、97 粒和 514 粒（邱式邦等，1975）。米蛾卵的数量应该随着草蛉龄期的变化逐渐增加，足量供应。

也可以利用米蛾卵卡饲喂大草蛉，以米蛾卵卡饲养大草蛉幼虫时，卵的投放量必须既要保证大草蛉取食，也要节约卵卡，经试验，可按如下标准饲喂：1~2 龄一个 1# 卵卡可以饲喂 3~4 头草蛉，3 龄后一个 1# 卵卡可供 1 头幼虫，这样基本满足幼虫生产需要。

3. 以微胶囊人工饲料饲养大草蛉

以 Norlund（1993）报道的养虫系统饲养草蛉，可以将微胶囊直接置于养虫小室顶部，幼虫透过纱网取食。在普通养虫笼中饲养时，饲料均匀地放在养虫笼底部，并加一些折叠的纸条、塑料薄膜等作为隔离物。

（四）茧的管理

收集起来的同一批次的大草蛉的茧在合适的环境条件下，10d 后即开始羽化。一般说来，第 1~2 天羽化个体中雄虫较多，随后雌虫比例增加。

第三节　包装、储藏与运输

一、储藏

田间释放前，由于不能准确预测客户的需求（使用时间和数量），同时为了降低生产上的饲养成本，要对人工饲养的昆虫在不影响其生命力的前提下，进行有效储藏，以使天敌生产和田间需求高峰相吻合，更好地利用天敌。

不同天敌的储藏时限不一样，细菌、真菌和病毒可以保存数月甚至几年，但是天敌昆虫仅能保存很短的一段时间，甚至同一种昆虫不同发育阶段（如卵和蛹）的储藏时限也不一样。天敌的储藏条件也有很大差异，有些昆虫可以耐受较低的温度，但有些昆虫则不行。一般情况下，人们把昆虫置于 4~15℃ 的条件下冷藏一段时间，但即便这样也会减低

昆虫的活性 (van Lenteren，2003)。

草蛉的卵、蛹是静态虫态，从操作的方便性上来看，是理想的冷藏虫态。吴子淦以 10℃ 低温冷藏黄玛草蛉 *Mallada basalis* 的卵、幼虫和蛹，卵的孵化率和蛹的羽化率随处理时间加长而降低，但在处理初期，即卵储藏 4d，蛹储藏 7d 则孵化率和羽化率可维持在 80% 以上。1 龄幼虫在此低温下，8d 内平均存活率在 90% 以上。2 龄和 3 龄幼虫，冷藏 14d 存活率不受影响，冷藏到 30d 的 2 龄幼虫和冷藏 25d 的 3 龄幼虫存活率都在 70% 以上。这说明 2 龄和 3 龄幼虫比其他发育期更容易以低温来控制生长 (吴子淦，1992)。著名的天敌公司-荷兰 Koppert 生产的普通草蛉推荐的冷藏条件即为 8~10℃。

北温带的普通草蛉的卵可以在 8℃ 条件下冷藏大约 20d 而不影响孵化率 (Osman 和 Selman，1993)。J. Isabel López-Arroyo 等 (2000) 研究表明不同发育天数的草蛉卵经低温冷藏后发育时间不相同，但是孵化率无差异，在应用中可以根据实际条件和需要确定冷藏时间，或者是刚产出的卵，或者是已经发育的卵。李水泉等 (2012) 通过研究认为，在温度 10℃，相对湿度 RH75%±5% 条件下，黄玛草蛉 *Mallada* sp. 卵的最佳冷藏天数为 10d，而蛹的最佳冷藏天数为 30d，黄玛草蛉蛹期是较好的低温冷藏虫态，可以满足黄玛草蛉商品化储藏和运输要求。

在滞育阶段储藏有益昆虫的可行性一直在研究，但多数还处于理论研究阶段，未进行实践应用。发生滞育的普通草蛉成虫能在低温下储藏 30 周，同时草蛉的存活率和生殖活性保持在可接受的范围 (Tauber 等，1993)。结合滞育研究草蛉的低温储藏技术，能够显著延长草蛉的货架期等，推动草蛉在生物防治中的应用。

二、包装和运输

草蛉自残的习性在食物存在的条件下也无法避免，在包装时应该利用一些特殊的设备。通常情况下，应该用纸条、荞麦、蛭石和麦麸等材料为草蛉提供隐匿之所。

草蛉卵和幼虫往往装在稻壳等惰性介质中，稻壳是一个运输的载体，同时装运时要保持草蛉的松散。Koppert 公司的普通草蛉 2 龄幼虫产品提供了两种包装：1 000头/瓶 (500mL) 和 10 000头/桶，幼虫夹杂荞麦。草蛉幼虫也可放置在具有格子的框或多孔养虫板 (如十六孔板、二十四孔板等) 中，十多孔养虫板是由小的分隔的空间组成的，当释放草蛉时能同时打开一排。草蛉的茧的包装最为简便，只要能有效避免挤压，放置在硬质纸盒、玻璃瓶等都可以。草蛉成虫时是放在两端开口的筛管里，或放在袋中。

Noboru Ukishiro 和 Yoshinori Shono 在 1998 年申请了一项是应用于捕食性昆虫的饲养和运输的专利 (Method for Rearing and Transporting Entomophagous Insect，专利号：5784991) 可以用来包装草蛉卵和幼虫。其主要技术是一个空瓶内放入小块的塑料泡沫，瓶盖上有许多小孔，孔的大小介于捕食性昆虫大小和塑料泡沫大小之间，以保证捕食性昆虫能通过而塑料泡沫不能通过。这个设计能防治昆虫自相残杀，实现其有效饲养和运输，特别适合草蛉、瓢虫和捕食性蝽类。在生产中可以借鉴此项技术。

草蛉在运输过程中，如需要较长的时间，有必要使用气候式集装箱，以保证昆虫处于较好的生理状态；有时候还需要添加足够的食物 (如蜂蜜、花粉等)。已经被商业化应用

的普通草蛉和 *C. rufilabris* 以卵、幼虫、蛹和成虫的形式都可以装运。长距离运输最好是包装草蛉卵和茧，并给予足够的食物，这样在运输的过程中即便草蛉孵化或者羽化，也能维持其生长。

第四节 释放与控害效果

一、草蛉的田间释放技术

草蛉作为一种天敌，主要应用于田间释放来防治害虫。释放前，要对人工饲养的成虫、卵或蛹在不影响其生命力的前提下，进行有效储藏，以便在适当的时机进行人工释放。为此，储藏方法、投放方法的研究成为田间释放以及实现防治效果的根本保证。在 20 世纪 70—80 年代，全国不少农林科研单位都投入了很大人力物力进行了反复的研究与田间试验，最后成功地解决了以上两方面的问题，在全国大部分地区可根据气候条件、田间环境采取放卵、放幼虫和放成虫的具体办法，实现害虫的生物防治，有效地控制了某些害虫的发生、蔓延和为害，减少了化学农药对环境的污染（杨星科等，2005）。

在田间可以引进不同发育阶段的草蛉（卵、幼虫、蛹、成虫），具体引进草蛉的哪一阶段由在田间的操作和运输的方便性决定。当然，选择捕食害虫最有效的阶段释放草蛉也是非常重要的。因此，一个不变的阶段，通常是卵或蛹期，是最适合运输和释放的。草蛉田间释放有很多方法：可以将草蛉的卵和蛹散布在寄主植物的叶子上，或者收集草蛉的不同阶段放进容器内，然后进行释放。天敌的活动阶段——幼虫，蛹和成虫阶段，当它们在容器内刚开始活动时，就将它们释放到田里。

可以通过卵、幼虫和成虫的方式购买到国外商品化应用的草蛉。当你不急于清除田里的害虫时购买卵是很有用的，但当你想很快除掉害虫，此时应该购买幼虫、成虫，主要应用于树木上的防治。草蛉幼虫是肉食性的，能取食大量的蚜虫，也取食蚜虫以外的其他软体动物：像小型的处于未发育成熟阶段的昆虫，包括亮灰蝶、介壳虫和粉虱等，尤其嗜食昆虫的卵。

草蛉在生防工程中的应用，需要一个有经济效益的体系来保障，才能用来大量释放到目标区域。一般来说，草蛉的释放主要是以卵和幼虫为主，但是成虫也可以用来释放。草蛉卵和幼虫广泛应用于温室、田间、室内景观性植物、果园和花园。成虫可以用在成排的庄稼、森林、果园和高的室内栽培植物中。

1. 释放卵

卵的应用是相当经济的方法。释放草蛉卵同样也存在一些问题。卵的存放时间受高温、释放位置（是否在植物上面）、捕食性天敌的影响（Daane 等，1993）。而且，在卵孵化后，草蛉幼虫需要尽快找到食物否则就会死亡。通常来讲，只有在害虫数量比较少的时候我们才会释放草蛉，因此草蛉会降低害虫数量。由此，引出一种方案：可以设计一种系统，在草蛉在植物上定殖前，每一粒捕食猎物的卵对应一粒草蛉卵，可以提高定殖率。在释放草蛉卵的同时把猎物材料撒到植物上面，是十分有效的。然而，其他的措施可能也会显著增加草蛉应用的成本。

传统的方法，草蛉卵的释放是直接人工将卵或者是卵和某些类型的填充物（蛭石、稻谷壳、木屑等）的混合物喷洒到植物上面。也有通过悬挂释放袋来释放，释放袋是一个薄的纸型容器，易于悬挂或钉在一个固定的地方。袋里有草蛉卵，打开顶部折叠部分，将其挂在或钉在植物或树叶上。3~7d 幼虫开始出现并取食。然而，最近几年，越来越多的研究是关于机械化释放卵的进展。Daane 等（1993）报道了用机械化的方法将玉米的穗轴、沙砾与卵混合后释放到田间。混合物被放置在一个 5 加仑的容器内，这个容器里面有一个可调节开口的漏斗。释放速度可以通过漏斗的开口大小，或者是安装了这种容器的拖拉机的移动速度来调节。目前已经开展的许多实验就是通过用机械化释放卵的方法，以此来确定被释放卵的可用性。Gardner 和 Giles（1996）测试了草蛉卵通过田间喷洒器释放后是如何受蛭石提取物、拖拉机的震动和环境条件的影响的。这些不同的释放方法之间卵的孵化率没有明显的区别。Gile 等（1995）利用蛭石作为生物天敌的载体，但是这种方法有一个弱点就是蛭石是干燥的载体，很难将天敌均匀地分布在载体中，而且容易出现机器堵塞和空化，同时易造成天敌的损伤。

还有一种有趣的释放技术，就是把卵放在一种液体溶液里面喷洒在田间。生物天敌以水剂的方式进行喷洒也是可行的。它具有释放均匀、提高存活数量、节省劳动力、施用方便等优点。大家较为熟悉的是苏云金杆菌，作为生物制剂，其体积小且悬浮于水中比较稳定，因此苏云金杆菌的水剂喷洒在农业生产上得到较为广泛的应用。关于这种检测把卵放入某一种溶液内的实验也已经开展了。Gardner（1996）等将草蛉卵和赤眼蜂卵置于水中3h，其成活率都很高，且喷洒后分布均匀，因此，利用水剂作为载体，将生物天敌以喷洒的方式施用于田间是一项可选的技术。Jones 和 Ridgway（1976）发现，草蛉卵悬浮在0.125%琼脂溶液中，至少 1h 内可以保持孵化率不会下降。McEwen（1996）希望能够找到一种喷洒介质可以延长卵的储存时间。可以确定的是，在4℃下，把卵放在0.125%琼脂溶液或者水中与放在空气中相比一天内的孵化率不会下降。Sengonca 和 Lochte（1997）用水就可以把草蛉卵悬浮起来，用带有导流喷嘴的喷洒装置时不会破坏卵。他们也测试了好几种材料，用来增强卵与植物之间的黏附力。他们报道了喷雾装置和喷雾技术的发展，也指出水可以作为草蛉卵喷洒的载体，而且草蛉卵在水中12h 内不会对孵化率产生不良影响。同时他们也证明，导流喷嘴上面有一个直径 0.9mm 的小孔时，喷洒压力会达到 3 个大气压。

飞行装置同样可以用来草蛉的释放。被整修过机翼的飞艇、直升机，甚至是无线操控式的飞机，都可以在安装释放漏斗后用来释放草蛉卵。一位直升机飞行员就可以在 30min 内完成 200 英亩的草蛉释放工作（Grossman，1990）。一个无线操控式的飞机可以在10min 内完成 50 亩的释放工作（McClintic，1992）。

田间释放卵的最好的方式的 4 条标准：①卵膜呈暗灰色；②幼虫腹部条带很清晰；③幼虫眼点清晰可见；④至少看见 1% 的卵已经孵化。如果天气不佳或安排上出现问题，可通过降低温度推迟孵化。对于延迟的发育，建议只在收到的当天冷冻一天。卵放在温度低于 15.5℃，相对湿度少于 50% 的条件下可能会延迟孵化。刚接收到的卵在建议的温度和湿度水平下放置不超过 3d。释放前期，在运到释放区域的过程中，卵应该放置在不低于 15.5℃，相对冷的温度下短期储藏。可以应用机械化液体喷头释放草蛉的卵。

注意事项：在养虫板内饲养 0~24h 的不同龄期的草蛉，在草蛉饲养的过程中会出现产卵高峰，大部分出现在 12~15h 内。所以，在这个比较狭窄的养虫板内也会出现孵化或幼虫羽化的高峰期。草蛉卵从获得到准备装运的过程需要 36h。因此，对顾客来说，运来的卵都是 36~60h 的卵。当顾客收到卵的时候，卵膜通常呈绿、亮黄和灰色的混合色。一些肉眼不可见的卵呈亮绿色，用 14 倍目镜仔细检查可见的卵，从放大倍数比较大的解剖镜下可观察出发育中的草蛉幼虫有腹部分节现象，主要是呈现出一系列灰白的条带。随着卵内的幼虫继续发育，卵膜逐渐变成暗黄色。里面正在发育的幼虫变成深灰色，腹部分节现象更加明显，一些卵在这个时候开始孵化。当观察到 95% 的卵膜变成暗灰色，并且发育着的幼虫变为灰色，有明显的腹带，很容易看见眼点时，草蛉孵化速度开始变快，大概在 12~15h 内即可完成孵化。草蛉幼虫出现以后，空的卵膜变成白色。

如果购买的是还没有孵化的草蛉卵，将装有草蛉卵的袋子放在 20~31℃，稍微温和、湿润、阴凉的地方，直到卵开始孵化（每天检查一次）。7d 左右卵开始孵化。判断卵是否开始孵化，可以在袋子的两边或容器内寻找开始爬行的一龄幼虫。千万不要让幼虫在袋子里停留的时间过长，因为它们有自残性。如果你对卵是否已经孵化表示怀疑，立刻打开装卵的器皿，在日落时将里面的东西直接放到有害虫的植物叶片上。如果你拿到的是卵卡，直接将卵卡挂在需要防治的地区即可。卵卡不能挂在蚂蚁容易接近的地方，如不能挂在枝头，而且挂卡区域光照时间不能太长，同时卵卡不能被践踏，也不能浸在水里。在这两种情况下，都要防止蚂蚁取食草蛉未孵化出来的卵。已经孵化出来的草蛉也可能刺破卵，但是并不注射毒素。孵化出来的幼虫储藏时间不宜超过 4h，并且应将其放置在 12.8~18.3℃，相对温和湿润的环境下。未孵化的卵冷藏储藏不要超过 4d，如果卵已经从绿色变成灰色就不要冷冻储藏了，可能卵已经开始孵化了。如果进行冷藏储藏，最好放在 7.2~10℃ 湿润温和的条件下，最好放在冰箱里。

卵的释放率：在花园和温室，每平方米释放 1 000~2 000 头卵，幼虫出现到发育成成虫前要取食 1~3 周。在农场，每公顷释放 12 000~120 000 头，这要取决于受害程度。

2. 释放幼虫

草蛉应用的主要虫态是幼虫。幼虫是目前为止所使用的捕食者中从释放到开始取食过程中速度最快的。而且由于它们见什么吃什么的本性，对于一些除了蚜虫之外的害虫来说也能起到有效的防治作用。在果园这样的地方，用成虫防治害虫也能取得很好的效果。但是对于幼虫，尤其是大一点的幼虫来说，在运输中要想不被咬伤是很困难的。释放幼虫的另外一个问题是确定他们的逃离容器装置这种趋性的大小。但这和草蛉的优点相比是微不足道的，因为至今还没有听到关于草蛉在室内景观植物使用的负面评论。

草蛉幼虫期间防治害虫效果非常显著。幼虫用带有格的、彼此分离的框架包裹，一次可以打开一部分进行释放，因而可以在不同的地区进行释放。Daane 等（1993）报道了释放幼虫比释放卵可以更好地控制数量。同时，卵更容易受捕食者的影响。目前，释放幼虫主要是通过人工用毛笔转移幼虫，或者是在植物上放置饲养单元。大部分释放方法都是很耗时耗力的。一些商业公司将幼虫与稻谷壳混在一个装有喷洒头的瓶子里，通过挤压瓶子来释放幼虫（Planet Natural，Bozeman MT）。自动化释放幼虫的研究正在进行。有研究来探索对草蛉幼虫与蛭石或者稻谷壳后，旋转和震动对幼虫的影响，结果表明，幼虫可以忍受机械搅动而不明显降低存活率。

注意事项：收到购买的幼虫当天，太阳落山时就要进行释放。释放时揭掉在一面的密闭的纱网，打开十六孔养虫板的盖子。如果很难打开，就用蘸水的海绵湿润一下十六孔养虫板，一定要小心仔细，不要淹死幼虫。将先孵化的幼虫一个个、一排排轻轻敲打出来释放到受害植物的叶子上，确保它们在受害作物上分散开来。更好的办法是直接将它们释放在有害虫的地方，但草蛉幼虫不要挨得太近，因为它们有很强的自残性。幼虫如果不易从养虫板里出来，试着对着养虫板吹气，这样可促使它们移动，避免它们紧紧贴在养虫板上。如果幼虫还不能释放出来，就把养虫板放在受害最严重的一对叶子上。若收到瓶装的幼虫，可把幼虫直接释放到整个田间，尤其是受害比较严重的地区。由于草蛉幼虫的自残性，不要让幼虫停留时间过长。草蛉幼虫也可能刺吸庄稼，但注射物无毒。不要将幼虫储藏在十六孔养虫板里超过32h。幼虫放置在12.8~18.3℃，温和湿润的环境下储存。

3. 释放成虫

大田释放草蛉成虫目前存在一些问题，因为很多种类产卵前有迁移的特性（Duelli，1984）。当初羽化的草蛉成虫释放到田间后，其很有可能会在开始产卵前就会离开目标区域。草蛉在大片区域的实际应用中，包括一些早期季节性的预防释放，可能会有一些效果。但是，捕食性天敌和寄生性天敌会取食大量卵，尤其是在生长季节的后期。目前来讲很多天敌昆虫公司之所以人工饲养成虫，是基于这样一套理论：在目标区域，存在潜在的猎物，被释放的成虫会在此产卵、定殖。这种方法，看起来成本十分昂贵，但是值得进一步研究。

注意事项：成虫装在盛有100头或500头草蛉的容器里，在运输过程中产在容器内的卵，可将容器切割然后释放到田里。在收到的当天在太阳快要落山时释放。我们不建议将成虫冷冻储存，如果不能立即释放，用海绵蘸水来代替冷冻。要尽早释放，从接收起，一般不超过24h。释放时，拿掉上层的挡板，同时用一块纸板控制释放的数量。如果受害严重，每7~10d重新进行释放效果最佳。通常在最近的需要防治的树木或田里释放。成虫的释放，只需把两端的管子打开，让它们自己飞出来即可。如果成虫不愿意飞出来，在管子的一端轻轻地吹一下，在释放的地方放些人工饲料或某类植物（能产生花粉的植物），增加产卵活性。成虫在管中储藏不要超过4h，储藏在12.8~15.6℃温和湿润的环境下。建议在每个季节开始每隔两周释放一次草蛉，这样就建立起来一个保护性的种群。

当害虫取样很困难或害虫种群发展非常快时，如蚜虫和蓟马，盲目释放的效果往往是很一般的，但在很多情况下当在田间观察到害虫时，就释放天敌。当在早期没发生害虫世代重叠时，适合的释放时间是很必要的。决定释放量、分布和释放频率是很困难的问题，这些问题在大量释放和接种释放上是冲突的。只要有可能释放大量的天敌，在大量释放方案中，释放率并不是关键的。然而，这可能受到大量繁殖的限制。在季节性接种释放方案中，释放率是很重要的，如果释放少量的有益昆虫，当害虫引起经济危害后，才能得到有效的控制。如果释放的太多，害虫就有濒临灭绝的危险，最终，只剩下天敌的生态系统易于遭到害虫的再次入侵。最佳释放规模的确定，需要通过实验来形成一个科学的方案。

二、草蛉的控害效果

草蛉是一种非常优秀的天敌资源，草蛉种类很多，有1 300余种。常见的草蛉种类主要有大草蛉、丽草蛉、叶色草蛉、多斑草蛉、牯岭草蛉、黄褐草蛉、晋草蛉等。草蛉在自然界中对害虫种群数量的消长有显著的控制效果，其幼虫俗称"蚜狮"，它能防治粮食、棉花、油料、果树、蔬菜上多种害虫。草蛉幼虫是捕吸式口器，可直接插入被捕食者体内，吸吮其体液。当其发现猎物后，一般采取突然攻击的方式。草蛉主要捕食蚜虫、螨类（尤其是红蜘蛛）、蓟马、粉虱、叶蝉的卵、蛾类、潜叶蝇、小型鳞翅目幼虫、甲虫幼虫和烟青虫等。草蛉在温室和室内景观植物中是长尾粉蚧最重要的捕食者。草蛉幼虫的取食范围很广，然而，并不是所有猎物都是它的最佳食物，每一种幼虫都有其特定的食物要求。猎物足够，对草蛉的发育及后代的繁殖有促进作用。幼虫的不同发育阶段，对食物的要求也表现出明显的差异。一般来说，低龄幼虫对食物的要求比较严格，如大草蛉、丽草蛉，其一龄幼虫必须捕食棉蚜及鳞翅目幼虫的卵才可正常发育。当食物缺乏时，幼虫互相残杀。

草蛉成虫有两类摄食方式：一类是肉食性，另一类以各种花粉、花蜜和昆虫分泌的蜜露为主要食物来源。肉食性的种类有捕食自产卵的习性。成虫对饥饿的忍耐有限，如果不给食物与水，3~5d内就很快死亡。在实验室条件下，成虫也有自相残杀的习性。

20世纪60年代，草蛉就开始在国外的害虫防治中应用，美国 Ridgeway 和 Jonesyu（1969）在得克萨斯州的棉田利用普通草蛉防治美洲棉铃虫 *Heliothis zea* Boddie 和烟草夜蛾 *Heliothis virescens* Fabricius，使棉铃虫的幼虫减退率达到96%，籽棉增产3倍。70年代，草蛉在欧洲许多国家的应用已相当普遍，在许多作物上的应用都获得成功，并已开始了工厂化生产。美国利用诱集草蛉的方法来增加苜蓿地草蛉的数量，从而成功地控制了蚜虫为害。苏联1971年已经成功的利用四斑型大草蛉来防治温室中黄瓜上的蚜虫和其他蔬菜害虫，效果十分显著。匈牙利、法国、荷兰和墨西哥等国家也都对草蛉开展了大量的研究工作，取得明显的成效。20世纪80年代，美国、荷兰、加拿大等国实现了草蛉的商品化生产和田间大面积推广应用。在俄罗斯和埃及棉田、德国甜菜和欧洲葡萄园，普通草蛉都被认为是一个重要的蚜虫捕食者。北卡罗来纳州立大学有害生物综合治理中心认为，它是长尾粉蚧的重要天敌，长尾粉蚧是北卡罗来纳州室内景观植物上5种最重要的害虫之一。虽然最近更多的研究表明，普通草蛉捕食其他的捕食者，可能破坏对棉田蚜虫的控制。1974年我国河南民权县试验每亩有草蛉2 000头，可使棉铃虫卵减少90%左右。河北利用草蛉防治果树红蜘蛛，北京利用中华草蛉防治白粉虱，都有显著效果。

参考文献

蔡艳，2009. 作为川硬皮肿腿蜂繁蜂替代寄主的黄粉虫专用饲料的初步研究 [D]. 成都：四川农业大学.

蔡长荣，张宣达，赵敬钊，1983. 中华草蛉幼虫液体人工饲料的研究 [J]. 昆虫天敌，5（2）：82-85.

蔡长荣，张宣达，赵敬钊，1985. 大草蛉人工饲料的初步研究 [J]. 昆虫天敌（3）：

125-128.

陈倩, 梁洪柱, 2006. 黄粉虫蛹不同处理对繁育管氏肿腿蜂的影响 [J]. 中国森林病虫, 25 (1): 39-41.

陈倩, 梁洪柱, 张秋双, 2006. 低温储存黄粉虫蛹对管氏硬皮肿腿蜂繁育的影响 [J]. 中国生物防治, 22 (1): 30-32.

陈天业, 牟吉元, 1996. 草蛉的滞育 [J]. 昆虫知识, 33 (1): 56-58.

冯建国, 陶训, 张安盛, 1997. 用人造卵繁殖的螟黄赤眼蜂防治棉铃虫研究 [J]. 中国生物防治, 13 (1): 6-9.

郭海波, 2006. 中华通草蛉成虫越冬与滞育的生理生化机制 [D]. 泰安: 山东农业大学.

侯茂林, 万方浩, 刘建峰, 2000. 利用人工卵赤眼蜂蛹饲养中华草蛉幼虫的可行性 [J]. 中国生物防治 (1): 5-7.

胡鹤龄, 杨牡丹, 裘学军, 等, 1983. 应用人工配合饲料饲育瓢虫、草蛉幼虫的效果 [J]. 浙江林业科技 (4): 27-28.

胡月, 王孟卿, 张礼生, 等, 2010. 杂食性盲蝽的饲养技术及应用研究 [J]. 植物保护, 36 (5): 22-27.

金凤新, 李慧仁, 张芸慧, 2010. 中华草蛉与异色瓢虫竞争干扰研究 [J]. 林业调查规划, 35 (2): 97-99.

李慧仁, 迟德富, 李晓灿, 等, 2009. 林间蚜虫 3 种天敌间竞争干扰的研究 [J]. 中国农学通报, 25 (11): 145-150.

李水泉, 黄寿山, 韩诗畴, 等, 2012. 低温冷藏对玛草蛉卵与蛹发育的影响 [J]. 环境昆虫学报, 33 (4): 478-481.

李文台, 1997. 微胶囊化人工饲料大量饲养捕食性天敌之展望 [C] // 昆虫生态及生物防治研讨会论文集: 67-75.

练永国, 王素琴, 白树雄, 等, 2009. 卵液成分改变及卵表涂施引诱剂对玉米螟赤眼蜂产卵发育的影响 [J]. 昆虫知识 (4): 551-556.

林美珍, 陈红印, 王树英, 等, 2007. 大草蛉幼虫人工饲料的研究 [J]. 中国生物防治, 23 (4): 316-321.

林美珍, 陈红印, 杨海霞, 等, 2008. 大草蛉幼虫人工饲料最优配方的饲养效果及其中肠主要消化酶的活性测定 [J]. 中国生物防治, 24 (3): 205-209.

刘建峰, 刘志诚, 冯新霞, 等, 1998. 利用人工卵大量繁殖赤眼蜂及其田间防虫试验概况 [J]. 中国生物防治, 14 (3): 139-140.

刘志诚, 刘建峰, 1996. 人造寄主卵生产赤眼蜂的工艺流程及质量标准化研究 [J]. 昆虫天敌, 18 (1): 23-25.

刘志诚, 刘建峰, 杨五烘, 等, 1995. 机械化生产人工寄主卵大量繁殖赤眼蜂、平腹小蜂及多种捕食性天敌研究新进展 [C] // 全国生物防治学术讨论会论文摘要集.

刘志诚, 王志勇, 孙姒纫, 等, 1986. 利用人工寄主卵繁殖平腹小蜂防治荔枝蝽 [J]. 中国生物防治学报, 2 (2): 54-58.

罗晨, 王素琴, 吴钜文, 等, 2001. 不同地理种群赤眼蜂对亚洲玉米螟的控制潜能

［J］. 植物保护学报，28（4）：377-378.

马安宁，张宣达，赵敬钊，1986. 昆虫人工卵制卵机的研究［J］. 生物防治通报，2（4）：145-147.

那思尔·阿力甫，2000. 温周期对苍白草蛉滞育的影响［J］. 干旱地区研究，17（3）：53-58.

乔秀荣，韩义生，徐登华，等，2004. 白蛾周氏啮小蜂的人工繁殖与利用研究［J］. 河北林业科技（3）：1-3.

邱式邦，1975. 草蛉幼虫集体饲养方法的研究［J］. 昆虫知识（4）：15-17.

邱式邦，1977. 草蛉的冬季饲养［J］. 昆虫知识（5）：143-144.

邱式邦，1977. 饲养米蛾，繁殖草蛉［J］. 农业科技通讯，10（1）：161-162.

邱式邦，1996. 邱式邦文选［M］. 北京：中国农业出版社.

邱式邦，周伟儒，于久钧，1979. 用塑料薄膜作隔离物饲养草蛉［J］. 农业科技通讯（1）：28-29.

时爱菊，2007. 大草蛉滞育特性的研究［D］. 泰安：山东农业大学.

苏建伟，盛承发，2002. 棉田两种瓢虫与叶色草蛉干扰竞争初探［J］. 中国棉花，29（8）：16-17.

滕树兵，2004. 人工扩繁异色瓢虫的关键技术及其在日光温室中的应用［D］. 北京：中国农业大学.

万森娃，1985. 草蛉柄腹细蜂在我国首次发现［J］. 昆虫分类学报，7（4）：264.

王德，李永波，1999. 人造卵繁育松毛虫赤眼蜂防治二代玉米螟试验初报［J］. 植保技术与推广，19（2）：18-19.

王利娜，陈红印，张礼生，等，2008. 龟纹瓢虫幼虫人工饲料的研究［J］. 中国生物防治，24（4）：306-311.

王良衍，1982. 草蛉成虫粉剂代饲料饲养初报［J］. 昆虫知识（1）：16-18.

王世明，1980. 大草蛉成虫人工代饲料研究初报（1978—1979）［J］. 内蒙古农业科技（1）：22-27.

魏潮生，黄秉资，郭重豪，1985. 八斑绢草蛉的初步研究［J］. 中国生物防治，2：55.

魏潮生，黄秉资，郭重豪，等，1987. 广州地区草蛉种类与习性［J］. 昆虫天敌，9（1）：21-24.

吴子淦，1992. 以基征草蛉防治柑橘叶螨之可行性之探讨［J］. 中华昆虫（12）：81-89.

许永玉，2001. 中华通草蛉的滞育机制和应用研究［D］. 杭州：浙江大学.

许永玉，胡萃，牟吉元，等，2002. 中华通草蛉成虫越冬体色变化与滞育的关系［J］. 生态学报，22（8）：1275-1280.

杨华，杨伟，周祖基，等，2007. 川硬皮肿腿蜂在黄粉虫蛹上的寄生、繁殖能力及实验种群生命表［J］. 中国生物防治，23（2）：110-114.

杨明禄，李时建，2011. 利用黄粉虫蛹人工繁殖白蛾周氏啮小蜂的研究［J］. 中国生物防治学报，27（3）：410-413.

杨伟，谢正华，周祖基，等，2006. 用替代寄主繁殖的川硬皮肿腿蜂的学习行为 [J]. 昆虫学报，48（5）：731-735.

杨星科，杨集昆，李文柱，等，2005. 中国动物志：昆虫纲　脉翅目　草蛉科 [M]. 北京：科学出版社.

叶正楚，程登发，1986. 用紫外线处理的米蛾卵饲养草蛉 [J]. 生物防治通报（3）：132-134.

叶正楚，韩玉梅，王德贵，等，1979. 中华草蛉人工饲料的研究 [J]. 植物保护学报，2：1.

于久钧，王春夏，1980. 多种草蛉成虫的人工饲料 [J]. 农业科技通讯（10）：31.

于令媛，时爱菊，郑方强，等，2012. 大草蛉预蛹耐寒性的季节性变化 [J]. 中国农业科学，45（9）：1723-1730.

张帆，王素琴，罗晨，等，2004. 几种人工饲料及繁殖技术对大草蛉生长发育的影响 [J]. 植物保护（5）：36-40.

张君明，王素琴，2001. 不同水质的人造卵液对赤眼蜂寄生及发育的影响 [J]. 北京农业科学，19（2）：19-21.

赵敬钊，1986. 草蛉黑卵蜂生物学的研究 [J]. 昆虫天敌，8（3）：146-149.

郅伦山，李淑芳，刘兴峰，等，2007. 中华通草蛉越冬成虫的耐寒性研究 [J]. 山东农业科学（3）：67-68.

周伟儒，陈红印，1985. 中华草蛉成虫越冬前取食对越冬死亡率的影响 [J]. 生物防治通讯，1（2）：11-14.

周伟儒，陈红印，邱式邦，1985. 用简化配方的人工卵连代饲养中华草蛉 [J]. 中国生物防治，1（1）：8-11.

周伟儒，刘志兰，邱式邦，1981. 用干粉饲料饲养中华草蛉成虫的研究 [J]. 植物保护，7（5）：2-3.

周伟儒，张宣达，1983. 人工卵饲养中华草蛉幼虫研究初报 [J]. 植物保护学报，10（3）：161-165.

Alasady M A A, Omar D, Ibrahim Y, et al., 2010. Life Table of the Green Lacewing *Apertochrysa* sp. (Neuroptera：Chrysopidae) Reared on Rice Moth *Corcyra cephalonica* (Lepidoptera：Pyralidae) [J]. International Journal of Agriculture & Biology, 12 (2)：266-270.

Albuquerque G S, Tauber C A, Tauber M J, 1994. *Chrysoperla externa* (Neuroptera：Chrysopidae)：Life History and Potential for Biological Control in Central and South America [J]. Biological Control, 4 (1)：8-13.

Bezerra C E S, Tavares P K A, Nogueira C H F, et al., 2012. Biology and thermal requirements of *Chrysoperla genanigra* (Neuroptera：Chrysopidae) reared on *Sitotroga cerealella* (Lepidoptera：Gelechiidae) eggs [J]. Biological Control, 60 (2)：113-118.

Canard M, 2005. Seasonal adaptations of green lacewings (Neuroptera：Chrysopidae) [J]. European Journal of Entomology, 102 (3)：317-324.

Cohen A C, 2003. Insect diets：science and technology [M]. The Chemical Rubber Company Press.

Finney G L, 1948. Culturing *Chrysopa californica* and obtaining eggs for field distribution [J]. Journal of Economic Entomology, 41 (5): 719-721.

Hagen K S, 1950. Fecundity of *Chrysopa californica* as affected by synthetic foods [J]. Journal of Economic Entomology, 43 (1): 101-104.

Hagen K S, Tassan R L, 1965. A method of providing artificial diets to *Chrysopa* larvae [J]. Journal of Economic Entomology, 58 (5): 999-1000.

Hasegawa M, Niijima K, Matsuka M, 1989. Rearing *Chrysoperla carnea* (Neuroptera: Chrysopidae) on chemically defined diets [J]. Applied entomology and zoology, 24 (1): 96-102.

Helena, R, Franc B, Stanislav T, 2009. Effect of temperature on cannibalism rate between green lacewings larvae [*Chrysoperla carnea* (Stephens), Neuroptera, Chrysopidae] [J]. Acta agriculturae Slovenica, 93 (1): 5-9.

Khuhro N H, Chen H, Zhang Y, et al., 2012. Effect of different prey species on the life history parameters of *Chrysoperla sinica* (Neuroptera: Chrysopidae) [J]. European Journal of Entomology, 109 (2): 175-180.

Lee K S, Lee J H, 2010. Rearing of *Chrysopa pallens* (Rambur) (Neuroptera: Chrysopidae) on Artificial Diet [J]. Entomological Research, 35 (3): 183-188.

Legaspi J C, Carruthers R I, Nordlund D A, 1994. Life history of *Chrysoperla rufilabris* (Neuroptera: Chrysopidae) provided sweetpotato whitefly Bemisia tabaci (Homoptera: Aleyrodidae) and other food [J]. Biological Control, 4 (2): 178-184.

J. Isabel López-Arroyo, Tauber C A, Tauber M J, 2000. Storage of Lacewing Eggs: Post-storage Hatching and Quality of Subsequent Larvae and Adults [J]. Biological Control, 18 (2): 165-171.

López-Arroyo J I, Tauber C A, Tauber M J, 2000. Storage of lacewing eggs: post-storage hatching and quality of subsequent larvae and adults [J]. Biological Control, 18 (2): 165-171.

McEwen P K, New T R, Whittington A E, 2007. Lacewings in the crop environment [M]. Cambridge University Press.

Mohan C, Sathiamma B, 2007. Potential for lab rearing of *Apanteles taragamae*, the larval endoparasitoid of coconut pest *Opisina arenosella*, on the rice moth *Corcyra cephalonica* [J]. Biological Control, 52 (6): 747-752.

Morris T I, Campos M, Jervis M A, et al., 2009. Potential effects of various ant species on green lacewing, *Chrysoperla carnea* (Stephens) (Neuropt, Chrysopidae) egg numbers [J]. Journal of Applied Entomology, 122 (1-5): 401-403.

Morrison R K, 1977. A simplified larval rearing unit for the common green lacewing [*Chrysopa carnea*] [J]. The Southwest Entomology, 2 (4): 188-190.

Niijima K, 1989. Nutritional studies on an aphidophagous chrysopid, *Chrysopa septempunctata* Wesmael (Neuroptera: Chrysopidae). I. Chemically-defined diets and general nutritional requirements [J]. Bulletin of the Faculty of Agriculture, Tamagawa University, 29: 22-30.

Niijima K, 1993. Nutritional Studies on an Aphidophagous Chrysopid, *Chrysopa septempunctata* WESMAEL (Neuroptera: Chrysopidae): II. Amino Acid Requirement for Larval Development [J]. Applied entomology and zoology, 28 (1): 81-87.

Niijima K, 1993. Nutritional Studies on an Aphidophagous Chrysopid, *Chrysopa septempunctata* WESMAEL (Neuroptera: Chrysopidae): III. Vitamin Requirement for Larval Development [J]. Applied entomology and zoology, 28 (1): 89-95.

Nordlund D A, 1993. Improvements in the production system for green lacewings: a hot melt glue system for preparation of larval rearing units [J]. Journal of Entomological Science, 28: 338.

Osman M Z, Selman B J, 1993. Storage of *Chrysoperla carnea* Steph. (Neuroptera, Chrysopidae) eggs and pupae [J]. Journal of Applied Entomology, 115 (1-5): 420-424.

Pappas M L, Broufas G D, Koveos D S, 2007. Effects of various prey species on development, survival and reproduction of the predatory lacewing *Dichochrysa prasina* (Neuroptera: Chrysopidae) [J]. Biological Control, 43 (2): 163-170.

Pappas M L, Broufas G D, Koveos D S, 2008. Effect of temperature on survival, development and reproduction of the predatory lacewing *Dichochrysa prasina* (Neuroptera: Chrysopidae) reared on *Ephestia kuehniella* eggs (Lepidoptera: Pyralidae) [J]. Biological Control, 45 (3): 396-403.

Syed A N, Ashfaq M, Ahmad S, 2008. Comparative Effect of Various Diets on Development of *Chrysoperla carnea* (Neuroptera: Chrysopidae) [J]. International Journal of Agriculture & Biology, 10 (6): 728-730.

Tauber M J, Tauber C A, 1976. Environmental control of univoltinism and its evolution in an insect species [J]. Canadian Journal of Zoology, 54 (2): 260-265.

Tauber M J, Tauber C A, Daane K M, et al., 2000. Commercialization of Predators: Recent Lessons from Green Lacewings (Neuroptera: Chrysopidae: Chrosoperla) [J]. American Entomologist, 46 (1): 26-38.

Tauber M J, Tauber C A, Gardescu S, 1993. Prolonged storage of *Chrysoperla carnea* (Neuroptera: Chrysopidae) [J]. Environmental entomology, 22 (4): 843-848.

Thompson S N, 1999. Nutrition and culture of entomophagous insects [J]. Annual Review of entomology, 44: 561-592.

van Lenteren J C, 2003. Quality control and production of biological control agents: theory and testing procedures [M] // Quality control and production of biological control agents: theory and testing procedures, CABI.

Vanderzant E S, 1969. An Artificial Diet for Larvae and Adults of *Chrysopa carnea*, an Insect Predator of Crop Pests [J]. Journal of Economic Entomology, 62 (1): 256-257.

Vanderzant E S, 1973. Improvements in the rearing diet for *Chrysopa carnea* and the amino acid requirements for growth [J]. Journal of Economic Entomology, 66 (2): 336-338.

Vanderzant E S, 1974. Development, significance, and application of artificial diets for insects [J]. Annual Review of entomology, 19 (1): 139-160.

Wang R, Nordlund D A, 1994. Use of *Chrysoperla* spp. (Neuroptera: Chrysopidae) in augmentative release programmes for control of arthropod pests [J]. Biocontrol News and Information, 15.

Woolfolk S W, Smith D B, Martin R A, et al., 2007. Multiple orifice distribution system for placing green lacewing eggs into verticel larval rearing units [J]. Journal of Economic Entomology, 100 (2): 283-290.

Zaki F N, Gesraha M A, 2001. Production of the green lacewing *Chrysoperla caranea* (Steph.) (Neuropt, Chrysopidae) reared on semi-artificial diet based on the algae, *Chlorella vulgaris* [J]. Journal of Applied Entomology, 125 (1-2): 97-98.

第八章　捕食性瓢虫的扩繁与应用

第一节　瓢虫研究概述

瓢虫是瓢虫科（Coccinellidae）昆虫的总称，在分类系统中隶属于鞘翅目（Coleoptera）多食亚目（Polyphaga）扁甲总科（Cucujoidea）。全世界的瓢虫种类超过 5 000 多种（Kuzentsov，1997），我国瓢虫资源极为丰富，是世界上已知种类最多的国家，至 2001 年，中国瓢虫已记录的种类达 680 种（庞虹，2002）。瓢虫根据食性分为植食性、菌食性和捕食性三大类。捕食性瓢虫是重要的天敌昆虫，约占瓢虫总数的 80%，以小型农林害虫如蚜虫、介壳虫、粉虱、叶螨等为食，在农林害虫的生物防治中占有重要地位。

一、世界范围内捕食性瓢虫引进与利用研究概述

最早人为应用瓢虫成功防治害虫的事例要推溯到 19 世纪，美国引进了澳洲瓢虫 *Rodolia caedinalis*（Mulsant）成功控制了吹绵蚧的为害，由此也促进了生物防治和天敌昆虫学的兴起。从那时起，越来越多的捕食性瓢虫被相继开发利用，防控农林害虫并取得了显著成效。如澳洲瓢虫目前已被引入近 60 个国家和地区（Caltagirone，1989）；孟氏隐唇瓢虫 *Crypotaemus montrouzieri* Mulsantzi 自 19 世纪后期被美国从澳大利亚引进，欧亚等国也效仿引进，我国从 1955 年引进该瓢虫，至今已广泛定殖，并在抑制粉蚧类害虫中发挥了重要作用。美国是最重视捕食性瓢虫引进与利用的国家之一，一百多年来持续引进世界各地的优良捕食性瓢虫 179 种（Day，1994；Humble，1994）。广泛分布在我国和亚洲其他地区的七星瓢虫 *Coccinella septempunctata*（L.）、红肩瓢虫 *Hippodamia variegate*（Goeze）、红点唇瓢虫 *Chilocorus kuwanae*（Silvestri）等先后被美欧等国引进。据庞虹（2004）统计，捕食性瓢虫类群有 6 亚科 42 种被从原产地引入其他国家或地区，如小红瓢虫 *Rodolia pumila* Weise、二斑唇瓢虫 *Chiloccrus lijugs* Mulsant 等，可以说优良捕食性瓢虫的人为引进与利用受到世界各国的普遍关注（表 8-1）。

表 8-1　被引进定居的瓢虫种类（庞虹等，2004）

种名	原产地	引入地*
澳洲瓢虫 *Rodolia cardinalis* Mulsant	澳大利亚	美国（1888）、欧洲等 57 个国家或地区（1889—1958）
小红瓢虫 *Rodolia pumila* Weise	东洋区（中国南部、日本）	南太平洋岛屿（加罗林，1928）、马绍尔群岛等（1947—1949）

（续表）

种名	原产地	引入地*
黄头红瓢虫 *Azya luteipes* Mulsant	巴西、圭亚那、哥伦比亚	美国（1934）及百慕大（1951，1956—1957）
双斑红瓢虫 *Azya orbigera* Mulsant	阿根廷、哥伦比亚、墨西哥	美国（1935）
特立尼达红瓢虫 *Azya trinitatis* Marshall	特立尼达、圭亚那	斐济（1928）
Rhyzobius lophanthae Blaisdell	澳大利亚	美国（1889，1892）、意大利（1906—1908）及阿根廷（1913）
Rhyzobius forestieri Mulsant	澳大利亚	美国（1889—1892）、智利（1903）、意大利（1917）及新西兰（1899）
黄暗色瓢虫 *Rhyzobius pulchellus* Montrouzier	新喀尼多尼亚、瓦努瓦图	土阿莫群岛及瓦利斯群岛（1972）
黄足光瓢虫 *Exochomus flavipes* Thunberg	古北区、非洲、马达加斯加	美国（1918—1925，1947，1978—1983）
闪蓝光瓢虫 *Exochomus metallicus* Korschefsky	埃塞俄比亚（尼里特里亚）	美国（1954）
四斑光瓢虫 *Exochomus quadripustulatus* L.	古北区	美国（自意大利，1915，1927，1928）
双斑唇瓢虫 *Chilocorus bipustulatus* L.	古北区	美国（自以色列，1952—1953）
红点唇瓢虫 *Chilocorus kuwanae* Silvestri	中国、日本、印度北部	美国（1924—1925）
Chilocorus cacti L.	美国南部、中美、南美	波多黎各（1937）及百慕大（1951）
双痣唇瓢虫 *Chilocorus distigma* Klug	热带非洲	塞舌尔（1938—1939）
黑背唇瓢虫 *Chilocorus nigritus* Fabricius	喜马拉雅山、印度、缅甸、印度尼西亚	毛里求斯（1939）及塞舌尔（1938）
红褐唇瓢虫 *Chilocorus politus* Mulsant	东印度群岛	毛里求斯（1937）
Halmus chalybeus Boisduval	澳大利亚	美国（1892）
关岛寡节瓢虫 *Telsimia nitida* Chapin	关岛	美国（夏威夷，1936）
Pharoscymnus numidicus Pic	阿尔及利亚	摩洛哥（1954）
Pharoscymnus ovoideus Sicard	阿尔及利亚	摩洛哥（1954）
Catana clauseni Chapin	马来西亚、印度尼西亚	古巴（1930）

（续表）

种名	原产地	引入地*
孟氏隐唇瓢虫 *Cryptolaemus montrouzieri* Mulsant	澳大利亚	美国（大陆，1891—1892，夏威夷，1893）、意大利（1908）、法国（1918）、以色列（1924）、西班牙（1928）、波多黎各（1911—1913）、百慕大（1954—1955）、中国（1955—1964）
隐颚瓢虫 *Cryptohnatha nodiceps* Marshell	特立尼达、圭亚那	斐济（1928）、美国（1936—1938）、葡萄牙（1955）及西非普林西比岛（1955）
Diomus pumilio Weise	澳大利亚	美国（1892，1975，1976）
Nephus（*Sidis*）*binaevatus* Mulsant	南非	美国（1921，1922）
Scymnus margipallens Mulsant	巴西	菲律宾（1931）
Scymnus smithianus Clausen	印度尼西亚	古巴（1930）
Scymnus imnpexus Mulsant	欧洲中南部、非洲北部	美国（1955—1965）
Scymnus suturalis Thunberg	欧洲、苏联西伯利亚	美国（1972）
深点食螨瓢虫 *Stethorus punctillum* Weise	古北区	加拿大及美国（1950）
嗜蚜瓢虫 *Aphidecta obliterate* L.	欧洲	美国（1960，1963，1965—1966）
七星瓢虫 *Coccinella septepunctata* L	古北区	美国（1956—1971）
十一星瓢虫 *Coccinella undecimpunctata* L.	古北区	美国（1912 首次发现，属偶然引入种）
变斑盘瓢虫 *Coelophora inaequalis* Fabricius	亚洲南部、澳大利亚	美国（夏威夷，1894）、波多黎各（1938）及美国（大陆，1939）
红肩瓢虫 *Leis dimidiata* Fabricius	中国、日本、尼泊尔、印度北部	美国（1924）
十眼裸瓢虫 *Bothrocalvia pupillata* Swartz	中国、印度、印度尼西亚	美国（夏威夷，1890）
方斑瓢虫 *Propylea quatuordecimpunctata* L.	古北区	加拿大（1968）
塞内加尔显盾瓢虫 *Hyperaspis senegalensis hottentotta* Mulsant	非洲	美国（1978，1980，1981，1982，1983）
西氏显盾瓢虫 *Hyperaspis silvestrii* Weise	加勒比海地区	美国（夏威夷，1922），菲律宾（1931）
三纹显盾瓢虫 *Hyperaspis trilineata* Mulsant	圭亚那	西印度群岛（1958—1959）

注：*括号内数字为引入年代。

除澳洲瓢虫之外，近年来我国先后从澳大利亚、美国等地引进了孟氏隐唇瓢虫、小黑瓢虫 *Delphustus catalinae* Horn 等捕食性瓢虫，在防治介壳虫、粉虱等小型刺吸式口器害虫中发挥了重要作用。在欧洲已经商业化应用的瓢虫种类见表8-2。

表8-2　在欧洲已经商业化应用的瓢虫种类（van Lenteren，2003）

种名	防治对象	开始使用时间
二星瓢虫 *Adalia bipunctata*	茶二叉蚜 *Toxoptera aurantii*	1998
Chilocorus baileyi	盾蚧 Diaspididae	1992
细缘唇瓢虫 *Chilocorus circumdatus*	盾蚧 Diaspididae	1992
Chilocorus nigritus	Diaspididae、Asterolecaniidae	1985
七星瓢虫 *Coccinella septempunctata*	蚜虫 Aphids	1980
孟氏隐唇瓢虫 *Cryptolaemus montrouzieri*	粉蚧 Pseudococcidae、蜡蚧 Coccidae、柑橘粉蚧 *Planococcus citri*	1992
小黑瓢虫 *Delphastus catalinae*	温室白粉虱 *Trialeurodes vaporariorum*、烟粉虱 *Bemisia tabaci/B. argentifolii*	1993 1993
异色瓢虫 *Harmonia axyridis*	蚜虫 Aphids	1995
锚斑长足瓢虫 *Hippodamia convergens*	蚜虫 Aphids	1993
毛瓢虫 *Nephus reunion*	粉蚧 Pseudococcidae	1990
Rhyzobius chrysomeloides	*Matsococcus feytaudi*	1997
Rhyzobius（*Lindorus*）*lophanthae*	盾蚧 Diaspididae *Pseudaulacapsis pentagona*	1980
澳洲瓢虫 *Rodolia cardinalis*	吹绵蚧 *Icerya purchasi*	1990
深点食螨瓢虫 *Stethorus punctillum*	螨 Mites	1995

需要强调的是，引进捕食性瓢虫防控蚜蚧害虫等良好用意有时也会发生变化，异色瓢虫 *Harmonia axyridis* Pallas 最初被美国引进时，一度成功地抑制了玉米、棉花、苜蓿、烟草、小麦、柑橘、山核桃、红松等农林植物上的蚜虫，但由于该虫强大的繁殖和竞争能力，加剧了对土著瓢虫的生存压力；越冬前大量聚集的习性，致使异色瓢虫大量迁移进入民宅，还引发了过敏性结膜炎和叮咬人类的个别案例；因其栖息于葡萄串中难以清除，压榨葡萄酒过程中，异色瓢虫体内富含的生物碱被释放出来，严重降低了葡萄酒的风味，影响了人类的生活和生物多样性，故此近年来该虫被列入"害虫"类别，世界自然保护联盟（IUCN）列出的全球入侵物种数据库中，将异色瓢虫视为重要的入侵物种。

二、形态学特征

瓢虫属完全变态昆虫，发育过程分为卵期、幼虫期、蛹期和成虫期4个阶段。在4龄幼虫发育后期至蛹期绝大多数瓢虫都存在一个静止时期，也被称作预蛹期。瓢虫的发育历期在不同地区、不同食物和不同环境条件下会有较大差异。

卵：瓢虫的卵多为卵形或纺锤形，表面颜色从黄色至橙红色依种类不同而变化。新生卵颜色较艳，而至孵化前颜色逐渐转灰。瓢虫卵为<u>丛生</u>，卵堆中各卵排列整齐并以较窄一端黏附于基质（叶片或嫩枝）上。但也有一些瓢虫如黑缘红瓢虫 *Chilocorus rubldus* Hope 一次仅产 1 粒卵。

幼虫：蛹型，具毛突、枝刺或蜡粉；色彩鲜艳，行动活泼。新生 1 龄幼虫孵化后，一般会在卵壳表面停留最多 1d，主要为了身体强壮，即外骨骼的硬化，然后分散觅食。幼虫通常经过 3 次蜕皮发育至 4 龄，而有些瓢虫如日本丽瓢虫 *Callicaria superba* Mulsant 存在 5 个幼虫龄期。瓢虫幼虫的体貌特征，包括体形及体色差异很大、一般其头部口器向下，有 3 对强有力的胸足，在腹部末端形成一个足突，其可以帮助幼虫在行动或化蛹时固定躯体。幼虫各体节上通常存在骨化的突起或刺，有的有很发达呈分叉状的刺突。而有些瓢虫（如小毛瓢虫属）的幼虫体背上会覆盖有白色的絮状蜡丝，这些幼虫往往和覆盖物一样呈白色。在蜕皮前幼虫通常停止进食，利用肛门组织将虫体固定，而后将头部面向基质下垂，自头部向尾部蜕皮。整个幼虫期的取食量以及体型体重增加程度均取决于 4 龄幼虫。幼虫的发育历期受环境条件（如温度和食物）的影响较大，其中温度的影响相对较小，而食物的数量及质量对瓢虫幼虫生长发育的影响要大得多。幼虫对不同食物的同化能力直接影响幼虫的营养水平，继而影响生长发育。

蛹：多数瓢虫如瓢虫亚科及小艳瓢虫亚科物种的蛹是裸蛹，在化蛹时幼虫将皮壳蜕在其身体和基质相黏结的一边；而在盔唇瓢虫和短脚瓢虫中其蛹是围蛹，即化蛹时所蜕皮壳并不完全蜕下，仅在上部裂开，此时蛹体绝大部分仍存留在皮壳内部。瓢虫的蛹并非一直不动，当其受到外部刺激时蛹体会颤动。

成虫：体形一般为椭圆形或瓢形，周围近于卵圆形、半球形拱起。但是瓢虫科内有瓢形、突肩形及长足形 3 种变异。而瓢虫成虫的大小在不同种间差异十分明显。瓢虫腹部多为平坦状，其体表或覆盖短细毛。当成虫自蛹体内羽化时，其鞘翅为浅黄色并且柔软易变性，此时鞘翅并无色斑显现。当成虫身体在空气中暴露一段时间后，其鞘翅逐渐变硬，并且色斑开始显现。当瓢虫体色稳定后其底色和色斑随物种的不同而呈现极大的差异。

三、生物学特征

1. 趋光性（phototaxis）

趋光性是众多昆虫的重要生物学特征之一，体现了昆虫对环境条件的选择和适应，是物种在长期演化过程中所形成的。由于昆虫的趋光性在害虫的预测预报及害虫综合防治中具有十分重要的地位和作用，目前，利用光行为学、现代电生理学技术和复眼组织解剖学等方法研究昆虫的感光、趋光机制已经成为国内外害虫综合治理研究的重要领域和热点之一。

一般而言，瓢虫趋光性不如鳞翅目、双翅目蚊类、鞘翅目金龟子类显著。Collett（1988）对七星瓢虫接近植物茎秆时的视觉注意力和选择性进行了研究，结果表明当其接近目标时，就会由目标运动所产生的视觉流获取距离信息，而且一旦目标确定，在其复眼视杆上端的图像运动即会抑制侧面目标在视杆上的反应。Edward（2000）等研究报道了异色瓢虫成虫借助色彩去寻找适宜的寄主及其具有辨认取食蚜虫体色的能力，结果发现异色瓢虫对黄色和绿色的猎物均具有一定的辨识能力，并且雌成虫对黄、绿光的辨认需要的时间较长，而雄虫则恰恰相反。

陈晓霞、魏国树等（2009）对龟纹瓢虫成虫的趋、避光行为研究表明，光谱和光强度均对龟纹瓢虫成虫趋光行为有一定影响，其中光强度的影响较大，且其影响大小与波长因素有关。而对光谱和光强度避光行为反应率均较低，推断其避光行为可能由趋光行为衍生或随机活动造成。性别对其光谱和光强度行为反应影响不大。在 340～605nm 波谱内，不同波长的单色光刺激均能引发龟纹瓢虫一定的趋光行为反应，其光谱趋光行为反应为多峰型，各峰间主次不明显，紫外 340nm 处最高，分析显示龟纹瓢虫成虫复眼可感受的白光或各单色光光强度范围更宽，具有较强的光强度自调节和感、耐光能力，且其趋光性行为光强度依赖性与光刺激类型有关。此外还有报道，单色光刺激和颜色对龟纹瓢虫成虫趋向和取食猎物成功率具有一定影响。

2. 迁飞（migration）

迁飞或称迁移，是指一种昆虫成群地从一个发生地长距离地转移到另一个发生地的现象。昆虫的迁飞既不是无规律的突然发生的，也不是在个体发育过程中对某些不良环境因素的暂时性反应，而是种在进化过程中长期适应环境的遗传特性，是一种种群行为。但迁飞并不是各种昆虫普遍存在的生物学特性。迁飞常发生在成虫的一个特定时期，一般雌成虫的卵巢尚未发育，大多数还没有交尾产卵。目前已发现很多昆虫具有迁飞的特性，瓢虫的类群中七星瓢虫、多异瓢虫等也具有迁飞的习性。

1976 年 6 月上旬，在我国河北省北戴河海滨聚集了大量七星瓢虫成虫，水面、沙滩、崖石、草丛均有层层叠叠的瓢虫出现，组成了海岸的瓢虫奇观。随后，蔡晓明等（1979—1981）、董承教等（1979—1980）也进行了大量的调查研究，证明了平原地区（郑州）夏季瓢虫的突减现象与秦皇岛海岸的群聚现象相吻合。尚玉昌等（1984）采取解剖学手段，对从海滨群聚瓢虫取样解剖观察，鉴定为当年新羽化的成虫。又以同年 5 月底至 7 月中下旬先后从当地麦田取样，进行解剖观察鉴定为当地的第一代成虫，证实海滨群聚的七星瓢虫并非来自本地，而是由外地迁飞而来。张来存等（1989）结合气象条件分析手段，在河南省林县利用高山捕虫网对七星瓢虫的高空迁飞现象进行了观察，发现了七星瓢虫的迁飞具有一定的规律性：每年 5 月下旬开始迁飞，6 月上中旬为迁飞盛期，由于受东南季风的影响，从平原起飞的虫群随气流由东南途经太行山上空向西北方向迁飞，到我国北部后，受北方冷空气堵截而转向东去，当遇下降气流时，被迫降落海面，出现了渤海海岸七星瓢虫的突然聚集现象。自此，基本确认七星瓢虫也具有迁飞习性，其迁飞途径受东亚季风影响，每年 5 月下旬至 6 月上旬间，在约 1 500m 高空，每年定期出现自南向北的迁飞虫群。此外，异色瓢虫的迁飞也被认为与其越冬越夏的滞育性迁飞有关（罗希成，1964；翟保平，1990）。龟纹瓢虫、异色瓢虫、锚斑长足瓢虫等也见到类似报道（Rankin，1980）。

3. 假死性（feigndeath）

假死性是指昆虫受到某种刺激或震动时，身体蜷缩，静止不动，或从停留处跌落下来呈假死状态，稍停片刻即恢复正常而离去的现象，是昆虫逃避外来敌害袭击而采取的一种防御措施。多数种类的瓢虫成虫具有假死性。

4. 自残现象

自残现象在捕食性瓢虫中十分常见。当所处环境内食物供给无法满足个体发育的营养需求时，同种或非同种个体间会通过自残来淘汰孱弱个体以保证种群规模维持在一定水平，避免种群整体性消亡，这种行为可以增强种群对环境的适应性，提高物种的竞争力。

瓢虫的自残分为种内自残（Intraspecific cannibalism）和种间自残（Interspecific cannibalism）两种。种内自残是指同种瓢虫在种群内部个体间发生的自残行为，该行为可发生于同种瓢虫任何虫态的两个或多个个体间，对大规模人工扩繁捕食性瓢虫而言，要防治种内自残现象的发生。自残有以下几种体现形式：成虫对卵的自残、初孵幼虫对姊妹卵的自残、各龄期幼虫间的自残。

成虫对卵的自残：这一现象不多见，在野外或者人工扩繁过程中可观察到待产卵雌虫取食卵粒。有研究表明，抱卵异色瓢虫雌成虫在饥饿胁迫下会产下若干不能孵化的卵，并将其吃掉以补充营养，这种卵也叫营养卵。成虫对非亲缘关系的卵自残往往发生在越冬之前，当雌虫在食物数量丰富而种群已趋老化的区域产卵后，若该卵堆恰好位于新羽化成虫附近，新羽化的成虫往往会主动取食卵以补充能量，积累足够脂肪，应对漫长越冬期的营养消耗。

初孵幼虫对姊妹卵的自残：这种自残常发生在同一卵堆的初孵幼虫和未孵化卵之间。初孵幼虫急于补充营养，在孵化后首先取食自身卵壳，随后会取食周边未孵化的卵。这种自残可显著提高初孵幼虫的存活率，以取食一个卵为例，九星盘瓢虫、六斑月瓢虫、双斑盘瓢虫以及狭臀瓢虫幼虫的生存时间，分别比不自残的对照幼虫延长生存时间37%、70%、84%和134%。研究表明，十斑盘瓢虫、双斑盘瓢虫、六斑月瓢虫和狭臀瓢虫的卵损失率为9.34%、11.57%、14.84%和24.01%。

各龄期幼虫间的自残：瓢虫的4龄幼虫是体型最大的发育虫期，食量巨大，化蛹也需补充充足的营养，因此，4龄幼虫对早期幼虫、蛹甚至成虫均可发生自残。蛹因其体壁较坚硬，只有高龄幼虫、成虫可取食。当高龄虫态处于蜕皮过程中或刚完成蜕皮、4龄幼虫进入预蛹期和成虫刚羽化鞘翅未硬化时，都面临被低龄幼虫取食的风险。由于处在上述阶段的瓢虫身体较为柔软，还要面对多个低龄幼虫的群体进攻，此时高龄瓢虫若被攻击，得以逃生的概率较低。这种类型的自残现象可发生在任何自然条件下，常见于猎物种群数量锐减、瓢虫种群尚有若干幼虫未及时发育时出现。

综合而言，尽管瓢虫会通过生产不孵化的营养卵粒混杂于正常卵堆中以及个体迁移扩散等手段来降低自残的发生概率，但是自残现象无法完全根除。在大规模生产捕食性瓢虫天敌中，自残现象显著降低捕食性瓢虫的生产效率，此时要注意降低瓢虫种群密度，加大营养供应，防止自残现象发生。

5. 滞育

滞育是大多数昆虫固有的遗传属性，是指昆虫受环境条件的诱导所产生的静止状态的一种类型。统计显示有滞育研究报道的瓢虫共29种，对滞育调控因子有较详细描述的有19种，涉及5个亚科：瓢虫亚科10种、盔唇瓢虫亚科3种、小毛瓢虫亚科2种、食植瓢虫亚科4种（表8-3）。从中可见，多数瓢虫以成虫进入滞育，诱导滞育的光周期主要为短光照，为长光照反应型；从滞育的发生时期来看，既有冬滞育型，也有夏滞育型；某些瓢虫的滞育表现出明显的地理多样性，即同种不同地理型的瓢虫滞育发生时间有所不同，如七星瓢虫 *Coccinella septempunctata*、黄柏弯角瓢虫 *Semiadalia undecimnotata* 在不同的地理区域，有的发生冬滞育，有的发生夏滞育。瓢虫的滞育表现比较复杂：其发生虫态多为成虫；发生时期既有冬滞育也有夏滞育；滞育诱导的主导因子多为光周期；不同光周期环境中的瓢虫种群有截然不同的滞育特征，如七星瓢虫、异色瓢虫、黄柏弯角瓢虫、瓜黑斑瓢

虫 *Epilachna admirabilis* 等种类，在自然界中处于不同的光周期时，其滞育时期、诱发因子、持续时间、生理变化等均有差别（Hodek，1983；Katsoyannos，2005；Sakurai，1992；Berkvens，2008；Imai，2004；Hoshikawa，2000；Takeuchi，1999）。

表 8-3　瓢虫的滞育类型及滞育诱导的主导因子

植食性瓢虫	滞育虫态	发生季节	主导因子	引文
瓜茄瓢虫 *Epilachna admirabilis* 东京种群	成虫	夏季	长光照	Imai（2004）
瓜茄瓢虫 *Epilachna admirabilis* 札幌种群	成虫	秋末冬初	短光照	Hoshikawa（2000）
瓜茄瓢虫 *Epilachna admirabilis* 东京种群	4 龄幼虫	冬季	短光照	Takeuchi（1999）
茄二十八星瓢虫 *Henosepilachna vigintioctopunctata*	成虫		短光照	Katsoyannos（1997）
墨西哥大豆瓢虫 *Epilachna varivestis*	成虫		短光照	Taylor & Schrader（1984）
苜蓿瓢虫 *Subcoccinella vigintiquatuorpunctata*	成虫		短光照	Ali &Saringer（1975）
七星瓢虫 *Coccinella septempunctata* 中国秦皇岛种群	成虫	夏季		阎浚杰等（1980）
方斑瓢虫 *Propylea quatuordecimpunctata*	成虫	冬季		Hodek（1996a）
五星瓢虫 *Coccinella quinquepunctata*	成虫	冬季		Hodek（1996a）
瓢虫亚科 *Leptothea galbula*	成虫	冬季		Hodek（1996a）
瓢虫亚科 *Coleomegilla maculata*	成虫	冬季		Hodek（1996a）
瓢虫亚科 *Aphidecta obliterata*	成虫	冬季		Hodek（1996a）
瓢虫亚科 *Hippodamia quinquesignata*	成虫	冬季		Hodek（1996a）
四斑光瓢虫 *Exochomus quadripustulatus*	成虫	冬季		Hodek（1996a）
黑缘红瓢虫 *Chilocorus rubidus*	成虫	冬季		Hodek（1996a）
红瓢虫亚科 *Scymnodes lividigaster*	成虫	冬季		Hodek（1996a）
二星瓢虫 *Adalia bipunctata*	成虫	秋末冬初	短光照	Obrycki（1983）
黄柏弯角瓢虫 *Semiadalia undecimnotata* 中欧种群	成虫	秋末冬初	短光照	Hodek（1983）
黄柏弯角瓢虫 *Semiadalia undecimnotata* 希腊种群	成虫	夏季	长光照、高温	Katsoyannos（2005）
九星瓢虫 *Coccinella novemnotata*	成虫	夏季、秋末冬初	短、长光照	McMullen（1967）
横斑瓢虫 *Coccinella transversoguttata*	成虫		短光照	Storch（1973）
十三星瓢虫 *Hippodamia tredecimpunctata*	成虫		短光照	Storch（1972）

（续表）

植食性瓢虫	滞育虫态	发生季节	主导因子	引文
波纹瓢虫 Coccinella repanda	成虫		食料	Hodek（1996a）
七星瓢虫 Coccinella septempunctata 中欧、西欧洲种群	成虫	冬季	短光照	Okuda（1994）
七星瓢虫 Coccinella septempunctata 日本札幌种群	成虫	冬季	短光照	Okuda（1994）
异色瓢虫 Harmonia axyridis 日本种群	成虫	冬季	短光照	Sakurai（1992）
异色瓢虫 Harmonia axyridis 欧洲种群	成虫	冬季	短光照	Berkvens（2008）
七星瓢虫 Coccinella septempunctata 希腊种群	成虫	夏季	长光照、25℃	Katsoyannos（1997）
七星瓢虫 Coccinella septempunctata 日本本州岛种群	成虫	夏季	长光照、高温	Sakurai（1983）；Sakurai（1987a）
锚斑长足瓢虫 Hippodamia convergens	成虫		食料因子	Michaud & Qureshi（2005）
纤丽瓢虫 Harmonia sedecimnotata	成虫		食料因子	Zaslavskii & Semyanov（1998）
双斑唇瓢虫 Chilocorus bipustulatus	成虫	秋末冬初	短光照	Tadmor & Applebaum（1971）
肾斑唇瓢虫 Chilocorus renipustulatus	成虫		短光照	Hodek（1996a）
李斑唇瓢虫 Chilocorus geminus	成虫		短光照	Hodek（1996a）
深点食螨瓢虫 Stethorus picipes	成虫		短光照，低温	Hodek（1996a）
日本食螨瓢虫 Stethorus japonicus	成虫		短光照（18℃）	Katsuhiko 等（2005）

从生态学和进化的角度看，瓢虫的滞育是其在长期进化过程中形成的与生活环境相适应的一种动态的发育机制（Hodek，1996）。在滞育的不同阶段，成虫体内发生着一系列的变化，表现出一些特有的生理生化特征。解剖显示，滞育阶段的七星瓢虫雌虫腹部富含脂肪体，卵小管空瘪，内部没有卵黄原蛋白（王伟，2012）。此外，滞育成虫咽侧体明显偏小是其滞育后较为突出的特性，如七星瓢虫（Imai，2004；Sakurai，1986）、异色瓢虫（Sakurai，1992）；其他较为明显的生理特征是在滞育前期，成虫一直保持相对较高的体重，如异色瓢虫（Berkvens，2008；Sakurai，1986）、茄二十八星瓢虫（Kono，1982），特别是在滞育早期，茄二十八星瓢虫体重的增加与滞育深度的加强呈正相关（Kono，1982）。此外解剖七星瓢虫、黄柏弯角瓢虫和异色瓢虫滞育个体的中肠后发现，其内部几乎是空的或仅填充有液体，非滞育个体中肠内则有明显的食物残留（Okuda，1994；Katsoyannos，2005；Katsoyannos，1997；Hodek，1996）。

滞育状态下瓢虫的呼吸速率比非滞育个体明显偏低，在整个滞育过程中呼吸速率的变化曲线呈"U"形，如七星瓢虫本州岛种群、异色瓢虫（Sakurai，1987；Sakurai，1986；Sakurai，1992）。因此，在研究瓢虫成虫滞育的过程中，可将呼吸速率的变化作为滞育状态判断的参考标准。

越冬滞育昆虫滞育期间低温耐受能力增强，普遍存在过冷却点下降的现象（Denlinger，1991）。异色瓢虫冬滞育时亦是如此，成虫的过冷却点在滞育初期（10月）为-7℃，滞育中期（12月至翌年1月）降至最低为-18℃，滞育后期（翌年3—4月）则回升至10月水平（Okuda，1988）。

瓢虫滞育过程中在相关物质代谢上发生着一系列的变化。在营养物质的积累方面，在滞育前期脂肪和糖原大量合成并在体内储存，随着滞育发育的进行逐渐降解，如二星瓢虫（*Adalia bipunctata* Linnaeus）雌虫体内的脂肪含量由滞育初期的3.1mg/鲜重降至滞育后期的0.4mg/鲜重，糖原含量则由初期的0.045mg/鲜重降至0.007mg/鲜重（Hodek，1996）；不饱和脂肪酸、肌醇等抗寒性物质含量增加，低温耐受能力增强，如异色瓢虫、黑缘红瓢虫（*Chilocorus rubidus*）（Hodek，1996）、肾斑唇瓢虫（*C. renipustulatus*）（Hodek，1996）；核酸和蛋白质在滞育初期含量降低，滞育后期则逐渐恢复，卵黄原蛋白Vg的合成代谢在整个滞育期一直受到抑制（Okuda，1988；关雪辰，1982）；与滞育相关的物质表达，比非滞育状态下表达量明显提高。如七星瓢虫夏滞育、异色瓢虫冬滞育期间出现与滞育相关联的蛋白条带，滞育解除后条带消失（Sakurai，1986；Sakurai，1992）。这些结果也从微观的角度表明瓢虫的滞育不是静止不变的，而是一种动态的发育过程。

近年来，关于昆虫滞育关联蛋白以及滞育过程中滞育激素调控的分子作用机理的研究十分活跃，也取得了一系列重大研究进展（赵章武等，1996；Denlinger，2002；李周直等，2004；徐卫华，2008），这对我们深刻认识昆虫滞育的分子机制十分重要。而在这一领域，除前面提到的滞育期间的七星瓢虫和异色瓢虫的相关研究外，尚未见其他更为深入的研究报道。

6. 天敌

捕食性瓢虫虽被视为生防天敌被开发利用，但与所有未处于食物链顶级者一样，瓢虫也面临其他物种攻击的威胁。这些天敌是影响瓢虫自然种群波动的重要因素之一，按其取食（攻击）方式可分为两大类群：捕食性天敌与寄生性天敌。

瓢虫的捕食性天敌很多，包括多种能攻击取食瓢虫的捕食性昆虫、哺乳动物、食虫鸟类以及蜥蜴等爬行动物。鸟类的捕食活动可以严重影响其种群变化，一些爬行类或哺乳类动物在冬眠前因补充能量的需要也常取食瓢虫。在捕食性昆虫中，草蛉和食蚜蝇会取食瓢虫的卵和低龄幼虫，一些捕食蝽可猎食瓢虫，还有一些捕食性甲虫也是瓢虫的天敌。膜翅目中对瓢虫威胁最大的是蚂蚁，蚂蚁对瓢虫的攻击行为多基于与一些蚜介壳类昆虫协同共生关系所产生的特殊行为，少数蚂蚁如红火蚁（*Solenopsis invicta*）会主动攻击瓢虫，并将瓢虫视为食物。

寄生性天敌主要是寄生蜂和寄生蝇，它们可寄生于瓢虫的各个虫态。这些寄生物对瓢虫的寄生严格来说是拟寄生，因其只寄生在瓢虫体内，但并不立即杀死瓢虫。目前已知瓢虫的寄生性天敌大约100种，包括昆虫、螨类和线虫。在寄生性昆虫天敌中瓢虫茧蜂最为常见，瓢虫茧蜂分布很广，专性寄生瓢虫亚科的瓢虫，主要寄生成虫，其于瓢虫体内结茧，迫使瓢虫无法自由行动、无法正常取食，最终饥饿致死，如七星瓢虫的天敌有蚤蝇 *Megaselia* sp.、啮小蜂 *Tetrastichus coccinellae* Kurjumov、茧蜂 *Dinocampus coccinellae* Schrank、跳小蜂 *Homalotylus flaminus* Dalman。其中蚤蝇和啮小蜂为蛹寄生，茧蜂为成虫寄生，跳小蜂为幼虫寄生，寄生率有时可达50%左右，对七星瓢虫的数量增长有一定的抑制作用。

在英国的调查显示，瓢虫茧蜂对七星瓢虫的寄生率可以超过 70%。在美国很多地区，寄生蝇 *Stringygaster triangulifera* 会寄生异色瓢虫的幼虫及蛹，在限制其扩散速度和分布区域方面发挥了一定作用。

第二节　瓢虫猎物范围

捕食性瓢虫的捕食对象包括多种蚜虫、介壳虫、螨类，以及鞘翅目、膜翅目、双翅目和鳞翅目昆虫的卵、幼虫和蛹，蚜虫是主要猎物。在捕食性瓢虫类群中，瓢虫亚科 Coccinellinae、显盾瓢虫亚科 Hyperaspinae 者多以蚜虫为食，兼食其他节肢动物，瓢虫亚科中有的种类也兼食花粉、花药或偶尔吸食植物的幼嫩部分；盔唇瓢虫亚科 Chilocorinae 的种类多捕食有蜡粉覆盖的介壳虫，如盾蚧、蜡蚧等；红瓢虫亚科 Coccidulinae 的瓢虫专食绵蚧和粉蚧；四节瓢虫亚科 Lithophilinae 中的瓢虫有的也捕食绵蚧和粉蚧；隐胫瓢虫亚科 Aspidimerinae 的瓢虫主要捕食蚜虫和介壳虫；小毛瓢虫亚科 Scymninae、小艳瓢虫亚科 Sticholotidinae 和刻眼瓢虫亚科 Ortaliinae 中包括了捕食蚜虫、介壳虫、粉虱、叶螨的种类，其中，食螨瓢虫族 Stethorini 专食叶螨，是叶螨的重要天敌之一（表 8-4）。

捕食性瓢虫对猎物的捕食能力与其所处环境内猎物密度变化有关。通过拟合 Holling 功能反应并且进行数值反应分析可以较好地了解瓢虫捕食不同猎物时的猎食潜力，并且更好地对捕食性瓢虫成为生物防治天敌的潜能进行合理评估。捕食功能反应的试验结果常受到下列因素的影响：试验环境的温度、猎物的密度、猎物的饥饿程度、试验容器的大小、添加植物的干扰、成蚜产仔的干扰等。功能反应是衡量天敌昆虫控害作用的主要指标，也是天敌昆虫开发利用的主要依据。龟纹瓢虫 *Propylea japonoca* Thunberg 是捕食蚜虫的优良天敌，许多学者对龟纹瓢虫捕食蚜虫如苜蓿蚜 *Aphis medicaginis*、玉米蚜 *Phopalosi phumpadi*、菊小长管蚜 *Macrosiphum sanborni* 等的功能反应进行了研究，发现其功能反应模型均为 Holling II 型。王丽娜对龟纹瓢虫大豆蚜的功能反应研究发现，龟纹瓢虫捕食大豆蚜的数量随蚜虫密度的增加而增加，其曲线符合 Holling II 描述的捕食功能反应模型，即瓢虫捕食量和蚜虫密度呈负加速曲线型，因此可用 Holling II 圆盘方程拟合功能反应曲线。

表 8-4　瓢虫的猎物范围（Hodek 和 Hodek，1996）*

分类		瓢虫种类	猎物
亚科 Subfamily		小艳瓢虫亚科 Sticholotinae	
	族 Tribus	展唇瓢虫族 Sukunahikonini	介壳虫、盾蚧科
	族 Tribus	刀角瓢虫族 Serangini	蚜总科
	族 Tribus	小艳瓢虫族 Sticholotini	介壳虫、盾蚧科
		（Pharini）	盾蚧科
		（Microweiseini）	介壳虫、盾蚧科
亚科 Subfamily		小毛瓢虫亚科 Scymninae	
	族 Tribus	食螨瓢虫属 *Stethorini*	植食螨、叶螨科

（续表）

分类	瓢虫种类	猎物
族 Tribus	小毛瓢虫族 Scymnini	62%介壳虫、23%蚜虫
	陡胸瓢虫属 *Clitostethus*, *Lioscymnus*	蚜总科
	基瓢虫属 *Diomus*, 弯叶毛瓢虫属 *Nephus*	粉蚧亚科、软蜡蚧亚科
	星弯叶毛瓢虫属 *Sidis*, *Parasidis*	粉蚧亚科
	隐唇瓢虫属 *Cryptolaemus*	粉蚧亚科
	方突毛瓢虫属 *Pseudoscymnus*	盾蚧科
	Platyorus	蚜虫
	毛瓢虫亚属 *Scymnus*	蚜虫
族 Tribus	隐胫瓢虫族 Aspidimerini	蚜虫
族 Tribus	显盾瓢虫族 Hyperaspini	75%为介壳虫，还有包括旌蚧亚科、蛾蜡蝉科
族 Tribus	刻眼瓢虫族 Ortaliini	木虱总科、蛾蜡蝉科
亚科 Subfamily	盔唇瓢虫亚科 Chilocorinae	
族 Tribus	寡节瓢虫族 Telsimiini	介壳虫、盾蚧科
族 Tribus	广盾瓢虫族 Platynaspini	蚜虫
族 Tribus	盔唇瓢虫族 Chilocorini	75%为介壳虫，还包括蚜虫
亚科 Subfamily	红瓢虫亚科 Coccidulinae	
族 Tribus	粗眼瓢虫族 Coccidulini（Rhyzobiini）	全部介壳虫除一未定名种，51%为盾蚧科，35%为介壳虫
族 Tribus	Exoplectrini	吹绵蚧及其近缘种
族 Tribus	短角瓢虫族 Noviini	吹绵蚧及其近缘种
亚科 Subfamily	瓢虫亚科 Coccinellinae	
族 Tribus	瓢虫族 Coccinellini	85%为蚜虫，也包括木虱总科和叶甲科

注：* 表中所列亚科、族、属中文名称均参考庞虹等（2003）《中国瓢虫物种多样性及其利用》。

第三节　捕食性瓢虫饲养技术

　　瓢虫作为一类具有广泛应用前景的捕食性天敌，对其进行大量繁殖的技术研究及相关的理论基础研究均在不断推进。从 20 世纪 50 年代开展捕食性瓢虫的人工饲料研究，到现在大量瓢虫的商业化生产和应用，瓢虫在生物防治中的应用已越来越广泛（沈志成，1989；van Lenteren JC，2003）。根据食料来源的不同，瓢虫饲养及扩繁可分为利用自然猎物扩繁以及利用人工饲料扩繁两大技术体系。

一、利用自然猎物繁殖瓢虫技术

该类技术主要是大量饲养蚜虫、蚧虫、螨虫、粉虱、蜂蛹、鳞翅目幼虫等捕食性瓢虫的自然猎物或可替代猎物，饲喂并维持瓢虫种群，获得瓢虫产品。优点是扩繁成功率高、瓢虫能维持种群繁衍，不足之处是扩繁的时空利用率低、成本较高、不易大量生产。

1. 食蚜瓢虫的饲养技术

食蚜瓢虫主要包括刀角瓢虫族、隐胫瓢虫族、广盾瓢虫族、瓢虫族以及小毛瓢虫族的几个属，常见种如七星瓢虫、异色瓢虫、多异瓢虫等。取食蚜虫种类不一，扩繁时多利用易感蚜虫植物如十字花科、禾本科、茄科、豆科植物，待植物幼苗生长到适宜阶段后，接入一定数量的蚜虫，再进行适宜条件下的连续培养，由于蚜虫种群繁殖速度较快，理想条件下每 3~4d 即可繁殖一代，能在短时间内建立数量巨大的蚜虫种群。随后，按一定的比例接入一定数量的瓢虫，虫态可以是卵、幼虫、蛹或成虫，由于供取食的蚜虫数量有保障，往往能在短时间内获得活力旺盛的瓢虫产品。

如利用大豆、蚕豆饲养大豆蚜再扩繁七星瓢虫，可先将蚕豆种子装入塑料盆内，浸种 24h 后冲洗干净，可加入 75% 百菌清可湿性粉剂浸泡杀菌消毒，在室温下催芽。再将腐殖土装入育苗盘内，浇湿水后将浸泡发芽的大豆或蚕豆种子种入，上覆薄层土，可视情况再浇水 1 次。置于光照良好的育苗室内待其发芽。待蚕豆发芽后并萌生 2~3 片真叶时，接入大豆蚜，让其自行迁入大豆或蚕豆叶片或幼嫩茎秆上，给予适当温度光照条件，使其快速繁殖。待其在蚕豆上繁殖到一定程度时，将收集到的七星瓢虫卵块，或待其卵孵化后，用罩笼进行大量饲养，罩笼内移入已有大量蚜虫的大豆或蚕豆苗，将初孵的幼虫用毛笔轻轻刷入植物叶片上。每天视情况加入新鲜蚜虫，保证蚜虫供给。一般温度控制在 23℃ 以上、湿度 75%、光周期 L : D = 8 : 16 条件即可，冬季可利用空调加温。七星瓢虫一般在 15~35℃ 下都可生长，而以 21~30℃ 为宜，改变温度可控制其发育速度，25℃ 下，七星瓢虫各虫态发育历期分别为卵 2~3.3d、幼虫期 8.8~9.8d、蛹期 2.9~3.5d，一般 15d 左右即可完成自卵至羽化的发育过程。

除利用大豆蚜饲养瓢虫外，也可利用烟蚜、苜蓿蚜、萝卜蚜、麦蚜饲养瓢虫，扩繁原理基本一致，都是"培育植物—接蚜培养—接瓢虫扩繁"的技术路线。此外，还可以采用蚜虫粉、意蜂雄蜂蛹、地中海粉螟卵、米蛾卵、人工卵赤眼蜂蛹等饲养瓢虫，其中意大利蜂雄蜂蛹的营养价值较高，对瓢虫幼虫的生长发育、成虫寿命与产卵量等都有促进效果，近年来，寄生性天敌赤眼蜂的规模化、商品化生产，其中间产品即赤眼蜂蛹也可作为七星瓢虫扩繁时的替代猎物。

2. 食蚧瓢虫的饲养技术

食蚧瓢虫在蚧虫天敌中占有很重要的地位，对蚧虫控制能力较强，被广泛应用于蚧虫的生物防治，据统计，被引入并定殖的 42 种瓢虫中，有 28 种可以用于防治蚧虫，占 2/3 的比例（Gordon，1985）。食蚧瓢虫主要包括展唇瓢虫族、小艳瓢虫族、寡节瓢虫族、粗眼瓢虫族、短角瓢虫族以及小毛瓢虫族的几个属。可根据食性分为专性食蚧瓢虫和兼性食蚧瓢虫，前者如盔唇瓢虫亚科，主要捕食有蜡质覆盖物的蚧虫、红瓢虫亚科、四节瓢虫亚科捕食蜡蚧和粉蚧，后者如瓢虫亚科和小毛瓢虫亚科的种类，既捕食蚧虫也捕食蚜虫、粉虱等昆虫。我国食蚧瓢虫种类较丰富，经整理涉及瓢虫科的 8 个亚科 26 属，计 65 种（庞虹，2000），常见种如大红瓢虫、小红瓢虫、澳洲瓢虫、孟氏隐唇瓢虫等。

本类瓢虫的扩繁多利用粉蚧，通过富含淀粉类营养的南瓜、马铃薯、甘薯等，供粉蚧大量繁殖，随后接入瓢虫，培养得到产品。利用马铃薯的方法较常见，在分层的容器内放置马铃薯，覆土后置于通风处，薯芽长至 10cm 时移至弱光处，接入粉蚧，粉蚧可在薯芽上滋生繁殖，发育至 3 龄阶段后，即可接入瓢虫。若大量繁殖，则可待粉虱再扩繁一代后，择机接入瓢虫。这种方法持续时间较长，薯芽能一直生长到 25cm，不足之处是扩繁数量有限。

此外，也可利用南瓜繁殖孟氏隐唇瓢虫。选择大小适中的南瓜，置于分层的立体繁殖笼内，在南瓜表面接种粉蚧，很快粉蚧可布满整个南瓜表面，若粉蚧数量过多时，可将南瓜表面滋生的蜜露霉菌等洗刷后再次使用。当粉蚧种群数量达到一定规模时，可按比例接入孟氏隐唇瓢虫卵卡，也可将南瓜表面的粉蚧刷下，置入另外的养虫缸内，并在其中繁殖瓢虫。这种方法的优点是繁殖数量相对较多，不足之处仍是生产效率较低。

3. 食螨瓢虫的饲养技术

食螨瓢虫主要是小毛瓢虫亚科食螨瓢虫属的种类，包括深点食螨瓢虫 *Stethorus punctillum*、腹管食螨瓢虫 *Stethorus siphonulus* Kapur、束管食螨瓢虫 *Stethorus chengi* Sasaji、黑囊食螨瓢虫 *Stethorus aptus* Kapar、拟小食螨瓢虫 *Stethrous parapauperculus* Pang、宾川食螨瓢虫 *Stethorus binchuanensis*、云南食螨瓢虫、广东食螨瓢虫、广西食螨瓢虫等。

由于采用人工饲料如纯蜂蜜、10%蜂蜜和猪肝粉等，只能维持食螨瓢虫成虫寿命，但不能产卵繁殖，须以叶螨继饲数天后方能产卵，国外用蔗糖、蜂浆和蜡粉等组成的半人工饲料，可以饲养深点食螨瓢虫，再通过冲洗、洗涤的方法或利用刷螨器收集叶螨，供室内繁殖食螨瓢虫。天敌猎物方面，可利用柑橘全爪螨、太平洋叶螨、榆全爪螨、朱砂叶螨、二斑叶螨等，以豆科植物为载体，扩繁食螨瓢虫，该技术被西欧、北美和东亚很多国家所采用。我国有利用蚕豆、大豆繁育朱砂叶螨，继而扩繁腹管食螨瓢虫的报道（罗肖南，1991），有扩繁二斑叶螨繁殖深点食螨瓢虫的研究（顾耘，1996）等。上述技术路线主要是通过栽培适合感虫植物，如大豆、蚕豆等，在其叶面上大面积繁育叶螨，再接种瓢虫并培养，获得瓢虫产品。

如利用大豆、蚕豆培养朱砂叶螨再扩繁食螨瓢虫，可选用叶片无毛的豆种，夏秋季可用长豇豆、冬春季可用蚕豆来繁育朱砂叶螨。在温室或室外园地上，根据繁殖计划，分批播种长豇豆或蚕豆，待要接种叶螨时，将带土豆苗移栽到室内盆钵或塑料筐内，便可接种朱砂叶螨。将朱砂叶螨移接在温室豆株上发育繁殖较快，适时摘取带螨叶片，接入并养殖瓢虫。由于朱砂叶螨喜温，在 20~35℃，其发育历期与温度呈负相关，故可将环境温度适宜提高。一般 30℃朱砂叶螨产卵量最大，每雌螨平均产卵 86.88 粒，最多可达 156 粒。用含有 3 片真叶株高 12~17cm 的蚕豆株，每株接 9 头繁殖雌螨，3d 后叶螨数量即大幅度上升，10d 达到最高峰，数量为初始移接量的 35~40 倍，此时是摘叶供饲适期。

在养虫室的层架上排列种植有豆苗的盆钵或塑料筐，并接种朱砂叶螨，当培育叶螨达到适宜数量时，在豆株上放养处于产卵期的食螨瓢虫，每株接入成虫 4~5 对，外罩细目铜纱笼或尼龙网笼，2d 后移去成虫，留同批产下的卵。幼虫孵化后，在豆株上成长，待化蛹 1~2d 后带叶摘蛹，收集备用。在豆株上接殖食螨瓢虫幼虫，一般每株接虫 10 多头。幼虫发育至 3~4 龄时，多趋集于豆株的中下部取食并化蛹。这时如若豆株上部叶片螨量仍然很多，还可再放养一批 1 龄幼虫。如此可连续饲养 2~4 批。直接在豆株上饲养食螨瓢虫，成活率常在 80% 以上，比在器皿内饲养者成活率高，经济成本低廉。

4. 食粉虱瓢虫的饲养技术

食粉虱瓢虫主要有小黑瓢虫 *Delphastus catalinae* Horn、日本刀角瓢虫 *Serangium japoni-cum* Chapin、沙巴拟刀角瓢虫 *Serangiella sababensis* Sasaji、越南斧瓢虫 *Axinoscymnus apioides* Kuznetsov 等，龟纹瓢虫、异色瓢虫等也可取食粉虱。

利用自然猎物扩繁本类瓢虫，多采取栽培感虫植物，再饲养温室白粉虱、烟粉虱等自然猎物，适宜时机接入瓢虫的方式。

除了上述几种利用自然猎物扩繁瓢虫的技术外，近年来也见到利用蜜蜂蛹、赤眼蜂蛹、鳞翅目幼虫等猎物扩繁捕食性瓢虫的报道。由于不同瓢虫猎物不同、取食量不同，同种瓢虫的不同阶段、不同龄期其取食习性及取食量也有较大差异，所以在实际饲养中，要根据实际情况确定适宜的感虫植物、适宜的扩繁猎物时机、接入瓢虫时机与数量等细节。并需保持环境卫生，防止虫霉滋生，杜绝螨类或寄生蜂侵入，以免影响猎物的生长供应及瓢虫的正常发育。

二、饲养瓢虫的环境参数

瓢虫对环境有很强的感知力和极高的敏感度，这些可以从瓢虫精明的产卵策略中得知（Li，2009；MeaRae，2010；Matska，1977），所以，瓢虫饲养过程中的环境参数，如温度、光周期、食料因子、湿度、种群密度、亲代效应等与环境相关的因素都会影响到瓢虫的生长发育及生殖策略等。

关于七星瓢虫环境参数的研究，Omkar（2003）对七星瓢虫在不同温度下的生物学特征进行了研究，从发育历期、产卵量和繁殖力、孵化比例、幼虫存活、成虫羽化、生长指数等角度进行了比较，结果显示 30℃ 是七星瓢虫的最适温度（Matsuka，1975）。孙洪波等（1999）在室外遮阳自然变温条件下饲养七星瓢虫，观察到各虫态平均历期：卵 2~3.3d，幼虫期 8.8~9.8d，蛹期 2.9~3.6d，自卵至成虫羽化 13.9~14.9d（McMullen，1967）。徐焕禄等（2000）通过对七星瓢虫生活习性的系统观察，在日平均温度 20.5~23.5℃，相对湿度 70% 左右的情况下完成一个世代需要 26.3d（Michaud，2005）。杨惠玲（2010）研究了七星瓢虫对松大蚜和棉蚜的选择效应，结果表明，七星瓢虫较喜好棉蚜，只有在松大蚜种群数量明显高于棉蚜时，才捕食松大蚜（Nalepa，2000）。薛明等（1996）对七星瓢虫对萝卜蚜和桃蚜捕食功能研究看出，七星瓢虫对两种蚜虫都具备较强的自然控制能力，相同条件下对桃蚜的捕食量大于萝卜蚜（Nettles，1979）。刘军和（2008）通过单种群与混合种群饲养，研究了猎物密度对七星瓢虫和异色瓢虫种间竞争的影响，并用 Lotka-Volterra 种间竞争模型对两种瓢虫在猎物相对充足与不足条件下的种间竞争进行模拟，结果表明：猎物充足，两种瓢虫的种群增长呈线性增长趋势；猎物不足，单独饲养时，两种瓢虫的种群增长趋势呈 Logistic 曲线，混合饲养时异色瓢虫的种群增长呈上升趋势，七星瓢虫趋于下降。在两种瓢虫的种间竞争中，异色瓢虫占相对优势，竞争的结局是二者可以形成一个稳定的平衡局面而得以共存（Niigima，1979）。

关于异色瓢虫环境参数的研究，陈洁（2009）从异色瓢虫温度适应性及卵黄发生的角度进行了研究，通过记录瓢虫的发育历期、产卵量、存活率等生理指标，综合评价

25℃比较适合异色瓢虫的发育和繁殖。何继龙等（1999）发现在室内 24℃时每代历期为 31.37d，雌性寿命为 86.9d，雄性为 90.25d，每雌平均产卵约 751 粒（Obrycki，1998）。LaMana 等（1998）研究结果显示，18~30℃，幼虫—成虫的存活率为 83%~90%，10℃时为 42%，34℃时为 25%。30℃时平均发育历期为 14.8d，14℃时为 81.1d，10℃和 34℃时卵不能孵化，10℃时 1 龄幼虫不能进入 2 龄。卵到成虫的平均发育起点温度为 11.2℃（Obrycki，1983）。地域和食料的差异也可能是造成异色瓢虫发育历期不一致的原因，如俄勒冈州种群完全发育积温为 267.3d·℃，比法国种群的 231.33d·℃要高一些。雷朝亮等（1998）研究结果是异色瓢虫全世代发育起点温度为 8.21℃，有效积温为 353.46d·℃，各虫期生存最有利的温度为 21℃，对产卵最有利的温度为 29℃。藤树兵（2004）关于人工扩繁异色瓢虫的研究中，通过比较人工饲养条件和温室放养条件下的交配、产卵情况，发现人工饲养条件下表现出更好的生殖特性——交配次数、产卵次数更多，产卵量更大。研究表明，产卵适宜条件是变温 25~29℃、光周期为 L：D=14：10，其中 14L 对应温度是 29℃，10D 对应温度是 25℃。张岩研究了异色瓢虫以 5 种蚜虫（白杨毛蚜、禾谷缢管蚜、菜缢管蚜、桃粉蚜和棉蚜）为饲料时异色瓢虫的生长发育情况，综合评价显示，在饲喂的 5 种蚜虫中菜缢管蚜和桃粉蚜是扩繁异色瓢虫较为理想的食料。

陈洁（2009）研究了温度对龟纹瓢虫实验种群生长发育的影响，显示 25℃是饲养龟纹瓢虫的最适温度，并且 35℃高温情况下龟纹瓢虫仍能够少量产卵。龟纹瓢虫卵期、幼虫期和蛹期最适温度分别是 29~31℃、28~30℃和 31℃，最适湿度分别是 RH67%~84%、RH72%~79%和 RH84%；龟纹瓢虫卵、幼虫和蛹的发育起点温度分别为 13.7℃、13.4℃和 12.5℃，有效积温分别是 36.4℃、92℃和 51.8℃（Peeterson，1968）。Seagraves 描述了瓢虫产量对营养环境的响应机制，瓢甲科雌虫的产卵策略与生境的质量如视觉和嗅觉因子等密切相关。所以实际饲养，既要考虑温光周期和湿度，也要针对特定的种类和虫态，寻找最佳环境条件，满足瓢虫对生境的各种需求。

第四节　瓢虫的人工饲料

工厂化大规模繁殖瓢虫所用自然猎物效果虽然好，但是生产周期长、空间占据较大、饲养成本较高且受季节环境条件影响较大。人工饲料尽管在当前的研究中有一些与营养学和生理学相关的挑战，却有很多独特的优点：原材料易得，饲喂方便，所需空间小，饲养成本低，饲料受环境条件的制约小，试虫的发育整齐度高。可为其他的毒理、生理的研究提供生理状态一致的材料。

一、瓢虫人工饲料的研究现状

肉食性天敌昆虫可分为广食性和寡食性，广食性天敌的饲料配方较寡食性容易研究，尽管不同昆虫间对个别营养物质的营养需求略有差异，但几乎所有昆虫的营养需求基本相似，包括蛋白质、糖类、脂类、维生素、脂原物质、无机盐和水分等（忻介六等，1979）。在设计天敌昆虫人工饲料的配方时，可以参考已饲养成功的相近种类配方，然后在实践中进行调整，或是参照猎物的化学组成设计营养配方，以减少因盲目组合营养成分而造成的各种浪费。在饲料的研制中，不仅要具备特定的营养成分，还要在量的方面保持生理代谢所需的比例，即不同阶段保持营养平衡（方杰等，2003）。昆虫最佳的营养平衡因发育状态的不同而异，因此在配制人工饲料时对于各个时期所用的人工饲料的配方也有所差别。近年来，在捕食性瓢虫的食性、营养及人工饲料的研究方面有所进展。根据饲料主成分的来源不同，可将其分为含昆虫物质与无昆虫物质两种。

（一）含有昆虫成分的人工饲料

研究内容主要包括了意大利蜜蜂 *Apis mellifera* 雄蜂蛹、人工卵、柞蚕卵、赤眼蜂蛹、蝇蛆和黄粉虫、米蛾、麦蛾、地中海粉斑螟等仓储害虫为基本组成的饲料配方。

1. 意大利蜜蜂 *Apis mellifera* 雄蜂蛹

对意蜂雄蜂蛹或幼虫为主要成分的人工饲料研究显示，意大利蜜蜂雄蜂蛹与蚜虫体内的无机盐组分相似，与家蚕蛹差异显著；雄蜂蛹和蚜虫粗蛋白的氨基酸组成比例也相似。虽然意蜂雄蜂蛹可以满足七星瓢虫、异色瓢虫、龟纹瓢虫等幼虫和成虫的营养需求，但是与生殖相关的卵黄发生、产卵量、孵化率、产卵前期等能力都相应下降（孙毅，1999；程英，2006；Matsuka，1972）。究其原因，可能是因为意蜂雄蜂蛹与蚜虫体内（沈志成，1992）的无机盐组分相似且粗蛋白的氨基酸组成比例也与蚜虫相似，因此，可以用于作为瓢虫的补充饲料。Matsuka（1975）报道曾将雄蜂粉添加到酵母、鸡肝、香蕉、果冻、花粉、奶粉中来饲养异色瓢虫。1977 年 Matsuka 等（1977）对适合异色瓢虫的人工饲料—雄蜂干粉进行分离，指出其中的无机盐，特别是钾盐为不可缺少的成分。Niijima K.（1979）用雄蜂干粉喂养 *Illeis koebelei* 等三种瓢虫。韩瑞兴等（1979）以雄蜂蛹粉、蔗糖（5∶1）配制的粉剂饲养异色瓢虫集养化蛹率为 20%~33.3%，个体单养化蛹率为 50%~60%，幼虫期较喂食蚜虫有所延长。高文呈等（1979）以意蜂雄蜂幼虫或蛹粉、啤酒酵母粉、麦乳精、葡萄糖、胆固醇（4∶3∶1.5∶1.5∶0.1）配制的粉剂饲养异色瓢虫，幼虫成育率 35%。王良衍（1986）用鲜蜜蜂雄蜂蛹（幼虫）或猪肝、蜂蜜、啤酒酵母、维生素 C、尼泊金（5∶1∶0.5∶0.05∶0.005）饲养异色瓢虫成虫，获得率和产卵率分别为80.3%、82.8%，饲养幼虫，成育率 54%~70%。沈志成等（1992）报道龟纹瓢虫和异色瓢虫用雄蜂蛹粉饲养会延迟其卵黄蛋白的形成，认为雄蜂蛹粉在营养上是完全能够满足生殖需要的，生殖不良的原因可能是内分泌失调而非营养缺陷。在雄蜂蛹粉中加保幼激素类似物 ZR512，可促进龟纹瓢虫和异色瓢虫取食蛹粉，提高成虫产卵率。但在实际应用中，鲜雄蜂蛹易于腐烂变质，且易黏着幼虫；以高温干燥制备成粉状，损失养分，饲养效果差；采用冰冻真空干燥做成粉剂，虽不损失养分，但仍对取食有一定的影响。

在养蜂业中雄蜂蛹或幼虫的作用不大，用作瓢虫的人工饲料加工时，可以添加一些取食的刺激因子如保幼激素类似物 ZR512 等，促进瓢虫取食和卵黄蛋白的形成，以提高成虫产卵率。但是实际中，雄蜂蛹材料与养蜂业相联系，也不容易获得，所以需要考虑具体的实际情况而定。因为此方法需要大量的原材料，加上制备方法比较复杂而且不容易保存，在工厂化大规模饲养的情况下，较难投入使用。

2. 人工卵、柞蚕卵和赤眼蜂蛹

夏邦颖等（1979）研究了柞蚕卵壳的结构与松毛虫赤眼蜂 *Trichogramma dendrolimi* 的寄生关系，为大规模应用提供了理论依据。包建中（1980）认为柞蚕卵可以作为繁殖松毛虫赤眼蜂和螟黄赤眼蜂 *Trichogramma chilonis* 等的寄主卵。刘文惠等（1979）指出在人工饲料卵中只有当所添加柞蚕蛹血淋巴含量不低于 15%时，赤眼蜂才能完成整个生育期的发育。Magro 等（2004）指出在 20 世纪 70 年代世界各国研究赤眼蜂的人工饲养中，只有中国运用柞蚕卵大规模繁殖赤眼蜂获得了成功。爱华（1994）用人工卵赤眼蜂蛹饲养四斑月瓢虫、龟纹瓢虫、七星瓢虫，龟纹瓢虫和四斑月瓢虫的发育历期和单雌产卵量接近取食棉蚜的效果，而七星瓢虫成虫则不太喜食。孙毅（1999）报道人工卵赤眼蜂蛹基本上能满足七星瓢虫幼虫的生长发育，但发育历期、成虫产卵前期比取食蚜虫的对照有所延长，产卵率和孵化率低于蚜虫对照。如在成虫产卵前期添加取食刺激剂（0.01%橄榄油+5%蔗糖溶液均匀喷布）或适当添加蚜虫可显著提高其生殖力，获得满意效果。郭建英等（2001）报道以柞蚕卵赤眼蜂蛹饲养异色瓢虫成虫获得率 81.3%，与桃蚜饲养成虫获得率差异不显著，但发育历期和蛹期均较以桃蚜 *Myzus persicae* 作为饲料显著延长且成虫不产卵，仅用赤眼蜂蛹饲养龟纹瓢虫成虫不能产卵。张良武等（1993）用人工赤眼蜂蛹喂养尼氏钝绥螨 *Amblyselus nicholsi*，取食后的主要生物学特性正常且保持捕食天然猎物的性能。侯茂林等（2000）用人工卵赤眼蜂蛹饲养中华草蛉幼虫，与米蛾卵的饲养效果相似。张帆（2004）用人工卵赤眼蜂蛹饲养大草蛉幼虫和成虫，幼虫可完成发育，但与用蚜虫饲喂有显著差异，成虫产卵量也明显低于用蚜虫饲喂的效果。郭建英等（2001）尝试以柞蚕卵赤眼蜂蛹饲养东亚小花蝽，饲养效果与用蚜虫和白粉虱差异不显著，但对其连代饲养的效果还需进一步研究。

瓢虫的赤眼蜂人工饲料相关研究结果不一致，总体上可以看出，不同种类瓢虫对赤眼蜂人工饲料的喜好程度不一样，虽然可以满足幼虫的生长发育，但是会对蛹的发育或者成虫的生殖相关的特性造成一定的影响，可以通过在成虫期添加取食刺激剂（0.01%橄榄油+5%蔗糖溶液均匀喷布）或成虫产卵前期改喂蚜虫解决，建议在蚜虫供应不足时，在瓢虫幼虫期可以适当作为补充饲料（曹爱华，1994；孙毅，2001；郭建英，2001）。

近年来，寄生性天敌赤眼蜂的规模化、商品化生产，为赤眼蜂作为主要成分的捕食性天敌昆虫的人工饲料的研发提供了新途径。又因其价格低廉、制备简单、易于贮藏与运输等优点受到了人们的重视，具有很大开发利用前景。

3. 蝇蛆和黄粉虫

近年来，蝇蛆和黄粉虫在资源昆虫的开发中应用愈加广泛。众所周知，蝇蛆和黄粉虫营养丰富且成本低、易获取，其规模化饲养技术也日渐成熟，在昆虫饲养中的相关的报道也逐渐增多（Filho，2003；Lemos，2003；Theiss，1994；杨华等，2007；乔秀荣等，2004）。Kesten（1969）用蝇蛆、香蕉组成的饲料成功饲养了灰眼斑瓢虫 *Anatis ocellata*。李连枝等（申请号：201010212700.9）发明了一种异色瓢虫的人工饲料，由以下重量比的原料制成：白菜汁 25 份、研磨成酱状的烤香肠 8 份、研磨成酱状的黄粉虫 8 份、氨基酸 0.5 份、蜂蜜 4 份。本发明原料来源于多种丰富的营养物，可以完全替代蚜虫满足异色瓢虫的食用需求。杨海霞等（申请号：201010293244.5）发明了一种适用于天敌昆虫的人工饲料，以脱脂家蝇幼虫粉为基本组成，添加酵母抽提物、蔗糖和蜂花粉中至少一种，具体质量分数比为，脱脂家蝇幼虫粉∶酵母抽提物∶蔗糖∶蜂花粉=2.0∶1.6∶1.5∶0.6。该天敌昆虫可为瓢虫，具体可为异色瓢虫幼虫。由于家蝇生命周期短、繁殖能力强，所以可以在短期内大量获得。这种饲料的制备方法简单，饲料材料来源广，投入少，生产成本低。王利娜等（2008）用蝇蛆老熟幼虫和黄粉虫蛹为基本成分研究了龟纹瓢虫幼虫的人工饲料，对这两种基本成分进行不同方式的加工，分别获得匀浆液、全脂粉、脱脂粉、微波粉和冷冻干燥粉。分别以5种蛋白质与其他营养成分配制人工饲料饲喂龟纹瓢虫幼虫至化蛹,综合评价幼虫存活率、幼虫发育历期、羽化率、蛹历期、成虫体重等生物学指标,发现无论蝇蛆还是黄粉虫蛹,均以脱脂粉配方的饲喂效果最优。运用L9(34)正交试验设计分别对蝇蛆与黄粉虫蛹脱脂粉配方的主成分及水平进行筛选,经Duncan新复极差检验分析得到2组优化配方:(ADⅠ)蝇蛆脱脂粉0.5g、酵母抽提物0.25g、蔗糖0.3g、橄榄油0.01g、蜂蜜0.2g、蒸馏水3.75g;(ADⅡ)黄粉虫蛹脱脂粉0.5g、酵母抽提物0.35g、蔗糖0.3g、橄榄油0.02g、蜂蜜0.2g、蒸馏水3.65g。饲养验证表明,脱脂蛆粉配方与脱脂蛹粉配方均符合实际,其成虫获得率分别达到86.11%与75%,以脱脂蛆粉配方的饲喂效果更佳。

4. 米蛾、麦蛾、地中海粉斑螟等仓储害虫

我国学者探索以米蛾卵繁殖玉米螟赤眼蜂 *Corcyracephalonica staint*、甘蓝赤眼蜂 *Trichogramma brassicae* 等寄生蜂(贾乃新,2002),均取得较好的效果。除用于寄生性天敌的繁殖外,米蛾卵还用来饲养多种常见的捕食性天敌。中国科学院北京动物研究所昆虫生理研究室(1977)用米蛾卵饲养中华草蛉 *Chrysopa sinica*、大草蛉 *Chrysopa septempunctata* 和丽草蛉 *Chrysopa formosa* 幼虫,三者的羽化率都高于85%。李丽英(1988)以米蛾幼虫饲养叉角厉蝽 *Eocanthecona furcellata*,效果优于纯柞蚕 *Antheraea pernyi* 蛹血淋巴;高文呈(1987)用米蛾卵饲养黑叉胸花蝽 *Dufouriella ater*,连续饲养5代范围内生活力无明显变化。周伟儒(1986)用米蛾成虫、卵饲养黄色花蝽 *Xylocoris flavipes*,成虫获得率达90.9%和88.5%。广东省昆虫研究所(1995)用米蛾卵饲养捕虱管蓟马 *Aleurodothrips fasciapennis*,可顺利完成个体发育并产卵繁殖。周伟儒(1989)用米蛾卵、米蛾成虫不加水饲养东亚小花蝽若虫,无法存活,加水后存活率可达63%以上,但要求米蛾卵必须新鲜。郭建英等(2001)报道,用米蛾卵饲养龟纹瓢虫和异色瓢虫,在低龄幼虫期全部死亡,饲养效果不佳。张帆(2004)报道用米蛾卵饲养大草蛉幼虫可完成发育,饲养成虫则无法产卵。

与我国相比较,国外对麦蛾卵的研究应用比较多。以麦蛾繁殖赤眼蜂 *Trichogramma tidae*(Hassan,1982)、草蛉 *Chrysoperla rullabris*(Legaspi,1994)、三叉小黑花蝽 *Orius tantillus*(Tripti,2006)、小十三星瓢虫 *Leis Dimidiata fabricius*(Hejzlar,1998)、异色瓢虫 *Harmonia axyridis*(Abdel-Salam,2001),都取得不错的饲养效果。但用麦蛾卵饲养草蛉时,大草蛉和丽草蛉发育不正常,仅中华草蛉幼虫能正常发育结茧(中国农林科学院植保室,1977)。

20世纪70年代起,欧美国家用地中海粉斑螟成功地饲养了狡诈小花蝽 *Orius insidiosus*,并实现了商品化生产。Richards(1995)报道了地中海粉斑螟能够成功地饲养小花蝽,并且额外供给西花蓟马 *Frankliniella occidentalis* 时可提高狡诈小花蝽的生殖力。Iperti 等(1972)用地中海粉螟的卵饲养食蚧的瓢虫 *Pharoscymnus semiglobsus* 与食蚜的瓢虫 *Adalia decempunctata* 效果较好,饲养 *Sdonia llnotata* 的效果较差。我国用米蛾卵饲养草蛉和瓢虫与地中海粉斑螟卵的饲养效果基本一致(蔡长荣,1985)。但地中海粉螟的价格比较昂贵,在规模化生产中的成本较高,难以在实际中应用。

(二)不含有昆虫成分的人工饲料

无昆虫物质的饲料主要采用肉类、肝类、啤酒酵母等作为主要成分,并添加一些取食刺激物和其他生长发育所必需的因子配制人工饲料。此外，一些应用于昆虫饲料的化学合成饲料，也属于此类，是指可以用化学成分表示的饲料，主要用于瓢虫营养需求和代谢途径的研究，也用于测定某些特定的化合物对瓢虫取食和生长发育的影响等，为研究各组分与天敌昆虫的营养关系奠定了基础。

富含蛋白质、脂肪、糖类及维生素的动物组织的人工饲料中，研究较深入的是以猪肝为主的基础饲料。朱耀沂（1976）用猪肝、糖、夜盗虫及花粉等饲喂赤星瓢虫 *Lemnia twinhoei* 及六星瓢虫 *Menochilus sexmaculatus* 成功。中国科学院动物研究所昆虫生理研究室（1977）报道了以猪肝、蜂蜜、蔗糖为饲料饲养当年越冬代及第一代七星瓢虫能促使其产卵。中国科学院（1977）以鲜猪肝、蜂蜜（5∶1）匀浆饲养七星瓢虫和异色瓢虫，并用保幼激素类似物"512"点滴腹部背板，以促使产卵，获得初步成功。宋慧英等（1988）以鲜猪肝、蜂蜜及蔗糖配制成 6 种人工饲料饲养龟纹瓢虫，结果表明，用鲜猪肝∶蜂蜜（重量比为 5∶1）和鲜猪肝∶蜂蜜∶蔗糖（重量比为 5∶1∶1）两种饲料饲养龟纹瓢虫成、幼虫，效果最好。高文呈等（1983）以猪肝—蔗糖为基础，添加其他不同成分的人工饲料饲养异色瓢虫成虫，其寿命可达 80d，雌虫产卵量 343.8 粒。但以猪肝-蔗糖为基础的饲料呈流体状，易结块、变质和黏着饲养的幼虫，所以在实际中，难以应用于规模化饲养。陈志辉等（1982；1989）以鲜猪肝匀浆液、蜂蜜、蔗糖以 5∶1∶1 混合的代饲料为基础，研究饲料中水分含量取食刺激因素对七星瓢虫饲喂效果的影响。试验结果表明，添加 0.1%橄榄油和保幼激素类似物 ZR512 的人工饲料，产卵率达到 96.7%，如果在此基础上分别添加 1%的玉米油或豆油，能促进雌虫产卵量的进一步增加。黄金水等（2007）对松突圆蚧主要天敌红点唇瓢虫人工饲料进行了初步研究，以鲜猪肝、酵母粉、维生素 C 粉末和蜂蜜（质量比为 100∶10∶1∶20）为主要配方的人工饲料，基本满足红点唇瓢虫成虫的营养需要，前期存活率可达 60%，但平均雌虫产卵量较低。若混合适量的松突圆蚧进行饲养，则可以较好地延长成虫的寿命和产卵量，饲养效果较好。

国外以牛肝、牛肉为基础成分的饲料配方经过多年尝试，许多科学家认为可应用于捕食性天敌，对捕食性蝽类的饲喂效果更为突出。Cohen（1985）以牛肝、牛肉为基础成分配成的人工饲料成功饲养大眼蝉长蝽 *Geocoris punctipes* 之后，Clercq 等（1993）用此配方饲养斑腹刺益蝽 *Podisus maculiventris*，也具有很不错的饲养效果。Iriarte 等（2001）改进配方后用来饲喂捕食性盲蝽 *Dicyphus tamaninii*，连续饲养 7 代后，捕食效率没有丝毫减退。Arijs 等（2004）以 Cohen（1985）所用配方研究小花蝽 *Orius laevigatus* 人工饲料时，通过试验证明，牛肝比牛肉对小花蝽的生长和生育能力具有更积极的影响。我国学者雷朝亮（1989）用液体人工饲料饲养南方小花蝽 *Orius similes*，能够基本满足南方小花蝽的营养需求，但由于液体饲料没有更好的剂型，使得小花蝽在取食时容易淹死。

瓢虫化学规定饲料的研究进展较缓慢。Chumakova（1962）提出了孟氏隐唇瓢虫 *Cryptolaemus montrouzieri* 的部分化学规定饲料。沈志成等报道了 Niijima（1977）配制的一种异色瓢虫化学标准饲料，它由 18 种氨基酸（60%）、蔗糖（32.5%）、胆固醇（0.5%）、10 种维生素（0.1%）和 6 种无机盐（6.9%）组成，它不能使幼虫完成发育和成虫产卵，但可利用它相对的比较各化学成分组成的营养重要性。捕食性昆虫的化学饲料远远落后于植食性昆虫。捕食性昆虫食料中同时含有被食昆虫与寄主植物，很难用简单的化学饲料替代，另外也可能与捕食昆虫的捕食行为等有关。

二、人工饲料物理性状对瓢虫取食的影响

　　除配方外，人工饲料的剂型对于昆虫的取食也是一个重要因素，剂型设计要考虑3个方面：有利于取食、易保存、不损失营养（庞虹，1996）。瓢虫幼虫和成虫均为咀嚼式口器，自然界中所取食的蚜虫是含有较高水分、糖类物质的固体。人工饲料中像猪肝、蜂蜜、蔗糖等复合饲料是呈流体状，与瓢虫取食行为不适应，在饲养过程中容易淹死幼虫，也不宜长时间保存。高温干燥制成粉状，营养成分丢失，饲养效果差。采用冰冻真空干燥做成粉状，虽然营养可以大部分保留，但其物理状态与天然食物不同，对饲养效果还是有一定的影响。剂型的研究需要结合具体天敌昆虫的取食行为、习性及信息生态学等综合考虑，而相关的研究远远落后于植食性的昆虫。此外，饲料质地如黏度、细度、均匀度等也很重要，会影响昆虫的取食、消化及其后的生长、发育和生殖（庞虹，1996）。

　　由以上可以看出，目前关于瓢虫的各种人工饲料对其生殖均存在或多或少的不利影响，如产卵前期延长、产卵率和孵化率低等问题。需要指出的是，这3个方面并不是独立的，而是各种原因综合作用的结果。研究瓢虫的行为学，发现瓢虫的觅食行为可以分为7步，搜寻、捕食、嚼食、梳理、静止、展翅和排泄（王进忠，2000）。瓢虫在捕食的时候对猎物的反应是感觉神经系统综合作用的结果。七星瓢虫的下颚须内生有嗅觉感受器和味觉感受器，下唇须有味觉感受器（严福顺，1987），对异色瓢虫取食行为机制的研究发现，异色瓢虫取食不仅受蚜虫及蚜虫为害的寄主叶片的气味强烈吸引，而且视觉也在猎物搜寻中起到一定的引导作用（Shonko Obata，1986），即瓢虫对猎物的搜寻是一种"寄主植物—害虫—天敌"的三级营养互作进化关系。所以，人工饲料的研究及物理性状的选择都要充分考虑到瓢虫的取食行为，或许是瓢虫感受到了人工饲料的某种气味或者物理状态甚至是颜色等，也可能是瓢虫取食的人工饲料中存在某些抑制物质，或者由于瓢虫缺乏某种消化酶等造成营养的摄取不充分或不平衡。有关生殖的影响主要表现在卵黄蛋白上，由于营养不良或者不平衡使卵黄蛋白合成受阻、卵黄沉淀少、不能充分启动相应的反应机制，激素失调，表现出来产卵量低、产卵前期延长、孵化率低等。因瓢虫取食行为研究的复杂性，使得对其机制的解释并不充分，相关的研究有待进一步提高。

三、饲料配方的优化方法

　　目前，饲料配方的优化设计方法已比较成熟，如畜牧、家禽、水产等行业，应用了许多较好的饲料配方设计方法，比较常见的有正交试验法、二次正交旋转法、均匀设计法、线性规划法、模糊线性规划、目标规划等。"优选法"和"正交设计"是我国普遍使用广为流传的传统试验因素筛选方法。

　　饲料组成成分在配制人工饲料时对决定饲料价值起关键作用，而饲料成分之间的比例协调则是营养成分有效利用的决定因素，饲料营养成分的均衡遵循"木桶理论"原理。因此，实现营养成分均衡、提高饲料利用率的关键是各种原材料合理搭配从而满足对每一种营养成分的需求。"正交设计"对多因素、多水平的试验，需要进行多次试验，周期

长，投入大，比较适合于因素和水平数较少的试验设计。

二次回归正交旋转组合设计具有规范化和标准化的计算方法，通过建立研究对象与各种作用因子相互关系的数学模型，将回归分析与正交法有机结合起来。其一可以选择较少的适宜试验点，继而应用最小二乘法原理，通过实测得到的数据求出各因子与指标之间的回归方程式。通过主因子效应分析和频次分析，可以得到饲料组分的最佳配比范围（唐启义，1997）。

目前，线性规划也被广泛应用于饲料配方设计上。在优化饲料配方中，线性规划主要通过解决一项任务，确定如何统筹安排，尽量做到用最少的人力、物力去完成（赵丽华，2006）。利用线形规划进行配方设计的原则：从数学角度来说，线性规划问题实质上是在若干线性约束条件下求某一目标函数的最小值（最大值）；将其应用于饲料配方中，一般是指最低配方成本。线性规划为硬性约束，在一定的条件下（存在最优解），能计算出满足所有约束条件的最低成本配方。有经验的配方设计人员可以使用线性规划，线性规划往往不能一次得到满意的结果，因此须经过多次调整。线性规划的硬性约束，相比之下模糊线性规划为软约束，美国科学家 Chames 和 Cooper 最早提出多目标规划模型，是线性规划模型的发展。模糊线性规划能根据各项营养成分的价格及用户给出的伸缩量调整配方，并且能将专家的经验融入配方设计中，从而使配方调整方便、容易（黄汉英，1999）。该模型与线性规划模型的本质区别是在约束方程中引入离差变量，对离差变量函数求极值，允许离差变量的值不为零。这些特点使得多目标规划模型具备更多的灵活性，其相应的约束条件具有一定的弹性（史明霞，2004）。

以上各种试验设计方法有各自的优缺点，在进行试验设计时应根据试验目的选择比较合适的方法，利用数学统计手段进行数据分析处理。

四、人工饲料的评价方法

通常使用的人工饲料生物学评价指标有饲养昆虫的幼虫发育历期、蛹历期、成虫寿命以及虫体各个发育阶段的个体大小、重量及成虫生殖力；饲养昆虫的幼虫成活率、化蛹率、羽化率、成虫的雌雄比例、卵的孵化率等；饲养昆虫的种群建立与维持以及在遗传和行为方面的表现，如捕食功能反应等。使用生物学评价指标，用来检测表观直接的饲养效果；使用捕食功能反应，目的是评价获得天敌的应用效能。这些只能在宏观上反映人工饲料的可利用性。

除了宏观上的生物学指标外，还可在微观上对生理生化方面的指标进行评价。饲料中的大分子物质如蛋白质、脂肪等必须通过消化酶的作用分解成小分子物质才能被吸收利用，而中肠消化液和中肠组织中的酶系影响饲料中各营养成分的消化和吸收，因此，这些酶的活性强弱与饲料的吸收利用有着直接关系。通过测定中肠各主要消化酶的活性可反映出饲料组分配比的适合度（李春峰，2000）。国内，许多研究者常用氧化铬比色分析法测定昆虫取食量和利用率（陈志辉，1981）。在人工饲料中加入惰性化合物三氧化二铬作为指示物，它在食物中不被昆虫吸收利用，在三氧化二铬浓度含量不超过 4% 时对昆虫没有毒性。分析含有氧化铬的样品时，先把氧化铬氧化成重铬酸（$Cr_2O_3 \rightarrow Cr_2O_7$），再用二苯卡巴肼显色，使用分光光度计测定重铬酸盐的离子含量，最后以测定的重铬酸盐浓度，通过比较排泄物中氧化铬浓度与食物中氧化铬浓度的差异，就可算出昆虫取食饲料的量和饲料利用率。Joseph 等（2003）在研究杂食性天敌昆虫普通草蛉的人工饲料时，曾运用稳定性同位素技术，由此测定天敌昆虫所吸收的主要营养物质和吸收量，此项技术也可反映人工饲料组分的配比适合度。

可以通过多种方法对天敌昆虫人工饲料进行评价，使用每种评价方法的目的存在差异，如从生理生化方面进行评价，可以了解人工饲料对饲养昆虫生理方面造成的影响，从而指导改良饲料配方。总之，正确使用这些评价方法，是我们研究天敌昆虫人工饲料必不可少的重要手段。

五、天敌昆虫人工饲料中存在的问题及展望

经人工饲料饲喂的天敌昆虫，常出现发育滞缓、存活率低、无法化蛹或化蛹率低、蛹重减轻、羽化困难、成虫体重减轻及无法产卵或产卵数量减少、雌雄性别比例失调等问题。研究天敌昆虫的人工饲料的最佳途径是对其最喜好猎物的营养成分进行分析研究。Nettles（1990）和 Grenier（1994）都认为在人工饲料里添加天敌昆虫猎物的粗提取物，可适当缓解上述问题，但昆虫粗提取物跟天然食物一样，成本相对较高。提取昆虫细胞并进行培养扩繁后，作为天敌昆虫人工饲料的主要成分，不仅能够满足天敌的营养需求，而且能够显著降低饲料成本，是比较有效的解决途径之一。

目前，对人工饲料中存在的问题，最多的解释是营养平衡失调和昆虫取食量少，深入阐述并解释机理的研究比较少。为了更深入地探寻这些问题的根源，并最终解决这些问题，需要将昆虫生理学和营养学知识紧密结合起来。了解蛋白质、碳水化合物和脂肪在人工饲料中的比例，氨基酸种类及含量，此外，还需要了解天敌昆虫对营养成分的消化和吸收方面的生理生化知识，才能得出针对性较强的人工饲料配方（Cohen，1992）。目前，绝大多数人工饲料都是经验式的配方，最普遍的营养技术仍停留在饲喂观察阶段，比较添加或者减少一种成分，或者各成分间的比例发生差异后，试虫的各种生物学特征有何变化（House，1974）。而在猎物营养成分分析方面的研究相当少，这也是阻碍天敌昆虫人工饲料发展的原因之一。

天敌昆虫对猎物的取食，除受饲料的化学成分影响之外，饲料的物理性状也是极其重要的。目前，人工饲料的剂型主要有粉状、凝胶状、流体状等。剂型的设计需要考虑三方面的因素，即有利于取食、易保存和不损失养分。对于捕食性天敌昆虫，在人工饲料的剂型设计时要考虑到昆虫的口器、取食行为与饲料成分之间的关系，才能更好地摸索出适合不同天敌的剂型（忻介六等，1979）。如在应用猪肝等鲜材料饲养瓢虫的配方中，一般采用流体状，但是容易结块，且易于变质和黏着饲养的昆虫，所以很难在实际生产中大规模的应用（沈志成等，1989）。因此，对鲜材料在不损失养分的情况下加工并进行配制的研究将有待进行。在赤眼蜂的生产摸索中，一开始均采用悬滴法，方法烦琐，不能在生产中应用。广东省昆虫所天敌研究组（1986）首次报道以人工寄主卵生产机生产赤眼蜂人工卵获得成功，终于解决了生产加工的难题。此外，在饲料的制作过程中，要考虑到各组分的物理性质如黏度、细度、均匀度等都可以影响昆虫的取食和消化。在室内连续长期饲养的昆虫，无论是用人工饲料还是自然饲料，种群的生活力都会出现不同程度的衰退现象。因此，将昆虫生物学、昆虫生理学、昆虫营养学、生态学以及遗传学相结合，深入研究并解释这些问题，将是天敌昆虫人工饲料的主要探索方向之一。

第五节　规模化饲养的质量控制

分析国内外天敌昆虫引种与应用失败的原因，一般认为主要有三方面因素：一是没有解决好天敌种类品系及生态型问题，错误地从他地引种；二是没有解决好天敌产品的品质问题，实验室内扩繁的昆虫、或用人工饲料大量饲养的天敌昆虫与田间的天敌昆虫在品质上会发生变化，如选择性取食或强迫性饲喂改变了天敌昆虫的营养需求、天敌昆虫扩繁时的环境参数不利，产品进入滞育或休眠状态，或尚未解除滞育状态，如果未进行检验，没有明确产品品质，随意地进行释放，难免导致失败；三是没有解决好天敌昆虫的释放问题，在释放的时间、空间以及具体方法上，没有结合天敌昆虫特殊的生境要求，而随意释放，也会导致应用失败。

近年来，国内外学者围绕天敌昆虫产品的质量控制，开展了广泛而深入的探讨。国际生物防治生产商协会（International Biocontrol Manufacturers Association）目前制定出 30 多种天敌的质量控制标准（Lenteren，1996，1998，2003；Lenteren，1999），这些标准已被欧洲、北美多家天敌昆虫公司采用，据其生产规模和扩繁种类、数量具体运用 1~20 种检测方法进行天敌产品的质量检验。这些标准包括：天敌数量、羽化或孵化百分率、雌虫百分率、繁殖力、最短存活寿命、寄生率、捕食率、成虫体型、飞行能力、田间表现等指标。国际有害动植物生物防治组织（International Organization for Biological Control of Noxious Animals and Plants，IOBC）在其网站上（www. users. ugent. be）介绍了从 1982—2010 年的历次国际会议，并列出了有关昆虫质量控制的著作。

综合而言，在人工扩繁条件下，捕食性瓢虫的质量控制标准：形态学指标，包括产品如幼虫、蛹、成虫的大小、重量、畸形率；发育生态学指标，包括卵、幼虫、蛹的发育历期，卵、幼虫、蛹、成虫的存活率，雌雄性比，产卵前期，产卵持续时间，寿命；生物化学指标，包括蛋白质、脂类、碳水化合物、激素等的含量；行为学指标，包括捕食效率、运动能力、搜寻寄主能力等；遗传学指标，包括遗传变异性和纯合率等。对捕食性瓢虫质量检测方法主要包括：形态学检测，重点是检测畸形率；生物学检测，主要是发育历期；生态学检测，重点是捕食率；生物化学检测，重点是对蛹进行检测；行为学检测，重点是捕食行为和飞行能力；分子生物学检测，一般较少使用，主要针对饲养扩繁中的遗传变异检测。

在捕食性瓢虫质量控制方面，Robert（1998）评估了包括长足瓢虫 *Hippodamia convergens* Guérin 在内的 4 种天敌昆虫发货后的质量。由于天敌的种类和天敌公司的运输时间等原因，发货和收货后的数量会有很大差异，研究显示长足瓢虫大约有 20% 的寄生率，每 1 000 头甲虫中有 75~508 头生殖活跃的雌虫。如果进一步研究，这样的信息可以作为一个行业标准提供给客户。van Lenteren 提出了关于孟氏隐唇瓢虫的质量控制标准：检测条件为温度 25℃±2℃；湿度 70%±5%；光暗比 L：D＝8：16。检测成虫质量指标包括 3 项内容：①性比，雌虫比例应大于 40%，样品数量 100 头，此检测每季进行一次；②寿命，最少生存 30d，样品数量 30 头；此检测每季进行一次；③生殖力指标，要求平均每雌每 10d 产卵大于 50 粒，样品数量 30 头，此检测每季进行一次。孙毅等（2000）提出了七星瓢虫规模化饲养的质量控制，包括生活力特征（体重大于 26.9mg、羽化率大于 87.7%、寿命达到 62.9d、储藏时间大于 51.6d）；生殖力特征（产卵前期短于 13.7d、产卵雌虫率大于 86.9%、产卵期大于 52.9d、卵孵化率达到 85.8%、产卵量达到 4 027 粒）；捕食能力（饥饿 24h 后，在 220 头蚜虫/m² 密度下，日捕食量达到 70.15 头）三方面的参数。将此七星瓢虫与瓢蚜比按 1∶100 释放至田间时，成虫 5d 后达到 82.5% 的防治效果，释放蛹则有 2~3d 滞后期。故在田间应用时，应提前 2d 置室温下羽化后释放。

第六节 发育调控

当前国内外天敌昆虫产业化的一个瓶颈问题：天敌昆虫扩繁周期较长，存活期较短，产品出厂时间很难与害虫发生期一致，往往导致天敌昆虫在害虫发生前就已死亡，或害虫发生时没有天敌产品可用。故此，调控天敌昆虫产品的发育进度具有重要的现实意义。利用昆虫本身固有的遗传性能——滞育，是调控天敌昆虫产品发育进度的有效途径之一。现阶段国内外大量应用的天敌昆虫产品，已基本掌握了诱导天敌昆虫进入滞育及解除滞育的技术，能及时将生产出的天敌昆虫以滞育状态进行储存，在释放前再打破滞育使其进入活跃状态来防治害虫，滞育调控技术已成为天敌昆虫生产和高效应用的核心技术之一（Denlinger，2004）。此外，开展天敌昆虫滞育的研究，也有助于掌握天敌昆虫的发育特点与发生动态，提高害虫防治效率，有助于加深对天敌昆虫发育机制的认识，探寻昆虫的环境适应机制及进化途径。因此，滞育调控及滞育机理研究也一直是昆虫学研究的一个重要领域（Denlinger，2002）。

一、滞育的判断

判断指标的选择对于瓢虫滞育研究至关重要。大多数瓢虫滞育虫态为成虫，成虫的滞育有很多指标来反映，如产卵前期、卵巢卵子的发育进度、生殖活动、体表特征等。从目前已有的研究来看，除依照雌虫一定时间内是否产卵判断瓢虫的滞育外，生殖系统的发育状况、脂肪体的大小也是判断瓢虫滞育的常用标准。

产卵时间：滞育瓢虫与非滞育瓢虫的产卵前期有很大差异。如非滞育瓜茄瓢虫 *Epilachna admirabilis* 东京种群在食料充足、25℃、短光照条件下的产卵前期为 30d（均值）左右，而滞育个体（同温度、长光照条件下）则 70d 内也不产卵（Imai，2004）；七星瓢虫札幌种群（Okuda，1994）、异色瓢虫希腊种群（Berkvens，2008）、黄柏弯角瓢虫中欧种群（Hodek，1983）、二星瓢虫 *Adalia bipunctata*（Obrycki，1983）以及日本食螨瓢虫 *Stethorus japonicus*（Katsuhiko，2005）也表现出类似现象。因此成虫产卵前期的这种差异可以作为滞育的判断标准，而且不同于解剖学的判定方法，这种方法不影响成虫的正常发育，有利于研究成虫的滞育发育时间、滞育结束后的生殖力、再次滞育等生物学特征，是一种较好的判断手段。

生殖系统发育受到抑制是成虫滞育的典型特征（许永玉，2001）。而雄性瓢虫成虫生殖发育早在蛹期就已开始，且多数个体的睾丸管在滞育期间依然保持活性，故无法从性腺的发育状态准确判断雄虫滞育（Hodek，2000）。相反雌性成虫滞育状态下卵巢发育几乎停滞，卵巢不活跃，卵子发生的发育受到抑制，卵巢内无成熟卵；卵子形成的发育几乎停止，发育阶段通常不超过卵黄形成期，如七星瓢虫、异色瓢虫、黄柏弯角瓢虫

S. undecimnotata、茄二十八星瓢虫 *Henosepilachna vigintioctopunctata* 等（Okuda，1994；Berkvens，2008；阎浚杰等，1980；Sakurai，1983；Sakurai，1987；Sakurai，1986；Sakurai，1992；Storch，1973；翟保平，1990；Katsoyannos，2005；Kono，1982；Katsoyannos，1997）。

脂肪体发育良好是瓢虫滞育的显著特征（Hodek，1996）。在对比正常个体与滞育个体的脂肪体时发现，滞育成虫个体的脂肪体在滞育初期逐渐增大；滞育后脂肪体填充整个腹部，体积明显比非滞育个体大，如七星瓢虫、黄柏弯角瓢虫、茄二十八星瓢虫、异色瓢虫、黄柏弯角瓢虫希腊种群等（阎浚杰等，1980；Kono，1982；Okuda，1994；Katsoyannos，1997）。

七星瓢虫在夏滞育时鞘翅色泽也表现出一定的差异（阎浚杰等，1980；Sakurai，1983；Sakurai，1987），滞育成虫鞘翅颜色浅，长期呈现黄色；而非滞育个体鞘翅色泽较深，为红色。但瓢虫鞘翅色泽发育是一个渐变过程，与温度、食料、时间等诸多因素有关，此指标可靠的标准还有待进一步研究。此外，七星瓢虫成虫飞行肌的发育状况以及起飞行为也可以作为其滞育的参考标准（Hodek，1996）。

解剖研究表明，滞育雌虫与非滞育雌虫解剖形态学差异明显，滞育雌虫卵巢发育停滞，卵巢呈透明状，卵巢小管长时间内未见卵黄沉积，脂肪体颗粒堆满整个腹部；非滞育成虫卵巢小管出现卵黄沉积，卵巢中含有待产卵粒，脂肪体数量较少（王伟，2013）。判断七星瓢虫成虫滞育时，采用产卵前期作为标准切实可行，具体的判断标准：18℃下40d内未产卵、24℃下30d内未产卵、30℃下15d内未产卵的雌虫视为滞育个体（王伟，2012）。

二、滞育的调控

昆虫滞育是一系列因子综合调控的结果，通常在不良环境到来前，昆虫就已经感知了某些因子（光周期、温度、食料等）的诱导信号，进而决定是否进入滞育；在各种调控信号中，光周期因其对昆虫滞育的影响稳定、准确，被作为最主要的诱导因子而得到了广泛研究；温度作为仅次于光周期的调控因子，在昆虫的滞育过程中也起重要作用；除了光周期、温度外，食料因子对昆虫的滞育也具有重要影响。

1. 光周期

光周期是指在一天中昼夜节律的固定变化。目前，在滞育方面有较深入研究的18种瓢虫（25个地理种群），均受光周期的影响。感受光周期并进入滞育的敏感虫态除瓜茄瓢虫东京种群为幼虫外，其余18种24个地理种群均为成虫。研究表明，幼虫和蛹期横斑瓢虫 *Coccinella transversoguttata*、十三星瓢虫 *Hippodamia tredecimpunctata* 的光照经历对成虫的滞育并无显著影响，光周期主要调控成虫的滞育（Storch，1973；Storch，1972）。也有个别学者（Hodek，1996）认为幼虫期和蛹期瓢虫也可能是滞育的敏感虫态。

光周期对瓢虫滞育的调控作用及其特点主要体现在以下几个方面：①诱导成虫滞育的主导因子。特定温度下，光周期决定冬滞育的发生，短光照诱导滞育，长光照阻止滞育发生，如七星瓢虫札幌种群（Okuda，1994）、异色瓢虫（Berkvens，2008）、黄柏弯角瓢虫（Hodek，1983）、横斑瓢虫（Storch，1973）、深点食螨瓢虫 *Stethorus punctillum*（Hodek，1996）、双斑唇瓢虫 *C. Bipustulatus*（Tadmor，1971）、肾斑唇瓢虫 *C. renipustulatus*

（Hodek，1996a）、李斑唇瓢虫 *C. geminus*（Hodek，1996）等；在一定温度范围内，瓜茄瓢虫（东京种群）（Imai，2004）、九星瓢虫 *Coccinella novemnotata*（McMullen，1967）以及七星瓢虫（中欧种群）（Sakurai，1992）的滞育依然由光周期决定。②调节滞育的深度，影响滞育持续时间。光周期对某些瓢虫的滞育诱导作用表现出数量反应特征和等级反应（肖海军等，2004），如二星瓢虫在光照时长（L：D＝13：11）接近临界光周期（光照时长 13~14h）时滞育强度最弱，滞育持续时间仅为 L：D＝10：14 条件下的一半左右（Obrycki，1983）；不同长度的日照诱导了墨西哥大豆瓢虫 *Epilachna varivestis* 不同长度的滞育持续时间（Taylor，1984）。③解除滞育的重要因子，光周期对滞育解除起到一定的活化作用，但是在滞育后期或滞育解除后，至少是滞育解除后的一段时间内，光周期对瓢虫的滞育却丧失调控作用。如将滞育初期的瓜茄瓢虫（东京种群）置于非滞育条件（L：D＝13：11）下 5d 后，雌虫开始恢复生殖（Imai，2004）；长光照能促进七星瓢虫札幌种群的冬滞育的解除（Okuda，1994）；七星瓢虫（中欧种群）（Hodek，1996）、黄柏弯角瓢虫（Hodek，1977）在滞育后期或滞育解除后，长光照和短光照下雌虫均能产卵。④再次诱导成虫滞育，即成虫表现出循环光周期反应，如七星瓢虫中欧种群在短光照条件下产卵一段时间后，恢复光周期敏感性，停止产卵，再次进入滞育（Hodek，1977）。

2. 温度

温度作为一种仅次于光周期的重要影响因子，在昆虫滞育调控过程中起着重要作用（Hodek，1988；薛芳森，2001；王小平，2006）。对昆虫进行光周期滞育诱导的过程中，通常温度是一个恒定值，这使得温度对昆虫滞育的诱导作用只能通过光周期而间接表现出来（王小平，2006）。目前，温度对瓢虫滞育诱导的影响尚未得到全面系统的研究，但已有的研究结果表明，温度在瓢虫的滞育中发挥着重要作用，具体表现：①重要的诱导因子。高温促进长光照对夏滞育的诱导甚至决定夏滞育的诱导，如七星瓢虫本州岛种群在温度均值高于 21.5℃ 时夏滞育率较高，而均温低于 21.5℃ 时滞育率较低（Ohashi，2003）；处理条件为 25℃、L：D＝10：14 时，七星瓢虫本州岛种群产卵 10d 后停止产卵进入滞育状态（Sakurai，1983；Sakurai，1987）。②调节光周期的诱导强度，光周期反应显示出温度敏感现象（肖海军，2004）。温度的变化影响光周期的滞育诱导甚至会改变成虫的临界光周期，如七星瓢虫中欧种群（Hodek，1996）、肾斑唇瓢虫 *C. renipustulatus*（Hodek，1996）、九星瓢虫 *Coccinella novemnotata*（Mcmullen，1967）、深点食螨瓢虫 *Stethorus picipes*（Hodek，1996）、苜蓿瓢虫 *Subcoccinella vigintiquatuorpunctata*（Ali，1975）。③滞育活化或解除的主导因子。对于七星瓢虫札幌种群来说，温度起着重要的活化（activation）作用，适当高温（30℃）配合长光照（L：D＝16：8）能阻止 63%（*n*＝19）的个体滞育，而同样光周期下 25℃ 的阻止作用降至 37%（*n*＝30）（Okuda，1994）；而高温能完全抑制短光照对深点食螨瓢虫的滞育诱导（Hodek，1996）。适当的高温加速冬滞育的发育，从而促进滞育的解除，如七星瓢虫冬滞育解除速度在 12℃ 下明显高于低温（5℃、0℃）（Storch，1973）。④影响滞育个体的存活率。如 30℃、长光照（L：D＝8：16）处理瓜茄瓢虫（东京种群）的成虫 55d，滞育雌虫的存活率下降为 50% 左右，雄虫则下降更多，而 25℃ 的成虫则全部存活（Okuda，1994）。

3. 食料

食料因子不仅影响昆虫的发育速度、发育质量，而且也是一种重要的滞育诱导信号，它从质量和数量两个方面影响昆虫的滞育（王小平，2004）。食料因子对瓢虫滞育的调控作用具体表现在影响滞育前期、滞育率等方面（Kono，1982；Ohashi，2003；Ali，1975；Michaud，2005；Zaslavskii，1998）。如当食料数量减至正常饲喂水平的30%~40%时，茄二十八星瓢虫的滞育光周期敏感性与正常饲喂个体相比延长一倍，滞育前期也比正常饲喂成虫长10d左右（Michaud，2005）；锚斑长足瓢虫在仅喂食水或向日葵茎秆时，滞育率为100%，而喂食地中海粉螟 *Ephestia kuehniella* 卵与水则降至60%左右（Michaud，2005）；就某些种的滞育诱导而言，光周期并无明显作用，食料因子起着主导作用，决定成虫的滞育，如锚斑长足瓢虫（Michaud，2005）、纤丽瓢虫 *Harmonia sedecimnotata*（Zaslavskii，1998）和波纹瓢虫 *Coccinella repanda*（Hodek，1996），取食蚜虫时，成虫几乎不滞育，而取食其他饲料时则多数进入滞育。

由此看出，光周期、温度与食料存在相互作用，共同调控瓢虫的滞育启动和解除。自然条件下，不同地理区域甚至同一区域不同海拔，其环境条件（温度、光照、食物、湿度等）往往存在一定差异。这种栖息地环境条件的多样性也造就了同种不同地理种群的瓢虫适应方式的地理多样性，如七星瓢虫中欧种群以及日本札幌种群，其冬滞育是耐受严冬、保证存活的重要手段；而本州岛地区冬季相对温和，部分地区夏季高温不利于其种群的繁衍增殖，瓢虫表现出夏滞育（Hodek，1994；Ohashi，2003）。因此已有的研究结果只能作为参考，应针对特定区域瓢虫滞育的具体表现开展系统研究。

4. 其他因子

保幼激素：成虫体内保幼激素（Juvenile Hormone，JH）的滴度与成虫的滞育密切相关，当成虫体内保幼激素含量不足时，成虫的生殖发育受到抑制，进入滞育状态；而随着滞育发育的进行，滞育强度逐渐减弱，JH 的含量逐渐上升，成虫也慢慢解除滞育（Denlinger，2004）。因此，处于滞育状态的瓢虫，通过注入 JH 或保幼激素类似物 JHA 能有效的解除滞育，如七星瓢虫、异色瓢虫和黄柏弯角瓢虫 *S. undecimnotata* 等（Sakurai，1986；Sakurai，1992）。也有观点认为，成虫滞育不仅仅是因为 JH 缺乏，类固醇蜕皮酮也发挥一定的作用（许永玉，2001；Hodek，1996）。

湿度、种群密度、亲代效应等其他因子对昆虫的滞育调控也发挥着作用（Tauber，1976；Tauber，1986），但目前尚未见这些因子在瓢虫滞育调控中的具体报道。

以七星瓢虫为例，如在长光照 L：D = 8：16 下，温度对七星瓢虫雌虫产卵发生存在显著影响，高温显著加速雌虫的卵巢发育速度，缩短其产卵前期，而低温则延缓雌虫卵巢发育，延长了雌虫的产卵前期。成虫羽化初期是其滞育的敏感虫期，只有此时施以短光照刺激，成虫才能进入滞育。18℃时，初羽化成虫和初产卵雌虫对短光照极为敏感。七星瓢虫属短日照—低温诱导的冬滞育型昆虫。滞育诱导与温度、光周期及其互作相关，其中温度是决定性因子，光周期伴随温度发挥滞育诱导作用。滞育率随温度降低而显著升高；随光照时长的延长而显著降低。此外，滞育的光周期反应呈温度敏感型特征，温度对其光周期反应具调控作用，18℃时滞育临界光照时长在 14~16h/d，24℃ 和 30℃ 时不存在明显的临界光周期。七星瓢虫滞育持续时间受光周期和温度的共同影响，雌虫的滞育持续时间与滞育诱导的光照时长呈负相关，随光周期的缩短而延长，光周期对成虫滞育持续时间的调控作用表现出数量反应特征，暗示成虫对光周期进行数量测量；滞育诱导的温度能调节成虫滞育发育的速度，从而影响成虫滞育持续期，较低温对成虫滞育维持具有促进作用，延长了成虫的滞育持续时间；高温则加快滞育发育速度，促进滞育成虫的产卵发生。环境条件改变后，滞育成虫依然保持对温度和光周期的敏感性，温度与光周期对七星瓢虫滞育解除都具有显著的影响。长光照对成虫滞育解除具有促进作用，环境条件为长光照时，滞育解除历期显著短于短光照；短光照则维持成虫滞育，成虫经过较长时间的滞育发育后解除滞育。适当升高温度可加速成虫的滞育解除，温度为24℃时与18℃时相比，成虫滞育解除速度加快，滞育解除历期缩短。无论光周期为长光照还是短光照，成虫在环境温度升高时，都能很快解除滞育，表明温度对成虫滞育解除起决定作用，光周期伴随温度起作用；对于滞育成虫而言，短光照和低温起维持成虫滞育发育的作用。滞育经历显著影响成虫的生物学特征，滞育后成虫在生殖力、寿命等方面均有降低。与正常发育个体相比，24℃时经历滞育的成虫，无论雌雄其寿命均缩短，滞育后雌虫的产卵期缩短，30d内雌虫的总产卵量以及卵的孵化率下降；光周期对滞育后成虫生物学特性影响不显著，滞育解除后雌虫即使在滞育诱导的短光照下依然能长时间持续产卵，表明光周期对滞育后成虫的生物学特性无显著影响（王伟，2012）。

第七节 产品储藏、包装与释放

一、产品储藏研究进展

与生产计划相关的问题或者一些不可预知的需求等使天敌的储藏和包装成为必须，许多有益节肢动物的短期储藏方法已经得到发展，通常将未成熟阶段的天敌昆虫储藏在4~15℃，一般储存几周，而且还会降低其生活力（Pittendrigh，1966）。瓢虫在应用过程中需要进行储藏，以在适当的时间释放到田间发挥控害作用。对瓢虫各个虫态的研究结果显示，瓢虫在成虫期相对其他虫期储藏时间较长，此外，卵期储藏也可作为一个短期的手段。储藏期间结合人工喂养可以相对改善瓢虫的生理和生殖指标。

藤树兵（2004）通过对各虫态的低温冷藏实验，明确了适合人工繁殖过程的保藏虫态为卵和成虫，其最适保藏条件为：初产卵在25℃、湿度70%~90%下发育15h后置于10℃、湿度70%~90%条件下冷藏12d，再在14℃下、湿度70%~90%条件下缓慢发育至孵化。按此法保藏初产卵块，经保藏21d后孵化率仍大于90%，可满足人工扩繁过程中对卵的保藏要求；初羽化成虫在15℃、L：D=0：24条件下饲喂16d，即经人工诱导滞育后再置于10℃下冷藏，在冷藏90d后存活率仍大于70%，可满足人工扩繁过程中对成虫的保藏要求。在以上实验结果的基础上提出，异色瓢虫的商品虫态主要为经过保藏处理的卵块（Quezada，1973）。梅象信等（2007）研究了异色瓢虫成虫在低温辅助人工饲料饲喂条件下的保存试验，对异色瓢虫成虫在不同低温条件下的储藏存活率进行了研究，结果显示，8℃下异色瓢虫保存效果较好，保存一个月后存活率为90%，3个月后存活率为52%，低温储藏结合人工饲料喂养，可有效延长瓢虫的寿命。刘震对人工扩繁异色瓢虫最适冷藏条件进行了研究，结果显示，异色瓢虫卵在10℃条件下能冷藏更长时间（15d左右）。幼虫较为适宜的冷藏保存温度为5~8℃，此温度范围内冷藏保存20d左右的存活率能达到80%左右；异色瓢虫幼虫较为适宜冷藏的龄期为3龄。较适合异色瓢虫刚羽化成虫保存（30d左右）的温度是10℃。

对十一星瓢虫 *Coccinella undecimpunctata* L. 的储藏研究显示（Rinehart，2007），
6.0℃贮藏条件下，7d后卵的孵化率是65.0%。15d、30d、60d后卵孵化率是零。三龄和
四龄幼虫存活率大于一龄和二龄幼虫。幼虫存活率在15d后迅速下降。在30d或60d贮藏
后没有幼虫存活。成虫贮藏蛹羽化的比例从7d的85.0%下降到30d的25.0%。成虫存活
比例与贮藏前的饲喂相关。从目前研究来看，成虫贮藏是最佳发育阶段。另外，发现成虫
贮藏前的饲喂影响着瓢虫的寿命、生殖力和消耗率。

对多异瓢虫的最适冷藏条件研究显示，9℃是多异瓢虫卵（20d内）最适合的冷藏温
度。对刚羽化的成虫在15℃、L：D=0：24预处理13d后置于9℃冷藏能保持最高的存活
率和最长的存活期，是最佳冷藏方法。

随着瓢虫类滞育研究的不断深入，与瓢虫滞育相关的发育调控和贮藏研究日渐增多。
滞育作为昆虫对不良环境的适应性策略，其种的遗传特异性让我们对它的研究充满兴趣。
瓢虫进入滞育后，不经特殊处理，一般会较长时间处于低代谢的缓慢发育状态，此时滞育
瓢虫可以存活很长时间，这对于我们利用瓢虫的滞育调控其生长发育进而用于扩繁、延长
产品货架期，提供一个新的途径。刘震研究了异色瓢虫滞育诱导条件：温度为14~16℃，
光周期为L：D=4：18，在此适宜条件下定量饲喂异色瓢虫成虫18~20d，成虫便可以进
入滞育状态，即完全停止取食且不活动。异色瓢虫滞育成虫的适宜冷藏条件，对15℃、
L：D=4：20、相对湿度=70%~90%条件下定量饲喂20d已进入滞育状态的异色瓢虫成
虫而言，8~10℃是较为理想的长期冷藏保存温度。在此温度条件下冷藏保存120d，异色
瓢虫成虫的存活率仍高于85%。12℃适宜短期冷藏保存，在此温度条件下冷藏保存50d，
异色瓢虫成虫的存活率仍能达到100%。王伟（2012）对七星瓢虫滞育的研究，发现七星
瓢虫属成虫滞育且滞育诱导受温光周期调控，其中温度是决定性因子，光周期伴随温度发
挥滞育诱导作用。18℃时滞育临界光照时长在14~16h/d。18℃初孵成虫经光周期L：D=
10：14诱导40d进入滞育后，仍在原条件下饲养，滞育持续时间为114.11d。18℃条件
下，不同光周期条件下，七星瓢虫的滞育持续期有显著差异。此外，成虫在滞育解除后，
即使在原滞育诱导条件下仍可以产卵，表明滞育发育后期，成虫暂时失去对促进诱导滞育
的短光照的敏感性。这些研究对于延长七星瓢虫的货架期具有重要的指导作用。七星瓢虫
在大规模饲养中，滞育诱导阶段，低温短光照处理可以延长雌虫的滞育持续时间；成虫滞
育后，进一步缩短光照和降低温度，则可有效延长产品储存期。

二、产品包装和释放

Ukishiro 等（1991）发明了一种用于天敌昆虫饲养或运输的装置，可以用来作为饲养
或运输食虫昆虫的庇护所。制作了一种空瓶，其中，放入小块塑料泡沫，在其上表面留取
一个或多个小孔，孔的大小可以保证食虫昆虫通过，但是小块塑料泡沫不能穿过。这个设
计可防止食虫昆虫的自相残杀，实现对食虫昆虫的有效饲养和运输，特别是像捕食性昆
虫，如草蛉、瓢虫。

天敌的释放受到各种生物因素和非生物因素的综合影响，也因防治和释放对象差异
而存在不同地区释放量和释放方式的差异，所以释放相关技术的研究，要在综合考虑
释放地生态系统本身的基础上，因时因地采取合适的技术，达到最大的经济、社会和
生态效益。

进行捕食性瓢虫释放时，需注意以下几点。

（1）要对所释放地区的基本情况有清晰的了解。了解本地区往年虫害发生情况，清晰本年度和季节的虫情监测情况，把握准确的虫情信息是防治的重点。高福宏等（2012）指出异色瓢虫的释放最好在百株蚜量为100~150头，蚜量一级时即可开始第一次释放。

（2）根据蚜虫与瓢虫的比例确定释放的虫量。按照释放虫态及其捕食功能和控制能力的不同、释放地的实际情况如害虫种类、害虫种群数量等通过具体的试验研究详细确定。此外，也可在虫情调查的基础上按照往年经验释放，释放前可在温室内提前种植带蚜虫的油菜等植物，并在其上释放少量瓢虫进行繁殖，田间害虫发生早期放入，控制初发害虫并为田间提供瓢虫种源。还有其他的释放方式，可以根据具体的实际情况采用其他方式释放或者各种释放方法结合，进行综合的控制。

（3）对于释放虫态的研究，瓢虫属于完全变态，各虫态释放均有研究。卵期释放较为方便，但易受气候条件的影响及天敌的为害。成虫期释放存活率、抗药性较强，但是活动性太大，也影响防效。幼虫期释放相对较多，因为相比于卵，其存活率较大；同时也没有成虫的高活动性；对于人力，也是相对节约的一种方式。针对各个虫态的优缺点，各地都依据具体的情况进行了相应的改造和优化。北京市农林科学院研制的卵卡，将粘有卵粒的卡片部分卷折，卵卡打折打孔直接挂于树枝基部，释放后即防雨又保护植物。针对成虫的高活动性，在法国培育出了异色瓢虫不飞的纯合子品系，且明显延长了瓢虫捕食时间。有些瓢虫在应用的时候剪去后翅的1/3，冷水短时猛浸或饥饿1~2d后在无风晴朗的日落后释放。Femn等将异色瓢虫的食料地中海粉螟卵粘在小型透明塑料盒底部。然后放入幼虫，将盒子开盖后置于植株上部，让幼虫自行爬出。此外，还可以释放成虫。在田间直接散放。也可用释放纸盒，装入成虫后放置或挂在植株上，打开释放孔，瓢虫自行爬出觅食。阮长春等（专利申请号：20092009066.8）发明了一种异色瓢虫成虫释放装置，为封闭的方形盒体，材质选用高密度纸板，两侧面上各留有一圆孔，该圆孔处用薄纸封闭；盒内部底面有一柱形槽，其内放置有蘸取蜂蜜水的脱脂棉，顶部盒盖中间有一挂钩。采用此装置运输及释放瓢虫成虫，可以避免运输过程中挤压，内部柱形槽提供的蜂蜜水可保证水分及营养的补充，减少虫体在运输过程中的死亡；两侧面圆孔处薄纸封闭的设计，使整个释放过程快速便捷。此外，孙光芝等（申请号：200920217963.6）发明公开了一种越冬代异色瓢虫的收集、低温储藏及释放方法，选用负吸式吸尘装置为收集越冬代异色瓢虫容器；收集的异色瓢虫置于冷库或冰柜中低温储藏，储藏方式是将瓢虫采集回来分装至布袋中，布袋内置有折纸作为瓢虫越冬载体；根据害虫的季节性发生，按防治对象发生量确定释放量，直接将异色瓢虫投放至保护作物上，瓢虫的运输及释放选用盒式装置。本方法实现越冬代异色瓢虫的快速大量收集；选用越冬代成虫为释放虫态，利用冷库或冰柜储存，实现越冬代异色瓢虫的长期储存。根据马菲等（2005）的研究：①一般按"益害"比1：（50~80）进行释放；②释放虫态最好是成虫、幼虫和卵混合，有利于种群的建立，保证有效持续的控害效果；③释放时间：成虫在阳光照射下会大量迁移，最好日落后释放；④释放方式：可单个释放，也可装在各种容器内定点释放。

第八节 瓢虫应用实例

一、Koppert 公司的产品二星瓢虫商品实例

1. 包装规格

棉布袋。内含 100 只在荞麦上的幼虫。

2. 防治对象

用于蚜虫各阶段的防治，棉布袋专门用于树上（如椴树、栗子）。

3. 使用方法

在果园等地：打开袋子，用钉子固定或者用线挂在树的第一枝上，严重感染的树枝，使用多袋。每 25cm 用 1 袋，最多每棵树 3 袋。在温室时，应用于严重侵染的叶子，用于彻底的根治，适用于一些蚜虫为害严重的植物，此产品应用于 DIBOX 涂抹器。

4. 使用数量（表 8-5）

表 8-5　Koppert 公司的产品二星瓢虫商品实例

使用阶段	密度	m²/单位	间隔（d）	频率	备注
预防	—	—			
轻度发生	10/m²	25	—	1 倍	仅用于感染地块
重度发生	50/m²	5	—	1 倍	仅用于感染地块

5. 产品存储

收到后 1~2d 存储，存储温度：8~10℃/47~50°F，黑暗环境。

6. 产品形态

卵为黄色，群聚在叶子下；幼虫为黑色，身体两侧 0~1 黄色条纹，中间一条黑色条纹；成虫体长±8mm，颜色不一。

7. 见效时间

通常会在一个星期之内根除蚜虫。

8. 备注

瓢虫也吃干瘪的寄生蚜虫。

二、Koppert 公司的产品小黑瓢虫商品实例

1. 产品规格

瓶装，1 000 只成虫放在荞麦壳中。

2. 防治对象

温室白粉虱 *Trialeurodes vaporariorum* 和棉粉虱 *Bemisia tabaci*，所有虫态，尤其是卵和幼虫。

3. 使用数量 (表8-6)

表8-6　Koppert公司的产品小黑瓢虫商品实例

小黑瓢虫	密度	m²/单位	间隔 (d)	频率	备注
重点	100/m²	10	7	2倍	白粉虱 500/m²
轻度	1/m²	1 000	7	2倍	白粉虱 20/m²
重度	2/m²	500	7	3倍	白粉虱 40/m²

4. 释放

在温室内或者叶片上。

5. 应用方法

用前旋转或轻摇；早上或晚上释放；天气条件：最低温度20℃，最适温度22~30℃。

6. 储存和处理

黑暗中1~2d（整平存放），储存温度：12~14℃。

7. 建议

该捕食性瓢虫需要充足的食物（白粉虱）才能繁殖。

8. 备注

该瓢虫有假死现象，可以通过叶子下面的黄色粪便确定其活力。如果瓢虫把卵、幼虫和蛹吸出，仅留外壳。也可通过典型的黄色粪便来检测它们的取食活力。

9. 外观

幼虫呈灰白色；成虫1.5mm长，黑色，雌虫头呈褐色。

三、BIOBEST公司孟氏隐唇瓢虫产品实例

1. 功效

粉蚧是最难控制的害虫。它的身体覆盖一层白色的蜡状物，这往往导致化学防治的不奏效。捕食性甲虫孟氏隐唇瓢虫是清除粉蚧的优良天敌。

2. 生物学特征

孟氏隐唇瓢虫是原产于澳大利亚的瓢虫。成虫体长4mm，幼虫可长达13mm，并可通过体被白色蜡质物来识别。由于分泌物，幼虫和它的猎物看起来像一个豆荚里的两个豆子一样。然而，孟氏隐唇瓢虫幼虫更长，更易活动，它的蜡线比粉蚧的更长。从卵到幼虫的发育时间取决于温度。24℃条件下大约需要32d。雌虫在一个粉蚧群体中或者在一群粉蚧卵中生存大约2个月，每天会产10粒卵。当天气晴朗的时候是最活跃的。最佳产卵条件是22~25℃，相对湿度70%~80%。当温度降到16℃，甲虫不再活跃（滞育）。温度高于33℃寻找猎物时会混淆。

孟氏隐唇瓢虫成虫和低龄幼虫喜食粉蚧的卵和幼虫。更大的幼虫吃各个龄期粉蚧。当食物不足，也会取食蚜虫等替代粉蚧。当温室引进孟氏隐唇瓢虫时，2~3头成虫/m²。凉爽天气下应用最好。蚂蚁的出现影响孟氏隐唇瓢虫的取食。蚂蚁取食粉蚧的蜜露，因此会保护粉蚧。

3. 包装

提供成虫每25头或500头一份。放入有滤纸载体的螺帽的塑料管包装中。产卵后，要尽快引进。如果必须，可以短时间储存在15℃的温度下。

（张礼生 执笔）

参考文献

陈洁，秦秋菊，何运转，2009. 温度对龟纹瓢虫实验种群生长发育的影响 [J]. 河北农业大学学报，32（6）：69-72.

陈志辉，钦俊德，1982. 代饲料中水分对七星瓢虫的营养效应 [J]. 昆虫学报，25（2）：141-146.

戴宗廉，李桂兰，1984. 寄生七星瓢虫蛹的一种蚤蝇——瓢蛹蚤蝇初步观察 [J]. 昆虫知识，2（3）：132.

高福宏，潘悦，孔宁川，等，2012. 异色瓢虫释放技术概况 [J]. 湖北农业科学，51（11）：2172-2173，2193.

高文呈，袁秀菊，1983. 日本松干蚧天敌——异色瓢虫的人工饲养及应用的研究 [J]. 林业科学，19：63-74.

高文呈，唐泉富，胡鹤令，1979. 异色瓢虫的饲养及控制松干蚧虫口的效果试验初报 [J]. 浙江林业科技，2：41-53.

郭建英，万方浩，2001. 三种饲料对异色瓢虫和龟纹瓢虫的饲喂效果 [J]. 中国生物防治，17（3）：116-120.

韩瑞兴，蒋玉才，徐丽华，1979. 异色瓢虫人工繁殖技术研究初报 [J]. 辽宁林业科技，6：33-39.

何继龙，马恩沛，沈允昌，等，1994. 异色瓢虫生物学特性观察 [J]. 上海农学院学报，12（2）：119-124.

河北省林业专科学校平74级赴北戴河实践队，河北省秦皇岛海滨林场，1977. 秦皇岛海岸集积瓢虫带的调查 [J]. 昆虫知识，14（2）：53-55.

黄汉英，熊先安，魏明新，1999. 几种规划在优化饲料配方设计中的比较 [J]. 粮食与饲料工业，10：26-27.

黄金水，郭瑞鸣，汤陈生，等，2007. 松突圆蚧天敌红点唇瓢虫人工饲料的初步研究 [J]. 华东昆虫学报，16（3）：177-180.

荆英，黄建，黄蓬英，2002. 有益瓢虫的生防利用研究概述 [J]. 山西农业大学学报（自然科学版），4：299-303.

雷朝亮，宗良炳，肖春，1989. 温度对异色瓢虫影响作用的研究 [J]. 植物保护学报，16（1）：21-25.

雷朝亮，宗良炳，1989. 两种小花蝽酯酶同工酶的比较研究 [J]. 华中农业大学学报，8（4）：342-345.

李春峰，吴大洋，2000. 人工饲料育家蚕中肠和血液中几种消化酶活性变化 [J]. 蚕学通讯，20（1）：5-8.

李世良，张凤海，梁家荣，1986. 空中昆虫的航捕观察 [J]. 昆虫知识，23（2）：53-56.

李文江，1984. 七星瓢虫啮小蜂 [J]. 昆虫知识，2（5）：221-222.

李玉艳，张礼生，陈红印，2010. 生物因子对寄生蜂滞育的影响 [J]. 昆虫知识，47（4）：638-645.

李玉艳，2011. 烟蚜茧蜂滞育诱导的温光周期反应及滞育生理研究 [D]. 北京：中国农业科学院.

刘军和，禹明甫，2008. 猎物密度对七星瓢虫与异色瓢虫种间竞争的影响 [J]. 环境昆虫学报，30（3）：277-280.

罗希成，1964. 异色瓢虫越冬集群的报道 [J]. 昆虫知识，8（6）：254-256.

罗希成，刘益康，1976. 我国北方异色瓢虫越冬集群的调查研究——越冬场所的调查初报 [J]. 昆虫学报，19（1）：115-116.

罗希成，1964. 异色瓢虫（*Leis axyridis* Pallas）越冬集群的报道 [J]. 昆虫知识，6：4.

马菲，杨瑞生，高德三，2005. 果园蚜虫的发生及应用异色瓢虫控蚜 [J]. 辽宁农业科学（2）：37-39.

庞虹，1996. 捕食性瓢虫的利用 [J]. 昆虫天敌，18（4）：30-36.

任月萍，刘生祥，2007. 龟纹瓢虫生物学特性及其捕食效应的研究 [J]. 宁夏大学学报：自然科学版，28（2）：158-161.

尚玉昌，蔡小明，阎浚杰，1984. 蚜虫天敌——七星瓢虫的研究Ⅱ：七星瓢虫卵巢发育的分级标准及研究卵巢发育的生态学意义 [J]. 昆虫天敌，21（5）：316-319.

沈志成，胡萃，龚和，1989. 瓢虫人工饲料的研究进展 [J]. 昆虫知识，5：313-317.

沈志成，胡萃，龚和，1992. 取食雄蜂蛹粉对龟纹瓢虫和异色瓢虫卵黄发生的影响 [J]. 昆虫学报，35（3）：273-278.

史明霞，孔杰，2004. 多目标规划模型在原棉配方中的应用 [J]. 河南教育学院学报（自然科学版），13（2）：14-16.

宋慧英，吴力游，陈国发，等，1988. 龟纹瓢虫生物学特性的研究 [J]. 昆虫天敌，10（1）：22-23.

孙洪波，王瑞霞，郭天风，1999. 七星瓢虫生物学特性及人工饲养的初步研究 [J]. 新疆农业大学学报，22（4）：331-335.

唐启义，冯光明，1997. 实用统计分析及其计算机处理平台 [M]. 北京：中国农业出版社.

滕树兵，2004. 人工扩繁异色瓢虫的关键技术及其在日光温室中的应用 [M]. 北京：中国农业大学出版社.

王良衍，1986. 异色瓢虫的人工饲养及野外释放和利用 [J]. 昆虫知识，29（1）：104.

王伟，张礼生，陈红印，等，2013. 北京地区七星瓢虫滞育诱导的温光效应 [J]. 中国生物防治学报，29（2）：24-30.

王伟，张礼生，陈红印，2011. 瓢虫滞育的研究进展 [J]. 植物保护，37（2）：

27-33.

王伟，2012. 七星瓢虫滞育调控的温光周期效应及滞育后生物学研究［D］. 北京：中国农业科学院.

王小艺，沈佐锐，2002. 异色瓢虫的应用研究概况［J］. 昆虫知识，39（4）：255-261.

王小平，薛芳森，2006. 昆虫滞育诱导中的温周期效应［J］. 江西农业大学学报，28（5）：739-744.

吴少会，李峰，周昱晨，等，2007. 暗期干扰对环带锦斑蛾滞育诱导的影响［J］. 昆虫学报，50（7）：703-708.

徐焕禄，路绍杰，2000. 七星瓢虫的生活习性观察［J］. 山西果树，3（8）：27-28.

徐卫华，2008. 昆虫滞育研究进展［J］. 昆虫知识，45（2）：512-517.

薛芳森，李爱青，朱杏芬，2001. 温度在昆虫滞育期间的作用［J］. 江西农业大学学报，23（1）：62-67.

薛明，李照会，李强，等，1996. 七星瓢虫对萝卜蚜和桃蚜捕食功能的初步研究［J］. 山东农业大学学报，27（2）：171-175.

阎浚杰，尚玉昌，蔡晓明，1980. 蚜虫天敌——七星瓢虫（*Coccinella septempunctata* L.）的研究II：七星瓢虫卵巢发育的分级标准及其研究卵巢发育的生态学意义［J］. 昆虫天敌（2）：5-8.

阎浚杰，尚玉昌，蔡晓明，1981. 燕山主峰七星瓢虫迁飞现象观察［J］. 昆虫知识，18（5）：214-215.

杨惠玲，2010. 七星瓢虫对松大蚜和棉蚜的选择效应［J］. 东北林业大学学报，38（8）：149-150.

杨金宽，1984. 长白山异色瓢虫、奇斑瓢虫迁飞时间和种群成分调查［J］. 森林生态系统研究，4：181-184.

岳健，2009. 多异瓢虫 *Hippodamia variegate*（Goeze）人工扩繁技术研究［D］. 银川：宁夏大学.

翟保平，1990. 越冬代七星瓢虫和异色瓢虫的飞翔能力［J］. 应用生态学报，1（3）：214-220.

张帆，杨洪，王甦，2009. 瓢虫的大量饲养与应用［M］∥曾凡荣，陈红印. 天敌昆虫饲养系统工程. 北京：中国农业科学技术出版社.

张来存，孙万启，1989. 七星瓢虫高空迁飞观察［J］. 昆虫天敌，11（3）：1392-1411.

张礼生，陈红印，王孟卿，2009. 天敌昆虫的滞育研究及其应用［C］∥吴孔明. 粮食安全与植保科技创新——中国植物保护学会 2009 年学术年会论文集. 北京：中国农业科学技术出版社.

张礼生，2009. 滞育和休眠在昆虫饲养中的应用［M］∥曾凡荣，陈红印. 天敌昆虫饲养系统工程. 北京：中国农业科学技术出版社.

张立功，李鑫，1997. 果园蚜虫的发生与瓢虫的助迁利用［J］. 山西果树（1）：29-30.

赵丽华，2006. 线性规划在畜牧生产中的应用 [J]. 现代化农业，327（10）：26-27.

中国科学院北京动物研究所昆虫生理研究室，1977. 七星瓢虫和异色瓢虫人工饲养和繁殖试验初报 [J]. 昆虫知识，14（2）：58-60.

中国科学院动物研究所昆虫生理研究室，河南省安阳县农业局生物防治站，1977. 七星瓢虫成虫代饲料的研究 [J]. 昆虫学报，20（3）：243-252.

朱耀沂，薛台芳，1976. 赤星瓢虫与六条瓢虫代饲料之研究 [J]. 植保会刊，18：58-74.

Abdel Salam A H, Abdel Baky N F, 2000. Possible storage of *Coccinella undecimpunctata* (Col., Coccinellidae) under low temperature and its effect on some biological characteristics [J]. Journal of Applied Entomology, 124 (3-4): 169-176.

Ali M, Saringer G, 1975. Factors regulating diapause in alfalfa ladybird, *Subcoccinell punctata* L. (Col., Coccinellidae) [J]. Acta Phytopath. Hung. Sci., 10: 407-415.

Angalet G W, Tropp J M, Eggert A N, 1979. *Coccinella septempunctata* in the United States: recolonizations and notes on its ecology [J]. Environmental Entomology, 8 (5): 896-901.

Barker R J, 1963. Inhibition of diapause in *Pieris rapae* L. by brief supplementary photophases [J]. Experientia, 19: 185.

Beck S D, 1980. Insect Photoperiodism, 2nd ed. [M]. New York: Academic Press.

Berkvens N, Bonte J, Berkvens D, et al., 2008. Influence of diet and photoperiod on development and reproduction of European populations of *Harmonia axyridis* (Pallas) (Coleoptera: Coccinellidae) [J]. Biocontrol, 53 (1): 211-221.

Bünning E, 1960. Circadian rhythms and the time measurement in photoperiodism [J]. Cold Spring Harbor Symposia on Quantitative Biology, 25: 249-256.

Bünning E, Joerrens G, 1960. Tagesperiodische antagonistische: Schwankungen der Blauviolett and Gelbrot Empfindlichkeit als Grundlage der. photoperiodischen Diapause Induktion bei *Pieris brassicae* [J]. Z. Naturf., 15: 205-213.

Caltagirone L E, Doutt R L, 1989. The history of the vedalia beetle importation to California and its impact on the development of biological control [J]. Annual Review of Entomology, 34 (1): 1-16.

Cheng WN, Li X L, Yu F, et al., 2009. Proteomic analysis of pre-diapause, diapause and post-diapause larvae of the wheat blossom midge, *Sitodiplosis mosellana* (Diptera: Cecidomyiidae) [J]. European Journal of Entomology, 106 (1): 29-35.

Cohen A C, 1985. Simple method for rearing the insect predator *Geocoris punctipes* (Heteroptera: Lygaeidae) on a meat diet [J]. Journal of economic entomology, 78 (5): 1173-1175.

Cohen A C, 1992. Using a systematic approach to develop artificial diets for predators [M]// Anderson T, Leppla N. Advances in Insect Rearing for Research and Pest Management. Boulder: Westview Press: 77-92.

Danks H V, 1987. Insect Dormancy: An Ecological Perspective. Vol. 1 [M]. Biological

Survery of Canada (Terrestrial Arthropods), Ottowa.

Day W H, Prokrym D R, Ellis D R, et al., 1994. The known distribution of the predator *Propylea quatuordecimpunctata* (Coleoptera: Coccinellidae) in the United States, and thoughts on the origin of this species and five other exotic lady beetles in eastern North America [J]. Entomological News, 105 (4): 244-256.

De Clercq P, Degheele D, 1993. Quality assessment of the predatory bugs *Podisus maculiventris* (Say) and *Podisus sagitta* (Fab.) (Heteroptera: Pentatomidae) after prolonged rearing on a meat - based artificial diet [J]. Biocontrol Science and Technology, 3 (2): 133-139.

Denlinger D L, Yocum G D, Rinehart J P, 2005 . Hormonal control of diapause [J]. Comprehensive Molecular Insect ence, 3: 615-650.

Denlinger D L, 2002. Regulation of diapause [J]. Annual Review of Entomology, 47: 93-122.

Denlinger D L, 2008. Why study diapause? [J] Entomological Research, 38 (1): 1-9.

Dicke M, Jong M, Alers M, et al., 2009. Quality control of mass-reared arthropods: Nutritional effects on performance of predatory mites1 [J]. Journal of Applied Entomology, 108 (1-5): 462-475.

Dickson R C, 1949. Factors governing the induction of diapause in the oriental fruit moth [J]. Annals of the Entomological Society of America, 42: 511-537.

Doucet D, Walker V K, Qin W, 2009. The bugs that came in from the cold: molecular adaptations to low temperatures in insects [J]. Cellular and Molecular Life Sciences, 66 (8): 1404-1418.

Eagraves M P, 2009. Lady beetle oviposition behavior in response to the trophic environment [J]. Biological Control, 51 (2): 313-322.

Evans E W, Dixon A, 1986. Cues for oviposition by ladybird beetles (Coccinellidae): response to aphids [J]. The Journal of Animal Ecology: 1027-1034.

Ferran A, Giuge L, Tourniaire R, et al., 1998. An artificial non-flying mutation to improve the efficiency of the ladybird *Harmonia axyridis* in biological control of aphids [J]. Biological Control, 43 (1): 53-64.

Ferran A, Niknam H, Kabiri F, et al., 1996. The use of *Harmonia axyridis* larvae (Coleoptera: Coccinellidae) against *Macrosiphum rosae* (Hemiptera: Sternorrhyncha: Aphididae) on rose bushes [J]. European Journal of Entomology, 93: 59-68.

Gordon R D, 1985. The Coccinellidae (Coleoptera) of America north of Mexico [J]. Journal of the New York Entomological Society, 93 (1): 1-913.

Goryshin N I, Tyshchenko V P, 1968. Physiological mechanismof photoperiodic reaction and the problem of endogenous rhythms [M] // Danilevskii A S. Photoperiodic Adaptations in Insects and Acari. Leningrad University Press, 192-269.

Greathead D J, 1986. Parasitoids in classical biological control [C] // Insect Parasitoids Symposium of the Royal Entomological Society of London.

Grenier S, Greany P D, Cohen A C, 1994. Potential for mass release of insect parasitoids and predators through development of artificial culture techniques [M]//Rosen D, Bennett F D, Capinera J L. Pest Management in the Subtropics: Biological Control——A Florida Perspective. Hampshire (England): Intercept Publishers: 181–205.

Harder R, Bode O, 1943. Über die Wirkung von Zwischenbelichtungen während der Dunkelperiode auf das Blühen, die Verlaubung und die Blattsukkulenz bei der Kurztagspflanze Kalanchoë Blossfeldiana [J]. Planta 33 (4): 469–504.

Hayadawa Y, Chino H, 1982. Phosphofrictokinase as a possible key enzyme regulating glycerol or trehalose accumulation in diapausing insects [J]. Insect Biochemistry, 12 (6): 639–642.

Hemptinne J L, Lognay G, Doumbia M, et al., 2001. Chemical nature and persistence of the oviposition deterring pheromone in the tracks of the larvae of the two spot ladybird, *Adalia bipunctata* (Coleoptera: Coccinellidae) [J]. Chemoecology, 11 (1): 43–47.

Hodek I, Ceryngier P, 2000. Sexual activity in Coccinellidae (Coleoptera): a review [J]. European Journal of Entomology, 97: 449–456.

Hodek I, Okuda T, 1997. Regulation of adult diapause in *Coccinella septempunctata septempunctata* and *C. septempunctata brucki* from two regions of Japan (a minireview) [J]. Entomophaga, 42 (1/2): 139–144.

Hodek I, Honek A, 1996. Ecology of Coccinellidae [J]. Boston: Kluwer Academic Publishers, Dordrecht: 239–318.

Hoshikawa K, 2000. Seasonal Adaptation in a Northernmost Poplation of *Epilachna admirabilis* (Coleoptera: Coccinellidae). I. Effect of Day–Length and Temperature on growth in preimaginal stages [J]. Japanese Journal of Entomology New Series, 3 (1): 17–26.

House H L, 1974. Nutrition [M]//Rockstein M. The Physiology of Insecta. New York: Academic Press: 61–62.

Howarth F G, 1991. Environmental impacts of classical biological control [J]. Annual Review of Entomology, 36 (1): 485–509.

Humble L M, 1994. Recovery of additional exotic predators of balsam woolly adelgid, *Adelges piceae* (Ratzeburg) (Homoptera: Adelgidae), in British Columbia [J]. The Canadian Entomologist, 126 (4): 1101–1103.

Imai C, 2004. Photoperiodic induction and termination of summer diapause in adult *Epilachna admirabilis* (Coleoptera: Coccinellidae) from a warm temperate region [J]. European Journal of Entomology, 101: 523–529.

Iriarte J, Castañé C, 2001. Artificial Rearing of *Dicyphus tamaninii* (Heteroptera: Miridae) on a Meat–Based Diet [J]. Biological Control, 22 (1): 98–102.

Jenner C E, Engels W L, 1952. The significance of the dark period in the photoperiodic response of male juncos and white throated sparrows [J]. Biological Bulletin (Woods Hole), 103: 345–355.

Joplin K H, Yocum G D, Denlinger D L, 1990. Diapause specific proteins expressed by the brain during the pupal diapause of the flesh fly, *Sarcophaga crassipalpis* [J]. Journal of Insect Physiology, 36 (10): 775-779, 781-783.

Joseph M P, Sam C W, George C H, 2003. Assimilation of carbon and nitrogen from pollen and nectar by a predaceous larva and its effects on growth and development [J]. Ecological Entomology, 28: 717-728.

Katsoyannos P, Kontodimas D, Stathas G, 2005. Summer diapause and winter quiescence of *Hippodamia* (*Semiadalia*) *undecimnotata* (Coleoptera: Coccinellidae) in central Greece [J]. European Journal of Entomology, 102: 453-457.

Katsoyannos P, Kontodimas D, Stathas G, 1997. Summer diapause and winter quiescence of *Coccinella septempunctata* (Col. Coccinellidae) in central Greece [J]. Entomophaga, 42 (4): 483-491.

Katsuhiko M, Mitsuyoshi N, Kazuya A, et al., 2005. Life-history traits of the acarophagous lady beetle, *Stethorus japonicus* at three constant temperatures [J]. Biological Control, 50 (1): 35-51.

Kim B G, Shim J K, Kim D W, et al., 2008. Tissue-specific variation of heat shock protein gene expression in relation to diapause in the bumblebee *Bombus terrestris* [J]. Entomological Research, 38 (1): 10-16.

Kirkpatrick C M, Leopold A C, 1952. The role of darkness in sexual activity of the quail [J]. Science, 116: 280-281.

Krebs R A, Bettencourt B R, 1999. Evolution of thermotolerance and variation in the heat shock protein, Hsp70 [J]. American Zoologis, 39 (6): 910-919.

Kuroda T, Miura K, 2003. Comparison of the effectiveness of two methods for releasing *Harmonia axyridis* (Pallas) (Coleoptera: Coccinellidae) against *Aphis gossypii* Glover (Homoptera: Aphididae) on cucumbers in a greenhouse [J]. Applied Entomology and Zoology, 38 (2): 271-274.

Lamana M L, Miller J C, 1998. Temperature-dependent development in an Oregon population of *Harmonia axyridis* (Coleoptera: Coccinellidae) [J]. Environmental Entomology, 27 (4): 1001-1005.

Lee REJr, 1991. Principles of insect low temperature tolerance [M] // Lee RE Jr, Denlinger D L. Insects at Low Temperature. New York: Chapman & Hall: 17-46.

Lees A D, 1973. Photoperiodic time measurement in the aphid *Megoura viciae* [J]. Journal of Insect Physiology, 19: 2279-2361.

Leppla N C, Ashley T R, 1989. Quality control in insect mass production: a review and model [J]. Bulletin of the ESA, 35 (4): 33-45.

Leppla N C, Fisher W R, 2009. Total quality control in insect mass production for insect pest management [J]. Journal of Applied Entomology, 108 (1-5): 452-461.

Li A Q, Michaud M R, Denlinger D L, 2009. Rapid elevation of Inos and decreases in abundance of other proteins at pupal diapause termination in the flesh fly *Sarcophaga crassipalpis* [J]. Biochimica and Biophysica Acta, 1794 (4): 663-671.

MaeRae T H, 2010. Gene expression, metabolic regulation and stress tolerance during diapause [J]. Cellular and Molecular Life Sciences, 67: 2405-2424.

Matsuka M, Takahashi S, 1977. Nutritional studies of aphidophagous coccinellid *Harmonia axyridis* Significance of minerals for laval growth [J]. Applied Entomology and Zoology, 12 (4): 325-329.

Matsuka M, Okada I, 1975. Nutritional studies of an aphidophagous coccinellid, *Harmonia axyridis* Examination of artificial diets for the larval growth with special reference to drone honeybee powder [J]. Bulletin of the Faculty of Agriculture (Tamagawa University), 15: 1-9.

McMullen R D, 1967. The effects of photoperiod, temperature, and food supply on rate of development and diapause in *Coccinella novemnotata* [J]. Can. Entomol., 99 (6): 578-586.

Michaud J P, Qureshi J A, 2005. Induction of reproductive diapause in *Hippodamia convergens* (Coleoptera: Coccinellidae) hinges on prey quality and availability [J]. European Journal of Entomology, 102 (3): 483-487.

Nettles W C, 1990. In vitro rearing of parasitoids: role of host factors in nutrition [J]. Archives of Insect Biochemistry and Physiology, 13: 167-175.

Niijima K, 1979. Further attempts to rear coccinellids on drone powder with field observation [J]. Bulletin of the Faculty of Agriculture Tamagawa University, 19: 7-12.

Obrycki J J, Kring T J, 1998. Predaceous Coccinellidae in biological control [J]. Annual Review of Entomology, 43 (1): 295-321.

Obrycki J J, Tauber M J, Tauber C A, et al., 1983. Environmental Control of the Seasonal Life Cycle of *Adalia bipunctata* (Coleoptera: Coccinellidae) [J]. Environmental Entomology, 12 (2): 416-421.

Okuda T, Hodek I, 1994. Diapause and photoperiodic response in *Coccinella septempunctata* brucki Mulsant in Hokkaido, Japan [J]. Applied Entomology and Zoology, 29 (4): 549-554.

Peterson D M, Hamner W M, 1968. Photoperiodic control of diapause in the codling moth [J]. Journal of Insect Physiology, 14: 519-528.

Pittendrigh C S, 1966. The circadian oscillation in *Drosophila pseudoobscura* pupae: a model for the photoperiodic clock [J]. Zeit Pflanzenphysiol, 54: 275-307.

Rinehart J P, Li A, Yocum G D, et al., 2007. Up-regulation of heat shock proteins is essential for cold survival during insect diapause. [J]. Proceedings of the National Academy of ences, 104 (27): 11130-11137.

Sakurai H, Goto K, Takeda S, 1983. Emergence of the ladybird beetle *Coccinella septempunctata bruckii* Mulsant in the Field [J]. Research Bulletin of the Faculty College of Agriculture Gifu University (48): 37-45.

Sakurai H, ltirano T, Kodarna K, et al., 1987. Conditions governing diapause induction in the lady beetle, *Coccinella septempunctata brucki* (Coleoptera: Coccinellidae) [J].

Applied Entomology and Zoology, 21: 424-429.

Sakurai H, Goto K, Takeda S, 1986 Physiological distinction between aestivation and hibernation in the lady beetle *Coccinella septempunctata bruckii* (Coleoptera: Coccinellidae) [J]. Applied Entomology and Zoology, 21: 424-429.

Sakurai H, Kawai T, Takeda S, 1992. Physiological changes related to diapause of the lady beetle, *Harmonia axyridis* (Coleoptera: Coccinellidae) [J]. Applied Entomology and Zoology, 27: 479-487.

Saunders D S, 2002. Insect Clock. 3rd ed. [M]. New York: Academic Press.

Schaefer P W, Dysart R J, Specht H B, 1987. North American distribution of *Coccinella septempunctata* (Coleoptera: Coccinellidae) and its mass appearance in coastal Delaware [J]. Environmental Entomology, 16 (2): 368-373.

Storch R H, Vandell W L, 1972. The effect of photoperiod on diapause induction and inhibition in *Hippodamia tredecimpunctata* (Coleoptera: Coccinellidae) [J]. Canadian Entomologist, 104: 285-288.

Storch R H, 1973. The effect of photoperiod on *Coccinella transversoguttata* (Coleoptera: Coccinellidae) [J]. Entomologia Experimentalis *et* Applicata, 16 (1): 75-82.

Tadmor U, Applebaum S W, 1971. Adult diapause in the predaceous coccinellid, *Chilocorus bipustulatus*: Photoperiodic induction [J]. Journal of Insect Physiology, 17 (7): 1211-1215.

Takeuchi M, Shimizu A, Ishihara A, et al., 1999. Larval diapause induction and termination in a phytophagous lady beetle, *Epilachna admirabilis* Crotch (Coleoptera: Coccinellidae) [J]. Applied Entomology and Zoology, 34 (4): 475-479.

Taylor F, Schrader R, 1984. Transient effects of photoperiod on reproduction in the Mexican bean beetle [J]. Physiological Entomology, 9: 459-464.

Tourniaire R, Ferran A, Giuge L, et al., 2003. A natural flightless mutation in the ladybird, *Harmonia axyridis* [J]. Entomologia Experimentalis *et* Applicata, 96 (1): 33-38.

Van Lenteren J C, Woets J, 1988. Biological and integrated pest control in greenhouses [J]. Annual Review of Entomology, 33 (1): 239-269.

Van Lenteren J C, 2003. Commercial availibility of biological control agents [C] // Quality control and production of biological control agent. UK: CAB International, Wallingford: 167-179.

Wei X T, Xue F S, Li A Q, 2001. Photoperiodic clock of diapause induction in *Pseudopidorus fasciata* (Lepidoptera: Zygaenidae) [J]. Journal of Insect Physiology, 47: 1367-1375.

Xue F S, Kallenborn H G, Wei H Y, 1997. Summer and winter diapause in pupae of the cabbage butterfly, *Pieris melete* Menetries [J]. Journal of Insect Physiology, 43: 701-707.

Xue F S, Kallenborn H G, 1998. Control of summer and winter diapause in *Pidorus euchro-*

mioides (Lepidoptera: Zygaenidae) on Chinese sweetleaf *Symplocos chinensis* [J]. Bulletin of Entomological Research, 88: 207-211.

Zaslavskii V A, Semyanov V P, Vagina N P, 1998. Food as a cue factor controlling adult diapause in the lady beetle *Harmonia sedecimnotata* (Coleopetera: Coccinelidae) [J]. Journal of Entomological Review, 78 (6): 774-779.

第九章 滞育和休眠在捕食性天敌昆虫饲养中的应用

第一节 滞育和休眠的概念及类型

昆虫进化过程中，逐渐形成了对外界环境的适应性。温度、湿度、食料条件适宜时昆虫表现为发育和生长，而在高温、低温、日照时长变化等异常条件下，昆虫则暂时停止活动，以发育中止甚至昏迷的状态来抵御不良环境，这种停育现象是昆虫得以物种保存的本能。从时间角度看，我们将昆虫的停育现象按季节性称为越冬或冬眠、冬蛰（hibernation）、越夏或夏眠、夏蛰（aestivation）。从生理角度看，昆虫的停育又可分为休眠和滞育等两种状态。随着对昆虫滞育和休眠研究的深入，涉及的昆虫种类大幅增长，研究内容也从温湿度、光照、食料等外部环境的作用到体内感受器、生理钟以及神经内分泌系统的作用，研究手段从虫体的解剖、结扎到对昆虫组织、器官的摘除和培养等。随着生化技术和分子生物学的发展，昆虫滞育的研究也深入微观领域，基因表达对滞育的调控、滞育激素的组成及作用等无不涉及。这些方法相互结合，促进了对昆虫滞育和休眠的深入研究，这些研究成果为人类了解昆虫发育和种群消长规律，利用益虫防控害虫等提供了重要的科学参考。

一、滞育和休眠的概念

休眠（dormancy）是由不良环境条件直接引起的，当不良环境条件消除时，昆虫便能恢复生长发育。如菜粉蝶 *Pieris rapae* Linnaeus 以蛹越冬、黄曲条跳甲 *Phyllotreta striolata* (Fabricius) 以成虫潜藏越冬等都属于休眠性越冬。休眠性越冬的昆虫耐寒力一般较差。

滞育（diapause）是昆虫受环境条件诱导所产生的发育停滞的一种类型，是昆虫长期适应不良环境而形成的种的遗传性。在自然情况下，当不良环境到来之前，生理上已经有所准备，如滞育。一旦进入滞育必须经过一定的外界条件刺激，如物理或化学的刺激，否则恢复到适宜环境昆虫也不进行生长发育。

滞育这一术语最早出现于1893年，Wheeler 等在研究一种草螽 *Xiphidium ensiferum* 卵的胚胎时，发现卵在胚动过程中有一个发育停滞期并用 diapause（滞育）一词来形容这种现象。在这之后，滞育又被一些学者改用于描述昆虫发育过程中任何阶段被抑制生长、发育或者生殖的状态（Henneguy, 1904）。此后，滞育的这一意义继续在昆虫学沿用，在某些方面还扩展到用于描述每一种昆虫的发育停顿现象，统称为滞育。Shelford（1929）认为此概念局限于发育或活动是"自发地"休止而直接由不良环境条件的抑制作用而引起的生长中断则应为休眠。至此，滞育的现代概念基本形成。所谓的滞育，正如 Dickson（1949）指出的，是一种停止发育的生理状态，有利于有机体在不利的环境中的生存。当有机体进入滞育后，不论周围环境条件如何变化，它都将在一定时期内保持滞育状态。近来，Lavenseau 等（1986）将滞育描述为：当昆虫面临不利甚至是极其恶劣的环境时，通过遗传手段所采取的一种预定的生存策略。从而在遗传水平上对前者的定义做了补充和完善。鉴于此，可将滞育定义为"昆虫长期适应不良环境而形成的种的遗传性。在自然情况下，当不良环境到来之前，生理上已经有所准备，即进入滞育。一旦进入滞育必须经过一定的物理或化学的刺激，否则即使恢复到适宜环境也不能恢复生长发育"。也有学者认为昆虫滞育是昆虫事先感受到不利环境变化的某种信号（主要是光周期），通过包括体内一系列生理、生化变化的编码过程随后诱导的发育停滞：滞育一旦发生，通常都会持续一段时间，并不因不利环境条件的解除而立即结束。总之，滞育是存于昆虫生活史中、周期性出现的一个生理生态现象，随着对这一现象研究的不断深入，对昆虫滞育的理解将更加深刻，从而逐渐丰富和完善这一概念的内涵。

与滞育相比，休眠直接由低温、干旱等不利环境条件引起，环境恢复正常即可开始活动。而滞育则发生于一定的发育阶段，比较稳定，如滞育性越冬和越夏的昆虫有固定的滞育虫态，进入滞育后，不仅表现为形态发生的停顿和生理活动的降低，而且一经开始必须渡过一定阶段或经某种生理变化后才能结束。动物通过滞育及与之相似但较不稳定的休眠现象来调节生长发育和繁殖的时间，以适应所在地区的季节性变化。

滞育的诱发往往由于某些季节信号的刺激，尤其是光周期变化的。例如，柞蚕 *Antheraea pernyi* Guerin-Meneville 的第四龄、第五龄幼虫，特别是末龄幼虫只要每天有 13h 短光照的刺激，蛹期便进入滞育状态。滞育蛹即使有适宜温度仍不发育。滞育持续时间的长短，因昆虫种类而不同，有的数月，有的达数年之久，如小麦红吸浆虫 *Sitodiplosis mosellana*（Gehin）幼虫在土内滞育可达 10 年以上。在自然情况下，滞育的结束要求一定的时间和条件；这些过程受激素的调节和控制。滞育可以发生于昆虫的不同发育阶段：有的发生于胚胎发育的早期，如家蚕 *Bombyx mori* Linnaeus；有的发生于胚胎发育已完成的阶段，如舞毒蛾 *Lymantria dispar*（Linnaeus）；有的发生于幼虫的某一龄期，如大草蛉 *Chrysopa pallens*；或幼虫晚期阶段，如烟蚜茧蜂 *Aphidius gifuensis* Ashmead；有的发生于蛹期，如柞蚕；有的发生于成虫期，如七星瓢虫 *Coccinella septempunctata* Linnaeus。成虫期的滞育主要表现为生殖腺停止发育，即不能交配产卵，但有的仍可取食。七星瓢虫的滞育成虫在气温适宜时，虽能活动取食，但不交配产卵。

滞育对昆虫种群延续的意义表现在以下几个方面：首先，滞育使昆虫能忍耐恶劣的环境条件，度过不利季节，维持种和个体的生存，并能使昆虫分散在不同时期繁殖，避免不可预测灾难性气候。其次，滞育使昆虫的发育阶段和世代的发生时间与有利的季节相配合，充分利用食物资源，如越冬滞育、夏季滞育的昆虫。最后，滞育使昆虫群体发育整齐，增强雌雄个体间的交配概率，有利于产生更多的后代，保证种的繁衍（Danks,1987；Xue 和 Kallenbom，1993）。

Danllevsky（1965）认为"滞育的生理生态特性是构成昆虫整个生活史的基础"。对昆虫滞育的研究，一方面有助于了解昆虫的生物学特性、发生动态等，提高害虫防治效率和昆虫资源利用效率，另一方面有助于加深对生物发育调控的认识，窥探昆虫对环境和进化的途径。因此，滞育及滞育机理研究一直是昆虫学研究的一个重要领域。过去，从生理生态水平、生理生化水平对昆虫滞育进行了大量研究（Tauber 等，1986；Danks，1987，1992；Teets 等，2013；Hahn 和 Denlinger，2011）。近年来，由于分子生物学的飞速发展，滞育遗传和调控机制也成为昆虫滞育研究的热点（徐卫华，2008；Denlinger，2002；Hand 等，2016；Kostal 等，2017；Reynolds，2017）。

二、昆虫滞育的类型

昆虫滞育类型的划分有多种方法，但就目前公认的划分方法，主要有以下 4 种。

1. 按滞育季节分类

按照滞育发生的季节，可以将其分为冬滞育和夏滞育。有学者分别称冬滞育和夏滞育为冬眠和夏蛰（Cunningham，1996；刘柱东等，2002）。

2. 按光周期反应分类

根据昆虫滞育诱导的光周期反应可分为四类：长日照反应（Iong-day response），滞育仅出现在短日照条件下（冬季滞育类型），如苹果蠹蛾 Cydia pomonella 的冬季有（Dickson，1949；Peterson，1968；Riedl，1978）；短日照反应（Short-day response），滞育仅出现在长日照条件下（夏季滞育类型），如卫矛金星尺蛾 Abraxas miranda 的夏季滞育（Masaki，1957）；短日照—长日照反应，如澳洲棉铃虫 Helicoverpa punctigera 仅在 12～12.5h 这一段狭窄范围内的光照对滞育诱导才有效（Cullen，1978）；长日照—短日照，除一段较窄的中性日长外，其他日长均可诱导滞育，如黑纹粉蝶 Pieris melete，满足 9～11.5h 和 13.5～14h 的光照可诱导蛹进入滞育，而 12～13.25h 光照抑制了蛹滞育的发生。

3. 按滞育专化性分类

根据滞育特性的不同，常将滞育分为兼性滞育和专性滞育两类。

专性滞育（obligatory diapause）又称确定性滞育。这种滞育类型的昆虫一年发生 1 代，滞育世代和虫态固定。不论当时外界环境条件如何，按期进入滞育，已成为种的巩固的遗传性。如舞毒蛾一年发生 1 代，在 6 月下旬至 7 月上旬产卵，此时尽管环境条件是适宜的，但也不再进行生长发育，以卵进入越冬状态。其他，如大豆食心虫等也皆属专性滞育越冬。

兼性滞育（facultative diapause）又称任意性滞育。这种滞育类型的昆虫为多化性昆虫，滞育的虫态固定，但世代不定。如桃小食心虫在北方，主要以一代，少数以二代幼虫越冬。昆虫的滞育虫态因种类而异，可出现在任何虫态或虫期。此类昆虫在环境条件适于继续生长时不进入滞育，否则就进入滞育。

兼性滞育通常指多化性昆虫，其滞育的诱导和解除是由光周期、温度或两者的变化导致的；专性滞育则是针对一化性昆虫而言，其滞育出现在确定的诱导期和特定的虫龄，滞育的开动独立于环境。

4. 按滞育虫态分类

滞育可以发生在昆虫生命过程中的任何一个阶段，在不同胚胎时期、不同虫龄、蛹、蜕裂成虫和成虫中均可观察到生长发育的停止，并伴随着新陈代谢过程的抑制。按照滞育时的虫态，一般把昆虫的滞育分为 4 类：胎（卵）滞育、幼虫滞育、蛹滞育和成虫滞育。

但是对于已知的物种，滞育通常被限定在特定时期。在一些例子中，不管外界环境条件如何，滞育总是在每一代的特定阶段（专性滞育）发生，但更普遍的是，环境条件如昼长被利用来作为滞育的表征（兼性滞育）。最普遍的，对于温带种，夏末短日照是冬季到来的信号。因此冬天早在低温到来之前就已被预测，以使昆虫可以储存能量并寻找保护场所越冬。

目前昆虫成虫的滞育研究比较深入。在鞘翅目、鳞翅目、双翅目、同翅目、半翅目、直翅目、脉翅目以及蜱螨目中，普遍存在着成虫滞育的现象。成虫滞育大多为兼性滞育，同其他虫态相比，显得较为复杂。作为一种生殖滞育，成虫滞育对雌虫来说是对卵黄原蛋白的抑制，是抵抗不良环境条件并通过内分泌的调节使昆虫自身产生防卫功能的综合作用结果，是成虫生存的重要对策。

三、昆虫滞育的阶段

昆虫的滞育，无论何种类型都可按进程将其划分为 3 个阶段，即滞育前期、滞育期和滞育解除后发育期。滞育前期又包括滞育诱导期和滞育准备期，滞育期包括滞育进入期、维持期及解除期（Kostal，2006）。

1. 滞育前期（pre-diapause）

在滞育前期，昆虫个体依然保持发育状态，但是此阶段昆虫接收特定的环境信号，生物学习性及生理生化指标均出现变化，为稍后进入滞育状态进行调整。这一阶段又可划分为滞育诱导时段和滞育准备时段。

滞育诱导（induction phase）时段位于不利环境条件到来之前，如家蚕 Bombyx mori 的滞育诱导在卵的胚胎期，高温（25℃）、长光照（12h 以上）保育蚕卵可以诱导下个世代的卵进入胚期滞育；而低温（15℃）、短光照条件则诱导成虫产下的卵继续发育（非滞育）。棉铃虫 Helicorerpa armigera：幼虫期受低温（20℃）、短光照（12h 以下）诱导，化蛹后进入蛹期滞育；而高温（25℃）、长光照（12h 以上）条件则导致幼虫化蛹后继续发育。所以滞育的环境诱导信号被昆虫在一个特定的敏感时期（sensitive period）感受到，如家蚕的胚胎期、棉铃虫的幼虫期。环境信号中的光周期则是最重要的诱导因素，因为光周期有年周期性，非常准确，使得昆虫在进化的漫长岁月中，把光信号作为首选的诱导因素。迄今为止，已有很多论文报道光信号经过昆虫大脑或复眼转化为发育或滞育的指令，而且光受体（receptor）也被定位在大脑或复眼。此外，也有一些报道称特定的化学信号分子也可用于滞育诱导，如秀丽隐杆线虫 Caenorhabditis elegans 由同种的其他个体释放的信息素信号诱导滞育，沙漠蝗 Schistocerca gregaria 可由食物中的丁香酚（eugenol）诱导成虫生殖滞育。

滞育准备期（preparation phase）往往紧接在诱导期之后或与诱导期有部分交叉重叠。滞育诱导后导致一些特异性基因在滞育准备期表达，神经内分泌和代谢过程出现变化，为进入滞育做准备。例如，在家蚕或棉铃虫，在滞育准备期表现为幼虫龄期延长，摄取更多的食物储存在体内作为能源；在蝗虫和黏虫，则出现体色的变化；有些昆虫则在行为学特征上出现迁移（migration）或聚集（aggregation）等。这些生理学变化归根结底是由于昆虫个体内基因水平发生了变化。Denlinger 教授认为滞育准备期一定反映在滞育相关的基因选择性表达模式上，虽然这一分子过程没有被鉴定出来。例如，卵滞育家蚕，胚期受到高温长光照的滞育诱导后，会导致 5 龄幼虫发育延长，体重增大，在雌蛹的早中期出现滞育激素（diapause hormone，DH）的大量表达。然后 DH 作用于卵巢膜上的受体，通过第二信使鸟苷酸环化酶（cGMP）含量下降，下降的 cGMP 导致膜上海藻糖酶基因的转录和酶活性提高，进而将体液中的海藻糖分解成葡萄糖，穿膜进入卵母细胞。大量的葡萄糖进入卵内后进一步转化为糖原、海藻糖、山梨醇等，为卵（胚胎）滞育做好了准备。

2. 滞育期（diapause）

在滞育期间，发育不是停止，而是极其缓慢地发育（停滞），所以有学者建议用滞育发育（diapause development）这个名词。这个时期大致可以划分为 3 个时段：滞育进入、滞育维持和滞育解除（也称滞育打破）。

滞育进入（initiation）时段指发育开始逐步减缓直至发育停滞的时期。昆虫进入滞育时期依不同的物种而不同，可以发生在生命周期的任何阶段，如胚期、幼虫期、蛹期和成虫期。相对某个物种而言，进入滞育的时期是固定的，如家蚕是胚期滞育，棉铃虫是期滞育，黑腹果蝇是成虫滞育。有时滞育进入时期可以比较容易地识别，例如，在蜕皮变态后进入滞育期，体表的色彩、外观变化，或形成茧保护等。多数进入滞育的形态学描述通常需要更详细的试验来划分，比如，把家蚕胚胎发育划分为 30 个时期，进入滞育是在时期8，棉铃虫化蛹后的 7～10d 是滞育的进入期（蛹保育在20℃，眼点始终位于中部的一条直线上就表明个体已经进入了滞育）。

滞育维持期（maintenance）时段是在经过滞育进入期后，把这些昆虫个体放在适应条件下，依然保持不发育的状态，表明这些个体已经进入了滞育维持期。这个时期短至几周，长至数月甚至 1 年以上。在这个时期，有许多基因依然在工作，调控滞育维持的状态，这也是为什么人们把滞育表述为发育停滞而不是停止的原因。

滞育解除（termination）时段位于滞育期的后期，迄今为止关于滞育打破的机制依然知道得很少。虽然在实验室能够观察到滞育打破，重新恢复发育，但是在自然状态下，滞育打破期如何被识别、划分尚未见报道。在许多昆虫，已经知道特定的滞育打破条件是非常严格的，例如，家蚕滞育卵必须经历夏天的高温后，滞育才能逐渐打破；蛹滞育的棉铃虫则需要低温来结束滞育；在热带地区的夏季滞育昆虫，变化的光周期被认为是滞育打破的关键因子。总的来说在自然条件下通常低温是多数昆虫打破滞育的主要因素，而在实验室条件下，人工打破滞育的因素很多，比如机械振动、电击、受伤、感染、激素、化学试剂等。

3. 滞育后期（post-diapause）

指滞育打破后，环境条件不利于恢复发育，外在性因素抑制发育和代谢，昆虫个体的外观上表现出滞育打破后的静止（post-diapause quiescence）。此时一旦环境条件变为有利，个体马上恢复发育，例如，家蚕卵的滞育在冬季末段已经被打破，由于低温抑制了发育，因而外在表现依然是滞育。一旦春天温度回升，家蚕卵很快恢复发育，破卵而出。对于夏滞育昆虫来说，在滞育后期的湿度或水分增加会顷刻恢复发育。

第二节 休眠和滞育期间昆虫的生理生化特点

滞育和非滞育型昆虫个体的消化吸收、摄食行为、储存营养物质、代谢需求是不同的，这些差异最终导致发育或不发育。昆虫进入滞育时，体内发生一系列生理、生化以及结构等变化来适应特殊的发育过程。这些变化涉及昆虫各级测控机制的变化且因种类的不同而异。

一、昆虫休眠和滞育期的生理学特点

1. 昆虫体内代谢物质的积累

在昆虫休眠前期或前滞育期，许多昆虫经历一个迅速取食或延长取食时间的阶段，这些取食不是全部用于昆虫的生长与发育，而是通过不同的代谢途径将部分能量储存起来用于满足休眠期间生命活动消耗，或用于满足昆虫滞育期和后滞育期的发育需求。如在成虫滞育前期，卵巢发育和卵黄形成均受到抑制，昆虫机体开始积累储存脂类，蛋白质以及其他碳水化合物。血淋巴中也积累了大量的蛋白质、脂类以及碳水化合物（Tauber，1986）。

2. 昆虫体内能量代谢的降低

昆虫进入休眠阶段或进入滞育后，其代谢活动也随之逐渐降低至一个很低的水平，且维持至休眠或滞育结束。因此，在此过程中，几乎所有昆虫的耗氧量呈"U"形曲线式的变化。如中华通草蛉、蚜茧蜂、侧沟茧蜂、七星瓢虫、异色瓢虫等均符合此规律；偶有例外的是，极个别昆虫如蕈蚁形隐翅虫 *Atheta fungi* 在滞育期间的氧消耗速率同发育阶段氧的消耗没什么差别（Tauber，1986），鞭角华扁叶蜂 *Chinolyda flagellicornis* 滞育蛹的呼吸代谢速率也几乎不受周围环境温度的影响（王满囷等，2001）。

昆虫物质代谢的速率及方式也因种而异，如棉红铃虫 *Pectinophora gossypiella* 以脂类为主要能量物质，但脂肪酸的相对含量保持不变（Foster，1980）；环喙库蚊 *Culex tarsalis* 和弗氏按蚊 *Anopheles freeborn* 脂肪酸的相对含量在滞育期发生变化（Schaefer，1969）；柞蚕 *Antheraea pernyi* 滞育期间体内存在糖原与多元醇之间相互转化的现象，仅与气温密切相关（陆明贤，1992）。

二、昆虫滞育期的生化特点

1. 碳水化合物的代谢

碳水化合物对于胚胎期滞育的昆虫尤其重要。家蚕等昆虫在滞育激素的作用下，成虫脂肪体储存糖原，血淋巴海藻糖水平下降，卵巢内碳水化合物含量增加，糖原储存在处于卵黄合成高峰的卵细胞内。卵产出后，糖原很快用于山梨醇和甘油的合成，卵进入滞育状态。因此山梨醇和甘油被认为是低温保护剂，对处于滞育状态的卵起保护作用。柞蚕 *Antheraea pernyi* 滞育蛹和非滞育的血淋巴中所含糖类均为海藻糖和葡萄糖，但后者处于极低水平，滞育蛹的脂肪体糖原与血淋巴海藻糖之间存在相互转化关系，这种转化受温度的制约。

2. 脂肪和脂肪酸的代谢

滞育与非滞育昆虫的脂肪酸组成存在较明显的差异。日本天蚕蛾 *Antheraea yamamai* 滞育期间与胚胎发育期间脂肪酸和磷脂组成均有显著差异；非滞育的阿根廷茎象 *Hyperode bonariensis* 体内不饱和脂肪酸含量为43%，而生殖滞育者则高达63%（Furusawa 等 1994）。究其原因，主要由于胚后阶段滞育的昆虫以脂类作为主要的能量储存载体，度过休眠或滞育时期。

在脂类蓄积的同时，脂肪体细胞也伴有一些超结构的变化，如西南玉米草螟 *Diatraea*

grandiosell 幼虫在滞育时，脂肪体细胞线粒体减少，粗面型内质网也减少，蛋白样颗粒和溶体增加，表明脂肪体的功能从合成转向储存（Brown，1997）。

滞育过程中储存物质的消耗情况则取决于滞育代谢的强度。异黑蝗 *Melanoplus differentialis* 胚胎滞育过程中消耗 50% 的卵黄脂类，尖音库蚊越冬过程中消耗其 65% 的储存脂类；沙漠鳖甲 *Anatolica eremita* 在 8 个月的滞育过程中脂类含量从干重的 12% 降到 4%；而云杉叶蜂 *Glipinia polyoma* 滞育蛹在滞育期间仅消耗 2% 的能量储备。

3. 蛋白质和氨基酸代谢

一些幼虫和成虫的脂肪体或血淋巴有一种或几种蛋白质，在滞育昆虫中保持着较高的浓度，且随着滞育的终止而逐渐消失，被认为与滞育的发生有关，称为滞育关联蛋白（Diapause assoiated-protein，DAP），而在非滞育昆虫中无此蛋白质或极微量。迄今为止，已证实 DAP 存在于马铃薯甲虫 *Leptinotarsa decemlineata*、西南玉米草螟、玉米茎蛀褐夜蛾 *Buesseola fusca*、酸模叶甲 *Gastrophysa atrocyanea*、棉红铃虫、南方玉米草螟 *Diatraea crambidoides* 以及小蔗秆草螟 *Diatraea saccharalis* 等滞育机体内（赵章武，黄水平，1996）；而滞育棉铃虫蛹中不含有 DAP（王方海，钦俊德，1998）。但 DAP 在滞育昆虫中的作用机制还不清楚。

在滞育期间，昆虫血淋巴中游离氨基酸浓度较高，一方面它们可以作为代谢的中间产物，用于滞育期间和滞育解除后昆虫的合成代谢与分解代谢，如活性蛋白的折叠、滞育后恢复发育等（Morgan 和 Chippendale，1983；Hahn 和 Denlinger，2011）；另一方面还可以调节昆虫血淋巴渗透压，提高昆虫的耐寒性（刘婷和吴伟坚，2008）。对滞育昆虫氨基酸研究较多的主要有丙氨酸、脯氨酸、丝氨酸等，它们的浓度受滞育状态、氧气浓度、温度等影响（Rivers 等，2000；Goto 等，2001b）。

脯氨酸与昆虫耐寒性相关（Teets 和 Denlinger，2014），在逆境下，脯氨酸分子可以插入生物膜磷脂分子中，缓解不利环境对生物膜造成的压力，保证其流动性（Koštál 等，2011）。对果蝇 *Drosophila melanogaster* 较长时间的低温驯化研究表明，果蝇脯氨酸含量随驯化温度的降低而升高，提高果蝇耐寒性（Koštál 等，2011）。脯氨酸可以干扰滞育昆虫体内代谢物质的积累：向滞育麻蝇饲料中添加脯氨酸，可以引发以麻蝇为寄主的滞育丽蝇蛹集金小蜂体内代谢物质发生改变，抑制丽蝇蛹集金小蜂体内的产能反应，对增强丽蝇蛹集金小蜂耐寒性有促进作用（Li 等，2014；Li 等，2015）。

丙氨酸和丝氨酸对滞育昆虫耐寒性的作用目前尚不清楚，但是丙氨酸和丝氨酸在滞育期间一般保持较高的浓度，并受滞育状态、温度等因素的影响。如将滞育亚洲玉米螟置于低温、有氧条件下，滞育螟虫体内丙氨酸含量达到最高值；但是如果在无氧条件下，无论昆虫所处的温度和滞育状态如何，昆虫体内丙氨酸均维持在一个较高的浓度（Goto 等，2001b）。但是对于寄生滞育麻蝇蛹的丽蝇蛹集金小蜂而言，其体内丙氨酸含量较寄生非滞育麻蝇蛹的丽蝇蛹集金小蜂体内丙氨酸含量高，且前者耐寒性显著高于后者（Rivers 等，2000）；滞育及低温驯化均能引起美国白蛾 *Hyphantria cunea* 体内丙氨酸的积累，而不积累糖类和多元醇，进一步说明丙氨酸对增强滞育昆虫的耐寒性起作用（Li 等，2001）。滞育对部分昆虫血淋巴中色氨酸的影响较大，如亚洲玉米螟、二化螟、欧洲玉米螟等，滞育个体中的色氨酸含量显著增加，主要用于尿酸和嘌呤等体内化合物的合成（Morgan 和 Chippendale，1983；Goto 等，2001b）。

4. 酶的代谢

有些研究也涉及滞育期间保护酶活性的变化，如黑纹粉蝶滞育蛹的 SOD 和 CAT 活力明显低于同期的非滞育蛹（薛芳森等，1997；薛芳森等，1997）；鞭角华扁叶蜂滞育预蛹3 种保护酶活力在滞育期间也呈降低的趋势，并与环境温度相关。王满囷（2000）、Furu-sawa（1992）等对家蚕卵巢的代谢变化研究表明，卵巢中糖原的积累涉及 5 种酶的作用，包括海藻糖酶、己糖激酶、磷酸萄糖变位酶尿嘧啶二磷酸—葡萄糖—焦磷酸化酶和糖原合成酶。滞育昆虫中，有关呼吸酶系的细胞色素酶中的细胞色素 C 和细胞色素氧化酶活性下降，脱氢酶中如琥珀酸脱氢酶等活性也迅速降低。

三、滞育的机制

在昆虫的滞育和活化复苏过程中，任何一种引起滞育和活化的外因都必须通过内因起作用。目前认为引起昆虫滞育的内因主要是在其发育期间缺乏或存在某些内激素，它们对滞育具有抑制或促进作用。这些激素由虫体内专门的内分泌器官所分泌，如脑神经分泌细胞分泌的脑激素（活化激素）、咽侧体分泌的促性腺激素（保幼激素）、前胸腺分泌的蜕皮激素、食道下神经节（喉下神经节）分泌的滞育激素等。

在昆虫胚胎早期，其神经和内分泌系统尚未形成，引起卵滞育（胚胎滞育）。其原因是在不良环境下，脑激素活化食道下神经节，使其分泌滞育激素，作用于胚胎，不再进行发育。卵产下后，即为滞育卵。

幼虫和蛹的滞育主要是在不良环境下，脑不分泌脑激素，前胸腺不被活化而不分泌蜕皮激素，幼虫和蛹生长发育受到抑制，形成滞育幼虫和滞育蛹。如经过一段低温等刺激，分泌脑激素，前胸腺受到活化后，分泌蜕皮激素，即促进昆虫复苏。成虫滞育主要是在不良环境下，脑激素不被分泌，使咽侧体不分泌促性腺激素，使性腺发育受到抑制，经过低温刺激后，脑分泌脑激素，性腺开始发育。

近年来，胰岛素信号路径得到了深入研究。根据对果蝇的研究，发现胰岛素信号路径是研究滞育代谢差异调节的重要候选路径。例如，线虫在信息素的刺激下（或在群居、食物短缺等环境条件的诱导下）会进入滞育状态（长寿）。有 2 个单基因 *daf*22 和 *age*21 的突变能分别使线虫在正常生活的前提下，寿命延长 1 倍，这 2 个基因是调控线虫的发育或滞育的开关。用遗传学方法证明了 *daf*22 和 *age*21 是在同一条作用路径上，而 *daf*22 或 *age*21 造成的长寿或滞育的敏感性加强能被另一个基因 *daf*216 的突变所削弱甚至完全消除。分子遗传学的方法分别证明了 *daf*22 是胰岛素受体类似物，*age*21 是 PI3kinase（PI3K）P110 亚基类似蛋白，*daf*216 则编码 3 个 forkhead 家族转录因子。这 3 个蛋白都属于线虫胰岛素路径上的元件，它对线虫的代谢、生殖和寿命起到决定性的作用，而且这条胰岛素路径对衰老的调节作用在果蝇和小鼠中都很保守。所以今后借鉴胰岛素信号路径的研究结果，对昆虫滞育研究大有裨益。

另一个有关昆虫滞育的研究热点集中在滞育激素（DH）方面，最早在家蚕滞育研究过程中发现食道下神经节分泌的一种神经肽能够诱导卵滞育，定名为滞育激素。后来人们一直在寻找其他昆虫的 DH 和 DH 诱导滞育的证据，但均未成功。20 世纪 90 年代首次发现美洲棉铃虫是 *Helicoverpa zea* 的性信息素合成激活肽的 cDNA 同时编码 DH 类似肽，暗示美洲棉铃虫体内可能有 DH。用家蚕滞育激素 cDNA 作为探针，发现滞育激素基因可能出现在多种昆虫，如蓖麻蚕、柞蚕甚至果蝇。后来对蛹滞育的棉铃虫进行了深入研究，发现了 DH 的确存在的证据。一般认为蛹滞育是由 PTTH-蜕皮激素调节的，所以 DH 在蛹滞育昆虫的生理学功能是耐人寻味的。围绕棉铃虫等昆虫的 DH 功能研究，Sun 等发现 DH 在棉铃虫滞育过程中该基因表达是下调的，并不能诱导蛹滞育，有趣的是生物活性检测显示 DH 能打破蛹滞育。为了回答 DH 打破滞育的机理，结果证明了 DH 在体内和体外都能激活前腺合成蜕皮激素，DH 的受体也被定位在前胸腺上，显示出 DH 打破滞育是通过激活前胸腺合成蜕皮激素，蜕皮激素直接引发滞育打破。最近日本学者发现 DH 能激活家蚕前胸腺合成蜕皮激素，DH 的不同功能（诱导滞育和促前胸腺合成蜕皮激素）非常令人回味，特别是 DH 和 PTTH 刺激合成蜕皮激素的相互关系问题。

考虑到光周期对诱导昆虫滞育的重要性，有人推测生物钟基因、光受体等关联滞育。通常所见的生物钟基因 period（*PER*），timeless（*TM*），CLK，cycle（*CYC*），double time（*DBT*）已经在果蝇、家蚕、麻蝇等许多昆虫被克隆，这些生物钟基因产物可以形成二聚体进入细胞内，互为反馈调节的模式。但是也有报道柞蚕 *Antheraea pernyi* 的 PER 不进入细胞核，暗示这些基因虽然保守，但是生物节律的调节机制可能有所不同。生物钟基因的研究虽很多，但是要确认滞育是否有节律的基础是困难的，换句话说就是节律性是否导致滞育这个问题是有争议的。有支持不同观点的实例，比如 *PER* 基因突变的果蝇是无节律的，但是它依然能进入成虫滞育。虽然生物钟基因的研究未必能够关联滞育，但是要在分子水平上认识滞育的机理，生物钟基因的研究进展是很有价值的。

第三节　环境因子与昆虫的休眠和滞育

昆虫能感受光周期、温度、食料因子等的变化，采取相应的生活史对策，以适应季节的变化，避免其种群在不利的环境条件下遭受毁灭；迁飞是昆虫对不利环境条件空间上逃避的一种策略，而休眠和滞育是昆虫时间上逃避不利环境条件的策略（Tauber，1986；Danks，1987；Danks，1994；王小平等，2004）。滞育的发生受外界环境条件和内部遗传因素的综合调控，是对不利环境（如寒冷、盛夏）的遗传性适应，在一定季节或一定时期必然产生的一种现象。研究昆虫滞育对防治害虫、保护益虫有重要意义，而对其诱导因素的研究是对昆虫滞育进行有效控制的突破口。

一、光周期

光周期（photoperiod）是指一昼夜中的光照时数与黑暗时数的交替节律，一般以光照时数表示。在所有的环境因子中，光周期是最有规律的，也是预测季节变化最可靠的无声信息，因此光周期已成为大多数昆虫滞育诱导的主要因子。光周期对昆虫滞育的影响是多方面的，是一个动态的过程，极为复杂。当日长低于或高于临界光周期时，滞育就被诱导。

最早报道光周期控制昆虫滞育的是 Kogure（1933）和 Sabrosky 等（1933），Kogure 报道了家蚕 *Bombyx mori* 是短日照昆虫，其越冬卵的诱导是在其母代经历了长日照和高温所致；Sabrosky 等发现了全光可逆转窄菱蝗 *Acrydium arenosum* 的滞育。因为昆虫种类繁多进化地位复杂，特别是许多重要农林害虫的滞育是由光周期控制，所以光周期在昆虫中的研究得到了迅速的发展。1965 年有 100 多种昆虫的光周期反应的研究报道, 1968 年上升到 150 多种, 1982 年增至 320 多种, 1998 年已达 500 多种。

根据光周期对滞育诱导深度的不同, 滞育诱导的光周期反应又可分为质量反应和数量反应两种。有些昆虫对日长显示了一个全有或全无的反应, 即这些昆虫的滞育仅仅反应到长日或短日, 所有短于临界光周期的日长均诱导了相同的滞育深度, 被称为质量反应 (qualitative response), 如棉叶螨 *Fetrangchus urticae* 在短日照6h、8h、10h 和12h 下诱导的滞育个体, 滞育期没有差异; 但有些昆虫则显示了数量的光周期反应 (qualitative response), 如环带锦斑蛾有接近临界光周期 (13.5h) 的短日照 (13.3h) 诱导的滞育个体, 其滞育持续期 (46~79d) 明显短于12h 短日照下诱导的滞育个体 (62~69d)。相似的情况也出现在哈氏通草蛉 *Chrysoperla harrisii*、红头丽蝇 *Calliphora vicina*、红斑翅蝗 *Oedipoda miniata*、二星瓢虫 *Adalia bipunctata* 中, 接近临界光周期的日照长度诱导的滞育强度最弱; 但在食蚜瘿蚊 *Aphidoletes aphidimyza* 中, 刚刚低于临界光周期的日照长度诱导了最深的滞育强度。在既有夏季滞育又有冬季滞育的昆虫中, 长日照对滞育的诱导效应可能不同于短日照对滞育的诱导效应。例如, 黑纹粉蝶 *Pieris melete* 滞育能够被长日照和短日照诱导, 但短日照具有更强的滞育诱导效应, 在25℃下, 11h 的短日照诱导了92.3%的蛹进入滞育; 而14h 的长日照只产生了27.1%的滞育个体。

大多数昆虫滞育诱导的光周期反应试验是将一个昆虫的种群, 在其光敏感阶段或整个生长发育阶段饲养在24h 昼夜循环的日长条件下。不同光周期下, 种群进入滞育的比率形成了一条反应曲线, 称为光周期反应曲线。

引起昆虫种群中50%的个体滞育的光照时数, 称为临界光周期 (critical photoperiod)。不同种或同种不同地理种群的昆虫, 其临界光周期不同, 如三化螟南京种群为13.5h, 广州种群为12h。感受光照刺激的虫态, 称为临界光照虫态。临界光照虫态常是滞育虫态的前一虫态, 如家蚕以卵滞育, 其临界光照虫态为上一代成虫; 亚洲玉米螟以老熟幼虫滞育, 其临界光照虫态为3~4龄幼虫; 棉铃虫以蛹滞育, 其临界光照虫态为1~5龄幼虫。处于临界光照虫态的昆虫对光的反应极为敏感, 一般只需1~2lx 的光照度就能发生作用, 如钻入苹果内的梨小食心虫, 当果面的光照度只有1~3lx 时, 即能对光做出反应。

昆虫光周期反应是一个包括一系列复杂事件的过程, 至少有4个部分组成: ①区分光期和暗期的光受体; ②测量昼夜循环中暗期是否超过临界暗长的时间; ③在光敏感期内累积和储存光周期信息的计数器; ④决定发育方向的内分泌效应器 (Saunders, 1982; Vaz-Nunes 和 Saunders, 1999; Veerman, 2001)。

昆虫光周期反应是一个种群的反应, 单个个体可能有各自的反应阈值, 所以光周期反应试验须有较大的样本数量才能反映其真实性。Danilevskii (1965) 指出, 昆虫光周期反应包括自然光照和非自然光照的反应, 位于临界日长两边的光照属于生态光照, 具有生态意义; 超出生态范围的极短或极长的光照, 则有一定的生理意义。不同种类的昆虫对光周期的反应可能完全不同, 了解昆虫光周期反应的类型和特点, 不仅能加深我们对昆虫生活史进化多样性的理解, 对有益昆虫的繁殖利用和有害昆虫的控制也有重要意义。

1. 昆虫滞育诱导的光周期反应类型

一般认为, 昆虫滞育诱导的光周期反应可分为4类: 长日照型昆虫仅在短日照条件下发生滞育 (冬季滞育); 短日照型昆虫在长日照条件下发生滞育 (夏季滞育); 短日照—

长日照型昆虫在介于短日照和中间日照之间的光周期范围内发生滞育（冬季滞育）；长日照—短日照型昆虫，除了一段较窄的中性日长外，其他日长均诱导滞育（夏季滞育）（Beek，1980）。

长日照反应型：此类昆虫在夏季长日照条件下生长、发育与繁殖，在秋季或冬初短日照条件下进入滞育。如二化螟 *Chilo suppressalis*、环带锦斑蛾 *Pseudopidorus fasciata*、马尾松毛虫 *Dendrolimus punctatus* 和梨剑纹夜蛾 *Acronicta rumics* 均属此类型。在恒温 30℃ 以下，前 3 种昆虫均显示了约 13.5h 的临界日长，长于临界日长的光照导致了大部分个体能发育，短于临界日长的光照则导致了大部分或全部个体滞育。梨剑纹夜蛾 *Acronicta rumicis* 则在不同温度下有不同的临界日长，在 26℃ 时为 16h，15℃ 时则为 19h。

短日照反应型：短日照反应型的昆虫在短日照下生长、发育与繁殖，在长日照条件下发生滞育，与长日照反应型昆虫相反，这类昆虫属于夏季滞育类型。如家蚕 *Bombyx mori*、长突飞虱 *Stenoranus minutus* 和大猿叶虫 *Colaphellus bowringi* 等昆虫的滞育属此类型。家蚕冬季有的诱导是在母代的卵或幼虫阶段感受了长日照的条件所致。长突飞虱在恒温 20℃ 时，日长小于 16h 时，绝大部分个体能发育，日长大于 16h 时，几乎全部个体进入滞育。大猿叶虫当每日暗长大于 12h 时，绝大部分个体发育，每天 4~8h 的暗长诱导了绝大多数个体进入滞育；全光和每日 2h 的暗长又导致了滞育率明显下降。

短日照—长日照反应型：此类昆虫滞育仅出现在介于短日照和长日照之间的一段光周期范围内，其他日长条件均诱导了发育，此类的活动和繁殖均出现在夏季和初秋。如欧洲玉米螟 *Ostrinia nubilalis* 在 30℃ 的饲养条件下，当每天日长≤8h 或≥16h 时，诱导了全部个体发育；而 10~14h 的日长则诱导 100% 个体滞育。豆蜂缘蝽 *Riptortus clavatus*、黑触须伊蚊 *Aedes atropalpus* 和西南秆草螟 *Diatraea grandiosely* 的光周期反应也符合此特征。

中间型日照反应型：与短日照—长日照反应的昆虫相反，中间型日照反应的昆虫在中间性的光照条件下发育，在较短日照和较长日照下发生滞育。该类型昆虫的生活史有两种情况：一种是夏季活动的种类，实际上仍属长日照昆虫。例如，桃小食心虫 *Carposina niponensis* 的光周期内发育时（每日 15h 左右的光照），绝大部分个体才能免于滞育；而在较长或较短的光周期下发育时，绝大多数个体进入滞育。另一种是春、秋两季繁殖而夏季滞育的昆虫，如甘蓝夜蛾 *Mamestra brassicae* 的光周期反应中。该虫生活史中存在一个由长日照诱导的夏季滞育和一个由短日照诱导的秋—冬滞育，非滞育的发育仅出现在介于 13~14.5h 的日长范围。

2. 昆虫光周期反应的一些特点

温度补偿和温度敏感的光周期反应：温度补偿的光周期反应是指在昆虫生长发育的生态温度范围内，滞育的诱导强度取决于光周期，而受温度的影响较小，特别是对临界日长影响较小。如：二化螟、环带锦斑蛾和马尾松毛虫的光周期反应都属于这一类。在 22~28℃，这 3 种昆虫的光周期反应曲线相似，临界日长均为 13.5h 左右。事实上，这 3 种昆虫的越冬滞育均是在秋季高温下诱导的。温度补偿的光周期反应在昆虫的生活史上有重要的生态适应意义，它确保了昆虫在夏末和秋季的高温条件下仍然适时进入滞育，避免了下一代的发生，这样避免其下一代面临不利其生存的冬季寒冷或寄主植物的衰老或缺乏。温度敏感的光周期反应是指温度对光周期诱导的滞育有较大影响，特别对临界日长影响较大。如梨剑纹夜蛾 *Acronicta rumics* 临界日长在 15℃ 时为 16h，26℃ 时为 19h。相似的情况亦出现在向日葵斑螟 *Homeosoma clectellum* 的光周期反应中，3℃的温度变化导致了 1.5h 临界光周期的变化。

极短日照和极长光照对滞育诱导的影响：极短（包含全暗）和极长（包括全光）日照是指超出自然生态范围的日照，它们对昆虫滞育的影响可能明显不同于短日照和长日照。以幼虫滞育的松毛虫，在每日 2~4h 的光照下，滞育发生减少；全暗则导致了 100% 个体发育。以成虫滞育的大猿叶甲，滞育的发生在全光照和每日 22h 的光照下明显降低。在极短光照下，滞育的发生下降亦出现在大菜粉蝶 *Pieris brassicae*、棉红铃虫 *Pectinophora gossypiella*、欧洲玉米螟 *Ostrinia nubilalis* 和银口亚麻蝇 *Sarcophaga argyrostoma* 等昆虫的光周期反应中。印度谷斑螟 *Plodia interpunctella* 的光周期反应与二化螟相似，在极短日照下，滞育的发生明显降低，极长光照下出现了相当数量的滞育个体。这些在极端光照下表现出来的不寻常的光周期反应现象，可能反映了昆虫在缺乏自然选择压力下的生活情况。

长日照和短日照有不同的滞育诱导效应：在春秋两季繁殖、夏季滞育的昆虫中，夏季滞育由长日照诱导，冬季滞育则由短日照诱导，在这种情况下，长日照对滞育的诱导效应可能不同于短日照。西班牙大菜粉蝶 *Pieris brassicae* 的南方种群中亦存在夏季滞育和冬季滞育，在 21℃下，10h 短日照仅诱导了 30% 的个体滞育；而 15h 的长日照诱导了 100% 个体滞育，显示了长日照比短日照有更强的滞育诱导效应。

需强调的是，一些昆虫的光周期可能因受到温度或不同地理纬度气候条件的强烈影响而发生变化。如西南秆草螟，在 25℃ 和 30℃，显示了短日照—长日照类型的光周期反应曲线；在 20℃ 和 23℃ 则显示了长日照反应类型的光周期反应曲线。大菜粉蝶西班牙的南方种群具有夏季滞育，其光周期反应曲线是中间型日长反应类型；而其欧洲北部的种群没有夏季滞育现象，光周期反应曲线为长日照反应型。因此，要详细地了解一种昆虫光周期反应的特点，必须调查该虫在不同温度下的光周期反应，并结合自然状态下发育特点进行综合分析。

二、温度

温度是仅次于光周期影响昆虫滞育的重要因素之一。自然条件下，昆虫是生活在以 24h 为周期的温度循环中和季节性温度变化中。高温通常出现在白天（光期），而低温出现在夜间（暗期）。与光周期相比，尽管温周期变化更大，但每日的温周期循环也是可预测的季节性变化，影响昆虫的滞育诱导。在大多数昆虫中，温度对滞育诱导影响的研究是在恒温下进行的，温周期对昆虫滞育诱导的影响只在很少的昆虫种类中得到研究，如欧洲玉米螟、棉红铃虫、蛹集金小蜂、西南玉米秆草螟、大菜粉蝶、红足侧沟茧蜂 *Microplitis croceipes*、暗条锥胸豆象 *Bruchidius atrolineatus*、大草蛉 *Chrysopa pallens*，以及西非蛀茎夜蛾 *Sesamia nonaerioides* 等。

温度对滞育诱导的影响主要表现在以下两个方面。第一，作为滞育诱导的主要刺激因子。在一些热带地区的昆虫中，由于光周期的季节变化非常小，温度对滞育的作用变得十分明显，甚至能够取代光周期的作用。生活在北非的步行虫 *Pogonus chalceus* 的夏季滞育，是由高温诱导。一些温带地区的昆虫，特别是一些土栖性昆虫，由于它们生活环境的温度比较稳定，且缺乏光周期暗示、季节节律只与温度有关。在一些高纬地区的昆虫中，温度对滞育的发生有较大的影响。如蜻蜓 *Lcucorrhinia dubia* 的北方种群，生活周期主要由光周期控制；但在北极圈一年中的部分时间里，光周期显然不是一个充足的暗示，在那里，温度对末龄幼虫进入冬季滞育极为重要。小黄粪蝇 *Scathophaga stercoraria*、鼓翅蝇 *Sepsis cynipsea*、双色泉蝇 *Pegomyia bicolor*、科尔多瓦赤眼蜂 *Trichogramma cordubensis* 等冬季滞育的诱导主要依赖温度，而不是光周期。高温常诱导夏季滞育，如条带地甲 *Allonemobius fasciatus*、烟青虫 *Helicorerpa tirescens*、甘蓝地种蝇 *Delia radicum* 和双色泉蝇，高温在其夏季滞育的诱导中发挥了决定性作用。但一个由低温诱导的夏季滞育首次在大猿叶虫中发现，当温度≤20℃时，成虫全部进入滞育，独立于光周期。第二，作为滞育诱导的调节因子。一般来说，低温常能够促进短光照的滞育诱导，特别是夜间低温的作用非常明显，如玉米螟和梨剑纹夜蛾；而高温则促进长光照的滞育诱导，如家蚕和小麦潜叶蝇 *Phytomyza nigra*。在有些昆虫中，只要滞育没有充分表达，即使昆虫的敏感阶段接受了光周期的刺激或已进入了滞育的初期阶段，此时的极端温度仍能逆转光周期已产生的诱导作用。如铃夜蛾属 *Heliothis* 中的一些夜蛾，当幼虫饲养在短日照和低温下时，蛹期被诱导进入滞育。然而，在预蛹期至蛹的初期用高温干扰，蛹期的滞育被抑制。

由于人们一直以来都认为光周期对滞育诱导起着主导作用，因此对温度真正作用的测试试验做得较少。实际上，温度在滞育诱导上的作用可能比我们想象的更重要。

1. 温周期对滞育诱导的作用方式

温周期是指每日的温度循环，由低温期（coolphase，简称 C）和温期（thermophase，简称 T）组成。自然条件下，环境温度的变化存在周期性，白天常伴随高温，夜晚伴随低温。昆虫能够感受温度的周期性变化，决定其发育方向（Beck，1983）。温周期对昆虫滞育诱导影响的试验通常是在排除光周期影响的全暗条件下进行。目前，已在少数昆虫中研究了温周期对滞育诱导的影响。由于温周期中温度是变化的，因此，不仅温周期的温度持续，而且温周期的温度和温周期幅度都影响昆虫滞育的发生（Beck，1983；Danks，1987）。

温周期反应曲线是指在低温期和温期温度恒定的情况下，昆虫对不同低温持续期的温周期滞育反应变化的曲线。温周期的低温期和温期被认为分别类似于光周期的暗期（scotophase）和光期（photophase），很多昆虫的温周期反应曲线也类似于其光周期反应曲线，如欧洲玉米螟，一个 C：T = 12：12（10℃：31℃）的温周期有滞育诱导效果，与L：D = 12：12 的光周期相似。因此，对特定昆虫温周期反应曲线的研究，可以与其光周期反应曲线进行比较，推断两种反应诱导滞育的机理。已在一些长日照型昆虫中报道温周期反应曲线。在大菜粉蝶、红足侧沟茧蜂中，温周期与光周期反应曲线十分相似，都是长日照型。而西南玉米秆草螟、欧洲玉米螟和西非蛀茎夜蛾，光周期反应曲线均显示一种复杂的短日照/长日照型，但温周期反应曲线都是一种简单的长日照型。

温周期反应曲线的另一个重要特征是反映出临界低温持续期（cryophase duration）。低温持续期是控制滞育反应的重要因子，当低温持续期长于临界低温持续期时，温周期诱导的滞育比例较高。目前已在少数昆虫中报道了临界低温期长度，如欧洲玉米螟大约是95h（5℃：30℃），红足侧沟茧蜂约为13h（18℃：27℃），西非蛀茎夜蛾约为1h（18℃：30℃），蛹集金小蜂约为11h（13℃：23℃）。在大菜粉蝶中全暗条件下临界低温持续期与光周期反应的临界暗长相近，但西南玉米秆草螟却似乎不存在明显的临界低温持续期。

温周期反应阈值是指昆虫温周期反应存在着温度阈值，即当低温期温度低于某一温度值会诱导滞育；相反，温期温度高于某一温度，无论低温期温度如何，滞育都会被逆转（Beck，1983b）。当低温期温度低于温周期阈值温度而高于发育阈值温度时，温周期对昆虫滞育诱导非常有效。如欧洲玉米螟的低温阈值大约为17.5℃，当低温期温度低于17.5℃时温周期就能诱导出高的滞育发生。西非蛀茎夜蛾在全暗条件下低温期温度必须低于17℃才能诱导高比例的滞育。依据文献也估算出多种昆虫的低温期反应阈值温度，如大菜粉蝶约为19℃，蛹集金小蜂约为13℃，三叶草彩斑蚜茧蜂约为16℃，西南玉米秆草螟接近18℃，幽蚊和秋家蝇约15℃（Beck，Danks，1987）；被估算出的低温期反应阈值温度均高于各自的发育阈值温度（Beck，1983），如欧洲玉米螟的低温阈值大约为17.5℃，而发育阈值大约为11℃（Beck，1982）。

同样，当温期温度高于温期反应阈值温度时，不论低温期温度如何，温周期只能诱导较低的滞育发生。在欧洲玉米螟中，温期温度高于30℃的温周期的滞育诱导的效果很低，但未能测定出高温阈值，因为高于35℃的温度不适宜幼虫生长和存活。西非蛀茎夜蛾在持续暗期和 C：T＝12：12 条件下，当温期温度等于35℃时，配合15~25℃低温滞育比例均很低，仅在23℃：35℃时滞育比例超过50%（Fantinou 和 Kagkou，2000），可能存在温期反应阈值温度。

温周期幅度是指低温期与温期温度间的差值，它对昆虫的滞育诱导也有一定影响。目前，温周期幅度本身对滞育诱导的作用仅在欧洲玉米螟中得到研究。较高的温期温度与极低的低温期温度相配合虽然温周期幅度很大，但其滞育诱导效果可能是昆虫对极端温度的反应，而不是对温周期幅度的反应。

2. 温周期对光周期滞育诱导的调节作用

在自然条件下，昆虫受每日变化的温周期和光周期联合作用的影响。这种温周期和光周期的联合作用，也被称为温光周期，它对滞育的决定具有重要作用。

温周期与光周期配合方式：在自然条件（暗期低温，光期高温）下，很多昆虫中温周期增强了光周期的滞育诱导效应。在自然条件下三叶草彩斑蚜茧蜂滞育的诱导，取决于温度的昼夜交替。卷叶蛾在持续暗期中温周期没有滞育诱导效应，但与光周期相互作用能诱导昆虫滞育；欧洲玉米螟温周期与光周期相互作用才能诱导滞育的发生。而在西非蛀茎夜蛾中温周期对滞育诱导光周期 L：D＝12：12 的诱导效应有明显的影响。

通常，暗期温度对滞育的影响很大，低的暗期温度趋于诱导滞育，而高的暗期温度趋于抑制滞育。在光周期条件下，温周期对滞育的发生具有显著的影响，尤以在临界光周期附近的光周期下影响十分明显，如欧洲玉米螟存在着由光周期诱导的幼虫滞育，临界光周期为15h（26℃），在临界光周期下，光期采用31℃，暗期采用21℃，幼虫滞育的比例很高（60%）。采用相反的温周期，滞育的比率则很低（25%），表明滞育的发生受暗期温度的强烈影响（Beck，1985）。西非蛀茎夜蛾的情况是温光周期（L：D＝12：12，C：T＝12：12）的低温与暗期相配合，滞育发生很高；而当高温与暗期配合时，尽管平均温度相等（25℃），滞育的发生比例也很低，仅当低温期温度低于18℃时才会有较低的滞育发生，表明暗期温度强烈地影响了滞育发生（Fantinou 和 Kagkou，2000）。暗期温度影响昆虫滞育发生的现象在其他昆虫中也存在，如剑纹夜蛾、柳毒蛾、大菜粉蝶、烟草天蛾和天蛾盘线茧蜂等昆虫。

近年的研究发现，暗期低温并不总是决定滞育诱导。刺益卷蛾中，温周期在短日照条件下（暗期低温）降低了滞育的发生，但不影响临界日长（Goryshin 等，1988）；在临界光周期附近，暗期低温的温光周期同样降低了二点卷蛾的滞育发生，同时临界日长变短，与温期温度下的临界日长相等（Volkovich 等，1990）。在果蝇中，白天高温（18℃），夜间低温（5℃），降低了滞育的发生，采用相反的温周期则不会降低滞育的发生（Yoshida 和 Kimura，1999）。

温周期幅度与光周期的联合作用：在光周期条件下，对温周期幅度在昆虫滞育诱导中的作用也进行了研究。在温周期条件下，光周期反应主要由温周期的平均温度决定的，仅在临界日长附近时滞育的发生才略有上升，其温周期条件下的阈值温度约为21℃，略高于恒温条件下的阈值温度。所以不论是在恒温还是在温周期条件下，低的平均温度诱导昆虫进入滞育，而高的平均温度则滞育比例下降，表明温周期的幅度对滞育诱导似乎没有作用。但在光周期条件下，温周期幅度对滞育诱导的影响在西非蛀茎夜蛾中得到证实。在滞育诱导的光周期 L：D＝12：12 下，滞育诱导不是取决于温周期平均温度，而是由低温期温度和温期温度相互作用调节的：温周期幅度越大，滞育比例越高，如在25℃：25℃滞育比例为53%，而36℃：14℃诱导滞育比例达90%（Fantinou 和 Kagkou，2000）。

三、温周期对昆虫滞育强度的影响

在光周期条件下，温周期比恒温有更强的滞育诱导效应（Clitho 等，1991；Kalushkoy 等，2001）。在 L：D＝12：12 下，平均温度为20℃的温周期所诱导的棉红铃虫滞育成虫，其产卵前期为30d，而恒温20℃诱导的滞育成虫，产卵前期为17d，此时显示出温周期比恒温具有更强的滞育诱导效应（Kalushko 等，2001）。在以成虫滞育的豆象中，与40℃：25℃温周期相比，在23℃：10℃温周期下饲养雄虫有更强的滞育强度（Clitho 等，1991）。但以预蛹滞育的苜蓿切叶蜂饲养于恒温30℃下比在温周期10℃：30℃下具有更长的羽化前期，似乎前者的诱导效应更强（Rank 和 Rank，1990）。这种相反的结果可能是由于滞育强度判别标准不够合理，因为羽化前期不仅包括了预蛹期，同时也包括蛹的发育历期（Kalushkoy 等，2001）。

四、食料对昆虫滞育诱导的影响

在一些昆虫中食料是滞育诱导的主要因子，在大多数昆虫中食料是作为光周期和温度反应的调节因子影响到昆虫滞育的诱导。食料因子还直接或间接地影响到一些昆虫的滞育维持和解除及滞育后发育（王小平等，2004）。

植食性昆虫所取食植物的种类和植物成分的季节性变化也能给滞育诱导提供重要的环境信号。一般认为随着季节的变化，寄主植物组织老化，脂肪、碳水化合物含量增高，含水量减少，昆虫取食后，代谢作用迟缓，可促进滞育（牟吉元等，1997）。

食物的质和量对滞育也能产生影响。昆虫取食不适宜的食物，或食物不足，营养条件不能满足正常生长发育的要求也是促进滞育的因素之一（王小平等，2004）。昆虫在食物不足时，雌成虫卵巢停止发育或退化，从而导致滞育。

1. 食料（寄主）种类对昆虫滞育诱导的影响

昆虫取食不同的寄主植物，其滞育反应可能不同。在田间，取食4种不同的食料植物如红花檵木、黑白蜡树、纸桦和弗吉尼亚李的蔷薇斜纹卷叶蛾，其幼虫进入滞育的比例不同，幼虫取食弗吉尼亚李会继续发育并繁殖第二代，而取食纸桦会诱导中等数量的滞育（Hunier 和 MeNeil，1997）。此外，在马铃薯甲虫（Hare，1983）、甜菜网螟（Danilevcky，1965）、两色瘤姬蜂（Claret 和 Carton，1975）和桃小食心虫（张乃鑫等，1977）等昆虫中亦有类似的报道。食料可以改变家蚕滞育诱导的光敏感期，用普通桑叶喂养家蚕，滞育诱导的光敏感期出现在前一世代的卵期，但用人工饲料喂养家蚕时，第 3~4 龄幼虫对光周期也敏感（Kamiya，1974）。

寄生昆虫寄生不同的寄主，由于寄主营养质量上的差异，也会改变寄生性昆虫对光周期的反应，如将麻蝇、红头丽蝇、伏蝇的蛹分别作为蛹集金小蜂的寄主，产生滞育个体后代需求长夜的天数依次增多；同样，在麻蝇和伊蚊中，食料也影响了滞育光周期反应（Saunders，1982）。

2. 食料的丰富度对昆虫滞育诱导的影响

食料作为滞育诱导的主要因子可能出现在某些依赖季节性植物才能生存的植食性昆虫中，或出现在一些仅依赖寄主才能够生存的捕食性和寄生性昆虫中。一些温带和热带地区取食植物种子的蝽，例如红蝽和长蝽，种子的质量和种子缺乏会诱导这些昆虫进入滞育。获得食料花粉是调节菜豆成虫滞育的重要因子（Hodek 等，1981）。缺乏真菌会诱导果蝇进入滞育（Charlesworth 和 Shorrocks，1980）。

食料的供应与否是影响夏季滞育的重要因子（Schwarzer，2001）。食料缺乏决定滞育诱导被认为是夏季滞育的关键（Masaki，1980；Nakamura 和 Numata，1998）。捕食性草蛉的 mohelv 品系，在短日照条件下，100% 成虫进入滞育；在长日照和猎物（蚜虫）存在时，成虫能够继续繁殖；在长日照条件下，如果猎物缺乏，大多数成虫亦进入夏眠。因此，在夏季蚜虫种群密度很低时，大部分成虫进入由食物诱导的夏季滞育（Uber，1982）。在干旱的夏季寄主植物极端缺乏，眼蝶会减少产卵，进入夏季滞育（Braby，1995）。沙漠蝴蝶的滞育能使其幼虫躲避干旱期，因为这期间寄主植物的叶片很少（Mooney，1980）。类似的情况在集栖虫（Stewart，1967）和纤丽瓢虫 *Harmonia sedecimnotata*（Zaslavsky 等，1995）中也有发生。饥饿处理苜蓿叶象甲老龄幼虫，增加了成虫的滞育比例（Armbrust，1972）。如果捕食性步甲的食料或水分被剥夺，则成虫进入滞育（Paarmann，1976）。猎物的缺乏，在蚁蛉的越冬滞育中亦发挥了重要的调节作用（Funishi 和 Masaki，1981）。在猪笼草长足蚊中，幼虫期低水平的食料供应导致高比例的滞育发生。

3. 食料的质量对昆虫滞育诱导的影响

食料不仅能通过其数量或丰富度，也能通过质量，甚至通过食料可利用性，或其他季节特征为昆虫提供线索，也是昆虫滞育的重要诱发因素之一（Thuber 等，1988）。食料质量的改变也能向昆虫给出可靠的季节信号，或改变营养价值或为昆虫提供时间上的化学指示。跳甲和红足叶螨 *Heusde structor* 取食衰老的植物时，会诱导夏季滞育。美洲玉米螟取食生长期为 6~9 个星期的玉米，滞育率为 24%，取食生长期为 12~23 个星期的玉米滞育率达 91%。墨西哥棉铃象甲的滞育主要由光周期和温度诱导，但取食老龄棉铃时滞育的发生比率明显比取食棉蕾和幼铃时高（Cob 和 Bas，1908）。马铃薯甲虫取食生长期较长的叶片比取食幼嫩或老龄叶片更能促进光周期诱导的滞育（Hare，1983）。提早采果，可促进桃小食心虫幼虫发育，幼虫提早进入滞育。食料的质量也影响斑蝶（Goehring 和

Oberhauser，2002)、粟草螟（Tanzubil 等，2000)、苹果卷蛾（Steinbe 等，1992）等的滞育诱导。山楂叶螨在相同的寄主梨树叶片上取食，病叶和老叶诱导的滞育比率比嫩叶的明显高，依次为 69.7%、55.3% 和 20%（刘会梅等，2003)。而利用人工饲料进一步证实食料质量影响昆虫滞育诱导，如用低质量和高质量人工饲料饲养蔷薇斜纹卷叶蛾，低质量的营养有利于滞育的诱导（Hunter 和 MeNeil，1997)。总之食物的质量影响昆虫滞育的诱导，缺乏营养的食料趋向于诱导滞育（Thuber 等，1986；Danks，1987)。但也有些昆虫，食物的质量与滞育诱导的关系不大，如幼虫期食物质量和棉铃虫滞育无明显的相关关系（吴孔明和郭予元，1995；郭予元，1998)。

在天敌昆虫与寄主的协调寄生方面，很多寄生性天敌昆虫能感受其寄主的生理状态，并可诱发该昆虫出现滞育。贪婪反颚茧蜂的滞育取决于环境条件和食料条件的相互影响，如果幼虫饲养在非滞育的麻蝇寄主上，即使在长日照条件下，也发生滞育（Vinogradova 和 Zinoviev，1972)。寄生性青铜巨颅金小蜂，饲养在滞育的寄主上比饲养在非滞育的寄主上有更高的滞育发生（MeNeil 和 Rabb，1973)。象甲姬蜂寄生象甲老龄幼虫时，滞育率明显增加（Parrish 和 Davis，1978)。与植食性昆虫相反，肉食性果蝇中食料水分含量的增加，增加了果蝇滞育的发生，食料含水量增加 10%，滞育率增加 10%，降低水分含量则导致滞育率下降（Delinger，1979)。

4. 食料对滞育维持和解除的影响

食料因子对昆虫滞育维持影响的报道很少。棉红铃虫幼虫的滞育源于早期食物中的高脂水平，在短日照条件下滞育比例上升，并有助于维持滞育（Foster 和 Crowde，1980)。

对食物促进滞育发育方面，食物诱导的夏季滞育和部分由光周期控制的冬季滞育解除前必须有猎物存在，如草蛉 mohave 品系在春天光周期维持的滞育终止，而且在捕食对象丰富以后，才开始生殖，若捕食对象稀少，mohave 品系可以进入夏季滞育，这种夏季滞育是食料控制的，即捕食对象的有无控制着滞育诱导和解除（Dhuber，1973)。瓢虫的情况是，当食料中供应蚜虫，则其滞育能快速终止，这种作用可能是通过化学受体调节的（Dingle，1979)。

5. 食料对滞育后发育的影响

昆虫滞育后发育的完成与否与食物有关，但在不同种间存在很大差异。有些以幼虫越冬的种类，在化蛹前必须取食，有些则没有取食的需求，如欧洲玉米螟，越冬幼虫滞育后的化蛹和成虫的发育均不需取食。许多以成虫越冬的昆虫，滞育后必须取食才能产卵，但有些昆虫，滞育后的产卵开始可能不需要取食，但维持产卵过程必须取食。如对豆缘蝽取食和滞育后发育研究表明食物是成虫滞育后决定生殖阶段开始的主要因子。

在甘蓝菜蝽中，食料因子影响到滞育解除后的再次滞育。暴露于短日照条件下，以种子饲养越冬后成虫，45d 后其被诱导再次进入滞育，而以叶片饲养的个体则继续繁殖不再进入滞育。其原因可能是食料影响到它滞育后的发育及寿命，取食叶片的寿命短于取食种子的寿命，不能再次进入滞育并不是这种饲料抑制了光周期敏感性的恢复，而是因为昆虫在光周期敏感性重建期死亡。

五、密度

通常情况下，拥挤常会造成食料数量或质量的下降，因此很难将两者对滞育的影响区分开来。但在一些群居性昆虫种类或居住在固定栖息地的昆虫中，如储粮害虫，拥挤对滞育的诱导起着主导作用。Hagstrum 和 Silhacek（1980）曾报道了种群数量的高密度导致了热带仓库干果粉斑螟 *Ephestia cautella* 进入滞育。此外，无花果蚜 *Drepanosiphum platanodis* 以第 2 代成虫进入夏季滞育，主要是由于成虫发育期的拥挤导致，滞育期的长短与成虫的拥挤密度有关。一般来说，拥挤常常会促进滞育的发生，特别是在一些螨类和甲壳纲中。但是 Saunder（1975）却指出，一种麻蝇 *Sarcophaga agryrostoma* 的幼虫拥挤时，滞育率会减少，这是由于幼虫期缩短，从而幼虫接收到更少的诱导光周期。

六、湿度

湿度常不是滞育诱导的主要因子，它主要是通过改变光周期和温度的刺激反应而影响滞育的诱导。如在烟草粉斑螟 *Ephestia elutella* 和卷蛾黑瘤姬蜂 *Coccygomimus turionellae* 中，湿度能够改变光周期的滞育诱导效应。一些以卵滞育的昆虫对湿度较为敏感，如澳洲疫蝗，虽然成虫期的光周期和温度对卵的滞育有决定作用，但低湿条件明显降低了滞育的诱导。

在以上谈到的几个环境因素中，光周期是滞育诱导最重要的季节因子。但在自然界中，滞育的诱导并不是由单个因子控制的，而是由多个因子交互作用的结果。

七、昆虫休眠和滞育期水分的作用

昆虫在休眠和滞育期间，新陈代谢处于较低的运行水平，外源营养几乎不再摄入，但水分则不可或缺。水分是保证昆虫生长发育的关键因素，缺水往往延缓或阻止昆虫的生长，脱水则可导致昆虫进入休眠状态，待水分供给恢复时昆虫也恢复生长发育。水对具有滞育特性昆虫的影响更为复杂。很多昆虫在滞育初期需要继续吸收水分，当水分缺乏时，会表现出一种休止状态（arrest），即不再向滞育状态过渡，只有当水分恢复供给后才完全进入滞育状态。进入滞育后，绝大多数昆虫对水分的吸收处于很低的水平，当然环境过于干燥也可导致滞育昆虫的死亡。打破滞育前，同样需有水分的刺激，否则即便其他环境条件都具备，也不会立即恢复，而会持续保持滞育状态。

1. 水分对卵滞育的影响

对于卵滞育的昆虫，水分通过卵的水孔被吸入卵内，其进入的速率由水孔下方的水孔细胞控制，当卵内外的渗透压差足够高时，就开始吸收水分。水分蒸发则受水孔上某些蛋白物质淀积所制约。研究表明，对于兼产滞育卵和非滞育卵的种类，在孵化期中给予接触湿度，则非滞育卵就不停地发育直至孵化。假若不供给水分，则胚胎发育缓慢，并会在胚胎生长到一定阶段时生长完全停止，此时卵具有超强的抗逆性，能保持其生活力达 3 年半之久。在此期间，若卵在任何时候受潮，水分可被立刻吸收，卵膜重新开始伸展、完成孵化。

滞育卵对水分的依赖性较复杂。初产卵受潮时，胚胎发育到前胚转期后进入滞育状态，此时卵尽管有所肿胀，但尚未吸足水分。如南非棕蝗的滞育卵能继续在 35℃ 下保持卵润湿，则可在不确定时期内（36~95d）完成孵化；若卵不能接触水分，则完全进入滞育状态发育停止，并随着时间的推进，卵粒逐渐瘪缩。对处于滞育状态的瘪缩卵粒一旦使其与水分接触，则又恢复吸水，使卵膜得以伸展。温度适合时胚胎将开始发育并最终完成孵化。

2. 水分对休眠或滞育幼虫或成虫的影响

多数带有干物质比率增大而进入滞育的昆虫幼虫，在后滞育期自其周围吸取湿度以恢复水分平衡。假若不使此种昆虫与水分接触，则可能使生长延迟恢复，或甚至无限期受到阻碍。然而，此时它们的状态乃是一种静止，因为假若给予水分，就能立即再度活化。因为这种结果，水分常被误认为终止滞育的因素。

水分的吸收多少是和幼虫的生理状态紧密关联。多数昆虫在后滞育期间与游离水接触也是重要的。假若春季水分受到限制，则豚草白斑小卷蛾 *Epiblema strenuana* 越冬幼虫的化蛹及其羽化就显著延缓。亚热带秆草螟 *Diatraea lineolata* 的"静止"幼虫在其所挖掘隧道的干玉米秆被雨水淋湿时可观察到其化蛹。高的湿度与接触水分也有利于棉红铃虫长期休眠幼虫的化蛹。

有很多节肢动物经常缺乏固定的滞育，这种节肢动物假若其含水量降低到某一临界水平，则不再进行滞育发育。此时若过分干燥就会死亡，如拟飞蝗的未滞育卵可在含水量自85%左右降低至40%时残存，但水分进一步降低，则卵粒干瘪而无法孵化。

只有极少数昆虫能忍受完全脱水而不受伤害。一种蚊 *Polypedilum vanderplank* 的幼虫生在浅鱼塘中，当塘水干涸时，幼虫即脱水，且缩小至几乎不易辨认的程度。处于此种状态中的个体可存活3年以上。若将其放置于水中，幼虫迅速吸水，而在1h左右即可游动。此种幼虫能反复变成干燥及再度活化。"干燥的"幼虫常含有约15%的水分，但含水量可以降到1%或1%以下，而不影响水分的恢复。干涸了3年以上的幼虫及将其浸渍在水中20min以后的同一幼虫。这个特殊幼虫在其受旱的年份中，其第三腹节的背板开裂。当其吸取水分时，肠的一段就从裂口中挤出，幼虫停止运动，而在约4h后终于死亡。

休眠幼虫的生理学在其他方面是独特的，还没有发现其有呼吸作用。干燥幼虫以65℃的温度处理20h仍是活的，而活动幼虫的忍受界限为41℃左右。对高温的抵抗力或许是依赖从组织中除去其一切残余的水分。大多数此种性质反映出存在若干有效的、阻碍蛋白质变性作用的细胞内机制。

第四节　昆虫滞育的激素调控

从本质上看，昆虫滞育这一生态适应的过程，是昆虫通过自身神经及内分泌系统共同响应与整合被机体接受的来自各方面的信息，调控机体及时灵活地做出适宜的反应，使机体在保持内外环境稳定情况下进行生命活动的一系列复杂的过程，对于不同虫态滞育的昆虫，其激素调节的机理各不相同。

昆虫滞育的内分泌学研究主要集中在1950—1970年，Hasegawa（1957）首次从昆虫脑-咽下神经节抽提出具有生物活性的物质，命名为滞育激素，此后开始大规模的分离纯化工作。对内分泌器官分泌的蜕皮激素（molting hormone，MH）的鉴定；1962年完成了咽侧体分泌的保幼激素（juvenile hormone，JH）的鉴定；脑分泌的促前胸腺激素（prothoraciotropic hormone，PTTH）得到部分结构等。由于对这些激素功能研究的进展，建立了神经-激素系统控制滞育的理论（Williams，1952；de Wilde，1970；Denlinger，1985）。①幼虫和成虫滞育的诱导和解除，主要是由咽侧体分泌的保幼激素量的变化来控制的。如幼虫滞育则由于咽侧体分泌的JH一直保持相对高的水平，维持幼虫形态不发生改变，结果出现幼虫的滞育。一旦某个时期咽侧体分泌机能衰退，MH 分泌量增加，将导致滞育的解除。在成虫阶段，咽侧体分泌活性降低，JH 量少时，卵巢形成受阻，于是进入了成虫滞育（生殖滞育）。②蛹滞育的场所，由于幼虫期的短日照，化蛹后的脑激素分泌活动停止，受 PTTH 控制的前胸腺不分泌蜕皮激素，使蛹向成虫羽化的活动停止而进入蛹滞育。如果低温或长光照，促进脑分泌细胞的活化，引发 PTTH 的分泌，指令前胸腺分泌 MH 蛹滞育就被解除。③卵滞育型是受脑-咽下神经节（suboesophageal ganglion，SG）"-"滞育激素（diapause hormone，DH）内分泌体系控制的滞育（Yamashita，1991），卵滞育型约占总滞育类型的 40%，这个体系主要是通过对家蚕卵滞育的研究成果确立起来的。目前，滞育诱导、滞育进入和滞育打破是昆虫滞育研究领域的重点问题。虽然环境信号诱导滞育世人皆知，但是环境信号如何传递并最终导致体内发生一些变化，引发滞育出现的分子机制还不清楚。过去人们一直认为家蚕滞育激素诱导卵滞育，其实不太确切。滞育诱导发生在胚胎期，分子生物学证据表明高温保育的家蚕卵的 DH 基因在胚胎的中后期开始表达，表达量明显高于低温的，这种差异可以通过某种未知的机制传递到幼虫期和蛹期，然后在蛹期第 3 天开始 DH 基因大量表达，改变蛹期代谢，导致在卵内大量积累山梨醇和甘油。这些山梨醇和甘油是良好的抗冻剂，有利于产下的滞育卵度过低温的冬天，很自然地反映了自然选择的合理性。所以严格说滞育激素是在滞育准备期调节碳水化合物代谢，为卵滞育做好准备而已。家蚕发育中的胚胎如何接收高温信号，棉铃虫幼虫如何感受光信号并传递下去则是非常令人感兴趣的重要科学问题。

近年来围绕滞育的分子生物学研究取得了很大成就，其中最重要的是家蚕滞育激素的克隆和分子结构的获得。另外，关于幼虫滞育和蛹滞育昆虫的滞育相关蛋白和热激蛋白的研究也非常活跃。

一、滞育激素

1. 滞育激素的分离及纯化

HaSegawa 首次从 SG 抽提出具有生物活性的物质，命名为滞育激素，此后开始大规模的分离纯化工作。首先科研人员用主要含有丙醇、甲醇、二氯甲烷、丁醇等的有机溶剂对家蚕雄蛾头部进行抽提，粗抽提物再经葡聚糖凝胶、琼脂糖凝胶及其他一些分子筛柱洗脱，分步收集进行 DH 活性鉴定。活性鉴定是把各洗脱组分注射到非滞育多化性品种（N4）的雌蛹体内，时间是化蛹后第 4 天（复眼开始着色时）。羽化后和雄蛾交配，使之产卵。这些卵保护在 25℃ 左右，观察 10d，滞育卵着色后不孵化，非滞育卵则继续发育最后孵化。通过这种抽提和鉴定方法，20 世纪 70 年代中后期终于分离得到 DH 的两种活性组分：DH-A：DH-B。根据蛋白酶的作用结果，表明 DH 属于多肽类物质。Imai 等（1991）改变了实验条件，以家蚕蛹的 SG 为材料，用沸水抽提法结合反相高效液相色谱纯化出 DH，人工合成的 DH1 显示出和天然的活性相当，证实了测定结果的正确性。除家蚕外，DH 活性在其他几种鳞翅目昆虫的食管下神经节中也已经被发现。将具有卵滞育类型的舞毒蛾和日本柞蚕 *Antheraea yamamai* 的神经节移植到产非滞育卵的家蚕中时，都能促进一些滞育卵的产生。令人惊讶的是，具有蛹滞育类型的柞蚕、大豆虎蛾 *Phalaenoides glycin* 的食管下神经节也显示出 DH 活性。甚至在不具有滞育特性的美洲大蠊 *Periplaneta americana* 中，Takeda（1977）在脑、咽侧体、食管下神经节、胸神经节及与胸神经节相联系的神经索里均发现了 DH 活性。

2. 滞育激素分子的结构

调控家蚕胚胎滞育的滞育激素，是由雌性个体的食管下神经节释放的一个 24-氨基多肽，用以诱导子代胚胎滞育。cDNA 编码一个多聚蛋白前体，这个前体是由滞育激素、性信息素合成激活肽和其他 3 个神经肽分解而来的。滞育激素－性信息素生物合成激活肽基因由 6 个外显子和 5 个内含子构成，其表达能在食管下神经节的 12 个神经分泌细胞中观察到。这类基因在滞育诱导时期表达，最近的证据表明，滞育激素 mRNA 的表达受存在于中枢神经系统和能够产生滞育后代的雌性血淋巴中高水平多巴胺的促进。

Sao 等合成了不同长度的 DH 分子，认为 C 端是活性的必需部位，缺乏 C 端则无活性，如把完整的 DH 分子诱导滞育率定为 100%，则 C 端 5 个氨基酸（Phe-Cly-Pro-Arg-Leu-NH$_2$）就有 11% 的滞育诱导率；如 C 端有 6 个氨基酸，即在 Phe 的前面加上一个 Cys，则滞育诱导率高达 70%，显示出这几个短肽分子是一个核心序列。如果 DH 分子缺失这几个氨基酸，则滞育诱导率为零。反之，DH 分子的 N 端取掉几个氨基酸，对生物学活性几乎没有影响。

纯化的 DH 制品对温度和光照极其敏感，如用 60℃ 处理 5h，或者在水银灯下照 2h，活性将完全消失。当纯化的 DH 制品被注射进虫体内时也会很快失活。然而通过使用牛血清白蛋白或其他高分子量的蛋白作为载体，注射的 DH 活性可提高 2 倍。

3. 滞育激素的功能

滞育激素通过在卵巢发育期激活海藻糖酶促进滞育。注射滞育激素能快速提高海藻糖酶 mRNA 水平，海藻糖活性的增加导致成熟卵中产生高水平的糖原，此为滞育的一个前提。糖原随即转化为甘油和山梨醇，多羟基化合物不存在于非滞育卵中。当卵巢在缺少 Ca^{2+} 的条件下培养时，滞育激素不能激活海藻糖酶，说明这可能与一个钙依赖蛋白激酶有关。同样的，增加 H$^+$ 会降低海藻糖酶活性，H7 是一种钙依赖蛋白激酶抑制剂。一种假设认为滞育卵中增加的多羟基化合物作为冷冻保护剂，但是最近一系列的简单试验表明，相反地，山梨醇的增加可能是生长抑制的真正原因。即将发生滞育的胚胎若在体外培养时没有山梨醇或海藻糖酶会避免其滞育，相反在培养基中增加山梨醇或海藻糖酶会诱导胚胎滞育，胚胎并不是由环境条件引起滞育。这些结果说明在接近滞育结束时山梨醇水平的正常下降能使胚胎重新进行生长发育。只有家蚕是通过产生一种滞育诱导激素来调控其自身的滞育。在其他物种中企图利用滞育激素来诱导滞育的试验都失败了。然而从其他种中（包括非鳞翅目类）提取的活性滞育激素能够诱导家蚕滞育，因而表明滞育激素可能广泛分布，但只在家蚕中被用作滞育的调控者。很可能在鳞翅目中它的最初功能是碳水化合物代谢的调控者，但在家蚕中却被用作滞育诱导。

4. 滞育激素作用的靶标器官

DH 的代谢反应只限于卵巢。将 DH 提取物注射进产非滞育卵的蚕蛹内可使其卵巢产出滞育卵，并提高卵巢内的糖原含量；而摘除产滞育卵的蚕蛹的食管下神经节能使其卵巢产出非滞育卵，并使卵内的糖原含量迅速降低，但糖原水平在马氏管、体壁、中肠和整个蛹中保持不变。卵巢内的糖原虽起源于脂肪体，但脂肪体并不是 DH 激素的作用部位。当雌虫被切除卵巢后，脂肪体的糖原水平和血淋巴海藻糖水平并不因 DH 的注射而发生变化。

卵巢植入雄虫体内的试验为鉴别卵巢是 DH 的靶器官提供了另一有说服力的证据。如食道下神经节是完整的，植入卵巢的雄虫很容易使脂肪体中的糖原流动。无卵巢植入的雄虫体内的糖原水平在神经节存在或缺乏的情况下均保持不变。DH 对卵巢的直接作用也已被离体试验进一步肯定：即卵巢的代谢反应在培养中能够很容易地被重复。

在卵巢中，DH 只作用于卵母细胞，而不作用于滋卵细胞、滤泡细胞或卵巢的其他组分。且 DH 对重量小于 250μg 或大于 750μg 的卵母细胞也不发生作用，仅仅作用于重量大约 500μg 的卵母细胞，因此激素在任何一个时间里仅能影响几个卵。只有持续暴露在 DH 下，雌虫才能产出一批滞育卵。当卵母细胞处于断断续续接受 DH 作用时，此雌虫将产出混合卵。

二、滞育进入的调控

滞育进入方面，一般认为蛹滞育是由于脑激素 PTTH 表达的下调或关闭，导致蜕皮激素的合成分泌减少，引发滞育。对于这一经典理论，目前尚无分子生物学的证据支持。PTTH 的功能目前又引发人们的新思考，因为果蝇 PTTH 的功能是调节发育时间和身体大小功能，且以神经递质的方式（不是通过血液释放的激素方式）起作用，和过去作为激素的 PTTH 在功能上有相当的差异，所以对 PTTH 功能重新鉴定是有必要的。从另外一个角度讲，即使 PTTH 调节滞育进入的过程，那么调节 PTTH 的上游基因是什么同样值得思考。在家蚕，过去认为大量积累的山梨醇和甘油导致卵的滞育。Katagiri 等把一种海藻糖酶抑制剂（trehazolin）和 DH 一起注入多化性蚕蛹中，会导致产卵数减半，卵内糖原含量很低，而且只有 5% 的卵能孵化。但这些能够孵化的卵都是滞育卵，说明很低的糖原含量并不影响滞育性。家蚕滞育卵的碳水化合物仅是有利于增强抗逆性，与卵滞育的进入没有直接联系，滞育的进入可能是由滞育激素以外的未知基因调节的，近年来研究较多的有滞育下调基因、滞育上调基因、前滞育基因和后滞育基因等几类调控基因。

1. 滞育下调基因

滞育下调基因可能通过影响细胞周期而实现对滞育的调控。麻蝇中编码 90kDa 热休克蛋白的基因在滞育前和滞育后高度表达，其在滞育期间是下调的。hsp90 的表达似乎受 20-羟基蜕皮酮的控制：当蜕皮激素存在时，hsp90 是上调的，而缺乏蜕皮激素时其是下调的。一种可能是 hsp90 与蜕皮激素受体/超气门蛋白关系复杂，并且是这一异二聚体正常运转所必不可少的。

2. 滞育上调基因

滞育期间的上调基因被认为同热激蛋白联系密切，并与昆虫的越冬越夏滞育密切相关。通过负杂交技术从麻蝇中分离得到的滞育上调克隆基因，其编码一个 23kDa 的小热休克蛋白。非滞育果蝇在遭受热休克和冷冲击等逆境胁迫时，其转录物高度表达，但在滞育蛹中，这一基因通过果蝇进入滞育简单的上调。目前已发现热激蛋白基因 *hsp*23、*hsp*70 和 *hsp*90 在非滞育蝇中都是上调的，但在滞育期间，*hsp*23 和 *hsp*70 是上调的而 *hsp*90 是下调的。这表明滞育期间不同的热休克蛋白具独特作用。

3. 前滞育基因

前滞育基因是一类在滞育早期表达、在滞育后期不再表达的基因。此类基因的一部分可能在滞育早期短暂表达；另一部分则在更早阶段表达。前滞育基因可能包括与滞育打破有关的基因，这部分基因通过激活生长发育的基因及蛋白合成而实现滞育终止。

4. 后滞育基因

滞育期间基因的滞后表达可能有助于滞育完成和恢复发育的事件或滞育后期的特定事件。*Ultraspiracle*（*usp*）超气门蛋白基因即为此类基因。在麻蝇早期蛹滞育期间，*usp* 的表达很低，但在滞育后期升高。该基因编码一种功能类似蜕皮激素受体的蛋白质，且其表达的提高与蛹对蜕皮激素应答的提高一致。滞育后期 *usp* 的上调可能代表了一个准备阶段，这个准备阶段能使蛹在滞育结束时回应蜕皮激素的释放。家蚕的编码山梨醇脱氢酶的 *sdh* 基因也被研究较多，其活性在转录水平被调节，这种酶的激活能使山梨醇转化为糖原，糖原再被用作滞育终止时胚胎发育完成的能量来源。因此，这一后滞育基因的激活与使胚胎打破滞育和恢复生长发育的机制有关。

三、滞育调控过程中的胁迫应答基因

在滞育期间观察到的基因表达的另一类是应答胁迫的上调基因。这类基因在滞育期间的表达不常见，但某些形式的环境胁迫可诱发基因表达。据推测，最完整的防御机制仍然存在于滞育期间。例如，在相当长一段时间就已知道，滞育昆虫在应答身体伤害时会迅速提高它们的新陈代谢率，伤口愈合反应增加新陈代谢表现，这很可能反映了与愈合机制有关的基因的上调。某些基因也可能在受到胁迫时下调，但现有的滞育资料中没有例子。

Hemolin 是免疫球蛋白大家族的一员，首次在刻克罗普斯蚕蛾 *Hyalophora cecropia* 滞育蛹血淋巴中被记述。在细菌注入后的几个小时内，滞育蛹的脂肪体合成并释放 hemolin 到血淋巴中，在那里它结合到细菌脂多糖上，从而提高了吞噬作用的效率。麻蝇毒素 Sarcotoxins，柞蚕素 attacin 家族中的抗菌蛋白，在麻蝇对细菌注入做出应答时表现上调，麻蝇滞育蛹中麻蝇毒素（蝇蛆抗菌蛋白）sarcotoxin II 的 mRNA 水平在身体伤害或脂多糖注入后的 3h 内是升高，且转录水平在 3~4d 内保持升高。因此，编码至少两种与昆虫免疫应答有关的蛋白的基因在滞育期间对胁迫反应灵敏。

滞育麻蝇中两种热休克蛋白基因的转录物是发展性上调的，*hsp*23 和 *hsp*70 在滞育蛹处于热休克或冷休克时并未进一步上调，但 *hsp*70 家族的组成型表达成员 *hsp*70 和在滞育期间下调的一种热休克蛋白基因 *hsp*90，在滞育麻蝇蛹处于冷休克时都是上调的。有趣的是，当蝇蛹受到热休克时 *hsp*90 也是上调的，但热休克不会引起 *hsp*70 的上调。因此，这些结果强调了滞育期间热休克蛋白转录表达和温度胁迫应答的非同步性。

在壮实蝇 *Eurosta solidaginis* 的滞育幼虫中，热休克蛋白是在热休克反应而不是在冷休克反应中产生。随着最初一段时期的冷冻，舞毒蛾的滞育一龄蜕皮幼虫，通过合成热休克蛋白对热休克和冷休克做出反应。在果蝇 *Drosophila triauraria* 成虫中，*hsp*70 并不通过滞育发育上调，但滞育成虫会通过积累 *hsp*70mRNA 回应热休克或冷休克。由马铃薯叶甲虫所知的两种 *hsp*70 基因中，只有一种是滞育上调的，但如果甲虫被冷冻处理，两种基因都会高度上调。因此，在大多数已调查的情况下，热休克蛋白的转录水平或者作为滞育进程的一部分已经升高，或者它们在滞育昆虫回应低温时升高。

四、滞育终止（打破滞育）的调控

滞育打破方面，由于自然状态下滞育打破过程很长，且从滞育转为发育时表型变化不易观察到，打破滞育的机制几乎是空白。相反人工打破滞育有较多的报道，如用盐酸、乙烷等化学物质以及温湿度等物理因素来诱导滞育打破，寻找启动发育的分子线索，在家蚕发现了应答盐酸打破滞育的基因 ETS 同源的转录因子，在棉铃虫滞育打破可能通过 DH2 Ecdysone 途径，在麻蝇滞育打破可能通过 ERK/MAPK 信号途径。现在的问题是人工打破滞育的路径是否就是自然发生的路径，要证实它依然有很多工作要做。

第五节　昆虫滞育后发育生物学特征

一、滞育对昆虫活力的影响

尽管滞育在昆虫对环境的适应性和进化方面有重要意义，但滞育本身可能也存在代价，包括生殖力降低、发育速率和存活率下降等（Tauber 等，1986）。

滞育的诱导、维持和解除与昆虫一系列复杂的生理变化相联系，如果受环境因子影响，过早地进入滞育或是滞育不能适时解除，结果是长时间的滞育使昆虫错失交配或产卵的机会，但太晚进入滞育或过短的滞育会使昆虫暴露于不利于存活的环境中。如蟪类在冬季来临前进入滞育会带来损失，在温暖的冬季，晚进入滞育的个体比早进入滞育的个体能多繁殖一代（Kroon 和 Veenendaal，1998）。在瑞典，眼蝶有一化性和二化性种群，它能很好地显示出滞育的代价和好处。二化性个体也就是直接发育不进入夏季滞育个体，具有产生大量后代的机会，这些后代能越冬并在下一个春季繁殖，相反一化性个体因为进入夏季滞育而推迟繁殖机会，失去了一次繁殖机会。由于滞育期间昆虫一般不取食、不活动，引起存活率下降的原因可能是越冬阶段的低温、不活动滞育个体被捕食，或是越冬个体储存的能量储藏物被大量消耗。如实蝇冬季的低温（-24℃）和较高温度（10℃）会引起高的死亡率（Irwin 和 Lee，2000）。反颚茧蜂随着滞育持续期的延长，滞育蛹的存活率也大幅度下降，存活率的下降可能与滞育个体内能量储藏物质的大量消耗有关（Ellers 和 VanAlphen，2002）。

在最近，已注意到滞育的第三种代价，被称为滞育的极细微亚致死效应（subtlesublethal effects of diapause），这种效应在未来季节中对适合度产生影响，如滞育后成虫生殖力降低、存活时间变短等。这种代价可以用昆虫滞育期间的储藏物质消耗来解释，因为滞育储藏物质在滞育维持和未来繁殖的分配上可能存在负相关，如在豆象中，滞育持续期与滞育完成后总产卵量间呈负相关（Ishikara 和 Shimada，1995）。

二、昆虫滞育后生物学特性

滞育是与代谢和繁殖代价相联系的，昆虫滞育后生殖力、性比、寿命、开始生殖的年龄等生物学特性可能与滞育的发生或滞育持续期有关（Tauber 等，1986；Danks，1987）。

1. 滞育后生殖力

滞育后昆虫生殖力表现出降低、持平及增长这 3 种变化。越冬本身可能影响昆虫的生殖力，在很多情况下，这种影响是负的，但并不是在所有昆虫中都是如此。在很多昆虫中，经历过滞育的个体生殖力不如直接发育的个体旺盛，如有的昆虫冬季滞育世代个体的繁殖力要低于夏季世代（Fujiie，1980）。在少数昆虫中，滞育对雌虫生殖力没有影响或影响很小。如滞育（9 个月）和非滞育马铃薯甲虫产卵量没有区别（Peroen 等，1981），但滞育（6 个月）和非滞育马铃薯甲虫间每日生殖力有显著性差异，滞育后雌虫生殖力要高（Jansson 等，1989）。在有的昆虫中，经历滞育的个体比直接发育的个体生殖力更旺盛。如蚱蜢经历冬季滞育的雌虫，其生殖力和产卵量高于未经历滞育的雌虫（Poras，1986）。

2. 滞育后寿命

滞育对于昆虫的寿命也有影响。一般而言，经历滞育个体在滞育后存活的时间会更短，如马铃薯甲虫滞育（6 个月）雌虫寿命短于非滞育雌虫寿命，但二者差异不显著（Jansson 等，1989）。在少数昆虫中，滞育对滞育后寿命没有影响，甚至滞育后存活时间更长，如龟蝽 *Gbuenoi*、*Comatus*、*Gpingreensis* 和 *Ldissortis*，直接发育的个体平均生殖寿命更短，仅在 *Gcomatus* 中差异不显著（Spence，1989）。

3. 滞育雄虫的特性

昆虫的雌雄个体进入滞育的趋势有差异，但雄虫滞育后的生物学特性很少被研究。烟蚜夜蛾在夏季是以蛹滞育，特别是雄性，这种滞育被高温所诱导，与未经历夏季滞育的雄虫相比，对照组雌蛾与经历夏季滞育的雄虫交配后，所产卵的孵化率更高（Bulter 等，1985）。麻蝇存在与性别相关的休眠期间生殖潜力损失，在雄虫中一个长的滞育期不引起类似于雌虫中生殖力下降的现象（Denlinger，1981）。

4. 子代的行为表现

在昆虫中，滞育对于滞育后子代的适合度可能有影响。如棉夜蛾亲代的滞育对子代的发育速率也有影响，与非滞育亲代的后代相比，滞育亲代的卵和幼虫所需发育时间更长（Seott，1984）。

三、影响昆虫滞育后生物学特性的因素

昆虫滞育前、滞育期和滞育后的能量储藏物质的积累和消耗会影响到滞育后的生物学特性。在一些种类的昆虫中，即使在缺乏适当暗示的情况下，储藏物临近耗尽时，滞育也会结束。滞育维持和滞育后生殖间代谢储藏物的分配可能存在一种负相关。尽管滞育明显降低了代谢速率，但昆虫长时间的滞育时，即使代谢率很低，也能极大消耗能量储藏物，这种现象在蛹滞育中特别明显。

1. 滞育前发育速率、取食和个体大小

滞育的一个重要特征是发育的延迟，在昆虫中滞育特性可能是与发育速率相关联的。在猪笼草长足蚊中，经过快速发育和缓慢发育的选择后发现，快速发育与非滞育、缓慢发育与滞育具有很强的相关性（Istock 等，1976；Istock，1975）。在麻蝇中，选择经历较长幼虫发育期，可以得到一个比亲代品系滞育比例高的品系（Henrich 和 Denlinger，1982）。在峡蝶的不同地理品系中，虫体进入滞育的能力与发育速率呈负相关（Teylin，1992，1994）。很多进入滞育的昆虫，在滞育被诱导前的一段时期生长缓慢（Fohnsen 和 Gutierrez，1997），但蜡蝉的若虫在诱导其成虫滞育的短日照条件下，其发育速度加快（Ruberson 等，1991）。

在一些昆虫中，昆虫滞育前的行为特征，影响到滞育前能量储藏物质的积累，并直接决定了昆虫个体的大小；而昆虫潜在生殖力与雌虫重量正相关，这种相关性又直接取决于幼虫重量。很多进入滞育的昆虫，在进入滞育的前一段时期生长缓慢，可能较长时间取食可以使昆虫具有较大个体，积累更多的能量储藏，这是滞育期间存活和滞育后发育与产卵的潜在先决条件（Thuber 等，1986；Danks，2002）。南美蝼蛄在春季快速发育成小个体的成虫，但在秋季，会延迟发育，可能是生殖只在春季发生；而秋季发育延迟增加了个体大小，但不影响生殖的时间（Forrest，1987）。在实蝇中，产生滞育蛹的幼虫发育时间长于产生非滞育蛹的幼虫，滞育蛹的平均蛹重高于非滞育蛹的平均蛹重（Johnsen 和 Gutierrez，1997）。在 25℃下，灰蝶中滞育个体的蛹重和成虫重量要明显地高于非滞育个体（Fischer 和 Fiedler，2001）。在蛱蝶中雌虫的滞育与否涉及幼虫的重量，不论经历的光周期如何，当蛹重低于临界重量（0.729）时成虫不进入滞育（Pieloor 和 Seymour，2001）。在反颚茧蜂中，羽化雌虫的胫节长度随滞育期的延长而延长，这可能是由于在幼虫干重和成虫大小间存在一种遗传相关性（Ellers 和 Alphen，2002）。

2. 滞育期间的环境条件

滞育期间的环境条件直接影响昆虫滞育后的能量储存和某些生物学特性，特别是冬季滞育期间的温度。对于一些越冬昆虫而言，特别是对那些冬季滞育期间不取食的种类，冬季低温甚至是冰冻对滞育昆虫是有利的，可使其保存能量储藏物，并维持高的存活率和生殖潜力。对实蝇越冬滞育研究证明了这一点。在冬季前，长时间置于高温中的云杉卷叶幼虫会增加滞育期间的死亡率，特别是对那些较早进入滞育的幼虫。脂类和糖原的大量消耗与冬季前的高温暴露强度有关，后者与滞育起始的时间相联系。冬季甘油积累形式也受滞育发育早期温度的影响。在几种可能的死亡影响因子中，春季长时间的低温被认为是潜在影响因子与因冬季前高温引起的能量储藏物不足密切相关（Han 和 Banee，1998）。

3. 滞育的持续期

滞育持续期的长短也同样影响到昆虫滞育后的生物学特性，短期的滞育会使大量的虫体代谢储藏物储存到滞育后发育阶段。在反颚茧蜂中，雌虫滞育也存在能量代价，滞育持续期的延长不仅导致滞育蛹高的死亡率，也使雌虫羽化后产卵量、脂肪储藏物、干物质明显的降低（Ellers 和 Alphen，2002）。在部分种类昆虫中，并没有因为滞育期的延长而在滞育后表现出生殖力下降，如象甲（Menu 和 Desouhant，2002）可能是滞育前生长速率降低和增强的滞育前取食速率使越冬代具有更大的个体或高水平的营养储藏物质，从而使滞育后的个体具有更强的生殖潜力（Menu 和 Desouhant，2002）。

4. 滞育后的营养补充

昆虫滞育后发育是否取食也会影响滞育后的生物学特性，因为维持滞育消耗了大量的能量储藏物质，这种消耗对滞育后成虫的产卵会有不利的影响；如在室内果蝇 *D. melanogaster* 的生殖滞育可能会消耗营养储存物，研究发现这种消耗的营养不能被成虫取食补充，但对于成虫产卵却是必需的（Tatar 等，2001）。冬季滞育后的蚱蜢雌虫生殖力和产卵量高于没有滞育的雌虫（Uuber 等，1986）。这种反应可能与这些昆虫的成虫在滞育后的产卵前期较大的食物需求有关，代谢储存物在繁殖和滞育维持间分配的负相关，均可能受到成虫取食行为的影响。

5. 滞育后的光周期和温度条件

通常光周期不影响滞育后昆虫的形态发生和产卵速率（Tauber 等，1986），但在少数以成虫滞育的种类中，光周期和温度影响滞育后产卵，经过一段产卵后能再次被诱导进入滞育，如尖头蝽、豆缘蝽等（Numata 和 Hidaka，1982；Hodek 等，1977）。

第六节 滞育和休眠在我国天敌昆虫生产中的应用

一、捕食性天敌昆虫生产中的应用

利用休眠和滞育的特性，对捕食性天敌昆虫研究和调控成功主要集中在草蛉、瓢虫等捕食性天敌昆虫。

丽草蛉 *Chrysopa formosa* Brauer 属脉翅目 Neuroptera 草蛉科 Chrysopidae，主要分布于欧洲和亚洲地区，在中国广泛分布（Canard 等，2007；Stelzl 和 Devetak，1999；Tsukaguchi，1978）。该草蛉是一种杂食性捕食天敌，其幼虫和成虫均能捕食，捕食对象包括农林业中的多种蚜虫、粉虱、介壳虫、螨类及鳞翅目卵和低龄幼虫等，最新发现丽草蛉也是控制入侵害虫草地贪夜蛾、新波罗灰粉蚧的优势天敌（Canard 等，1984；Dorokhova，1974；Tsukaguchi，1978；严珍，2012）。在我国，丽草蛉因其捕食范围广，生态适应性强，自残率低，捕食能力强及繁殖力高等优点被高度关注，成为本地的一种重要生物防治作用物。近年来，丽草蛉的生物学、生态学、人工饲养及其生防应用等已有较多研究（武鸿鹄，2014；严珍，2012；李志飞，2013；牟吉元等，1984；中国农业科学院植保室虫害组，1975，1977），但国内外对其滞育研究较少。牟吉元（1979）等曾报道丽草蛉存在预蛹滞育。李玉艳等（2018）、王曼姿等（2019）详细研究了丽草蛉滞育的生态调控、耐寒性及主要生化物质变化等，明确了3龄幼虫是丽草蛉感受滞育诱导刺激的最敏感虫态，光周期是决定丽草蛉滞育的主要因子，温度起一定调节作用，其光周期反应类型为长日照反应型，临界日长在20℃时为14.3h，短光照 L：D＝8：16 配合26℃以下高温能诱导90%以上的个体进入滞育，但长光照 L：D＝16：8 不同温度条件下丽草蛉均不滞育。适合丽草蛉滞育解除的温度介于5~10℃，低温5~8℃处理超过60d能使80%以上的预蛹在短期内解除滞育并羽化为成虫，随低温处理时间延长，预蛹解除滞育后发育到成虫所需的时间显著缩短，个体间滞育后发育和成虫羽化明显同步。滞育可显著延长丽草蛉的货架期，低温下滞育预蛹的贮存期可长达300d。

大草蛉 *Chrysopa pallens* 同样以预蛹滞育越冬，其2龄幼虫是诱导滞育的敏感虫期，光照是诱导大草蛉滞育的主要环节因子，在22℃时的临界光周期为 L：D＝10.5：13.5 至 L：D＝11：13，当光照时长为9h时滞育率能达到100%（时爱菊等，2008）。大草蛉的滞育诱导还具有温周期反应（thermoperiodic responses）。在无光条件下，在不同的温周期内滞育率明显下降：从一昼夜高温持续12h条件下的46%~54%，下降到了每天18h高温、6h低温的0%。但它被温周期为27℃：3℃条件处理时滞育率在不同的光周期条件下都接近100%。对大草蛉来说，以前认为只具有光周期反应（Cannard，1976；Volkowich 和 Arapow，1993；Olova，1998）。但目前发现光周期反应不是唯一影响大草蛉滞育的因素，温周期反应也是决定大草蛉滞育的重要生态因子之一（Volkovich 等，1999）。持续黑暗条件下，长时间的低温期能诱导大草蛉滞育，但短时间低温期抑制滞育（Canard 和 Volkovich，2001）。

中华通草蛉也是蚜虫、叶螨、鳞翅目卵及低龄幼虫等多种农林害虫的重要捕食性天敌。在我国分布范围广，自然界中发生数量大，并具有捕食能力强、抗高温及易于饲养等特点，在害虫的生物防治中具有较大的应用潜力。为了更好地利用这一天敌昆虫，我国昆虫学者对其做了大量的研究。但主要集中在其分类地位（杨集昆，1988；杨星科等，1992）、生物学特性（莫菊皋等，1984；王韧等，1986；牟吉元等，1987；赵敬钊，1989；许永玉等，2000）、生理和毒理学（陈天业等，1995；邹一桥，1988）以及繁殖与释放（马安宁等，1986；赵敬钊，1989，1996；周伟儒等，1991）等研究。中华通草蛉是典型的以成虫进行兼性滞育越冬的昆虫之一，周伟儒等（1985）、郅伦山（2004）先后对其滞育成虫的越冬能力进行了初步研究，许永玉（2001，2002，2004）明确了光周期和温度是诱导该虫滞育的主要因子，3龄幼虫和预蛹是该虫滞育的敏感虫态，并提出成虫滞育斑的出现是该虫开始滞育的重要标志。

瓢虫主要以成虫滞育，受温光周期调控，卵巢发育受到抑制有夏滞育和冬滞育之分。温度和光周期是调控瓢虫进入滞育和诱导滞育解除的主要因子。大多数瓢虫的滞育属于冬滞育类型，在低温、短光照下进入滞育，高温、长光照则可抑制滞育发生，诱导滞育解除。目前对瓢虫滞育研究以七星瓢虫、异色瓢虫较为深入。

七星瓢虫 Coccinella septempunctata L. 是常见的捕食性天敌昆虫，产卵量大，定殖性强，存活时间长，分布范围广，成虫和幼虫均能持续控制蔬菜、果树、作物上的蚜虫、蓟马、粉虱、介壳虫等害虫为害，在国内外已被广泛应用，并实现大规模商品化扩繁。七星瓢虫以成虫滞育越冬或越夏，不同地区的七星瓢虫种群具有不同的滞育特征。王伟等（2013）报道北京地区的七星瓢虫种群为冬滞育型，成虫羽化初期是其滞育的敏感虫期，只有此时施以短光照刺激，成虫才能进入滞育，18℃时，初羽化成虫和初产卵雌虫对短光照极为敏感。七星瓢虫属短日照—低温诱导的冬滞育型昆虫，温度是决定其滞育的主要因子，光周期伴随温度发挥滞育诱导作用。滞育率随温度降低而显著升高；随光照时长的延长而显著降低。此外，滞育的光周期反应呈现温度敏感型特征，温度对其光周期反应具调控作用，18℃时滞育临界光照时长在14~16h/d，24℃和30℃时不存在明显的临界光周期。诱导七星瓢虫滞育的最佳条件为：18℃、L∶D=10∶14，此条件下滞育率较高，可达100%。七星瓢虫滞育持续时间受光周期和温度的共同影响，雌虫的滞育持续时间与滞育诱导的光照时长呈负相关，随光周期的缩短而延长，光周期对成虫滞育持续时间的调控作用表现出数量反应特征，暗示成虫对光周期进行数量测量；滞育诱导的温度能调节成虫滞育发育的速度，从而影响成虫滞育持续期，较低温度对成虫滞育维持具有促进作用，延长了成虫的滞育持续时间；高温则加快滞育发育速度，促进滞育成虫的产卵发生。适合长期贮存滞育七星瓢虫成虫的条件为18℃、L∶D=10∶14，湿度70%~80%可贮存120d，若保存于全黑暗、18℃，湿度70%~80%条件下，贮存期可达183d（王伟，2012）。

异色瓢虫 Harmonia axyridis（Pallas）的生殖滞育主要受光周期调控，在一定温度范围内，短光照诱导滞育，而长光照阻止滞育发生。张伟等（2014）研究了20℃下不同光周期对异色瓢虫滞育的影响，发现该温度下异色瓢虫滞育的临界光周期为6.4h和11.9h，在光周期L∶D=10∶14下的滞育率最高，为94.2%，光照时长增加或缩短其滞育率均下降。成虫是感受光周期的敏感虫态，其中成虫羽化后1~4d对短光照敏感性较高。黄金（2018）研究了保定地区异色瓢虫的自然越冬情况，结果显示自然条件下，11月初至11月底为异色瓢虫滞育诱导期，之后直至翌年3月中旬为滞育维持期，在12月15日前后滞育程度最深，3月中旬至4月中旬为解除滞育时期。越冬结束后，其成虫存活率为60%，雌虫的存活率显著高于雄虫。1月中旬至3月中旬，异色瓢虫产卵前期较短，产卵量较其他时期较多，存活时间也较长，这段时间是保护利用异色瓢虫的最佳时期。

多异瓢虫 Hippodamia variegate（Goeze）也以成虫滞育越冬，在北京、河北地区的自然滞育越冬存活率为35.6%。与七星瓢虫类似，成虫羽化初期也是多异瓢虫滞育诱导的敏感阶段，只有此时进行特定温光刺激，成虫才进入滞育。吴根虎（2013）的研究表明温度、光周期及二者交互作用对多异瓢虫成虫滞育诱导有显著影响。温度是诱导滞育的主要因子，光周期起辅助调节作用。高于21℃的高温不能诱导成虫进入滞育，当温度低于18℃时成虫开始出现滞育，且滞育率随温度降低而显著升高；光照越短，进入滞育的个体比例越高，13℃、光照 L∶D=8∶16 条件下，滞育率最高可达89.8%。该瓢虫的滞育持续时间随光周期缩短先延长后降低，在中等光照时长下滞育可维持141.9d，但光周期缩短或延长，滞育持续时间均显著下降；低温有助于维持滞育，短光照8h，温度由15℃下降至13℃时，滞育持续时间延长了近200d。高温促进多异瓢虫快速解除滞育，较低温度下滞育解除所需的时间延长。

二、寄生性天敌昆虫生产中的应用

烟蚜茧蜂 Aphidius gifuensis Ashmead 是蚜虫的专性内寄生蜂，可长期控制蔬菜、果树、作物等多种植物上的蚜虫为害，因其寄生率高、生殖力强、适应性强并易于人工繁殖等优良性状成为蚜茧蜂科中利用价值很高的天敌昆虫。该蜂能以老熟幼虫在僵蚜内滞育越冬，李玉艳（2011）研究了不同温度、光周期及温光组合等对烟蚜茧蜂滞育诱导的效果，结果表明低温、短光照是诱导滞育的主要因子，温度较光周期作用更重要，二者相互作用极显著；低温的滞育诱导作用可被长光照抑制，滞育率显著下降。人工诱导滞育的适宜条件为8℃、L∶D=8∶16，滞育率可达54.4%。低温下滞育诱导期延长，且死亡率升高，耗时长；生产应用中需考虑适宜低温、处理期等，生产中适宜的诱导条件为：10℃，L∶D=8∶16，该条件下存活率高，滞育诱导期相对缩短，可在短时间内获得诱导进入滞育。张礼生等（2014）的研究表明亲代的滞育经历对烟蚜茧蜂子代的部分生物学性状具有显著影响，F_1 代雌蜂比例、滞育率显著升高。亲代的滞育经历对烟蚜茧蜂 F_1 代羽化率、成蜂寿命和寄生力，以及 F_2 代羽化率及雌性比例无显著影响。烟蚜茧蜂滞育的亲代效应显著，亲代滞育经历可显著提高子一代的滞育率，利于子代抵御不良环境胁迫，提高种群存活率。

中红侧沟茧蜂 Microplitis mediator（Haliday）属膜翅目茧蜂科小蜂茧蜂亚科侧沟茧蜂属，是棉铃虫低龄幼虫寄生蜂。中红侧沟茧蜂属于光周期反应4种类型中的长日照反应类型，有两个临界光周期。当光照时数小于短的临界光周期或长于长的临界光周期时，中红侧沟茧蜂的滞育率呈降低趋势；当光照时数为10h，滞育率最高16℃为98%和18℃为87.18%。这种低温和短光照对中红侧沟茧蜂的滞育诱导与华北地区的地理气候一致。浑之英等（2005）报道，深秋季节，当日平均气温达到17.19℃，光照低于11h时，中红侧沟茧蜂全部个体进入滞育。由此可见，光周期在调控中红侧沟茧蜂生长发育过程中具有重要影响，这种影响因光照时间的长短而存在重大差异。中红侧沟茧蜂以预蛹进入滞育，研究发现其光周期敏感虫期为在寄主体内发育时间较长的2龄幼虫期，其中对诱导刺激反应最强烈的为2龄第Ⅱ阶段。Hinton（1957）认为生活史中对昼长或其他环境刺激敏感的时期可能长也可能短，但就规律而言，它在很大程度上限制在一个阶段或一个龄期的特定部分。我们的结果与这个观点一致，中红侧沟茧蜂在 2 龄第 Ⅱ 阶段，只感受光周期 L：D = 14：10 时，滞育率 37.15%；只感受 L：D = 10：14 时，滞育率 60.16%。中红侧沟茧蜂除 2 龄第 Ⅱ 阶段外，其余阶段也有部分个体进入滞育，表明只有少数个体对短光照反应敏感，其生态学意义和有关机理有待进一步研究。

松毛虫赤眼蜂是一种分布广泛、能够寄生多种农林害虫卵的优良蜂种，以其能够在柞蚕卵上大量繁殖的优点而被广泛地用于防治农林害虫。目前随着该蜂工厂化大量繁殖技术的完善和人们对害虫可持续治理认识的加深，用于防治害虫的种类、生态区和面积的不断拓展，储存工厂化的赤眼蜂产品及蜂种已成为大量繁殖中不可缺少的重要环节，研究其储存技术对于蜂种复壮、蜂量累积、远距离运输和调节放蜂时期是十分重要的。关于赤眼蜂储存研究的文献并不多见，苏联学者对赤眼蜂的滞育储存做过较详细的报道，国内学者苟雪琪、朱涤芳、陈红印和李丽英等对赤眼蜂的滞育储存进行了研究，认为滞育诱导的滞育赤眼蜂长期低温储存后生活力、雌蜂比例和繁殖力均优于非滞育蜂，用于田间防治害虫其寄生率明显高于非滞育蜂。但是，由于种蜂的来源不同，诱导和解除滞育的条件差别很大，不易掌握，到目前为止，尚未见有工厂化大量繁殖的赤眼蜂滞育诱导和解除的成熟技术及田间应用报道。甘蓝夜蛾赤眼蜂 Trichogramma brassicae 当日均温度从 15℃ 降低到 5℃，田间诱导滞育率降低，多数个体在进入滞育虫态前死亡。在实验室中，采用变温和恒温方法均能诱导甘蓝夜蛾赤眼蜂滞育，在 11℃ 恒温诱导卵期和前期幼虫赤眼蜂 30d 滞育率分别达到 84% 和 82.5%；10℃ 恒温诱导前期幼虫和中期幼虫赤眼蜂 30d，滞育率达到 92.5%。诱导甘蓝夜蛾赤眼蜂滞育的适宜温度为 10~11℃，从卵期、幼虫前期和中期均可诱导其滞育。当诱导条件偏高时，滞育诱导的初始期需要提前；反之则要适当推迟，且诱导 20~30d 后增加低温冷藏可提高滞育的稳定性和滞育率（宋凯等，2003）。

（李玉艳、张礼生　执笔）

参考文献

包建中，古德祥，陶志新，等，1998. 中国生物防治 [M]. 太原：山西科学技术出版社.

陈学新，任顺祥，张帆，等，2013. 天敌昆虫控害机制与可持续利用 [J]. 应用昆虫学报，1：9-18.

陈泽坦，严珍，陈希用，等，2017. 不同温度下丽草蛉实验种群生命表研究 [J]. 热带作物学报，38（2）：349-352.

陈珍珍，卢虹，王跃骅，等，2014. 光周期对中华通草蛉自然越冬成虫及实验种群幼虫耐寒能力的影响 [J]. 昆虫学报，57（1）：52-60.

程丽媛，2017. 替代猎物、光周期和温度对大草蛉滞育维持、滞育解除及发育的影响 [D]. 泰安：山东农业大学.

范仁俊，杨星科，1995. 中国的草蛉及其地理分布（脉翅目：草蛉科）[J]. 昆虫分类学报（S1）：39-57.

郭海波，许永玉，鞠珍，等，2006. 中华通草蛉成虫抗寒能力季节性变化 [J]. 生态学报（10）：3238-3244.

韩艳华，2018. 脂肪酸合酶及酰基-CoA Δ11 去饱和酶在七星瓢虫滞育中的功能研究 [D]. 北京：中国农业科学院.

黄凤霞，蒋莎，任小云，等，2015. 烟蚜茧蜂脂代谢相关的滞育相关蛋白差异表达分析 [J]. 中国生物防治学报，31（6）：811-820.

蒋莎，黄凤霞，齐晓阳，等，2016. 滞育七星瓢虫抑制性消减杂交文库的构建及分析 [J]. 中国生物防治学报，32（1）：33-39.

李玉艳，2011. 烟蚜茧蜂滞育诱导的温光周期反应及滞育生理研究 [D]. 北京：中国农业科学院.

李玉艳，2015. 滞育诱导和营养传递对丽蝇蛹集金小蜂耐寒性的影响及其分子机制 [D]. 北京：中国农业科学院.

李志飞，2013. 丽草蛉人工饲料的研究 [D]. 海口：海南大学.

刘遥，张礼生，陈红印，等，2014. 苹果酸脱氢酶与异柠檬酸脱氢酶在滞育七星瓢虫中的差异表达 [J]. 中国生物防治学报，30（5）：593-599.

牟吉元，王念慈，范永贵，1980. 四种草蛉生活史和习性的研究 [J]. 植物保护学报（1）：1-8.

任小云，2016. 七星瓢虫滞育的代谢适应及脂代谢的转录组学机理研究 [D]. 北京：中国农业科学院.

时爱菊，2007. 大草蛉滞育特性的研究 [D]. 泰安：山东农业大学.

王伟，2012. 七星瓢虫滞育调控的温光周期效应及滞育后生物学研究 [D]. 北京：中国农业科学院.

武鸿鹄，2014. 温室环境因子对大草蛉和丽草蛉成虫扩散行为的影响研究 [D]. 北京：中国农业科学院.

许永玉，2001. 中华通草蛉的滞育机制和应用研究 [D]. 杭州：浙江大学.

许永玉，胡萃，牟吉元，等，2002. 中华通草蛉成虫越冬体色变化与滞育的关系 [J]. 生态学报（8）：1275-1280.

严珍，2012. 丽草蛉生物学特性及其对新菠萝灰粉蚧的捕食效能研究 [D]. 海口：海南大学.

杨怀文，2015. 我国农业害虫天敌昆虫利用三十年回顾（上篇）[J]. 中国生物防治学报，5：603-612.

杨怀文，2015. 我国农业害虫天敌昆虫利用三十年回顾（下篇）[J]. 中国生物防治学报，5：613-619.

杨集昆，1974. 草蛉的生活习性和常见种类 [J]. 昆虫知识（3）：36-41.

杨星科，杨集昆，李文柱，2005. 中国动物志：昆虫纲，第三十九卷，脉翅目，草蛉科 [M]. 北京：科学出版社：1-398.

于令媛，时爱菊，郑方强，等，2012. 大草蛉预蛹耐寒性的季节性变化 [J]. 中国农业科学，45（9）：1723-1730.

张帆，李姝，肖达，等，2015. 中国设施蔬菜害虫天敌昆虫应用研究进展 [J]. 中国农业科学，17：3463-3476.

张礼生，曾凡荣，2009. 滞育和休眠在昆虫饲养中的应用 [M]. 北京：中国农业科学技术出版社：54-89.

张礼生，陈红印，2014. 生物防治作用物研发与应用的进展 [J]. 中国生物防治学报，5：581-586.

张礼生，陈红印，王孟卿，2009. 天敌昆虫的滞育研究及其应用 [C] // 吴孔明. 粮食安全与植保科技创新. 北京：中国农业科学技术出版社：548-552.

郅伦山，李淑芳，刘兴峰，等，2007. 中华通草蛉越冬成虫的耐寒性研究 [J]. 山东农业科学 (3)：67-68.

Amouroux P, Normand F, Delatte H, et al., 2014. Diapause incidence and duration in the pest mango blossom gall midge, *Procontarinia mangiferae* (Felt), on Reunion Island [J]. Bulletin of Entomological Research, 104：661-670.

Bannister J V, Bannister W H, Rotilio G, 1987. Aspects of the structure, function, and applications of superoxide dismutase [J]. CRC Critical Reviews in Biochemistry, 22 (2)：111-180.

Bemani M, Izadi H, Mahdian K, et al., 2012. Study on the physiology of diapause, cold hardiness and supercooling point of overwintering pupae of the pistachio fruit hull borer, *Arimania comaroffi* [J]. Journal of Insect Physiology, 58 (7)：897-902.

Berg J M, Tymoczko J L, Stryer L, et al., 2002. Biochemistry (fifth Ed.) [M]. New York, NY：W. H. Freeman.

Cadenas E, 1995. Mechanism of oxygen activation and reactive oxygen species detoxification. In：Oxidative Stress and Antioxidant Defenses in Biology, ed. S. Ahmad [M]. New York：Chapman & Hall：1-61.

Canard M, Grimal A, Hatté M, 1990. Larval diapause in the Mediterranean green lacewing *Mallada picteti* (McLachlan) (Neuroptera：Chrysopidae)：induction by photoperiod, sensitive and responsive stages [J]. Bollettino dell'Istituto di Entomologia Guido Grandi' della Universita degli Studi di Bologna, 44：65-74.

Canard M, Vannier G, 1992. Adaptations of preimaginal stages of *Nineta pallida* (Schneider) (Insecta：Neuroptera：Chrysopidae) [C] // Canard M, Aspöck H, Mansell M W. Current Research in Neuropterology, Proceedings of the 4th International Symposium on Neuropterology：75-95.

Canard M, 1990. Effect of photoperiod on the first-instar development in the lacewing *Nineta pallida* [J]. Physiological Entomology 15：137-140.

Canard M, 2005. Seasonal adaptations of green lacewings (Neuroptera：Chrysopidae) [J]. European Journal of Entomology, 102：317-324.

Canard M, Letardi A, Thierry D, 2007. The rare Chrysopidae (Neuroptera) of southwestern Europe [J]. Acta Oecologica, 31：290-298.

Canard M, Séméria Y, New T R, 1984. Biology of Chrysopidae [M]. Netherlands：Springer Netherlands.

Canard M, Volkovich T A, 2001. Outlines of lacewing development [M] // Whittington A

E, McEwen P K, New T R. Lacewings in the Crop Environment. Cambridge: Cambridge University Press: 130-154.

Carbonell J, Felíu J E, Marco R, et al., 1973. Pyruvate kinase. Classes of regulatory isoenzymes in mammalian tissues [J]. European Journal of Biochemistry, 37 (1): 148-156.

Chelikani P, Fita I, Loewen P C, 2004. Diversity of structures and properties among catalases [J]. Cellular and Molecular Life Sciences, 61 (2): 192-208.

Cheng W N, Long Z R, Zhang Y D, et al. Effects of temperature, soil moisture and photoperiod on diapause termination and post-diapause development of the wheat blossom midge, *Sitodiplosis mosellana* (Géhin) (Diptera: Cecidomyiidae) [J]. Journal of Insect Physiology, 103: 78-85.

Christiansen-Weniger P, Hardie J, 1999. Environmental and physiological factors for diapause induction and termination in the aphid parasitoid, *Aphidius ervi* (Hymenoptera: Aphidiidae) [J]. Journal of Insect Physiology 45: 357-364.

Colinet H, Boivin G, 2011. Insect parasitoids cold storage: a comprehensive review of factors of variability and consequences [J]. Biological Control, 58: 83-95.

Colinet H, Hance T, Vernon P, et al., 2007. Does fluctuating thermal regime trigger free amino acid production in the parasitic wasp *Aphidius colemani* (Hymenoptera: Aphidiinae)? Comparative Biochemistry and Physiology Part A [J]. Molecular & Integrative Physiology, 147 (2): 484-492.

Colinet H, Larvor V, Bical R, et al., 2012a. Dietary sugars affect cold tolerance of *Drosophila melanogaster* [J]. Metabolomics, 9 (3): 608-622.

Colinet H, Larvor V, Laparie M, et al., 2012b. Exploring the plastic response to cold acclimation through metabolomics [J]. Functional Ecology, 26 (3): 711-722.

Colinet H, Renault D, Charoy-Guevel B, et al., 2012c. Metabolic and proteomic profiling of diapause in the aphid parasitoid *Praon volucre* [J]. PloS One, 7 (2): e32606.

Danks H V, 2006. Insect adaptations to cold and changing environments [J]. Canadian Entomologist, 138 (1): 1-23.

del Río L A, Sandalio L M, Palma J M, et al., 1992. Metabolism of oxygen radicals in peroxisomes and cellular implications [J]. Free Radical Biology & Medicine, 13 (5): 557-580.

Denlinger D L, 1991. Relationship between cold hardiness and diapause [M] // Lee JrRE, Denlinger D L. Insects at Low Temperature. New York: Chapman and Hall: 174-198.

Denlinger D L, Yocum G D, Rinehart J P, 2005. Hormonal control of diapause [M] // Gilbert L I, Iatrou K, Gill S. Comprehensive Insect Molecular science, Elsevier, Amsterdam, 3: 615-650.

Denlinger D L, 2002. Regulation of diapause [J]. Annual Review of Entomology, 47: 93-122.

Denlinger D L, 2008. Why study diapause? [J]. Entomological Research, 38: 1-9.

Denlinger D L, Lee Jr R E, 2010. Low Temperature Biology of Insects [M]. New York: Cambridge University Press.

Denlinger D L, Yocum G D, Rinehart J P, 2012. Hormonal control of diapause [M] // Gilbert L I. Insect Endocrinology. Academic Press, San Diego: 430-463.

Dietz K J, Jacob S, Oelze M L, et al., 2006. The function of peroxiredoxins in plant organelle redox metabolism [J]. Journal of Experimental Botany, 57 (8): 1697-1709.

Dorokhova G I, 1974. Chrysopids in the Leningrad region [J]. Zashchita Rastenii, 5: 24-25.

Emerson K J, Bradshaw W E, Holzapfel C M, 2010. Microarrays reveal early transcriptional events during the termination of larval diapause in natural populations of the mosquito, *Wyeomyia smithii* [J]. PloS One, 5 (3): e9574.

Fan Y, Su C, Zhong M D, et al., 2013. Regulation of trehalase expression inhibits apoptosis in diapause cysts of Artemia [J]. Biochemical Journal, 456: 185-194.

Feofilova E P, Usov A I, Mysyakina I S, et al., 2014. Trehalose: Chemical structure, biological functions, and practical application [J]. Microbiology, 83: 184-194.

Folch J, Lees M, Sloane-Stanley G H, 1957. A simple method for the isolation and purification of total lipids from animal tissues [J]. J. Biol. Chem, 226: 497-509.

Fridovich I, 1998. Oxygen toxicity: a radical explanation [J]. Journal of Experimental Biology, 201: 1203-1209.

Goodsell DS, 2004. Catalase. Molecule of the Month [R]. RCSB Protein Data Bank.

Grimal A, Canard M, 1996. Preliminary observations on the effect of photoperiod on the life cycle of the green lacewing *Hypochrysa elegans* (Burmeister) (Insecta: Neuroptera: Chrysopidae: Nothochrysinae) [R] // Canard M, Aspöck H, Mansell M W. Pure and Applied Research in Neuropterology. Proceedings of the Fifth International Symposium on Neuropterology. Cairo, Egypt: 119-127.

Grimal A, Palévody C, Canard M, 1992. Monitoring energy metabolism during diapause in neuropteran prepupae by 31-Phosphorous nuclear magnetic resonance spectroscopy [C] // Canard M, Aspöck H, Mansell M W. Current Research in Neuropterology, Proceedings of the 4th International Symposium on Neuropterology: 153-157.

Grimal A, Canard M, 1991. Modalites du developement de *Chrysopa pallens* (Rambur) (Neuroptera: Chrysopidae) au laboratoire [J]. Neuroptera International, 6: 107-115.

Hahn D A, Denlinger D L, 2007. Meeting the energetic demands of insect diapause: nutrient storage and utilization [J]. Journal of Insect Physiology, 53: 760-773.

Hahn D A, Denlinger D L, 2011. Energetics of insect diapause [J]. Annual Review of Entomology 56, 103-121.

Hand S C, Denlinger D L, Podrabsky J E, et al., 2016. Mechanisms of animal diapause: recent developments from nematodes, crustaceans, insects, and fish. American Journal of Physiology [J]. Regulatory, integrative and comparative physiology, 310: 1193-1211.

Hayakawa Y, Chino H, 1982. Phosphofructokinase as a possible key enzyme regulating glycerol or trehalose accumulation in diapausing insects [J]. Insect Biochemistry, 12 (6): 639-642.

Hayward S A, Manso B, Cossins A R, 2014. Molecular basis of chill resistance adaptations in poikilothermic animals [J]. Journal of Experimental Biology, 217 (1): 6-15.

Hermes-Lima M, 2004. Oxygen in biology and biochemistry: role of free radicals [M] // Storey K B, Hoboken N J. Functional Metabolism: Regulation and Adaptation. Wiley-Liss: 319-368.

Hiner A N, Raven E L, Thorneley R N, et al., 2002. Mechanisms of compound I formation in heme peroxidases [J]. Journal of Inorganic Biochemistry, 91 (1): 27-34.

Hochachka P W, Somero G N, 1984. Biochemical Adaptation [M]. Princeton, N. J.: Princeton University Press.

Hodek, I, 2002. Controversial aspects of diapause development [J]. European Journal of Entomology, 99: 163-173.

Hodek I, Hodková M, 1988. Multiple role of temperature during insect diapause: a review [J]. Entomologia Experimentalis *et* Applicata, 49: 153-165.

Hodkova M, Hodek I, 2004. Photoperiod, diapause and cold-hardiness [J]. European Journal of Entomology, 101 (3): 445-458.

Hou M L, 2000. Suitability of using pupae of *Trichogramma* spp. reared on artificial eggs for mass production larvae of *Chrysoperla sinica* Tjeder [J]. Chinese Journal of Biological Control, 16: 5-7.

Hou Y Y, Xu L Z, Wu Y, et al., 2016. Geographic variation of diapause and sensitive stages of photoperiodic response in *Laodelphax striatellus* Fallen (Hemiptera: Delphacidae) [J]. Journal of Insect Science, 16: 1-7.

Irwin J T, Bennett V A, Lee R E, 2001. Diapause development in frozen larvae of the goldenrod gall fly, *Eurosta solidaginis* Fitch (Diptera: Tephritidae) [J]. Journal of Comparative Physiology B-Biochemical Systemic and Environmental Physiology, 171: 181-188.

Ishii M, Sato Y, Tagawa J, 2000. Diapause in the braconid wasp, *Cotesia glomerata* (L.) II. factors inducing and terminating diapause [J]. Entomological Science, 3: 201-206.

Joanisse D, Storey K, 1996. Oxidative stress and antioxidants in overwintering larvae of cold-hardy goldenrod gall insects [J]. Journal of Experimental Biology, 199 (7): 1483-1491.

Johnson F, Giulivi C, 2005. Superoxide dismutases and their impact upon human health [J]. Molecular Aspects of Medicine, 26 (4-5): 340-352.

Jovanovic – Galovic A, Blagojevic D P, Grubor – Lajsic G, et al., 2007. Antioxidant defense in mitochondria during diapause and postdiapause development of European corn borer (*Ostrinia nubilalis* Hubn.) [J]. Archives of Insect Biochemistry and Physiology, 64: 111–119.

Khodayari S, Moharramipour S, Larvor V, et al., 2013. Deciphering the metabolic changes associated with diapause syndrome and cold acclimation in the two-spotted spider mite *Tetranychus urticae* [J]. PloS One, 8 (1): e54025.

King A M, MacRae T H, 2014. Insect heat shock proteins during stress and diapause [J]. Annual Review of Entomology, 60: 59–75.

Kostal V, Korbelova J, Rozsypal J, et al., 2011. Long-term cold acclimation extends survival time at 0℃ and modifies the metabolomic profiles of the larvae of the fruit fly *Drosophila melanogaster* [J]. PloS One, 6 (9): e25025.

Kostal V, Simek P, Zahradnickova H, et al., 2012. Conversion of the chill susceptible fruit fly larva (*Drosophila melanogaster*) to a freeze tolerant organism [J]. Proceedings of the National Academy of Sciences of the United States of America, 109 (9): 3270–3274.

Kostal V, Zahradnickova H, Simek P, 2011. Hyperprolinemic larvae of the drosophilid fly, *Chymomyza costata*, survive cryopreservation in liquid nitrogen [J]. Proceedings of the National Academy of Sciences of the United States of America, 108 (32): 13041–13046.

Kostal V, 2006. Eco-physiological phases of insect diapause [J]. Journal of Insect Physiology, 52: 113–127.

Kostal V, Mollaei M, Schottner K, 2016. Diapause induction as an interplay between seasonal token stimuli, and modifying and directly limiting factors: hibernation in *Chymomyza costata* [J]. Physiological Entomology, 41: 344–357.

Kostal V, Simek P, 1995. Dynamics of cold hardiness, supercooling and cryoprotectants in diapausing and non-diapausing pupae of the cabbage root fly *Delia radicum* L. [J]. Journal of Insect Physiology, 41: 627–634.

Kostal V, Stetina T, Poupardin R, et al., 2017. Conceptual framework of the eco-physiological phases of insect diapause development justified by transcriptomic profiling [J]. Proceedings of the National Academy of Sciences, USA, 114: 8532–8537.

Kukal O, Denlinger D L, Lee Jr R E, 1991. Developmental and metabolic changes induced by anoxia in diapausing and non-diapausing flesh fly pupae [J]. The Journal of Comparative Physiology B, 160: 683–689.

Lee Jr R E, 2010. A primer on insect cold-tolerance. In: Denlinger D L, Lee Jr R E (eds). Low Temperature Biology of Insects [M]. New York: Cambridge University Press: 3–34.

Lee T H, Kim S U, Yu S L, et al., 2003. Peroxiredoxin II is essential for sustaining life span of erythrocytes in mice [J]. Blood, 101 (12): 5033–5038.

Lee Jr R E, Denlinger D L, 1985. Cold tolerance in diapausing and non-diapausing stages of the flesh fly, *Sarcophaga crassipalpis* [J]. Physiological Entomology, 10: 309-315.

Lehmann P, van Der Bijl W, Nylin S, et al., 2017. Timing of diapause termination in relation to variation in winter climate [J]. Physiological Entomology, 42: 232-238.

Li Y Y, Zhang L S, Chen H Y, et al., 2015. Shifts in metabolomic profiles of the parasitoid *Nasonia vitripennis* associated with elevated cold tolerance induced by the parasitoid's diapause, host diapause and host diet augmented with proline [J]. Insect Biochem Mol Biol, 63: 34-46.

Li Y Y, Zhang L S, Zhang Q R, et al., 2014. Host diapause status and host diets augmented with cryoprotectants enhance cold hardiness in the parasitoid *Nasonia vitripennis* [J]. Journal of Insect Physiology, 70: 8-14.

Liu F X, Jiao Y, Deng Y D, et al., 2007a. The selective effect of Hylyphantes graminicola, *Chrysopa pallens* and *Chrysoperla sinica* to *Ectropis oblique* and *Empoesca flavescens* [J]. Sichuan Anim, 3: 497-500.

Liu S, Wang S, Liu B M, et al., 2011. The predation function response and predatory behavior observation of *Chrysopa pallens* larva to *Bemisia tabaci* [J]. Scientia Agric. Sin., 44: 1136-1145.

Liu S S, DeBarro P J, Xu J, et al., 2007b. Asymmetric mating interactions drive widespread invasion and displacement in a whitefly [J]. Science, 318: 1769-1772.

Macleod E G, 1967. Experimental induction and elimination of adult diapause and autumnal coloration in *Chrysopa carnea* (Neuroptera) [J]. Journal of Insect Physiology, 13 (9): 1343-1349.

MacRae T H, 2010. Gene expression, metabolic regulation and stress tolerance during diapause [J]. Cellular and Molecular Life Sciences, 67: 2405-2424.

Mansingh A, Smallman B N, 1972. Variation in polyhydric alcohol in relation to diapause and cold-hardiness in the larvae of *Isia isabella* [J]. Journal of Insect Physiology, 18 (8): 1565-1571.

McEwen P K, New T R, Whittington A E, 2001. Lacewings in the crop environment [M]. Cambridge: Cambridge University Press.

Michaud M R, Benoit J B, Lopez-Martinez G, et al., 2008. Metabolomics reveals unique and shared metabolic changes in response to heat shock, freezing and desiccation in the Antarctic midge, *Belgica antarctica* [J]. Journal of Insect Physiology, 54 (4): 645-655.

Michaud M R, Denlinger D L, 2007. Shifts in the carbohydrate, polyol, and amino acid pools during rapid cold-hardening and diapause-associated cold-hardening in flesh flies (*Sarcophaga crassipalpis*): a metabolomic comparison [J]. The Journal of Comparative Physiology B, 177 (7): 753-763.

Milonas P G, Savopoulou-Soultani M, 2000. Diapause induction and termination in the parasitoid *Colpoclypeus florus* (Hymenoptera: Eulophidae): role of photoperiod and temperature [J]. Annals of the Entomological Society of America, 93: 512-518.

Mitsumasu K, Kanamori Y, Fujita M, et al., 2010. Enzymatic control of anhydrobiosis-related accumulation of trehalose in the sleeping chironomid, *Polypedilum vanderplanki* [J]. FEBS Journal, 277: 4215-4228.

Mueller S, Riedel H D, Stremmel W, 1997. Direct evidence for catalase as the predominant H_2O_2-removing enzyme in human erythrocytes [J]. Blood, 90 (12): 4973-4978.

Nakahira K, Arakawa R, 2005. Effect of photoperiod on the development and diapause of the green lacewing *Chrysopa pallens* (Neuroptera: Chrysopidae) [J]. Entomological Science, 8: 133-135.

Nechols J R, Tauber M J, Tauber C A, 1987. Geographical variability in ecophysiological traits controlling dormancy in *Chrysopa oculata* (Neuroptera: Chrysopidae) [J]. Journal of Insect Physiology, 33: 627-633.

Neumann C A, Krause D S, Carman C V, et al., 2003. Essential role for the peroxiredoxin Prdx1 in erythrocyte antioxidant defence and tumour suppression [J]. Nature, 424 (6948): 561-565.

Ogiso M, Takahashi S Y, 1984. Trehalases from the male accessory glands of the American cockroach: developmental changes and the hormonal regulation of the enzymes [J]. General and Comparative Endocrinology, 55 (3): 387-392.

Popov A, 2002. Zoogeographical analysis of Neuroptera in Bulgaria [J]. Acta Zoologica Academiae Scientiarum Hungaricae, 48: 271-280.

Principi M M, Castellari P L, 1970. Larval diapause in *Anisochrysa flavifrons* (Brauer) (Neuroptera Chrysopidae) [J]. Atti Acad. Sci. Ist. Bologna Rend, 7 (12): 75-83.

Propp G D, Tauber M J, Tauber C A, 1969. Diapause in the neuropteran *Chrysopa oculata* [J]. Journal of Insect Physiology, 15: 1749-1757.

Renault D, Hance T, Vannier G, et al., 2003. Is body size an influential parameter in determining the duration of survival at low temperatures in *Alphitobius diaperinus* Panzer (Coleoptera: Tenebrionidae)? [J]. Journal of Zoology, 259, 381-388.

Reynolds J A, 2017. Epigenetic Influences on diapause [J]. Advances in Insect Physiology, 53: 115-144.

Reznik S Y, Vaghina N P, 2013. Effects of photoperiod and diet on diapause tendency, maturation and fecundity in *Harmonia axyridis* (Coleoptera: Coccinellidae) [J]. Journal of Applied Entomology, 137: 452-461.

Rhee S G, Chae H Z, Kim K, 2005. Peroxiredoxins: a historical overview and speculative preview of novel mechanisms and emerging concepts in cell signaling [J]. Free Radical Biology & Medicine, 38 (12): 1543-1552.

Rhee S G, Kang S W, Jeong W, et al., 2005. Intracellular messenger function of hydrogen peroxide and its regulation by peroxiredoxins [J]. Current Opinion in Cell Biology, 17: 183-189.

Roelofs D, Aarts M G M, Schat H, et al., 2008. Functional ecological genomics to demonstrate general and specific responses to abiotic stress [J]. Functional Ecology, 22: 8-18.

Ryan S F, Valella P, Thivierge G, et al., 2018. The role of latitudinal, genetic and temperature variation in the induction of diapause of *Papilio glaucus* (Lepidoptera: Papilionidae) [J]. Insect Science, 25 (2): 328-336.

Sagné J C, Moreau R, Canard M, et al., 1986. Glucidic variations in the lacewing *Chrysopa walkeri* during the prepupal diapause [J]. Entomologia Experimentalis *et* Applicata, 41: 101-103.

Salt R W, 1961. Principles of insect cold-hardiness [J]. Annual Review of Insect Physiology, 6: 55-74.

Saunders D S, Steel C G H, Vafopoulou X, et al., 2002. Insect clocks, third edition [M]. Amsterdam: Elsevier.

Shukla E, Thorat L J, Nath B B, et al., 2014. Insect trehalase: physiological significance and potential applications [J]. Glycobiology (4): 357-367.

Sim C, Denlinger D L, 2009. Transcription profiling and regulation of fat metabolism genes in diapausing adults of the mosquito *Culex pipiens* [J]. Physiological Genomics, 39 (3): 202-209.

Sim C, Kang D S, Kim S, et al., 2015. Identification of FOXO targets that generate diverse features of the diapause phenotype in the mosquito Culex pipiens [J]. Proceedings of the National Academy of Sciences, 112: 3811-3816.

Stanic B, Jovanovic-Galovic A, Blagojevic D P, et al., 2004. Cold hardiness in *Ostrinia nubilalis* (Lepidoptera: Pyralidae): glycerol content, hexose monophosphate shunt activity, and antioxidative defense system [J]. European Journal of Entomology, 101 (3): 459-466.

Stelzl M, Devetak D, 1999. Neuroptera in agricultural ecosystems [J]. Agriculture Ecosystems and Environment, 74: 305-321.

Storey J M, Storey K B, 1986. Winter survival of the gall fly larva, *Eurosta solidaginis*: profiles of fuel reserves and cryoprotectants in a natural population [J]. Journal of Insect Physiology, 32 (6): 549-556.

Storey J M, Storey K B, 2005. Cold Hardiness and Freeze Tolerance [M] // Functional Metabolism: Regulation and Adaptation. John Wiley & Sons, Inc.

Storey K B, Storey J M, 2007. Putting life on "pause" —molecular regulation of hypometabolism [J]. Journal of Experimental Biology, 210: 1700-1714.

Szabados L, Savoure A, 2010. Proline: a multifunctional amino acid [J]. Trends in Plant Science, 15 (2): 89-97.

Tauber C A, Tauber M J, 1976. Environmental control of univoltinism and its evolution in an insect species [J]. Canadian Journal of Zoology, 54 (2): 260-265.

Tauber C A, Teresa DeLeón, Lopezarroyo J I, et al., 1998. *Ceraeochrysa placita* (Neuroptera: Chrysopidae): Generic Characteristics of Larvae, Larval Descriptions, and Life Cycle [J]. Annals of the Entomological Society of America, 91 (5): 608-618.

Tauber M J, Tauber C A, 1972a. Geographic variation in critical photoperiod and in diapause intensity of *Chrysopa carnea* (Neuroptera) [J]. Journal of Insect Physiology, 18: 25-29.

Tauber M J, Tauber C A, 1972b. Larval diapause in *Chrysopa nigricornis*: sensitive stages, critical photoperiod, and termination (Neuroptera: Chrysopidae) [J]. Entomologia Experimentalis *et* Applicata, 15: 105-111.

Tauber M J, Tauber C A, 1973a. Nutritional and photoperiodic control of the seasonal reproductive cycle in *Chrysopa mohave* (Nauroptera) [J]. Journal of Insect Physiology, 19: 729-736.

Tauber M J, Tauber C A, 1973b. Quantitative response to daylength during diapause in Insects [J]. Nature, 244 (5414): 296-297.

Tauber M J, Tauber C A, 1976a. Insect seasonality: diapause maintenance, termination and postdiapause development [J]. Annual Review of Entomology, 21: 81-107.

Tauber M J, Tauber C A, 1976b. Developmental requirements of the univoltine species *Chrysopa downesi*: Photoperiodic stimuli and sensitive stages [J]. Journal of Insect Physiology, 22 (2): 331-335.

Tauber M J, Tauber C A, 2015. Phenological responses of *Pseudomallada* (Neuroptera: Chrysopidae): Comparative data from three Nearctic species and interspecific hybrids [J]. European Journal of Entomology, 112: 49-62.

Tauber M J, Tauber C A, Daane K M, et al., 2000. Commercialization of predators: recent lessons from green lacewings (Neuroptera: Chrysopidae: Chrysoperla). American Entomologist, 46: 26-38.

Tauber M J, Tauber C A, Gardescu S, 1993. Prolonged storage of *Chrysoperla carnea* (Neuroptera: Chrysopidae) [J]. Environmental Entomology, 22: 843-848.

Tauber M J, Tauber C A, Masaki S, 1986. Seasonal adaptations of insects [M]. New York: Oxford University Press.

Tauber M J, Tauber C A, 1981. Seasonal responses and their geographic variation in *Chrysopa downesi*: ecophysiological and evolutionary considerations [J]. Canadian Journal of Zoology, 59 (3): 370-376.

Teets N M, Denlinger D L, 2013. Physiological mechanisms of seasonal and rapid cold-hardening in insects [J]. Physiological Entomology, 38 (2): 105-116.

Teets N M, Denlinger D L, 2014. Surviving in a frozen desert: environmental stress physiology of terrestrial Antarctic arthropods [J]. Journal of Experimental Biology, 217 (1): 84-93.

Teets N M, Kawarasaki Y, Lee Jr R E, et al., 2013. Expression of genes involved in energy mobilization and osmoprotectant synthesis during thermal and dehydration stress in the

Antarctic midge, *Belgica antarctica* [J]. The Journal of Comparative Physiology B, 183 (2): 189-201.

Teets N M, Peyton J T, Ragland G J, et al., 2012. Combined transcriptomic and metabolomic approach uncovers molecular mechanisms of cold tolerance in a temperate flesh fly [J]. Physiological Genomics, 44 (15): 764-777.

Terao M, Hirose Y, Shintani Y, 2012. Effects of temperature and photoperiod on termination of pseudopupal diapause in the bean blister beetle, *Epicauta gorhami* [J]. Journal of Insect Physiology, 58: 737-742.

Tsukaguchi S, 1978. Descriptions of the Larvae of *Chrysopa* LEACH (Neuroptera, Chrysopidae) of Japan [J]. Konchu, 46: 99-122.

Valentini G, Chiarelli L, Fortin R, et al., 2000. The allosteric regulation of pyruvate kinase [J]. The Journal of Biological Chemistry, 275 (24): 18145-18152.

Van Handel E, 1985. Rapid determination of total lipids in mosquitoes [J]. J. Am. Mosq. Control Assoc., 1 (3): 302-304.

Van Lenteren J C, Roskam M M, Timmer R, 1997. Commercial Mass Production and Pricing of Organisms for Biological Control of Pests in Europe [J]. Biological Control, 10: 143-149.

Vannier G, Canard M, 1989. Cold hardiness and heat tolerance in the early larval instars of *Nineta pallida* (Schneider) (Neuroptera: Chrysopidae) [J]. Neuroptera International, 5: 231-238.

Volkovich T A, 1997. Effect of constant and variable temperature on diapause induction in the lacewing *Chrysopa phyllochroma* Wesm. (Neuroptera, Chrysopidae) [J]. Entomologicheskoe Obozrenie, 76: 241-250.

Volkovich T A, 1998. Environmental control of seasonal cycles in green lacewings (Neuroptera, Chrysopidae) from the forest-steppe zone of Russia [J]. Acta Zoologica Fennica, 209: 263-275.

Volkovich T A, 2006. Seasonal development of the lacewing *Chrysopa dorsalis* Burmeister (Neuroptera, Chrysopidae) in the forest-steppe zone of Russia [J]. Entomological Review, 86: 741-750.

Volkovich T A, Orlova N A, 1998. Comparative analysis of the seasonal development of two species of lacewings (Neuroptera, Chrysopidae) in the forest-steppe zone of Russia [J]. Entomologicheskoe Obozrenie, 77: 3-16.

Volkovich T A, Sokolova I V, Nasier G, 1999. Thermoperiodic induction of diapause in two green lacewing species, *Chrysopa pallens* Wesm. and *C. perla* L. (Neuroptera, Chrysopidae) [J]. Entomologicheskoe Obozrenie, 78: 793-803.

Volkovich T A, Sokolova I V, 2000. Thermoperiodic control of diapause in two green lacewing species (Neuroptera: Chrysopidae): a comparative effect of abrupt and gradual changes in temperature [J]. Entomologicheskoe Obozrenie, 79 (4): 753-761.

Volkovich T A, Sokolova I V, Nasier G, 1999. Thermoperiodic induction of diapause in two green lacewing species *Chrysopa pallens* Wesm. and *Chrysopa perla* L. (Neuroptera, Chrysopidae) [J]. Entomologicheskoe Obozrenie, 78 (4): 793-803.

Wharton D A, 2011. Cold tolerance of New Zealand alpine insects [J]. Journal of Insect Physiology, 57 (8): 1090-1095.

Wipking W, Viebahn M, Neumann D, 1995. Oxygen consumption, water, lipid and glycogen content of early and late diapause and non-diapause larvae of the burnet moth *Zygaena trifolii* [J]. Journal of insect Physiology, 41 (1): 47-56.

Wolschin F, Gadau J, 2009. Deciphering proteomic signatures of early diapause in Nasonia [J]. PloS One, 4 (7): e6394.

Wu S H, Kostromytska O S, Xue F S, et al., 2018. Chilling effect on termination of reproductive diapause in *Listronotus maculicollis* (Coleoptera: Curculionidae) [J]. Journal of Insect Physiology, 104: 25-32.

Xu Y Y, Mu J Y, Hu C, et al., 2004. Photoperiodic control of adult diapause in *Chrysoperla sinica* (Tjeder) (Neuroptera: Chrysopidae) - I. Critical photoperiod and sensitive stages of adult diapause induction [J]. Entomologia Sinica, 11: 191-198.

Yaginuma T, Happ G M, 1989. 20-Hydroxyecdysone acts in the male pupa to commit accessory glands toward trehalase production in the adult mealworm beetle (Tenebrio molitor) [J]. General and Comparative Endocrinology, 73 (2): 173-185.

Yamashita O, Hasegawa K, Seki M, 1972. Effect of the diapause hormone on the trehalase activity in pupal ovaries of the silkworm, *Bombyx mori* [J]. General and Comparative Endocrinology, 18 (3): 515-523.

Yancey P H, 2005. Organic osmolytes as compatible, metabolic and counteracting cytoprotectants in high osmolarity and other stresses [J]. Journal of Experimental Biology, 208 (15): 2819-2830.

Yang N W, Zang L S, Wang S, et al., 2014. Biological pest management by predators and parasitoids in the greenhouse vegetables in China [J]. Biological Control. 68: 92-102.

Zámocký M, Koller F, 1999. Understanding the structure and function of catalases: clues from molecular evolution and in vitro mutagenesis [J]. Progress in Biophysics and Molecular Biology, 72 (1): 19-66.

Zelený J, 1965. Lace-wings (Neuroptera) in cultual steppe and the population dynamics in the species *Chrysopa carnea* Stephens and *Chrysopa phyllochroma* Wesmael [J]. Acta Entomol. Bohemoslov, 62: 177-194.

Zelko I N, Mariani T J, Folz R J, 2002. Superoxide dismutase multigene family: a compari-son of the CuZn-SOD (SOD1), Mn-SOD (SOD2), and EC-SOD (SOD3) gene struc-tures, evolution, and expression [J]. Free Radical Biology & Medicine, 33 (3): 337-49.

Zhai Y, Lin Q, Zhang J, et al., 2016. Adult reproductive diapause in *Drosophila suzukii* females [J]. Journal of Pest Science, 89: 679-688.

第三篇　天敌昆虫评价及田间应用

第十章　天敌昆虫对害虫的防治潜能评价

实施害虫科学有效的生态控制和综合治理，必须客观评价天敌的自然控制作用，尤其是优势天敌的作用，并研究天敌保护利用机理和方法。我国昆虫天敌资源丰富，对害虫具有较大的生态调控作用，科学评价它们十分重要。

天敌评价研究是昆虫生态学和害虫综合治理的重要研究领域。天敌评价的研究成果主要为如何保护、招引和增加自然界原有的天敌资源，并在特殊情况下引进新的天敌种类和进行人工繁殖释放等工作提供依据，是实施农作物害虫科学有效的生态控制和综合治理的重要基础。天敌评价可分为定性评价和定量评价两类。定性评价是天敌评价的基础性工作，包括天敌群落的物种组成、天敌的猎物范围、发现猎物的能力、繁殖能力、扩散能力和环境适应能力等。定量评价包括天敌群落优势种评价、天敌对目标害虫种群的控制作用及利用价值评价等。天敌评价既是一个理论问题，也是一个方法问题。目前，天敌定量评价方法大致分为4种：数学模型法、天敌试验法、生命表及相应的种群控制指数分析法以及天敌与害虫的数、时、空追随关系分析法。在天敌控害作用的评价中，定性评价是为定量评价服务的。评价的最终目标是要明确天敌在控制害虫方面到底起了多大作用，只要能达到这一目标，所用的方法越简单越好。

1959年由Holling提出的天敌昆虫的捕食功能反应已经成为测试天敌昆虫在田间控害作用的重要依据，且已经成为研究捕食者捕食能力的一种经典方法。通过研究捕食功能反应可以确定捕食者对猎物种群的调控效率，并预测利用捕食者进行生物防治的有效性。干扰反应是研究捕食者之间存在的相互干扰行为对捕食量的影响。

第一节　捕食性蝽的捕食潜力

捕食性蝽是一类天敌昆虫，能够捕食多种鳞翅目、双翅目以及鞘翅目的害虫。蠋蝽 *Arma chinensis*（Fallou）和益蝽 *Picromerus lewisi* Scott 均是捕食性蝽，是优良的天敌昆虫。能够取食黏虫 *Mythimna separate*（Walker）、大蜡螟 *Galler mellonella*、斜纹夜蛾 *Spodoptera litura* Fabricius、甜菜夜蛾 *Spodoptera exigua* Hübner、小菜蛾 *Plutella xylostella*（L.）、水稻二化螟 *Chilo suppressalis*（Walker）、大螟 *Sesamia inferens*（Walker）、烟青虫 *Heliothis assulta*（Guenée）、草地贪夜蛾 *Spodoptera frugiperda*（J. E. Smith）、麻蝇 *Sarcophaga naemorrhoidalis* Fallen 等多种农业害虫。

将蠋蝽和益蝽的捕食量进行比较，蠋蝽对小菜蛾、斜纹夜蛾、甜菜夜蛾的捕食量和干扰效应的结果显示，蠋蝽3~5龄若虫和成虫对小菜蛾4龄幼虫、斜纹夜蛾3龄幼虫、甜菜夜蛾3龄幼虫均符合Ⅱ型方程，其中蠋蝽3~5龄若虫和成虫对小菜蛾的最大捕食量分别为 26. 315 头、25. 641 头、83. 333 头、71. 429 头、76. 923 头；蠋蝽对甜菜夜蛾的最大捕食量分别为 6. 601 头、9. 461 头、14. 569 头、13. 876 头、15. 328 头；蠋蝽对斜纹夜蛾最大捕食量分别为 3. 185 头、9. 259 头、12. 658 头、13. 699 头、9. 615 头。蠋蝽干扰反应的试验表明，在猎物密度不变的情况下，随着蠋蝽密度的增加，干扰反应逐渐增强，而蠋蝽 5 龄若虫和成虫的种内干扰系数相对较少。

益蝽 3~5 龄若虫和雌成虫表现出 Ⅱ 型方程，益蝽雄成虫对斜纹夜蛾捕食功能反应表现出 Ⅲ 型方程；益蝽 3~4 龄若虫和成虫表现出 Ⅱ 型方程，益蝽 5 龄若虫对甜菜夜蛾捕食功能反应表现出 Ⅲ 型方程；益蝽各虫态对小菜蛾的捕食功能反应均表现出 Ⅱ 型方程。尽管已知多数捕食者在大部分情况下对猎物的捕食功能表现出 Ⅱ 型方程，例如蠋蝽和益蝽对草地贪夜蛾，益蝽对黏虫等（唐艺婷等，2018，2019），但是也存在捕食者在一些情况对猎物表现出 Ⅲ 型方程（Fernández-Arhex 和 Corley，2003；Mohaghegh 等，2001），De Clercq（2000）报道了黑刺益蝽对处于番茄植株上的甜菜夜蛾的捕食功能反应是 Ⅲ 型方程；Mohaghegh（2001）也报道了斑腹刺益蝽在 27℃ 这样相对较高的温度下对甜菜夜蛾的捕食功能反应表现出 Ⅲ 型方程（Mohaghegh 等，2001）；Santos 等（2016）报道黑刺益蝽对木棉虫 *Alabama argillacea* 的 4 龄幼虫和蛹的捕食功能反应，结果显示对 4 龄幼虫为 Ⅱ 型方程，而对木棉虫蛹表现出 Ⅱ 型方程。

一、蠋蝽和益蝽对斜纹夜蛾的捕食潜力

本研究结果表明蠋蝽 3~5 龄若虫和成虫均有较强的捕食能力，且捕食模型符合 Holling Ⅱ 圆盘方程，这与其他捕食蝽对猎物的捕食功能反应模型一致。研究表明（表 10-1 和图 10-1）：蠋蝽雌成虫处理斜纹夜蛾 3 龄幼虫的时间最短只需 0.073d，其日最大捕食量 13. 699 头以及控害效能为 18. 205，均较蠋蝽其他龄期以及雄成虫高。蠋蝽的攻击率顺序表现为：3 龄若虫（1. 873）>雌成虫（1. 329）>4 龄若虫（1. 187）> 5 龄若虫（1. 125）>雄成虫（0. 828）。低龄若虫（3 龄）最积极，可能是 3 龄蠋蝽若虫体积小，对于 24h 的饥饿处理反应明显，急于捕食。雌成虫的攻击率强于雄成虫，因为雌成虫产卵需要更多的能量。

表 10-1　蠋蝽对斜纹夜蛾 3 龄幼虫的捕食功能反应

龄期	捕食功能方程	R^2	瞬时攻击率	处理时间（d）	日最大捕食量（头）	控害效能
3 龄若虫	$Na = 1.874N/（1+0.588N）$	0. 621	1. 874	0. 314	3. 185	5. 968
4 龄若虫	$Na = 1.187N/（1+0.128N）$	0. 894	1. 187	0. 108	9. 259	10. 991
5 龄若虫	$Na = 1.125N/（1+0.088N）$	0. 781	1. 125	0. 079	12. 658	14. 241
雌成虫	$Na = 1.329N/（1+0.097N）$	0. 848	1. 329	0. 073	13. 699	18. 205
雄成虫	$Na = 0.828N/（1+0.086N）$	0. 908	0. 828	0. 104	9. 615	7. 961

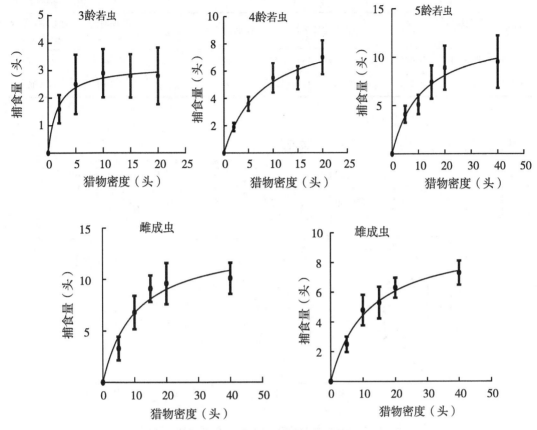

图 10-1 蠋蝽对斜纹夜蛾 3 龄幼虫的捕食功能反应

研究结果表明，益蝽雌成虫对斜纹夜蛾 3 龄幼虫表现出最大的捕食量，为 22.727 头（表 10-2、图 10-2）。与其他捕食者对斜纹夜蛾的捕食量相比，益蝽的日最大捕食量偏低。例如，邓海滨等（2012）的研究报道显示红彩真猎蝽雌成虫对斜纹夜蛾 2 龄幼虫的日最大捕食量为 135.14 头；陈然等（2015）报道叉角厉蝽成虫对斜纹夜蛾 3 龄幼虫的日最大捕食量为 149.00 头；官宝斌等（1999）研究发现烟盲蝽成虫对斜纹夜蛾 1 龄幼虫的日最大捕食量为 38.61 头；拟环纹豹蛛 Pardosa pseudoannulata 雌成蛛对斜纹夜蛾 3 龄幼虫的捕食量为 36.83 头，草间小黑蛛 Erigonidium graminicola 雌成蛛对斜纹夜蛾 3 龄幼虫的捕食量为 5.53 头（秦厚国等，2002）。其中红彩真猎蝽，叉角厉蝽，蜘蛛等表现出雌成虫对斜纹夜蛾的日最大捕食量最大，与本研究雌成虫表现出最大捕食量的研究结果一致。

表 10-2 益蝽对斜纹夜蛾 3 龄幼虫的捕食功能反应

龄期	功能反应类型	R^2	捕食功能方程	瞬时攻击率	常数 b	处理时间（d）	日最大捕食量（头）
3 龄若虫	Type Ⅱ	0.757	$Na=0.584N/(1+0.051N)$	0.584	—	0.088	11.364
4 龄若虫	Type Ⅱ	0.863	$Na=0.889N/(1+0.047N)$	0.889	—	0.053	18.868
5 龄若虫	Type Ⅱ	0.821	$Na=0.991N/(1+0.045N)$	0.991	—	0.045	22.222

（续表）

龄期	功能反应类型	R^2	捕食功能方程	瞬时攻击率	常数 b	处理时间（d）	日最大捕食量（头）
雌成虫	Type Ⅱ	0.906	$Na = 1.267N/（1+0.056N）$	1.267	—	0.044	22.727
雄成虫	Type Ⅱ	0.913	$Na = 0.221N^2/（1+0.022N^2）$	—	0.221	0.089	11.236

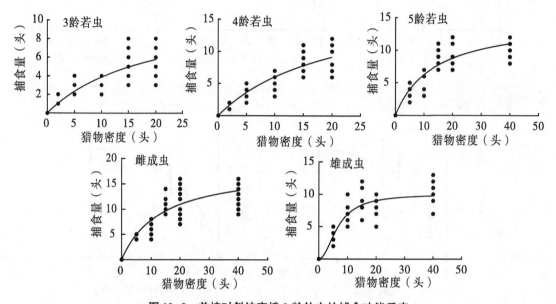

图 10-2　益蝽对斜纹夜蛾 3 龄幼虫的捕食功能反应

二、蠋蝽和益蝽对甜菜夜蛾的捕食潜力

蠋蝽对甜菜夜蛾 3 龄幼虫捕食功能反应结果如表 10-3 和图 10-3 所示，结果表明，蠋蝽 3~5 龄若虫和成虫均有较强的捕食能力，且捕食模型符合 Holling Ⅱ 圆盘方程，这与其他捕食蝽对猎物的捕食功能反应模型一致。数据显示：蠋蝽雄成虫处理甜菜夜蛾 3 龄幼虫的时间最短只需 0.065d，其日最大捕食量 13.889 头，均较蠋蝽其他龄期以及雌成虫高。蠋蝽的攻击率顺序表现为：雌成虫（1.809）>4 龄若虫（1.501）> 5 龄若虫（1.296）>3 龄若虫（1.152）>雄成虫（1.093）。

表 10-3　蠋蝽对甜菜夜蛾 3 龄幼虫的捕食功能反应

龄期	R^2	捕食功能方程	瞬时攻击率	处理时间（d）	日最大捕食量（头）
3 龄若虫	0.840	$Na = 1.152N/（1+0.175N）$	1.152	0.152	6.579
4 龄若虫	0.865	$Na = 1.501N/（1+0.159N）$	1.501	0.106	9.434
5 龄若虫	0.881	$Na = 1.296N/（1+0.089N）$	1.296	0.069	14.493
雌成虫	0.853	$Na = 1.809N/（1+0.130N）$	1.809	0.072	13.889
雄成虫	0.855	$Na = 1.093N/（1+0.071N）$	1.093	0.065	15.385

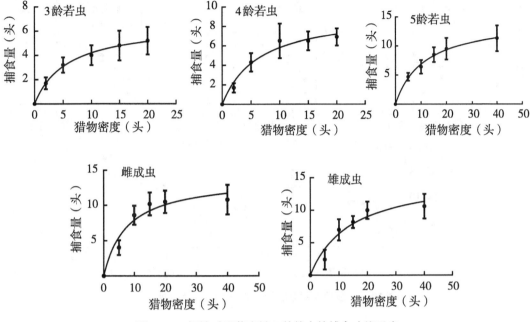

图 10-3　蠋蝽对甜菜夜蛾 3 龄幼虫的捕食功能反应

　　益蝽对甜菜夜蛾 3 龄幼虫的捕食潜能测定结果如表 10-4 和图 10-4 所示，结果显示，益蝽 5 龄若虫对甜菜夜蛾 3 龄幼虫表现出的日最大捕食量最多（10.989 头），处理时间最短（0.091d）。Clercq 等（2000）研究了黑刺益蝽在茄子植株上对甜菜夜蛾的处理时间为 2.511h；并比较了在不同温度下斑腹刺益蝽和黑刺益蝽对甜菜夜蛾的功能反应，结果表明斑腹刺益蝽在 23℃下，斑腹刺益蝽雌成虫对甜菜夜蛾的处理时间为 2.315h（Mohaghegh 等，2001）；Mahdian 等（2007）记录了双刺益蝽在不同植株上对甜菜夜蛾的捕食潜力，结果显示在甜椒植株上的双刺益蝽雌成虫对甜菜夜蛾的处理时间最短为 2.152h。以上研究均表明益蝽亚科捕食性蝽对甜菜夜蛾具有较好的捕食潜力。

表 10-4　益蝽对甜菜夜蛾 3 龄幼虫的捕食功能反应

龄期	功能反应类型	R^2	捕食功能方程	瞬时攻击率	常数 b	处理时间（d）	日最大捕食量（头）
3 龄若虫	Type Ⅱ	0.705	$Na=0.584N/(1+0.140N)$	0.690	—	0.203	4.926
4 龄若虫	Type Ⅱ	0.771	$Na=1.667N/(1+0.288N)$	1.667	—	0.173	5.780
5 龄若虫	Type Ⅱ	0.824	$Na=0.147N^2/(1+0.013N^2)$	—	0.147	0.091	10.989
雌成虫	Type Ⅱ	0.847	$Na=1.061N/(1+0.059N)$	1.061	—	0.056	17.857
雄成虫	Type Ⅱ	0.887	$Na=0.791N/(1+0.049N)$	0.791	—	0.062	16.129

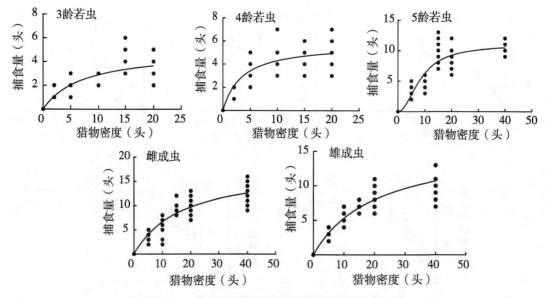

图10-4 益蝽对甜菜夜蛾3龄幼虫的捕食功能反应

三、蠋蝽和益蝽对小菜蛾的捕食潜力

研究结果显示（表10-5和图10-5），蠋蝽对小菜蛾4龄幼虫的攻击率表现为若虫比成虫更高，并且低龄若虫（3龄若虫）最高，成虫中雌虫的攻击率高于雄虫：3龄若虫（1.461）>4龄若虫（1.322）>5龄若虫（1.086）>雌成虫（0.803）>雄成虫（0.734）。分析原因可能是3龄若虫体积小，对于24h的饥饿处理反应明显，急于捕食，雌成虫产卵需要储备的能量多于雄性。微小花蝽、异色瓢虫和4种蜘蛛不同龄期对小菜蛾幼虫的攻击率也表现出与蠋蝽相同的趋势。微小花蝽5龄若虫、异色瓢虫4龄幼虫、拟环纹豹蛛雌成虫对小菜蛾幼虫的最大攻击率分别为1.0070、0.7080、1.1219，均小于蠋蝽3龄若虫对小菜蛾4龄幼虫的攻击率，进一步说明蠋蝽比蜘蛛、微小花蝽、异色瓢虫的捕食能力更强。

表10-5 蠋蝽对小菜蛾4龄幼虫的捕食功能反应

龄期	R^2	捕食功能方程	F	P	瞬时攻击率	处理时间（d）	日最大捕食量（头）	控害效能
3龄若虫	0.946	$Na = 1.461N/(1+0.055N)$	1 008.718	<0.000 1	1.461	0.038	26.315	38.447
4龄若虫	0.939	$Na = 1.322N/(1+0.046N)$	896.749	<0.000 1	1.322	0.039	25.641	33.897
5龄若虫	0.961	$Na = 1.086N/(1+0.013N)$	1 437.752	<0.000 1	1.086	0.012	83.333	90.500
雌成虫	0.928	$Na = 0.803N/(1+0.012N)$	742.351	<0.000 1	0.803	0.014	71.429	57.357
雄成虫	0.904	$Na = 0.734N/(1+0.010N)$	422.049	<0.000 1	0.734	0.013	76.923	56.462

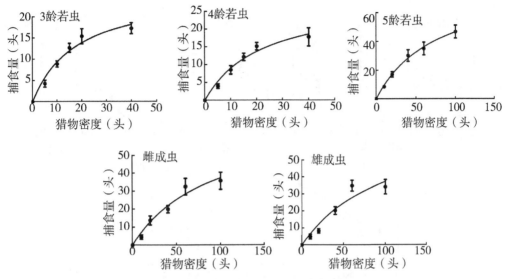

图 10-5 蠋蝽对小菜蛾 4 龄幼虫的捕食功能反应

研究结果显示（表 10-6 和图 10-6），益蝽雌成虫对小菜蛾 4 龄幼虫的日最大捕食量最大，为 111.11 头。全晓宇（2011）的试验结果表明拟环纹豹蛛 *Pardosa psedoannulata* 对小菜蛾 3 龄幼虫的最大捕食量为 26.20 头（其他 3 种蜘蛛的最大捕食量分别只有 12.5 头，20.9 头，12.6 头）；孙丽娟等（2017）研究了微小花蝽对低龄小菜蛾的日最大捕食量为 41.3 头；陈元洲等（2004）报道了异色瓢虫对小菜蛾幼虫的日最大捕食量数据为 50.4 头。但此处数据比较并没有考虑猎物个体的区别，用到的猎物是小菜蛾 4 龄幼虫，而蜘蛛的捕食用的是小菜蛾 3 龄幼虫、微小花蝽用到的是小菜蛾 1~2 龄幼虫、异色瓢虫用的是小菜蛾 2~3 龄幼虫，如果考虑猎物个体差异，那这四类捕食者对小菜蛾幼虫的捕食量与益蝽的数据差别更大。综合而言，在利用天敌昆虫防治小菜蛾时，益蝽比蜘蛛、微小花蝽、异色瓢虫的捕食能力更强，捕食效应更高。

表 10-6 益蝽对小菜蛾 4 龄幼虫的捕食功能反应

龄期	功能反应类型	R^2	捕食功能方程	瞬时攻击率	处理时间（d）	日最大捕食量（头）
3 龄若虫	Type II	0.867	$Na = 0.713N/（1+0.002N）$	0.713	0.035	28.571
4 龄若虫	Type II	0.845	$Na = 1.041N/（1+0.004N）$	1.041	0.040	25.000
5 龄若虫	Type II	0.894	$Na = 0.904N/（1+0.010N）$	0.904	0.011	90.910
雌成虫	Type II	0.956	$Na = 0.816N/（1+0.007N）$	0.816	0.009	111.111
雄成虫	Type II	0.878	$Na = 0.955N/（1+0.017N）$	0.955	0.018	55.556

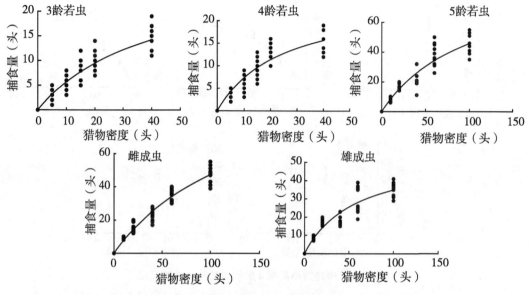

图 10-6　益蝽对小菜蛾 4 龄幼虫的捕食功能反应

四、蠋蝽和益蝽对草地贪夜蛾的捕食潜力

研究结果显示（表 10-7 和图 10-7），5 龄益蝽若虫对草地贪夜蛾 6 龄幼虫的最大捕食量为 4.651 头；益蝽雌成虫对草地贪夜蛾 3~5 龄幼虫的捕食量分别为 58.824 头、45.455 头、10.204 头；益蝽雄成虫对草地贪夜蛾 3~5 龄幼虫的捕食量分别为 58.824 头、41.667 头、7.813 头。唐艺婷等（2019）和王燕等（2019）研究了蠋蝽 5 龄若虫对草地贪夜蛾 6 龄幼虫的最大捕食量为 3.175 头，蠋蝽雌成虫对草地贪夜蛾 3 龄幼虫的最大捕食量为 59.700 头。范悦莉等（2019）和唐敏等（2019）报道了叉角厉蝽 3 龄若虫对草地贪夜蛾 3 龄幼虫的最大捕食量为 50.25 头，以及叉角厉蝽雌成虫对草地贪夜蛾 3 龄幼虫的最大捕食量为 27.39 头。佛州优捕蝽 Euthyrhynchus floridanus（L.）对草地贪夜蛾 2 龄幼虫的日捕食量可达 100 头（Medal 等，2017）。狡诈小花蝽 Orius insidiosus Say 对草地贪夜蛾 1 龄幼虫的日最大捕食量达 90 头（Joseph 和 Braman，2009）。斑足大眼蝉长蝽 Geocoris punctipes（Say）和沼泽大眼蝉长蝽 Geocoris uliginosus（Say）对草地贪夜蛾 1 龄幼虫的日最大捕食量分别达 85 头和 53 头（Joseph and Braman，2009）。这些捕食性蝽对草地贪夜蛾均具有捕食潜力，小花蝽和大眼蝉长蝽体型较小，主要取食草地贪夜蛾 1~2 龄幼虫，益蝽、蠋蝽、叉角厉蝽、佛州优捕蝽体型较大，主要取食草地贪夜蛾高龄幼虫，田间草地贪夜蛾存在世代重叠的现象，在防治草地贪夜蛾时，建议将它们共同释放，控制各个龄期的草地贪夜蛾。

表 10-7　益螨对草地贪夜蛾的捕食功能反应

龄期	猎物	功能反应类型	R^2	捕食功能方程	瞬时攻击率	处理时间（d）	日最大捕食量（头）
5 龄若虫	6th instar	Type Ⅱ	0.826	$Na=1.512N/(1+0.325N)$	1.512	0.215	4.6512
雌成虫	3rd instar	Type Ⅱ	0.915	$Na=1.143N/(1+0.002N)$	1.143	0.017	58.824
	4th instar	Type Ⅱ	0.685	$Na=1.259N/(1+0.028N)$	1.259	0.022	45.455
	5th instar	Type Ⅱ	0.886	$Na=0.964N/(1+0.094N)$	0.964	0.098	10.204
雄成虫	3rd instar	Type Ⅱ	0.909	$Na=1.069N/(1+0.018N)$	1.069	0.017	58.824
	4th instar	Type Ⅱ	0.617	$Na=1.139N/(1+0.027N)$	1.139	0.024	41.667
	5th instar	Type Ⅱ	0.834	$Na=1.210N/(1+0.016N)$	1.210	0.128	7.813

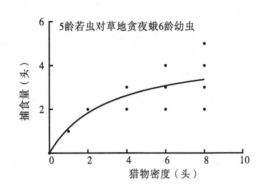

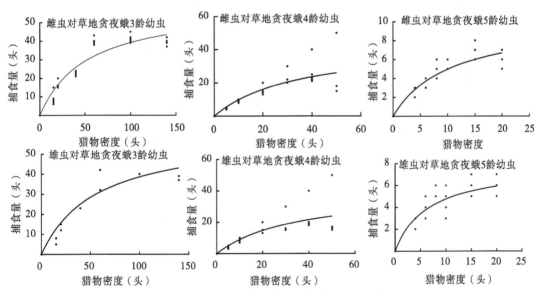

图 10-7　益螨对草地贪夜蛾的捕食功能反应

五、益螨对黏虫的捕食潜力

研究结果显示（表 10-8 和图 10-8），不同龄期的益螨对黏虫的瞬时攻击率顺序为 5 龄若虫>成虫>3 龄若虫>4 龄若虫；日最大捕食量的顺序为 5 龄若虫>成虫>4 龄若虫>3 龄若虫，发现 3 龄若虫的日最大捕食量虽然低于 4 龄若虫，但 3 龄若虫的攻击率较 4 龄强，说明 3 龄若虫虽然体积小，但其具有较强的攻击性，这可能是因为益螨的 1 龄和 2 龄若虫主要吸取植物汁液就能生长发育，到 3 龄时开始捕食猎物来生长发育，所以攻击性较强，但因体积较小，食量有限，所以日最大捕食量低于 4 龄若虫。综合比较 3 龄、4 龄、5 龄和成虫益螨，发现 5 龄若虫对 3 龄黏虫的瞬时攻击率最大，日最大捕食量最多，这可能是因为 5 龄若虫在羽化为成虫之前需要储存更多的物质和能量用于发育繁殖。李文华等研究叉角厉蝽 *Cahtheconidea furcellata*（Wolff）对黄野螟 *Heortia vitessoides*（Moore）幼虫的捕食结果也表明了 5 龄叉角厉蝽对黄野螟幼虫的瞬时攻击率最大，日最大捕食量最多，而 3 龄叉角厉蝽对黄野螟幼虫的攻击率和日最大捕食量明显小于 5 龄幼虫和雌成虫。张晓军等研究结果同样阐明了蠋蝽在捕食紫榆叶甲 *Ambrostoma quadriimopressum* Motschulsky 卵时，选择 5 龄蠋蝽防治效果最佳。综上所述，在田间释放益螨时，选择 5 龄益螨控害效果最好。

表 10-8　不同龄期的益螨对黏虫的捕食功能反应

龄期	R^2	捕食功能方程	瞬时攻击率	处理时间（d）	日最大捕食量（头）
3 龄若虫	0.799	$Na = 1.036N/（1+0.324N）$	1.036	0.313	3.195
4 龄若虫	0.869	$Na = 0.742N/（1+0.117N）$	0.742	0.158	6.329
5 龄若虫	0.956	$Na = 1.445N/（1+0.162N）$	1.445	0.112	8.929
成虫	0.869	$Na = 1.442N/（1+0.192N）$	1.422	0.135	7.407

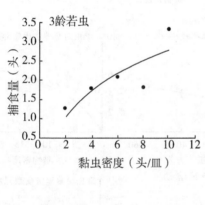
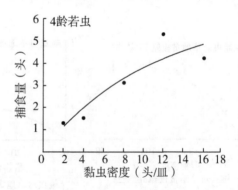
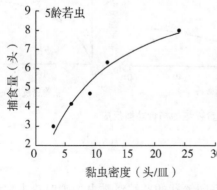
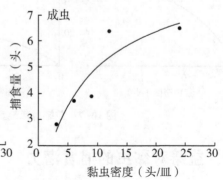

图 10-8　不同龄期的益螨对黏虫的捕食功能反应

六、益蝽干扰反应

益蝽 3~5 龄若虫及成虫捕食甜菜夜蛾、斜纹夜蛾、小菜蛾的平均捕食率，均随着天敌密度的增加而降低，相互之间的干扰作用随着天敌密度的增加而上升，利用 Hassell 模型（$A=aP^{-b}$）能较好地反映出益蝽自身密度的干扰效应。益蝽对斜纹夜蛾、甜菜夜蛾和小菜蛾的干扰反应显示 3 龄益蝽的自身密度干扰系数较大，干扰系数分别为 0.475、0.305、0.700。这可能因为益蝽亚科昆虫的低龄若虫喜群集取食。益蝽成虫的自身密度干扰系数相对较小，说明益蝽成虫更倾向于单独捕食。

高强等（2019）研究了蠋蝽对斜纹夜蛾的捕食作用，结果显示当蠋蝽成虫与斜纹夜蛾释放比为 1∶15 时，蠋蝽的平均捕食量最高；蠋蝽捕食斜纹夜蛾的干扰反应呈现出蠋蝽 3 龄若虫对斜纹夜蛾的干扰系数为 0.222，蠋蝽雌成虫捕食斜纹夜蛾的干扰系数最低为 0.168（唐艺婷等，2020）。根据本试验干扰效应研究结果，建议益蝽雌成虫对斜纹夜蛾、甜菜夜蛾及小菜蛾的捕食者与猎物的释放比例分别为 4∶40、3∶40、3∶100。

综合考虑捕食量、攻击率、捕食率和干扰效应，益蝽 5 龄若虫和成虫对害虫的捕食量较大，在急于降低害虫基数时，应首先释放益蝽 5 龄若虫和成虫这样的虫态。考虑种间干扰效应，在田间释放益蝽时，应注意益蝽的释放比例以达到最佳的控害效能。试验结果发现植物种类显著影响蠋蝽对小菜蛾的捕食效率。蠋蝽在小白菜和小油菜上对小菜蛾的捕食量显著高于用甘蓝饲养的小菜蛾，且单头猎物处理时间短。此外蠋蝽在甘蓝上扩散速率很低，虽然对甘蓝上小菜蛾的种群数量增长有一定的抑制作用，但是效果不甚理想。我们观察发现，蠋蝽在甘蓝叶片爬行不稳，容易从叶片上跌落，这显著降低了蠋蝽对小菜蛾的捕食效率。

在测定蠋蝽扩散行为时观察到，一株接有 5 头小菜蛾幼虫的甘蓝上分布十余头蠋蝽 5 龄幼虫。3d 后，2 头小菜蛾成功化蛹，而蠋蝽大约有一半因自残死亡。这一现象说明，蠋蝽对甘蓝上的小菜蛾取食喜好较低。此外，在蠋蝽对小菜蛾种群抑制作用测定中，没有观察到蠋蝽产卵繁殖下一代。

蠋蝽对小菜蛾的防效不显著的另一个可能原因是释放策略不恰当。在本试验中，蠋蝽在小菜蛾成虫产卵两天后释放，而且仅释放一次。靶标区域内猎物太少，不利于它们定殖。所以通过后期改进蠋蝽的释放策略，可能会提高其对小菜蛾的防治效果。

第二节 捕食性瓢虫的捕食潜力

捕食性瓢虫是优良的天敌昆虫，可以取食蚜虫、粉虱、鳞翅目卵和低龄幼虫等多种农林害虫，其中主要以异色瓢虫、七星瓢虫、龟纹瓢虫、多异瓢虫捕食量大、繁殖力强，分布广。

异色瓢虫原产于亚洲东部，现广泛分布于亚洲、北美洲、南美洲和欧洲，在中国西南、华南、华东、华中和华北等地区各省份均有分布，具有产卵量高、成虫寿命长、捕食范围广、适应性强等优点，是世界范围内重要的生防天敌之一。异色瓢虫于每年温度降至 10℃ 左右时聚集到越冬场所准备越冬，翌年 3 月上旬陆续出蛰，4 月上中旬结束出蛰，在华中、华南和西南地区一年发生 6~8 代，东北地区一年发生 3 代。陈洁等（2008）研究发现异色瓢虫生长发育繁殖的最适温度25℃，在35℃高温下，虫卵无法孵化。

七星瓢虫在中国分布广泛，西南、华南、华东、华中和华北等地区各省份均有分布，具有存活时间长、适应性强、发生量大、产卵量高等优点，是我国的优势捕食性天敌。七星瓢虫每年10月中下旬开始在越冬场所聚集，翌年3月中下旬陆续出蛰，4月中旬是幼虫盛发期，5月上中旬为第一代成虫盛发期。

多异瓢虫主要分布在华北、西南、西北、东北和华中地区，具有耐高温、耐饥能力强、发生量大、捕食率高等优点，是华中地区的优势天敌之一。孔晓霞等（2018）研究表明，多异瓢虫对温度有极强适应性，在极端温度下仍可正常生长发育，最适生长温度为29℃。多异瓢虫每年10月底开始越冬，翌年3月上旬陆续出蛰，5月上旬在麦田出现，待小麦收割后于7月中旬转移至各种菜地中，9月中旬回迁至冬麦田内，10月底又开始越冬。

龟纹瓢虫具有对高温高湿适应性强，抗药性强、发生量大、耐饥性强的优点，在我国南北方地区均有分布，发生代数由南向北递减，在湖南地区一年可发生8代、四川地区发生7代、陕北地区6代、宁夏地区5代、湖北地区4~5代。对温度适应性极强，早春时期在13.5℃的低温条件下仍可产卵，6月中旬至8月中旬是其盛发期（于汉龙，2015）。由上述内容可知，草地贪夜蛾发生区域与4种瓢虫分布区域基本重合，瓢虫类天敌防治草地贪夜蛾的最佳时期是卵期、1龄、2龄幼虫期，在监测预警工作中，可采用性信息素诱集、灯光诱杀和田间调查等方法监测草地贪夜蛾发生动态。

一、异色瓢虫对草地贪夜蛾的捕食能力评价

异色瓢虫各龄期幼虫及成虫对草地贪夜蛾卵、1龄、2龄幼虫的捕食量随猎物密度的增加而增大，当猎物密度增加到一定水平时，异色瓢虫的捕食量增速减缓，趋于稳定，即异色瓢虫的日均捕食量与草地贪夜蛾密度呈负加速曲线关系，这与Holling Ⅱ型圆盘方程描述的捕食功能反应模型相符合。

通过对方程进行拟合，可得到各虫态异色瓢虫对草地贪夜蛾卵及低龄幼虫的捕食功能反应方程及参数。除异色瓢虫成虫对草地贪夜蛾1龄幼虫外（0.889），各方程的r^2均大于0.9，$\chi^2 = 1.080 \sim 9.012 < \chi^2 (0.01, 4) = 13.277$、$\chi^2 = 1.079 \sim 13.834 < \chi^2 (0.01, 5) = 15.086$，表明拟合方程能较好地反映出异色瓢虫对草地贪夜蛾的捕食功能变化规律。

1. 异色瓢虫对草地贪夜蛾的捕食能力

研究结果表明（图10-9至图10-11），各龄期异色瓢虫对草地贪夜蛾卵和低龄幼虫均表现出一定的捕食能力。异色瓢虫对草地贪夜蛾卵的日最大捕食量（$1/Th$）依次为4龄幼虫（535.332）>成虫（407.997）>3龄幼虫（297.974）>2龄幼虫（85.985）；异色瓢虫对草地贪夜蛾1龄幼虫的日最大捕食量（$1/Th$）依次为4龄幼虫（323.625）>成虫（249.004）>3龄幼虫（100.878）>2龄幼虫（29.771）；异色瓢虫对草地贪夜蛾2龄幼虫的日最大捕食量依次为4龄幼虫（68.918）>成虫（68.259）>3龄幼虫（47.801）；异色瓢虫4龄幼虫及成虫对草地贪夜蛾卵具有极强的捕食能力，其次为草地贪夜蛾1龄幼虫。

周集中等（1986）指出，在捕食功能反应中，用瞬时攻击率（a）和处理时间

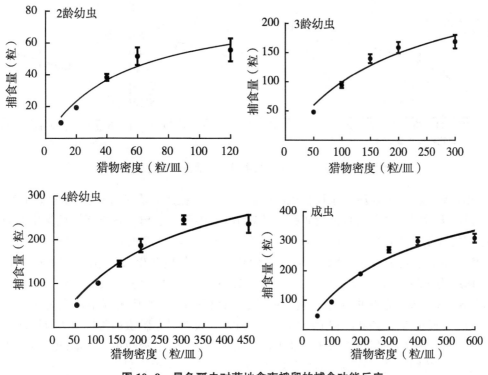

图 10-9 异色瓢虫对草地贪夜蛾卵的捕食功能反应

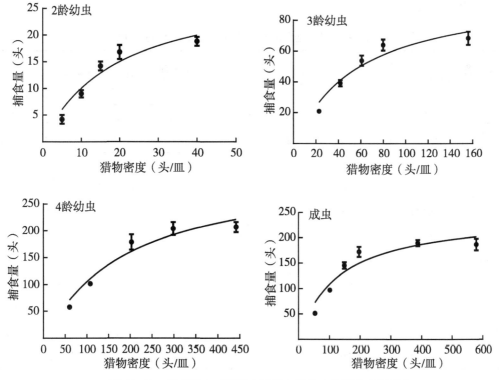

图 10-10 异色瓢虫对草地贪夜蛾 1 龄幼虫的捕食功能反应

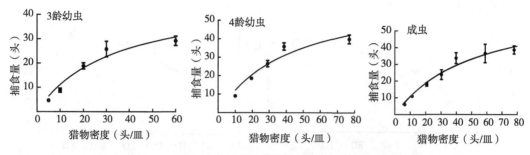

图 10-11　异色瓢虫对草地贪夜蛾 2 龄幼虫的捕食功能反应

（Th）之比控害效能（a/Th）来评价天敌的控害效果，比用 a 或 Th 值更加全面。a/Th 值越大，说明天敌对害虫的防控能力越强。从表 10-9 中可以看出，各虫态异色瓢虫对草地贪夜蛾卵的 a/Th 值从大到小依次为 4 龄幼虫（821.704）>成虫（614.443）>3 龄幼虫（446.961）>2 龄幼虫（136.285）；各虫态异色瓢虫对草地贪夜蛾 1 龄幼虫的 a/Th 值从大到小依次为 4 龄幼虫（492.557）>成虫（461.653）>3 龄幼虫（168.365）>2 龄幼虫（44.984）；各虫态异色瓢虫对草地贪夜蛾 2 龄幼虫的 a/Th 值从大到小依次为 4 龄幼虫（103.997）>成虫（87.440）>3 龄幼虫（68.929）；说明异色瓢虫的防控能力是随着龄期的增长而逐渐增强的。异色瓢虫 4 龄幼虫对草地贪夜蛾卵、1 龄幼虫及 2 龄幼虫的控害能力均高于其他龄期，这与日最大捕食量结果相一致。综合来看，异色瓢虫 4 龄幼虫对草地贪夜蛾的控害效能较高，其次为异色瓢虫成虫，再次为异色瓢虫 3 龄幼虫，最后为异色瓢虫 2 龄幼虫。

表 10-9　各虫态异色瓢虫对草地贪夜蛾的捕食功能反应

龄期	猎物虫态	捕食功能方程	瞬时攻击率	处理时间（d）	日最大捕食量（头）	控害效能	R^2
2 龄幼虫	卵	$Na=1.585N/(1+0.018N)$	1.585	0.012	85.985	136.285	0.906
	1 龄幼虫	$Na=1.511N/(1+0.051N)$	1.511	0.034	29.771	44.984	0.903
3 龄幼虫	卵	$Na=1.500N/(1+0.005N)$	1.500	0.003	297.974	446.961	0.928
	1 龄幼虫	$Na=1.669N/(1+0.017N)$	1.669	0.010	100.878	168.365	0.907
	2 龄幼虫	$Na=1.442N/(1+0.030N)$	1.442	0.021	47.801	68.929	0.927
4 龄幼虫	卵	$Na=1.520N/(1+0.003N)$	1.520	0.002	535.332	821.704	0.954
	1 龄幼虫	$Na=1.522N/(1+0.005N)$	1.522	0.003	323.625	492.557	0.930
	2 龄幼虫	$Na=1.509N/(1+0.022N)$	1.509	0.015	68.918	103.997	0.918
成虫	卵	$Na=1.506N/(1+0.004N)$	1.506	0.002	407.997	614.443	0.921
	1 龄幼虫	$Na=1.854N/(1+0.007N)$	1.854	0.004	249.004	461.653	0.889
	2 龄幼虫	$Na=1.281N/(1+0.019N)$	1.281	0.015	68.259	87.440	0.930

2. 干扰效应对异色瓢虫捕食草地贪夜蛾的影响

本试验测定了种内干扰对异色瓢虫成虫捕食草地贪夜蛾卵及低龄幼虫捕食率的影响生存空间一定时，当异色瓢虫成虫密度和草地贪夜蛾密度同比例增加时，异色瓢虫对草地贪夜蛾的总捕食量增加，但平均捕食率却降低，这说明异色瓢虫在捕食猎物时存在种内干扰作用。这一现象可用 Hassell-Verley 模型方程 $E = QP^{-m}$ 来描述。

研究结果表明（表 10-10），当异色瓢虫密度从 1 头增加至 5 头时，其对草地贪夜蛾卵的平均捕食率 E 从 0.91 降低至 0.46，对草地贪夜蛾 1 龄幼虫的平均捕食率 E 从 0.89 降低至 0.39，对草地贪夜蛾 2 龄幼虫的平均捕食率 E 从 0.65 降低至 0.34。由此可以得出：草地贪夜蛾虫态一致时，随着异色瓢虫密度和草地贪夜蛾密度的增加，异色瓢虫成虫的平均捕食率 E 逐渐下降，二者密度越高，捕食率 E 越低；当异色瓢虫和草地贪夜蛾密度不变时，随着草地贪夜蛾龄期的增加，异色瓢虫成虫的平均捕食率 E 逐渐下降，即异色瓢虫和草地贪夜蛾密度越低，草地贪夜蛾发育程度越低，捕食率 E 越高。通过比较干扰系数 m 可得异色瓢虫成虫捕食草地贪夜蛾 1 龄幼虫时受到的种内干扰作用最强。

表 10-10　异色瓢虫捕食草地贪夜蛾受到的种内干扰系数

猎物龄期	猎物密度（头）	捕食者密度（头）	平均捕食率	Hassell 模型方程	Q	m	R^2
卵	300	1	0.91±0.07				
	600	2	0.65±0.03				
	900	3	0.56±0.02	$E = 0.899P^{-0.414}$	0.899	0.414	0.944
	1 200	4	0.53±0.02				
	1 500	5	0.46±0.02				
1 龄幼虫	200	1	0.89±0.08				
	400	2	0.55±0.03				
	600	3	0.50±0.01	$E = 0.871P^{-0.528}$	0.871	0.528	0.936
	800	4	0.43±0.02				
	1 000	5	0.39±0.03				
2 龄幼虫	60	1	0.65±0.03				
	120	2	0.54±0.03				
	180	3	0.47±0.03	$E = 0.668P^{-0.368}$	0.668	0.368	0.900
	240	4	0.40±0.04				
	300	5	0.34±0.04				

二、七星瓢虫对草地贪夜蛾的捕食能力评价

七星瓢虫各龄期幼虫及成虫对草地贪夜蛾 1 龄、2 龄幼虫的日捕食量随草地贪夜蛾幼

虫密度的升高而逐渐增加，当猎物密度增加一定水平时，七星瓢虫的日捕食量趋于平稳，捕食功能反应符合 Holling Ⅱ 型圆盘方程（图 10-12 至图 10-14）。

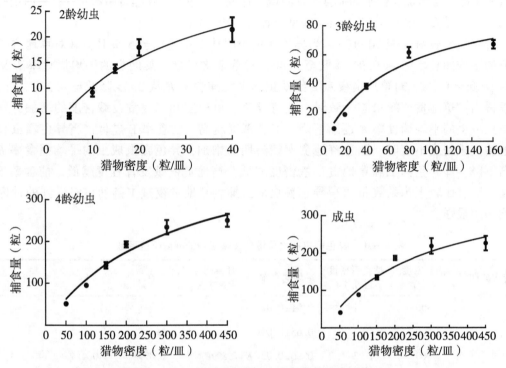

图 10-12　七星瓢虫对草地贪夜蛾卵的捕食功能反应

1. 七星瓢虫对草地贪夜蛾的捕食能力

七星瓢虫各龄幼虫及成虫对草地贪夜蛾卵、1 龄、2 龄幼虫均表现出一定的捕食能力。七星瓢虫对草地贪夜蛾卵的日最大捕食量（$1/Th$）依次为 4 龄幼虫（445.434）>成虫（394.322）>3 龄幼虫（101.051）>2 龄幼虫（36.850）；七星瓢虫对草地贪夜蛾 1 龄幼虫的日最大捕食量（$1/Th$）依次为 4 龄幼虫（240.964）>成虫（233.100）>3 龄幼虫（88.028）>2 龄幼虫（23.759）；七星瓢虫对草地贪夜蛾 2 龄幼虫的日最大捕食量（$1/Th$）依次为 4 龄幼虫（41.271）>成虫（41.220）>3 龄幼虫（28.058）。由数据可知七星瓢虫 4 龄幼虫对草地贪夜蛾的日最大捕食量最大，其次为七星瓢虫成虫。

七星瓢虫各龄期幼虫及成虫对草地贪夜蛾卵的 a/Th 值从大到小依次为 4 龄幼虫（632.517）>成虫（602.918）>3 龄幼虫（149.757）>2 龄幼虫（51.916）；七星瓢虫各龄期幼虫及成虫对草地贪夜蛾 1 龄幼虫的 a/Th 值从大到小依次为 4 龄幼虫（370.120）>成虫（280.653）>3 龄幼虫（149.472）>2 龄幼虫（35.448）；七星瓢虫各龄期幼虫及成虫对草地贪夜蛾 2 龄幼虫的 a/Th 值从大到小依次为 4 龄幼虫（56.129）>成虫（44.312）>3 龄幼虫（37.093）。七星瓢虫 4 龄幼虫对草地贪夜蛾卵、1 龄、2 龄幼虫的控害能力最强，其次为七星瓢虫成虫，这与各龄期七星瓢虫对草地贪夜蛾的日最大捕食量结果相一致（表 10-11）。

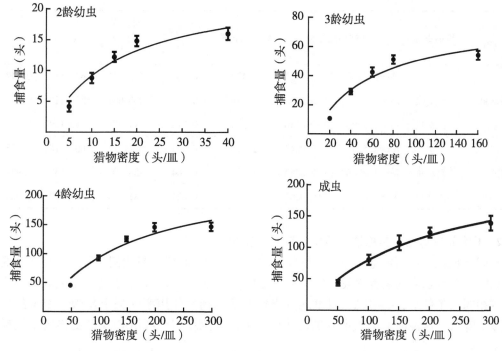

图 10-13　七星瓢虫对草地贪夜蛾 1 龄幼虫的捕食功能反应

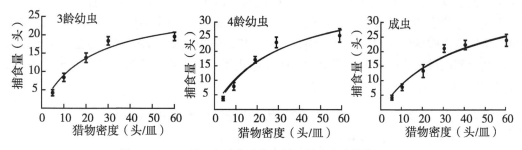

图 10-14　七星瓢虫对草地贪夜蛾 2 龄幼虫的捕食功能反应

表 10-11　各虫态七星瓢虫对草地贪夜蛾的捕食功能反应

七星瓢虫各虫态	猎物虫态	捕食功能方程	瞬时攻击率	处理时间(d)	日最大捕食量(头)	控害效能	R^2
2 龄幼虫	卵	$Na=1.409N/(1+0.038N)$	1.409	0.027	36.850	51.916	0.916
	1 龄幼虫	$Na=1.492N/(1+0.063N)$	1.492	0.042	23.759	35.448	0.902
3 龄幼虫	卵	$Na=1.482N/(1+0.015N)$	1.482	0.010	101.051	149.757	0.955
	1 龄幼虫	$Na=1.698N/(1+0.019N)$	1.698	0.011	88.028	149.472	0.904
	2 龄幼虫	$Na=1.322N/(1+0.047N)$	1.322	0.036	28.058	37.093	0.933

（续表）

七星瓢虫各虫态	猎物虫态	捕食功能方程	瞬时攻击率	处理时间（d）	日最大捕食量（头）	控害效能	R^2
4龄幼虫	卵	$Na=1.420N/（1+0.003N）$	1.420	0.002	445.434	632.517	0.949
	1龄幼虫	$Na=1.536N/（1+0.006N）$	1.536	0.004	240.964	370.120	0.922
	2龄幼虫	$Na=1.360N/（1+0.033N）$	1.360	0.024	41.271	56.129	0.921
成虫	卵	$Na=1.529N/（1+0.004N）$	1.529	0.003	394.322	602.918	0.925
	1龄幼虫	$Na=1.204N/（1+0.005N）$	1.204	0.004	233.100	280.653	0.929
	2龄幼虫	$Na=1.075N/（1+0.026N）$	1.075	0.024	41.220	44.312	0.926

2. 干扰效应对七星瓢虫捕食草地贪夜蛾的影响

本试验观察了在固定空间内，七星瓢虫成虫与草地贪夜蛾数量比例相同，但在密度成倍增大时，七星瓢虫的捕食率发生的一系列变化。从表中可以看出，在固定空间和天敌猎物比例相同的条件下，七星瓢虫对草地贪夜蛾的平均捕食作用率 E 随七星瓢虫密度的增加而逐渐降低，这说明七星瓢虫成虫之间存在种内干扰作用，可用 Hassell 提出的干扰反应模型方程进行拟合。

研究结果显示，七星瓢虫成虫捕食草地贪夜蛾卵、1龄幼虫和2龄幼虫的干扰常数 m 依次为 0.369、0.768、0.396，这说明在本试验设定的空间范围内，无论是取食草地贪夜蛾卵还是低龄幼虫，七星瓢虫成虫都受到较强的种内干扰，从而导致其捕食率 E 降低。干扰反应顺序依次为草地贪夜蛾1龄幼虫>草地贪夜蛾2龄幼虫>草地贪夜蛾卵，这与不同虫态草地贪夜蛾的活跃程度关系密切，草地贪夜蛾幼虫活动能力较强，七星瓢虫难以取食，因此受到的种内干扰较强；草地贪夜蛾卵静止不动，七星瓢虫捕食方便，成功率高，因此受到的种内干扰最低（表10-12）。

表10-12　七星瓢虫捕食草地贪夜蛾受到的种内干扰系数

猎物龄期	猎物密度（头）	捕食者密度（头）	平均捕食率	Hassell模型方程	Q	m	R^2
卵	300	1	0.82±0.04				
	600	2	0.69±0.03				
	900	3	0.57±0.06	$E=0.842P^{-0.369}$	0.842	0.369	0.899
	1 200	4	0.51±0.02				
	1 500	5	0.43±0.04				
1龄幼虫	150	1	0.71±0.08				
	300	2	0.36±0.07				
	450	3	0.31±0.03	$E=0.695P^{-0.768}$	0.695	0.768	0.920
	600	4	0.24±0.02				
	750	5	0.23±0.03				

（续表）

猎物龄期	猎物密度（头）	捕食者密度（头）	平均捕食率	Hassell模型方程	Q	m	R^2
2龄幼虫	30	1	0.73±0.05				
	60	2	0.61±0.04				
	90	3	0.47±0.05	$E=0.742P^{-0.396}$	0.742	0.396	0.890
	120	4	0.41±0.04				
	150	5	0.39±0.03				

三、多异瓢虫对草地贪夜蛾的捕食能力评价

1. 多异瓢虫对草地贪夜蛾的捕食能力

多异瓢虫各龄期幼虫及成虫对草地贪夜蛾 1 龄、2 龄幼虫的日捕食量随草地贪夜蛾幼虫密度的升高而逐渐增加，当猎物密度增加一定水平时，多异瓢虫的日捕食量趋于平稳，捕食功能反应符合 HollingⅡ型圆盘方程（图 10-15 至图 10-17）。

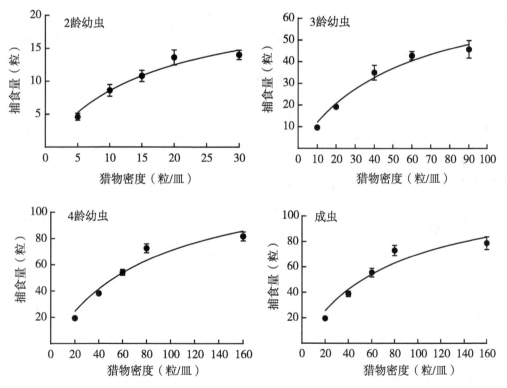

图 10-15　多异瓢虫对草地贪夜蛾卵的捕食功能反应

从日最大捕食量（1/Th）来看，多异瓢虫各龄期幼虫及成虫捕食草地贪夜蛾卵从大到小依次为 4 龄幼虫（176.491）>成虫（123.716）>3 龄幼虫（77.220）>2 龄幼虫（23.256）；多异瓢虫各龄期幼虫及成虫捕食草地贪夜蛾 1 龄幼虫从大到小依次为 4 龄幼虫（212.404）>成虫（210.393）>3 龄幼虫（77.882）>2 龄幼虫（21.231）；多异瓢虫各龄期幼虫及成虫捕食草地贪夜蛾 2 龄幼虫从大到小依次为成虫（62.189）>4 龄幼虫

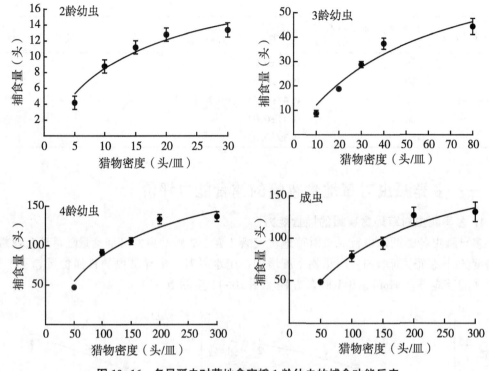

图 10-16　多异瓢虫对草地贪夜蛾 1 龄幼虫的捕食功能反应

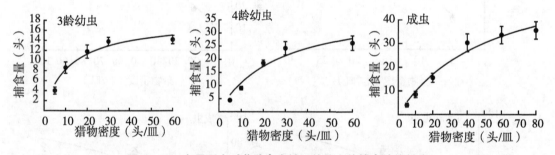

图 10-17　多异瓢虫对草地贪夜蛾 2 龄幼虫的捕食功能反应

（40.420）>3 龄幼虫（18.109）。

从控害效能（a/Th 值）来看，各虫态多异瓢虫捕食草地贪夜蛾卵从大到小依次为 4 龄幼虫（289.975）>成虫（199.060）>3 龄幼虫（109.344）>2 龄幼虫（31.674）；各虫态多异瓢虫捕食草地贪夜蛾 1 龄幼虫从大到小依次为 4 龄幼虫（314.146）>成虫（269.93）>3 龄幼虫（111.604）>2 龄幼虫（30.085）；各虫态多异瓢虫捕食草地贪夜蛾 2 龄幼虫从大到小依次为成虫（72.575）>4 龄幼虫（61.035）>3 龄幼虫（27.200）。通过比较数据可以发现，多异瓢虫 4 龄幼虫对草地贪夜蛾卵及 1 龄幼虫的日最大捕食量和控害效能最高，其次为多异瓢虫成虫；多异瓢虫成虫对草地贪夜蛾 2 龄幼虫的日最大捕食量和 a/Th 值最高，其次为多异瓢虫 4 龄幼虫。综合来看，多异瓢虫 4 龄幼虫及成虫对草地贪夜蛾卵及 1 龄幼虫均表现出极高捕食欲望，具有较好的控害潜能（表 10-13）。

表 10-13　各虫态多异瓢虫对草地贪夜蛾的捕食功能反应

多异瓢虫各虫态	猎物虫态	捕食功能方程	瞬时攻击率	处理时间(d)	日最大捕食量(头)	控害效能	R^2
2龄幼虫	卵	$Na=1.362N/(1+0.059N)$	1.362	0.043	23.256	31.674	0.919
	1龄幼虫	$Na=1.417N/(1+0.067N)$	1.417	0.047	21.231	30.085	0.905
3龄幼虫	卵	$Na=1.416N/(1+0.018N)$	1.416	0.013	77.220	109.344	0.950
	1龄幼虫	$Na=1.433N/(1+0.018N)$	1.433	0.013	77.882	111.604	0.932
	2龄幼虫	$Na=1.502N/(1+0.083N)$	1.502	0.055	18.109	27.200	0.900
4龄幼虫	卵	$Na=1.643N/(1+0.009N)$	1.643	0.006	176.491	289.975	0.905
	1龄幼虫	$Na=1.479N/(1+0.007N)$	1.479	0.005	212.404	314.146	0.941
	2龄幼虫	$Na=1.510N/(1+0.037N)$	1.510	0.025	40.420	61.035	0.910
成虫	卵	$Na=1.609N/(1+0.013N)$	1.609	0.008	123.716	199.060	0.911
	1龄幼虫	$Na=1.279N/(1+0.006N)$	1.279	0.005	210.393	269.930	0.911
	2龄幼虫	$Na=1.167N/(1+0.019N)$	1.167	0.016	62.189	72.575	0.940

2. 干扰效应对多异瓢虫捕食草地贪夜蛾的影响

在固定空间和猎物密度比例不变的条件下，随着多异瓢虫密度的增多，其对草地贪夜蛾卵及低龄幼虫的平均捕食率逐渐降低，这说明多异瓢虫成虫在捕食草地贪夜蛾时存在种内干扰作用。

该作用可用干扰反应模型 $E=QP^{-m}$ 拟合，得出多异瓢虫成虫对草地贪夜蛾卵、1龄幼虫和2龄幼虫的搜索常数 Q 分别为 0.921、0.871、0.792，干扰常数 m 分别为 0.473、0.528、0.480，可以看出多异瓢虫捕食草地贪夜蛾受到的干扰反应顺序为：草地贪夜蛾1龄幼虫>草地贪夜蛾2龄幼虫>草地贪夜蛾卵，草地贪夜蛾卵干扰系数最低，这与猎物活跃程度有关，与草地贪夜蛾卵相比，草地贪夜蛾幼虫活跃度更高，多异瓢虫取食起来更加困难，受到的种内干扰作用也随之增加。

多异瓢虫成虫对草地贪夜蛾卵、1龄幼虫和2龄幼虫的干扰方程依次为 $E=0.9211P^{-0.473}$、$E=0.871P^{-0.528}$、$E=0.792P^{-0.480}$，R^2 依次为 0.968、0.936、0.906，表明捕食作用率 E 与天敌密度密切相关，将由干扰方程得到的理论值与实际值进行卡方检验，差异不显著，说明上述干扰方程均能较好反映种内干扰作用对多异瓢虫捕食不同虫态草地贪夜蛾的影响（表10-14）。

表 10-14　多异瓢虫捕食草地贪夜蛾受到的种内干扰系数

猎物龄期	猎物密度(头)	捕食者密度(头)	平均捕食率	Hassell模型方程	Q	m	R^2
卵	80	1	0.91±0.05				
	160	2	0.68±0.03				
	240	3	0.56±0.01	$E=0.9211P^{-0.473}$	0.921	0.473	0.968
	320	4	0.49±0.02				
	400	5	0.40±0.02				

（续表）

猎物龄期	猎物密度（头）	捕食者密度（头）	平均捕食率	Hassell模型方程	Q	m	R^2
1龄幼虫	150	1	0.87±0.07				
	300	2	0.64±0.04				
	450	3	0.51±0.01	$E=0.871P^{-0.528}$	0.871	0.528	0.936
	600	4	0.47±0.02				
	750	5	0.39±0.03				
2龄幼虫	40	1	0.78±0.10				
	80	2	0.59±0.04				
	120	3	0.48±0.04	$E=0.792P^{-0.480}$	0.792	0.480	0.906
	160	4	0.41±0.03				
	200	5	0.34±0.01				

四、龟纹瓢虫对草地贪夜蛾的捕食能力评价

1. 龟纹瓢虫对草地贪夜蛾的捕食能力

研究结果表明（图10-18至图10-20），各虫态龟纹瓢虫对草地贪夜蛾卵及低龄幼虫的捕食功能反应均符合Holling II型圆盘方程。从日最大捕食量（$1/Th$）来看，龟纹瓢虫各龄期幼虫及成虫捕食草地贪夜蛾卵从大到小依次为4龄幼虫（133.209）>成虫

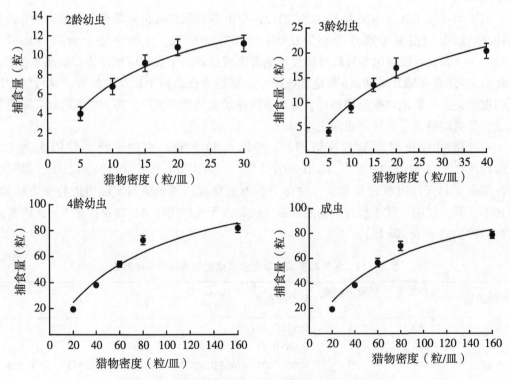

图10-18　龟纹瓢虫对草地贪夜蛾卵的捕食功能反应

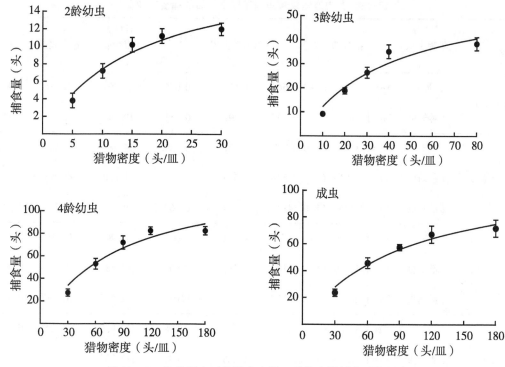

图 10-19　龟纹瓢虫对草地贪夜蛾 1 龄幼虫的捕食功能反应

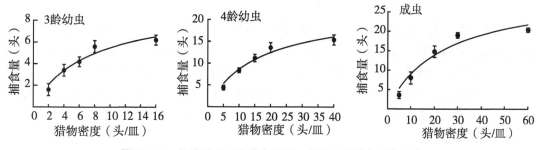

图 10-20　龟纹瓢虫对草地贪夜蛾 2 龄幼虫的捕食功能反应

（122.835）＞3 龄幼虫（34.686）＞2 龄幼虫（17.705）；龟纹瓢虫各龄期幼虫及成虫捕食草地贪夜蛾 1 龄幼虫从大到小依次为 4 龄幼虫（132.135）＞成虫（113.237）＞ 3 龄幼虫（61.050）＞ 2 龄幼虫（19.547）；龟纹瓢虫各龄期幼虫及成虫捕食草地贪夜蛾 2 龄幼虫从大到小依次为成虫（30.285）＞4 龄幼虫（22.512）＞3 龄幼虫（9.372）。

　　研究结果表明（表 10-15），从控害效能（a/Th 值）来看，各虫态龟纹瓢虫捕食草地贪夜蛾卵从大到小依次为 4 龄幼虫（200.746）＞成虫（196.290）＞ 3 龄幼虫（47.555）＞2 龄幼虫（20.786）；各虫态龟纹瓢虫捕食草地贪夜蛾 1 龄幼虫从大到小依次为 4 龄幼虫（199.921）＞成虫（138.829）＞3 龄幼虫（92.491）＞2 龄幼虫（23.280）；各虫态龟纹瓢虫捕食草地贪夜蛾 2 龄幼虫从大到小依次为成虫（38.886）＞4 龄幼虫（31.517）＞3 龄幼虫（12.362）。

表 10-15　各虫态龟纹瓢虫对草地贪夜蛾的捕食功能反应

龟纹瓢虫各虫态	猎物虫态	捕食功能方程	瞬时攻击率	处理时间(d)	日最大捕食量(头)	控害效能	R^2
2龄幼虫	卵	$Na = 1.174N/(1+0.066N)$	1.174	0.056	17.705	20.786	0.901
	1龄幼虫	$Na = 1.191N/(1+0.061N)$	1.191	0.051	19.547	23.280	0.904
3龄幼虫	卵	$Na = 1.371N/(1+0.040N)$	1.371	0.029	34.686	47.555	0.914
	1龄幼虫	$Na = 1.515N/(1+0.025N)$	1.515	0.016	61.050	92.491	0.903
	2龄幼虫	$Na = 1.319N/(1+0.141N)$	1.319	0.107	9.372	12.362	0.926
4龄幼虫	卵	$Na = 1.507N/(1+0.011N)$	1.507	0.008	133.209	200.746	0.936
	1龄幼虫	$Na = 1.513N/(1+0.011N)$	1.513	0.008	132.135	199.921	0.906
	2龄幼虫	$Na = 1.400N/(1+0.062N)$	1.400	0.044	22.512	31.517	0.926
成虫	卵	$Na = 1.598N/(1+0.013N)$	1.598	0.008	122.835	196.290	0.932
	1龄幼虫	$Na = 1.226N/(1+0.011N)$	1.226	0.009	113.237	138.829	0.919
	2龄幼虫	$Na = 1.284N/(1+0.042N)$	1.284	0.033	30.285	38.886	0.926

综合来看，龟纹瓢虫4龄幼虫的日最大捕食量高于其他龄期，推测幼虫4龄期是龟纹瓢虫营养需求的关键时期，要大量进食为其变态发育积累营养物质。龟纹瓢虫成虫对草地贪夜蛾2龄幼虫的控害效能（a/Th）高于龟纹瓢虫其他龄期，对草地贪夜蛾卵及1龄幼虫的控害效能（a/Th）均仅低于龟纹瓢虫4龄幼虫。龟纹瓢虫4龄幼虫及成虫对草地贪夜蛾的控害能力相当，均具有较好的防治效果，在实际操作中可根据草地贪夜蛾暴发的虫态来选择释放的龄期。

2. 干扰效应对龟纹瓢虫捕食草地贪夜蛾幼虫的影响

捕食者和猎物间的相互干扰对捕食效应会产生一定影响。在捕食空间固定的情况下，当龟纹瓢虫成虫和草地贪夜蛾幼虫密度增加时，龟纹瓢虫对草地贪夜蛾卵及幼虫的总捕食量增大，但每头龟纹瓢虫的平均捕食量却减少，平均捕食量随其自身密度的增加而逐渐减少，说明龟纹瓢虫个体之间存在干扰，影响天敌搜寻效应，使其捕食效应降低。

研究结果表明（表10-16），经拟合得出种内干扰对龟纹瓢虫捕食草地贪夜蛾卵的影响模型为 $E = 0.749P^{-0.333}$（$r^2 = 0.946$），种内干扰对龟纹瓢虫捕食草地贪夜蛾1龄幼虫的影响模型为 $E = 0.725P^{-0.392}$（$r^2 = 0.938$），种内干扰对龟纹瓢虫捕食草地贪夜蛾2龄幼虫的影响模型为 $E = 0.651P^{-0.350}$（$r^2 = 0.936$），经卡方检验发现理论值与实际值差异不显著，表明上述模型拟合效果良好，可以很好地反映龟纹瓢虫成虫捕食草地贪夜蛾时存在的种内干扰作用。

表 10-16　龟纹瓢虫捕食草地贪夜蛾受到的种内干扰系数

猎物龄期	猎物密度（头）	捕食者密度（头）	平均捕食率	Hassell 模型方程	Q	m	R^2
卵	80	1	0.73±0.03				
	160	2	0.62±0.03				
	240	3	0.56±0.03	$E=0.749P^{-0.333}$	0.749	0.333	0.946
	320	4	0.47±0.01				
	400	5	0.40±0.04				
1 龄幼虫	90	1	0.73±0.07				
	180	2	0.53±0.06				
	270	3	0.48±0.02	$E=0.725P^{-0.392}$	0.725	0.392	0.938
	360	4	0.44±0.01				
	450	5	0.37±0.05				
2 龄幼虫	30	1	0.64±0.07				
	60	2	0.54±0.02				
	90	3	0.44±0.03	$E=0.651P^{-0.350}$	0.651	0.350	0.936
	120	4	0.39±0.03				
	150	5	0.37±0.03				

五、4 种瓢虫对草地贪夜蛾捕食能力的比较

1. 4 种瓢虫对草地贪夜蛾卵的捕食能力比较

研究结果表明（表 10-17），4 种瓢虫各龄期幼虫及成虫对草地贪夜蛾卵均表现出一定的捕食能力。4 种瓢虫 2 龄幼虫对草地贪夜蛾卵的日最大捕食量（1/Th）依次为异色瓢虫>七星瓢虫>多异瓢虫>龟纹瓢虫，1/Th 值依次为 85.985、36.850、23.256、17.705；4 种瓢虫 3 龄幼虫对草地贪夜蛾卵的日最大捕食量（1/Th）依次为异色瓢虫>七星瓢虫>多异瓢虫>龟纹瓢虫，1/Th 值依次为 297.974、101.051、77.220、34.686；4 种瓢虫 4 龄幼虫对草地贪夜蛾卵的日最大捕食量（1/Th）依次为异色瓢虫>七星瓢虫>多异瓢虫>龟纹瓢虫，1/Th 值依次为 535.332、445.434、176.491、133.209；4 种瓢虫成虫对草地贪夜蛾卵的日最大捕食量（1/Th）依次为异色瓢虫>七星瓢虫>多异瓢虫>龟纹瓢虫，1/Th 值依次为 407.997、394.322、123.716、122.835，可以得出结论异色瓢虫各龄期幼虫及成虫对草地贪夜蛾卵的日最大捕食量最大，其次是七星瓢虫、多异瓢虫、龟纹瓢虫。

4 种瓢虫 2 龄幼虫对草地贪夜蛾卵的日平均捕食量依次为异色瓢虫>七星瓢虫>多异瓢虫>龟纹瓢虫，数值依次为 55.600、21.400、14.000、11.200；4 种瓢虫 3 龄幼虫对草地贪夜蛾卵的日平均捕食量依次为异色瓢虫>七星瓢虫>多异瓢虫>龟纹瓢虫，数值依次为 169.200、67.000、45.800、20.400；4 种瓢虫 4 龄幼虫对草地贪夜蛾卵的日平均捕食量依次为异色瓢虫>七星瓢虫>多异瓢虫>龟纹瓢虫，数值依次为 313.000、248.200、114.800、

81.800；4 种瓢虫成虫对草地贪夜蛾卵的日平均捕食量依次为异色瓢虫>七星瓢虫>多异瓢虫、龟纹瓢虫，数值依次为 242.600、234.000、78.800、78.800。可以得出结论 4 种瓢虫各龄期幼虫对草地贪夜蛾卵的日平均捕食量与日最大捕食量一致，顺序依次为异色瓢虫、七星瓢虫、多异瓢虫、龟纹瓢虫。

4 种瓢虫 2 龄幼虫对草地贪夜蛾卵的控害效能（a/Th）依次为异色瓢虫>七星瓢虫>多异瓢虫>龟纹瓢虫，a/Th 值依次为 136.285、51.916、31.674、20.786；4 种瓢虫 3 龄幼虫对草地贪夜蛾卵的控害效能（a/Th）依次为异色瓢虫>七星瓢虫>多异瓢虫>龟纹瓢虫，a/Th 值依次为 446.961、149.757、109.344、47.555；4 种瓢虫 4 龄幼虫对草地贪夜蛾卵的控害效能（a/Th）依次为异色瓢虫>七星瓢虫>多异瓢虫>龟纹瓢虫，a/Th 值依次为 821.704、632.517、289.975、200.746；4 种瓢虫成虫对草地贪夜蛾卵的控害效能（a/Th）依次为异色瓢虫>七星瓢虫>多异瓢虫>龟纹瓢虫，a/Th 值依次为 614.443、602.918、199.060、196.290。可以得出结论 4 种瓢虫各龄期幼虫及成虫对草地贪夜蛾卵的控害效能与日最大捕食量一致，异色瓢虫控害效能最高，其次是七星瓢虫、多异瓢虫、龟纹瓢虫。

表 10-17　瓢虫类天敌对草地贪夜蛾卵的捕食作用

瓢虫种类	虫态	捕食量（粒）	理论日最大捕食量（粒）	控害效能
异色瓢虫 H. axyridis	2 龄幼虫	55.600	85.985	136.285
	3 龄幼虫	169.200	297.974	446.961
	4 龄幼虫	313.000	535.332	821.704
	成虫	242.600	407.997	614.443
七星瓢虫 C. septempunctata	2 龄幼虫	21.400	36.850	51.916
	3 龄幼虫	67.000	101.051	149.757
	4 龄幼虫	248.200	445.434	632.517
	成虫	234.000	394.322	602.918
多异瓢虫 H. variegata	2 龄幼虫	14.000	23.256	31.674
	3 龄幼虫	45.800	77.220	109.344
	4 龄幼虫	114.800	176.491	289.975
	成虫	78.800	123.716	199.060
龟纹瓢虫 P. japonica	2 龄幼虫	11.200	17.705	20.786
	3 龄幼虫	20.400	34.686	47.555
	4 龄幼虫	81.800	133.209	200.746
	成虫	78.800	122.835	196.290

2. 4 种瓢虫对草地贪夜蛾 1 龄幼虫的捕食能力比较

研究结果表明（表 10-18），四种瓢虫各龄期幼虫及成虫对草地贪夜蛾 1 龄幼虫均表现出一定的捕食能力。4 种瓢虫 2 龄幼虫对草地贪夜蛾 1 龄幼虫的日最大捕食量（$1/Th$）依次为异色瓢虫>七星瓢虫>多异瓢虫>龟纹瓢虫，$1/Th$ 值依次为 29.771、23.759、21.231、19.547；4 种瓢虫 3 龄幼虫对草地贪夜蛾 1 龄幼虫的日最大捕食量（$1/Th$）依次为异色瓢虫>七星瓢虫>多异瓢虫>龟纹瓢虫，$1/Th$ 值依次为 100.878、88.028、77.882、61.050；4 种瓢虫 4 龄幼虫对草地贪夜蛾 1 龄幼虫的日最大捕食量（$1/Th$）依次为异色瓢虫>七星瓢虫>多异瓢虫>龟纹瓢虫，$1/Th$ 值依次为 323.625、240.964、212.404、132.135；4 种瓢虫成虫对草地贪夜蛾 1 龄幼虫的日最大捕食量（$1/Th$）依次为异色瓢虫>七星瓢虫>多异瓢虫>龟纹瓢虫，$1/Th$ 值依次为 249.004、233.100、210.393、113.237，可以得出结论异色瓢虫各龄期幼虫及成虫对草地贪夜蛾 1 龄幼虫的日最大捕食量最大，其次是七星瓢虫、多异瓢虫、龟纹瓢虫。

表 10-18　瓢虫类天敌对草地贪夜蛾 1 龄幼虫的捕食作用

瓢虫种类	虫态	捕食量（头）	理论日最大捕食量（头）	控害效能
异色瓢虫 *H. axyridis*	2 龄幼虫	18.800	29.771	44.984
	3 龄幼虫	68.800	100.878	168.365
	4 龄幼虫	204.600	323.625	492.557
	成虫	187.500	249.004	461.653
七星瓢虫 *C. septempunctata*	2 龄幼虫	16.000	23.759	35.448
	3 龄幼虫	62.200	88.028	149.472
	4 龄幼虫	147.400	240.964	370.120
	成虫	137.400	233.100	280.653
多异瓢虫 *H. variegata*	2 龄幼虫	13.400	21.231	30.085
	3 龄幼虫	44.400	77.882	111.604
	4 龄幼虫	137.000	212.404	314.146
	成虫	131.200	210.393	269.930
龟纹瓢虫 *P. japonica*	2 龄幼虫	12.000	19.547	23.280
	3 龄幼虫	38.400	61.050	92.491
	4 龄幼虫	82.800	132.135	199.921
	成虫	71.800	113.237	138.829

4 种瓢虫 2 龄幼虫对草地贪夜蛾 1 龄幼虫的日平均捕食量依次为异色瓢虫>七星瓢虫>多异瓢虫>龟纹瓢虫，数值依次为 18.800、16.000、13.400、12.000；4 种瓢虫 3 龄幼虫对草地贪夜蛾 1 龄幼虫的日平均捕食量依次为异色瓢虫>七星瓢虫>多异瓢虫>龟纹瓢虫，数值依次为 68.800、62.200、44.400、38.400；4 种瓢虫 4 龄幼虫对草地贪夜蛾 1 龄幼虫的日平均捕食量依次为异色瓢虫>七星瓢虫>多异瓢虫>龟纹瓢虫，数值依次为 204.600、147.400、137.000、82.800；4 种瓢虫成虫对草地贪夜蛾 1 龄幼虫的日

平均捕食量依次为异色瓢虫>七星瓢虫>多异瓢虫>龟纹瓢虫，数值依次为 187.500、137.400、131.200、71.800。可以得出结论 4 种瓢虫各龄期幼虫及成虫对草地贪夜蛾 1 龄幼虫的日平均捕食量与日最大捕食量一致，依次为异色瓢虫、七星瓢虫、多异瓢虫、龟纹瓢虫。

4 种瓢虫 2 龄幼虫对草地贪夜蛾 1 龄幼虫的控害效能（a/Th）依次为异色瓢虫>七星瓢虫>多异瓢虫>龟纹瓢虫，a/Th 值依次为 44.984、35.448、30.085、23.280；4 种瓢虫 3 龄幼虫对草地贪夜蛾 1 龄幼虫的控害效能（a/Th）依次为异色瓢虫>七星瓢虫>多异瓢虫>龟纹瓢虫，a/Th 值依次为 168.365、149.472、111.604、92.491；4 种瓢虫 4 龄幼虫对草地贪夜蛾 1 龄幼虫的控害效能（a/Th）依次为异色瓢虫>七星瓢虫>多异瓢虫>龟纹瓢虫，a/Th 值依次为 492.557、370.120、314.146、199.921；4 种瓢虫成虫对草地贪夜蛾 1 龄幼虫的控害效能（a/Th）依次为异色瓢虫>七星瓢虫>多异瓢虫>龟纹瓢虫，a/Th 值依次为 461.653、280.653、269.930、138.829。可以得出结论 4 种瓢虫各龄期幼虫及成虫对草地贪夜蛾 1 龄幼虫的控害效能与日最大捕食量一致，异色瓢虫控害效能最高，其次是七星瓢虫、多异瓢虫、龟纹瓢虫。

3. 4 种瓢虫对草地贪夜蛾 2 龄幼虫的捕食能力比较

研究结果表明，四种瓢虫各龄期幼虫及成虫对草地贪夜蛾 2 龄幼虫均表现出一定的捕食能力。4 种瓢虫 3 龄幼虫对草地贪夜蛾 2 龄幼虫的日最大捕食量（$1/Th$）依次为异色瓢虫>七星瓢虫>多异瓢虫>龟纹瓢虫，$1/Th$ 值依次为 47.801、28.058、18.109、9.372；4 种瓢虫 4 龄幼虫对草地贪夜蛾 2 龄幼虫的日最大捕食量（$1/Th$）依次为异色瓢虫>七星瓢虫>多异瓢虫>龟纹瓢虫，$1/Th$ 值依次为 68.918、41.271、40.420、22.512；4 种瓢虫成虫对草地贪夜蛾 2 龄幼虫的日最大捕食量（$1/Th$）依次为异色瓢虫>多异瓢虫>七星瓢虫>龟纹瓢虫，$1/Th$ 值依次为 68.259、62.189、41.220、30.285，可以得出结论异色瓢虫各龄期幼虫及成虫对草地贪夜蛾 2 龄幼虫的日最大捕食量均最大（表 10-19）。

表 10-19　瓢虫类天敌对草地贪夜蛾 2 龄幼虫的捕食作用

瓢虫种类	虫态	捕食量（头）	理论日最大捕食量（头）	控害效能
异色瓢虫 *H. axyridis*	3 龄幼虫	29.200	47.801	68.929
	4 龄幼虫	41.600	68.918	103.997
	成虫	39.000	68.259	87.440
七星瓢虫 *C. septempunctata*	3 龄幼虫	19.600	28.058	37.093
	4 龄幼虫	25.800	41.271	56.129
	成虫	23.600	41.220	44.312
多异瓢虫 *H. variegata*	3 龄幼虫	14.200	18.109	27.200
	4 龄幼虫	26.200	40.420	61.035
	成虫	36.000	62.189	72.575

（续表）

瓢虫种类	虫态	捕食量（头）	理论日最大捕食量（头）	控害效能
龟纹瓢虫 *P. japonica*	3龄幼虫	6.200	9.372	12.362
	4龄幼虫	15.400	22.512	31.517
	成虫	20.400	30.285	38.886

4种瓢虫3龄幼虫对草地贪夜蛾2龄幼虫的日平均捕食量依次为异色瓢虫>七星瓢虫>多异瓢虫>龟纹瓢虫，数值依次为29.200、19.600、14.200、6.200；4种瓢虫4龄幼虫对草地贪夜蛾2龄幼虫的日平均捕食量依次为异色瓢虫>多异瓢虫>七星瓢虫>龟纹瓢虫，数值依次为41.600、26.200、25.800、15.400；4种瓢虫成虫对草地贪夜蛾2龄幼虫的日平均捕食量依次为异色瓢虫>多异瓢虫>七星瓢虫>龟纹瓢虫，数值依次为39.000、36.000、23.600、20.400。可以得出结论异色瓢虫各龄期幼虫及成虫对草地贪夜蛾2龄幼虫的日最大捕食量和日平均捕食量均最大。

4种瓢虫3龄幼虫对草地贪夜蛾2龄幼虫的控害效能（a/Th）依次为异色瓢虫>七星瓢虫>多异瓢虫>龟纹瓢虫，a/Th值依次为68.929、37.093、27.200、12.362；4种瓢虫4龄幼虫对草地贪夜蛾2龄幼虫的控害效能（a/Th）依次为异色瓢虫>多异瓢虫>七星瓢虫>龟纹瓢虫，a/Th值依次为103.997、61.035、56.129、31.517；4种瓢虫成虫对草地贪夜蛾2龄幼虫的控害效能（a/Th）依次为异色瓢虫>多异瓢虫>七星瓢虫>龟纹瓢虫，a/Th值依次为87.440、72.575、44.312、38.886。可以得出结论异色瓢虫各龄期幼虫及成虫对草地贪夜蛾2龄幼虫的日最大捕食量和控害效能均最大。

综上所述，异色瓢虫各龄期幼虫及成虫对草地贪夜蛾卵、1龄、2龄幼虫的捕食能力均最强；除异色瓢虫外，七星瓢虫各龄期幼虫及成虫对草地贪夜蛾卵、1龄幼虫捕食能力较强；多异瓢虫4龄幼虫及成虫对草地贪夜蛾2龄幼虫捕食能力最强；龟纹瓢虫对草地贪夜蛾捕食能力最差。

六、4种瓢虫捕食草地贪夜蛾的综合比较

当捕食空间条件一致时，4种瓢虫各龄期幼虫及成虫对草地贪夜蛾的搜寻效应均随猎物密度的增加而降低；当猎物种类相同时，4种瓢虫对草地贪夜蛾的搜寻效应均随瓢虫龄期的增加而增加，且4龄幼虫及成虫搜寻效应相近显著高于2龄、3龄幼虫；当猎物密度相同时，4种瓢虫对草地贪夜蛾的搜寻效应均随草地贪夜蛾龄期的增加而降低。

当捕食空间不变，瓢虫与草地贪夜蛾密度同比例增加时，4种瓢虫均受到种内干扰作用。异色瓢虫捕食草地贪夜蛾卵、1龄、2龄幼虫干扰系数（m）依次为0.414、0.528、0.368，七星瓢虫捕食草地贪夜蛾的干扰系数（m）依次为0.369、0.768、0.396，多异瓢虫捕食草地贪夜蛾的干扰系数（m）依次为0.473、0.528、0.480，龟纹瓢虫捕食草地贪夜蛾的干扰系数m依次为0.333、0.392、0.350。4种瓢虫捕食草地贪夜蛾时受到种内干扰作用的顺序均为：1龄幼虫>2龄幼虫>卵，瓢虫受到的种内干扰程度与草地贪夜蛾活跃程度关系密切，幼虫活动能力较强，瓢虫不易取食，种内干扰较强；卵活动能力低，瓢虫

捕食方便，种内干扰影响最低。

南俊科等（2019）研究了异色瓢虫 4 龄幼虫和成虫对美国白蛾卵和幼虫的捕食功能，结果表明异色瓢虫 4 龄幼虫对美国白蛾卵的捕食能力最强，日最大捕食量为 82.200 粒，异色瓢虫成虫对美国白蛾 1 龄幼虫的捕食能力最强，日最大捕食量为 49.470 头，本研究得出异色瓢虫 4 龄幼虫对草地贪夜蛾卵的日最大捕食量为 535.332 粒，成虫对草地贪夜蛾 1 龄幼虫的日最大捕食量为 249.004 头，可以看出异色瓢虫对草地贪夜蛾的捕食能力更强，控害效果更好。封红兵等（2003）研究结果表明多异瓢虫成虫对棉铃虫低龄幼虫的日最大捕食量为 166.700 头，本试验中多异瓢虫成虫对草地贪夜蛾 1 龄幼虫的日最大捕食量为 210.393 头，远高于多异瓢虫对棉铃虫的日最大捕食量，说明多异瓢虫对草地贪夜蛾具有很好的防控效果。高孝华等（2005）研究了龟纹瓢虫成虫对棉铃虫卵的功能反应，得出龟纹瓢虫对棉铃虫卵的日最大捕食量为 21.000 粒，本试验中龟纹瓢虫成虫对草地贪夜蛾卵的日最大捕食量为 122.835 粒、a/Th 值为 196.290，远高于龟纹瓢虫对棉铃虫卵的日最大捕食量，说明龟纹瓢虫对草地贪夜蛾卵的捕食能力更强。

草地贪夜蛾天敌种类众多，自草地贪夜蛾入侵后国内众多科研人员进行了大量天敌昆虫防治草地贪夜蛾相关研究。赵雪晴等（2019）研究结果表明 25℃ 条件下，东亚小花蝽对草地贪夜蛾 1 龄幼虫的捕食能力最强，最大捕食量为 5.718 头，本试验中异色瓢虫 4 龄幼虫、七星瓢虫 4 龄幼虫、多异瓢虫 4 龄幼虫和龟纹瓢虫 4 龄幼虫对草地贪夜蛾 1 龄幼虫的日最大捕食量依次为 323.625 头、240.964 头、212.404 头、132.135 头，均高于东亚小花蝽的日最大捕食量。徐庆宣等（2019）研究了大草蛉 3 龄幼虫对草地贪夜蛾 1 龄幼虫的捕食效应，其控害效能（a/Th）为 358.000，异色瓢虫 4 龄幼虫和七星瓢虫 4 龄幼虫对草地贪夜蛾 1 龄幼虫的控害效能（a/Th）依次为 492.557、370.120，均高于大草蛉 3 龄幼虫对草地贪夜蛾 1 龄幼虫的 a/Th 值。赵英杰等（2019）研究了黄足肥螋成虫对草地贪夜蛾 2 龄幼虫的捕食功能，结果表明黄足肥螋对草地贪夜蛾 2 龄幼虫的日最大捕食量为 62.500 头、控害效能（a/Th）为 59.400，本试验中异色瓢虫成虫对草地贪夜蛾 2 龄幼虫的日最大捕食量为 68.259 头、控害效能（a/Th）为 103.997，均远高于黄足肥螋，多异瓢虫成虫对草地贪夜蛾 2 龄幼虫的日最大捕食量为 62.189 头，与黄足肥螋成虫数值相近，控害效能（a/Th）为 72.575，高于黄足肥螋成虫，其原因在于多异瓢虫和异色瓢虫只有取食前期会将草地贪夜蛾 2 龄幼虫全部取食完毕，后期则以攻击为主，只取食幼虫身体的一部分，草地贪夜蛾 2 龄幼虫死亡头数高于被取食头数，因此在相同时间内多异瓢虫和异色瓢虫会捕杀更多 2 龄幼虫。这些研究结果对比说明，与其他捕食性天敌相比，异色瓢虫、七星瓢虫、多异瓢虫和龟纹瓢虫对草地贪夜蛾的捕食能力更强，防控效果更高。

草地贪夜蛾取食为害阶段为幼虫期，暴食性主要表现在 3 龄以上的高龄幼虫阶段，以 6 龄幼虫最为严重；而且草地贪夜蛾高龄幼虫钻入心叶、雄穗和茎秆内部为害，各种防治手段对其收效甚微，所以在草地贪夜蛾卵期和低龄幼虫期进行防治效果最好。通过与瓢虫类天敌对其他鳞翅目害虫和其他天敌对草地贪夜蛾的捕食能力进行比较，发现异色瓢虫、七星瓢虫、多异瓢虫和龟纹瓢虫这 4 种瓢虫对草地贪夜蛾卵、1 龄和 2 龄幼虫具有极强的捕食能力，说明瓢虫类天敌也是防治草地贪夜蛾极有潜力的捕食性天敌。

由于草地贪夜蛾已在我国南方地区定殖，还有来自老挝、缅甸的境外虫源不断迁入，2020 年草地贪夜蛾发生形势更加严峻，各区域都暴发成灾的可能，其发生区域可分为西南华南周年繁殖区、江南江淮迁飞过渡区和黄淮海及北方重点防范区。在 1 月 10℃等温线以南的区域草地贪夜蛾可周年繁殖，由于龟纹瓢虫具有耐高温、夏季不滞育的特点，在南方地区一年可发生 8 代，6—8 月是其盛发期，是玉米田中的优势种天敌，南方地区推荐释放龟纹瓢虫。随春季气温回升和东亚季风影响，草地贪夜蛾 4—6 月陆续形成境内北迁虫源，向黄淮海等北方玉米产区扩散，对我国华中、华北、西北和东北地区的多种农作物造成为害，由于异色瓢虫在中国华中、华东和华北地区的各省份均有分布，在华中地区一年可发生 6~8 代，6 月是其盛发期，而且对草地贪夜蛾的捕食能力最强，所以在北方地区更推荐释放异色瓢虫。与其他龄期相比，各瓢虫均为 4 龄幼虫捕食量最大，其次是成虫，其原因在于 4 龄幼虫为末龄老熟幼虫，需要捕食更多的猎物以获取能量，为化蛹积累能量；成虫同样需要捕食大量猎物为产卵繁殖提供能量。所以推荐释放虫态为 4 龄幼虫与成虫。

在本试验中，4 种瓢虫对草地贪夜蛾的捕食功能反应均符合 Holling II 型功能反应，但本试验是在室内条件下进行的，瓢虫与草地贪夜蛾均处于一个简单封闭的系统内，这并不能完全显示出天敌在田间复杂情况下的实际捕食量，自然条件下温度、湿度等环境因素、其他天敌的干扰行为、天敌种群密度、其他猎物的数量分布及空间大小等因素均会影响天敌的捕食能力。所以瓢虫在田间对草地贪夜蛾的捕食能力还需进一步研究。但是室内实验是在相对封闭的条件下进行的，而且进行多次重复，在一定程度上也反映出天敌对猎物的最佳捕食能力，解释了害虫与天敌的种群动态变化机制。

第三节　草蛉的捕食潜力

草蛉属脉翅目 Neuroptera 草蛉科 Chrysopidae，在我国广泛分布，是自然界中常见的重要捕食性天敌昆虫，可取食蚜虫、粉虱、蓟马、螨类、鳞翅目卵及低龄幼虫等多种农林害虫，在害虫生物防治中具有重要应用价值。已有研究表明草蛉可捕食棉铃虫 *Helicoverpa armigera*（Hübner）、红铃虫 *Pectin phora gossypiella* Saunders、稻纵卷叶螟 *Cnaphalocrocis medinalis* Guenee、米蛾 *Corcyra cephalonica* Stainton 等鳞翅目害虫，其防治效果良好。

一、大草蛉捕食草地贪夜蛾

1. 大草蛉对草地贪夜蛾的捕食行为观察

大草蛉幼虫为捕吸式口器，又称双刺吸式口器，捕食草地贪夜蛾的过程包括爬行、静息、搜寻、取食和清理行为。捕食时，幼虫先四处爬行寻找猎物，间或静息，静息持续时间不定且没有规律。发现草地贪夜蛾幼虫后，即张开上、下颚刺入幼虫体内，大草蛉幼虫的上、下颚极为发达，左右形成一对钳状，将幼虫紧紧钳住吸取猎物体液，取食时间或举起猎物以抵御其反抗，直至将猎物取食殆尽只剩下表皮和头壳，然后将猎物残渣甩掉、清理后，继续寻找下一个猎物，或休息片刻后继续搜寻。

2. 大草蛉幼虫对草地贪夜蛾 1 龄、2 龄幼虫的捕食能力

大草蛉 2 龄、3 龄幼虫（图 10-21）均能取食草地贪夜蛾 1 龄和 2 龄幼虫，其中，3 龄幼虫的捕食量显著高于 2 龄幼虫。当提供的草地贪夜蛾 1 龄幼虫密度为 200 头时，大草蛉 2 龄、3 龄幼虫每日分别最多可捕食 85 头、98 头，日均捕食量分别为 78.5 头、89.9 头；当草

地贪夜蛾 2 龄幼虫密度为 30 头时,大草蛉 2 龄幼虫日均捕食量为 11.3 头;当草地贪夜蛾 2 龄幼虫密度为 50 头时,3 龄幼虫每日最多可捕食 26 头,日均捕食量为 19.3 头(图 10-22)。

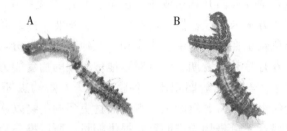

图 10-21 大草蛉 2 龄(A)及 3 龄幼虫(B)捕食草地贪夜蛾 2 龄幼虫

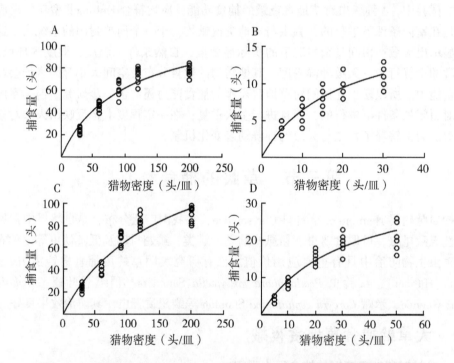

图 10-22 大草蛉 2 龄(A, B)、3 龄(C, D)幼虫分别对草地贪夜蛾 1 龄
(A、C)、2 龄(B、D)幼虫的捕食功能反应曲线

　　大草蛉幼虫对草地贪夜蛾 1 龄、2 龄幼虫的捕食功能反应均符合 Holling II 模型,捕食量随猎物密度的增加而逐渐增大,至猎物密度达到一定水平后,其捕食量达到最大,并趋于稳定。当猎物密度足够大时,大草蛉 2 龄幼虫对草地贪夜蛾 1 龄和 2 龄幼虫的理论日最大捕食量分别为 125.0 头、21.7 头;大草蛉 3 龄幼虫对草地贪夜蛾 1 龄、2 龄幼虫的日最大捕食量分别为 166.7 头、32.3 头,其捕食能力显著高于 2 龄幼虫。大草蛉 3 龄幼虫对草地贪夜蛾 2 龄幼虫的瞬时攻击率最大,但对草地贪夜蛾 1 龄幼虫的处理时间最短。

　　在捕食功能反应中,控害效能(a/Th)是衡量天敌作用的参数之一,其数值越大,天敌对害虫的控制能力越强。大草蛉 2 龄幼虫对草地贪夜蛾 1 龄幼虫的控害效能为

152.75，是其对草地贪夜蛾 2 龄幼虫控害效能（18.913）的 8 倍；大草蛉 3 龄幼虫对草地贪夜蛾 1 龄幼虫的控害效能最强为 191.333，是其对草地贪夜蛾 2 龄幼虫控害效能（42.097）的 4.5 倍。说明大草蛉 2 龄、3 龄幼虫对草地贪夜蛾 1 龄幼虫的控害效能更高，3 龄幼虫的控害能力尤为突出（表 10-20）。

表 10-20　大草蛉幼虫对草地贪夜蛾幼虫的捕食功能反应方程及参数

大草蛉	猎物	R^2	捕食功能反应方程	瞬时攻击率	处理时间（d）	日最大捕食量（头）
2 龄幼虫	1 龄幼虫	0.896 3	$Ne = 1.222 N_0 / (1+0.01 N_0)$	1.222	0.008	125.0
	2 龄幼虫	0.870 4	$Ne = 0.870 N_0 / (1+0.04 N_0)$	0.870	0.046	21.7
3 龄幼虫	1 龄幼虫	0.884 0	$Ne = 1.148 N_0 / (1+0.007 N_0)$	1.148	0.006	166.7
	2 龄幼虫	0.874 6	$Ne = 1.305 N_0 / (1+0.04 N_0)$	1.305	0.031	32.3

二、丽草蛉成虫对草地贪夜蛾幼虫的捕食功能反应

随着草地贪夜蛾幼虫密度的增加，丽草蛉成虫的捕食量也逐渐在增加，当草地贪夜蛾密度达到一定程度时，丽草蛉成虫的日捕食量不再随着猎物密度的增加而增加。丽草蛉雌、雄成虫对草地贪夜蛾 1 龄和 2 龄幼虫的捕食功能反应均符合 Holling Ⅱ 模型，捕食功能反应方程见表 10-21。丽草蛉雌、雄成虫对草地贪夜蛾 2 龄幼虫的捕食功能反应模型拟合度（r^2 分别为 0.949 5、0.926 4）优于对 1 龄幼虫的模型拟合度（r^2 分别为 0.869 8、0.883 5）（图 10-23 和图 10-24）。

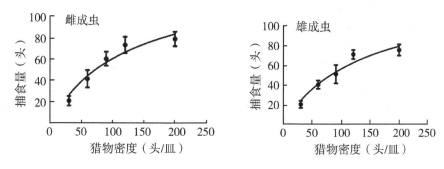

图 10-23　丽草蛉雌、雄成虫对草地贪夜蛾 1 龄幼虫的捕食功能反应

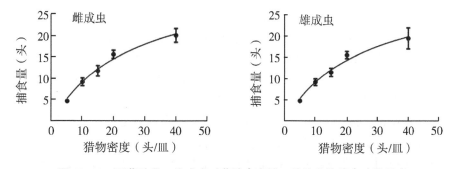

图 10-24　丽草蛉雌、雄成虫对草地贪夜蛾 2 龄幼虫的捕食功能反应

丽草蛉雌、雄成虫对草地贪夜蛾1龄幼虫的瞬间攻击率分别为1.096、0.997，日最大捕食量分别为136.8头、133.3头，处理时间分别为0.007 31d、0.007 50d；雌、雄成虫对草地贪夜蛾2龄幼虫瞬间攻击率分别为1.256、1.285，日最大捕食量分别为34.8头、32.5头，处理时间分别为0.028 7d、0.030 8d（表10-21）。

闫占峰等报道在捕食功能反应中利用a/Th数值反映捕食者对害虫的控制能力，a/Th数值越大，表示天敌对该害虫控制能力越强，反之则越弱。经计算，丽草蛉雌、雄成虫对草地贪夜蛾1龄幼虫的a/Th数值分别为149.9、132.9，对草地贪夜蛾2龄幼虫的a/Th数值分别为43.8、41.7，说明丽草蛉成虫对1龄幼虫的控害能力要显著强于对2龄幼虫的控害能力（表10-21）。

表10-21　丽草蛉成虫对不同龄期草地贪夜蛾的捕食功能反应

丽草蛉	草地贪夜蛾	捕食功能反应方程	R^2	瞬间攻击率	处理时间(d)	日最大捕食量（头）	控害效能
雌成虫	1龄幼虫	$Na=1.096N/(1+0.008N)$	0.869 8	1.096	0.007 31	136.8	149.9
	2龄幼虫	$Na=1.256N/(1+0.036N)$	0.949 5	1.256	0.028 7	34.8	43.8
雄成虫	1龄幼虫	$Na=0.997N/(1+0.007N)$	0.883 5	0.997	0.007 50	133.3	132.9
	2龄幼虫	$Na=1.285N/(1+0.039N)$	0.926 4	1.285	0.030 8	32.5	41.7

通过研究大草蛉和丽草蛉对草地贪夜蛾幼虫的捕食功能反应，明确了2种草蛉对草地贪夜蛾低龄幼虫的捕食能力及控害效能，这为利用大草蛉防控草地贪夜蛾提供了参考依据。但在实际应用时，由于田间环境条件、作物种类及发育时期、猎物密度及其空间分布等与室内模拟实验不同，需要在室内实验基础上，进一步开展田间条件下大草蛉对草地贪夜蛾的捕食控害能力研究，综合室内外研究结果提出科学合理的释放应用对策。此外，为充分发挥不同天敌的防控效能，可针对田间草地贪夜蛾种群的结构特点，研发草蛉与其他捕食性天敌或寄生性天敌（如蠋蝽、瓢虫、黑卵蜂、赤眼蜂等）联合释放应用技术，以防控不同虫态的草地贪夜蛾，提高防治效果。

（唐艺婷、孔琳、李萍、张礼生、李玉艳、王孟卿　执笔）

参考文献

陈然，梁广文，张拯研，等，2015. 叉角厉蝽对斜纹夜蛾的捕食功能反应 [J]. 环境昆虫学报，37（2）：401-406.

陈元洲，张大友，张亚，等，2004. 小菜蛾主要捕食性天敌种类及捕食功能研究 [J]. 河南职业技术师范学院学报，32（3）：32-34.

陈玉凤，杨绪纲，1984. 贵州省半翅目初步天敌昆虫调查之——猎蝽科，姬蝽科，半益蝽亚科（蝽科）[J]. 贵州农学院学报（2）：97-99.

陈振耀，1986. 捕食性天敌——益蝽 [J]. 昆虫天敌，8（4）：207-208.

丁岩钦，1994. 昆虫数学生态学 [M]. 北京：科学出版社：257-258，303-304.

高强，王迪，张文慧，等，2019. 蠋蝽对斜纹夜蛾幼虫的捕食作用研究［J］. 中国烟草科学，40（6）：55-59.

范悦莉，谷星慧，冼继东，等，2019. 叉角厉蝽对草地贪夜蛾的捕食功能反应［J］. 环境昆虫学报，41（6）：1175-1180.

郭井菲，赵建，何康来，等，2018. 警惕危险性害虫草地贪夜蛾入侵中国［J］. 植物保护，44（6）：1-10.

郭义，2017. 取食体内不同甾醇水平的黏虫对蠋蝽营养代谢及生长发育的影响［J］. 北京，中国农业科学院.

黄磊，彭英传，韩召军，2019. 大螟乙酰胆碱酯酶基因的克隆及其多态性分析［J］. 南京农业大学学报，42（6）：1050-1058.

孔琳，2020. 四种瓢虫对草地贪夜蛾卵和幼虫的捕食能力研究［D］. 北京：中国农业科学院.

李娇娇，张长华，易忠经，等，2016. 三种猎物对蠋蝽生长发育和繁殖的影响［J］. 中国生物防治学报，32（5）：552-561.

李文华，贾彩娟，陈惠平，等，2015. 叉角厉蝽对青野螟幼虫的捕食功能反应［J］. 环境昆虫学报，37（4）：843-848.

全晓宇，2011. 蜘蛛对小菜蛾的捕食作用及其捕食效应的分子检测［D］. 武汉：湖北大学.

孙丽娟，衣维贤，郑长英，2017. 微小花蝽对小菜蛾捕食控制能力［J］. 应用生态学报，28（10）：3403-3408.

唐敏，邝昭琅，李子园，等，2019. 叉角厉蝽对草地贪夜蛾幼虫的捕食功能反应［J］. 环境昆虫学报，41（5）：979-985.

唐艺婷，2020. 一种新天敌——益蝽的生物防治潜能研究［D］. 北京：中国农业科学院.

唐艺婷，郭义，何国玮，等，2018. 不同龄期的益蝽对黏虫的捕食功能反应［J］. 中国生物防治学报，34（6）：825-830.

唐艺婷，李玉艳，刘晨曦，等，2019. 蠋蝽对草地贪夜蛾的捕食能力评价和捕食行为观察［J］. 植物保护，45（4）：65-68.

唐艺婷，王孟卿，陈红印，等，2019. 益蝽对草地贪夜蛾高龄幼虫的捕食能力评价和捕食行为观察［J］. 中国生物防治学报，35（6）：698-703.

唐艺婷，王孟卿，陈红印，等，2020. 蠋蝽对斜纹夜蛾幼虫的捕食作用［J］. 中国烟草科学，41（1）：62-66.

王然，王甦，渠成，等，2016. 大草蛉幼虫对不同寄主植物上烟粉虱卵的捕食功能反应与搜寻效应［J］. 植物保护学报，43（1）：149-154.

王燕，王孟卿，张红梅，等，2019. 益蝽成虫对草地贪夜蛾不同龄期幼虫的捕食能力［J］. 中国生物防治学报，35（5）：691-697.

王燕，张红梅，尹艳琼，等，2019. 蠋蝽成虫对草地贪夜蛾不同龄期幼虫的捕食能力［J］. 植物保护，45（5）：42-46.

武德功，杜军利，刘长仲，等，2012. 不同龄期龟纹瓢虫对豌豆蚜的捕食功能反应

[J]. 草地学报, 20 (4): 778-783.

熊大斌, 徐克勤, 2008. 杨树食叶害虫的一种新天敌 [J]. 中国森林病虫, 27 (4): 3.

严静君, 1986. 益蝽亚科的五种捕食蝽 [J]. 中国森林病虫 (4): 34-37.

张晓军, 张健, 孙守慧, 2016. 蠋蝽对榆紫叶甲的捕食作用 [J]. 中国森林病虫, 35 (1): 13-15.

赵清, 2013. 中国益蝽亚科修订及蠋蝽属、辉蝽属和二星蝽属的 DNA 分类学研究 (半翅目: 蝽科) [J]. 天津: 南开大学.

邹德玉, 徐维红, 刘佰明, 2016. 天敌昆虫蠋蝽的研究进展与展望 [J]. 环境昆虫学报, 38 (4): 857-865.

Ahn J J, Kim K W, Lee J H, 2009. Functional response of *Neoseiulus californicus* (Acari: Phytoseiidae) to *Tetranychus urticae* (Acari: Tetranychidae) on strawberry leaves [J]. Journal of Applied Entomology, 134: 98-104. DOI: 10. 1111/j. 1439-0418, 2009. 01440. x.

Alessandra M V, Sergio A D B, Roberto M G, et al., 2013. Comparison of eggs, larvae, and pupae of *Plutella xylostella* (Lepidoptera: Plutellidae) as prey for *Podisus nigrispinus* (Hemiptera: Pentatomidae) [J]. Arthropod Biology, 106 (2): 235-242. DOI: 10. 1603/AN11190.

Angeli G, Baldessari M, Maines R, et al., 2005. Side-effects of pesticides on the predatory bug *Orius laevigatus* (Heteroptera: Anthocoridae) in the laboratory [J]. Biocontrol Science and Technology, 15 (7): 745-754. DOI: org/10. 1080/09583150500136345.

Azevedo P A I, Sousa R F D, Medeiros B C D, 2009. Age-dependent fecundity of *Podisus nigrispinus* (Dallas) (Heteroptera: Pentatomidae) with sublethal doses of gammacyhalothrin [J]. Brazilian Archives of Biology and Technology, 52 (5): 1157-1166. DOI: 10. 1590/S1516-89132009000500013.

BÁrbara D B, Francisco S R, JosÉ B M, et al., 2016. How predation by *Podisus nigrispinusis* influenced by developmental stage and density of its prey *Alabama argillacea* [J]. Entomologia Experimentaliset Applicata., 158: 142-151. DOI: 10. 1111/eea. 12396.

Carl W S, Antonio R P, 2000. Heteroptera of Economic Importance [M]. Florida: CRC Press: 737-769.

Clercq P D, DEGHEELE D, 1992. Development and survival of *Podisus maculiventris* and *Podisus sagitt* a at various constant temperature [J]. Canada entomology, 124: 125-133. DOI: 10. 4039/Ent124125-1.

Clercq P D, Mohaghegh J, Tirry L, 2000. Effect of host plant on the functional response of the predator *Podisus nigrispinus* (Heteroptera: Pentatomidae). Biological Control, 18: 65-70.

Clercq P D, Coudron T A, Riddick E W, 2014. Production of heteropteran predators, Mass production of beneficial organisms, invertebrates and entomopathogens [J]. Academic Press Waltham MA: 57-100.

Cui F, Lin Z, Wang H S, et al., 2011. Two single mutations commonly cause qualitative change of nonspecific carboxylesterases in insects. Insect Biochemistry Molecular Biology, 41 (1): 1-8. DOI: 10. 1016/j. ibmb, 2010. 09. 004.

Dmitry L M, Aida H S, 2000. Summer dormancy ensures univoltinism in the predatory bug *Picromerus bidens* [J]. Entomologia Experimentalis *et*. Applicata, 95: 259-267. DOI: 10. 1023/A: 1004048412396.

Froeschner R C, 1988. Family Pentatomidae leach [M]. Catalog of the Heteroptera or True Bugs of Canada and Continental United States: 544-597.

Grigolli J F J, Grigolli M M K, Ramalho D G, et al., 2017. Phytophagy of the predator *Podisus nigrispinus* (Dallas, 1851) (Hemiptera: Pentatomidae) fed on prey and Brassicaceae [J]. Brazilian Journal of Biology, 77 (4): 703-709. DOI: 10. 1590/1519-6984. 16615.

Hamedi N, Fathipour Y, Saber M, 2011. Sublethal effects of abamectin on biological performance of the predatory mite, *Phytoseius plumifer* (Acari: Phytoseiidae) [J]. Experimental & Applied Acarology, 53: 29-40. DOI: 10. 1007/s10493-010-9382-8.

Hassell M P, Valley B P, 1971. Mutual interference between searching insect parasites [J]. Journal of Animal Ecology, 40 (2): 473-486.

Hassell M P, Lawton J H, Beddington J R, 1977. Sigmoid functional responses by invertebrate predators and parasitoids [J]. Journal of Animal Ecology, 46: 249-262.

Hassell M P, 1969. A population model for the interaction between *Cyzenisal bicans* (Fall.) (Tachinidae) and *Opero phterabrumata* (L.) (Geometridae) at Wytham, Berkshire [J]. Journal of Animal Ecology. 38 (3): 567-576.

Holling C S, 1959. Some characteristics of simple types of predation and parasitism [J]. Canadian Entomologist, 91: 385-398.

Holling C S, 1961. Principles of insect predation [J]. Annual Review Entomology, 6: 163-182.

Kim D, Brooks D, Riedl H, 2006. Lethal and sublethal effects of abamectin, spinosad, methoxyfenozide and acetamiprid on the predaceous plant bug *Deraeocoris brevisin* the laboratory [J]. Biocontrol, 51: 465-484. DOI: 10. 1007/s10526-005-1028-0.

Kumral N A, Gencer N S, Susurluk H, et al., 2011. A comparative evaluation of the susceptibility to insecticides and detoxifying enzyme activities in *Stethorus gilvifrons* (Coleoptera: Coccinellidae) and *Panonychus ulmi* (Acarina: Tetranychidae) [J]. International Journal of Acarology, 37 (3): 255-268. DOI: org/10. 1080/01647954, 2010. 514289.

Jalali S K, Singh S P, Venkatesan T, et al., 2006. Development of endosulfan tolerant strain of an egg parasitoid *Trichogramma chilonis* Ishii (Hymenoptera: Trichogrammatidae) [J]. Indian Journal of Experimental Biology, 44 (7): 584-590.

JosÉ C Z, Carlos A D, Eraldo R, et al., 2008. Predation rate of *Spodoptera frugiperda* (Lepidoptera: Noctuidae) larvae with and without defense by *Podisus nigrispinus* (Heteroptera：Pentatomidae）[J]. Brazilian Archives of Biology and Technology，51（1）：121–125. DOI：10. 1590/s1516–89132008000100015.

Joseph S V，Braman S K，2009. Predatory potential of *Geocoris* spp. and *Orius insidiosus* on fall armyworm in resistant and susceptible turf [J]. Journal of Economic Entomology，102（3）：1151–1156. DOI：org/10. 1603/029. 102. 0337.

Kristensen M，2005. Glutathione S – transferase and insecticide resistance in laboratory strains and field populations of *Musca domestica* [J]. Journal of Economic Entomology，98（4）：1341–1348.

Mahdian K，Tirry L，Clercq P D，2007. Functional response of *Picromerus bidens*：effects of host plant [J]. Journal Application Entomology. 131（3）：160 – 164. DOI：10. 1111/j. 1439–0418，2006. 01124.

Mahdian K，Tirry L，Clercq P D，2008. Development of the predatory pentatomid *Picromerus bidens* （L.）at various constant temperatures [J]. Belgian Journal of Zoology，138（2）：135–139.

Martinou A F，Seraphides N，Stavrinides M C，2014. Lethal and behavioral effects of pesticides on the insect predator *Macrolophus pygmaeus*. Chemosphere，96：167–173.

Medal J，Cruza S，Smith T，2017. Feeding responses of *Euthyrhinchus floridanus* （Heteroptera：Pentatomidae）to *Megacopta cribraria* （Heteroptera：Plataspidae）with *Spodoptera frugiperda* and *Anticarsia gemmatalis* （Lepidoptera：Noctuidae）larvae as alternative prey [J]. Journal of Entomological Science，52（1）：87–91.

Mohaghegh J，Clercq P D，Tirry L，2001. Functional response of the predators *Podisus maculiventris* （Say）and *Podisus nigrispinus* （Dallas）（Het. Pentatomidae）to the beet armyworm，*Spodopte raexigua* （Lep. Noctuidae）：effect of temperature [J]. Journal of Application Entomology，125：131–134. DOI：10. 1046/j. 1439–0418，2001. 00519. x.

Morales-ramos J A，Rojas M G，Shelby K S，et al.，2016. Nutritional Value of Pupae Versus Larvae of *Tenebrio molitor* （Coleoptera：Tenebrionidae）as Food for Rearing *Podisus maculiventris* （Heteroptera：Pentatomidae）[J]. Journal of Economic Entomology，109（2）：564–571. DOI：org/10. 1093/jee/tov338.

Pan Y O，Guo H L，Gao X W，2009. Carboxylesterase activity，cDNA sequence，and gene expression in malathion susceptible and resistant strains of the cotton aphid，*Aphis gossypii* [J]. Comparative Biochemistry and Physiology，Part B，152：266–270.

Peluzio R J E，Castro B M D，BrÜgger C B P，et al.，2018. Does diet of prey affect life table parameters of the predator *Podisus nigrispinus* （Hemiptera：Pentatomidae）？ Florida Entomologist，101（1）：40–43. DOI：10. 1653/024. 101. 0108.

Perez-mendoza J，Fabrick J A，Zhu K Y，et al.，2000. Alterations in esterases are associated with malathion resistance in *Habrobracon hebetor* （Hymenoptera：Braconidae）[J]. Journal of Economic Entomology，93（1）：31 – 37. DOI：org/10. 1603/0022 – 0493–93. 1. 31.

Perez–mendoza J，Fabrick J A，Zhu K Y，2010. Antibiosis of Eucalyptus plants on

Podisus nigrispinus［J］. Phytoparasitica，38：133−139. DOI：10. 1007/s12600−010−0083−y.

Santos B D B，Ramalho F S，Malaquias J B，et al.，2016. How predation by *Podisus nigrispinusis* influenced by Developmental stage and density of its prey *Alabamaargillacea*［J］. The Netherlands Entomological Society Entomologia Experimentaliset Applicata，158：142−151.

Schaefer C W，1996. Bright bugs and bright beetles：asopinae Pentatomidae（Heteroptera）and they prey［C］. Proceeding Entomological Society of American：202.

Vacari A M，Bortoli S A D，Goulart R M，et al.，2013. Comparison of Eggs，Larvae，and Pupae of *Plutella xylostella*（Lepidoptera：Plutellidae）as Prey for *Podisus nigrispinus*（Hemiptera：Pentatomidae）［J］. Annal Entomology Society America，106（2）：235−242. DOI：http：//dx. doi. org/10. 1603/AN11190.

Xu X X，Zhang Y Q，Freed S，et al.，2016. An anionic defensin from *Plutella xylostella* with potential activity against *Bacillus thuringiensis*［J］. Bulletin of Entomological Research，106：790−800. DOI：10. 1017/S0007485316000596.

Yocum G D，Coudron T A，Brandt S L，2006. Differential gene expression in *Perillus bioculatus* nymphs fed a suboptimal artificial diet［J］. Journal of Insect Physiology，52：586−592. DOI：10. 1016/j. jinsphys，2006. 02. 006.

Zou D Y，Coudron T A，Liu C，et al.，2013. Nutrigenomics in *Arma chinensis*：transcriptome analysis of *Arma chinensis* fed on artificial diet and Chinese oaksilk moth *Antheraea pernyi* pupae［J］. PloS One，8（4）：e60881. DOI：10. 1371/journal. pone. 0060881.

第十一章　天敌昆虫控害效应的评估方法

评价天敌的控害效应是利用天敌开展害虫生物防治项目实施的重要内容。在害虫综合防治实践中，天敌昆虫的控害效应是农业生产者、管理者和农业专家等认识、评价并对比天敌昆虫与生物农药、化学农药效果的首要关注点。对天敌昆虫的控害效应进行评价也可为协调多种防治技术（主要是与化学防治技术进行协调）制订最优综合防治方案提供依据。

评价天敌昆虫在田间对害虫种群的控制效应可通过3个途径进行：一是直接评估天敌的控害效应，该类评价途径旨在通过估计天敌捕食或寄生程度，进而推测对害虫种群数量的控制效应，从方法论视角看隶属于间接估计（Mills，1997）；二是通过调查害虫种群数量的变化来间接评估天敌的控害效应，该途径应用最广泛，但暴露的问题也比较多；三是综合以上两种途径。

第一节　基于天敌直接控害程度评估天敌的控害效应

一、捕食性天敌捕食作用的物证法

该方法通过观察、解剖或生化（或分子）标记方法获得捕食性天敌昆虫的捕食猎物种类及其数量，从而评价捕食性天敌的控制作用。

1. 根据猎物残体直接鉴别天敌

该方法通过鉴别某些捕食性昆虫捕食猎物后遗留的部分猎物残体，来分辨捕食者。某些具有刺吸功能的捕食性天敌吸食猎物后，猎物残体上留有特有的伤口。例如，猎物残体上若有一对小洞，表明是脉翅目昆虫所为；若只有1个小洞，表明是半翅目昆虫所为；若布满小洞，则可能是蚂蚁捕食。

2. 根据解剖得到的猎物残体进行鉴别（肠道解剖法）

通过采集咀嚼式口器捕食者解剖其消化道（前肠），鉴别内含物中的猎物残片并估计其存在时间，根据残片推测个体数量，从而估计捕食者的捕食量，再结合各种捕食者相对数量（密度），就可评估其捕食效应。但该方法无法用于刺吸式口器（如捕食性螨）天敌。

3. 猎物标记

用染料、放射性同位素或稀有元素标记猎物后，释放到野外供捕食性天敌捕食，一段时间后采集捕食者，鉴别标记物质类别及其含量，据此估算出每头捕食者单位时间的捕食量（捕食率），如果调查了捕食者的密度，就可估算出单位种群的捕食量。然而，该方法具有以下缺点：

（1）化学标记物可能危害人体健康。

（2）猎物个体间携带的标记物存在不同程度的差异。

（3）捕食者体内的标记物含量相同未必表明取食的猎物数量相同。

（4）捕食者排泄掉的标记物量可能取决于取食猎物的量。

（5）标记可能影响猎物被捕食的风险。

（6）标记物易于在昆虫群落中通过各种方式快速传播，如排泄、产生蜜露、交互哺幼（如蚂蚁）、蜕皮、取食死亡的猎物以及集团内捕食等。

（7）该方法实施起来费力费时，尤其当标记物含量低时。

（8）田间猎物种群受到干扰。

4. 血清学检验法

该技术首先用少量猎物接种鼠或兔诱导产生抗血清，然后用抗血清与采集到的捕食者肠道内容物中的猎物抗体发生反应，从而鉴别捕食者的食谱。该方法主要用于评价野外捕食作用。先后提出多种模型量化评价捕食作用。这些模型的建立包含了一些假定，如若这些假定不能满足，就会产生一些错误的评估结果。这些假定有：

（1）室内测定获得的猎物在捕食者体内的探查时限（可探测到的时间范围）与其在野外环境中一样。

（2）ft_{DP} 与整个种群中摄取猎物后的平均时间有关。

（3）捕食者取食猎物是一块一块进行的，如果一块食物中包含几头猎物，或几头猎物相继快速被摄取且探查时限较长（被当作一块食物），则可能低估捕食率。

（4）摄取部分猎物不存在程度上的不同。

（5）大田捕食者的密度准确无误（难以达到）。

（6）猎物样本及其肠道中猎物的量代表了捕食者的总体种群，这与抽样方案和样本大小有关。

（7）目标猎物与非靶标猎物没有交互反应（如若存在交互反应，可以采用单克隆抗体加以克服）。

（8）猎物残留物的存在只是捕食的结果，而非腐食、捕食者之间相互残杀或取食其他非靶标猎物的结果。

Naranjo 等（2001）通过分析捕食螨的特点认为，在这些模型中（表 11-1），模型 2 和模型 3 会极大地高估捕食率，模型 5 由于 Q_0 而限制其应用范围，模型 1 和模型 4 既可能低估也可能高估捕食率，对此，他们将功能反应纳入模型（模型 6），从而获得更正确的评价。

在运用这些模型时，准确估计探查时限 t_{DP} 如何随食物大小、温度和肠道中有非靶标猎物等因素变化而变化，至关重要。Soup 等（1989）对捕食性步甲、隐翅甲和蜘蛛的研究发现：①通常在捕食者体内，探查时限随温度升高而缩短，但随捕食者体型增大而延长（可能是由于猎物体型也比较大的缘故），而食物大小不影响探查时限；蜘蛛体内的探查时限较长，即使在高温下也是如此，其原因可能是在肠道支囊内存储部分消化食物的能力有限。②在大多数捕食者中，抗原衰减速率符合负指数函数曲线，大部分抗原在探查时限的前 1/3 就消失了（探查不到了）。Agustí 等（1999）发现，当一种塔马尼猎盲蝽 *Dicyphus tamaninii* 取食 1 粒棉铃虫 *Helicoverpa armigera* 卵时，抗原衰减速率符合负指数函数曲线，但当取食 10 粒卵时，则拟合线性模型更好。

表 11-1　用血清学方法评价捕食作用的捕食率模型

模型	参考文献	定义
1. pd/t_{DP}	Dempster（1960，1967）	d=捕食者密度； f=捕食者肠道中残留食物的比例；
2. pr_id	Rothschild（1966）	h=温度；
3. pr_id/t_{DP}	Kuperstein（1974，1979）	N=猎物密度； P=采集的捕食者中含有猎物残留物的比例；
4. $[log_e(1-p)]d/t_{DP}$	Nakamura 和 Nakamura（1977）	Q_o：捕食者肠道中猎物的量（不能使用免疫斑点测定技术）；
5. Q_od/ft_{DP}	Sopp 等（1992）	r_i=实验室或室外养虫罩中获得的摄食率或捕食率；
6. $pdr_i(N)/t_{DP}(h)$	Naranjo 和 Hagler（2001）	t_{DP}=猎物在捕食者体内可探查的时限（是温度的函数）

Sunderland 等（1987a）在比较禾谷类蚜虫的广谱捕食性天敌控害作用时提出捕食指数=P_gd/D_{max}，其中，P_g 为 ELISA（酶联免疫分析）检测为阳性的捕食者比例，d 为捕食者平均密度，D_{max} 为从物种内任一个体检测出猎物抗原的最长时间，该指数在蜘蛛中通常最高。

以上评估反映的是捕食者对猎物害虫的直接杀死效应，常称为"蚕食效应"（consumptive effects）。除此之外，捕食者即使不直接杀死猎物，仅通过威胁也可能给猎物的行为、生理甚至生殖造成不良影响，这一效应称为"非蚕食效应"（non-consumptive effects）（Hermann 和 Landis，2017）。该效应虽立竿见影，但可在较长时期后表现出对种群数量的影响。对昆虫天敌的非蚕食效应研究刚刚开始，尚需更多研究证据。

二、寄生性天敌昆虫寄生率调查法

抽样调查寄生率虽然广泛运用于评价寄生性昆虫和病原菌的控害作用，但常用的方法往往高估或低估天敌的实际控害作用。存在的主要问题如下。

1. 样本缺乏代表性

与健康害虫相比，被天敌寄生或病菌感染的害虫常发生不同程度的行为变化，从而改变其空间分布，所以，通常用来调查健康害虫的抽样方法就会低估寄生率，有时采用的调查方法可能会高估寄生率。例如，蝗虫在受到虫霉菌感染的后期，常喜好爬上植株顶端，然后死亡，故得名"抱草瘟"，如果扫网使用不当，就会过多采到感染的蝗虫，从而高估寄生率。所以，在制订抽样调查方案时，除考虑一般的抽样要求外，还须摸清健康和被寄生或感病的害虫的空间分布特点，从而制订出合理的抽样调查方案。

2. 未考虑非寄生致死

寄生性昆虫在产卵寄生过程中，可能为试探寄主而只将产卵器刺入寄主但未产卵，有的寄生蜂具有用产卵器刺吸寄主取食蛾习性，这些行为造成的伤口可能影响寄主的存活；另外，寄生性天敌在试图用产卵器刺扎寄主的过程中，即使没有成功产卵或所产卵未成功孵化或孵化的幼虫未能存活，也可能影响寄主随后的发育和存活，这一效应称为"非寄生致死"，或"非生殖致死"（Kaser 等，2018）。有时非寄生致死效应可以达到甚至超过寄生致死效应。例如，通过用放射性元素辐照斑痣悬茧蜂 *Meteorus pulchricornis* 雌蜂致其子代卵不育，然后让其寄生黏虫 *Mythimna separate*，所引起的非寄生致死率与健康寄生蜂寄生所引起的寄主死亡率相近；而中红侧沟茧蜂 *Microplitis mediator* 对黏虫幼虫的非寄生致死率远低于寄生致死率（Zhou 等，2019）。

3. 定期调查的寄生率不能准确代表害虫种群数量实际减少量

通常定期抽样调查某虫态或时期（称"敏感期"，如卵、低龄幼虫、高龄幼虫或蛹），获得一个或一系列寄生率数据，以此估计对害虫种群数量的控制作用。但该方法忽略了两类重要因素，一类是由于害虫种群个体发育进度不整齐而出现的遗漏问题，即发育快的健康个体已进入下一时期，而发育晚的个体尚未进入敏感期。所以，由某次抽样得到的寄生率仅代表了某天敌与其寄主相互作用的时空"长河"中的一个瞬间的寄生情况，因此，在不同时间抽样得到的寄生率存在着不同程度的差异。另一类是被寄生个体由于发育速率放缓，而更多地被抽查到。由于这些因素的影响，获得的寄生率不同程度地高估或低估（取决于抽样的时机）天敌对害虫的实际控制效应。对此 van Driesche（1983）提出用世代死亡率评价天敌对害虫的控制效应：$\dfrac{H_P}{H_t}$，H_P 代表在害虫一个世代内进入敏感期的所有被寄生害虫数量；H_t 为进入敏感期的所有害虫总数。所以，当分母包含了非敏感期的个体，或当分子中天敌种群尚未完成攻击前抽样，都会低估世代死亡率。而当寄生延缓了寄主的发育，那么在健康个体离开敏感期后抽样就会高估世代寄生率；当在上一时期个体尚未全部进入敏感期时抽样，也会高估寄生率。对此，Driesche（1983）指出，用一系列定期抽样获得的最高或平均寄生率来代表世代死亡率都不准确，只有在以下情况才可以代表世代死亡率：①天敌的所有攻击已经完成；②受到攻击的寄主无一死亡或消失；③再没有寄主从前一时期进入敏感期；④健康寄主无一从敏感期进入下一时期。

这种"巧合"是难以预先得知的。除非出现以下情况：潜叶类、造瘿类和介壳虫等营固定生活的寄主，由于寄主和寄生蜂在离开目标阶段和羽化后留有痕迹，因此容易获得确切的分子和分母，正确地估计出世代死亡率。或者当被抽样的寄主处于"稳定态"时，如越冬滞育、越夏滞育，此时所有寄主都处于敏感期，而且所有寄生都已完成，所以一次抽样就能代表世代寄生率。

如果上述特殊情况不存在，van Driesche（1991）建议用"增员分析"（recruitment analysis）方法估计世代死亡率，即通过连续密集抽样获得一个世代内某敏感期的所有昆虫及其被寄生的寄主数量。Gould（1989）提出用"致死率分析"（death rate analysis）方法估计世代死亡率。通过短时间间隔定期采集寄主样本，记录 2 次相邻抽样之间样本的致死率（样本中由于寄生而出现的死亡），获得所谓"时间特征"寄生率。这个方法假设，所有寄主增员发生在抽样前的短暂时间间隔内。这个方法比增员分析法简便。具体计算公式如下：

$$P_i = \frac{N_i}{N_{i-1}}$$

P_i 为第 i 时间段的存活率；N_i 为第 i 时间段结束时的寄主数量；N_{i-1} 为第 i 时间段开始时的寄主数量。世代死亡率为：

$$M_{generation} = \left[1 - (P_i \times P_{i+1} \times P_{i+2} \times P_{i+n})\right] \times 100$$

第二节 基于害虫种群数量变化评估天敌的控害效应

一、直接观察法

直接观察捕食通常是确定捕食率、辨别捕食者及其猎物的最有用的方法，具有无须改变环境因素、可随时添加猎物或捕食者、简单易操作等优点。所需要时间和毅力，但运用录像设备可极大地提高效率。Edgar（1970）曾采用直接观察法评估狼蛛的捕食作用，在野外肉眼或录像观察记录以下行为：蜘蛛每日捕食活动时间（t_s），单位时间内积极捕食活动的蜘蛛比例（p），取食 1 头猎物所需要的时间（t_f），用以下公式计算得出蜘蛛的捕食率（r）（每日每头蜘蛛取食的猎物数量）= pt_s/t_f。

二、罩笼和屏障法

罩笼和屏障法常用于大田评价天敌的控害效果。其所依据的原理是：如果将某小生境（叶片、枝条、植株或小区）内的天敌排除，则其中的害虫因天敌捕食或寄生造成的死亡率将显著小于对照（未排除天敌）。如果该测定持续时间较长，该害虫密度将迅速增大达到很高水平。

多种排除天敌的物理屏障方法有：①用不同网目的纱网罩笼，罩住一片植株、1 株植物、1 根枝条、1 片叶或果实；②用薄膜遮挡样区部分方向以阻止天敌进入；③完全罩住测试生境，也可以部分罩住测试环境（有选择地允许某些天敌进入）；④有选择地允许某些天敌进入，可用不同网目大小的多层纱网罩住植株，以达到评价某些天敌的目的。例如，为评价麦二叉蚜 *Schizaphis graminum* 的捕食性和寄生性天敌的控制作用，Rice 等（1988）用 2 种不同网目大小的纱网罩笼，小网目罩笼可以阻挡寄生蜂和小型捕食者，大网目罩笼可阻挡大型捕食者，从而分别评价这两类天敌的控制作用；Claridge 等（2000）为评价稻田褐飞虱 *Nilaparvata lugens* 的卵寄生蜂（稻虱缨小蜂 *Anagrus nilaparvatae* 和赤眼蜂 *Trichogramma* sp.）的控制作用，首先在室内筛选该寄生蜂可通过，但其他天敌不能通过的网目，以此制作纱网罩笼放置在稻田中，通过阻挡其他天敌进入罩笼而只允许稻虱缨小蜂和赤眼蜂进入，从而评价该寄生蜂的控制作用。

在运用罩笼和保障法比较罩笼内、外害虫数量（密度）时，须警惕由于罩笼本身产生的处理与对照的差异，否则可能导致错误的结论有以下几个方面。

（1）罩笼内的害虫可能在某种程度上免受或少受某些胁迫因子（如降水、风）的影响。

（2）罩笼内植物周围的小气候（温度、湿度、光照、风等）发生改变，从而通过以下变化而直接或间接影响天敌昆虫的控制作用：①可能影响天敌昆虫的生理、行为或搜寻效率；②可能直接或间接（通过影响植物生理）改变害虫的行为（如空间分布）、生理（如发育速率）、寿命、生殖力等。所以，在比较处理与对照的结果时须将罩笼的上述影响与天敌的作用分开，可采取以下方法：（a）采用制作完全一样的罩笼或屏障，通过人工接种天敌的方法设置处理—接入法，对照罩笼不接天敌，从而排除罩笼的影响；（b）采用制作不同但小气候相似的罩笼或屏障来排除罩笼的影响，例如，在评价卵寄生蜂对稻飞虱的控制作用的田间试验中，增设 1 个评估罩笼影响的对照—用网目更大的罩笼（允许大型捕食者进出）。DeBach 等（1971）在评价柑橘枝条上介壳虫的天敌作用时，设置 1 个完全封闭（处理）的枝条罩笼、1 个一端开放的枝条罩笼（评估罩笼的影响）和 1 个完全暴露的枝条罩笼（对照）。排除或接入天敌的试验存在一个主要缺点是罩笼内的天敌扩散活动受到很大的限制。

（3）如果害虫活动性较强，在罩笼内的迁入、迁出会受到限制，而在罩笼外可自由迁出。对此，Chamber 等（1983）及时移走落在罩笼内壁上的有翅蚜，以避免其对罩笼内的蚜虫再次侵染。

（4）除以上重大问题外，尚有其他小的问题需注意。罩笼内外除小气候不同外，在其他方面也存在差异，这些差异可能影响对结果的解释；在选择罩笼处理时，如果罩笼内害虫数量增大后，就可能对允许进入罩笼的天敌有更大的吸引力，而没有罩笼的对照区内的害虫就没有此吸引力；罩笼试验对于揭示种群动态的帮助很小，如果关注害虫种群动态，可用生命表法；罩笼不能百分之百排除天敌，因此需要抽查罩笼内是否有天敌（非允许的）爬入。此外，罩笼内的植物生长亦可能受到影响（如罩笼遮阴）。

三、添加法

1. 天敌添加法

通过人工方法添加天敌来设立处理样区，与未干预的对照样区进行害虫密度比较，评价天敌的控制作用。添加天敌方法常用于评价地面行走的捕食性昆虫，通过在处理样区边界设置一个只能进入不能出去的"关卡"来达到添加天敌的目的。该方法曾被用于评价甘蓝根蛆的捕食性甲虫（Coaker，1965）和甜菜蚜 *Aphis fabae* Scopoli 的捕食性天敌昆虫（Wratten，1982）。

2. 害虫添加法

常通过增添害虫的不活动虫态（如卵或蛹）设置处理样区，观察天敌的捕食或寄生程度。通过抽样调查捕食者与害虫的数量，结合捕食者的取食率，从而估计捕食程度。运用该方法时需注意在野外放置害虫时，应尽可能符合其自然分布特点（密度、位置、分布等）。该方法的主要优点是可精确评估捕食或寄生程度。

四、去除法

1. 化学去除法

通过某种化学或物理方法进行去除天敌的处理，与对照进行害虫的密度比较，从而评价天敌的控制效果。运用该方法对选用的杀虫剂有 3 个要求：①杀虫剂必须对天敌有足够的毒性；②杀虫剂必须对害虫的毒性很低；③杀虫剂不会直接或间接（通过影响植物生理）改变害虫生殖。杀虫剂去除法的优点是可以进行大面积田间试验。不足之处是难以找到合适的杀虫剂品种。杀虫剂去除法曾被用于评价蚜虫、介壳虫、叶蝉、飞虱、蝇、蛾、蓟马和叶螨等害虫天敌的控制效果。

2. 物理去除法

通过人工徒手或用某种工具不断从处理区移走捕食性昆虫，与未进行人为干预的对照进行害虫的密度比较，来评价天敌的控制效果。通常徒手可以收集和移走大型、不善活动的捕食性昆虫，而用吸虫管采集小型不活动的天敌昆虫。该方法具有不改变处理区小气候的优点，但具有以下缺点：①费时费工，常需要多人全天采集方可去除处理区的天敌；②去除天敌可能干扰猎物的活动，引起猎物外迁；③捕食性和寄生性天敌在清理干净前（实际上难以彻底）已经捕食或寄生了；④该方法即使获得天敌的密度，也难以为揭示害虫与天敌数量动态提供足够的信息。

五、传统生防项目的天敌控害效果评估方法

天敌对害虫的控制作用在百余年的传统生物防治实践中得到了充分的展现。在传统生物防治实践中，从外来入侵害虫的原产地引进其专一性天敌，释放到野外建立种群、增殖扩散，最终将害虫种群数量控制在低水平（经济危害水平），从而控制其为害。为定量评估引进天敌的防治效果，Bedddington 等（1978）提出了一个简单的测量值：$q = N^*/K$，其中 N^* 代表引进天敌后的害虫的平均数量（密度），K 代表天敌引进前的害虫的平均数量（密度）。通常连续多个季节调查比较害虫的数量变化来评价天敌的防治效果，但需要较长的时间。如果时间有限，也可以在天敌释放后详细调查一个季节内的害虫密度和年龄（虫态）结构，从而预测天敌的防治效果。对引进天敌控制效果评价的试验设计常采用"前后对比"和"空间对比"的方法。

前后对比试验设计是指在天敌尚未释放前，抽样调查试验地害虫连续多代（甚至多个季节）的密度作为基准数据（对照），与释放后的害虫密度进行比较。由于评估需要持续一定时间，途中可能由于各种不可测因素放弃试验样地，故需要尽可能选择多块试验样地继续连续调查。这种试验设计更适于评估不善活动的一年多代的害虫，因为这类害虫的密度变化排除了扩散（如成虫飞行）的因素，仅受局部因素的影响，从而易于评估天敌的作用。

空间对比试验设计一般选择空间上独立的试验样地，随机选择一半样地释放天敌（处理），另一半样地不释放天敌（对照），抽样调查各样地内的害虫密度，比较处理与对照的差异。为确保处理样地的天敌不会扩散到对照样地，样地之间需要足够的隔离距离，具体距离取决于所释放天敌的扩散能力。常常估计的天敌扩散距离小于实际扩散距离，例如，在释放蚤蝇 *Pseudacteon tricuspis* 防治红火蚁 *Solenopsis invicta* 中，最初估计蚤蝇的扩散能力是 3~4km/年，故设定的处理与对照样区的隔离距离为 20km，实施中发现其实际扩散能力达到 15~30km/年；因此，又在距离释放天敌样区 70km 的地方重新选择对照样区（Morrison，2005）。

第三节　综合评估方法

在大田中调查害虫及其天敌种群数量随时间的变化，运用统计学的相关性分析推断害虫与天敌数量动态变化的因果关系。当天敌的作用难以直接估计或不同来源的死亡因素均很重要时，采用生命表法可以将不同致死因素综合起来，分析其对害虫种群数量变化的影响。所以常常用两种方法：相关性分析法和生命表法。

一、相关性分析法

在大田中调查害虫及其天敌种群数量随时间的变化，运用统计学的相关性分析推断害

虫与天敌数量动态变化的因果关系。高度正相关可能暗示捕食者对猎物在某种程度上的专一性，也可能被较低的捕食率或猎物数量慢速增长所加强（图 11-1A）。另外，负相关可能表明捕食者对猎物的数量变化存在缓慢或延迟的数量反应（图 11-1B），从而抑制猎物种群数量增长。但须警惕的是，仅根据具有相关性的个案推断因果关系存在很大的不确定性，常需要持续足够长时间的多点重复的数据支持。

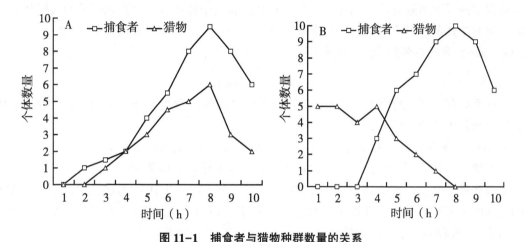

图 11-1　捕食者与猎物种群数量的关系

注：A. 捕食者与猎物数量呈正相关，猎物数量慢速增长伴随相对较低的捕食率；B. 捕食者与猎物数量呈负相关，捕食者抑制猎物数量。

二、生命表法

当天敌的作用难以直接估计或不同来源的死亡因素均很重要时，采用生命表法可以将不同致死因素综合起来，分析其对害虫种群数量变化的影响。

1. 生命表类型

由于野外难以确定昆虫种群的日龄，故通常根据昆虫的生活史阶段构建生命表。根据昆虫世代间重叠与否构建不同类型的生命表，第一种类型是"特定年龄生命表"（stage-specific life table），跟踪一群昆虫或同龄组个体，观察记录各生活史阶段的存活情况及其死亡原因，故又名"水平生命表"（horizontal life table），常用于世代分离的昆虫；第二种类型是"特定时间生命表"（time-specific life table），在预定的时间间隔内检查种群的年龄结构，据此推测各个阶段的死亡率，故又名"垂直生命表"（vertical life table），常用于世代重叠的连续发育昆虫（也可用于世代分离的昆虫）。

2. 生命表参数

（1）进入各生活史阶段的个体数量（l_x）：要构建一个虫龄特征生命表，必须确定进入各个阶段的总个体数量，该数量通常并非某一时刻调查某一阶段获得的密度，因为进入与离开某一特定阶段的事件在不停地发生，需采用有效的方法（如增员分析）获得该数量。

（2）在各阶段内由于不同致死因子造成的死亡数量（d_x）：有 4 种方式表示某一阶段的个体死亡情况：表现死亡率、实际死亡率、边际攻击率和 k 值。生命表中常用的死亡率

通过 l_x/d_x 计算获得，即"表现死亡率"（apparent mortality）。为计算方便可将表现死亡率换算出 k 值：$k = -\log$（1-表现死亡率），k 值是可加的，可将各致死因子造成的 k 值加起来得到总的 K 值。实际死亡率（real mortality）是某一阶段内的死亡数量占最初进入第一阶段的起始个体数量的比值（$= d_x / l_0$）。当某一阶段只有 1 个致死因子时，表现死亡率可做出正确无误的估计；但若有 2 个以上致死因子，则表现死亡率由于致死因子间相互干扰而难以准确反映各致死因子的作用。当出现某些害虫个体受到 2 个致死因子的共同胁迫而死，但其中任何一个因子也可单独致死该个体的情况时，需用边际攻击率（marginal attack rate）来代表各致死因子的作用：

$$m_i = 1 - (1 - d)^{\frac{d_i}{d}}$$

m_i 为致死因子 i 的边际攻击率，d_i 代表观察得到的由致死因子 i 引起的死亡率，d 代表所有致死因子引起的死亡率。

（3）种群增长率：种群增长可用世代之间净增长率 R_0 或瞬间的内禀增长率 r_m 表示。R_0 是当前一世代到下一世代的种群数量增加或减少的倍数，该值大于 1 说明种群增长，小于 1 说明种群降低。内禀增长率 r_m 是单位时间（而非一个世代）的增长率，任何大于 0 的值说明种群增长，小于 0 说明种群降低。如果比较有和无天敌情况下的生命表（成对生命表），则种群增长率的差值就直接代表了天敌的控制效应。

（4）基于生命表的推断：根据单个或系列生命表可做出以下若干推断，从而有助于评价某种天敌的重要性：相对于其他致死因素，估计出天敌对害虫致死的相对作用；一种新致死因素导致的死亡率是否被另一因素所抵消；一种新的因素是否可把害虫种群增长率压低至负增长。

（5）成对生命表：即分别构建有某种天敌与无该天敌情况下的生命表，从而评价该天敌的控害作用。该方法常用于传统生物防治中评价引进天敌的控害作用。

（6）注意事项：在运用生命表评价天敌控害效应中，需注意以下问题，否则难以估计出天敌的实际控害效应：由于量化估计不同种的捕食性天敌的捕食作用比较麻烦，许多生命表常忽略这一重要天敌的作用，从而使构建出的生命表价值大为降低；构建连续多世代（或多年）生命表（综合生命表）的意义远大于仅构建单一世代的生命表，因为只有通过分析综合生命表才可以获得不同致死因素的相对重要性，才能获得有意义的种群增长率；当采用减去某致死因子回推该因素对种群的控制作用时，须非常谨慎地做出推断，因为致死因子之间的作用绝非简单的加和关系（该方法的假设），而往往存在着复杂的互作关系；k 因子分析是为了找出对害虫种群数量消长作用最大的致死因素，而成功的生防天敌未必是致死因素，因为致死因素未必能把害虫种群密度压制在平衡密度以下。

（李保平、孟玲　执笔）

参考文献

Beddington J R，Free C A，Lawton J H，1978. Modelling biological control：on the characteristics of successful natural enemies [J]. Nature，273：513-519.

Claridge M F，Morgan J C，Steenkiste A E，et al.，2000. Experimental field studies on predation and egg parasitism of rice brown planthopper in Indonesia [J]. Agricultural and Forest Entomology, 4: 203-210.

Chambers R J, Sunderland K D, Wyatt I J, et al., 1983. The effects of predator exclusion and caging on cereal aphids in winter wheat [J]. Journal of Applied Ecology, 20: 209-224.

Coaker T H, 1965. Further experiments on the effect of beetle predators on the numbers of the cabbage root fly, *Erioischia brassicae* (Bouche) [J]. Annals of Applied Biology, 56: 7-20.

DeBach P, Huffaker C B, 1971. Experimental techniques for evaluation of the effectiveness of natural enemies [M]. Springer US: Biological Control: 113-140.

Dempster J P, 1960. A quantitative study of the predators on the eggs and larvae of the broom beetle, *Phytodecta olivacea* Forster, using the precipitin test [J]. Journal of Animal Ecology, 29: 149-167.

Dempster J P, 1967. The control of *Pieris rapae* with DDT. 1. The natural mortality of the young stages of Pieris [J]. Journal of Applied Ecology, 4: 485-500.

Edgar W D, 1970. Prey and feeding behaviour of adult females of the wolf spider *Pardosa amentata* (Clerk.) [J]. Netherlands Journal of Zoology, 20: 487-491.

Gould J R, van Driesche R G, Eikinton J S, et al., 1989. A review of techniques for measuring the impact of parasitoids of *lymantriids* [C]. General Technical Report NE, 123: 517-531.

Hermann S L, Landis D A, 2017. Scaling up our understanding of non-consumptive effects in insect systems [J] Current Opinion in Insect Science, 20: 54-60.

Kaser J M, Nielsen A L, Abram P K, 2018. Biological control effects of non-reproductive host mortality caused by insect parasitoids [J]. Ecological Applications A Publication of the Ecological Society of America, 28 (4): 1081-1092.

Kuperstein, M. L, 1979. Estimating carabid effectiveness in reducing the sunn pest, *Eurygaster integriceps* Puton (Heteroptera: Scutelleridae) in the USSR [C]. In: Miller M C Ed. "Serology in Insect Predator-Prey Studies" [J]. Entomol. Soc. Am., Lanham, MD: 80-84.

Mills N, 1997. Techniques to Evaluate the efficacy of natural enemies [M]// Dent D R, Walton M P. Methods in Ecological and Agricultural Entomology. London: CABI Publishing: 271-291.

Morrison L W, Porter S D, 2005. Testing for population-level impacts of introduced *Pseudacteon tricuspis* flies, phorid parasitoids of *Solenopsis invicta* fire ants [J]. Biological Control, 33: 9-19.

Nakamura M, Nakamura K, 1977. Population dynamics of the chestnut gall wasp *Dryocosmus kuriphilus* Yasumatsu (Hymenoptera: Cynipidae) [J]. Oecologia, 27: 97-116.

Naranjo S E, Hagler J R, 2001. Toward the quantification of predation with predator gut immunoassays: a new approach integrating functional response behavior [J]. Biological

Control, 20: 175-189.

Rice M E, Wilde G E, 1988. Experimental evaluation of predators and parasitoids in suppressing greenbugs (Homoptera: Aphidide) in sorghum and wheat [J]. Environmental Entomology, 17: 836-841.

Rothschild G H L, 1966. A study of a natural population of *Conomelus anceps* (Germar) (Homoptera: Delphacidae) including observations on predation using the precipitin test [J]. Journal of Animal Ecology, 35: 413-434.

Sopp P I, Sunderland K D, 1989. Some factors affecting the detection period of aphid remains inpredators using ELISA [J]. Entomologia Experimentalis *et* Applicata, 51: 11-20.

Sopp P I, Sunderland K D, Fenlon J S, et al., 1992. An improved quantitative method for estimating invertebrate predation in the field using an enzyme-linked immunosorbent assay (ELISA) [J]. Journal of Applied Ecology, 29: 295-302.

Sunderland K D, Crook N E, Stacey D L, et al., 1987. A study of feeding by polyphagous predators on cereal aphids using ELISA and gut dissection [J]. Journal of Applied Ecology, 24: 907-933.

Van Driesche R C, Taub G, 1983. Impact of parasitoids on *Phyllonorycter* leafminers infesting apple in Massachusetts [J]. Protection Ecology, 51: 303-317.

Van Driesche R G, 1983. Meaning of Oper cent parasitism in studies of insect parasitoids [J]. Environmental Entomology, 12: 1611-1622.

Van Driesche R G, Bellows Jr T S, Elkinton J S, et al., 1991. The meaning of percentage parasitism revisited: solutions to the problem of accurately estimating total losses from parasitism in a host generation [J]. Environmental Entomology, 20: 1-7.

Wratten S D, Pearson J, 1982. Predation of sugar beet aphids in New Zealand [J]. Annals of Applied Biology, 101: 178-181.

Zhou J, Meng L, Li B, 2019. Non-reproductive effects of two parasitoid species on the oriental armyworm *Mythimna separata* on wheat and maize plants [J]. BioControl, 64: 115-124.

第十二章　天敌昆虫定殖研究

应用天敌昆虫防治害虫，具有安全、有效、无残留等优点，是实现农药减量控害、保障农业可持续发展的有效措施。天敌大规模饲养并定点释放（增补式释放）是利用天敌昆虫防治害虫最常用的方式（van Lenteren，2012），对害虫的生物防治起到重要作用。天敌定殖是指天敌昆虫引入新环境后能够持续繁殖、建立稳定种群，是决定天敌昆虫持久高效控害的首要关键因素。

天敌昆虫释放后要及时且长期的关注防治效果，定期对害虫和天敌昆虫进行调查，计算防效，记录定殖情况。随着大量天敌的释放，能否定殖已成为生物防治成败的关键。这一点在从外区域引进的天敌昆虫中需求更为迫切。关于引入的瓢虫定殖的研究中，有些优秀的定殖者经历了复杂的定殖过程，如澳洲瓢虫 *Rodolia cardinalis*、黑背唇瓢虫 *Chilocorus melas* Weise、七星瓢虫 *Coccinella septempunctata*。自 1900 年在英国开始引入瓢虫进行生物防治以来，只有 4 种外来瓢虫在野外被记录，而在北美，人为引入释放的 179 种捕食性瓢虫中能够成功定殖的也不过 18 种。在实际应用中往往通过在目标地多次释放来提高瓢虫天敌的定殖概率。20 世纪 40 年代，我国成功从美国加利福尼亚和夏威夷引入两种澳洲瓢虫来控制吹绵蚧 *Icerya purchasi*、孟氏隐唇瓢虫 *Cryptolaemus montrouzieri* 控制湿地松粉蚧，不但有效控制了该虫的为害，还定殖并建立了种群。但是，在 1957—1973 年七星瓢虫先后在美国的 11 个州被释放；而六斑月瓢虫 *Menochilus sexmaculata* 在 1910—1976 年于 6 个州被释放了 7 次，对北美瓢虫定殖情况评估后发现，通过生物防治引入的瓢虫在此地的定殖率（10%）要低于全球生物防治瓢虫引入的定殖率（34%）。

然而，人工扩繁的天敌昆虫能否在释放环境中建立稳定的种群是不可预测的（Collier 和 van Steenwyk，2004；Grevstad，1999），因此明确影响天敌昆虫定殖的相关因素、研发天敌昆虫定殖性提升技术是实现其高效控害的主要途径。

天敌昆虫的嗅觉明显影响天敌昆虫扩散和觅食能力。天敌昆虫扩散速率和田间适合度是决定其田间定殖性的关键因素，扩散速度显著影响天敌昆虫的传播和种群建立，而天敌昆虫释放后的田间适合度则影响其存活率和种群增长速率。

第一节　天敌昆虫嗅觉研究

天敌昆虫对寄主或猎物的定向、鉴别和选择一般依靠感受植物-植食性昆虫-天敌三重营养之间的化学信息物质，其主要来源于寄主或猎物取食的植物、寄主或猎物本身或者分泌物，以及一些与其相关的有机体。天敌昆虫释放之后易飞离靶标区域，形成"无天敌"空间。因此，对天敌昆虫嗅觉系统的深入研究，明确其嗅觉识别机制，探究天敌昆虫的扩散和定殖能力，对提高其在农田生态系统中的重要生物防治作用至关重要。

一、天敌昆虫感器研究

目前对天敌昆虫感器的研究较少，脉翅目昆虫的研究相对滞后，关于脉翅目昆虫触角的显微构造的报道知之甚少。本研究中，利用扫描电镜首次对大草蛉雌、雄成虫触角进行了亚显微结构的观察与分析（图 12-1），结果显示大草蛉触角共有 4 种毛形感器、3 种锥形感器、1 种刺形感器和 Böhm 氏鬃毛。数量最多、分布最广的是毛形感器 I （ST I），其次是锥形感器 I （SB I），刺形感器最少，且毛形感器为最长的感器。

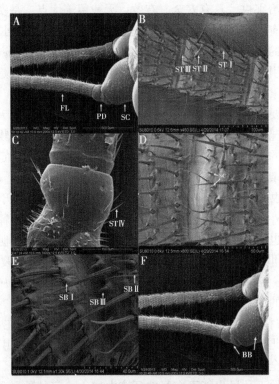

图 12-1　大草蛉触角感器扫描电镜观察

A：触角（柄节、梗节、鞭节）（scape, SC；pedicel, PD；flagellum, FL）（200×）；B：毛形感器 I （sensilla trichodea I , ST I）、毛形感器 II （sensilla trichodea II , ST II）、毛形感器 III （sensilla trichodea III , ST III）（450×）；C：毛形感器IV（sensilla trichodea IV, ST IV）（1 000×）；D：刺形感器（sensilla chaetica SC）（800×）；E：锥形感器 I （sensilla basiconica I , SB I）、锥形感器 II （sensilla basiconica II , SB II）、锥形感器 III （sensilla basiconica III , SB III）（×1.30K）；F：Böhm 氏鬃毛（Böhm bristles, BB）（200×）

毛形感器是昆虫触角上分布最广、数量最多的感器。研究报道触角上的毛形感器主要具有感受信息化合物的作用（Alaams，1991；金鑫等，2004）。免疫组化和原位杂交试验表明性信息素结合蛋白 PBP 和性信息素受体 PRs 一般在这种类型的感受器中表达（Prestwich 等，1995；Forstner 等，2009）。此外，大豆蚜的毛形感器在蚜虫寄主选择中起重要作用，是用来识别植物萜烯类化合物的嗅觉受体（杜永均等，1995）。据报道，具有嗅觉或味觉的毛形感器的外部形态特征及分布特点是感器以一定角度匍匐于触角表面，一般分布在鞭节，有的具有纵向条纹，表面布满极孔（Alaams，1991），因此，根据类似的感器形态、结构与分布特点，推测大草蛉触角毛形感器Ⅰ（STⅠ）和毛形感器Ⅲ（STⅢ）可能具有类似功能。此外，本研究发现，雌性个体的STⅢ显著长于雄性个体，表明雌性个体触角可能对外界气味物质的识别更加敏感，其在大草蛉寄主或猎物的定向、鉴别和选择中发挥着重要作用。毛形感器还具有机械和味觉功能，如工蜂的毛形感器具有此功能（杜芝兰，1989），推测紧贴于大草蛉触角梗节端部的毛形感器Ⅳ（STⅣ）和垂直于触角表面径直刚立的毛形感器Ⅱ（STⅡ）可能具有感知外界机械刺激以逃避不利环境的功能。以上推测的大草蛉各种毛形感器的功能还有待进一步验证。

刺形感器具有比较厚的细胞壁且感器表面无孔，因此不具有嗅觉识别功能，一般认为对外界机械刺激敏感（Schneider，1964）。单感器试验中，相比于受到机械刺激振动而产生较明显的电位反应，性信息素未能引起该类型感器任何反应（杜永均等，1995）。此外，这种感器还具有感受温湿度的作用（杜芝兰，1989）。大草蛉触角上刺形感器数量很少，推测大草蛉感知外界环境变化主要是通过毛形感器，比如通过感知外界气味信息来实现对寄主或猎物的定向、鉴别和选择。

锥形感器比毛形感器短，表面具有丰富的小孔，超薄切片证明其壁很薄，感器内具有数个神经元细胞及多个分枝的树状突，因此一般认为具有识别普通气味的能力，是一种典型的嗅觉感器（Bleeker等，2004；金鑫等，2004）。扫描电镜结果结合Schneider（1964）和Chinta等（1997）对昆虫触角感器种类和功能的鉴定标准，发现大草蛉触角上共有3种类型锥形感器，且数量仅次于毛形感器。本研究发现，雌性个体锥形感器Ⅰ（SBⅠ）显著长于雄性个体，因此，推测大草蛉雌性个体在感知和识别外界普通气味物质过程中具有更强的敏感性。此外，锥形感器Ⅱ（SBⅡ）仅在雌性个体上发现，推测该类型感器可能具有某些与性别相关的特殊的功能。一般认为感知普通气味的气味结合蛋白GOBPs和化学感受蛋白CSPs在锥形感器中表达，大草蛉相关嗅觉蛋白是否在锥形感器中表达有待进一步研究。

Böhm氏鬃毛成簇垂直分布在大草蛉触角的柄节和梗节基部。比锥形感器短而尖，表面光滑无孔。Böhm氏鬃毛被认为是一种机械感器，受机械刺激时，通过调整触角位置下降的速度来减缓重力的作用力（Schneider，1964）。扫描电镜结果发现Böhm氏鬃毛在大草蛉触角柄节和梗节背面分布数量远多于腹面，处于外面的Böhm氏鬃毛能够很好地感受外界重力的变化，从而能够缓冲重力作用力，以调控触角位置下降的速度。

上述多种感器在大草蛉雌、雄触角之间的形状、分布均无明显差异。本研究首次对研究相对滞后的脉翅目昆虫大草蛉，也被认为是一种优良的天敌昆虫的触角亚显微结构进行了研究与分析，并对其各种感器的可能功能进行了推测。今后，需要利用触角电位、单细胞记录等电生理技术，尤其是在大草蛉嗅觉识别过程中起重要作用的嗅觉感器，应进一步从分子水平明确其功能，以明确其嗅觉与行为的关系，对促进大草蛉在农田生态系统中的重要生物防治作用至关重要。

二、天敌昆虫感器基因及嗅觉蛋白研究

基于 Illumina RNA Denovo 高通量测序对大草蛉 *Chrysopa pallens*（Rambur）所有可能的嗅觉相关基因进行了发掘。其中对大草蛉触角中 3 种主要嗅觉相关蛋白 OBP、CSP、SNMP 进行了系统研究，旨在从转录水平、蛋白水平研究这些嗅觉相关的蛋白在大草蛉化学通讯过程中的作用机制，并有望筛选出能高效吸引大草蛉成虫的气味化合物质。

基于 Applied Biosystems SOLID3 System 和 Illumina GAIIx 第二代高通量测序基础上，通过生物信息学方法分析共鉴定得到 74 个与嗅觉相关的基因，包括 6 个 *OBPs* 基因、11 个 *CSPs* 基因、26 个 *ORs* 基因、16 个 *IRs* 基因、13 个 *GRs* 基因及 2 个 *SNMPs* 基因。半定量 RT-PCR 及荧光定量 qRT-PCR 研究了所有这些嗅觉基因在大草蛉雌、雄触角及身体中的表达量，结果表明大部分嗅觉基因特异性地或主要在雌虫或雄虫触角中表达，推测其在大草蛉感知并识别外界气味物质的嗅觉识别过程中发挥着重要的作用。

克隆得到了 2 个大草蛉 OBPs 基因（CpalGOBP、CpalOBP）和 5 个 CSPs 基因（CpalCSP1、CpalCSP3、CpalCSP4、CpalCSP5、CpalCSP8）的全长编码区序列。原核表达并纯化了 CpalCSP1 和 CpalCSP3 蛋白，并采用荧光竞争结合实验研究了 CSP1 蛋白与 50 种气味化合物标样的结合能力反应图谱，结果表明 CpalCSP1 蛋白与 1-NPN 的溶解常数为 $3.93\mu mol/L$，且与大部分气味化合物有较明显的结合反应（$Ki<20\mu mol/L$），其中与烟粉虱蜜露主成分 Bis-（2-thylhexyl）phthalate（$Ki=5.78\mu mol/L$）、蚜虫报警信息素成分（-）-β-farnesene（$8.74\mu mol/L$）以及棉蚜 *Aphis gossypii* 和甜菜夜蛾 *Spodoptera exigua* 为害棉花后所释放的虫害诱导挥发物 α-phellandrene（$9.43\mu M$）和（-）-β-pinene（$9.90\mu mol/L$）结合能力较强。

利用同源建模技术对 CpalCSP1 蛋白的三维结构及可能的参与配基结合位点进行了预测与分析，结果显示 CpalCSP1 蛋白包含 6 个 α 螺旋，分别是 Asp34-Glu38（α1）、Glu40-Ile50（α2）、Lys60-Thr 75（α3）、Gln82-Asn98（α4）、Pro100-His110（α5）和 Glu115-Ser122（α6）。另外，Cys49 与 Cys77 和 Cys58 与 Cys80 形成两对二硫键，对维持蛋白的空间结构起着重要作用。基于同源建模的模板 CSPMbraA6 蛋白的 Tyr26 氨基酸与 12-bromo-dodecanol（BrC12OH）有较强的结合反应，根据二级结构比对结果显示 CpalCSP1 蛋白的第 46 位氨基酸 Tyr46 与 CSPMbraA6 蛋白的 Tyr26 氨基酸完全比对上，因此，推测 CpalCSP1 3D 结构模型中的 Tyr46 在配体结合试验中可能起着非常重要的作用。

采用触角电位技术（electroantennography，EAG）对大草蛉触角进行了电生理学研究，结果显示共有 8 种气味化合物有较强 EAG 反应，除苯乙醇（phenethyl alcohol）的 EAG 反应值在雌、雄不同触角之间及不同剂量型之间均无显著差异外，其余 7 种气味化合物对大草蛉雌、雄成虫触角均存在剂量依赖型反应，表现为随着化合物浓度增加其 EAG 反应显著增强，但存在一定阈值。此外，其中的 6 种化合物邻苯二甲酸 [bis（2-ethylhexyl）phthalate]、β-法呢烯 [（-）-β-farnesene]、正己醛（hexanal）、壬醛（nonanal）、4-乙基苯甲醛（4-ethylbenzaldehyde）和 3-甲基-1-丁醇（3-methyl-1-butanol）对雌性触角的 EAG 反应均显著高于对雄性触角的 EAG 反应，表明大草蛉雌性成虫对气味物质的嗅觉识别可能更加敏感。而只有一种化合物戊醛（valeric aldehyde）对雄性触角的 EAG 反应显著高于对雌性触角的 EAG 反应。

采用 RACE-PCR 技术克隆得到了大草蛉感觉神经元膜蛋白 SNMP 基因全长，qRT-PCR 结果显示 *CpalSNMP*2 在雌、雄触角及翅膀中表达量显著高于在其他组织中的表达量，其次在腹部和胸部的表达量也较高，在头部和足中的表达量最少。其中在雄虫翅中的表达量是在雌虫翅中表达量的 2.0 倍（*P*<0.05）。此外，在成虫雌、雄触角中表达量均显著高于幼虫期表达量。对其在成虫不同发育阶段的触角（第 1 日龄、第 10 日龄、第 25 日龄的成虫雌、雄触角）中的表达量情况研究结果显示随着成虫龄期的增加，*CpalSNMP*2 基因在雌、雄触角中的表达量也随之增加，在成虫 25 日龄时表达量达到最高。

第二节 天敌昆虫扩散与定殖的关联

天敌昆虫的扩散速率显著影响其种群建立。天敌昆虫扩散过慢，会导致其扩散范围小，在靶标区域的分布均匀度低，对害虫的搜寻效率较低。在美国弗吉尼亚州释放实蝇 *Urophora affinis* Frfld 防治矢车菊 *Centaurea maculosa* Lam，所释放实蝇扩散速率为每年 1.3km，所以释放 14 年后该物种仅在附近 3 个州建立种群（Mays 和 Kok，2003）。此外，扩散速率低导致近亲繁殖几率升高，从而加速种群的退化（Martinez-Ghersa 和 Ghersa，2006；Levin 等，2009）。

Jonsen 等（2007）研究表明，天敌昆虫迁移比率越高，其在靶标区域内定殖的成功概率越低。天敌昆虫扩散过快，靶标区域的天敌密度迅速降低，产生"阿利效应"（Allee effects），从而降低了它们成功定殖的可能性。例如，七星瓢虫在引入北美时，由于释放后扩散迅速，在靶标区域内交配对象过少，无法继续繁殖，以致重复释放 15 年最终建立稳定种群（Angalet 和 Jacques，1975）。目前，天敌昆虫扩散过快是增补式生物防治失败的一个主要原因（Collier 和 van Steenwyk，2004；Bellamy 等，2004；Pineda 和 Marcos-Garcia，2008），从而许多学者通过多种途径以降低天敌昆虫释放后的扩散速率。

一、天敌昆虫扩散的代价

昆虫扩散的代价（costs of dispersal）包括能量和时间消耗、扩散过程中的风险（表 12-1）。

表 12-1 扩散过程中不同代价类型的定义（Bonte 等，2012）

代价类型	定义
能量代价（Energetic costs）	能量代价是指扩散过程中特殊飞行器官和组织形成时所耗能量，包括形成肌肉、翅等，用于形成这些特殊结构的能量无法用于新陈代谢
时间代价（Time costs）	时间代价指直接用于扩散时所消耗的时间，这些时间无法用于其他行为活动
风险代价（Riskscosts）	风险代价是指由于被捕食概率升高或可能降落在适合度较差的环境从而直接导致死亡率增加；或者飞行过程中翅的损耗或伤害，或者生理改变导致的耗损累积
机会代价（Opportunity costs）	机会代价是指昆虫个体在扩散后放弃上一栖境的优势及学习经验，从而导致的损失

天敌昆虫在扩散过程中消耗的能量和时间不能用于其他活动；而且扩散过程中死亡和受伤害的概率会增加。大量的研究表明，昆虫的扩散显著降低其繁殖力（Gu 等，2006；Langellotto 等，2000；Lorenz，2007；Nespolo 等，2008；Saglam 等，2008）；此外由于扩散中 的昆虫被捕食的概率升高（Aukema 和 Raffa，2004；Korb 和 Linsenmair，2002；Srygley，2004），且对农药的抗性降低（Vasquez-Castro 等，2009），所以存活率显著降低。昆虫移动和扩散能够影响它们对猎物和配偶的定位，进而影响它们的捕食效率和交配繁殖（van Dyck 和 Baguette，2005）。

影响天敌昆虫扩散的相关因素及其调节应用天敌昆虫适当的扩散速率能够提高其成功建立种群的概率和在靶标区域内的分布均匀度。影响昆虫扩散的因素有多种，包括生理因素和环境因素等。

天敌昆虫生理状态显著影响其扩散能力，多个研究表明饥饿胁迫能够促进昆虫扩散。黑刺益蝽 *Podisus nigrispinus*（Dallas）在释放前经饥饿处理，其扩散速率显著提高（Torres 等，2001）。苹果蠹蛾 *Cydia pomonella*（L.）的寄生蜂 *Mastrus ridibundus*（Gravenhorst）在释放前短期内没有接触寄主，释放后其扩散速率显著提高；饥饿处理的 *M. ridibundus* 的扩散速率为 $80m^2/h$，而未饥饿处理的寄生蜂的扩散速率只有 $2 m^2/h$。

天敌昆虫的虫态显著影响其扩散速率，成虫的扩散能力一般高于幼虫。尤其是半翅目捕食性蝽类，成虫有翅，可以飞行，扩散速率显著高于幼虫。所以为降低天敌昆虫的扩散速率，延长它们在靶标区域的停留时间，研究者选择释放高龄幼虫代替成虫（Sant'Ana 等，1997；Torres 等，2002；Grundy 和 Maelzer，2002）。

为提高天敌昆虫在释放靶标区域的停留时间，许多研究者通过筛选天敌昆虫尤其是瓢虫的残翅或飞行能力低的品系（Ferran 等，1998；Marples 等，1993；Lommen 等，2008；Seko 等，2008；Seko 和 Miura，2009；Ueno 等，2004）。Tourniaire 等（2000）通过对异色瓢虫进行五代的筛选，成功培育出一种翅型正常但飞行能力比较低的品系，释放该品系的瓢虫显著提高其对蚜虫的防治效果。Seko 等（2008）研究表明，相对于正常瓢虫品系，无飞行能力的异色瓢虫 *Harmonia axyridis* 品系释放到茄子田里，停留时间显著延长，并且对棉蚜的防治效果更好。Tomokazu 等在茄田里释放两种无飞行能力的异色瓢虫品系和一种正常瓢虫品系，结果发现在猎物密度较低的情况下，无飞行能力的瓢虫在靶标区域停留时间显著长于对照，而且对棉蚜的防治效果更好。此外，为提高寄生性天敌和捕食蝽在靶标区域的停留时间，降低它们的扩散速率，研究者对天敌昆虫进行残翅处理。Ignoffo 等（1977）在大豆田释放残翅寄生蜂 *Campoletis flavicincta*，结果它们对大豆尺夜蛾 *Pseudoplusia includes* 的寄生率达到对照的 14 倍。在棉田释放了残翅处理的黑刺益蝽 *Podisus nigrispinus*，其扩散速率显著低于对照（Neves 等，2008）。

此外，释放密度显著影响昆虫的扩散速率。当一个斑块内同种个体数量过大，则会增大它们的种内竞争，从而促使部分个体迁移。Herzig（1995）研究发现，甲虫 *Trirhabda virgate* 成虫在密度高的斑块扩散的概率很大，而在密度低的斑块没有观察到飞行行为。Fauvergue 和 Hopper（2009）的研究发现，释放数量的增加能够显著提高短翅蚜小蜂的扩散速率。这些研究表明，改变天敌昆虫的释放数量是调节其扩散速率的另一种途径。斑块质量是天敌昆虫释放后在靶标区域的停留时间及是否能成功定殖的主要决定因素之一。而天敌昆虫评估斑块质量的指标主要包括植物和猎物的种类和数量等（Neves 等，2008）。

植物挥发物是天敌昆虫搜寻寄主或猎物的主要信号物质，天敌昆虫通过植物挥发物不仅能够对寄主或猎物进行定位，而且能够判断寄主或猎物的种类和数量。所以被害虫为害后的植物挥发物显著延长天敌昆虫在当前区域的停留时间。Ohara 和 Takafuji（2003）研究表明，小菜蛾为害过的甘蓝挥发物能够显著延长半臂弯尾姬蜂 Diadegma semiclausum 的停留时间。类似地，捕食螨 Phytoseiulus persimilis 在二斑叶螨 Tetranychus urticae 为害过的叶片上停留时间更长（Maeda 等，1998）。植物和猎物的种类显著影响天敌昆虫在靶标区域的停留时间。van Laerhovenr 等（2006）观察了西方猎盲蝽 Dicyphus hesperus 在 4 种植物和 3 种猎物上的停留时间，结果显示西方猎盲蝽在毛蕊花和烟草上停留时间最长，而在辣椒上停留时间最短；此外，给该天敌提供米蛾卵时，其停留时间最长。所以研究者利用种植显花植物、栖境植物、载体植物或人工提供替代食物，为天敌昆虫提供食物和栖息场所，从而延长它们在靶标区域的停留时间（Corbett，1998；Corbett 和 Plant，1993；Gurr 和 Wratten，1999；Jonsson 等，2010；Lee 和 Heimpel，2005）。

二、龄期对天敌昆虫的扩散与定殖的影响

昆虫一生经历卵、幼虫/若虫和成虫 3 个时期，不同时期的生理状态和行为不同，对环境的适应能力也不同，饥饿是天敌昆虫在贮藏、运输或释放到田间后经常遇到的问题（Ghazy 等，2015）。多项研究表明，饥饿可能降低天敌昆虫的繁殖力、存活时间和后代的适合度（Palevsky 等，1999；Toyoshima 等，2009），所以耐饥能力是决定天敌昆虫应用潜能的一个关键因素。有研究表明，昆虫的耐饥能力随着个体的增大而增强（Gergs 和 Jager，2014），比如，Laparie 等（2012）研究表明，随着个体增大，步甲 Merizodus soledadinus 的耐饥能力增强，成虫最长可在饥饿状态下存活约 60d。该现象在多种其他昆虫也有发生（Scharf 和 Dor，2015；罗茂海等，2014），捕食能力是决定天敌昆虫控害效率的另一关键因素。天敌昆虫的龄期是影响其捕食能力的主要原因（Bell，1990；Evelei 和 Chant，1981；Lewis 等，1990；Sabelis，1981；Vet 等，1990）。

在天敌昆虫的增补式释放过程中，我们都希望释放的天敌昆虫长期停留在靶标区域内，减少扩散迁移，从而有效抑制害虫的种群数量（Hougardy 和 Mills，2006；Heimpel 和 Asplen，2011）。一般来说，成虫的扩散能力高于幼虫。半翅目捕食性蝽类成虫有翅，可以飞行，扩散速率显著高于幼虫。所以有研究者选择释放若虫代替成虫，以延长它们在靶标区域的停留时间（Sant'Ana 等，1997；Torres 等，2002；Grundy 和 Maelzer，2002）。

然而，不同龄期的若虫之间的扩散能力也有差异。比较不同龄期的蠋蝽耐饥能力、捕食能力和扩散行为之间的差异，以期筛选出蠋蝽释放的最佳龄期。

不同龄期的蠋蝽的耐饥性存在显著差异（$F=25.277$，$df=6$，316，$P<0.0001$）在仅取食水的情况下，蠋蝽成虫的存活时间最长（雌性：25.7d；雄性：20.3d），幼虫在饥饿状态下的存活时间随龄期的增长而延长，1~5 龄若虫的存活时间分别为 7.2d、6.2d、10.0d、13.4d、18.2d（图 12-2）。

蠋蝽 3 龄若虫对黏虫的捕食量约每天 2 头，随猎物密度的升高无显著变化（$F=2.221$，$df=4$，95，$P=0.072$）。蠋蝽 5 龄若虫和成虫对黏虫的捕食功能反应符合 Holling Ⅱ 模型（图 12-3）。当黏虫密度较低（3 和 6）时，蠋蝽 5 龄若虫的捕食量显著高于成虫（密度

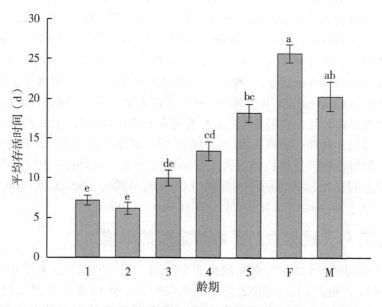

图 12-2　不同龄期蠋蝽在饥饿状态下的存活时间

为 3，$t=2.042$，$df=2$，38，$P=0.048$；密度为 6，$t=2.871$，$df=2$，38，$P=0.007$）；当黏虫密度为 18 和 24 时，蠋蝽成虫的捕食量显著高于 5 龄若虫（密度为 18，$t=3.684$，$df=2$，28，$P=0.001$；密度为 24，$t=4.266$，$df=2$，38，$P<0.000\ 1$）。

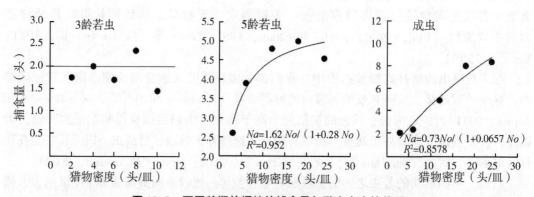

图 12-3　不同龄期的蠋蝽的捕食量与黏虫密度的关系

通过对 Holling Ⅱ 模型方程两侧取倒数后原方程可转化为一元线性方程：$1／Na=Th+1／a\ N$。因此将试验中所获观测值取倒数后与密度值倒数结合进行回归分析（表 12-2）。蠋蝽 5 龄若虫对黏虫的瞬时攻击率为 1.62，是蠋蝽成虫（0.73）的 2.2 倍；蠋蝽 5 龄若虫的单头猎物处理时间为 4.08h，是成虫（2.16h）的 1.89 倍。

表 12-2　蠋蝽 5 龄幼虫和成虫捕食黏虫的功能反应回归分析参数

龄期	参数	估计值	标准误	t	P
5 龄若虫	Th（h）	4.08	0.014	12.202	0.001
	a（h-1）	1.62	0.08	7.702	0.005
成虫	Th（h）	2.12	0.017	5.211	0.014
	a（h-1）	0.73	0.098	8.013	0.004

蠋蝽的扩散速率随龄期增大而加快，蠋蝽 5 龄若虫的扩散速率在释放后 16h，显著高于蠋蝽 3 龄若虫，低于蠋蝽成虫；但是在释放后 24h 和 72h，蠋蝽 5 龄若虫和成虫之间的扩散速率无显著差异，但是都显著高于 3 龄若虫；但是在释放后的 12h，蠋蝽 5 龄幼虫的扩散速率显著高于成虫（图 12-4）。

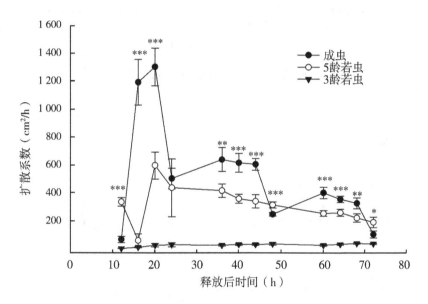

图 12-4　不同龄期的蠋蝽的扩散系数

不同龄期蠋蝽的定殖率存在显著差异，蠋蝽 3 龄若虫的定殖率显著高于 5 龄若虫和成虫，但是后两者之间的定殖率无显著差异（图 12-5）。

蠋蝽在释放后 24h 内，龄期对其在植物上的分布比例有显著影响（图 12-6）。

研究结果显示，随着蠋蝽龄期的增大，其耐饥能力和捕食能力增强，扩散速率加快。在无猎物的情况下，蠋蝽成虫的存活时间最长，显著高于若虫的存活时间；而高龄若虫的存活时间显著长于低龄若虫的存活时间。这个结果是预料之内的，有研究表明昆虫的耐饥能力随着个体的增大而增强（Gergs 和 Jager，2014）。Laparie 等（2012）研究表明，随着个体增大，步甲 *Merizodus soledadinus* 的耐饥能力增强，成虫最长可在饥饿状态下存活约 60d。这可能因为随着昆虫龄期增加，其体内储存的营养物质增多，在食物缺乏的时候可维持的寿命越长。Aguila（2009）研究表明，幼虫阶段脂肪体的积累能够增强黑腹果蝇 *Drophila melanogaster* 成虫的耐饥能力。

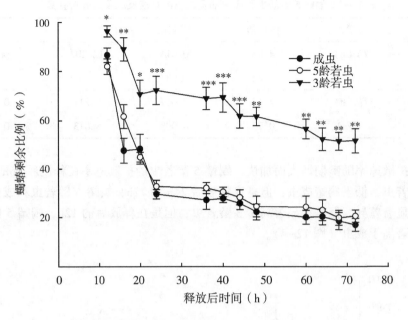

图 12-5　不同龄期的蠋蝽的定殖率

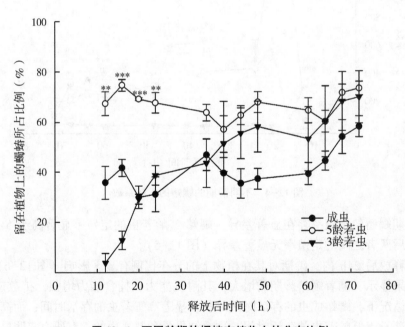

图 12-6　不同龄期的蠋蝽在植物上的分布比例

蠋蝽 3 龄幼虫对黏虫的捕食量大约为 2 头/d，不随着猎物密度的升高而改变，这可能因为蠋蝽 3 龄若虫每天的最大捕食量是 2 头黏虫。5 龄若虫和成虫的捕食功能反应都符合 Holling Ⅱ模型；在猎物密度较低的情况下，蠋蝽 5 龄若虫对黏虫的捕食量显著高于成虫，但是猎物密度较高时，成虫对黏虫的捕食量显著高于 5 龄若虫。这个结果说明，蠋蝽 5 龄若虫的捕食效率高于成虫，但是最大取食量低于成虫。

天敌昆虫的扩散和空间分布对它们在靶标区域的定殖有显著影响。扩散速率过快，靶标区域的天敌的密度会迅速降低，从而降低它们成功定殖的可能性；如果扩散太慢，则它们在靶标区域的分布均匀度降低，同样无法达到理想的防治效果。蠋蝽 3 龄若虫释放后扩散速率很慢，释放后 24h 仍然主要集中在释放点附近，释放后 72h 也没有在温室内达到均匀分布；但是蠋蝽 3 龄若虫的定殖率显著高于 5 龄若虫和成虫。蠋蝽成虫定殖率和在植物上的分布比例较低，这可能是因为蠋蝽到成虫阶段可以飞行，加之对光的驱性，扩散后集中分布在温室窗户上，部分个体从窗户和顶棚的缝隙中逃逸。蠋蝽的 5 龄若虫扩散速率居于 3 龄若虫和成虫之间，释放后 12h 基本在温室内均匀分布了，而且在植物上的分布比例很高，这一特性加大了它们成功搜寻到猎物的概率和在靶标区域的定殖性。

综合以上结果，在蠋蝽的释放应用过程中，若小范围释放 5 龄若虫为最佳释放虫态；若大范围释放，可能成虫效果更佳。

三、饥饿处理对天敌昆虫的扩散与定殖的影响

在生物防治过程中掌握天敌昆虫的扩散能力和空间分布是非常必要的。天敌昆虫的生理条件，尤其是饥饿状态显著影响其扩散速率。研究表明，饥饿能够改变天敌昆虫的猎物搜寻轨迹（Hénaut 等，2010），饥饿处理后的天敌昆虫释放后扩散速率更快。

扩散速率是影响天敌昆虫种群建立的一个重要因素（Zappalà 等，2013）。天敌昆虫在靶标区域内理想的扩散距离是能够覆盖该区域寄主/猎物存在的范围，但不超出该区域（Hougardy 和 Mills，2006；Heimpel 和 Asplen，2011）。

猎物缺乏是天敌昆虫在贮藏、运输或释放到田间后经常遇到的问题（Ghazy 等，2015）。多项研究表明，饥饿可降低天敌昆虫的繁殖力、存活时间和后代的适合度（Palevsky 等，1999；Toyoshima 等，2009）；此外，对它们的捕食效率也有显著的影响（Gui 和 Boiteau，2010）。饥饿能够改变天敌昆虫的寄主/猎物搜寻行为和食物消化速率，最终影响对猎物的捕食功能反应（Maselou 等，2015）。短时间的饥饿能够刺激天敌昆虫搜寻和捕食猎物。Reisenman（2014）的研究表明，饥饿状态能够提高长红猎蝽 *Rhodnius prolixus* Stål 对寄主气味的反映敏感度。Hanan 等（2015）对粉虱寄生蜂 *Eretmocerus warrae* Nauman 饥饿处理 5~25h，结果显示饥饿处理显著提高该寄生蜂的取食量。然而，长时间饥饿虽然也能刺激天敌昆虫捕食，但是捕食效率可能会因为饥饿导致的能量缺乏而降低。

天敌昆虫的捕食能力和扩散速率显著影响其在田间对害虫的防治效率。捕食能力是决定天敌昆虫控害效率的另一关键因素。捕食功能反应是指捕食者对猎物的捕食量随着猎物密度而发生改变（Hassanpour 等，2015）。捕食功能反应是影响捕食者——猎物种群动态变化的一个重要特性，理解天敌昆虫对寄主/猎物的捕食功能反应对提高其控害效率具有重要意义。

根据边际值原理，捕食者应该在营养质量高的斑块停留时间长，而在营养质量低的斑块停留时间短（Charnov，1976）。猎物密度是天敌昆虫衡量斑块质量和决定斑块停留时间的一个重要标准，显著影响天敌昆虫扩散速率和空间分布。当前斑块存在大量的健康寄主/猎物时，天敌昆虫在该斑块停留时间较长；而当前斑块寄主/猎物较少时，它们扩散到其他斑块的概率升高。然而杂食性天敌昆虫既可以取食植物，也可以取食植食性昆虫

（Pearson 等，2011），当斑块内猎物密度较低时，它们可以通过取食植物以维持新陈代谢，所以猎物对其影响可能更为复杂。然而，目前饥饿水平和猎物密度对杂食性天敌昆虫的扩散速率的影响研究较少。

蠋蝽是一种杂食性天敌昆虫，可广泛应用到多种鳞翅目和鞘翅目害虫的生物防治中（Zou 等，2015）。蠋蝽的若虫和成虫均可取食猎物的卵、幼虫和蛹等多个虫态。目前，应用蠋蝽防治一年生作物害虫的一个重要问题是人工扩繁的蠋蝽田间定殖能力较差。蠋蝽的耐饥能力很强，成虫在仅取食水的情况下可存活大约 20d；此外，短期的饥饿对成虫的繁殖能力无显著影响（张海平等，2017）。

通过研究饥饿水平对蠋蝽成虫捕食能力的影响，以及饥饿水平和猎物存在与否对蠋蝽成虫扩散速率和空间分布的影响明确了不同猎物密度下饥饿状态对蠋蝽捕食能力和定殖行为的影响规律，结果对提高蠋蝽规模化释放的田间定殖性提供理论依据。

不同饥饿水平的蠋蝽捕食黏虫的功能反应类型（图12-7）。结果显示，当猎物密度为 3（$F = 3.857$，$df = 2$，57，$P = 0.027$）和 6（$F = 33.064$，$df = 2$，57，$P < 0.000\ 1$）时，饥饿状态显著提高蠋蝽对黏虫的捕食量，然而，当猎物密度为 12（$F = 3.011$，$df = 2$，57，$P = 0.057$）、18（$F = 0.980$，$df = 2$，57，$P = 0.381$）和 24（$F = 2.170$，$df = 2$，57，$P = 0.123$）时，饥饿水平对蠋蝽的取食量无显著影响（表12-3）。

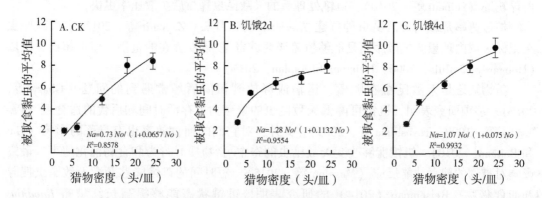

图 12-7　不同饥饿水平的蠋蝽的捕食量与黏虫密度的关系

表 12-3　不同饥饿水平的蠋蝽在 24h 内对黏虫的捕食量

饥饿时间（d）	猎物密度（头/皿）				
	3	6	12	18	24
0	2.0±0.24b	2.3±0.40b	4.9±0.52a	8.0±0.72a	8.4±0.73a
2	2.8±0.18a	5.5±0.16a	6.4±0.55a	6.9±0.58a	8.0±0.63a
4	2.6±0.19ab	4.7±0.26a	6.3±0.35a	8.0±0.58a	9.7±0.90a
F (2, 57)	3.857	33.064	3.011	0.980	2.170
P	0.027	<0.000 1	0.057	0.381	0.123

注：同一列字母相同表示显著不显著 $P > 0.05$（Tukey-Kramer HSD 测试）。

通过对 Holling Ⅱ 模型方程两侧取倒数后原方程可转化为一元线性方程：$1\ /\ Na =$

$Th + 1 / a N$。因此将试验中所获观测值取倒数后与密度值倒数结合进行回归分析所得结果如表 12-4 所示。饥饿 2d 和 4d 的蠋蝽对黏虫的瞬时攻击率分别为 1.28 和 1.07，比未饥饿的蠋蝽（0.73）分别高出 42.97% 和 31.78%。饥饿 4d 的蠋蝽单头猎物处理时间为 1.68h，比未饥饿的蠋蝽（2.16h）和饥饿 2 d 的蠋蝽（2.12h）分别少 22.22% 和 20.83%。

表 12-4　不同饥饿水平的蠋蝽捕食黏虫的功能反应回归分析参数

饥饿时间（d）	参数	估值	标准误	t	P
0（对照）	Th（h）	2.16	0.056	1.599	0.208
	a（h−1）	0.73	0.323	4.253	0.024
2	Th（h）	2.12	0.017	5.211	0.014
	a（h−1）	1.28	0.098	8.013	0.004
4	Th（h）	1.68	0.008	9.070	0.003
	a（h−1）	1.07	0.045	20.952	<0.000 1

饥饿水平（$F = 4.085$，$df = 2$，199，$P = 0.019$），猎物（$F = 678.555$，$df = 1$，199，$P<0.000 1$）和释放后的时间（$F = 98.765$，$df = 11$，199，$P<0.000 1$）对蠋蝽的扩散系数均有显著影响。通常情况下，蠋蝽在有猎物存在的情况下扩散系数显著低于在无猎物时的扩散系数，但是在释放后 12h（$F = 0.089$，$df = 1$，17，$P = 0.770$）、48h（$F = 2.533$，$df = 1$，17，$P = 0.137$）和 72h（$F = 2.163$，$df = 1$，17，$P = 0.167$）时，猎物存在与否对其扩散系数无显著影响。在无猎物时，饥饿处理的蠋蝽在释放后 24h（$F = 21.239$，$df = 2$，6，$P = 0.002$），48h（$F = 9.708$，$df = 2$，6，$P = 0.013$）和 72h（$F = 9.286$，$df = 2$，6，$P = 0.015$）的扩散系数显著高于未饥饿处理的蠋蝽；而当猎物存在的情况下，饥饿处理的蠋蝽仅在 12h（$F = 10.587$，$df = 2$，6，$P = 0.011$）和 16h（$F = 12.852$，$df = 2$，6，$P = 0.007$）时的扩散系数高于未饥饿处理的蠋蝽，在其他时间点无显著差异（图 12-8）。此外，在猎物和释放后时间（$F = 47.313$，$df = 11$，199，$P<0.000 1$），猎物和饥饿水平（$F = 7.690$，$df = 2$，199，$P = 0.001$），饥饿水平和释放后时间（$F = 2.789$，$df = 22$，199，$P = 0.002$）以及三者之间（$F = 2.343$，$df = 22$，199，$P = 0.001$）均存在交互作用。

猎物（$F = 210.518$，$df = 1$，199，$P<0.000 1$）和释放后的时间（$F = 55.881$，$df = 11$，199，$P<0.000 1$）显著影响蠋蝽的定殖率，但是饥饿水平（$F = 4.593$，$df = 2$，199，$P = 0.012$）影响较小。当猎物存在时，蠋蝽的定殖率只有在释放后 12h（$F = 0.192$，$df = 1$，17，$P = 0.669$）与无猎物存在时无显著差异，其他时间点均显著高于后者的定殖率；而且在此情况下，饥饿水平对蠋蝽定殖率基本无显著影响（图 12-9）。此外，在猎物和释放后时间（$F = 2.536$，$df = 11$，199，$P = 0.006$）之间存在交互作用，但是猎物和饥饿水平（$F = 2.586$，$df = 11$，199，$P = 0.079$），饥饿水平和释放后时间（$F = 0.710$，$df = 22$，199，$P = 0.823$），以及三者之间（$F = 0.869$，$df = 22$，199，$P = 0.635$）无明显交互作用。

饥饿水平、猎物和释放后的时间（$F = 5.862$，$df = 11$，199，$P<0.000 1$）对蠋蝽在温室中的空间分布均有显著影响。当有猎物存在的情况下，蠋蝽在植物上的分布显著高于

A.无猎物

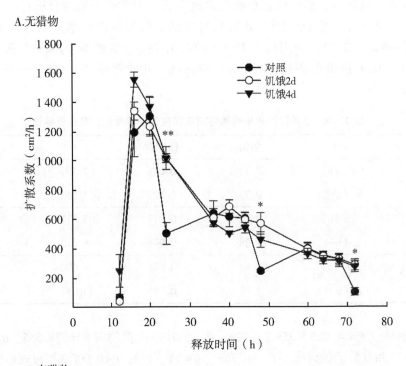

B.有猎物

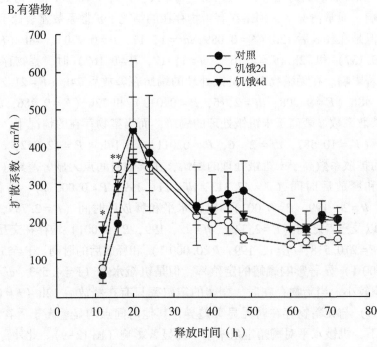

图 12-8　不同饥饿水平的蝎蝽的扩散系数

无猎物存在时在植物上的分布比例。饥饿状态同样会提高蝎蝽在植物上的分布比例，但是在无猎物时仅在释放后 16h（$F = 5.760$，$df = 2, 6$，$P = 0.041$）和 40 h（$F = 6.744$，$df = 2$，

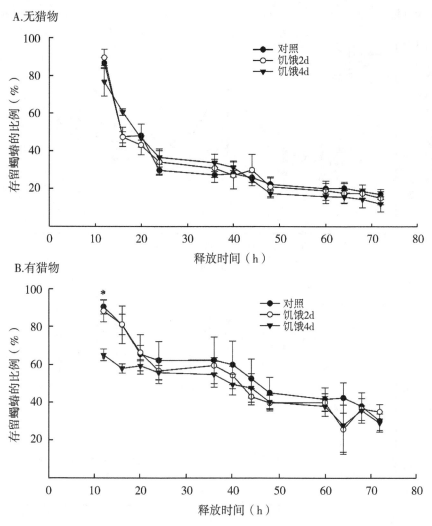

图 12-9 不同饥饿水平的蝎蝽的定殖率

6，$P = 0.029$）达到显著水平，而有猎物时仅在释放后 68h（$F = 5.285$，$df = 2$，6，$P =$ 0.047）达到显著水平（图 12-10）。此外，在猎物和释放后时间（$F = 2.654$，$df = 11$，199，$P = 0.004$）之间存在交互作用，但是猎物和饥饿水平（$F = 2.664$，$df = 11$，199，$P = 0.073$），饥饿水平和释放后时间（$F = 0.651$，$df = 22$，199，$P = 0.880$）及三者之间（$F = 1.362$，$df = 22$，199，$P = 0.144$）无明显交互作用。

　　结果显示，在猎物密度较低时，饥饿水平显著提高蝎蝽成虫对黏虫的捕食量。这种现象在其他天敌昆虫也有发生，Reisenman（2014）的研究表明，饥饿状态能够提高长红猎蝽 R. prolixus 对寄主气味的反映敏感度。寄生性天敌桨角蚜小蜂 E. warrae 经饥饿处理后对粉虱的取食量显著提高（Hanan 等，2015）。但是在猎物密度较高时（12、18 和 24 时），饥饿对蝎蝽捕食量的促进作用不显著。该结果说明，饥饿提高了蝎蝽的捕食效率，但是对最大取食量无显著影响。

　　在 3 种饥饿水平下，蝎蝽成虫对黏虫的捕食均呈现功能反应类型Ⅱ。多种半翅目捕食

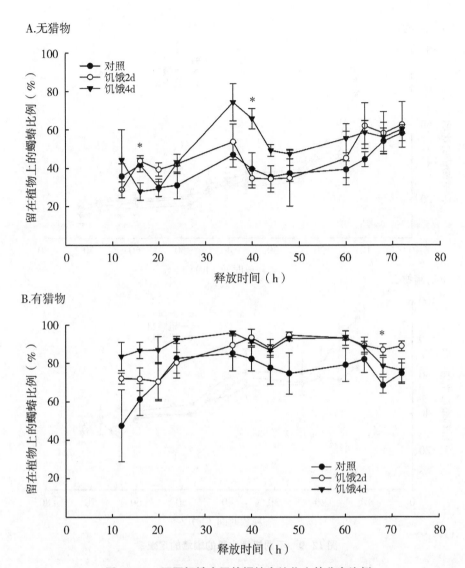

图 12-10　不同饥饿水平的蠋蝽在植物上的分布比例

性天敌对不同猎物密度的捕食呈现功能反应类型Ⅱ，比如盲蝽 *Dicyphus tamanin* Ⅱ Wagner 和 *Macrolophus pygmaeus* Rambur 取食温室白粉虱 *Trialeurodes vaporariorum* Westwood、西花蓟马 *Frankliniella occidentalis*（Pergande）（Montserrat 等，2000；Enkegaard 等，2001；Hamdan，2006；Lampropoulos 等，2013）、棉蚜 *Aphis gossypii* Glover（Alvarado 等，1997）、桃蚜 *M. persicae*（Foglar 等，1990）和二斑叶螨 *Tetranychus urticae* Koch（Foglar 等，1990）的捕食功能反应均符合 Holling Ⅱ 模型。

饥饿状态虽然没有改变蠋蝽的功能反应类型，但是显著提高了瞬时攻击率，缩短了猎物处理时间。该结果说明蠋蝽不仅能够应对短时间饥饿胁迫，短期饥饿还能促进其捕食效率。这一特性对蠋蝽在生物防治中的广泛应用具有重要意义。

寄主/猎物的密度是天敌昆虫衡量斑块质量的关键指标，也是决定天敌昆虫在当前斑块停留时间的重要依据。天敌昆虫在猎物充足的斑块内扩散速率慢，停留时间长。本研究发现，猎物存在与否对蠋蝽的扩散速率、空间分布和定殖率都有显著影响。当猎物存在时，蠋蝽的扩散速率显著降低，在植物上的分布比例和定殖率显著提高。这种适应性行为减少了扩散时的能量消耗（Torres 等，2002）。类似的现象在其他捕食性天敌昆虫也有发生。斑腹刺益蝽 *Podisus maculiventris*（Say）在猎物密度低时，搜寻面积大、时间长。

饥饿能够改变昆虫的生理状态，从而影响它们的行为反应。对于捕食性昆虫来说，适当的饥饿能够提高它们对猎物的搜寻效率，提高捕食量；但是饥饿时间过长则会导致它们能量缺乏，寿命缩短，繁殖力降低。我们发现饥饿在一定程度上提高了蠋蝽的扩散速率。当无猎物时，饥饿显著提高了蠋蝽释放后 24h、48h 和 72h 的平均扩散速率；而有猎物存在的情况下，饥饿处理的蠋蝽的扩散速率仅在 12h 和 16h 时有显著提高，说明饥饿状态能够显著提高蠋蝽对猎物的搜寻效率。然而 Hénaut 等对小花蝽 *Orius majusculus*（Reuter）的研究发现了相反的结果，他们发现，*O. majusculus* 在饥饿 6h 后扩散速率显著降低，而且搜寻猎物的过程中频繁停歇。这种不同的结果可能由于两种捕食蝽的耐饥能力的差异造成的。小花蝽耐饥能力较差，短期的饥饿造成它们能量缺乏，活力降低；而蠋蝽成虫耐饥能力很强，短期的（< 9d）饥饿处理对它们的繁殖力不会产生显著影响；饥饿对蠋蝽在植物上的分布比例和定殖率无显著影响。

综上所述，不同饥饿水平显著影响蠋蝽对黏虫的捕食效率。猎物存在与否对蠋蝽的扩散速率、空间分布和定殖率都有显著影响；饥饿虽然在一定程度促进蠋蝽扩散，但是对其在植物上的分布比例和定殖率无显著影响。根据以上结果，我们建议利用蠋蝽防治害虫时，在猎物发生初期释放或人为提供替代猎物（食物），并对其进行短期（2~4d）的饥饿处理，能够提高它们的捕食效率和在靶标区域的停留时间。

四、植物对天敌昆虫扩散和定殖的影响

寄主植物能够直接或间接影响昆虫天敌的行为和适合度（Caron 等，2008；Fuentes-Contreras 等，1996；Kalule 和 Wright，2005；Sarfraz 等，2009）。首先寄主植物能够影响天敌昆虫对寄主/猎物的定位。寄主植物挥发物是天敌昆虫定位寄主/猎物栖境和寄主/猎物的重要线索（De Moraes 等，2001；Masters 等，2001；Powell 和 Wright，1992；Vinson，1976）。许多研究显示，被植食性昆虫为害的植物挥发的气味比健康植物挥发的气味更能吸引天敌昆虫（Hoballah 等，2002；Silva 等，2007）。不同科、属、种的植物，甚至不同品种的植物挥发物不同（Bogahawatte 和 van Emden，1996；De Moraes 等，1998；Gouinguene 等，2001）。其次，寄主植物能够通过影响寄主或猎物的营养状况，间接影响天敌昆虫的发育和适合度（Fuentes-Contreras 和 Niemeyer，1998；Hare 和 Luck，1991；Karowe 和 Schoonhoven，1992；Lampert 和 Bowers，2010；Sarfraz 等，2009）。有研究表明，寄主植物能够影响天敌昆虫对猎物的搜寻效率及捕食功能反应（da Silva 等，1992；Messina 和 Hanks，1998；Pde 等，2000）。近年来，天敌昆虫的斑块停留时间（patch residence time）受到了广泛的关注，尤其对寄生蜂研究较多（van Alphen 等，2003），对捕食性天敌研究较少（van Laerhoven 等，2000）。天敌昆虫通过判断斑块质量，决定在当前斑块停留时间。植物既能为天敌昆虫提供栖息场所，也为它们提供寄主/猎物，所以植物的质量是天敌昆虫评判斑块质量的一个重要指标。杂食性天敌昆虫能够同时取食植物和猎物，所以植物对杂食性天敌昆虫适合度的影响更为直接和复杂。

1. 不同植物对低龄幼虫发育时间和捕食量的影响

不同植物对蠋蝽 1 龄幼虫的发育时间有显著影响，取食大豆的蠋蝽 1 龄幼虫发育速度最快，平均 3.4d；取食烟草的蠋蝽发育速率最慢，平均 4.5d；而取食玉米和辣椒的蠋蝽发育速率居中，分别为 3.9d 和 4.0d（$F=86.179$，$df=3$，377，$P<0.000\ 1$）（图 12-11）。

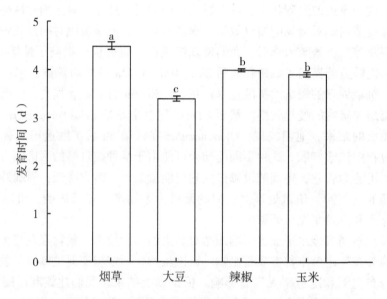

图 12-11　取食不同植物的蠋蝽 1 龄幼虫的发育时间

宿主植物种类显著影响蠋蝽对斜纹夜蛾的捕食量。当宿主植物是大豆时，蠋蝽 5d 对斜纹夜蛾的平均捕食量最少（14.1 头/d），显著低于栖息在其他 3 种宿主植物时对斜纹夜蛾的平均捕食量（烟草：17.0 头/d，玉米：17.8 头/d，辣椒：17.3 头/d）；然而，蠋蝽在其他三种宿主植物之间对猎物的捕食量无显著差异（$F=5.251$，$df=3$，16，$P=0.010$）（图 12-12）。

2. 不同植物对蠋蝽扩散和定殖的影响

通常情况下，蠋蝽在玉米上的扩散速率最快，显著高于在其他 3 种植物上的扩散速率（图 12-13），除了在释放后 12h，蠋蝽在 3 种植物上的定殖率无显著差异（图 12-14）。

蠋蝽的空间分布显著受植物种类的影响（图 12-15）。当烟草作为宿主植物时，蠋蝽植物上的分布比例显著低于其在大豆和辣椒上的分布比例，但是与玉米之间无显著差异。

植物种类显著影响天敌昆虫的行为和适合度，取食大豆显著提高蠋蝽 1 龄幼虫的发育速率，而烟草则显著延长其发育时间。这种结果可能由植物体内的不同营养物造成的。烟草内的尼古丁可能是降低蠋蝽发育速率的原因。Bentz 和 Barbosa（2011）研究表明，取食尼古丁显著降低烟草天蛾 *Manduca sexta*（L.）寄生蜂 *Cotesia congregata*（Say）的发育速率和存活率。大豆作为固氮植物，体内的 N 含量较高。而 N 是植物和昆虫生长发育中非常重要的一种大量营养元素，植物内 N 的含量较高，能够显著提高植食性昆虫及其天敌的适合度，这可能是大豆能够加快蠋蝽幼虫发育速率的主要原因。这种现象在其他天敌昆虫中也有发现。比如当瓢虫 *Aiolocaria hexaspilota* Hope 取食用含氮量较高的柳树饲养的叶甲 *Plagiodera versicolora*（Laicharting）时，其繁殖力和幼虫阶段的发育速率显著提高（Ka-

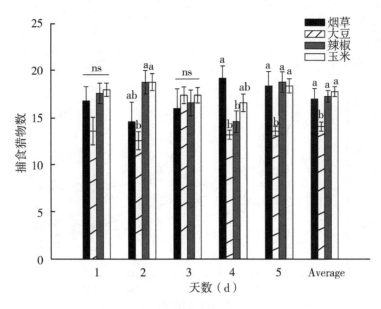

图 12-12 不同宿主植物对蠋蝽成虫捕食量的影响

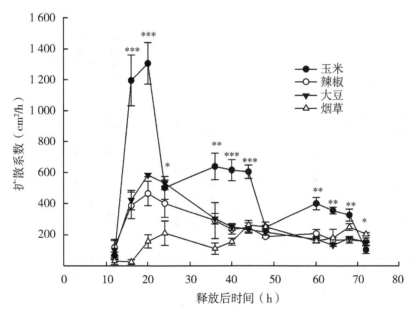

图 12-13 蠋蝽在不同植物上的扩散系数

gata 等，2005）。大豆含氮量较高，Liman 等（2017）研究表明，在猎物缺乏的情况下，植物的含 N 量对维持天敌昆虫的种群数量是至关重要的，尤其对于杂食性天敌昆虫。他们连续 13 年调查了灰毛柳 *Salix cinerea* L. 不同含 N 量对盲蝽类天敌昆虫种群数量的影响，结果显示，在含 N 量较高的灰毛柳上，盲蝽的种群数量升高了 195%，而在含 N 量低的灰毛柳上，其种群数量降低了 63%。

蠋蝽对大豆的取食偏好性显著降低了它们对猎物的捕食量。由此推论，在蠋蝽释放初

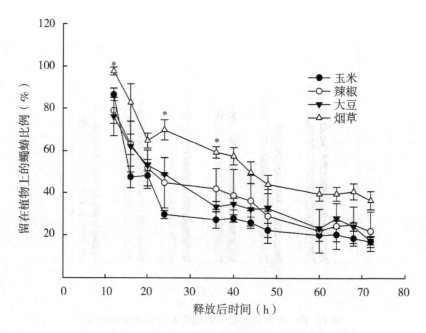

图 12-14　蠋蝽在不同植物上的定殖率

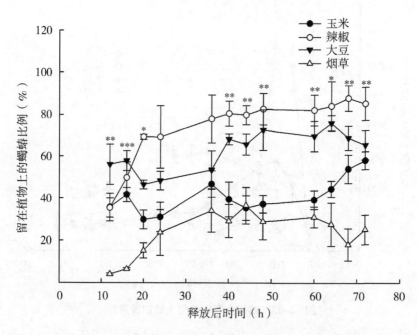

图 12-15　不同植物种类对蠋蝽的空间分布的影响

期或猎物缺乏时，我们可以通过给它们提供如大豆这类含 N 量高的植物，以提高它们的适合度，维持稳定的种群。但是这类植物是否会影响其对靶标植物上害虫的控制效果，还需要进一步研究。

植物种类显著影响蠋蝽的扩散速率、空间分布及定殖率。蠋蝽在烟草上扩散速率和在植物上的分布比例都是最低的。造成这个结果可能有几个可能的原因。首先，烟草不是蠋蝽理想的宿主植物（会延长蠋蝽幼虫的发育时间）；其次，烟草叶片（尤其是新叶）分泌一种黏液，会阻碍蠋蝽的爬行。蠋蝽在大豆上的分布比例显著高于其他三种植物，并且我们在调查过程中多次观察到蠋蝽吸食大豆汁液的行为，这进一步表明大豆是蠋蝽一种理想的宿主植物，可以作为功能植物以提高其田间适合度，然而不同植物对蠋蝽的斑块停留时间无显著影响，这说明植物可能不是影响蠋蝽斑块停留时间的主要因素。该结果与 van Laerhoven 等（2006）的研究结果相反。van Laerhoven 等研究了不同植物和猎物种类对杂食性昆虫 *D. hesperus* 的斑块停留时间的影响，结果显示，植物的种类显著影响其斑块停留时间。这可能是由于不同昆虫的生活习性不同导致的。蠋蝽虽然对植物有取食行为，但是2龄以后主要捕食植食性昆虫，尤其在成虫阶段，仅取食植物无法使其达到性成熟而产卵，所以猎物的存在与否可能是决定它们斑块停留时间的主要因素。

总之，植物种类显著影响蠋蝽的行为和适合度。在蠋蝽的释放应用中，可以通过在靶标区域内种植合适的功能植物，提高它们的适合度，进而提高对害虫的防控效果。当然功能植物的种类和种植策略还需要进行大量的研究。

第三节 天敌昆虫田间适合度与成功定殖的关系

天敌昆虫的田间适合度是针对特定指标对天敌昆虫适应环境的一种评判标准，是影响天敌昆虫释放后成功定殖的又一重要因素。评判天敌昆虫适合度的指标主要包括其繁殖力、寿命、生长发育速率和个体大小等。若天敌昆虫在靶标区域内适合度高，则更易建立稳定的种群；如果无法适应新的环境，则无法成功定殖。天敌昆虫的田间适合度受多种因素的影响。

影响天敌昆虫适合度的因素包括生物因素和非生物因素。生物因素又可分为生理因素和环境因素两大类。通过对天敌昆虫生理状态的调节，筛选合适的释放龄期，进行释放前抗胁迫锻炼，并根据天敌昆虫所需要的资源，对其生境进行调控，丰富植物的多样性（包括蜜源植物、栖境植物等），为天敌昆虫提供食物、栖息场所和庇护所，可有效提高其田间适合度。

天敌昆虫释放环境的非生物因素，包括温度、光照、湿度、降水等，显著影响其适合度。其中温度是影响昆虫适合度的一个关键指标。对于昆虫生命活动来说，有最高、最低和适宜温度范围，温度过高或过低都会显著影响昆虫的寿命、繁殖力、发育时间及其他行为反应。对昆虫进行适当的锻炼，可以提高它们对胁迫环境的适应能力。低温锻炼可有效提高昆虫耐寒性，对昆虫在环境温度昼夜和季节变化的适应中发挥重要的作用。Ghazy 和 Amano（2014）发现低温锻炼能够显著提高加州钝绥螨在意外变温情况下的存活率。此外，低温锻炼还可使昆虫对逆境产生交互抗性（岳雷等，2013）。Sejerkilde 等（2003）发现低温锻炼不仅能够提高果蝇在低温条件下的存活率，还能加强对高温的耐受力。对二星瓢虫进行低温锻炼，不仅可以增加其成虫个体大小，而且能够增加其捕食量（Sorensen 等，2013）。

一、天敌昆虫的龄期显著影响其适合度

天敌昆虫随着龄期的增大，其个体增大，捕食能力和抗胁迫能力增强，从而释放后的存活率升高（Gergs 和 Jager，2014）。Laparie 等（2012）研究表明，随着个体增大，步甲 *Merizodus soledadinus* 的耐饥能力增强，成虫存活时间增长，可在饥饿状态下存活 60d。该现象在其他多种昆虫也有发生（Scharf 和 Dor，2015；罗茂海等，2014）。成虫日龄是影响天敌昆虫释放后繁殖适合度的重要因素（Beck 和 Powell，2000；Delisle，1995；Partridge 和 Fowler，1992）。雌性寄生蜂的繁殖潜能会随着日龄的增加而降低（Amalin 等，2005；Garcia 等，2001）。雌性寄生蜂随着日龄的增加，其寻找寄主和控制寄主的时间缩短（Bellows Jr，1985），而且寄生能力也会随日龄而变化。雌性寄生蜂的日龄显著影响其体内卵的大小和营养含量以及后代的性比（Avilla 和 Albajes，1984；Giron 和 Casas，2003；Santolamazza-Carbone 等，2007）。许多研究表明，随着雌性寄生蜂的日龄增大，其雌性后代的比例逐渐降低（Bai 和 Smith，1993；Strand，1988；Uçkan 和 Gülel，2002）。此外，雌性寄生蜂的日龄还会影响其产卵决策和过寄生率（Santolamazza-Carbone 等，2004；Völkl 和 Mackauer，1990）。

二、饥饿程度显著影响天敌昆虫适合度

饥饿水平影响昆虫的生长发育和行为（Adamo 等，2016；Kirk，2012；Stahlschmidt 等，2014），以及天敌昆虫的捕食功能反应类型。适当的饥饿处理显著提高天敌昆虫对寄主或猎物的搜寻效率和捕食量（Barbosa 等，2014；Kim 和 Lim，2014）。Lamine 等（2005）研究表明，饥饿能够改变捕食性天敌昆虫 *Deraeocoris lutescens* Schilling 对猎物的搜寻行为轨迹。此外，短期的饥饿能够刺激天敌昆虫搜寻和捕食猎物。Reisenman（2014）的研究表明：饥饿状态能够提高 *Rhodnius prolixus* Stål 对寄主气味的反应敏感度。Hanan 等（2015）对粉虱寄生蜂 *Eretmocerus warrae* Nauman 饥饿处理 5~25h，结果显示饥饿处理显著提高该寄生蜂的取食量。然而，过度饥饿则会提高昆虫的死亡率、降低它们的繁殖力以及后代的适合度（Palevsky 等，1999；Toyoshima 等，2009）。

三、植物因素影响天敌昆虫适合度

植物为天敌昆虫提供寄主或猎物以及栖息场所，其种类、品种以及结构均能够直接或间接影响天敌昆虫的适合度。很多研究表明捕食性和寄生性天敌根据植食性昆虫诱导的植物挥发物进行寄主定位（De Moraes 等，1998；Gouinguené 等，2001）。被植食性昆虫为害的植物挥发的气味比健康植物挥发的气味更能吸引天敌（Hoballah 等，2002；Silva 等，2007）。Tatemoto 和 Shimoda（2008）的试验表明，被烟蓟马 *Thrips tabaci*（Lindeman）为害过的黄瓜叶片挥发物对胡瓜钝绥螨 *Neoseiulus cucumeris* Ouder-mans 和南方小花蝽 *Orius strigicollis*（Poppius）均有引诱作用；然而，没有被烟蓟马为害的叶片的挥发物对两种天敌没有吸引作用。

不同寄主植物的挥发物也影响天敌昆虫的寄主搜寻效率（Ode 等，2004）。天敌昆虫不仅可以根据植物挥发物判断该区域是否被害虫为害，而且可能判断寄主或猎物的种类、数量及发育阶段（Rim 等，2015），进而对该斑块质量做出评估，并决定是否停留或迁

移。近年来，通过改善天敌释放后的栖息环境以提高天敌昆虫的适合度及对害虫的防治效果的研究越来越多。即根据天敌昆虫所需要的资源，有意识的调控包括非作物在内的植物生境，丰富植物的多样性，为天敌昆虫提供食物、越冬和繁殖的场所、逃避农药和耕作干扰的庇护所和适宜生长繁殖的微观环境。目前，研究最多且应用最广的是蜜源植物（nectar resource plant）、栖境植物（habitat plant）、诱集植物（trap plant）、储备植物（banker plant）和护卫植物（guardian plant）等。蜜源植物是指能够为天敌昆虫，特别是寄生性天敌提供花粉、花蜜或花外蜜源的植物种类；栖境植物也称库源植物，特指目标作物之外的其他作物或非作物植物，是昆虫生长繁殖的必需场所；诱集植物能够使害虫趋于集中，有助于吸引田间天敌觅食或便于天敌的集中释放，有利于增强天敌作用效果；储备植物也称载体植物，能够为天敌昆虫提供替代寄主或猎物；护卫植物是指集诱集植物、栖境植物和储备植物等功能于一体的植物。

对这些植物的合理利用，可以有效提高天敌昆虫的定殖率和适合度，从而提高天敌昆虫的控害潜能。目前，在欧美发达国家针对"害虫—天敌调控"形成的多种农田景观缓冲带建设模式已非常成熟，并广泛的推广应用，对天敌的保护利用和害虫的控制效果显著（Crowder 和 Jabbour，2014；Jonsson 等，2015；Veres 等，2013）。我国在天敌昆虫生态辅助调节方面也取得了一些进展（尤民生等，2004；王建红等，2015）。如在浙江省金华市，水稻田边种植显花植物芝麻可以提高寄生性天敌的数量，有效控制稻飞虱和稻纵卷叶螟的发生（朱平阳等，2012）。

第四节　释放方式和环境因素对天敌昆虫定殖的影响

天敌昆虫在田间的释放技术对其防治效果产生重要影响，国内外的学者，在释放装置、释放时间、释放方式等方面做了很多探索。例如，在释放草蛉卵和幼虫时，Gile 等利用蛭石作为生物天敌的载体，喷洒在田间（1995）；Gardner（1996）将草蛉卵和赤眼蜂卵置于水中，以水作为载体喷洒在田间；通过悬挂装有草蛉卵的释放袋，挂在或者钉在植物上，几天后幼虫出现并会取食。对于草蛉成虫释放技术的探索，目前还没有很深入的研究。本文以释放高度为切入点，在 60cm、120cm、180cm 三个高度下释放草蛉，研究高度对其行为产生的影响。

一、释放方式对天敌定殖的影响

释放方式对于天敌昆虫在田间或者温室内的分布有着重要影响，释放方式包括释放高度，释放位置，释放装置等方面。本实验针对释放高度这一影响因子开展研究，根据昆虫不同的生物学习性以及田间复杂的生态环境条件，应该因地制宜地选择适合所释放昆虫的方式。研究对象如大草蛉和丽草蛉具有较强的向上性和趋光性，在田间生防工作中，其释放方式尤为重要。60cm 释放大草蛉时，70.5% 的个体分布在植物上部和棚上，180cm 释放时上升至 90.5%；60cm 释放丽草蛉时，74.5% 的个体分布在植物上部和棚上，180cm 释放时上升至 90.5%。根据这一结果推断，如果释放时选择的位置偏高，那么草蛉在白天的活动区间会集中于植物上部和顶棚，而且由于草蛉的趋光性较强，植物上部的光线比植物中部和下部要充足，根据我们的观察，很大一部分植物上部的草蛉会迁移到顶棚上，这样就造成草蛉在植物上停留的时间过短，落虫数较少，也就不可能起到对害虫的防控效果，草蛉的生防效果就要大打折扣，如果害虫得不到有效的防治，那么可能造成作物的减产甚至是绝产。本研究只是针对释放高度对其空间分布进行了观察，基于此，未来还要开展对于草蛉释放装置、释放位置的研究，增加其在植物上的停留时间、落虫数等指标，以期起到更好的防治效果。

二、温度对天敌定殖的影响

昆虫属于变温动物，适宜的温度是昆虫进行各项生命活动所必需的条件之一，温度直接影响昆虫的新陈代谢，进而影响昆虫的生长发育以及其他生命过程，如栖息、取食、扩散分布等行为（Ratte，1985）。国内外学者在温度对于昆虫的影响这一领域已开展了大量工作，在连续温度梯度下，昆虫通常会通过运动主动选择适宜的温度（马春森等，2005），在14~29℃范围内，温度越低，孟氏隐唇瓢虫发育历期越长，当温度超出这一范围达到32℃后，其发育历期又略有延长（陈先锋，2000）。温度胁迫可能会诱导昆虫进入滞育甚至是死亡，在18℃、光周期 L∶D＝10∶14 时，几乎所有七星瓢虫雌成虫进入滞育（王伟等，2013）。昆虫的运动和分布受温度因素的影响较大，蚜虫通常会选择在植株幼嫩部位活动，但温度超过28℃后，棉蚜 Aphis gossypii 会大量转移到棉花下部老叶上（刘向东，2000），高温也会促使麦无网长管蚜 Metopolophium dirhodum 从植物上部向下部转移或者跌落地面（Ma chunsen，2000）。不同的农田生态系统中，温度条件差异很大，如果利用天敌昆虫进行生物防治，温度是需要考虑的重要因素。本文在15℃、20℃、25℃、30℃下释放大草蛉和丽草蛉，观察两种草蛉的扩散行为受温度的影响。

昆虫属于变温动物，昆虫会通过运动主动选择适宜的温度，温度过高和过低会诱导昆虫滞育或者是昆虫死亡。温度对于昆虫生长发育等生物学指标和取食、飞行等行为都会产生重要的影响。不同的农田生态系统中，温度差异很大，如果利用天敌昆虫进行生物防治，温度是需要考虑的重要因素。整体上看，在15~30℃，随着温度的上升，两种草蛉的主要分布区域也在不断往顶棚和植物上部集中，大草蛉由15℃的49.3%上升至30℃的96%，丽草蛉由 63.4%上升至 95.3%。平均扩散距离也在不断增大，大草蛉在15℃、20℃、25℃下有显著性差异，25℃与30℃之间没有显著性差异；丽草蛉在15℃、20℃、25℃之间没有显著性差异，但是在30℃有显著性增长；在15℃时，丽草蛉与大草蛉的扩散距离存在显著性差异，丽草蛉要显著大于大草蛉。由此可见，两种草蛉对于温度的反应还是有所差异的，丽草蛉在15℃的低温条件下，比大草蛉更加活跃，扩散的距离更远。丽草蛉显然更适于较低温度，可在早春、冬季棚内温度较低时释放，我们也可以利用这一特性在不同的温度环境中选择性释放。大草蛉成虫的过冷却点和结冰点在其各发育龄期中是最高的，分别为-9.45℃±1.93℃和-3.78℃±1.73℃，丽草蛉的过冷却点和冰点目前尚未进行研究，我们猜测，丽草蛉的过冷却点和冰点会低于大草蛉。研究表明，15℃的低温能够促进初羽化稻纵卷叶螟 Cnaphalocrocis medinalis 雌成虫飞行肌的降解，其飞行肌重量显著小于对照，经低温处理过的雌蛾飞行距离、时间和速度均小于对照，我们推测，丽草蛉的飞行肌降解受温度影响较小，大草蛉受温度影响则较大。这方面的研究有待于进一步开展。

天敌昆虫释放环境的非生物因素，包括温度、光照、湿度、降水等，显著影响其适合度。其中温度是影响昆虫适合度的一个关键指标。对于昆虫生命活动来说，有最高、最低和适宜温度范围，温度过高或过低都会显著影响昆虫的寿命、繁殖力、发育时间及其他行为反应。对昆虫进行适当的锻炼，可以提高它们对胁迫环境的适应能力。

低温锻炼可有效提高昆虫耐寒性，在昆虫对环境温度昼夜和季节变化的适应中发挥重要的作用。Ghazy 和 Amano（2014）发现低温锻炼能够显著提高加州钝绥螨在意外变温情况下的存活率。此外，低温锻炼还可使昆虫对逆境产生交互抗性（岳雷等，2013）。Sejerkilde等（2003）发现低温锻炼不仅能够提高果蝇在低温条件下的存活率，还能增加其对高温的耐受力。对二星瓢虫进行低温锻炼，不仅可以增加其成虫个体大小，而且能够增加其捕食量。

人工扩繁的天敌昆虫释放后能否成功定殖是决定其持久高效控害的首要关键因素，然而目前对天敌昆虫田间定殖性研究较少，多种因素对天敌昆虫定殖性的影响机制不明确，也未形成有效的调控策略。蠋蝽作为优良的天敌昆虫在多种重要的农业和林业害虫的生物防治中具有广泛的应用前景。但是我们在烟田对蠋蝽进行多次释放，均未成功建立稳定种群。本研究通过室内和温室试验，测定了多种生理条件和环境因素，包括饥饿状态、龄期、猎物和植物对蠋蝽扩散行为和适合度的影响，并系统评价了蠋蝽对小菜蛾的防治潜能，为提高蠋蝽的田间定殖性和控害效果提供技术参考。

（陈红印、潘明真　执笔）

参考文献

柴希民，何志华，蒋平，等，2000. 浙江省马尾松毛虫天敌研究［J］. 浙江林业科技，20：1-56，61.

陈静，张建萍，张建，等，2007. 蠋敌对双斑长跗萤叶甲成虫的捕食功能研究［J］. 昆虫天敌，29：149-154.

高卓，2010. 蠋蝽（*Arma chinensis* Fallou）生物学特性及其控制技术研究［D］. 哈尔滨：黑龙江大学.

郭义，王曼姿，张长华，等，2017. 几种糖类物质对蠋蝽取食行为选择和繁殖力的影响［J］. 中国生物防治学报，33：331-337.

李娇娇，张长华，易忠经，等，2016. 三种猎物对蠋蝽生长发育和繁殖的影响［J］. 中国生物防治学报，32：553-561.

罗茂海，刘玉娣，侯茂林，2014. 华丽肖蛸和锥腹肖蛸不同龄期饥饿耐受性研究［J］. 应用昆虫学报，51：496-503.

宋丽文，陶万强，关玲，等，2010. 不同宿主植物和饲养密度对蠋蝽生长发育和生殖力的影响［J］. 林业科学，46：105-110.

王建红，仇兰芬，车少臣，等，2015. 蜜粉源植物对天敌昆虫的作用及其在生物防治中的应用［J］. 应用昆虫学报，52：289-299.

徐崇华，严静君，姚德富，1984. 温度与蠋蝽（*Arma chinensis* Fallou）发育的关系［J］. 林业科学，20：96-99.

尤民生，侯有明，刘雨芳，等，2004. 农田非作物生境调控与害虫综合治理［J］. 昆虫学报, 47: 260-268.

朱平阳, 吕仲贤, 郑许松, 等, 2012. 显花植物在提高节肢动物天敌控制害虫中的生态功能 [J]. 中国生物防治学报, 28: 583-588.

邹德玉, 2013. 取食无昆虫成分人工饲料蠋蝽的转录组研究及饲养成本分析 [D]. 北京: 中国农业科学院.

Amalin D M, Peña J E, Duncan R E, 2005. Effects of host age, female parasitoid age, and host plant on parasitism of *Ceratogramma etiennei* (Hymenoptera: Trichogrammatidae) [J]. Florida Entomologist, 88: 77-82.

Angalet G W, Jacques R L, 1975. The establishment of *Coccinella septempunctata* in the continental United States [J]. U. S. Department of Agriculture Cooperative Economics Institute Report, 25: 883-884.

Aukema B H, Raffa K F, 2004. Does aggregation benefit bark beetles by diluting predation? Links between a group-colonisation strategy and the absence of emergent multiple predator effects [J]. Ecological Entomology, 29: 129-138.

Avilla J, Albajes R, 1984. The influence of female age and host size on the sex ratio of the parasitoid *Opius concolor* [J]. Entomologia experimentalis *et* applicata, 35: 43-47.

Bai B, Smith S, 1993. Effect of host availability on reproduction and survival of the parasitoid wasp *Trichogramma minutum* [J]. Ecological Entomology, 18: 279-286.

Bellamy D E, Asplen M K, Byrne D N, 2004. Impact of Eretmocerus eremicus (Hymenoptera: Aphelinidae) on open-field *Bemisia tabaci* (Hemiptera: Aleyrodidae) populations [J]. Biological Control, 29: 227-234.

Bellows T S Jr, 1985. Effects of host age and host availability on developmental period, adult size, sex ratio, longevity and fecundity in *Lariophagus distinguendus* Förster (Hymenoptera: Pteromalidae) [J]. Researches on Population Ecology, 27: 55-64.

Bentz J A, Barbosa P, 2011. Effects of dietary nicotine and partial starvation of tobacco hornworm, *Manduca sexta*, on the survival and development of the parasitoid *Cotesia congregata* [J]. Entomologia Experimentalis *et* Applicata, 65: 241-245.

Bonte M, Clercq P D, 2011. Influence of predator density, diet and living substrate on developmental fitness of *Orius laevigatus* [J]. Journal of Applied Entomology, 135: 343-350.

Charnov E L, 1976. Optimal foraging, the marginal value theorem [J]. Theoretical Population Biology, 9 (2): 129-136.

Corbett A, 1998. The importance of movement in the response of natural enemies to habitat manipulation [M] //Pickett C H, Bugg R L. Enhancing biological control. Berkeley: University of California Press: 25-48.

Corbett A, Plant R E, 1993. Role of movement in the response of natural enemies to agroecosystem diversification: a theoretical evaluation [J]. Environmental Entomology, 22: 519-531.

Crawley M J, 1986. The population biology of invaders [J]. Philosophical Transactions of the Royal Society of London, Series B, 314: 711-713.

Crowder D W, Jabbour R, 2014. Relationships between biodiversity and biological control in agroecosystems: current status and future challenges [J]. Biological Control, 75: 8-17.

Daza-Bustamante P, Fuentes-Contreras E, Niemeyer H M, 2003. Acceptance and suitability of *Acyrthosiphon pisum* and *Sitobion avenae* as hosts of the aphid parasitoid *Aphidius ervi* (Hymenoptera: Braconidae) [J]. European Journal of Entomology, 101: 49-53.

De Moraes C, Lewis W, Pare P, et al., 1998. Herbivore-infested plants selectively attract parasitoids [J]. Nature, 393: 570-573.

Enkegaard A, Brodsgaard H F, Hansen D L, 2001. Macrolophus caliginosus: Functional response to whiteflies and preference and switching capacity between whiteflies and spider mites [J]. Entomologia Experimentalis *et* Applicata, 101: 81-88.

Ferran A, Giuge L, Tourniaire R, et al., 1998. An artificial non-flying mutation to improve the efficiency of the ladybird *Harmonia axyridis* in biological control of aphids [J]. Biocontrol, 43: 53-64.

Foglar H, Malausa J, Wajnberg E, 1990. The functional response and preference of *Macrolophus caliginosus* (Hemiptera: Miridae) for two of its prey: *Myzus persicae* and *Tetranuchus urticae* [J]. Entomophaga, 35: 465-474.

Frechette B, Dixon A F, Alauzet C, et al., 2004. Age and experience influence patch assessment for oviposition by an insect predator [J]. Ecological Entomology, 29: 578-583.

Fuentes-Contreras E, Niemeyer H, 1998. Dimboa glucoside, a wheat chemical defense, affects host acceptance and suitability of *Sitobion avenae* to the cereal aphid parasitoid *Aphidius rhopalosiphi* [J]. Journal of Chemical Ecology, 24: 371-381.

Garcia P V, Wajnberg E, Oliveira M L M, Tavares J, 2001. Is the parasitization capacity of *Trichogramma cordubensis* influenced by the age of the females? [J]. Entomologia Experimentalis *et* Applicata, 98: 219-224.

Gergs A, Jager T, 2014. Body size-mediated starvation resistance in an insect predator [J]. Journal of Animal Ecology, 83: 758.

Ghazy N A, Osakabe M, Aboshi T, et al., 2015. The effects of prestarvation diet on starvation tolerance of the predatory mite *Neoseiulus californicus* (acari: phytoseiidae) [J]. Physiological Entomology, 12: 123-128.

Giron D, Casas J, 2003. Mothers reduce egg provisioning with age [J]. Ecology Letters, 6: 273-277.

Godfray H C J, 1994. Parasitoids: behavioral and evolutionary ecology [M]. Princeton University Press.

Gouinguené S, Degen T, Turlings T C, 2001. Variability in herbivore-induced odour emissions among maize cultivars and their wild ancestors (teosinte) [J]. Chemoecology, 11: 9-16.

Grevstad F S, 1999. Factors influencing the chance of population establishment: implications for release strategies in biocontrol [J]. Ecological Applications, 9: 1439-1447.

Grundy P R & Maelzer D A, 2002. Factors affecting the establishment and dispersal of nymphs of *Pristhesancus plagipennis* Walker (Hemiptera: Reduviidae) when released onto soybean, cotton and sunflower crops [J]. Australian Journal of Entomology, 41: 272-278.

Gu H N, Hughes J, Dorn S, 2006. Trade-off between mobility and fitness in *Cydia pomonella* L. (Lepidoptera: Tortricidae) [J]. Ecological Entomology, 31: 68-74.

Gui L Y & Boiteau G, 2010. Effect of food deprivation on the ambulatory movement ofthe Colorado potato beetle, *Leptinotarsa decemlineata* [J]. Entomologia Experimentalis *et* Applicata, 134: 138-145.

Gurr G M, Wratten S, 1999. Integrated biological control: a proposal for enhancing success in biological control [J]. International Journal of Pest Management, 45: 81-84.

Hamdan A J S, 2006. Functional and numerical responses of the predatory bug, *Macrolophus caliginosus* Wagner fed on different densities of eggs of the greenhouse whitefly, *Triaeurodes vaporariorum* (Westwood) [J]. Journal of Biological Research, 6: 147-154.

Hanan A, He X Z, Shakeel M, et al., 2015. Does certain host and food deprivation period affect host feeding and oviposition behaviour of eretmocerus warrae (hymenoptera: aphelinidae) [J]. Journal of the Entomological Research Society, 17: 51-59.

Hare J D, Luck R F, 1991. Indirect effects of citrus cultivars on life history parameters of a parasitic wasp [J]. Ecology, 1576-1585.

Hassanpour M, Maghami R, Rafiee-Dastjerdi H, et al., 2015. Predation activity of *Chrysoperla carnea* (neuroptera: chrysopidae) upon *Aphis fabae* (hemiptera: aphididae): effect of different hunger levels [J]. Journal of Asia-Pacific Entomology, 18: 297-302.

Heimpel G E, Asplen M K, 2011. A "goldilocks" hypothesis for dispersal of biological control agents [J]. Biocontrol, 56: 441-450.

Hemptinne J L, Lognay G, Doumbia M, et al., 2001. Chemical nature and persistence of the oviposition deterring pheromone in the tracks of the larvae of the two spot ladybird, *Adalia bipunctata* (Coleoptera: Coccinellidae) [J]. Chemoecology, 11: 43-47.

Hénaut Y, Alauzet C, Lambin M, 2010. Effects of starvation on the search path characteristics of *Orius majusculus* (Reuter) (Het. Anthocoridae) [J]. Journal of Applied Entomology, 126: 501-503.

Herzig A L, 1995. Effects of population density on long-distance dispersal in the goldenrod beetle trirhabda virgata [J]. Ecology, 76: 2044-2054.

Jonsen I D, Bourchier R S, Roland J, 2007. Influence of dispersal, stochasticity, and an Allee effect on the persistence of weed biocontrol introductions [J]. Ecological

Modelling, 203: 521-526.

Jonsson M, Wratten S D, Landis D A, et al., 2010. Habitat manipulation to mitigate the impacts of invasive arthropod pests [J]. Biological Invasions, 12: 2933-2945.

Jonsson M, Straub C S, Didham R K, et al., 2015. Experimental evidence that the effectiveness of conservation biological control depends on landscape complexity [J]. Journal of Applied Ecology, 52: 1274-1282.

Jvan B, Boivin G, Outreman Y, 2005. Patch exploitation strategy by an egg parasitoid in constant or variable environment [J]. Ecological Entomology, 30: 502-509.

Kagata H, Nakamura M, Ohgushi T, 2005. Bottom-up cascade in a tri-trophic system: different impacts of host-plant regeneration on performance of a willow leaf beetle and its natural enemy [J]. Ecological Entomology, 30: 58-62.

Kalule T, Wright D, 2005. Effect of cultivars with varying levels of resistance to aphids on development time, sex ratio, size and longevity of the parasitoid *Aphidius colemani* [J]. BioControl 50: 235-246.

Kaplan I, Thaler J S, 2011. Do plant defenses enhance or diminish prey suppression by omnivorous Heteroptera? [J]. Biological Control, 59: 53-60.

Karowe D, Schoonhoven L, 1992. Interactions among three trophic levels: the influence of host plant on performance of *Pieris brassicae* and its parasitoid, *Cotesia glomerata* [J]. Entomologia Experimentalis *et* Applicata, 62: 241-251.

Kim J H, Jander G, 2007. *Myzus persicae* (green peach aphid) feeding on *Arabidopsis induces* the formation of a deterrent indole glucosinolate [J]. Plant Journal, 49: 1008-1019.

Korb J, Linsenmair K E, 2002. Evaluation of predation risk in the collectively foraging termite *Macrotermes bellicosus* [J]. Insectes Sociaux, 49: 264-269.

Lambion J, 2013. Flower strips as winter shelters for predatory miridae bugs [J]. Acta Horticulturae (ISHS), 1041: 149-156.

Lamine K, Lambin M, Alauzet C, 2005. Effect of starvation on the searching path of the predatory bug deraeocoris lutescens [J]. Biocontrol, 50: 717-727.

Lampert E C, Bowers M D, 2010. Host plant species affects the quality of the generalist *Trichoplusia ni* as a host for the polyembryonic parasitoid *Copidosoma floridanum* [J]. Entomologia Experimentalis *et* Applicata, 134: 287-295.

Langellotto G A, Denno R F, Ott J R, 2000. A trade-off between flight capability and reproduction in males of a wing-dimorphic insect [J]. Ecology, 81: 865-875.

Laparie M, Larvor V, Frenot Y, et al., 2012. Starvation resistance and effects of diet on energy reserves in a predatory ground beetle (*Merizodus soledadinus*: carabidae) invading the Kerguelen Islands [J]. Comparative Biochemistry & Physiology Part A, 161: 122.

Lee J C, Heimpel G E, 2005. Impact of flowering buckwheat on lepidopteran cabbage pests and their parasitoids at two spatial scales [J]. Biological Control, 34: 290-301.

Levin D A, Kelley C D, Sarkar S, 2009. Enhancement of Allee effects in plants due to self-incompatibility alleles [J]. Journal of Ecology, 97: 518-527.

Liman A S, Dalin P, Björkman C, 2017. Enhanced leaf nitrogen status stabilizes omnivore population density [J]. Oecologia, 183: 57-65.

Lorenz M W, 2007. Oogenesis - flight syndrome in crickets: Age - dependent egg production, flight performance, and biochemical composition of the flight muscles in adult female *Gryllus bimaculatus* [J]. Journal of Insect Physiology, 53: 819-832.

Maeda T, Takabayashi J, Yano S, et al., 1998. Factors affecting the resident time of the predatory mite *Phytoseiulus persimilis* (acari: phytoseiidae) in a prey patch [J]. Applied Entomology & Zoology, 33: 573-576.

Martini X, Dixon A F, Hemptinne J L, 2013. The effect of relatedness on the response of *Adalia bipunctata* L. to oviposition deterring cues [J]. Bulletin of Entomological Research, 103: 14-19.

Maselou D, Perdikis D, Fantinou A, 2015. Effect of hunger level on prey consumption and functional response of the predator *Macrolophus pygmaeus* [J]. Bulletin of Insectology, 68: 211-218.

Martinez-Ghersa M A, Ghersa C M, 2006. The relationship of propagule pressure to invasion potential in plants. Euphytica, 148: 87-96.

Mewis I, Appel H M, Hom A, et al., 2005. Major signaling pathways modulate *Arabidopsis glucosinolate* accumulation and response to both phloem-feeding and chewing insects [J]. Journal of Plant Physiology, 138: 1149-1162.

Montserrat M L, Albajes R, Castane C, 2000. Functional response of four heteropteran predators preying on greenhouse whiteflies (Homopteran: Aleyrodidae) and western flower thrips (Thysanoptera: Thripidae) [J]. Environmental Entomology, 29: 1075-1082.

Nespolo R F, Roff D A, Fairbairn D J, 2008. Energetic trade-off between maintenance costs and flight capacity in the sand cricket (*Gryllus firmus*) [J]. Functional Ecology, 22: 624-631.

Neves R C S, Torres J B, Vivan L M, 2009. Reproduction and dispersal of wing-clipped predatory stinkbugs, *Podisus nigrispinus* in cotton fields [J]. Biocontrol, 54: 9-17.

Ode P J, Berenbaum M R, Zangerl A R, et al., 2004. Host plant, host plant chemistry and the polyembryonic parasitoid *Copidosoma sosares*: indirect effects in a tritrophic interaction [J]. Oikos, 104: 388-400.

Ohara Y, Takafuji A J, 2003. Factors affecting the patch-leaving decision of the parasitic wasp *Diadegma semiclausum* (hymenoptera: ichneumonidae) [J]. Applied Entomology & Zoology, 38: 211-214.

Palevsky E, Reuveny H, Okonis O, et al., 1999. Comparative behavioural studies of larval and adult stages on the phytoseiids (Acari: Mesostigmata) *Typhlodromus athiasae* and *Neoseiulus californicus* [J]. Exp Appl Acarol, 23: 467-485.

Pan M Z, Liu T X, 2014. Suitability of three aphid species for *Aphidius gifuensis* (Hymenoptera: Braconidae): Parasitoid performance varies with hosts of origin [J]. Biological control, 69: 90-96.

Pearson R E G, Behmer S T, Gruner D S, et al., 2011. Effects of diet quality on performance and nutrient regulation in an omnivorous katydid [J]. Ecological Entomology, 36: 471-479.

Pineda A, Marcos-Garcia M A, 2008. Evaluation of several strategies to increase the residence time of *Episyrphus balteatus* (Diptera, Syrphidae) releases in sweet pepper greenhouses [J]. Annals of Applied Biology, 152: 271-276.

Reisenman C E, 2014. Hunger is the best spice: effects of starvation in the antennal responses of the blood-sucking bug *Rhodnius prolixus* [J]. Journal of Insect Physiology, 71: 8-13.

Rickers S, Scheu S, 2005. Cannibalism in *Pardosa palustris* (Araneae, Lycosidae): effects of alternative prey, habitat structure, and density [J]. Basic & Applied Ecology, 6: 471-478.

Rim H, Uefune M, Ozawa R, et al., 2015. Olfactory response of the omnivorous mirid bug *Nesidiocoris tenuis* to eggplants infested by prey: Specificity in prey developmental stages and prey species [J]. Biological Control, 91: 47-54.

Saglam I K, Roff D A, Fairbairn D J, 2008. Male sand crickets tradeoff flight capability for reproductive potential [J]. Journal of Evolutionary Biology, 21: 997-1004.

Sant'Ana J, Bruni R, Abdul-Baki A A, et al., 1997. Pheromone-induced movement of nymphs of the predator, *Podisus maculiventris* (Heteroptera: Pentatomidae) [J]. Biological Control, 10: 123-128.

Santolamazza-Carbone S, Rodriguez-Illamola A, Cordero Rivera A, 2004. Host finding and host discrimination ability in *Anaphes nitens* Girault, an egg parasitoid of the Eucalyptus snout-beetle *Gonipterus scutellatus* Gyllenhal [J]. Biological Control, 29: 24-33.

Sarfraz M, Dosdall L, Keddie B, 2009. Host plant nutritional quality affects the performance of the parasitoid *Diadegma insulare* [J]. Biological Control, 51: 34-41.

Scharf I, Dor R, 2015. The effects of starvation and repeated disturbance on mass loss, pit construction, and spatial pattern in a trap - building predator [J]. Ecological Entomology, 40: 381-389.

Seko T, Yamashita K, Miura K, 2008. Residence period of a flightless strain of the ladybird beetle *Harmonia axyridis* Pallas (Coleoptera: Coccinellidae) in open fields [J]. Biological Control, 47: 194-198.

Seko T, Miura K, 2009. Effects of artificial selection for reduced flight ability on survival rate and fecundity of *Harmonia axyridis* Pallas (Coleoptera: coccinellidae) [J]. Applied Entomology & Zoology, 44: 587-594.

Seko T, Yamashita K I, Miura K, 2008. Residence period of a flightless strain of the ladybird beetle *Harmonia axyridis* Pallas (Coleoptera: coccinellidae) in open fields [J].

Biological Control, 47: 194-198.

Simberloff D S, Abele L G, 1982. Refuge design and island biogeographic theory effects and fragmentation [J]. American Naturalist, 120: 41-51.

Srygley R B, 2004. The aerodynamic costs of warning signals in palatable mimetic butterflies and their distasteful models [J]. Proceedings of the Royal Society of London Series B-Biological Sciences, 271: 589-594.

Stelinski L L, Zhang A, Onagbola E O, et al., 2009. Recognition of foreign oviposition marking pheromones is context dependent and determined by preimaginal conditioning [J]. Communicative & Integrative Biology, 2: 391.

Tatemoto S, Shimoda T, 2008. Olfactory responses of the predatory mites (*Neoseiulus cucumeris*) and insects (*Orius strigicollis*) to two different plant species infested with onion thrips (*Thrips tabaci*) [J]. Journal of Chemical Ecology 34: 605-613.

Teder T, Tammaru T, 2002. Cascading effects of variation in plant vigour on the relative performance of insect herbivores and their parasitoids [J]. Ecological Entomology, 27: 94-104.

Torres J B, Evangelista Junior W S, Barros R, et al., 2002. Dispersal of *Podisus nigrispinus* (Heteroptera: Pentatomidae) nymphs preying on tomato leafminer: effect of predator release time, density and satiation level [J]. Journal of Applied Entomology, 126: 326-332.

Torres J B, Wsjr E, Barras R, et al., 2010. Dispersal of *Podisus nigrispinus* (het. pentatomidae) nymphs preying on tomato leafminer: effect of predator release time, density and satiation level [J]. Journal of Applied Entomology, 126: 326-332.

Tourniaire R, Ferran A, Giuge L, et al., 2010. A natural flightless mutation in the ladybird, *Harmonia axyridis* [J]. Entomologia Experimentalis et Applicata, 96: 33-38.

Toyoshima S, Michalik P, Talarico G, et al., 2009. Effects of starvation on reproduction of the predacious mite *Neoseiulus californicus* (acari: phytoseiidae) [J]. Experimental & Applied Acarology, 47: 235-247.

Ueno H, de Jong P W, Brakefield P M, 2004. Genetic basis and fitness consequences of winglessness in the two-spot ladybird beetle, *Adalia bipunctata* [J]. Heredity, 93: 283-289.

Vanlaerhoven S L, Gillespie D R, Roitberg B D, 2006. Patch retention time in an omnivore, *Dicyphus hesperus*, is dependent on both host plant and prey type [J]. Journal of Insect Behavior, 19: 613-621.

Veres A, Petit S, Conord C, et al., 2013. Does landscape composition affect pest abundance and their control by natural enemies? A review [J]. Agriculture, Ecosystems & Environment, 166: 110-117.

Völkl W, Mackauer M, 1990. Age-specific pattern of host discrimination by the aphid parasitoid *Ephedrus californicus* Baker (Hymenoptera: Aphidiidae) [J]. Canadian Entomologist, 122: 349-361.

Wiednmann R N, O'Neil R J, 1991. Searching behavior and time budgets of the predator *Podisus maculiventris* [J]. Entomologia Experimentalis Et Applicata, 60: 83-93.

Yoshihiro E, Yamada Y, 2014. Self -/conspecific discrimination and superparasitism strategy in the ovicidal parasitoid *Echthrodelphax fairchildii* (Hymenoptera: Dryinidae) [J]. Insect Science, 21: 741-749.

Zou D, Coudron T A, Liu C, et al., 2013. Nutrigenomics in *Arma chinensis*: transcriptome analysis of *Arma chinensis* fed on artificial diet and chinese oak silk moth *Antheraea pernyi* pupae [J]. PloS One, 8: e60881.

Zou D, Wang M, Zhang L, et al., 2012. Taxonomic and bionomic notes on *Arma chinensis* Fallou (Hemiptera: Pentatomidae: Asopinae) [J]. Zootaxa, 3382: 41-52.

第十三章　杀虫剂对天敌昆虫的影响

"以虫治虫"是害虫生物防治的主要内容之一。天敌昆虫作为传统的生物防治产品，在控制农业虫（螨）害，保证农产品丰产、丰收中起着不可替代的作用。同时，在害虫防治中，杀虫剂是控制害虫种群数量的另一重要因素，杀虫剂的大量不合理使用，在杀死害虫的同时也杀害天敌，除了使害虫产生抗药性和污染环境外，还会大量杀伤昆虫天敌，破坏害虫与天敌之间的自然平衡，从而导致害虫的再猖獗和次要害虫的大暴发，产生生态平衡、环境污染和食品安全等重大问题。要在短期内完全禁用杀虫剂是不现实的，所以，如何协调开展害虫的化学防治和生物防治便成为近年来害虫综合治理（IPM）研究的热点和重点之一。因此，加强天敌昆虫抗药性的研究对于协调害虫化学防治和生物防治的矛盾具有重要的理论和现实意义。

近年来，随着杀虫剂负面影响的逐渐凸显和人们对农作物产品质量安全意识的提高，抗性天敌昆虫资源受到了越来越多的关注。捕食性天敌要以害虫作为其食物来源，而寄生性天敌要以害虫作为其寄主，若把害虫完全灭治了，天敌也无法存活。杀虫剂对天敌的影响主要来自两个方面，一是杀虫剂对天敌昆虫的直接作用，二是杀虫剂还可以通过食物链毒性（次级中毒）和亚致死效应来影响天敌。从现有文献资料来看，拟除虫菊酯、有机磷和氨基甲酸酯类杀虫剂对捕食性天敌的毒性较大，而新烟碱类和生物源杀虫剂对捕食性天敌的毒性较小。

杀虫剂不仅能使天敌昆虫的死亡率增加、寿命缩短、发育历期延长和生殖力下降，还能影响天敌昆虫的取食或寄生行为等。Shimoda 等（2011）以大头菜（*Brassica rapa*）—小菜蛾 *Plutella xylostella*（L.）—菜蛾盘绒茧蜂 *Cotesia vestalis*（Kurdjumov）三级营养关系为基础，系统调查了 8 种杀虫剂对天敌取食行为的影响，结果发现，醚菊酯、灭多威和马拉硫磷能够通过虫害诱导植物挥发物（HIPVs）显著影响菜蛾盘绒茧蜂雌蜂对小菜蛾的寄生行为。Singh 等（2004）研究发现杀虫剂可显著影响七星瓢虫的取食选择行为，七星瓢虫成虫和幼虫接触乐果或取食经乐果处理后的蚜虫，其捕食量和活性均显著下降。在另外一组试验中，七星瓢虫取食经拟除虫菊酯杀虫剂处理过的蚜虫的取食量与对照相比显著下降；另外，天敌昆虫对不同类型杀虫剂的反应也不尽相同，研究表明七星瓢虫对有机磷类杀虫剂的反应最强，其次是拟除虫菊酯，氨基甲酸酯的反应最小，且雌虫对药剂的反应比雄虫更明显。

第一节　天敌昆虫的耐药性研究进展

不仅害虫会对化学药剂产生适应性，天敌昆虫也可对化学药剂产生抗药性。由于各种的原因，产生耐药性的昆虫天敌种类远远少于产生耐药性的害虫种类。据统计至 1979 年产生耐药性的害虫为 281 种，而天敌昆虫只有 9 种（Croft 和 Morse，1979），截至 2002 年，报道共有 44 种天敌对某一药剂或多种药剂产生了不同程度的抗药性。早在 1998 年已经发现用药水平较高地区的龟纹瓢虫 *Propylea japonica* Thunberg 对三氟氯氰菊酯比用药水平较低地区的龟纹瓢虫高出 30.6 倍的抗药性（朱福兴等，1998）。Jalali 等（2006）用亚致死剂量硫丹培育螟黄赤眼蜂 *Trichogramma chilonis* Ishii 到 341 代，最终获得了 15.2 倍抗性的螟黄赤眼蜂。吴红波、张帆和金道超（2008）报道了不同地理种群的螟黄赤眼蜂和松毛虫赤眼蜂 *Trichogramma dendrolimi* Matsumura 对多种杀虫剂产生抗性。

随着杀虫剂的持续使用，产生抗药性的天敌种类还在继续增加。由于缺乏天敌抗药性的统一评价标准和公认的敏感品系以及一些研究资料和数据过于分散和简单，缺乏多地区、多年份地比较，许多天敌昆虫只检测出对某些杀虫剂具有一定的耐受力或只对某些杀虫剂进行了敏感性测定但并未纳入抗性品系，因此，实际产生抗药性的天敌种类还可能更多。

抗药性天敌不仅在种类上远远少于抗药性害虫，而且其抗药性水平上也远低于抗药性害虫。造成这一现象的原因是多方面的，除食物限制学说、前适应学说和栖境的影响外，天敌和害虫间的生理、生物学习性及行为差异等原因之外，也由于天敌饲养较为困难，不能像害虫一样提供大量的试验材料，以及缺乏类似鉴定害虫抗药性的标准测定和评价方法，天敌抗药性的研究尚未受到足够的重视。可喜的是，近年来通过抗性筛选技术成功培育抗药性天敌的报道不断增多。在田间，应该加强天敌的抗药性监测，以期获得具有一定耐药性和抗药性的种群；在室内，则对天敌进行抗性品系的筛选，同时培育敏感品系。抗、敏感品系的获取对于昆虫抗药性机理的研究具有重要作用。目前天敌抗性筛选还没有较为有效的方法，抗性遗传规律不清楚是其重要的原因之一。捕食螨的抗性遗传研究相对较为系统，对其他天敌抗性遗传研究具有借鉴意义。随着分子生物学研究方法与技术的不断发展，过去未能开展的一些事情，如通过基因调控使某些抗性关键基因得以高效表达并稳定遗传，又如利用高通量测序技术挖掘天敌一些新的抗性关键基因以及利用 RNAi 技术进行基因功能注释等，今后必将成为现实。天敌抗药性研究的最终目的在于抗性天敌在 IPM 中的应用，发挥其应有的作用，服务于人类，以期创造更大的社会、经济和生态效益。

在田间使用药剂防治害虫时，我们的侧重点是通过杀死害虫将其种群数量控制在经济阈值以下，由于天敌昆虫与害虫处于同一栖境，使用药剂防治害虫的同时，天敌昆虫也不可避免遭受药剂的选择。结果敏感个体被杀死，抗性个体则存活下来。杀虫剂毒性是其对天敌影响的直接体现和评价。

室内药剂汰选和田间药剂自然选择是抗性天敌昆虫种群来源的两个主要途径。室内筛选成功的例子较少，且所获得抗性品系的抗性倍数普遍低于田间种群。Pielou（1950）及 Pielou 和 Glasser（1952）首次研究了选育抗性天敌的可能性。目前，抗性天敌成功应用的案例很少。

为了更好地了解天敌昆虫的抗药性，从而培育出抗药性强的天敌昆虫，其抗药机理成为研究天敌昆虫的重点。资料显示，天敌昆虫的抗药性机理与害虫抗药性机理相似，普遍认为昆虫抗性主要与代谢相关，由于解毒酶活性的增加而加速杀虫剂代谢。羧酸酯酶、谷胱甘肽-S-转移酶、昆虫细胞色素 P450 是三大代谢水解酶，乙酰胆碱酯酶属于神经递质水解酶。

第二节 农药对天敌昆虫的影响研究

随着绿色发展的提出，生物防治越来越受到重视，化学农药在农业防治中也是必不可少的，天敌昆虫和化学农药如何共存是目前亟须解决的问题。研究了田间常用的两种药剂联苯菊酯和阿维菌素处理后，益螨 3~5 龄若虫和成虫存活率，益螨卵孵化率和孵化时间，益螨雌成虫寿命和生殖，以及益螨体内酶活水平的变化。探寻天敌昆虫益螨和化学农药二者可以兼容的方法。

笔者主要研究了田间常用的两种药剂联苯菊酯和阿维菌素处理后，益螨 3~5 龄若虫和成虫存活率，益螨卵孵化率和孵化时间，益螨雌成虫寿命和生殖，以及益螨体内酶活水平的变化。探寻天敌昆虫益螨和化学农药二者可以兼容的方法。

益螨对农药的适应性研究：用两种杀虫剂阿维菌素和联苯菊酯处理后，对益螨卵的孵化率没有影响，而联苯菊酯处理后，益螨卵的孵化时间（9.091d）显著长于阿维菌素（7.071d）和对照（6.445d）处理后的；用药剂分别处理益螨 3~5 龄若虫和成虫，其存活率均显著低于对照；阿维菌素处理益螨雌成虫延长了其寿命（47.33d），增加了其产卵量（283.8 粒），而联苯菊酯处理后的益螨寿命显著缩短（19.6d），产卵量显著降低（89 粒）；但两种药剂处理后的存活的益螨雌成虫体内的相关酶（乙酰胆碱酯酶、昆虫细胞色素 P450、谷胱甘肽-S-转移酶、昆虫羧酸酯酶）活性均有所增加。

羧酸酯酶（CarE）广泛存在于昆虫中，主要以水解蛋白和结合蛋白两种方式发挥解毒作用，其活性与昆虫的解毒能力密切相关（杨帅，2012）。Pan 等（2009）发现羧酸酯酶基因扩增可能在棉蚜中对马拉硫磷的抗性中具有重要作用。Cui 等（2011）证明了在昆虫抗药性中非特异性羧酸酯酶的作用。

谷胱甘肽-S-转移酶（GST）是广泛存在昆虫中的多功能超家族酶，在细胞抵御逆境过程中发挥解毒和抗氧化功能。GST 作为 II 相代谢酶，主要催化内源或外源性物质的亲电子基团与还原型谷胱甘肽的巯基结合，形成易溶解或无毒性的衍生物，从而降低其毒害。用杀虫剂筛选的家蝇 *Musca domestica* 体内 GST 活性显著提高（Kristensen，2005）。

昆虫细胞色素 P450 酶（CYP450）是广泛存在于生物体中的一类代谢酶，它对内源物质的代谢与转化或外源化合物的活化与降解等进行催化和调控。它在昆虫中的作用涉及生长、发育、取食等过程，其对异生物质的代谢特性导致了昆虫对杀虫剂的抗药性和对植物有毒物质的耐受性，它还参与了昆虫体内保幼激素、蜕皮激素和脂肪酸等内源化合物的合成与代谢（Scott 等，1998；Feyereisen，1999）。小菜蛾 P450 对氯菊酯抗性关系的研究发现，抗性品系中两种 P450 酶的超量表达可能导致了小菜蛾抗性的产生（Bautista 等，2007）。

乙酰胆碱酯酶（AChE）通过迅速水解神经递质乙酰胆碱而终止胆碱能突触传递，维持神经正常功能（黄磊，2019）。害虫体内的 AChE 也是有机磷和氨基甲酸酯类杀虫剂的作用靶标，AChE 结构基因的点突变会导致 AChE 发生变构，使其对杀虫剂的敏感性降低进而使害虫产生抗药性。目前，已经在水稻二化螟等多种害虫中发现了由于乙酰胆碱酯酶相关基因的突变导致害虫产生抗药性（Jiang，2009）。

对于天敌昆虫的抗药性研究，发现杀虫剂抗蚜威对七星瓢虫 *Coccinella septempunctata* L. 中解毒酶乙酰胆碱酯酶的抑制中浓度（I_{50}）比麦长管蚜 *Sitobion avenea*（Fabricius）高出 26.4 倍，而羧酸酯酶活性和酯酶米氏常数相差不大（刘伟等，1991），表明造成抗蚜威对七星瓢虫和麦长管蚜选择毒性的主要原因是乙酰胆碱酯酶对抗蚜威的敏感度差异。Kumral 等（2011）证实了食螨瓢虫 *Stethorus gilvifrons*（Mulsant）对甲基对硫磷产生抗性，以及高度耐受联苯菊酯的原因是羧酸酯酶活性增强和乙酰胆碱酯酶靶标不敏感。

一、药剂对益螨卵的影响

图 13-1 是联苯菊酯和阿维菌素处理后益螨卵的孵化率，结果表明，两种药剂处理后益螨卵的孵化率与对照均没有显著差异（$F_{2,33}=0.4279$，$P=0.655$），且处理后的卵的孵化率均达到 98% 以上。图 13-2 表示药剂处理后益螨卵的孵化天数，结果显示，联苯菊酯（9.091d），阿维菌素（7.071d）处理后益螨卵的孵化天数与对照（6.455d）具有显著差异（$F_{2,33}=34.05$，$P<0.0001$），其中联苯菊酯处理后益螨卵的孵化天数与对照相比显著延长（$P<0.0001$），而阿维菌素处理后益螨卵的孵化天数与对照相比没有显著差异（$P=0.1437$）。

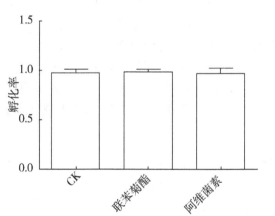

图 13-1　药剂处理后益螨卵孵化率

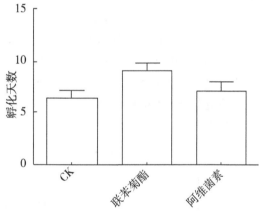

图 13-2　药剂处理后益螨卵孵化天数

二、药剂对益螨 3~5 龄若虫和成虫的影响

由图 13-3 可以看出对照、联苯菊酯和阿维菌素对益螨 3~5 龄若虫和成虫的存活率的影响。结果表明阿维菌素和联苯菊酯均对益螨表现出显著的伤害作用，与对照相比，两种药剂处理后的益螨 3 龄若虫（$F_{2,6}=11.89$，$P=0.0082$），4 龄若虫（$F_{2,6}=9.18$，$P=0.0149$），5 龄若虫（$F_{2,6}=14.26$，$P=0.0052$），雌成虫（$F_{2,6}=8.95$，$P=0.0049$），雄成虫（$F_{2,6}=13.56$，$P=0.0039$）的存活率与对照相比均显著降低。阿维菌素和联苯菊酯处理后的 3 龄若虫的平均存活率分别为 8.13% 和 33.13%，4 龄若虫的平均存活率分别为 39.13% 和 50%，5 龄若虫的平均存活率分别为 25.76% 和 22.94%，雌成虫的平均存活率

分别为 60.96% 和 30.08%，雄成虫的平均存活率分别为 19.95% 和 28.31%。

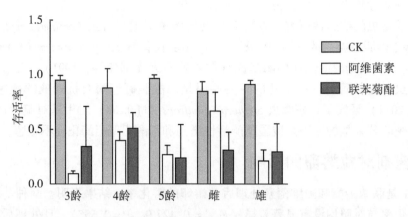

图 13-3　药剂处理后益螨 3~5 龄若虫和成虫的存活率

三、药剂对益螨雌成虫的影响

阿维菌素和联苯菊酯处理后测定益螨雌成虫的生殖数据和寿命如表 13-1 所示，其中阿维菌素、联苯菊酯和对照处理后益螨雌成虫相比，首次产卵量没有显著差异（$F_{2,15}$ = 0.749 5，P = 0.489 5），而产卵量（$F_{2,14}$ = 6.318，P = 0.011 1），产卵次数（$F_{2,14}$ = 4.582，P = 0.029 5），产卵前期（$F_{2,14}$ = 3.908，P = 0.044 8）和益螨雌成虫寿命（$F_{2,15}$ = 7.700，P = 0.050）均具有显著差异。其中联苯菊酯处理后的益螨雌虫平均产卵量（89.00 粒）、产卵次数（2.50 次）和寿命（19.60d）与对照的平均产卵量（228.3 粒）、产卵次数（7.29 次）和寿命（40.14d）具有显著差异，而阿维菌素处理后的益螨雌虫平均产卵量（283.8 粒）、产卵次数（7.67 次）和寿命（47.33d）与对照均没有显著差异，甚至高于对照。

表 13-1　药剂处理后益螨雌虫的生殖和寿命情况

处理	产卵量（粒）	产卵次数	首次产卵量（粒）	产卵前期（d）	寿命（d）
对照 CK	228.3±38.12ab	7.29±1.38a	34.38±5.29a	12.86±0.63a	40.14±5.86a
联苯菊酯 Bifenthrin	89.00±33.04b	2.5±0.96b	33.75±3.20a	14.5±0.87ab	19.6±2.73b
阿维菌素 Abamectin	283.8±31.15a	7.67±0.92a	41.67±4.373a	15.17±0.48ab	47.33±4.38a

注：数据为平均值±标准差，不同小写字母表示差异显著。0.05 水平单因素方差分析。

使用阿维菌素和联苯菊酯两种药剂后测定益螨雌成虫体内羧酸酯酶、谷胱甘肽-S-转移酶、乙酰胆碱酯酶、昆虫细胞色素 P450 的酶活（图 13-4）。结果发现，阿维菌素和联苯菊酯处理后羧酸酯酶（$F_{2,30}$ = 18.60，P<0.000 1），谷胱甘肽-S-转移酶（$F_{2,30}$ = 4.625，P = 0.017 7），乙酰胆碱酯酶（$F_{2,30}$ = 13.00，P<0.000 1），昆虫细胞色素 P450（$F_{2,30}$ = 7.513，P = 0.002 3）的酶活与对照均具有显著性差异。

阿维菌素是一种生物源农药，是由土壤中的链霉菌 *Streptomyces avermitilis* 产生的抗生素，联苯菊酯是菊酯类化学药剂。这两种药剂是田间常用的消灭害虫的两种杀虫剂，对天

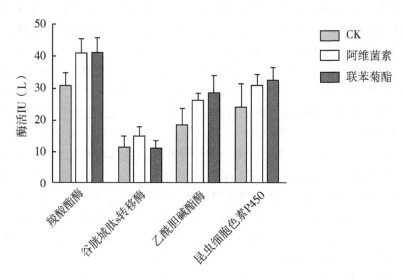

图 13-4 药剂处理后雌成虫相关解毒酶的酶活

敌昆虫亦有一定的杀伤作用，本试验研究了这两种杀虫剂对天敌昆虫益蝽的存活率和生殖的影响，以及益蝽对这两种药剂的抗性研究。

药剂处理后，昆虫的存活率是药剂对昆虫杀伤作用的直接表现。阿维菌素和联苯菊酯均对益蝽 3~5 龄若虫和成虫的存活率具有显著影响，其中阿维菌素处理后的雌成虫的存活率均高于其他虫态下阿维菌素处理后的存活率。联苯菊酯处理后益蝽的存活率一般高于阿维菌素处理后的益蝽存活率。两种药剂处理后益蝽雌成虫的存活率均高于雄成虫。Picanco 等（1997）证明了黑刺益蝽雌成虫对甲基对硫磷的容忍度高于雄成虫。Clercq 研究了斑腹刺益蝽对二氟脲和蚊蝇醚的敏感程度，结果表明：二氟脲直接接触体表对斑腹刺益蝽没有毒害作用，而通过取食含有药液的水分摄取到体内的二氟脲对斑腹刺益蝽有毒杀作用；蚊蝇醚会导致斑腹刺益蝽蜕皮失败、发育停滞（De Clercq 等，1995）。Azevedo 等（2009）等测试了精高效氯氟氰菊酯对黑刺益蝽的毒性，当药剂浓度为 23.437 5mg/L 时黑刺益蝽的存活率只有 28.12%。戴伟研究了生物农药对黑肩绿盲蝽的致死浓度，其中阿维菌素是对黑肩绿盲蝽的伤害较大，当阿维菌素的浓度达到 0.251 0mg/L 时，可使 50% 的黑肩绿盲蝽死亡（戴伟，2018）。陈威（2013）研究结果表明阿维菌素对多异瓢虫的半致死剂量为 137.62mg/L。总体看来，杀虫剂对天敌昆虫的致死作用较强。

阿维菌素和联苯菊酯没有降低益蝽卵的孵化率，同时阿维菌素也没有延长益蝽卵的孵化时间，而联苯菊酯处理后益蝽卵的孵化时间与对照相比显著延长。戴伟的研究表明阿维菌素对黑肩绿盲蝽的卵孵化率没有影响（戴伟，2018）。这可能是因为阿维菌素是生物源农药，而联苯菊酯是化学农药。

昆虫的生殖力是评价昆虫种群增长的重要参数（Biondi 等 2012）。木试验研究结果显示，阿维菌素处理后益蝽雌成虫的产卵量提高。戴伟的研究也证实了使用浓度较低的阿维菌素可提高黑肩绿盲蝽的产卵量（戴伟，2018）。但也有研究表明，阿维菌素使多异瓢虫，捕食螨 *Phytoseius phumifer* 和捕食螨 *Deraeocoris brevis* 的产卵量显著降低（陈威，2013；

Hamedi 等，2011；Kim 等，2006）。Azevedo 等（2009）等测试了精高效氯氟氰菊酯对黑刺益螨雌成虫的生殖和寿命的影响，结果显示在精高效氯氟氰菊酯的浓度为 0.732 4mg/L时，黑刺益螨的产卵量达到 139.21 粒，寿命长达 27.79d。

昆虫体内都存在解毒酶，解毒酶活力的增加可增强昆虫代谢能力，从而使昆虫抗性提高。本试验研究表明经药剂处理后存活的益螨的几种解毒酶的活力均显著高于对照。说明存活下来的益螨可通过羧酸酯酶、谷胱甘肽-S-转移酶、昆虫细胞色素 P450 以及乙酰胆碱酯酶的酶活力的提升，从而增强益螨自身的抗药性。据报道，米象金小蜂 *Lariophagus distinguendus* Forster 对马拉硫磷的抗性提升与特异性马拉硫磷羧酸酯酶活性增加有关，而与全酯酶、磷酸酯酶、谷胱甘肽-S-转移酶、P450 单加氧酶活性差异不大（Baker 等，1998），米象金小蜂对马拉硫磷的抗性为单基因控制的半显性遗传（Baker 等，1997）。Zhu 等（1999a，1999b）证实米象金小蜂对马拉硫磷的抗性与特异性马拉硫磷羧酸酯酶有关。在烟仓麦蛾茧蜂 *Habrobracon hebetor*（Say）中，抗性品系总酯酶活性显著低于敏感品系，而特异性马拉硫磷羧酸酯酶、谷胱甘肽-S-转移酶和 P450 单加氧酶活性、P450 含量以及乙酰胆碱酯酶对马拉硫磷的敏感性在抗性和敏感品系之间差异不大，（Perez-Mendoza 等，2000）。菜蛾绒茧蜂 *Cotesia plutellae* Kurdjumov 对氰戊菊酯的抗性可能与羧酸酯酶和总酯酶的活性无关。

（唐艺婷、王孟卿　执笔）

参考文献

常剑，温丽娜，林莉，等，2011. 烟田常用杀虫药剂对异色瓢虫成虫的安全性评价 [J]. 动物学研究，32：84-88.

程英，金剑雪，李忠英，等，2009. 七星瓢虫抗药性选育及对杀虫剂敏感性测定 [C]∥ 杨怀文. 生物防治创新与实践——海峡两岸生物防治学术研讨会论文集. 北京：中国农业科学技术出版社：237-241.

戴伟，2018. 生物农药对黑肩绿盲蝽的亚致死效应和机制研究 [D]. 扬州：扬州大学.

丁岩钦，1994. 昆虫数学生态学 [M]. 北京：科学出版社：257-258，303-304.

丁勇，熊锦君，黄明度，1983. 几种拟除虫菊酯类杀虫剂对尼氏钝绥螨的毒力测定 [J]. 昆虫天敌，5（3）：124-128.

范悦莉，谷星慧，冼继东，等，2019. 叉角厉蝽对草地贪夜蛾的捕食功能反应 [J]. 环境昆虫学报，41（6）：1175-1180.

冯涛，彭宇，刘凤想，等，2002. 昆虫天敌抗药性研究进展 [J]. 昆虫天敌，24（4）：180-184.

高强，王迪，张文慧，等，2019. 蠋蝽对斜纹夜蛾幼虫的捕食作用研究 [J]. 中国烟草科学，40（6）：55-59.

高庆磊，高昕，董宇奎，等，2010. 几种药剂对螟虫长距茧蜂的室内毒力测定 [J]. 山东农业科学（6）：78-81.

郭井菲，赵建，何康来，等，2018. 警惕危险性害虫草地贪夜蛾入侵中国 [J]. 植物保护，44（6）：1-10.

郭义，2017. 取食体内不同甾醇水平的黏虫对蠋蝽营养代谢及生长发育的影响［D］. 北京：中国农业科学院.

黄保宏，尤强生，2006. 黑缘红瓢虫对6种杀虫剂的敏感性测定［J］. 昆虫知识，43（5）：648-652.

黄磊，彭英传，韩召军，2019. 大螟乙酰胆碱酯酶基因的克隆及其多态性分析［J］. 南京农业大学学报，42（6）：1050-1058.

李娇娇，张长华，易忠经，等，2016. 三种猎物对蠋蝽生长发育和繁殖的影响［J］. 中国生物防治学报，32（5）：552-561.

李元喜，刘树生，唐振华，2002. 寄主抗药性对菜蛾绒茧蜂抗药性发展的影响. 昆虫学报，45（5）：597-602.

廖平，苗少明，许若男，等，2019. 新型蠋蝽若虫液体人工饲料效果评价［J］. 中国生物防治学报，35（1）：9-14.

刘慧平，韩巨才，徐琴，等，2006. 杀虫剂对甘蓝蚜与七星瓢虫的毒力及选择性研究［J］. 中国生态农业学报，14（3）：160-162.

刘伟，高希武，赵光宇，等，1991. 抗蚜威对七星瓢虫和麦长管蚜选择毒性机制的研究［J］. 农药，30（2）：40-41.

马艳，吕政，潘登明，2001. 几种杀虫剂对异色瓢虫（*Leis axyridis* Pallas）不同虫态的毒力测定［J］. 中国棉花，28（7）：19-20.

毛润乾，欧阳革成，杨悦屏，等，2010. 几种杀虫剂对亚非玛草蛉的毒力［J］. 中国生物防治，26（2）：227-229.

全晓宇，2011. 蜘蛛对小菜蛾的捕食作用及其捕食效应的分子检测［D］. 武汉：湖北大学.

宋化稳，慕立义，王金信，2001. 13种杀虫剂对龟纹瓢虫及大草蛉的毒力研究［J］. 农药科学与管理，22（6）：17-18.

孙定炜，苏建亚，沈晋良，等，2008. 杀虫剂对褐飞虱捕食性天敌黑肩绿盲蝽的安全性评价［J］. 中国农业科学，41（7）：1995-2002.

唐良德，邱宝利，任顺祥，2014. 天敌昆虫抗药性研究进展［J］. 应用昆虫学报，51（1）：13-25.

唐振华，1993. 昆虫抗药性及其治理［M］. 北京：中国农业出版社：447-504.

王然，王甦，渠成，等，2016. 大草蛉幼虫对不同寄主植物上烟粉虱卵的捕食功能反应与搜寻效应［J］. 植物保护学报，43（1）：149-154.

王燕，王孟卿，张红梅，等，2019. 益蝽成虫对草地贪夜蛾不同龄期幼虫的捕食能力［J］. 中国生物防治学报，35（5）：691-697.

王燕，张红梅，尹艳琼，等，2019. 蠋蝽成虫对草地贪夜蛾不同龄期幼虫的捕食能力［J］. 植物保护，45（5）：42-46.

吴红波，张帆，金道超，2008. 不同种群螟黄赤眼蜂和松毛虫赤眼蜂的抗药性测定［J］. 植物保护，34（5）：107-110.

吴青君，张文吉，朱国仁，2001. 小菜蛾的发生为害特点及抗药性现状［J］. 中国蔬

菜 (5)：49-51.

席敦芹，2008. 5 种药剂对异色瓢虫安全性测定试验 [J]. 农药，47 (1)：50-54.

熊大斌，徐克勤，2008. 杨树食叶害虫的一种新天敌 [J]. 中国森林病虫，27 (4)：3.

徐德进，顾中言，徐广春，等，2010. 机敏漏斗蛛对灰飞虱的捕食作用及对常用杀虫剂的敏感性 [J]. 植物保护学报，37 (3)：201-205.

严静君，1986. 益蝽亚科的五种捕食蝽 [J]. 中国森林病虫 (4)：34-37.

杨洪，袁瑞，张帆，2011. 异色瓢虫对三种杀虫剂的抗性选育 [J]. 植物保护学报，38 (5)：479-480.

杨帅，王玲，赵奎军，等，2012. 大豆蚜羧酸酯酶基因 *AgCarE* 的克隆、表达及活性分析 [J]. 中国农业科学，45 (18)：3755-3763.

姚永生，赵芳，冯宏祖，等，2008. 阿克泰等杀虫剂对棉蚜和瓢虫的毒力测定 [J]. 江西棉花，30 (3)：16-19.

袁瑞，杨洪，2012. 异色瓢虫对 3 种杀虫剂抗性选育过程中酯酶活性和蛋白含量的动态变化 [J]. 贵州科学，30 (4)：29-33.

占志雄，邱良妙，吴玮，等，2009. 杀虫剂对龙眼角颊木虱与天敌瓢虫的毒力及选择性研究 [J]. 福建农业学报，24 (1)：35-39.

张海平，2017. 影响蠋蝽定殖行为的主要生物及生理因子研究 [D]. 北京：中国农业科学院.

赵清，2013. 中国益蝽亚科修订及蠋蝽属、辉蝽属和二星蝽属的 DNA 分类学研究 (半翅目：蝽科) [D]. 天津：南开大学.

朱福兴，王金信，刘峰，等，1997. 杀虫剂对龟纹瓢虫敏感性测定 [J]. 中国农业科学，30 (6)：78-80.

朱福兴，王金信，刘峰，等，1998. 瓢虫对杀虫剂的敏感性研究 [J]. 昆虫学报，41 (4)：359-365.

邹德玉，徐维红，刘佰明，2016. 天敌昆虫蠋蝽的研究进展与展望 [J]. 环境昆虫学报，38 (4)：857-865.

Alyokhin A, Makatiani J, Takasu K, 2010. Insecticide odour interference with food-searching behaviour of *Microplitis croceipes* (Hymenoptera：Braconidae) in a laboratory arena [J]. Biocontrol Science and Technology, 20 (3)：317-329.

Angeli G, Baldessari M, Maines R, Duso C, 2005. Side-effects of pesticides on the predatory bug *Orius laevigatus* (Heteroptera：Anthocoridae) in the laboratory [J]. Biocontrol Science and Technology, 15 (7)：745-754.

Baker JE, 1995. Stability of malathion resistance in two hymenopterous parasitoids [J]. Journal of Economic Entomology, 88 (2)：232-236.

Baker J E, Perez-Mendoza J, Beeman R W, 1997. Inheritance of malathion resistance in the parasitoid *Anisopteromalus calandrae* (Hymenoptera：Pteromalidae) [J]. Journal of Economic Entomology, 90 (2)：304-308.

Biondi A, Desneux N, Siscaro G, et al., 2012. Using organic-certified rather than synthetic pesticides may not be safer for biological control agents: Selectivity and side effects of 14 pesticides on the predator *Onus laevigatus* [J]. Chemosphere, 87 (7): 803-812.

Cabral S, Soares A O, Garcia P, 2011. Voracity of *Coccinella undecimpunctata*: effects of insecticides when foraging in a prey/plant system [J]. Journal of Pest ence, 84 (3): 373-379.

Clercq P D, Cock A D, Tirry L, et al., 1995. Toxicity of diflubenzuron and pyriproxyfen to the predatory bug *Podisus maculiventris* [J]. Entomologia Experimentalis *et* Applicata, 74: 17-22.

Croft B A, Brown A W, 1975. Responses of arthropod natural enemies to insecticides [J]. Annual Review of Entomology, 20: 285-335.

Dastjerdi H R, Hejazi M J, Ganbalani G N, et al., 2009. Sublethal effects of some conventional and biorational insecticides on ectoparasitoid, *Habrobracon hebetor* Say (Hymenoptera: Braconidae) [J]. Journal of Entomology, 6 (2): 82-89.

Feyereisen R, 1999. Insect P_{450} enzymes [J]. Annual Review of Entomology, 44: 507-533.

Froeschner R C, 1988. Family Pentatomidae leach [M] // Catalog of the Heteroptera or True Bugs of Canada and Continental United States: 544-597.

Kim D, Brooks D, Riedl H, 2006. Lethal and sublethal effects of abamectin, spinosad, methoxyfenozide and acetamiprid on the predaceous plant bug *Deraeocoris brevisin* the laboratory [J]. Biocontrol, 51: 465-484.

Kumral N A, Gencer N S, Susurluk H, et al., 2011. A comparative evaluation of the susceptibility to insecticides and detoxifying enzyme activities in *Stethorus gilvifrons* (Coleoptera: Coccinellidae) and *Panonychus ulmi* (Acarina: Tetranychidae) [J]. International Journal of Acarology, 37 (3): 255-268.

Lemos W P, Medeiros R S, Zanuncio J C, et al., 2005. Effect of sub-lethal concentrations of permethrin on ovary activation in the predator *Supputius cincticeps* (Heteroptera: Pentatomidae) [J]. Brazilian Journal of Biology, 65 (2): 287-290.

Kristensen M, 2005. Glutathione S-transferase and insecticide resistance in laboratory strains and field populations of *Musca domestica* [J]. Journal of Economic Entomology, 98 (4): 1341-1348.

Mahdian K, Tirry L, Clercq P D, 2008. Development of the predatory pentatomid *Picromerus bidens* (L.) at various constant temperatures [J]. Belgian Journal of Zoology, 138 (2): 135-139.

Martinou A F, Seraphides N, Stavrinides M C, 2014. Lethal and behavioral effects of pesticides on the insect predator *Macrolophus pygmaeus* [J]. Chemosphere, 96: 167-173.

Scott J G, Liu N, Wen Z, 1998. Insect cytochromes P450: diversity, insecticide resistance and tolerance to plant toxins [J]. Comparation Biochemistry Physiology, 121C: 147-155.

Shi Z H, Guo S J, Li W C, et al., 2004. Evaluation of selective toxicity of five pesticides against *Plutella xylostella*（Lep：Plutellidae）and their side-effects against *Cotesia plute-llae*（Hym：Braconidae）and *Oomyzusso kolowskii*（Hym：Eulophidae）［J］. Pest Management Science, 60：1213-1219. DOI：10. 1002/ps. 946.

Thomas D B, 1992. Taxonomic synopsis of the asopinae Pentatomidae（Heteroptera）of the western Hemisphere. Thomas Say foundation monographs［J］. Entomological Society of American, 15：156.

Thomas D B, 1994. Taxonomic synopsis of the old world asopinae genera Pentatomidae（Heteroptera）［J］. Insect Mundi, 8：145-212.

Tillman P G, Mullinix B G, 2004. Comparison of susceptibility of pest *Euschistus servus* and predator *Podisus maculiventris*（Heteroptera：Pentatomidae）to selected insecticides［J］. Journal of Economic Entomology, 97（3）：800-806. DOI：10. 1603/0022-0493（2004）097［0800：cosope］2. 0. co；2.

Zanuncio J C, MourÃo S A, MartÍnez L C, 2016. Toxic effects of the neem oil（*Azadirachta indica*）formulation on the stink bug predator, *Podisus nigrispinus*（Heteroptera：Pentato-midae）［J］. Scientific Reports（30261）：1-8.

Zhang Y J, Jiang R X, Wu H S, et al., 2012. Next-generation sequencing-based tran-scriptome analysis of *Cryptolaemus montrouzieri* under insecticide stress reveals resistance-relevant genes in ladybirds［J］. Genomics, 100（1）：35-41.

Zhu Y C, Dowdy A K, Baker J E, 1999. Detection of single-base substitution in an ester-ase gene and its linkage to malathion resistance in the parasitoid *Anisopteromalus calandrae*（Hymenoptera：Pteromalidae）［J］. Pesticide Science, 55（4）：398-404.

图　版

图版1　食蚜蝇形态示例

a.黑带食蚜蝇（佟鑫　摄）；b.方斑墨蚜蝇（佟鑫　摄）；
c.东方墨蚜蝇（雄）（佟鑫　摄）；d.东方墨蚜蝇（雌）（佟鑫　摄）；
e.秦岭细腹食蚜蝇（雌）（佟鑫　摄）；f.秦岭细腹食蚜蝇（雄）（佟鑫　摄）。

a

b

c

d

e

f

图版2　食蚜蝇形态示例

a. 长尾管蚜蝇（佟鑫　摄）；b. 羽芒宽盾蚜蝇（佟鑫　摄）；
c. 四斑鼻颜蚜蝇（佟鑫　摄）；d. 黑缘鼻蚜蝇（雌）（佟鑫　摄）；
e. 短刺刺腿蚜蝇（佟鑫　摄）；f. 大灰优蚜蝇（佟鑫　摄）。

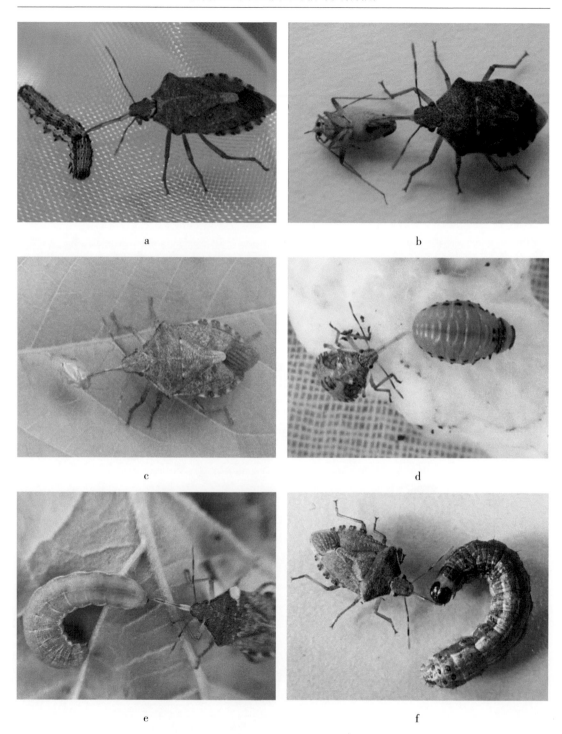

图版3　蝎蝽取食行为

a. 蝎蝽取食棉铃虫幼虫（邹德玉　摄）；b. 蝎蝽取食三点盲蝽（邹德玉　摄）；
c. 蝎蝽取食绿盲蝽（邹德玉　摄）；d. 蝎蝽取食马铃薯甲虫幼虫（邹德玉　摄）；
e. 蝎蝽取食甜菜夜蛾幼虫（吴青君　摄）；f. 蝎蝽取食草地贪夜蛾幼虫（唐艺婷　摄）。

 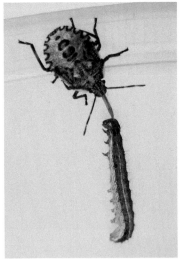

a   b

c

d

图版4　蝎蝽取食行为

a. 蝎蝽成虫取食草地贪夜蛾6龄幼虫（唐艺婷　摄）；
b. 蝎蝽5龄若虫取食草地贪夜蛾5龄幼虫（唐艺婷　摄）；
c. 蝎蝽4龄若虫取食黄粉虫（唐艺婷　摄）；
d. 蝎蝽成虫取食榆黄毛萤叶甲（殷焱芳　摄）。

图版5　益蝽取食行为

a. 益蝽成虫取食烟青虫6龄幼虫（唐艺婷　摄）；b. 益蝽成虫取食斜纹夜蛾幼虫（唐艺婷　摄）；
c. 益蝽成虫取食鳞翅目成虫（唐艺婷　摄）；d. 益蝽若虫取食草地贪夜蛾6龄幼虫（唐艺婷　摄）；
e. 益蝽成虫取食草地贪夜蛾6龄幼虫（唐艺婷　摄）；f. 益蝽成虫取食麻蝇幼虫（唐艺婷　摄）；
g. 益蝽成虫取食菜青虫5龄幼虫（唐艺婷　摄）。

a

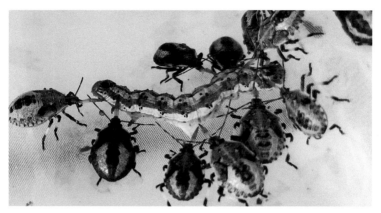

b

c

d

图版6　捕食蝽取食行为

a. 益蝽成虫取食草地贪夜蛾6龄幼虫（唐艺婷　摄）；

d. 益蝽5龄若虫取食棉铃虫6龄幼虫（唐艺婷　摄）；

c. 一种红蝽取食鳞翅目幼虫（郭义　摄）；

d. 一种红蝽取食叶甲（郭义　摄）。

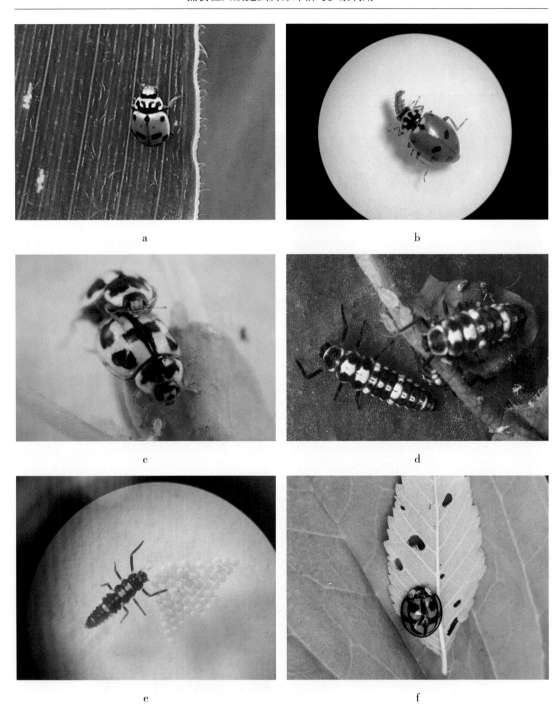

图版7　捕食性瓢虫示例

a.多异瓢虫（王孟卿　摄）；b.多异瓢虫取食草地贪夜蛾1龄幼虫（李玉艳　摄）；
c.龟纹瓢虫（李玉艳　摄）；d.龟纹瓢虫幼虫（李玉艳　摄）；
e.龟纹瓢虫幼虫取食草地贪夜蛾卵（李玉艳　摄）；f.六斑异瓢虫（王孟卿　摄）。

a

b

c

d

e

f

图版8　捕食性瓢虫示例

a.六斑月瓢虫（何国玮　摄）；b.六斑月瓢虫幼虫（何国玮　摄）；
c.粗网巧瓢虫成虫（何国玮　摄）；d.粗网巧瓢虫幼虫（何国玮　摄）；
e.七星瓢虫（李玉艳　摄）；f.七星瓢虫取食草地贪夜蛾1龄幼虫（李玉艳　摄）。

图版9　捕食性瓢虫示例

a. 异色瓢虫幼虫（初蜕皮）（王孟卿　摄）；b. 异色瓢虫（王孟卿　摄）；

c. 异色瓢虫交配（李玉艳　摄）；d. 异色瓢虫取食草地贪夜蛾卵（李玉艳　摄）；

e. 异色瓢虫取食草地贪夜蛾1龄幼虫（李玉艳　摄）；f. 异色瓢虫取食草地贪夜蛾1龄幼虫（李玉艳　摄）。

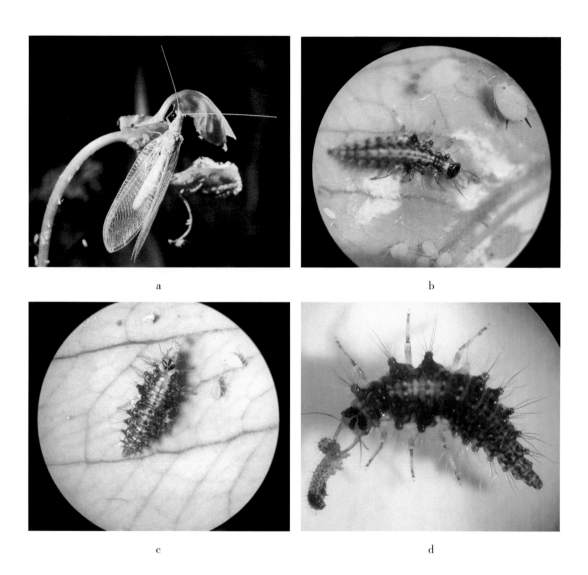

图版10　大草蛉示例

a. 大草蛉（李玉艳　摄）；
b. 大草蛉2龄幼虫（李玉艳　摄）；
c. 大草蛉3龄幼虫捕食蚜虫（李玉艳　摄）；
d. 大草蛉3龄幼虫捕食草地贪夜蛾2龄幼虫（李玉艳　摄）。

图版11　大草蛉

a. 丽草蛉茧（李玉艳　摄）；b. 丽草蛉蛹至预成虫（李玉艳　摄）；
c. 丽草蛉成虫（李玉艳　摄）；d. 丽草蛉3龄幼虫捕食草地贪夜蛾2龄幼虫（李玉艳　摄）；
e. 丽草蛉2龄幼虫捕食草地贪夜蛾卵（李玉艳　摄）；f. 丽草蛉2龄幼虫捕食草地贪夜蛾卵（李玉艳　摄）。